Studienbücher Chemie

Reihe herausgegeben von
Jürgen Heck, Hamburg, Deutschland
Burkhard König, Regensburg, Deutschland
Roland Winter, Dortmund, Deutschland

Die „Studienbücher Chemie" sollen in Form einzelner Bausteine grundlegende und weiterführende Themen aus allen Gebieten der Chemie abdecken. Sie streben nicht unbedingt die Breite eines umfassenden Lehrbuchs oder einer umfangreichen Monographie an, sondern sollen Studierende der Chemie – durch ihren Praxisbezug aber auch bereits im Berufsleben stehende Chemiker – kompakt und dennoch kompetent in aktuelle und sich in rascher Entwicklung befindende Gebiete der Chemie einführen. Die Bücher sind zum Gebrauch neben der Vorlesung, aber auch anstelle von Vorlesungen geeignet. Es wird angestrebt, im Laufe der Zeit alle Bereiche der Chemie in derartigen Texten vorzustellen. Die Reihe richtet sich auch an Studierende anderer Naturwissenschaften, die an einer exemplarischen Darstellung der Chemie interessiert sind.

Weitere Bände in der Reihe http://www.springer.com/series/12700

Wolfgang Bechmann · Ilko Bald

Einstieg in die Physikalische Chemie für Naturwissenschaftler

7. Auflage

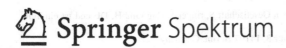

Springer Spektrum

Wolfgang Bechmann
Universität Potsdam
Potsdam, Deutschland

Ilko Bald
Universität Potsdam
Potsdam, Deutschland

ISSN 2627-2970   ISSN 2627-2989   (electronic)
Studienbücher Chemie
ISBN 978-3-662-62033-5   ISBN 978-3-662-62034-2   (eBook)
https://doi.org/10.1007/978-3-662-62034-2

Die Deutsche Nationalbibliothek verzeichnet diese Publikation in der Deutschen Nationalbibliografie; detaillierte bibliografische Daten sind im Internet über http://dnb.d-nb.de abrufbar.

Planung/Lektorat: Désirée Claus
Springer Spektrum ist ein Imprint der eingetragenen Gesellschaft Springer-Verlag GmbH, DE und ist ein Teil von Springer Nature.
Die Anschrift der Gesellschaft ist: Heidelberger Platz 3, 14197 Berlin, Germany

Vorwort zur 7. überarbeiteten und aktualisierten Auflage

Solide Grundkenntnisse in Physikalischer Chemie gehören nicht nur zum Werkzeug der Chemiestudenten. Sie sind auch unabdingbarer Bestandteil im Studium vieler anderer Naturwissenschaften. Die Physikalische Chemie stellt Basiswissen, Methoden und Erkenntnisse bereit, die für alle chemisch orientierten Wissenschaften (z.B. Biowissenschaften, Ernährungswissenschaft, Geowissenschaften) von großer Bedeutung sind. In der physikalischen Chemie geht es um die quantitative Beschreibung chemischer Reaktionen, die naturgemäß physikalische Methoden erfordert. In ihr werden allgemeingültige Mechanismen für Stoffumwandlungen entwickelt, die dann auf spezielle chemische oder auch biochemische Vorgänge angewendet werden können. Für den analytisch oder synthetisch arbeitenden Chemiker sind beispielsweise die Quantifizierung von Stoffen, Wärmeumsatz bei Stoffumsätzen und Geschwindigkeiten chemischer Reaktionen entscheidende Aspekte. Auch für andere Naturwissenschaften, wie z. B. die Biowissenschaften, ist die Abschätzung, unter welchen Bedingungen chemische Reaktionen ablaufen, ein wichtiger Schritt bei der Aufklärung von allgemeingültigen Reaktionsmechanismen. Ein klassisches Beispiel ist die Erklärung der Wirkungsweise von Enzymen durch die chemische Reaktionskinetik. Elektrochemische Vorgänge sind die Grundlage für eine ganze Reihe analytischer Techniken, die im Laboralltag Anwendung finden. Für die aktuelle technologische Entwicklung von erneuerbaren Energiequellen spielen elektrochemische Energiespeicher und Spannungsquellen und damit die Grundlagen der Elektrochemie eine herausragende Rolle.

Die Physikalische Chemie ist eine experimentelle Naturwissenschaft. Es ist das besondere Konzept des vorliegenden Buchs, auch als Anleitung für ein physikalisch-chemisches Grundpraktikum zu dienen. Neben der Präsentation der Theorie der traditionellen Teilgebiete Chemische Thermodynamik, Reaktionskinetik und Elektrochemie werden ausgewählte Experimente zur praktischen Auseinandersetzung mit den besprochenen Gesetzmäßigkeiten, zur Überprüfung der Sinnhaftigkeit konkreter wissenschaftlicher Hypothesen und Modelle oder einfach zum Trainieren experimenteller Methoden beschrieben. Zusammen mit zahlreichen praktischen Beispielen und ausgewählten Übungsaufgaben, für die auch die Lösungen und Lösungswege nachschlagbar sind, haben die Studierenden ein Lehr-, Praktikums- und Übungsbuch in einem zur Verfügung und damit das komplette Material, das zum Einstieg in die Wissenschaftsdisziplin benötigt wird. Konkrete Versuchsanleitungen zu den beschriebenen Experimenten können zusätzlich aus dem Internet heruntergeladen werden (www.chem.uni-potsdam.de/groups/pc/zip/Versuchsskripte_PhysikalischeChemie.zip).

Mit der sechsten Auflage, die unter dem Titel „Einstieg in die Physikalische Chemie für Naturwissenschaftler" erschien, wurden die drei angeführten traditionellen Teilgebiete der Physikalischen Chemie um ein Kapitel zur Einführung in die Spektroskopie ergänzt. Als physikalisch-chemische Arbeitsmethoden haben sich die unterschiedlichen spektroskopischen bzw. spektrometrischen Methoden als unverzichtbare Hilfsmittel in allen naturwissenschaftlichen Disziplinen etabliert. Eine Einführung in die Grundlagen der Spektroskopie erschien uns deshalb angebracht.

In der nunmehr vorliegenden siebten Auflage wurden die weit über 100 Abbildungen des Lehrbuchs nahezu komplett überarbeitet. Der Inhalt der einzelnen Kapitel wurde hinsichtlich der Verwendung einzelner physikalischer Größen und der Schreibweise ihrer Einheiten aktualisiert. An verschiedenen Stellen wurden zusätzliche Informationen aufgenommen, die es den Studierenden erleichtern werden, sich mit den fachlichen Inhalten auseinanderzusetzen. Aussagen zum Logarithmieren physikalischer Größen, zum Prinzip von Le Chatelier bzw. zur Berechnung von thermodynamischen Daten aus elektrischen Messungen sind Beispiele dafür. Das Sachwortverzeichnis wurde erweitert.

Wir hoffen, dass das umfassend überarbeitete Lehrbuch auch weiterhin von den Studierenden als bewährtes Hilfsmittel für den Einstieg in die Physikalische Chemie angenommen und genutzt wird.

Nach wie vor gibt es begleitend zu den ersten drei Kapiteln dieses Buches ein Multiple-Choice-Quiz, das entweder online gespielt werden kann (https://quizacademy.de/; Kurs: „Physikalische Chemie für Nebenfächler") oder über die Smartphone-App „Quiz-Academy". Mit der Smartphone-App kann einfach der untenstehende QR-Code eingelesen werden. Die Anmeldung für den Kurs „Physikalische Chemie für Nebenfächler" erfolgt mit dem Passwort „Nernst".

Schließlich möchten wir Frau Janine Olszewski ganz besonders für die Unterstützung bei der Erstellung neuer Abbildungen danken. Alle Kolleginnen und Kollegen, die sich entschließen das Buch in Ihren Lehrveranstaltungen zu nutzen, bitten wir um kritische Anregungen.

Potsdam im Mai 2020

Wolfgang Bechmann   Ilko Bald

Abb.: QR-Code für die Smartphone-App „QuizAcademy"

Inhalt

1   Chemische Thermodynamik

Der Begriff *Thermodynamik* ist von den griechischen Wörtern θερμος (warm) und δυναμις (Kraft) abgeleitet. Er steht für das Teilgebiet der Physik (Wärmelehre), das sich vor allem mit der Umwandlung von Wärmeenergie in andere Energieformen bei physikalischen Vorgängen befasst.

Im Mittelpunkt der *chemischen Thermodynamik* steht der Energieumsatz bei chemischen Reaktionen und Phasenübergängen. Chemischen Reaktionen und Phasenübergängen ist gemeinsam, dass es sich um Stoffwandlungsprozesse handelt. Mikroskopisch gesehen besteht ihr Wesen in einer Änderung chemischer und physikalischer Bindungen und einer Umverteilung der Atome bzw. Moleküle im Raum. Makroskopisch gesehen bilden sich neue Stoffe bzw. andere Zustände der Stoffe, begleitet von energetischen Änderungen. Letztere lassen sich an Temperaturänderungen oder der Übertragung von Wärme bzw. der Verrichtung von Arbeit erkennen und messen.

Im Kapitel Chemische Thermodynamik werden die wichtigen thermodynamischen Zustandsgrößen (Zustandsfunktionen) Innere Energie u, Enthalpie h, Entropie s und Freie Enthalpie g besprochen. Vor allem interessiert, wie sich Änderungen dieser Zustandsfunktionen in den Prozessgrößen Wärme q und Arbeit w bemerkbar machen und wie sie von den Zustandsvariablen, z. B. Druck p, Volumen v, Temperatur T und Zusammensetzung bzw. von den stofflichen Strukturen abhängen.

Wir werden sehen, dass es gelingt, allein auf der Grundlage tabellierter thermodynamischer Daten vorauszusagen, ob eine interessierende Reaktion unter bestimmten Bedingungen möglich ist bzw. wie die Bedingungen zu gestalten sind, damit befriedigende Resultate erzielt werden können.

Die Betrachtungen beziehen sich in der Regel auf molare Stoffumsätze (Formelumsätze) in geschlossenen oder abgeschlossenen Systemen, bei denen kein Stoffaustausch mit der Umgebung möglich ist.

Die Zeit spielt in thermodynamischen Gesetzen keine Rolle. Die Zeitabhängigkeit stofflicher Änderungen ist Gegenstand der im Kapitel 2 zu besprechenden Reaktionskinetik.

1.1   Begriffe zur Beschreibung stofflicher Zustände

In den Kapiteln dieses Buches, in denen wir stoffliche Zustände bzw. die physikalischen Phänomene von Zustandsänderungen beschreiben, werden immer wieder Begriffe verwendet, deren Inhalt vorab erläutert werden soll.

© Springer-Verlag GmbH Deutschland, ein Teil von Springer Nature 2020
W. Bechmann und I. Bald, *Einstieg in die Physikalische Chemie für Naturwissenschaftler*, Studienbücher Chemie,
https://doi.org/10.1007/978-3-662-62034-2_1

System und Umgebung

Die physikalisch-chemischen Eigenschaften und das Verhalten von Stoffen bzw. von Stoffgemischen werden meist in räumlich abgegrenzten Bereichen der realen Welt untersucht. Das Becherglas, das Reagenzglas, der Druckbehälter können die sichtbare Begrenzung eines solchen Bereiches sein. Alles, was innerhalb der realen oder gedachten Begrenzung liegt, wollen wir künftig als *System*, alles was außerhalb liegt, als dessen *Umgebung* bezeichnen.

Sind zwischen einem System und seiner Umgebung Stoff- und Energieaustausch möglich, spricht man von einem *offenen System*. In *geschlossenen Systemen* findet Energieaustausch, aber kein Stoffaustausch mit der Umgebung statt. *Abgeschlossene Systeme* zeichnen sich dadurch aus, dass weder Stoff- noch Energieaustausch mit der Umgebung zugelassen sind.

Zustandsgrößen (Zustandsvariable, Zustandsfunktion) und Prozessgrößen

Zustandsgrößen werden benutzt, um die physikalisch-chemischen Eigenschaften eines Zustands oder einer Zustandsänderung zu beschreiben. Wichtige Zustandsgrößen, die in den folgenden Kapiteln vielfach verwendet werden, sind die Stoffmenge n, das Volumen v, der Druck p, die Masse m, die Temperatur T und in Mischungen die Zusammensetzungsgrößen wie die Molarität c, die Molalität $^c m$ und der Stoffmengenanteil X. In vielen Lehrbüchern der Chemie wird anstatt des Begriffs Stoffmengenanteil noch der ältere Begriff Molenbruch verwendet.

Die *Molalität* ($^c m_i = n_{\text{gelöster Stoff }i} \, / \, m_{\text{Lösgm.in kg}}$) und der *Stoffmengenanteil bzw. Molenbruch* ($X_i = n_i \, / \, \Sigma \, n$) haben den Vorteil temperaturunabhängig zu sein.

Zustandsgrößen sind ausschließlich durch den gegebenen Zustand bestimmt und unabhängig davon, wie dieser Zustand erreicht wurde. Demzufolge ist auch die Größe einer Zustandsänderung, zum Beispiel des Druckes Δp gegeben durch $p_2 - p_1$ oder anders ausgedrückt durch $p_{Ende} - p_{Anfang}$, wegunabhängig.

Bei den Zustandsgrößen unterscheidet man zwischen extensiven und intensiven Größen. *Extensive Zustandsgrößen* sind mengenabhängig, sie verdoppeln ihren Wert, wenn man zwei identische Systeme zusammenfügt. Dies trifft z. B. auf das Volumen oder die Masse eines Systems zu. *Intensive Zustandsgrößen* sind mengenunabhängig, sie behalten ihren Wert beim Zusammenfügen gleicher Systeme. Dies gilt beispielsweise für den Druck und die Temperatur. Aber auch die spezifischen Größen, wie die Dichte ρ, oder die molaren Größen, wie das molare Volumen V sind mengenunabhängige, also intensive Größen.

Molare Größen entstehen durch Division einer extensiven Größe durch die Stoffmenge und werden in diesem Buch durch Großbuchstaben (z. B. Enthalpie h und molare Enthalpie H, $H_i = \dfrac{h_i}{n_i}$) wiedergegeben. Sie sind auch stets daran erkennbar, dass in der Einheit mol^{-1} auftritt.

Die oben genannten Zustandsgrößen können häufig vom Experimentator frei gewählt werden. Sie sind dann sozusagen die Stellknöpfe am System und werden in einem solchen Falle als *Zustandsvariablen* bezeichnet. Zustandsgrößen, deren Wert durch die Wahl der Variablen bestimmt wird, bezeichnet man als *Zustandsfunktionen*. So haben die in der chemischen Thermodynamik verwendeten Zustandsgrößen Innere Energie u, Enthalpie h, Entropie s, Freie Energie a und Freie Enthalpie g in der Regel den Charakter von Zustandsfunktionen und werden deshalb auch von vornherein als solche benannt.

Unterschiedliche Zustände eines Systems müssen sich mindestens durch eine Zustandsgröße unterscheiden. Will man den Einfluss einer Zustandsvariablen auf das System untersuchen, ist es zweckmäßig, die anderen möglichen Variablen konstant zu halten. Derartige Änderungen heißen dann z. B. *isotherm* ($T = const.$), *isobar* ($p = const.$) oder *isochor* ($v = const.$).

Den Zustandsgrößen, die einen momentanen Zustand des Systems charakterisieren, stehen die sogenannten *Prozessgrößen* gegenüber. Prozessgrößen sind in der Physik und in der Physikalischen Chemie die ausgetauschte Wärme q bzw. die verrichtete Arbeit w. Wärme und Arbeit sind stets an einen Vorgang, an einen Prozess geknüpft; es ist nicht möglich, sie einem Zustand zuzuschreiben. Da häufig während eines Prozesses gleichzeitig Wärme ausgetauscht und Arbeit verrichtet wird, können, wenn der Vorgang auf unterschiedlichen Wegen verläuft, die einzelnen Beträge trotz gleichem End- und Anfangszustand unterschiedlich ausfallen. Die Prozessgrößen sind also im Unterschied zu den Zustandsgrößen vom Wege abhängig.

Aggregatzustand und Phase

Wir wissen, dass man sich das makroskopische Verhalten der Stoffe gut erklären kann, wenn man sich vorstellt, dass sie aus mehr oder weniger großen Teilchen aufgebaut sind. Dabei werden die Zustände der Stoffe ganz allgemein durch zwei gegeneinander wirkende Eigenschaften der Materie bestimmt. Das ist zum einen die mit steigender Temperatur zunehmende Tendenz der Teilchen, sich im Raum mit zunehmender kinetischer Energie zu bewegen und zum andern ist es ihre Fähigkeit, sich unter Änderung ihrer potenziellen Energie anziehen bzw. abstoßen zu können, und zwar in Abhängigkeit von ihrer Natur und ihrer gegenseitigen Entfernung. Diese gegeneinander wirkenden Eigenschaften der Teilchen führen nun zu Zuständen der Materie, den sogenannten *Aggregatzuständen,* die sich hinsichtlich der Dominanz der einen gegenüber der anderen Eigenschaft charakteristisch unterscheiden. Beim Übergang zwischen zwei Aggregatzuständen ändert sich diese Dominanz sprunghaft. Die bekanntesten Aggregatzustände sind der gasförmige, der flüssige und der feste Zustand.

Zur Beschreibung der Beschaffenheit von Systemen benötigen wir zusätzlich zum Begriff Aggregatzustand den Begriff der *Phase*. Als Phase bezeichnet man eine chemisch und physikalisch einheitliche Erscheinungsform eines Stoffes oder Stoffgemisches. Innerhalb einer Phase gibt es keine sprunghaften Änderungen der makroskopischen Eigenschaften (Aggregatzustand, Dichte, Farbe, Leitfähigkeit usw.). *Homogene Systeme* bestehen aus nur einer Phase. Systeme mit mehreren Phasen bezeichnet man als *heterogen*. Die unterschiedlichen Phasen sind makroskopisch durch Grenzflächen voneinander getrennt und demzufolge auch mechanisch voneinander trennbar, z. B. durch Sortieren, Filtrieren oder Dekantieren. So existieren beispielsweise bei 0 °C flüssiges Wasser und Eis nebeneinander im Phasengleichgewicht. Die unterschiedlichen Aggregatzustände des Wassers bilden hier gleichzeitig unterschiedliche Phasen. Bei Flüssigkeiten und Feststoffen ist eine vollständige Mischbarkeit oft nicht gegeben. Dass man zwischen den Begriffen Aggregatzustand und Phase unterscheiden muss, machen solche Systeme besonders deutlich, bei denen mehrere Phasen nebeneinander im gleichen Aggregatzustand vorliegen. So besteht das flüssige Gemisch Wasser/Öl im Allgemeinen aus einer wasserreichen unteren und einer ölreichen oberen Phase.

Gase bestehen wegen der vollständigen Vermischung der sich bewegenden Atome oder Moleküle immer nur aus einer Phase. Mit ihnen werden wir uns im nächsten Abschnitt befassen.

1.2 Ideale und reale Gase

Wir hatten bereits erwähnt, dass die Zustände der Stoffe durch die Tendenz der Teilchen zu freier Bewegung und durch ihre Anziehungs- bzw. Abstoßungskräfte bestimmt werden.

Hinsichtlich der Dominanz der freien Bewegung gegenüber der die potenzielle Energie der Teilchen verändernden Wechselwirkung gibt es nun zwei Extreme, die näherungsweise realisierbar sind. Das eine ist *der ideale Gaszustand*. In ihm bewegen sich die Teilchen bei so hoher Verdünnung bzw. mit so hoher kinetischer Energie, dass die wechselseitige Anziehung bzw. Abstoßung energetisch vernachlässigbar ist. Es finden nur elastische Zusammenstöße zwischen den idealisiert als Punkte angenommenen Teilchen statt. Der andere Grenzzustand ist der ideale Festkörper.

Zustandsgleichungen idealer Gase

Viele Gase, insbesondere solche mit dipolfreien Teilchen – wie z. B. Sauerstoff, Stickstoff, Wasserstoff, Edelgase usw. - sind bereits bei normalem Druck und Zimmertemperatur dem idealen Grenzzustand ziemlich nahe. Sie verhalten sich relativ ähnlich und lassen sich gut durch verhältnismäßig einfache Gesetze erfassen. Deshalb gehören viele Gesetze, die strenggenommen nur für ideale Gase gelten, zu den historisch ältesten. Von ihnen ausgehend wurde das Gebäude der Physikalischen Chemie errichtet.

Wir wollen deshalb im Rahmen dieses Kapitels auf die Zustandsgleichungen und Zustandsdiagramme idealer Gase eingehen und anschließend die der realen Gase besprechen.

Die einfachsten Gesetze, die den Zusammenhang zwischen den Zustandsgrößen Druck p, Volumen v, absoluter Temperatur T und Stoffmenge n bei nahezu idealen Gasen beschreiben, sind:

Gasgesetz von Boyle und Mariotte um 1670: $\quad p \cdot v = const$ bei konstantem T

Gasgesetze von Gay-Lussac um 1800: $\quad p = const \cdot T$ bei konstantem v

und **Charles** um 1800: $\quad v = const \cdot T$ bei konstantem p

Gasgesetz von Avogadro 1811: $\quad v = const \cdot n$ bei konstantem T, p.

Die Produktpunkte werden in der Mehrzahl der Lehrbücher weggelassen. Mit dieser schreibtechnischen Vereinfachung werden die angeführten Gesetze in der

---

allgemeinen Zustandsgleichung idealer Gase: $\quad p\,v = n\,R\,T$ (1.1)

---

zusammengefasst.

Die allgemeine Zustandsgleichung zeigt, dass von den Zustandsgrößen p, v, n und T immer drei voneinander unabhängig variiert werden können, also Zustandsvariable darstellen. Die vierte wird sich dann der Gleichung entsprechend einstellen und hat den Charakter einer Zustandsfunktion.

Man kann beide Seiten der allgemeinen Zustandsgleichung durch die Stoffmenge n dividieren. Dann ergibt sich:

$$pV = RT \quad \text{mit} \quad V = \frac{v}{n} \quad . \tag{1.2}$$

Diskussion der Zustandsgleichung

Zur Bedeutung der einzelnen Größen in der Zustandsgleichung sollen einige wenige, aber wichtige Anmerkungen gemacht werden:

Der **Druck p** ist bekanntlich definiert als Quotient von Kraft F und Fläche A: $p = F/A$. Er besitzt die Maßeinheit Pa (Pascal), die als Quotient aus der Krafteinheit N (Newton) und der Flächeneinheit m^2 definiert ist: $\quad Pa = N/m^2$.

Da eine Kraft nur sinnvoll ist, wenn eine Gegenkraft existiert, gilt dies auch für den Druck. Wir unterscheiden deshalb zwischen dem Druck, der von außen, von der Umgebung, z. B. von der Atmosphäre auf das System ausgeübt wird und dem Druck, den das System auf die Umgebung ausübt. In den Gasgesetzen ist p der Gasdruck, der durch den

Aufprall der sich frei bewegenden Teilchen auf eine reale oder gedachte bewegliche Wand zustande kommt, also der Druck, der vom System ausgeht. In der Regel nehmen wir an, dass ein mechanisches Gleichgewicht herrscht und der Gasdruck mit dem Außendruck vom Betrag her identisch ist. Das Symbol p steht dann für beide Drücke. Sind die Drücke nicht gleich groß, herrscht kein mechanisches Gleichgewicht und es kommt zur Expansion oder Kompression des Systems. In solchen Fällen ist es geboten, zwischen Außendruck p_{ex} und Innendruck p_{in} zu unterscheiden.

T ist die **Temperatur in Kelvin-Graden**. Mit der Temperatur messen wir die Höhe der durchschnittlichen kinetischen Energie der Teilchen.

Die Definition bzw. Messbarkeit der Temperatur beruht darauf, dass sich entsprechend dem Gasgesetz von Gay-Lussac alle Gase, aber auch alle Flüssigkeiten (außer Wasser zwischen 1 und 4 °C; Anomalie des Wassers) mit steigender Temperatur ausdehnen. Besonders gleichmäßig ist die Ausdehnung eines idealen Gases. Deshalb lässt sich mit einem Gasthermometer die Temperatur am genauesten bestimmen. Die über die Ausdehnung eines idealen Gases definierte sogenannte **thermodynamische Temperatur** (sie ist identisch mit der absoluten Temperatur in Kelvin-Graden) bezeichnet in Anlehnung an die Celsius-Skala als 1 Grad jene Temperaturdifferenz, bei der sich ein ideales Gas um 1/273,15-tel des ursprünglichen Volumens ausdehnt.

Aus dem Gesetz von Charles kann abgeleitet werden, dass die absolute Temperatur 0 K = -273,15 °C nicht unterschritten werden kann. Man bezeichnet diese Temperatur deshalb als **absoluten Nullpunkt**.

Zur Umrechnung von Celsius-Graden in Kelvin-Grade dient die Gleichung

$$\frac{T}{K} = \frac{\vartheta}{°C} + 273,15 \qquad . \tag{1.3}$$

Der Quotient $v/n = V$ ist das **Molvolumen**. Es beträgt bei einem idealen Gas beim **Standarddruck von 1 bar (10^5 Pa)** bei 0 °C 22,712 L·mol^{-1} und bei 25 °C (der meist gebrauchten Tabellierungstemperatur) 24,790 L·mol^{-1}.

R ist die **allgemeine Gaskonstante**.

R = 8,3144 J·K^{-1}·mol^{-1} = 8,3144 · 10^3 L·Pa·K^{-1}·mol^{-1} = 8,20567 · 10^{-2} L·atm·K^{-1}·mol^{-1}.

Das Produkt RT in Gleichung (1.2) hat, ebenso wie das Produkt pV die Dimension einer molaren Energie. Diese Energie ist demnach von der Art, dass sie mit steigendem Druck bzw. steigender Temperatur größer wird. Ihrem Charakter nach kann es sich deshalb nur um kinetische Energie der sich im Raum bewegenden Teilchen handeln, und zwar von **1 Mol**, also von 6,02205·10^{23} Teilchen.

Die Bewegung der Teilchen im Raum nennt man ihre **Translationsbewegung**, und die damit verbundene Energie ist ihre **Translationsenergie**.

Will man die Energie nicht auf ein Mol, sondern auf ein einzelnes durchschnittlich energiereiches Teilchen beziehen, so muss man durch die *Avogadrosche Konstante* N_A dividieren ($N_A = 6{,}02205 \cdot 10^{23}$ Teilchen·mol^{-1}). An die Stelle der allgemeinen Gaskonstanten tritt die *Boltzmann-Konstante* $k_B = 1{,}38066 \cdot 10^{-23}$ J·K^{-1}·Teilchen^{-1} und aus RT wird k_BT. Mit RT bzw. k_BT wird nicht die gesamte Translationsenergie von 1 Mol bzw. von 1 Teilchen erfasst. Man erhält den vollen Wert, indem man die Translationsenergie vektoriell in die Anteile für die drei Raumrichtungen x, y und z zerlegt. Die Bewegungskomponente in einer Raumrichtung entspricht einem *Translationsfreiheitsgrad*. Man kann nachweisen, dass der Anteil an Translationsenergie pro Translationsfreiheitsgrad ½ k_BT bezogen auf 1 Teilchen bzw. ½ RT bezogen auf 1 Mol beträgt.

Für die gesamte Translationsbewegung mit 3 Freiheitsgraden ergibt sich deshalb die Translationsenergie *3/2 k_BT* pro Teilchen bzw. *3/2 RT* pro Mol Teilchen.

Dieser Ausdruck zeigt, dass die Translationsenergie eines Teilchens nur von der Temperatur abhängt und unabhängig von seiner Masse ist. Da andererseits die kinetische Energie eines Teilchens der Masse m, welches sich mit der Geschwindigkeit v bewegt, durch ½ m v^2 gegeben ist, folgt daraus, dass sich schwerere Teilchen mit größerer Masse im Durchschnitt mit geringerer Geschwindigkeit bewegen. Dies ist z. B. die Voraussetzung dafür, dass man Moleküle unterschiedlicher Masse durch Diffusion trennen kann.

Die äußere Form und die eindeutige Aussage der Gasgesetze könnten dazu verleiten, anzunehmen, dass sich alle Teilchen gleicher Masse im Gasgemisch mit der gleichen Geschwindigkeit bewegen bzw. die gleiche kinetische Energie besitzen. Man konnte jedoch experimentell beweisen und in der Theorie nachvollziehen, dass diese Annahme falsch ist. Die Energie verteilt sich ungleichmäßig über die Teilchen.

Hinsichtlich der Translationsenergie ist die Verteilung stetig, im Gegensatz zur Schwingungsenergie bzw. Rotationsenergie mehratomiger Teilchen, die gequantelt sind. Das heißt, alle Translationsenergien sind in dem betrachteten Intervall im Prinzip möglich.

Die Verteilung der Teilchen auf die einzelnen Geschwindigkeits- bzw. Translationsenergiebereiche bei freier Bewegung in alle Raumrichtungen folgt einer etwas schiefen *Gauß'schen Glockenkurve*, mit einer maximalen Anhäufung von Teilchen in der Nähe der durchschnittlichen Energie und glockenförmigem Auslaufen in Richtung höherer und niedrigerer Energie (vergl. Abb. 2.13, S. 173).

Die Verteilung entsprechend einer Gauß'schen Glockenkurve trifft man in der Natur bzw. in der Gesellschaft an, wenn sich eine Eigenschaft, die vielen zufallsbedingten Einflüssen unterliegt, auf eine große Anzahl von Individuen innerhalb einer Grundgesamtheit verteilt. Die zufallsbedingten Einflüsse sind im Falle der Translationsenergie die vielen unter den verschiedensten Winkeln mit den unterschiedlichsten Geschwindigkeiten erfolgenden Zusammenstöße der Teilchen, die jedes Mal zu einer Umverteilung der kinetischen Energie führen können. In Grundgesamtheiten mit sehr vielen Individuen, z. B. in einem Mol Gas mit seinen $6{,}02 \cdot 10^{23}$ Molekülen, führt das individuell durchaus unterschiedliche

Verhalten zu exakt gültigen Gesetzen für die durchschnittlichen Eigenschaften. Man spricht in solchen Fällen von **statistischen Gesetzen**, weil die durchschnittlichen makroskopischen Eigenschaften mit statistischen Methoden aus dem mikroskopischen Individualverhalten berechenbar sind. Wir erwähnen dies, weil alle Gasgesetze und auch die übrigen Gesetze der Physikalischen Chemie statistische Gesetze sind. Sie gelten also nur für durchschnittliche Eigenschaften von großen Grundgesamtheiten mit vielen Teilchen.

Betrachtet man die Zustandsgleichung der idealen Gase, so findet man keine Größen, die artspezifisch sind. Das heißt, dass sich im Grenzfall des idealen Gases die spezielle Art der Teilchen auf ihr Druck-Volumen-Temperatur-Verhältnis nicht auswirkt.

Das bedeutet ferner, dass die Stoffmenge n sich auf einen reinen Stoff, aber auch auf ein Stoffgemisch beziehen kann ($n = n_A + n_B + n_C + ...$).

Im Falle eines Stoffgemisches entfällt auf jeden einzelnen Stoff ein Teildruck p_i, der identisch ist mit dem Druck, den die Teilchen dieses Stoffes im gegebenen Volumen ausüben würden, wenn nur diese Teilchenart vorhanden wäre.

Die Summe dieser sogenannten **Partialdrücke p_i** ist gleich dem Gesamtdruck p. Es gilt das **Gesetz von Dalton** (1801):

$$p = p_A + p_B + p_C + ... \quad .\tag{1.4}$$

Für jeden einzelnen Bestandteil des Gemisches lässt sich formulieren:

$$p_i \cdot v = n_i \cdot R \cdot T\tag{1.5}$$

und für das gesamte Gemisch eines idealen Gases:

$$p \cdot v = n \cdot R \cdot T = \Sigma p_i \cdot v = \Sigma n_i \cdot R \cdot T.\tag{1.6}$$

Dividiert man Gleichung (1.5) durch Gleichung (1.6), so ergibt sich, dass das Verhältnis von Partialdruck zu Gesamtdruck gleich dem Stoffmengenanteil des fraglichen Stoffes ist:

$$\frac{p_i}{p} = \frac{n_i}{\sum n_i} = X_i \quad bzw. \quad p_i = X_i \cdot p \quad .\tag{1.7}$$

Zustandsgleichungen realer Gase

In der Realität zeigen alle Gase, besonders bei höheren Drücken, mehr oder weniger große Abweichungen vom oben geschilderten Idealverhalten. Die Ursache liegt darin begründet, dass die strukturabhängigen anziehenden bzw. abstoßenden Wechselwirkungen bzw. das Eigenvolumen der Teilchen nicht mehr vernachlässigbar sind.

Besonders deutlich wird dies bei etwas größeren Teilchenarten.

Am einfachsten lässt sich das nichtideale Verhalten daraus ersehen, dass das Boyle-Mariotte´sche Gasgesetz (s. S. 17) nicht mehr gilt; das Produkt aus Druck p und molarem Volumen V ist bei konstanter Temperatur nicht mehr konstant (gleich RT), sondern es ist jetzt druckabhängig.

Die Isothermen (die Zustände bei konstanter Temperatur) in Abbildung 1.1 machen dies für CO_2 sehr deutlich.

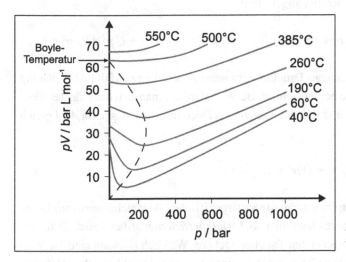

Abb. 1.1: $pV - p$-Isothermen von CO_2 bei hohen Drücken.

Bei idealem Verhalten müssten die $pV - p$-Grafen zur p-Achse parallele Geraden sein. In der Praxis ergeben sich Kurven mit einem Minimum, das mit fallender Temperatur immer ausgeprägter erscheint. Die Minima sprechen dafür, dass für die Abweichung vom Idealverhalten mindestens zwei gegeneinander wirkende Ursachen verantwortlich sind. Wird der Druck gesteigert, verringern sich die Abstände zwischen den Teilchen und die stärker wirkenden Anziehungskräfte führen zu einer Verminderung des Gasdrucks. Werden aber die Abstände zwischen den Teilchen noch geringer, wirkt einer weiteren Kompression das Eigenvolumen der Teilchen immer stärker entgegen.

Bei einer bestimmten relativ hohen Temperatur (hier bei etwa 500 °C), der sogenannten **Boyle-Temperatur**, folgen die Graphen, zumindest bei niederen Drücken, dem Boyle-Mariotte´schen Gasgesetz und verlaufen parallel zur p-Achse (Abbildung 1.1). Oberhalb dieser Temperatur treten keine Minima mehr auf.

Einige Boyle-Temperaturen sind in Tabelle 1.1 aufgeführt. Man sieht, dass Teilchenarten, bei denen man stärkere Wechselwirkungen vermuten sollte, auch höhere Boyle-Temperaturen aufweisen. Die Höhe dieser Temperatur ist ein wesentliches Merkmal für nichtideales Verhalten.

Es hat viele Versuche gegeben, die Zustandsgleichung der idealen Gase so zu modifizieren, dass auch bei realen Gasen der Zusammenhang zwischen p, V und T für 1 Mol Gas über einen möglichst großen Geltungsbereich richtig widergespiegelt wird.
Zunächst gibt es bei nichtlinearen Zusammenhängen immer die Möglichkeit, die Koeffizienten einer Potenzreihe den experimentell ermittelten Wertepaaren möglichst genau anzupassen. Dies ist heute per Computer durch eine entsprechende Regressionsrechnung schnell zu realisieren. Als Ergebnis erhält man im Falle der Gase sogenannte *Virialgleichungen* (von lat. vires, die Kräfte, abgeleitet):

Virialgleichung nach Clausius um 1870: $p\,V = A + B\,p + C\,p^2 + D\,p^3 + \dots$.

Durch die steigenden Potenzen des Druckes wird seine Auswirkung auf die Abweichung von der Idealität schrittweise berücksichtigt. Bei $p \rightarrow 0$ nähert man sich dem idealen Gaszustand an. Die Gleichung muss sich dann zu $pV = RT$ vereinfachen, das heißt A ist gleich RT. Es ergibt sich damit

$$p\,V = R\,T + B\,p + C\,p^2 + D\,p^3 + \dots .\qquad\qquad(1.8)$$

Die Koeffizienten B, C, D usw., welche die stoffspezifischen Abweichungen vom Idealverhalten berücksichtigen, bezeichnet man als *Virialkoeffizienten*. Man findet sie für die verschiedenen Gase in entsprechenden Tabellenbüchern. Wirklich konstant sind die Virialkoeffizienten stets nur in einem begrenzten Temperatur- bzw. Druckbereich. Benötigt man einen möglichst richtigen Wert für das molare Volumen eines Gases, so müssen die Virialkoeffizienten deshalb aus experimentellen Untersuchungen in der Nähe der fraglichen Temperatur ermittelt worden sein.

Neben der Virialgleichung kommt der um 1873 formulierten *Zustandsgleichung von van der Waals* (Nobelpreis 1910) besondere Bedeutung bei der Behandlung realer Gase zu:

$$(p + \frac{a}{V^2}) \cdot (V - b) = R \cdot T \qquad .\qquad\qquad(1.9)$$

Die Anerkennung, welche die van der Waals-Gleichung gefunden hat, liegt nicht in ihrer Bedeutung als Berechnungsformel begründet, sondern darin, dass van der Waals versucht hat, die vermeintlichen Ursachen für die Abweichungen vom Idealverhalten in die Korrektur des idealen Gasgesetzes einzubinden und dass die Gleichung die Verhältnisse qualitativ richtig widerspiegelt. Die Korrektur des Druckes durch den additiven Term a/V^2 sollte berücksichtigen, dass bei kleinem molarem Volumen sich die Teilchen so nahe kommen, dass die Anziehungskräfte nicht mehr zu vernachlässigen sind. Diese Anziehungskräfte bewirken, dass eine Volumenverminderung nicht allein durch den experimentell messbaren Außendruck, sondern zusätzlich durch einen nach innen gerichteten Kohäsionsdruck zustande kommt. Den Idealdruck meinte van der Waals deshalb ersetzen zu müssen durch die Summe von mechanischem Außendruck und Kohäsionsdruck, von dem er annahm, dass er umgekehrt proportional zum Quadrat des Molvolumens sein könnte. Der Koeffizient a ist dann eine den experimentellen Werten anzupassende Konstante.

Letzteres gilt im Grunde genommen auch für b. Van der Waals interpretierte b als Maß für das Eigenvolumen der Teilchen. $(V - b)$ kann dann als das für eine Kompression frei verfügbare Volumen aufgefasst werden.

Einige Werte für a und b sind in Tab. 1.1 aufgeführt. Die Werte für a bestätigen die Richtigkeit des Ansatzes von van der Waals. Sie nehmen mit der Molekülgröße zu, was für die Wechselwirkungsmöglichkeiten der Teilchen plausibel erscheint. Das kleine atomare Helium hat von allen vorkommenden Stoffen den kleinsten a-Wert, Wasser hat offenbar wegen seines Dipolmoments einen besonders großen Wert.

Die in a zum Ausdruck kommenden Anziehungskräfte ungeladener Teilchen mit abgeschlossenen Valenzschalen fasst man unter dem Begriff *van der Waals`sche Kräfte* zusammen.

Neben den permanenten und den durch Polarisation entstandenen Dipolkräften gehören dazu die sogenannten *Dispersionskräfte*. Sie sind quantenmechanisch begründbar. Will man sich ein Bild von den Dispersionskräften machen, dann stellt man sich vor, dass in allen Teilchenarten die Ladungsdichte nicht starr verteilt ist, sondern einer zu momentanen Dipolmomenten führenden Fluktuation unterliegt.

Dass derartige Kräfte existieren müssen, folgt daraus, dass selbst unpolare bzw. nicht polarisierbare Stoffe, wie zum Beispiel die Edelgase, bei entsprechend tiefen Temperaturen flüssig werden.

Tabelle 1.1: Van der Waals-Koeffizienten und kritische Größen von Gasen

	a / bar L^2 mol^{-2}	b /L mol^{-1}	p_{krit} /bar	V_{krit}/ L mol^{-1}	T_{krit} /K	T_{Boyle} /K
He	0,034	0,00237	0,290	0,0578	5,21	22,6
H$_2$	0,251	0,00266	13,0	0,0650	33,2	110
O$_2$	1,40	0,00318	50,8	0,0780	154,8	106
N$_2$	1,43	0,00391	34,0	0,0901	126,3	327
CO$_2$	3,69	0,00427	73,8	0,0940	304,2	715
H$_2$O	5,61	0,00305	221	0,0553	647,4	

Es gibt noch einen wichtigen Fakt, der die breite Anerkennung der van der Waals`schen Gleichung bewirkt hat. Dies ist die Tatsache, dass diese Gleichung das Auftreten der sogenannten kritischen Größen richtig widerspiegelt. Wir wollen dies im Folgenden erläutern.

Die oben dargestellte Form der van der Waals'schen Gleichung mit zwei Klammerausdrücken lässt sich in eine kubische Gleichung bezüglich des Volumens umformen:

$$V^3 - (b + \frac{RT}{p})V^2 + \frac{a}{p}V - \frac{ab}{p} = 0 \quad .$$

Diese kubische Gleichung liefert bis zu 3 Lösungen für V.
In der Abbildung 1.2 sind die so berechneten p-v-Isothermen für CO$_2$ dargestellt.

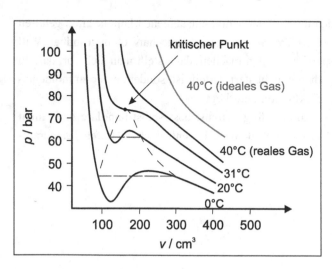

Abb. 1.2: p-v-Isothermen von CO$_2$ nach der Gleichung von van der Waals.

Man erkennt anhand der Isothermen für 0°C und 20°C in Abbildung 1.2, dass in einem gewissen Bereich für jeden Druck 3 reelle Werte für V berechnet werden können, was an dem S-förmigen Verlauf der Isothermen liegt. Sind 3 reelle Werte vorhanden, wird der jeweils größte Wert dem wirklichen Molvolumen des Gases zugerechnet.

Der mittlere Wert kann physikalisch nicht sinnvoll interpretiert werden. Für den kleinsten Wert hat man jedoch wieder eine passende, wenngleich auch schwer begründbare Zuordnung getroffen. Diese Zuordnung beruht auf dem realen Verhalten einer Gasprobe, welche isotherm komprimiert wird. Die Abbildung 1.3 enthält für CO_2 zum Vergleich die experimentellen Werte bei den gleichen Temperaturen.

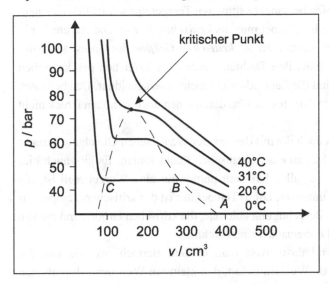

Abb. 1.3: p-v-Isothermen von CO_2, experimentelle Werte.

Das Volumen folgt bei Druckerhöhung verständlicherweise nicht dem S-förmigen Verlauf. Wird z. B. der Druck, der auf ein Mol CO_2 bei 0°C wirkt, in kleinen Schritten erhöht, so wird zunächst erwartungsgemäß das Volumen kleiner (in Abb. 1.3 von A nach B), der Gasdruck steigt entsprechend dem Außendruck.

Im Punkt B tritt in Bezug auf die strukturellen Möglichkeiten des Systems eine neue Qualität auf. Das Gas kann zur Flüssigkeit kondensieren. Das System besteht jetzt aus einer flüssigen und einer gasförmigen Phase, dem Dampf. Versucht man durch weitere Verringerung des Volumens den Gasdruck zu erhöhen, so kann das System der Druckerhöhung durch vermehrte Flüssigkeitsbildung ausweichen (***Prinzip von Le Chatelier***, s. Abschnitt 1.12.3).

Der Dampfdruck über der Flüssigkeit bleibt konstant, er ist nur von der Temperatur abhängig. Das bedeutet, die Isotherme verläuft von B nach C parallel zur V-Achse. Dabei vermindert sich die Menge des Dampfes zugunsten derjenigen der Flüssigkeit.

Im Punkt C angelangt, ist der Dampf aufgebraucht, die ganze Probe ist jetzt flüssig. Will man das Volumen weiter vermindern, muss die Flüssigkeit komprimiert werden.

Das geht natürlich nur durch starke Erhöhung des Druckes, die Isotherme steigt steil an.

Ähnlich wie bei 0°C verhält sich das System bei höheren Temperaturen, z. B. bei 20 °C, nur werden die Bereiche konstanten Drucks, die sogenannten *Konoden*, immer kürzer. Im Bereich unter der gestrichelten Linie, der von den Konoden durchschnitten wird, besteht das System aus 2 Phasen, aus Flüssigkeit und Dampf, die miteinander im Gleichgewicht stehen. Rechts davon existiert nur Gas, links davon nur Flüssigkeit.

Wie die Abbildung 1.3 verdeutlicht, rücken bei steigender Temperatur die Existenzgebiete von reinem Gas und reiner Flüssigkeit immer dichter zusammen, die Konoden werden immer kürzer und schrumpfen bei einer bestimmten Temperatur schließlich zu einem Punkt zusammen. Diesen Punkt bezeichnet man als *kritischen Punkt*. Die diesem Punkt entsprechenden Zustandsgrößen nennt man die *kritischen Größen* des Gases. Molvolumen von Gas und Flüssigkeit bzw. ihre Dichten werden bei Erreichen des kritischen Punktes identisch, und damit sind die Zustände nicht mehr unterscheidbar. Das bedeutet, dass man oberhalb des kritischen Punktes ein Gas durch einen noch so hohen Druck nicht mehr verflüssigen kann.

Es ist nun bemerkenswert, dass auch die mit der van der Waals'schen Gleichung berechneten Isothermen (Abbildung 1.2) zu einem kritischen Punkt führen. Es gibt auch hier eine Temperatur, oberhalb der bei allen Drücken immer nur eine Wurzel reell ist, die beiden anderen Lösungen sind imaginär. Diese Temperatur ist der kritischen Temperatur so ähnlich, dass man daraus die Berechtigung ableitete, die kritischen Größen und die van der Waals-Koeffizienten a und b ineinander umzurechnen.

Außerdem führte dieser Befund dazu, dass man in dem Bereich, wo die van der Waals'sche Gleichung drei reelle Wurzeln liefert, den kleinsten Wert dem Molvolumen der Flüssigkeit zuordnete. Die Übereinstimmung mit praktisch gemessenen Molvolumina ist erstaunlich gut, auch wenn zu diesem Zweck die van der Waals-Koeffizienten etwas verändert werden mussten. Für CO_2 bleiben z. B. bei 0 °C die Abweichungen zwischen dem berechneten und dem gemessen Molvolumen im Bereich zwischen 75 und 1000 bar unter 10 %.

Es hat viele Versuche gegeben, die van der Waals'sche Gleichung zu verändern bzw. zu ergänzen. Eine geringe Verbesserung der Übereinstimmung mit den experimentellen Werten konnte zwar meist erreicht werden, doch war der Gewinn nicht so gravierend, dass die neuen Gleichungen den einfachen Ansatz von van der Waals aus der physikalisch-chemischen Literatur hätten verdrängen können.

1.3 Der erste Hauptsatz der Thermodynamik

Grundlage der Thermodynamik sind allgemeine Prinzipien, die sich direkt aus dem Beobachten der Natur, also empirisch ergeben und im Labor durch kein Experiment widerlegt werden konnten. In unserem üblichen Wissenschaftsgebäude gibt es keine grundlegenderen Gesetze, aus denen diese Prinzipien ableitbar wären.

Bereits Mitte des 19. Jahrhunderts wurde durch die Arbeiten von **J. R. Mayer, J.P. Joule** und **H. v. Helmholtz** ein fundamentales Prinzip aller Naturvorgänge erkannt, dass nämlich nie Energie aus dem Nichts erzeugt werden oder spurlos verschwinden kann. Energie kann nur von einer Form in eine andere umgewandelt werden (*Energieerhaltungssatz*). Der *erste Hauptsatz der Thermodynamik* stellt eine spezielle Anwendung des Energieerhaltungssatzes auf ein geschlossenes System dar.

Er besagt:

Führe ich einem geschlossenen System die Wärme q und/oder die Arbeit w zu, so geht nichts verloren, sondern es erhöht sich die Innere Energie u um einen äquivalenten Betrag.

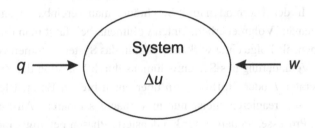

$\Delta u = q + w$	(formuliert mit extensiven Größen),	(1.10.1)
$\Delta U = Q + W$	(formuliert mit molaren Größen),	(1.10.2)
$du = \delta q + \delta w$	(formuliert mit infinitesimalen Änderungen d der Zustandsgröße bzw. infinitesimalen Beträgen δ der Prozessgrößen).	(1.10.3)

Aus den Gleichungen folgt, dass in einem abgeschlossenen System ($q = 0$ und $w = 0$) die Innere Energie konstant bleibt ($\Delta u = 0$), gleichgültig, welche Zustandsänderung durchgeführt wird.

Für den Austausch von Wärme und das Verrichten von Arbeit gilt folgende *Vorzeichenkonvention:*

Vom System an der Umgebung verrichtete Arbeit und vom System an die Umgebung ab-
gegebene Wärme erhalten ein negatives Vorzeichen. Von der Umgebung am System ver-
richtete Arbeit bzw. von der Umgebung dem System zugeführte Wärme erhalten ein posi-
tives Vorzeichen. Damit wird dem Zugewinn bzw. der Abnahme der Inneren Energie aus
der Sicht des Systems Rechnung getragen.

Diese Vorzeichenreglung ist allgemeingültig für alle Formen von Arbeit, die zwischen
System und Umgebung verrichtet werden.

In den folgenden Kapiteln sollen die wichtigsten Wesensmerkmale der Größen des ersten
Hauptsatzes diskutiert werden.

1.4   Volumenarbeit

Die bei Stoffwandlungen verrichtete Arbeit w tritt überwiegend in Form von Volumenarbeit bzw. elektrischer Arbeit auf. Die elektrische Arbeit wird im Rahmen der Elektrochemie besprochen. In der Thermodynamik beschränkt man vereinbarungsgemäß die Ar-
beitsmöglichkeiten auf Volumenarbeit. Unter Volumenarbeit fasst man die Prozesse zusammen, bei denen, als Folge einer wirkenden Kraft, das Systemvolumen verändert wird.
Für Gase ist die Veränderung des Systemvolumens durch Variation der Zustandsgrößen
Druck p, Temperatur T oder Stoffmenge n über einen breiten Bereich leicht möglich.
Kondensierte Phasen reagieren meist nur in vernachlässigbarem Ausmaß mit Volumenänderungen. Prozesse, an denen nur kondensierte Phasen beteiligt sind, zeigen deshalb keinen nennenswerten Anteil an Volumenarbeit.

Für Gase lässt sich die Volumenänderung leicht am *thermodynamischen Zylinder* diskutieren. Dabei handelt es sich um ein Gedankenexperiment, in dem der Zylinder mit
einem massefreien und reibungsfrei beweglichen Kolben der Grundfläche A verschlossen
ist. Auf dem Kolben soll ein Außendruck p_{ex} lasten (Abb. 1.4).
Im Zylinder befinde sich ein Gas, dem die Wärme q zugeführt wird. Das Gas dehnt sich
aus und hebt den Kolben um die Strecke Δh an. Die Ausdehnung gegen einen Druck stellt
eine Arbeitsleistung an der Umgebung, also Volumenarbeit dar.

Für die Herleitung der Gleichung zur Berechnung der Volumenarbeit nutzen wir einen
allgemeingültigen Algorithmus. In ihm wird der in Kapitel 1.3 getroffenen Vorzeichenkonvention dadurch Rechnung getragen, dass man zwischen *systemimmanenten (inne-*
ren) Kräften F_{in} und *externen Kräften F_{ex}* unterscheidet. Zur Herleitung gehen wir von
der Definition der Arbeit als skalarem Produkt von Kraft und Weg aus: $\delta w = F \cdot ds \cdot \cos \alpha$.

In dieser Definition ist δw ein sehr kleiner Arbeitsbetrag. Das Symbol δ wird benutzt, weil w eine Prozessgröße verkörpert und δw deshalb kein Differential sein kann. F ist der Betrag der auf einen Körper wirkenden Kraft, ds der Betrag der durch F bewirkten Verschiebung und α der vom Kraftvektor und dem Vektor der Ortsveränderung eingeschlossene Winkel. Ist eine externe Kraft F_{ex} für die geleistete Arbeit verantwortlich, wird dem Skalarprodukt ein positives Vorzeichen zugeordnet. Ist es dagegen eine systemimmanente Kraft F_{in}, die zur Arbeit führt, erhält das Skalarprodukt ein negatives Vorzeichen. In Abhängigkeit von der wirkenden Kraft geht man deshalb von

$$\delta w = F_{ex} \cdot ds \cdot \cos \alpha \qquad \text{oder} \qquad -\delta w = F_{in} \cdot ds \cdot \cos \alpha \qquad (1.11)$$

aus. Was ist nun die Kraft, die zur Volumenarbeit führt?

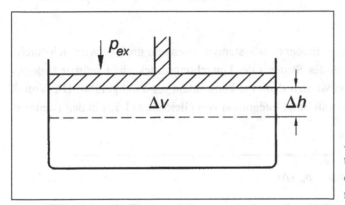

Abb.1.4: Volumenarbeit im thermodynamischen Zylinder bei Expansion gegen einen Außendruck p_{ex}.

Gase füllen stets das gesamte verfügbare Systemvolumen aus (s. a. Kapitel 1.11: Der zweite Hauptsatz der Thermodynamik). Ohne die Wirkung eines von 0 Pa verschiedenen Außendrucks würde ein Gas im Inneren des Zylinders eine permanente Anhebung des massefreien Kolbens bewirken. Dieser Prozess wird erst durch eine externe Kraft gestoppt. Diese Kraft ist, normiert auf die Flächeneinheit des Kolbens durch den Außendruck p_{ex} gegeben. Die Expansion endet, wenn der Außendruck p_{ex} gleich dem Innendruck p_{in} im Zylinder ist. Gilt $p_{ex} > p_{in}$, kommt es zur Kompression, bei der wiederum p_{ex} die wirkende Kraft darstellt. Mit $F_{ex} = p_{ex} \cdot A$ erhält man:

$$\delta w = p_{ex} \cdot A \cdot ds \cdot \cos \alpha \; . \qquad (1.12)$$

Bei der Expansion sind die Vektoren Kraft und Ortsveränderung entgegengesetzt gerichtet. cos α beträgt folglich -1. Während der Verrichtung der Arbeit wächst stets ds. Gleiches gilt bei der Expansion für den Abstandsparameter dh. ds kann damit durch dh ersetzt werden. Aus Gleichung (1.12) wird $\delta w = p_{ex} \cdot A \cdot dh \cdot (-1)$ bzw.

$$\delta w = -p_{ex} \cdot dv .$$ (1.13)

Betrachten wir die Kompression des Gases im thermodynamischen Zylinder, so zeigen Kraftvektor und Vektor der Ortsveränderung in die gleiche Richtung. cos α ist +1. Allerdings nimmt dh in dem Maße ab, in dem ds wachsen sollte. Also muss ds durch $-dh$ ersetzt werden. Die Substitutionen führen zu $\delta w = p_{ex} \cdot A \cdot (-dh) \cdot (+1)$ und damit wieder zu Gleichung (1.13). Die Vorzeichenkonvention wird durch Gleichung (1.13) deshalb erfüllt, weil bei der Expansion $dv > 0$ und bei der Kompression $dv < 0$ sind. p_{ex} stellt stets eine positive Größe dar.

Ist das Umgebungsvolumen gegenüber dem Systemvolumen sehr groß, so wird sich durch Expansion oder Kompression des Systems der Umgebungsdruck nicht spürbar ändern. Expansion und Kompression werden dann bei konstantem p_{ex} durchgeführt. Die Volumenarbeit erhält man durch bestimmte Integration von Gleichung (1.13) in den Grenzen von v_1 und v_2.

$$w = -p_{ex} \cdot \int_{v_1}^{v_2} dv = -p_{ex} \cdot \Delta v$$ (1.14)

Volumenarbeit als Prozessgröße

Das Wesen von Prozessgrößen besteht darin, dass ihr Betrag von der Art der Prozessführung abhängt. Sie charakterisieren weder End- noch Ausgangszustand eines Systems und damit auch nicht dessen Zustandsänderung. Sie beschreiben aber den Weg, auf dem die Zustandsänderung erfolgt. Im diskutierten Beispiel wird die Zustandsänderung dadurch erreicht, dass zwischen System und Umgebung Volumenarbeit verrichtet wird.

Betrachten wir die isotherme Expansion eines idealen Gases, das unter einem Druck von 8 bar ein Volumen von 1 L einnimmt, wenn der Außendruck auf 1 bar reduziert wird. Da sich die Stoffmenge des Gases während des Vorgangs nicht ändert und $p \cdot v$ konstant bleibt, nimmt das Gas nach der Expansion und Einstellung eines Gleichgewichts ein Volumen von 8 L ein.

Führt man die Expansion in einem Schritt durch, indem der Außendruck schlagartig von 8 auf 1 bar reduziert wird (das Massestück, das einen Druck von 8 bar bewirkt, wird in einem Schritt gegen ein Massestück, das einem Druck von 1 bar entspricht, ersetzt), so wirkt während der gesamten Expansion ein Druck von 1 bar. Die verrichtete Volumenarbeit kann nach Gleichung (1.14) berechnet werden:

$$w = -p_{ex} \cdot \Delta v = -1 \text{ bar} \cdot (8\text{-}1) \text{ L} = -700 \text{ J} .$$

Wird der Expansionsprozess jedoch in mehrere Schritte unterteilt, so ändert sich der Betrag der vom System geleisteten Volumenarbeit. Erfolgt sie z. B. in zwei Schritten, indem der Außendruck zuerst auf 4 bar und anschließend auf 1 bar gesenkt wird, so erhält man zwei Arbeitsbeträge:

$$w_1 = -4 \text{ bar} \cdot (2\text{-}1) \text{ L} = -400 \text{ J} \quad \text{und} \quad w_2 = -1 \text{ bar} \cdot (8\text{-}2) \text{ L} = -600 \text{ J}.$$

w_1 und w_2 addieren sich zu der insgesamt geleisteten Volumenarbeit von -1000 J.

Für vier Schritte, in denen der Außendruck von 8 bar auf 6, 4, 2 und schließlich 1 bar reduziert wird, werden vier Teilbeträge w_1 bis w_4 geleistet.

$$w_1 = -6 \text{ bar} \cdot (1{,}33\text{-}1) \text{ L} = -198 \text{ J} ; \quad w_2 = -4 \text{ bar} \cdot (2\text{-}1{,}33) \text{ L} = -268 \text{ J}$$

$$w_3 = -2 \text{ bar} \cdot (4\text{-}2) \text{ L} = -400 \text{ J} ; \quad w_4 = -1 \text{ bar} \cdot (8\text{-}4) \text{ L} = -400 \text{ J}$$

Zusammen genommen beträgt die Expansionsarbeit dann -1266 J.

Berechnung bei veränderlichem Druck
Führen wir die Überlegungen für eine steigende Zahl von Expansionsschritten fort, so werden vom System auch wachsende Beträge an Expansionsarbeit erbracht. Im Extremfall kann man sich vorstellen, dass der Expansionsprozess in unendlich viele Schritte unterteilt wird, in denen der Außendruck in infinitesimal kleinen Beträgen dp abgesenkt wird. Da sich bei der so durchgeführten Expansion der Außendruck kontinuierlich ändert, kann p_{ex} bei der Integration von Gleichung (1.13) nicht mehr als konstante Größe behandelt werden. p_{ex} und Innendruck p_{in} sind bei dieser Art der Prozessführung aber stets nahezu gleich. Ersetzt man p_{ex} durch p_{in}, so wird Gleichung (1.13) wieder integrierbar. p_{in} lässt sich mit Hilfe der allgemeinen Zustandsgleichung idealer Gase beschreiben. Für Gleichung (1.13) und deren Integration heißt das:

$$w = \int_{v_1}^{v_2} -p_{in} \cdot dv = \int_{v_1}^{v_2} -\frac{n \cdot R \cdot T}{v} \cdot dv .$$

Bleibt die Stoffmenge während des Vorgangs unverändert, ergibt sich für die isotherme Prozessführung

$$w = -n \cdot R \cdot T \cdot \int_{v_1}^{v_2} \frac{1}{v} \cdot dv = -n \cdot R \cdot T \cdot \ln\frac{v_2}{v_1} \quad . \tag{1.15}$$

Im diskutierten Beispiel erhält man für T = 273,15 K eine maximale Expansionsarbeit von

$$w = - 0,357 \text{ mol} \cdot 8,314 \text{ J·mol}^{-1}\text{·K}^{-1} \cdot 273,15 \text{ K} \cdot \ln 8 = - 1685,88 \text{ J}.$$

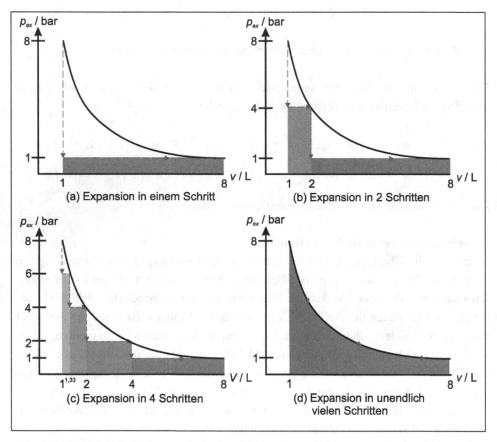

Abb. 1.5: Vergleich der Volumenarbeit eines idealen Gases bei isothermer Expansion von 1 L Gas (p_{ex} = 8 bar) durch Reduktion des Außendrucks auf p_{ex} = 1 bar in Abhängigkeit von der Prozessführung.

Die unterschiedlichen Formen der Prozessführung sind in Abb. 1.5 veranschaulicht. Die ausgefüllten Flächen unter der $p \cdot v$ -Kurve repräsentieren die verrichtete Volumenarbeit.

Mit Zunahme der Schrittzahl wird die Fläche unter der p-v-Kurve zunehmend besser ausgefüllt. Die Fläche in Abb. 1.5 (d) entspricht dem Grenzwert der vom System geleisteten Expansionsarbeit.

Irreversible Volumenarbeit
Um die Expansion rückgängig zu machen, muss Kompressionsarbeit am System verrichtet werden. Auch hier hängt der Betrag der Arbeit von der Prozessführung ab. In Analogie zu den Beispielen für die Gasexpansion erhält man für den einstufigen Prozess, bei dem der Außendruck von 1 bar auf 8 bar geändert wird:

$$w = - 8 \text{ bar} \cdot (1\text{-}8) \text{ L} = 5600 \text{ J}.$$

Die Kompressionsarbeiten im zweistufigen Prozess sind:

$$w_1 = - 4 \text{ bar} \cdot (2\text{-}8) \text{ L} = 2400 \text{ J und } w_2 = - 8 \text{ bar} \cdot (1\text{-}2) \text{ L} = 800 \text{ J},$$

zusammen also 3200 J. Für die angeführten vier Stufen erhält man:

$$w_1 = - 2 \text{ bar} \cdot (4\text{-}8) \text{ L} = 800 \text{ J}; \qquad w_2 = - 4 \text{ bar} \cdot (2\text{-}4) \text{ L} = 800 \text{ J}$$
$$w_3 = - 6 \text{ bar} \cdot (1,33\text{-}2) \text{ L} = 402 \text{ J}; \qquad w_4 = - 8 \text{ bar} \cdot (1\text{-}1,33) \text{ L} = 264 \text{ J}.$$

Insgesamt müssen von der Umgebung dem System also 2266 J zugeführt werden.
Die Vorzeichen der verschiedenen Volumenarbeiten entsprechen der getroffenen Vorzeichenkonvention. Auffällig sind die erheblichen Unterschiede in den Beträgen der Expansions- bzw. der in Abb. 1.6 veranschaulichten Kompressionsarbeit bei gleichartiger Prozessführung (vergl. Abb. 1.6. (a) – (c) und Abb. 1.5 (a) – (c)). Sie zeigen, dass für die Gaskompression von der Umgebung mehr Arbeit aufgebracht werden muss (größere schraffierte Flächen), als bei der Expansion auf die Umgebung übertragen wird. Die Prozesse sind folglich nicht ohne zusätzliche Energie umkehrbar. Wir haben es mit *irreversibler Volumenarbeit* zu tun.

Kontinuierlich veränderter Außendruck und Reversibilität der Volumenarbeit
Führt man die isotherme Kompression schließlich in unendlich vielen Schritten durch, in denen der Außendruck jeweils nur in infinitesimal kleinen Beträgen erhöht wird, berechnet man nach Gleichung (1.15):

$$w = - 0{,}357 \text{ mol} \cdot 8{,}314 \text{ J·mol}^{-1}\text{·K}^{-1} \cdot 273{,}15 \text{ K} \cdot \ln \frac{1}{8} = 1685{,}88 \text{ J}.$$

Nur bei dieser Art der Führung sind die Beträge der Volumenarbeit bei Expansion und Kompression gleich. Man spricht von **reversibler** Volumenarbeit. Charakteristisch für reversible Prozessführung ist, dass der Prozess stets nahe am Gleichgewicht verläuft und durch eine infinitesimal kleine Änderung der Bedingungen, hier der Druckverhältnisse, unmittelbar umgekehrt werden kann.

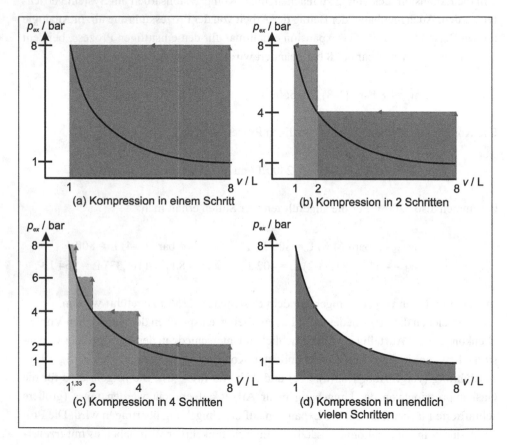

Abb. 1.6 - Kompression: Vergleich der Volumenarbeit bei der isothermen Kompression von 8 L idealem Gas (p_{ex} = 1 bar) durch Erhöhen des Außendrucks auf p_{ex} = 8 bar in Abhängigkeit von der Prozessführung.

1.5 Innere Energie

Zur *Inneren Energie u* gehören die kinetische Energie der Teilchenbewegung und die potenzielle Energie der Wechselwirkungen zwischen den Teilchen und innerhalb der Teilchen. Die Absolutbeträge der Inneren Energie sind sehr groß und können nicht genau angegeben werden, wohl aber die sehr viel kleineren Änderungen Δu, die bei einer Zustandsänderung auftreten.

Neben der Inneren Energie besitzt ein System auch eine *äußere Energie*, die sich ändert, wenn die potenzielle oder die kinetische Energie des Gesamtsystems im Hinblick auf einen äußeren Bezug geändert wird, ohne Wechselwirkungen zwischen den Teilchen zu beeinflussen. Das geschieht z. B., wenn das gesamte System angehoben oder beschleunigt wird. Änderungen der äußeren Energie eines Systems sind nicht Gegenstand der Thermodynamik.

Die Innere Energie ist eine Zustandsgröße und als solche nur vom gegebenen Zustand und nicht vom Wege abhängig, auf dem dieser Zustand erreicht wurde. Das bedeutet auch, dass im Falle eines schrittweisen Übergangs vom Ausgangszustand Z_A in den Endzustand Z_E die Summe der Zustandsgrößenänderungen für die Teilschritte gleich der Gesamtänderung bzw. gleich der Änderung für den direkten Übergang ist,

also im Falle der Inneren Energie: $u_E - u_A = \Delta u = \Delta u_1 + \Delta u_2 + \Delta u_3 + ...$

Wird die Richtung eines Vorgangs umgekehrt, so gilt natürlich: $\Delta u_1 = -\Delta u_{-1}$.

Da bei einem idealen Gas zwischen den Teilchen keine Wechselwirkungen existieren, sollte man annehmen, dass die Innere Energie vom Volumen bzw. vom Druck des Gases unabhängig ist.

An einem nahezu idealen Gas, wie es die Luft darstellt, konnte bereits 1843 **Joule** experimentell nachweisen, dass diese Vermutung richtig ist. Er benutzte dazu zwei durch ein absperrbares Rohr verbundene Behälter. Einen befüllte er mit Luft, den anderen evakuierte er. Die Gefäße wurden in ein Wasserbad getaucht. Nach dem Öffnen des Absperrhahnes expandierte die Luft ins Vakuum. Die Expansion führte nicht zu einer messbaren Temperaturänderung im Wasserbad.

Da bei dem Experiment weder Arbeit verrichtet wird ($p_{ex} = 0$ Pa), noch Wärme mit dem Wasserbad ausgetauscht wurde, kann sich entsprechend den Gleichungen des ersten Hauptsatzes die Innere Energie des Gases nicht merklich geändert haben. So wurde die Vermutung bestätigt, dass die Innere Energie eines idealen Gases nicht vom Volumen und Druck abhängt.

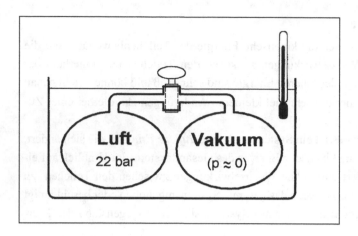

Abb. 1.7: Schema der Versuchsanordnung zur Prüfung der Hypothese $u \neq$ f(p, v) für ideale Gase.

Unter der für die chemische Thermodynamik verabredeten Einschränkung, dass Arbeit als Volumenarbeit verrichtet wird, kann der erste Hauptsatz durch Gleichung (1.16) wiedergegeben werden:

$$du = \delta q - pdv \ .$$ (1.16)

Für Zustandsänderungen bei konstantem Volumen ($dv = 0$) folgt aus der Gleichung (1.16) des ersten Hauptsatzes die wichtige Aussage:

$$du = \delta q_v \quad \text{bzw. für größere Wärmemengen} \quad \Delta u = q_v \ .$$ (1.17)

Bei konstantem Volumen (der Index v soll dies kennzeichnen) ist die ausgetauschte Wärme gleich der Erhöhung der Inneren Energie.
Die Gleichung (1.17) ist so wichtig, weil sie deutlich macht, unter welchen Bedingungen in der Thermodynamik die leicht messbare Wärmemenge (die Prozessgröße) äquivalent ist mit der Änderung der direkt nicht messbaren Inneren Energie (der Zustandsgröße), nämlich immer dann, wenn während des Prozesses das Volumen willkürlich konstant gehalten wird oder von Natur aus konstant bleibt.

1.6   Enthalpie

In der Praxis ist die Volumenkonstanz bei Stoffwandlungen oft nicht gegeben. Die Prozesse laufen nicht isochor sondern isobar, also bei konstantem Druck, ab. Die geleistete Volumenarbeit muss dann berücksichtigt werden. Nach dem ersten Hauptsatz gilt nämlich für den Fall konstanten Druckes mit $w = -p \, \Delta v$

$$\Delta u = q_p + w \qquad q_p = \Delta u + p\,\Delta v\,. \tag{1.18}$$

Fasst man die Differenzen in Gleichung (1.18) nach den Indices geordnet zusammen, so führt dies zu der wichtigen Zustandsfunktion **Enthalpie *h*:**

$$q_p = u_2 - u_1 + p\,v_2 - p\,v_1 = u_2 + p\,v_2 - (u_1 + p\,v_1) = h_2 - h_1 = \Delta h \tag{1.19}$$

mit der Definition: $\quad h = u + pv \quad$ bzw. für 1 mol $\quad H = U + pV\;.$ $\qquad$ (1.20)

Weil *h* als Summe von Zustandsgrößen definiert ist, ist die Enthalpie selbst eine Zustandsgröße, also unabhängig vom Wege einer Zustandsänderung.

Wie beabsichtigt, hat man mit der Enthalpie eine Zustandsgröße definiert, die an die Stelle der Inneren Energie tritt, wenn der Prozess nicht bei konstantem Volumen, sondern bei konstantem Druck abläuft. Die beiden Gleichsetzungen von Wärme und Zustandsgrößenänderungen sollen noch einmal für molare Umsätze bzw. für molare Formelumsätze bei chemischen Reaktionen nebeneinandergestellt werden:

$$Q_p = \Delta H \qquad \text{und} \qquad Q_v = \Delta U\;.$$

Setzt man anstelle von q_p in Gleichung (1.18) Δh ein, so erhält man die wichtige Beziehung zwischen der Enthalpieänderung und der Änderung der Inneren Energie:

$$\boxed{\Delta h = \Delta u + p\,\Delta v \qquad \text{bzw.} \qquad \Delta H = \Delta U + p\,\Delta V\;.} \tag{1.21}$$

Die Gleichungen (1.21) machen noch einmal deutlich, dass sich Änderungen der Enthalpie und der Inneren Energie bzw. die entsprechenden Wärmemengen um eine mögliche Volumenarbeit unterscheiden. Die Gleichungen dienen auch zur wechselseitigen Umrechnung der beiden Zustandsgrößen bzw. Wärmemengen.

Abschätzung der Volumenarbeit für chemische Reaktionen und Phasenübergänge, Vergleich von ΔH (Q_p) und ΔU (Q_v)

In Kenntnis der Bedeutung der Volumenarbeit für den Vergleich von Q_p und Q_v bzw. von ΔH und ΔU ist es von Vorteil, dass man für isotherme Reaktionen relativ einfach abschätzen bzw. berechnen kann, wie groß eine mögliche Volumenarbeit für einen Formelumsatz ausfiele, wenn man die Stoffwandlung bei konstantem Druck, z. B. in einem offenen Gefäß durchführen würde:

Die Berechnung der Volumenarbeit wollen wir anhand der allgemeinen Gasphasenreaktion

$$\nu_A\, A\; +\; \nu_B\, B\; \rightarrow\; \nu_C\, C \qquad\qquad \text{erklären.}$$

ν_i sind die stöchiometrischen Koeffizienten der Reaktanten. Zur Berechnung einer molaren Reaktionsgröße aus den molaren Größen der einzelnen Reaktionspartner gelangt man durch Differenzbildung. Man subtrahiert die Summe der gewichteten Reaktionsgrößen der Produkte von der Summe der gewichteten Größen der Edukte:

$$W = -p\Delta_R V = -p \cdot (\nu_C \cdot V_C - \nu_A \cdot V_A - \nu_B \cdot V_B). \qquad\qquad (1.22)$$

Die Größe der Volumenarbeit hängt also entscheidend von den Molvolumina V_i der beteiligten Stoffe ab. Da ein Stoff im Gaszustand unter normalen Bedingungen ca. das 1000-fache Volumen im Vergleich zum flüssigen bzw. festen Zustand beansprucht, vernachlässigt man meist die kondensierten Stoffe und berücksichtigt nur die beteiligten Gase. Nimmt man überdies an, dass die Gase sich nahezu ideal verhalten und die Molvolumina der verschiedenen Gase gleich sind, so kann entsprechend der allgemeinen Gasgleichung das Produkt $p\,V$ durch $R\,T$ ersetzt werden, und man erhält:

$$W = -p\Delta_R V = -pV_{Gas} \cdot \Delta\nu_{Gase} = -RT \cdot \Delta\nu_{Gase} \;. \qquad\qquad (1.23)$$

Als 1. Beispiel wollen wir die Reaktionsenergie $\Delta_R U$ **für die Ammoniaksynthese** aus der tabellierten Reaktionsenthalpie $\Delta_R H$ berechnen, unter der Annahme, dass bei 25 °C ein Formelumsatz erfolgt:

$3\,H_2 + N_2 \rightarrow 2\,NH_3 \qquad$ gegeben: $\Delta_R H\,(298{,}15\ \text{K}) = Q_p = -92{,}2\ \text{kJ mol}^{-1}$

$\Delta\nu\,(\text{Gase}) = -2$

$p\,\Delta_R V = RT \cdot \Delta\nu = 8{,}314\ \text{J K}^{-1}\ \text{mol}^{-1}\ 298{,}15\ \text{K} \cdot (-2) = -5\ \text{kJ mol}^{-1}$

$W = -p\,\Delta_R V = \underline{5{,}0\ \text{kJ mol}^{-1}}$

$\Delta_R U = \Delta_R H - p\,\Delta_R V \qquad\qquad \Delta_R U = Q_v = \underline{-87{,}2\ \text{kJ mol}^{-1}.}$

Der positive Wert der Volumenarbeit bedeutet, dass infolge der Verringerung der Anzahl gasförmiger Moleküle bei dieser Reaktion in den Endprodukten der Reaktion Potenzial für Volumenarbeit gespeichert wird. Man sagt, die Umgebung hat am System Volumenarbeit verrichtet. Diese Formulierung ist nicht ganz exakt, weil die Verringerung des Gasvolumens chemisch bedingt ist und nicht durch den äußeren Druck zustande kommt. Da die als Volumenarbeit gespeicherte Energie im Falle der gegenläufigen Reaktion wieder gebraucht wird, und dabei die Arbeit $w = -p\Delta V = -5{,}0$ kJ vom System an der Umgebung verrichtet werden muss, erfolgt die Berechnung der Volumenarbeit durch den gleichen Formalismus wie bei der Expansion.

Das negative Vorzeichen von Reaktionsenthalpie und Reaktionsenergie zeigt, dass die Reaktion sowohl bei konstantem Druck als auch bei konstantem Volumen exotherm ist. Bei konstantem Druck wird 5 kJ mol^{-1} mehr Wärme frei als bei konstantem Volumen. Dies liegt daran, dass bei dieser Reaktion das Gasvolumen abnimmt und bei konstantem Druck „von der Umgebung am System Volumenarbeit verrichtet wird". Bei konstantem Volumen im geschlossenen Gefäß wird die Volumenarbeit unterbunden und nur die Wärmemenge frei, welche der niedrigeren Inneren Energie des Endzustandes der Reaktion entspricht.

Als 2. Beispiel soll die Verdampfungsenergie $\Delta_{Vap}U$ **für einen Phasenübergang** aus $\Delta_{Vap}H$ berechnet werden, und zwar für die Verdampfung von 1 Mol Wasser bei 25 °C.

H_2O (l) $\rightarrow$ H_2O (g)   gegeben: $\Delta_{Vap}H$ (H_2O, 298,15 K) = 44,0 kJ mol^{-1}.

$\Delta\nu$ (H_2O, g) = 1 V(H_2O, l) ca. 18 cm^3 ist vernachlässigbar gegenüber V(H_2O, g)

$p\,\Delta V = RT \cdot \Delta\nu_i =$ 8,314 J K^{-1} mol^{-1} 298 K $\cdot$ 1 = 2,5 kJ mol^{-1}

$W = -\,p\,\Delta V = -$ 2,5 kJ mol^{-1}

$\Delta_{Vap}U = \Delta_{Vap}H - p\,\Delta V$ $\Delta_{Vap}U = Q_v =$ 41,5 kJ mol^{-1} .

Das negative Vorzeichen der Volumenarbeit drückt aus, dass bei der Verdampfung unter konstantem Druck das System an der Umgebung Arbeit verrichtet und dabei selbst Energie verliert. Unter diesen Bedingungen muss, um die Temperatur konstant zu halten, neben einem großen Energiebetrag, der zur Lösung der Bindungen des flüssigen Wassers gebraucht wird, ein kleiner zusätzlicher Betrag von 2,5 kJ mol^{-1} zugeführt werden, der in die Volumenarbeit eingeht. Um diesen Betrag unterscheiden sich demzufolge die Verdampfungsenthalpie von der Verdampfungsenergie und die Wärme Q_p von der Wärme Q_v.

Nach den obigen Darlegungen ist verständlich, dass Stoffwandlungen, bei denen keine Gase auftreten, Volumenarbeiten aufweisen, die in der Regel kaum messbar und deshalb vernachlässigbar sind.

Nahezu Null sind die Volumenarbeiten bei Reaktionen, an denen ausschließlich Gase beteiligt sind, und bei denen die Differenz der stöchiometrischen Koeffizienten gleich Null ist, weil bei der Reaktion ebenso viele Gasteilchen verschwinden wie neu entstehen. Ein Beispiel für diesen Fall ist die Reaktion $H_2 + Cl_2 \rightarrow$ 2 HCl.

Bei solchen Reaktionen ist $\Delta_R H = \Delta_R U$ und $Q_p = Q_v$.

Anstatt der stöchiometrischen Koeffizienten werden in der Literatur oft auch vorzeichen-behaftete Stöchiometriezahlen verwendet. Sie haben ein negatives Vorzeichen für Edukte, ein positives für Produkte.

Bildungsenthalpien, Standardzustände

Aus Abschnitt 1.5 wissen wir, dass für die Innere Energie der einzelnen Stoffe keine Absolutwerte angebbar sind. Da die Enthalpie die Innere Energie als Summand enthält, können für H ebenfalls keine Absolutwerte angegeben werden. Für die Berechnung der Enthalpieänderungen in chemischen Reaktionen bzw. bei Phasenübergängen benötigt man aber Werte, die Ausgangs- bzw. Endzustand charakterisieren. Zu diesem Zweck hat man ein relatives Bezugssystem eingeführt. Zunächst musste man festlegen, für welche Zustandsbedingungen man die Werte der Enthalpien und der anderen Zustandsfunktionen tabellieren wollte. Man hat sich auf bestimmte Bedingungen geeinigt, unter denen die Stoffe im sogenannten Standardzustand vorliegen:

Art der Stoffe	*Standardzustand* gekennzeichnet durch „$\varnothing$"
Feste und flüssige Stoffe	reiner Zustand, Druck 1 bar
Gase	idealer Zustand, Partialdruck 1 bar
Gelöste Teilchen	ideal solvatisiert, Molalität 1 mol Teilchen/1kg Lösungsm.
	(Symbol für ideale Solvatation in Wasser: aq)

Außerdem hat man vereinbart, dass die Temperatur nicht zu den Standardbedingungen zählt, aber als Bezugszustand bzw. als Tabellierungstemperatur in der Regel 25 °C (298,15 K) benutzt wird.

Da man die Absolutenthalpien der Stoffe nicht kennt, also auch nicht tabellieren kann, hat man den Begriff der *Bildungsenthalpie* definiert und in die chemische Thermodynamik eingeführt. Zur Kennzeichnung benutzen wir den Index F (Bildung engl.: formation).

Als *Standardbildungsenthalpie* $\Delta_F H^{\varnothing}$ (298,15 K) eines Stoffes bezeichnet man die Enthalpieänderung, welche auftritt, wenn sich 1 Mol des Stoffes unter Standardbedingungen bei der Temperatur 298,15 K aus den Elementen in ihrer bei diesen Bedingungen stabilen Form bzw. Modifikation bildet.

Nach dieser Definition haben die Elemente in ihrer stabilen Form unter den vereinbarten Bezugsbedingungen eine Bildungsenthalpie mit einem Zahlenwert von null:

$\Delta_F H^{\varnothing}$ (Elemente in stabiler Form, 298,15 K) = 0 kJ mol^{-1}.

Als stabile Formen sind beispielsweise anzusehen: O_2 für Sauerstoff, Graphit für Kohlenstoff oder rhombischer Schwefel für Schwefel. Die einzige Ausnahme stellt Phosphor dar. In Bildungsreaktionen wird weißer Phosphor statt des thermodynamisch stabileren roten Phosphors eingesetzt.

Zur Verdeutlichung der Begriffsbildung seien einige Reaktionen angeführt, die den Bildungsenthalpien der gebildeten Stoffe (Reaktionsprodukte) bei 25 °C zugrunde liegen. Die Einheit mol^{-1} bedeutet, dass sich $\Delta_F H$ auf 1 mol Formelumsätze bezieht.

Bildungsreaktion	$\Delta_R H^{\varnothing} = \Delta_F H^{\varnothing}$ (Reaktionsprodukt)
$O_2 \rightarrow O_2$	0 kJ mol^{-1}
$O_2 \rightarrow 2\,O$	$+ 249{,}2 \text{ kJ mol}^{-1}$
$\frac{1}{2} N_2 + 3/2\,H_2 \rightarrow NH_3$	$- 46{,}1 \text{ kJ mol}^{-1}$
$I_2\,(s) \rightarrow I_2\,(g)$	$+ 62{,}4 \text{ kJ mol}^{-1}$
$C(\text{Graphit}) \rightarrow C(\text{Diamant})$	$+ 1{,}9 \text{ kJ mol}^{-1}$
$6\,C(\text{Graphit}) + 3\,H_2 \rightarrow C_6H_6$ Benzol (l)	$+ 49{,}0 \text{ kJ mol}^{-1}$
$6\,C(\text{Graphit}) + 3\,H_2 \rightarrow C_6H_6$ Benzol (g)	$+ 82{,}9 \text{ kJ mol}^{-1}$
$C + 2\,H_2 + \frac{1}{2} O_2 \rightarrow CH_3OH$ Methanol (l)	$- 238{,}7 \text{ kJ mol}^{-1}$
$P(\text{weiß}) + 3/2\,H_2 + 2\,O_2 + n\,H_2O \rightarrow H_3PO_4\,(aq)$	$- 1267 \text{ kJ mol}^{-1}$
$P(\text{weiß}) + 3/2\,H_2 + 2\,O_2 \rightarrow H_3PO_4\,(l)$	$- 1277 \text{ kJ mol}^{-1}$

Von allen wichtigen Stoffen sind heute die Bildungsenthalpien unter den Bezugsbedingungen bekannt und tabelliert. Diese Größen sind von großem praktischen Wert, weil sie die unbekannten absoluten Werte der Enthalpien von Stoffen in allen thermodynamischen Rechnungen vertreten können. Da die Berechnung von Enthalpieänderungen für Stoffwandlungsvorgänge (chemische Reaktionen und Phasenübergänge) immer auf Addition bzw. Subtraktion einzelner Enthalpien beruht, kommt es nicht darauf an, wo der Nullpunkt angesetzt wird.

Ähnliche Verhältnisse haben wir z. B. bei geografischen Höhenangaben, die man relativ zur Höhe des Meeresspiegels und nicht als absolute Werte bezogen auf den Mittelpunkt der Erde angibt. Auch hier sind von praktischem Interesse allein die Höhendifferenzen zwischen den verschiedenen Orten. Bei der Angabe des Elektrodenpotenzials wird uns im Kapitel 3 ein weiteres Beispiel der Gewinnung von Zahlenwerten physikalischer Größen durch Differenzbildung begegnen, die von einem durch Vereinbarung festgelegten Nullpunkt ausgehen.

Neben der Bildung eines Stoffes aus seinen Elementen gibt es eine Reihe weiterer chemischer Reaktionen und Phasenübergänge, die von so allgemeinem Interesse sind, dass ihre Enthalpieänderungen unter Standardbedingungen tabelliert wurden. Als Tabellierungstemperatur wurde dabei meist 25 °C bzw. die Temperatur des Phasenübergangs gewählt. Beispiele sind:

$\Delta_C H^\varnothing$ **Verbrennungsenthalpie** für die vollständige Verbrennung von 1 Mol organischer Verbindung (zu CO_2, H_2O bzw. N_2), Index C von engl. combustion.

$\Delta_B H^\varnothing$ **Bindungsenthalpie** für die Spaltung von 1 Mol Bindungen zwischen 2 Atomen, tabelliert sind Durchschnittswerte, ermittelt an bestimmten Bezugsverbindungen (H_2O und Alkanole für O-H, H_2O_2 für O-O, Alkane für C-C, NH_3 und Alkylamine für N-H, S_8 für S-S usw.).

$\Delta_{Vap} H^\varnothing$ **Verdampfungsenthalpie** für die Verdampfung von 1 Mol reiner Flüssigkeit.

$\Delta_{Fus} H^\varnothing$ **Schmelzenthalpie** für das Schmelzen von 1 Mol reinen festen Stoffes.

$\Delta_{Sub} H^\varnothing$ **Sublimationsenthalpie** für das Sublimieren von 1 Mol reinen festen Stoffes.

1.7   Der Satz von Hess, Enthalpieberechnungen

G. H. Hess zog 1840 aus umfangreichen Wärmemessungen bei chemischen Reaktionen den Schluss:

Die Enthalpieänderung einer Reaktion ist gleich der Summe der Enthalpieänderungen der Teilreaktionen, in die sich die Bruttoreaktion zerlegen lässt.

Diese Aussage bestätigt den Energieerhaltungssatz für chemische Reaktionen und zeigt, dass die Enthalpie eine Zustandsgröße ist. Von großem praktischen Nutzen ist, dass so die Berechnung unbekannter $\Delta_R H$-Werte aus bekannten bzw. aus messbaren Werten möglich wird. Am häufigsten kommen dabei die tabellierten Standardbildungsenthalpien und die Standardverbrennungsenthalpien zur Verwendung.

$$\Delta_R H^\varnothing = \Sigma \nu_i \, \Delta_F H^\varnothing (\text{Produkte}) - \Sigma \nu_i \, \Delta_F H^\varnothing (\text{Edukte}) \qquad (1.24)$$
$$\Delta_R H^\varnothing = \Sigma \nu_i \, \Delta_C H^\varnothing (\text{Edukte}) - \Sigma \nu_i \, \Delta_C H^\varnothing (\text{Produkte}) \, . \qquad (1.25)$$

Als Richtschnur bei der Berechnung kann immer gelten: So, wie man durch Addition und Subtraktion einzelner Reaktionen zu der Reaktion gelangt, deren *Reaktionsenthalpie* berechnet werden soll, sind auch die bekannten Reaktionsenthalpien zu addieren bzw. zu subtrahieren. Folgende Beispiele sollen dies verdeutlichen:

1.Beispiel

Die Bildungsenthalpie von Kohlenmonoxid $\Delta_F H^\varnothing$ (CO, 298,15 K) ist experimentell nicht zugänglich. Bei der Oxidation von Graphit wird auch unter Sauerstoffmangel neben CO stets CO_2 gebildet. Mit Hilfe des Hess´schen Satzes ist die Bildungsenthalpie jedoch für 298,15 K aus der Verbrennungsenthalpie von Graphit (gleich Bildungsenthalpie von CO_2) und der Verbrennungsenthalpie von CO berechenbar:

$$C + O_2 \xrightarrow{\;\Delta_c H^{\varnothing}(Graphit) = -393 kJ \cdot mol^{-1}\;} CO_2$$

with intermediate paths:

$$+ 0.5\, O_2 \qquad + 0.5\, O_2$$

$$\Delta_F H^{\varnothing}(CO)\;? \qquad\qquad -\Delta_c H^{\varnothing}(CO) = 283\, kJ \cdot mol^{-1}$$

$$CO$$

$$\Delta_F H^{\varnothing}(CO) = \Delta_C H^{\varnothing}(Graphit) - \Delta_C H^{\varnothing}(CO)$$

$$\Delta_F H^{\varnothing}(CO) = (-393 - (-283))\, kJ \cdot mol^{-1} = -110\, kJ \cdot mol^{-1}\;.$$

2. Beispiel

Die Berechnung der Bildungsenthalpie von Methan (CH_4) kann in analoger Weise durchgeführt werden:

$$C(s) + 2H_2(g) \xrightarrow{\;\Delta_F H^{\varnothing}\;?\;} CH_4(g)$$

$$\Delta_c H^{\varnothing}(C) + 2\Delta_c H^{\varnothing}(H_2) = -963\, kJ \cdot mol^{-1} \qquad +2\, O_2 \qquad +2\, O_2 \qquad -\Delta_c H^{\varnothing}(CH_4) = 888\, kJ \cdot mol^{-1}$$

$$CO_2 + 2H_2O$$

$$\Delta_F H^{\varnothing}(CH_4) = \Delta_C H^{\varnothing}(Graphit) + 2 \cdot \Delta_C H^{\varnothing}(H_2) - \Delta_C H^{\varnothing}(CH_4)$$

$$\Delta_F H^{\varnothing}(CH_4) = (-393 - 2 \cdot 285 + 888)\, kJ \cdot mol^{-1} = -75\, kJ \cdot mol^{-1}\;.$$

3. Beispiel

Die *Bindungsenthalpie* $\Delta_B H^{\varnothing}$ einer C-H-Bindung ist über die Berechnung der Dissoziationsenthalpie $\Delta_D H^{\varnothing}$ des Methans (vollständige Dissoziation in Atome) zugänglich. In der Dissoziationsreaktion müssen vier C-H-Bindungen gelöst werden. $\Delta_B H^{\varnothing}$ entspricht demnach dem vierten Teil der gesuchten Dissoziationsenthalpie.

Die Dissoziationsenthalpie $\Delta_D H^{\varnothing}$ des Methans gehört zur Reaktion

$$CH_4\,(g) \rightarrow C\,(g) + 4\,H\,(g).$$

Von den Reaktionspartnern sind folgende Reaktionsenthalpien bekannt:

$$C\ (s) + 2\ H_2\ (g) \rightarrow CH_4\ (g) \qquad \Delta_F H^\emptyset\ (CH_4) = -\ 75\ kJ\ mol^{-1}$$
$$C\ (s) \rightarrow C\ (g) \qquad\qquad\qquad \Delta_{Sub} H^\emptyset\ (Graphit) \quad = +\ 715\ kJ\ mol^{-1}$$
$$H_2\ (g) \rightarrow 2\ H\ (g) \qquad\qquad\quad \Delta_D H^\emptyset\ (H_2) \qquad\quad = +\ 435\ kJ\ mol^{-1}.$$

$$\Delta_D H^\emptyset\ (CH_4) = -\Delta_F H^\emptyset\ (CH_4) + \Delta_{Sub} H^\emptyset\ (Graphit) + 2\ \Delta_D H^\emptyset\ (H_2)$$
$$\Delta_D H^\emptyset\ (CH_4) = (75 + 715 + 2 \cdot 435)\ kJ\ mol^{-1} = +\ 1660\ kJ\ mol^{-1}.$$

Die gesuchte Bindungsenthalpie einer C-H-Bindung ergibt sich damit aus
$$\Delta_B H^\emptyset\ (\text{C-H},\ 298,15\ K) = \tfrac14\ \Delta_D H^\emptyset (CH_4, g, 298,15) = \tfrac14 \cdot 1660\ kJ\ mol^{-1} = \underline{415\ kJ\ mol^{-1}}.$$

Die Bindungsenthalpie der C-C-Bindung wird aus analogen Überlegungen für das Ethan zugänglich. Die Bildungsenthalpie von Ethan berechnet man aus den tabellierten Verbrennungsenthalpien von Graphit, Wasserstoff und Ethan:

$$\Delta_F H^\emptyset\ (C_2H_6, g, 298,15) = 2 \cdot \Delta_C H^\emptyset\ (Graphit) + 3 \cdot \Delta_C H^\emptyset\ (H_2) - \Delta_C H^\emptyset\ (C_2H_6)$$
$$\Delta_F H^\emptyset\ (C_2H_6, g, 298,15) = -\ 85\ kJ\ mol^{-1}.$$

Für die Reaktion $\qquad C_2H_6\ (g) \rightarrow 2\ C\ (g) + 6\ H\ (g) \qquad$ gilt:

$$\Delta_D H^\emptyset\ (C_2H_6) = -\Delta_F H^\emptyset\ (C_2H_6) + 2 \cdot \Delta_{Sub} H^\emptyset\ (Graphit) + 3 \cdot \Delta_D H^\emptyset\ (H_2)$$
$$= (85 + 2 \cdot 715 + 3 \cdot 435)\ kJ \cdot mol^{-1} = 2820\ kJ \cdot mol^{-1}.$$

Im Ethan liegen 6 C-H-Bindungen vor, die insgesamt $(6 \cdot 415)\ kJ\ mol^{-1} = 2490\ kJ\ mol^{-1}$ abdecken. Damit entfällt auf die C-C-Bindung im Ethan ein Restbetrag von $(2820 - 2490)$ $kJ\ mol^{-1} = 330\ kJ\ mol^{-1}$.

4. Beispiel

Dass bei derartigen Berechnungen dennoch Vorsicht geboten ist, zeigt das Beispiel der Berechnung der Bildungsenthalpie von Benzol. Nach den vorhergehenden Beispielen lässt sich $\Delta_F H^\emptyset\ (C_6H_6)$ vermeintlich aus den Bindungsdissoziationsenthalpien der benötigten Elemente, vermindert um die Bindungsenergien der im Molekül vorliegenden Bindungen berechnen.

$$6C(s) + 3H_2(g) \xrightarrow{\Delta_F H^{\varnothing} \quad ?} C_6H_6(g)$$

$$6\,\Delta_{Sub}H^{\varnothing}(Graph.)$$
$$+3\,\Delta_D H^{\varnothing}(H_2)$$

$$-\Delta_D H^{\varnothing}$$
$$(C\text{-}H, C\text{-}C, C=C)$$

$$6C(g) + 6H\,(g)$$

$$\Delta_F H^{\varnothing}\,(C_6H_6) = -6 \cdot \Delta_D H^{\varnothing}\,(C\text{-}H) - 3 \cdot \Delta_D H^{\varnothing}\,(C\text{-}C) - 3 \cdot \Delta_D H^{\varnothing}\,(C=C)$$
$$+ 6 \cdot \Delta_D H^{\varnothing}\,(1/2\ H_2) + 6 \cdot \Delta_{Sub} H^{\varnothing}\,(Graphit)$$
$$= [-(6 \cdot 415) - (3 \cdot 330) - (3 \cdot 625) + (6 \cdot 435) + (6 \cdot 715)]\ kJ \cdot mol^{-1}$$
$$= + 240\ kJ \cdot mol^{-1}$$

Tatsächlich gefunden wird eine Bildungsenthalpie $\Delta_F H^{\varnothing}$ (C_6H_6, 298 K) = + 49 kJ mol^{-1}. Offensichtlich ist es falsch, das mesomere Bindungssystem im Kohlenstoffgerüst des Benzols mit drei C-C-Einfachbindungen und drei C=C-Doppelbindungen zu beschreiben. Die für die Gasphase tabellierte Mesomeriestabilisierung durch Delokalisierung der π-Elektronendichte und die Standardverdampfungsenthalpie senken den berechneten Betrag der positiven Standardbildungsenthalpie ab.

5. Beispiel

Eine weitere Anwendung des Hess'schen Satzes ist der **Born-Haber-Kreisprozess.** In diesem Prozess wird angenommen, dass 1 Mol Ionenkristall durch Wärmezufuhr in das entsprechende Ionengas zerlegt wird. Wenn dies bei konstantem Druck geschieht, ist die zugeführte Wärme Q_p gleich einer Enthalpieänderung, die als **Gitterenthalpie** bezeichnet wird. Das Ionengas wird nun über mehrere Schritte, wie schematisch dargestellt, wieder in den Ionenkristall überführt.

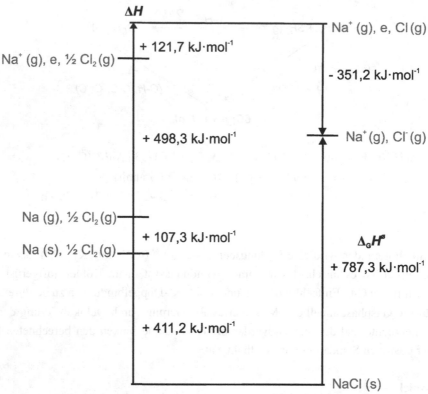

ΔH

Na$^+$ (g), e, Cl (g)

Na$^+$ (g), e, ½ Cl$_2$ (g) ——— + 121,7 kJ·mol^{-1}

- 351,2 kJ·mol^{-1}

+ 498,3 kJ·mol^{-1} ——— Na$^+$ (g), Cl$^-$ (g)

Na (g), ½ Cl$_2$ (g) ———

Na (s), ½ Cl$_2$ (g) ——— + 107,3 kJ·mol^{-1}

$\Delta_G H^\Theta$

+ 787,3 kJ·mol^{-1}

+ 411,2 kJ·mol^{-1}

NaCl (s)

Wichtig ist, dass mit Hilfe des Kreisprozesses jede zu einem Teilvorgang gehörende Ent-halpieänderung (wenn diese messtechnisch nicht zugänglich ist) aus den bekannten rest-lichen im Kreisprozess aufgeführten Enthalpieänderungen berechnet werden kann.

1.8   Kalorische Grundgleichung und Wärmekapazität

Erwärmt man ein System, in dem keine chemischen Reaktionen oder Phasenübergänge ablaufen, dann hängt die Temperaturänderung nur von der Beschaffenheit des Systems ab. Derartige Vorgänge werden durch die *kalorische Grundgleichung* beschrieben:

$$q = c \cdot \Delta T \ . \tag{1.26}$$

Sie besitzt bei der Bestimmung von Wärmemengen mittels Temperaturmessung funda-mentale Bedeutung. Der Proportionalitätsfaktor c beschreibt die Aufnahmefähigkeit für Wärme. Man bezeichnet ihn als *Wärmekapazität* des Systems. Einleuchtend ist, dass die Wärmeaufnahmefähigkeit von der Art der beteiligten Stoffe, ihren auf die Masse m bezogenen *spezifischen Wärmekapazitäten* c_m bzw. von den auf die Stoffmenge n bezogenen *molaren Wärmekapazitäten* C und den Massen m bzw. den Stoffmengen n abhängen muss. Es gilt:

für reine Stoffe: $\qquad \delta q = m \cdot c_m \cdot dT \qquad$ bzw. $\qquad \delta q = n \cdot C \cdot dT$

$$(1.27)$$

für Gemische: $\qquad \delta q = \sum_i (m_i \cdot c_{m,i}) \cdot dT \qquad$ bzw. $\qquad \delta q = \sum_i (n_i \cdot C_i) \cdot dT$

Damit entspricht die spezifische Wärmekapazität c_m der Wärmemenge, die die Temperatur von 1 g eines Stoffes um 1 K erhöht. Die molare Wärmekapazität C ergibt sich aus der spezifischen Wärme durch Multiplikation mit der relativen Molmasse. Die Wärmekapazität eines Systems lässt sich experimentell mit bekannten Wärmemengen bestimmen oder über die spezifischen bzw. molaren Wärmekapazitäten (*spezifische Wärmen* bzw. *Molwärmen*) berechnen.

Berücksichtigt man, dass zum Erwärmen von Gasen in einem offenen Gefäß wegen der mit der Ausdehnung verbundenen Volumenarbeit mehr Wärme verbraucht wird, als wenn man die Erwärmung im geschlossenen Gefäß durchführt, so erkennt man die Notwendigkeit, zwischen Wärmekapazitäten bei konstantem Druck und solchen bei konstant bleibendem Volumen zu unterscheiden. Die Unterscheidung wird durch den entsprechenden Index ausgedrückt. Aus Gleichung (1.27) ergeben sich dann als Definitionen der molaren Wärmekapazitäten:

$$C_p = \frac{\delta q_p}{n \cdot dT} = \frac{\delta Q_p}{dT} \quad \text{bzw.} \quad C_V = \frac{\delta q_V}{n \cdot dT} = \frac{\delta Q_V}{dT} \; . \tag{1.28}$$

Die Wärmekapazitäten sind temperaturabhängige Größen. Das wird bei der Definition der früher verwendeten Wärmeeinheit Kalorie deutlich. 1 cal ist die Wärmemenge, die benötigt wird, um 1 g Wasser von 14,5 °C auf 15,5 °C zu erwärmen und nicht eine Wärmemenge, die 1 g Wasser schlechthin um 1 K erwärmt. In kleinen Temperaturintervallen können die Wärmekapazitäten als nahezu konstant angesehen werden. Man verwendet dann den für die mittlere Temperatur des Intervalls geltenden Wert ($\overline{C}$). Für genaue Berechnungen oder große Temperaturintervalle berücksichtigt man die Temperaturabhängigkeit durch Verwendung von Potenzreihen: $C = a + b \cdot T + c \cdot T^2 + d \cdot T^3 + ...$
Mit Hilfe der früher (s. S. 37) abgeleiteten Beziehungen zwischen Wärme und Innerer Energie U für isochore Prozesse ($Q_V = \Delta U$) bzw. zwischen Wärme und Enthalpie H für isobare Vorgänge ($Q_p = \Delta H$) lassen sich aus Gleichung (1.28) die Zusammenhänge zwischen den molaren Wärmekapazitäten und den entsprechenden Zustandsgrößen ableiten:

$$C_V = \frac{dU}{dT} \quad \text{und} \quad C_p = \frac{dH}{dT} \quad . \tag{1.29}$$

Die Temperaturabhängigkeit der Reaktionsenthalpie

Aus Gleichung (1.29) ergibt sich die Temperaturabhängigkeit der Reaktionsenthalpie. Für eine Reaktion A → B ist die Reaktionsenthalpie $\Delta_R H$ die Differenz der Enthalpiewerte des Reaktionsprodukts und des Ausgangsstoffes:

$$\Delta_R H = H_B - H_A \quad .$$

Die Temperaturabhängigkeit wird demnach wiedergegeben durch:

$$\frac{d(\Delta_R H)}{dT} = \frac{dH_B}{dT} - \frac{dH_A}{dT} = C_{p,B} - C_{p,A} = \Delta_R C_p \qquad \text{bzw.}$$

$$d(\Delta_R H) = \Delta_R C_p \cdot dT \quad . \tag{1.30}$$

Für die allgemeine Reaktion v_A A + v_B B → v_C C + v_D D erhält man $\Delta_R C_p$ unter Einbeziehung der stöchiometrischen Koeffizienten aus:

$$\Delta_R C_p = \Sigma\, v_i C_p \text{ (Produkte)} - \Sigma\, v_i C_p \text{ (Edukte)}.$$

Nach Integration erhält man:

$$\int\limits_{\Delta_R H_{T_1}}^{\Delta_R H_{T_2}} d(\Delta_R H) = \int\limits_{T_1}^{T_2} \Delta_R C_p \cdot dT \quad \text{bzw.} \quad \Delta_R H_{T_2} - \Delta_R H_{T_1} = \int\limits_{T_1}^{T_2} \Delta_R C_p \cdot dT \quad . \tag{1.31}$$

Gleichung (1.31) heißt ***Kirchhoffsches Gesetz*** der Temperaturabhängigkeit der Reaktionsenthalpie.

Für eine im Temperaturintervall konstante molare Wärmekapazität folgt daraus:

$$\Delta_R H_{T_2} = \Delta_R H_{T_1} + \Delta_R \overline{C}_p \cdot (T_2 - T_1) \quad . \tag{1.32}$$

In großen Temperaturintervallen muss $C_{pi} = f(T)$ berücksichtigt werden, was auch für $\Delta_R C_p$ die Berücksichtigung der Potenzreihenentwicklung erfordert und erheblichen Rechenaufwand bedeutet.

Bei der Einführung des Enthalpiebegriffs in Kapitel 1.6 wurden zwei Werte der Bildungsenthalpie für Wasser ($\Delta_F H^\varnothing$ (H_2O, l, 298 K) = -285 kJ mol^{-1}, $\Delta_F H^\varnothing$ (H_2O, g, 373 K) = -242 kJ mol^{-1}) und die molare Verdampfungsenthalpie ($\Delta_{Vap} H^\varnothing$ (H_2O, 373 K) = 40,6 kJ mol^{-1}) diskutiert. Dem aufmerksamen Leser wird nicht entgangen sein, dass bei der Bildungsenthalpie von flüssigem bzw. gasförmigem Wasser der Differenzbetrag von 43 kJ mol^{-1} nicht völlig von der Verdampfungsenthalpie (40,6 kJ mol^{-1}) ausgeglichen wurde. Mit Hilfe der Kenntnis der Temperaturabhängigkeit der Reaktionsenthalpie lässt sich die Differenz nun verstehen:

$$\Delta_F H^\varnothing (H_2O, l, 373\,K) = \Delta_F H^\varnothing (H_2O, l, 298\,K) + \Delta \overline{C}_p \cdot 75\,K \quad .$$

Die mittleren molaren Wärmekapazitäten $\overline{C}_p$ betragen: H_2: 28,8 J · K^{-1} · mol^{-1}

O_2: 29,4 J · K^{-1} · mol^{-1}

H_2O: 75,3 J · K^{-1} · mol^{-1}

$$\Delta_R \overline{C}_p = (75,3 - 28,8 - \frac{29,4}{2})\,J\cdot K^{-1}\cdot mol^{-1} = 31,8\,J\cdot K^{-1}\cdot mol^{-1}$$

$$\Delta_R \overline{C}_p \cdot 75\,K = 2,4\,kJ\cdot mol^{-1} \quad .$$

Damit lässt sich die Bildungsenthalpie für gasförmiges Wasser bei Siedetemperatur berechnen:

$$\Delta_F H^\varnothing (H_2O, g, 373\,K) = \Delta_F H^\varnothing (H_2O, l, 373\,K) + \Delta_{Vap.} H^\varnothing$$
$$= (-285 + 2,4 + 40,6)\,kJ\cdot mol^{-1} = -242\,kJ\cdot mol^{-1} \quad .$$

Die Beziehung zwischen C_V und C_p

Aus der Definitionsgleichung der Enthalpie folgt, dass für eine Enthalpieänderung dH der Term $dU + p \cdot dV$ eingesetzt werden kann. Führt man diese Substitution in Gleichung (1.29) aus, erhält man:

$$C_p \cdot dT = C_V \cdot dT + p \cdot dV \quad . \tag{1.31}$$

Für 1 mol eines Gases liefert die allgemeine Zustandsgleichung idealer Gase die Beziehung $p \cdot dV = R \cdot dT$.

Nach Einsetzen dieser Beziehung in Gleichung (1.31) und nach Division durch dT ergibt sich:

$$C_p = C_V + R \quad \text{bzw.} \quad C_p - C_V = R \quad . \tag{1.32}$$

Mit Gleichung (1.32) steht eine Beziehung zur Verfügung, die eine Berechnung der Gas-konstanten aus experimentell zugänglichen molaren Wärmekapazitäten ermöglicht. Die Übereinstimmung des so berechneten Wertes von R mit dem auf anderen Wegen ermittelten Wert ist ein wichtiger Beleg dafür, dass die bei der Ableitung benutzten Definitionen und Gleichungen die Natur richtig widerspiegeln und die untersuchten Systeme in ihrem Verhalten idealen Gasen sehr nahe kommen.

1.9 Adiabatische Kompression und Expansion eines idealen Gases

Untersucht man Kompressions- bzw. Expansionsprozesse idealer Gase in einem abgeschlossenen System (*adiabatische Kompression* bzw. *adiabatische Expansion*), so muss die für die Volumenarbeit nötige Energie der Inneren Energie des Systems entnommen bzw. zugeführt werden. Bei abgeschlossenen Systemen erfolgt ja weder Energieaustausch noch Stoffaustausch mit der Umgebung. Folglich ist bei adiabatischen Prozessen $Q = 0$ J mol^{-1} und demnach

$$dU = -p \cdot dV = -R \cdot T \cdot \frac{dV}{V} \ . \tag{1.33}$$

Ersetzt man dU durch $C_V \cdot dT$ und dividiert durch T, so führt das zu:

$$C_V \cdot \frac{dT}{T} = -R \cdot \frac{dV}{V} \ . \tag{1.34}$$

Wenn C_V als temperaturunabhängig angesehen wird (bzw. eine mittlere molare Wärmekapazität verwendet wird), liefert die Integration:

$$C_V \cdot \ln \frac{T_2}{T_1} = -R \cdot \ln \frac{V_2}{V_1} = -(C_p - C_V) \cdot \ln \frac{V_2}{V_1} \ . \tag{1.35}$$

Den Quotienten $\dfrac{C_p}{C_V}$ nennt man Poisson-Koeffizienten γ. Durch Umformung der Gleichung (1.35) gelangt man zu:

$$\ln \frac{T_2}{T_1} = -(\gamma - 1) \cdot \ln \frac{V_2}{V_1} \qquad \text{bzw.} \qquad \frac{T_2}{T_1} = \left(\frac{V_1}{V_2} \right)^{\gamma - 1} \ .$$

Da $T = \dfrac{p \cdot V}{R}$ gilt, erhält man:

$$\frac{p_2 \cdot V_2}{p_1 \cdot V_1} = \left(\frac{V_1}{V_2}\right)^{\gamma-1} \qquad \text{bzw.} \qquad \frac{p_2}{p_1} = \left(\frac{V_1}{V_2}\right)^{\gamma} \qquad \text{bzw.} \qquad p \cdot V^{\gamma} = \text{const.} \qquad (1.36)$$

Während für isotherme Volumenarbeit das ***Boyle-Mariotte'sche Gesetz*** ($p \cdot V$ = const.) gilt, muss also für adiabatische Volumenarbeit die ***Poisson-Gleichung*** ($p \cdot V^{\gamma}$ = const.) angesetzt werden.

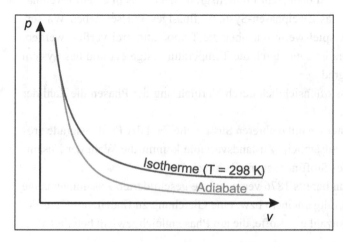

Abb. 1.8: Isotherme und adiabatische Expansion eines idealen Gases

Für ein gegebenes Gas fällt die ***Adiabate*** steiler ab als die zugehörige (vom gleichen Ausgangspunkt beginnende) Isotherme, wie in Abbildung 1.8 ersichtlich ist.

1.10   Heterogene Gleichgewichte

1.10.1 Die Gibbssche Phasenregel

Wir haben in Kapitel 1.2 am Beispiel des CO_2 gesehen, dass man in bestimmten Druck-Temperatur-Bereichen die Zustandsvariablen p und T frei und unabhängig voneinander ändern kann, ohne dass eine neue Phase auftritt. Man sagt, das System hat in diesem Bereich 2 Freiheitsgrade und definiert allgemein:

Unter den *Freiheitsgraden F* eines Systems versteht man die Zahl der Zustandsvariablen, die verändert werden können, ohne dass sich die Zahl der Phasen ändert.

In einem Einphasen-System wird man mehr Freiheitsgrade haben als in einem Zweiphasen-System. Will man z. B. das Zweiphasen-System „flüssiges Wasser neben Wasserdampf" garantieren, kann beispielsweise nur über die Temperatur frei verfügt werden. Der Dampfdruck des Wassers ist dann durch die Temperatur festgelegt und das System hat nur noch einen Freiheitsgrad.

Diese Betrachtung zeigt, dass offensichtlich durch Vermehrung der Phasen die Zahl der Freiheitsgrade eingeschränkt wird.

Voraussehbar ist, dass in Systemen mit mehreren Stoffen die Zahl der Freiheitsgrade größer ausfallen kann, denn als zusätzliche Zustandsvariable kommt die Wahl der Zusammensetzung, z. B. in Form des Stoffmengenanteils hinzu.

Josiah Willard Gibbs hat nun bereits 1876 versucht, die geschilderten Zusammenhänge in Form eines Gesetzes zu verallgemeinern bzw. eine Gleichung zu finden, um F aus der Anzahl der Phasen und der Anzahl der Stoffe, die am Phasengleichgewicht beteiligt sind, berechnen zu können.

Am Anfang der Überlegungen von Gibbs standen die Fragen: Wie viele Variablen brauche ich, um die Zusammensetzung in allen möglichen Phasen des Systems beschreiben zu können? Wie berücksichtige ich, dass beim Vorliegen eines chemischen Gleichgewichts ein Stoff durch das Vorhandensein der anderen Stoffe gegeben ist, und dass auch durch bestimmte stöchiometrische Gegebenheiten mit der Angabe der Konzentration des einen Stoffes auch die des anderen Stoffes festgelegt ist?

In beiden Fällen ist zu berücksichtigen, dass die Zahl der Freiheitsgrade F vermindert wird. Um diese Beschränkungen der Freiheit vorab zu berücksichtigen, führte er den Begriff der Komponente ein.

Wir definieren:

Die Anzahl der *Komponenten K* ist die kleinste Zahl von Stoffen, die ausreicht, um die Zusammensetzung in allen Phasen des Systems unmittelbar (in Form chemischer Formeln) oder mittelbar (in Form chemischer Gleichungen) beschreiben zu können.

Man erhält K, indem man von der Anzahl der das System aufbauenden Stoffe die Anzahl chemischer Reaktionen (chemischer Gleichgewichte) und experimentell bedingter und phasenbezogener stöchiometrischer Einschränkungen abzieht.

Die Ermittlung von K soll an einigen Beispielen verdeutlicht werden:
Besteht das System aus nur einem Stoff, so liegt in jedem Falle ein Einkomponenten-System vor. So ist z. B. das System Wasserdampf/flüssiges Wasser/Eis hinsichtlich der Zusammensetzung in allen 3 Phasen beschreibbar durch den Stoff Wasser. Es ist also ein Einkomponenten-Dreiphasen-System.

Man könnte auf den Gedanken kommen, dass ja flüssiges Wasser teilweise zu OH^- und H_3O^+ protolysiert ist und dadurch die Anzahl der Komponenten um zwei erhöht sei. Dies ist nicht der Fall, denn durch die Protolyse erhöht sich zwar die Anzahl der Teilchenarten auf drei, aber gleichzeitig haben wir zwei reduzierende Einschränkungen, nämlich ein chemisches Gleichgewicht und die stöchiometrisch bedingte Gleichheit der Konzentrationen von OH^- und H_3O^+ in der Flüssigphase, weil wir von reinem Wasser ausgegangen sind. Man berechnet also wieder nur eine Komponente.

Zwei Flüssigkeiten, die nicht miteinander reagieren können, also z. B. Wasser und Ethanol bilden immer ein Zweikomponenten-System.

Besonders aufschlussreich sind folgende Beispiele:

Festes Ammoniumchlorid NH_4Cl soll in einem evakuierten Gefäß bis zur teilweisen thermischen Zersetzung unter Bildung von NH_3 und HCl erhitzt werden. Das System enthält drei Stoffe. Die drei Stoffe sind durch ein chemisches Gleichgewicht verknüpft, und weil nur von festem NH_4Cl ausgegangen wurde, gibt es außerdem eine stöchiometrisch bedingte Einschränkung, nämlich die Konzentrationsgleichheit von NH_3 und HCl in der Gasphase. Damit haben wir 3-2 = 1 Komponente, also ein Einkomponenten-Zweiphasen-System.

Führt man dagegen die thermische Zersetzung in einer NH_3- oder in einer HCl-Atmosphäre durch, so fällt die zweite Einschränkung weg. Für die Beschreibung der Zusammensetzung in der Gasphase brauche ich sowohl NH_3 als auch HCl, und wir haben es mit einem Zweikomponenten-System zu tun.

Ein weiteres Beispiel ist das System, welches beim Brennen von Kalkstein vorliegt:

$$CaCO_3 \rightleftharpoons CaO + CO_2 \ .$$

Drei Stoffe sind beteiligt. Vernachlässige ich die Gasdrücke fester Stoffe, dann ist die Gasphase allein durch CO_2 beschreibbar. Im festen Zustand sind zwei Phasen vorhanden, da CaO und $CaCO_3$ keine Mischkristalle bilden. Alle Stoffe sind durch das beschriebene chemische Gleichgewicht verknüpft. Die Phasen bestehen aus jeweils einem Stoff. Stöchiometrische Besonderheiten, die die Zahl der eine Phase aufbauenden Stoffe reduziert, treten nicht auf. Folglich liegt nur eine Einschränkung vor. Die formale Berechnung von K liefert $K = 3 - 1 = 2$.

Ableitung der Phasenregel

Mit Hilfe des Begriffes der Komponente kann nun der als Gibbs'sche Phasenregel bezeichnete Zusammenhang zwischen der Zahl der Freiheitsgrade F, der Anzahl der Komponenten K und der Anzahl der Phasen P abgeleitet werden.

Die Ermittlung der Gleichung zur Berechnung von F folgt dabei dem Gedanken, wie viele chemisch voneinander unabhängige Zusammensetzungsvariablen bzw. andere Zustandsvariablen lassen sich überhaupt angeben, und wie viele Zusammensetzungsvariablen muss ich abziehen, die aufgrund bestimmter Zusammenhänge festgelegt und damit nicht frei wählbar, sondern eigentlich Zustandsfunktionen sind. Subtrahiert man die Zahl der Zustandsfunktionen von der Ausgangssumme, gelangt man zu den wirklich frei verfügbaren Zustandsvariablen und damit zur Zahl der Freiheitsgrade F.

In jeder Phase P lässt sich für jede Komponente K eine Zusammensetzungsvariable benennen. In der Regel benutzt man den Stoffmengenanteil X_i ($X_i = n_i / \Sigma n$) als Zusammensetzungsvariable. Für das System lassen sich also $K \cdot P$ Stoffmengenanteile formulieren. Als weitere zur Beschreibung des Zustands erforderliche Variablen nehmen wir zwei weitere Zustandsgrößen, z. B. die Temperatur T und den Druck p hinzu. Das Volumen hat bei Wahl von X, p, und T den Charakter einer Zustandsfunktion und ist nicht mehr frei wählbar. Damit zählen wir

$$K \cdot P + 2$$

angebbare Zustandsvariablen.

Überlegen wir nun, welche von den Stoffmengenanteilen nicht frei verfügbar sind. Zunächst ist zu bedenken, dass die Summe der Stoffmengenanteile in jeder Phase gleich 1 ist. Damit ist in jeder Phase ein Stoffmengenanteil festgelegt, und die Zahl der Bestimmungsstücke des Systems beträgt nur noch

$$K \cdot P + 2 - P.$$

Wenn, wie vorausgesetzt, zwischen den Phasen Gleichgewicht herrscht, so gilt das für jede einzelne Komponente. Mit Vorgabe des Stoffmengenanteils für die Komponente in einer Phase werden damit alle restlichen $(P - 1)$ Stoffmengenanteile für diese Komponente festgelegt. Wie groß die Stoffmengenanteile bzw. Konzentrationen der betrachteten Komponente in den restlichen Phasen sind, hängt nur noch von den Verteilungskonstanten ab. Da diese Aussage für alle K Komponenten gilt, reduziert sich die Zahl der frei wählbaren Zustandsvariablen weiter um $K \cdot (P - 1)$.

Als frei verfügbare Zustandsvariable (Anzahl der Freiheitsgrade F) erhält man somit

$$F = K \cdot P + 2 - P - K \cdot (P - 1)$$

$$F = K - P + 2 \ . \tag{1.37}$$

Gibbs'sche Phasenregel: *Im Gleichgewicht ist die Zahl F der Freiheitsgrade (Zahl der frei verfügbaren Zustandsvariablen) um 2 größer als die Differenz aus der Zahl der Komponenten und der Anzahl der Phasen, die ein System besitzt.*

Die Konsequenzen, die sich für ein heterogenes System aus der Gibbs'schen Phasenregel ergeben, sollen zunächst an einfachen Einkomponentensystemen diskutiert werden.

1.10.2 Phasendiagramme von Einkomponentensystemen

Als Phasen- oder Zustandsdiagramm eines Einkomponentensystems bezeichnet man die grafische Darstellung der Abhängigkeit des Zustandes von Druck und Temperatur. Der Druck lastet dabei auf der gedachten räumlichen Begrenzung des Systems. Ist Dampfbildung möglich, so herrscht Gleichgewicht an den Systemgrenzen und der auf dem System lastende Druck ist identisch mit dem Dampfdruck des Systems.

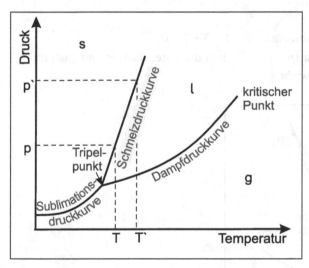

Abb. 1.9: Phasendiagramm eines einfachen Einkomponentensystems.

Im Zustandsdiagramm sind die Existenzbereiche der unterschiedlichen Phasen des Systems ausgewiesen. Die Punkte, an denen die flüssige und die gasförmige Phase des Systems im Gleichgewicht stehen, bilden die ***Dampfdruckkurve***. Zwischen der festen und der gasförmigen Phase liegt die ***Sublimationsdruckkurve*** und zwischen der festen und der flüssigen Phase liegt die ***Schmelzdruckkurve***. Alle Kurvenpunkte beschreiben einen Zustand, bei dem zwei unterschiedliche Phasen nebeneinander vorliegen. Im ***Tripelpunkt*** (TP), dem Schnittpunkt von Dampfdruck-, Schmelzdruck- und Sublimationsdruckkurve, existieren drei Phasen nebeneinander im Gleichgewicht.

Die Flächen links von der Dampfdruck- bzw. Sublimationsdruckkurve sind so zu interpretieren, dass der auf dem System lastende Druck größer ist als der mögliche Dampfdruck und sich deshalb kein Dampf bilden kann.

Wendet man nun die Gibbs'sche Phasenregel auf das Einkomponentensystem an, so erkennt man, dass für alle Punkte, die nicht auf den Trennlinien zwischen unterschiedlichen Phasen liegen, zwei Freiheitsgrade existieren ($F = 1 - 1 + 2 = 2$).
Druck und Temperatur können geändert werden, ohne dabei die Anzahl der Phasen zu verändern. In diesen Punkten ist das System *bivariant*.
Auf den Trennlinien zwischen zwei Phasen wird das System *univariant*. Nach der Phasenregel ergibt sich ein Freiheitsgrad ($F = 1 - 2 + 2 = 1$). Erhöht man die Temperatur von T auf T', so bleiben die feste und die flüssige Phase nur dann im Gleichgewicht, wenn gleichzeitig der Druck von p auf p' erhöht wird. Wählt man einen anderen Druck oder hält z. B. den Ausgangsdruck p konstant, so gelangt man in ein Einphasengebiet. Im obigen Beispiel schmilzt die feste Phase.

Am Tripelpunkt ist das System *nonvariant* ($F = 1 - 3 + 2 = 0$).
Nur bei einem einzigen Wertepaar (p ; T) existieren die feste, flüssige und gasförmige Phase nebeneinander im Gleichgewicht.

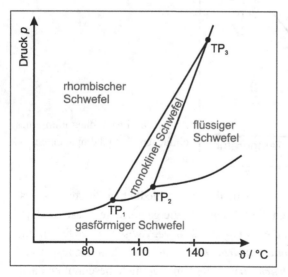

Abb. 1.10:   Zustandsdiagramm des Schwefels, TP – Tripelpunkt.

Zustandsdiagramme für Einkomponentensysteme mit mehreren festen Phasen besitzen mehrere Tripelpunkte TP, wie am Beispiel des Zustandsdiagramms für den Schwefel (Abbildung 1.10) ersichtlich ist. Für unterschiedliche feste Phasen eines Stoffes hat man unterschiedliche Begriffe geprägt. Bei Elementen spricht man von *allotropen* Phasen, bei Verbindungen von *polymorphen*. Der Überbegriff ist der verschiedener *Modifikationen*.

Lassen sich die Modifikationen reversibel ineinander umwandeln, nennt man sie *enanti-otrop*. Ist die Umwandlung irreversibel, spricht man von *Monotropie*.

Auch für Wasser werden unterschiedliche feste Phasen (Eis I – VI) diskutiert. Der Tri-pelpunkt für Eis I, Wasser und Wasserdampf liegt bei 0,006 bar und 273,16 K. Das in Abbildung 1.11 dargestellte vereinfachte Zustandsdiagramm des Wassers (von den festen Phasen ist nur Eis I angegeben) zeigt eine Besonderheit, die ihre Ursachen in der Ano-malie des Wassers hat. Die Schmelzdruckkurve besitzt eine negative Steigung. Druckan-stieg führt bei Temperaturen, die leicht unterhalb vom Gefrierpunkt liegen, in das Exis-tenzgebiet des flüssigen Wassers.

Entlang der Dampfdruckkurve liegen flüssiges Wasser und Wasserdampf im Gleichge-wicht nebeneinander vor. Der Siedepunkt beim Druck von 101,325 kPa (*1,01325 bar, Normalluftdruck*) ist im Diagramm markiert. Am sogenannten *kritischen Punkt* endet die Dampfdruckkurve. Hier besitzen Wasser und Wasserdampf die gleiche Dichte (0,324 $g \cdot cm^{-3}$). Es bildet sich eine einheitliche Gasphase aus, die sich auch durch noch so hohe Drücke nicht mehr verflüssigen lässt (s. S. 25 f). Das System bleibt oberhalb des kriti-schen Punktes (220 bar; 374 °C) bivariant.

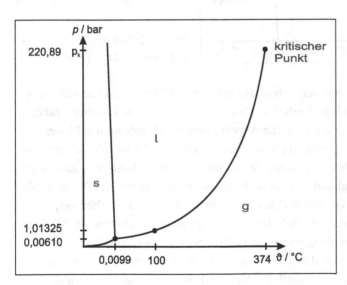

Abb. 1.11: Vereinfachtes Zustandsdiagramm des Was-sers.

Die Phasenregel spiegelt auch richtig wider, dass für 1 Komponente maximal 3 Phasen nebeneinander existieren können, denn bei 4 Phasen würde sich ein unsinniger Freiheits-grad von $F = -1$ ergeben.

Abbildung 1.12 zeigt das Zustandsdiagramm des Kohlenstoffs. In ihm sind die Bereiche ausgewiesen, in denen die beiden festen Phasen Graphit und Diamant thermodynamisch stabil sind. Das Zustandsdiagramm verdeutlicht, dass die Diamantphase unter Normalbedingungen eine thermodynamisch instabile Phase darstellt. Doch lassen sich bekanntlich Diamanten bei normalen Temperaturen unverändert aufbewahren. Offenbar laufen also nicht alle Phasenumwandlungen, die aufgrund des Zustandsdiagramms zu erwarten sind, mit beobachtbarer Geschwindigkeit ab.

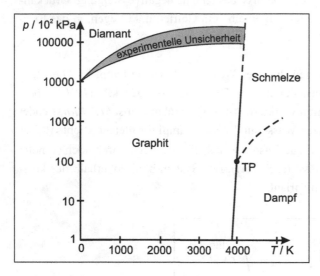

Abb. 1.12: Zustandsdiagramm des Kohlenstoffs, TP – Tripelpunkt.

In solchen Fällen, in denen eine thermodynamisch instabile Phase wegen unendlich kleiner Umwandlungsgeschwindigkeit erhalten bleibt, spricht man von **kinetisch stabilen** bzw. von **metastabilen** Phasen. Kinetische Aspekte lassen sich anhand des Phasendiagramms nicht diskutieren. Ein anscheinend stabiles System befindet sich also keineswegs immer im Gleichgewicht. Hohe Energiebarrieren zwischen unterschiedlichen Zuständen können die spontane Zustandsänderung in Richtung thermodynamisch stabiler Zustände verhindern. Um umgekehrt Graphit in Diamant zu verwandeln, sind aus thermodynamischer Sicht extreme Drücke erforderlich. Bei Temperaturen unterhalb von 4000 K läuft eine derartige Phasenumwandlung wieder mit sehr geringer Geschwindigkeit ab. Aus dem Phasendiagramm lässt sich damit keine brauchbare Vorschrift für die Diamantenherstellung ableiten, auch wenn es durch die Verwendung geeigneter Katalysatoren gelungen ist, die Phasenumwandlung bereits bei vergleichbar milden Bedingungen von 70 kbar und etwa 2300 K mit messbarer Geschwindigkeit durchzuführen. Industriell wird heute Diamant durch Pyrolyse von Methan gewonnen. Diese Reaktion ist kinetisch kontrolliert, d. h. dass sich bei der Pyrolyse in einer komplexen Reaktion Diamant schneller bildet als Graphit und so als bevorzugtes Reaktionsprodukt erhältlich ist.

In den folgenden Kapiteln wenden wir uns verstärkt speziellen Zweikomponentensystemen, ihren Phasendiagrammen und daraus abgeleiteten Aussagen zu.

1.10.3 Lösungen von Stoffen mit vernachlässigbarem Dampfdruck

Als erste *binäre* Systeme ($K = 2$) sollen stark verdünnte Lösungen von Stoffen diskutiert werden, die selbst keinen merklichen Dampfdruck besitzen. Die gelösten Teilchen seien voll solvatisiert und die Wechselwirkungen zwischen den gelösten Teilchen sollen ebenfalls vernachlässigbar sein. Wechselwirkungen zwischen den Lösungsmittelmolekülen sollen gleich denen im reinen Lösungsmittel sein.

Das Lösen von Stoffen mit vernachlässigbarem Dampfdruck führt zur *Dampfdruckerniedrigung* Δp des Lösungsmittels:

$$\Delta p = p_0 - p \tag{1.38}$$

p_0 - Dampfdruck des reinen Lösungsmittels; p – Dampfdruck der Lösung.

Das Verhältnis aus Δp und p_0 heißt *relative Dampfdruckerniedrigung*. **F. M. Raoult** fand 1886 einen Zusammenhang zwischen der Stoffmenge des gelösten Stoffs und Δp. Nach dem *Raoultschen Gesetz* ist die relative Dampfdruckerniedrigung gleich dem Stoffmengenanteil des gelösten Stoffs, unabhängig von dessen Natur und von der jeweiligen Temperatur:

$$\frac{\Delta p}{p_0} = \frac{n_B}{n_B + n_A} = X_B \tag{1.39}$$

n_B – Stoffmenge des gelösten Stoffs; n_A – Stoffmenge des Lösungsmittels;
X_B – Stoffmengenanteil des gelösten Stoffs.

Löst man Gleichung (1.39) nach dem Dampfdruck der Lösung auf, so erhält man:

$$\frac{p_0 - p}{p_0} = X_B \quad , \quad p_0 - X_B \cdot p_0 = p \quad \text{bzw.} \quad p = p_0 \cdot (1 - X_B) \ . \tag{1.40}$$

$(1 - X_B)$ ist identisch mit dem Stoffmengenanteil des Lösungsmittels. Demnach ergibt sich der Dampfdruck der Lösung als Produkt aus dem Dampfdruck des reinen Lösungsmittels und seinem Stoffmengenanteil:

$$p = p_0 \cdot X_A \ . \tag{1.41}$$

Das Raoultsche Gesetz ist nur für ideal verdünnte Lösungen streng erfüllt. Mit wachsender Konzentration treten Abweichungen hin zu einer kleineren oder einer größeren relativen Dampfdruckerniedrigung auf. Im Gültigkeitsbereich des Raoultschen Gesetzes kann aus der Dampfdruckerniedrigung auf die relative Molekülmasse des gelösten Stoffes geschlossen werden. Aus Gleichung (1.39) ergibt sich, wenn man n_B im Nenner gegenüber n_A vernachlässigt:

$$\frac{n_A \cdot \Delta p}{p_0} = n_B = \frac{m_B}{M_B} \qquad \text{bzw.} \qquad M_B = \frac{m_B \cdot p_0}{n_A \cdot \Delta p} = \frac{m_B}{m_A} \cdot \frac{p_0 \cdot M_A}{\Delta p} \qquad (1.42)$$

M_B, m_B – Molmasse bzw. Masse des gelösten Stoffes
M_A, m_A – Molmasse bzw. Masse des Lösungsmittels.

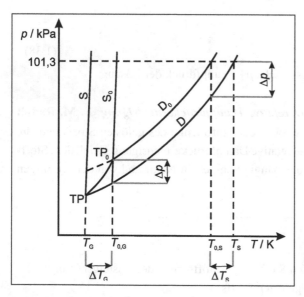

Abb. 1.13: Dampfdruckerniedrigung in einer wässrigen Lösung, Index 0 kennzeichnet reines Wasser, TP – Tripelpunkt.

Aus dem Raoultschen Gesetz folgt, wie oben erläutert, dass eine Lösung stets einen geringeren Dampfdruck besitzt als das reine Lösungsmittel. Wird der Dampfdruck des reinen Lösungsmittels bei geeigneter Temperatur gleich dem äußeren Druck, so können sich innerhalb der Flüssigkeit Blasen bilden und das Lösungsmittel beginnt zu sieden. Löst man in ihm einen Stoff, führt das zum Absinken des Dampfdrucks.

Der Siedevorgang beginnt erst bei höherer Temperatur. Die Siedetemperatur einer Lösung wächst mit zunehmender Dampfdruckerniedrigung. Die Differenz zwischen dem Siedepunkt der Lösung T_S und dem Siedepunkt des reinen Lösungsmittels $T_{0,S}$ nennt man **Siedepunktserhöhung** ΔT_s ($\Delta T_S = T_S - T_{0,S}$). Als umgekehrter Temperatureffekt beim Übergang von der flüssigen zur festen Phase lässt sich aus der Dampfdruckerniedrigung

(Verschiebung der Dampfdruckkurve zu höheren Temperaturen) die **Gefrierpunktser-niedrigung** ΔT_G ($\Delta T_G = T_{G,0} - T_G$) ablesen (Abb. 1.13). Sie folgt zwingend aus der Verschiebung des Tripelpunktes entlang der Sublimationsdruckkurve zu niedrigeren Temperaturen. Siedepunktserhöhung und Gefrierpunktserniedrigung können ebenfalls zur Molmassenbestimmung des gelösten Stoffes herangezogen werden. Da die $\Delta T_{S,G}$ aus der Parallelverschiebung der Dampfdruckkurve resultieren, müssen sie analog dem Raoultschen Gesetz proportional zum Stoffmengenanteil des gelösten Stoffes sein. Für ideal verdünnte Lösungen ($n_B \ll n_A$) entspricht der Stoffmengenanteil in erster Näherung wieder dem Quotienten n_B/n_A. Mit dieser Näherung erhält man aus Gleichung (1.39) die Gleichung (1.43).

$$\Delta T_{S,G} = E_{S,G} \cdot \frac{n_B}{m_A} \quad \text{und} \quad n_B = \frac{m_B}{M_B} \quad \text{bzw.} \quad M_B = \frac{m_B}{m_A} \cdot \frac{E_{S,G}}{\Delta T_{S,G}} \tag{1.43}$$

Die Proportionalitätsfaktoren heißen **ebullioskopische** Konstante E_S bzw. **kryoskopische** Konstante E_G und stellen die molalen Siedepunktserhöhungen bzw. Gefrierpunktserniedrigungen (für 1 mol B in 1 kg Lösungsmittel A) dar (vergl. Versuch 1.16.1, S. 128).

Der osmotische Druck

Die im Abschnitt 1.10.3 beschriebenen Phänomene (**kolligative Eigenschaften**) hängen nur vom Stoffmengenanteil des gelösten Stoffes ab, aber nicht von den spezifischen Eigenschaften der Teilchen. Betrachten wir ein weiteres Phänomen dieser Art, das auftritt, wenn ein Bereich reinen Lösungsmittels von einer Lösung (die einen gelösten Stoff mit dem Stoffmengenanteil X_B enthält) durch eine semipermeable Membran getrennt wird. Die semipermeable Membran sei durchlässig für das Lösungsmittel, aber nicht für gelöste Moleküle und Ionen. Ein Beispiel für eine derartige semipermeable Membran ist die biologische Zellmembran. Der Konzentrationsunterschied zwischen den beiden Bereichen kann also nur verringert werden, wenn das Lösungsmittel durch die Membran in den Bereich höherer Konzentration wandert. Diesen Lösungsmitteltransport nennt man **Osmose**. Die Osmose hat eine große Bedeutung für die Stabilität und den Wasserhaushalt von biologischen Zellen. An roten Blutkörperchen (Erythrozyten) kann zum Beispiel beobachtet werden, dass sie ihre Form verändern, wenn sich die Salzkonzentration in der Umgebung verändert. Die Zellen werden durch Osmose größer, wenn die Salzkonzentration in der Umgebung geringer als die im Inneren der roten Blutkörperchen ist, und umgekehrt schrumpfen sie. Daher muss bei intravenösen Infusionen auf eine isotonische Lösung geachtet werden, die eine Salzkonzentration von etwa 150 mM besitzt, was identisch ist mit der Salzkonzentration im Inneren der Erythrozyten.

In einer Versuchsanordnung, wie sie in Abbildung 1.14 schematisch dargestellt ist, müsste eine Wanderung von Lösungsmittelmolekülen durch die semipermeable Wand in die Lösung einsetzen, was zum Anheben des Kolbens in der rechten Kammer führen müsste und zu einem Absinken des Kolbens in der linken Kammer. Um den Lösungsmittelfluss zu unterbinden, muss der Druck auf der rechten Kammer um den ***osmotischen Druck Π*** erhöht werden. Der osmotische Druck *Π* ist wie die Dampfdruckerniedrigung, die Siedepunktserhöhung und die Gefrierpunktserniedrigung nur vom Stoffmengenanteil der gelösten Teilchen abhängig und lässt sich für verdünnte Lösungen mit der folgenden Gleichung berechnen:

$$\Pi = \frac{n_B RT}{v} = c_B RT \ .$$

(1.44)

Die Konzentration bezieht sich auf die Anzahl der gelösten Teilchen, bei Salzen also die Konzentration aller Ionen. Diese Gleichung hat große Ähnlichkeit mit der idealen Gasgleichung (Gl. (1.1)), was demonstriert, dass auch die gelösten Teilchen in einem Lösungsmittelvolumen einen Druck ausüben, der aber von den sich anziehenden Lösungsmittelmolekülen aufgefangen wird. Die auch als ***van`t Hoffsche Gleichung*** bekannte Beziehung (1.44) kann über das chemische Potenzial (s. Kapitel 1.13) hergeleitet werden.

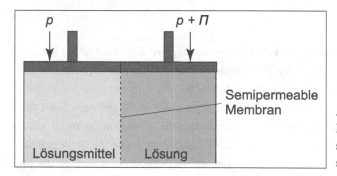

Abb. 1.14: Der Osmotische Druck *Π* unterbindet den Lösungsmitteltransport in die Lösung.

1.10.4   Mischungen und Mischungslücken

Die im folgenden Kapitel besprochenen Mischungen sind Mehrkomponentensysteme, in denen alle Komponenten einen messbaren Dampfdruck aufweisen. Die Mischungen können gasförmig, flüssig oder fest sein. Es können sich homogene Mischphasen ausbilden oder Bereiche existieren, in denen die Komponenten unterschiedliche Phasen bilden. Die Bereiche, in denen unterschiedliche Phasen vorliegen, also Entmischung auftritt, bilden im Zustandsdiagramm sogenannte ***Mischungslücken***.

Ein System, das eine derartige Mischungslücke aufweist, entsteht beim Mischen von Phenol und Wasser. Bei 41°C lassen sich Phenol und Wasser bis zu einem Wassergehalt von 33 Masse % (Abb. 1.15 Punkt B) zu einer homogenen flüssigen Phase (homogene Lösung) mischen. Setzt man weiteres Wasser zu, so treten zwei Phasen auf. Die Mischung wird trübe. Übersteigt der Wassergehalt im Gemisch 90 Masse %, erscheint wieder eine homogene Mischphase (Abb. 1.15, Punkt C). Im Bereich der Mischungslücke liegen die Komponenten nicht rein vor, sondern als zwei getrennte Mischphasen, deren Zusammensetzung von der Temperatur abhängt. Im Phasendiagramm sind die Zusammensetzungen an der Begrenzungslinie der Mischungslücke ablesbar. So bildet ein Gemisch von 50 Masse % Phenol und 50 Masse % Wasser (Punkt A) bei 41°C zwei getrennte Mischphasen mit Zusammensetzungen, die zu B bzw. C gehören. Die Gerade BC ist eine *Konode* (vergl. S. 26 bzw. S. 70).

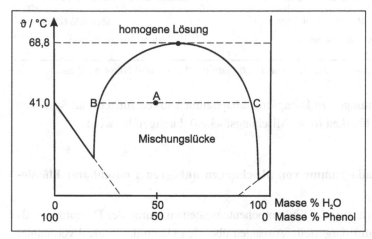

Abb. 1.15: Zustandsdiagramm des Phenol-Wasser-Gemisches.

Mit steigender Temperatur vereinigen sich die verschiedenen Mischphasen im Maximum der Mischungslücke und es entsteht eine einheitliche Mischphase über den gesamten Konzentrationsbereich der beteiligten Komponenten. Die entsprechende Temperatur heißt *kritische Lösungstemperatur* (68,8 °C in Abbildung 1.15).

Bei Temperaturen unterhalb des Schmelzpunktes der reinen Phasen können auch feste Phasen von Phenol bzw. Eis auftreten. Unterhalb der rechten Geraden existiert Eis, unterhalb der linken liegt der Bereich für festes Phenol. Beide Geraden fallen, da die Gefrierpunkte durch den jeweils gelösten anderen Stoff abgesenkt werden.

Neben Systemen mit oberen kritischen Lösungstemperaturen gibt es auch Systeme mit unteren kritischen Lösungstemperaturen (Abbildung 1.16). Im Fall des Systems Nikotin / Wasser tritt sowohl eine untere als auch eine obere kritische Lösungstemperatur auf und die Mischungslücke wird von einem geschlossenen Kurvenzug begrenzt. Vom Standpunkt der Phasenregel aus betrachtet ist das System außerhalb des Kurvenzugs bivariant, innerhalb der Kurve univariant (beide Phasen ändern ihre Zusammensetzungen, wenn T geändert wird).

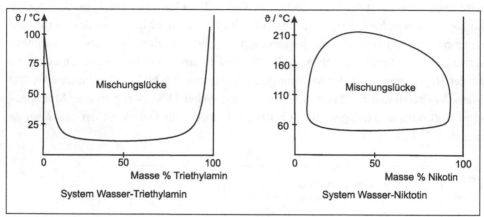

Abb. 1.16: Zustandsdiagramme der Systeme Triethylamin / Wasser und Nikotin / Wasser.

Die folgenden Betrachtungen zu Dampfdruckdiagrammen sollen zunächst an Systemen mit unbegrenzter Mischbarkeit (ohne Mischungslücken) durchgeführt werden.

1.10.5 Dampfdruckdiagramme von Mischungen unbegrenzt mischbarer Flüssigkeiten

In den Zustandsdiagrammen von Einkomponentensystemen wurde der Dampfdruck als Funktion der Temperatur dargestellt. Aussagen über den Dampfdruck ideal verdünnter Lösungen macht das Raoultsche Gesetz. Zum Dampfdruck über einer Mischung von unbegrenzt mischbaren Flüssigkeiten tragen im Gegensatz zur ideal verdünnten Lösung beide Komponenten bei. Der Dampfdruck wird damit eine Funktion sowohl der Temperatur als auch der Zusammensetzung. Als Dampfdruckdiagramm binärer Systeme bezeichnet man die grafische Darstellung der Abhängigkeit des Dampfdrucks von der Zusammensetzung der Mischung bei konstanter Temperatur. Die Kurven stellen folglich Isothermen dar. Nach dem Gesetz von Dalton (S.20) ist der Dampfdruck der Mischung gleich der Summe der Partialdrücke der Komponenten.

$$p_M = p_A + p_B \tag{1.45}$$

$p_{0,A}$ und $p_{0,B}$ seien die Dampfdrücke der reinen Komponenten bei einer gegebenen Temperatur. B soll die Komponente mit dem höheren Dampfdruck sein. Bei der Behandlung der Systeme sind drei Fälle zu unterscheiden:

1. Zwischen den Molekülen beider Komponenten sollen gleichstarke Wechselwirkungen existieren wie zwischen den Molekülen der reinen Komponenten. Das ist bei chemisch ähnlichen Stoffen, z. B. in den Mischungen von flüssigem Sauerstoff und flüssigem Stickstoff, von Benzol und Toluol, von Methanol und Ethanol u. a. der Fall. Man spricht von idealen Mischungen. ***Ideale Mischungen*** verhalten sich im gesamten Konzentrationsbereich ihrer Komponenten wie ideal verdünnte Lösungen. Auf jede Komponente kann folglich das Raoultsche Gesetz angewendet werden. Es gilt:

$$p_M = X_A p_{0,A} + X_B p_{0,B} = (1 - X_B)p_{0,A} + X_B p_{0,B}$$
$$p_M = p_{0,A} + X_B(p_{0,B} - p_{0,A}).$$

(1.46)

Der Gesamtdruck p_M lässt sich somit als lineare Funktion des Stoffmengenanteils X_B darstellen. Abbildung 1.17 zeigt darüber hinaus auch die linearen Abhängigkeiten der Partialdrücke vom Stoffmengenanteil der Komponenten.

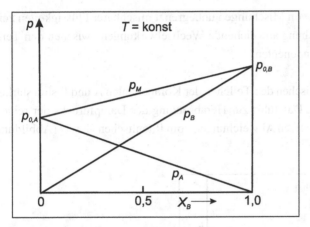

Abb. 1.17: Dampfdruck-diagramm einer idealen Mischung.

Für die Zusammensetzungen der Gasphase lassen sich aus Partialdruck und Gesamtdruck andere Werte ermitteln als für die flüssige Phase. Die Stoffmengenanteile beider Komponenten in der Gasphase betragen $Y_A = \dfrac{p_A}{p_M}$ und $Y_B = \dfrac{p_B}{p_M}$.

Für den Stoffmengenanteil Y_B ergibt sich unter Berücksichtigung des Raoultschen Gesetzes

$$Y_B = \frac{X_B p_{0,B}}{p_M}$$

(1.47)

Da p_M stets kleiner ist als $p_{0,B}$ (B ist die reine Komponente mit dem höheren Dampfdruck, Abb. 1.17), liegt B in der Gasphase angereichert vor.

Trägt man Y_B gegen X_B ab, erhält man den in Abbildung 1.18 dargestellten Hyperbelbogen, die sogenannte *isotherme Gleichgewichtskurve* einer idealen Mischung.

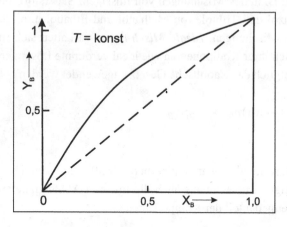

Abb. 1.18: Isotherme Gleichgewichtskurve einer idealen Mischung.

Die beiden anderen Fälle von Mischungen unbegrenzt mischbarer Flüssigkeiten zeigen von der idealen Mischung abweichende Wechselwirkungen zwischen den Teilchenarten der beiden Komponenten.

2. Die Anziehungskräfte zwischen den Teilchen der Komponenten A und B sind stärker als in den reinen Stoffen. Das führt zur Herabsetzung des Dampfdrucks der reinen Komponenten und zu negativen Abweichungen vom Raoultschen Gesetz (Abbildung 1.19).

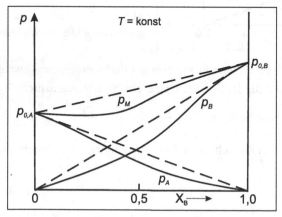

Abb. 1.19: Dampfdruckdiagramm mit Minimum.

Bei derartigen Mischungen tritt meist eine Volumenkontraktion ein. Der Mischungsvorgang ist exotherm. Die gebildete Mischung ist energieärmer als es der Summe der inneren Energien der reinen Komponenten entspricht. Die Abweichung vom Raoultschen Gesetz kann zu einem Minimum in der Dampfdruckkurve der Mischung führen. Ein Beispiel hierfür ist die Mischung von Aceton und Chloroform. Bei 28°C liegt das Dampfdruckminimum bei 65 % $CHCl_3$. Die Volumenkontraktion beträgt 0,2 %.

3. Positive Abweichungen vom Raoultschen Gesetz treten auf, wenn die Kräfte zwischen den Teilchen von A und B schwächer sind als innerhalb der reinen Stoffe. Mischungsvorgänge sind dann meist endotherm und mit einer Volumenexpansion verbunden. Der Dampfdruck der Mischung ist höher als die Summe der nach Raoult erwarteten Partialdrücke. Ein Beispiel für eine solche Mischung ist Aceton/Schwefelkohlenstoff. Bei 39°C liegt das Dampfdruckmaximum bei einem CS_2-Gehalt von 67 %. Die Volumenexpansion beträgt unter diesen Bedingungen 1,4 %.

Zu positiven Abweichungen der Dampfdruckkurve kommt es auch, wenn durch den Mischvorgang intermolekulare Assoziate einer Komponente aufgehoben werden, wie es im Wasser/Ethanol-Gemisch der Fall ist.

Dampfdruckmaxima (positive Abweichungen) führen zu Siedepunktsminima und umgekehrt.

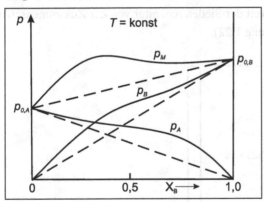

Abb. 1.20: Dampfdruckdiagramm mit Maximum.

1.10.6 Siedediagramme

Erreicht der Dampfdruck einer Flüssigkeit (reiner Stoff, flüssige Mischung oder Lösung) den Außendruck, so erfolgt auch im Inneren der Flüssigkeit der spontane Übergang in die Gasphase. Das System siedet. Wenden wir uns zunächst wieder einer idealen Mischung zu.

Für jede Temperatur lässt sich eine lineare Dampfdruckkurve entsprechend Gleichung (1.46) aufstellen. Die Dampfdruckgeraden unterscheiden sich in ihrem Anstieg. Betrachten wir den Verdampfungsvorgang nun bei konstantem Außendruck, z. B. bei 101,325 kPa (1 atm bzw. 760 Torr), aber unterschiedlichen Temperaturen.

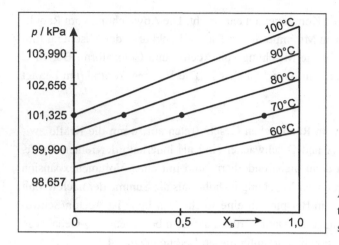

Abb. 1.21: Dampfdruck-iso-
thermen einer idealen Mi-
schung.

In Abbildung 1.21 erkennt man, dass für verschieden zusammengesetzte Mischungen
(verschiedene X_B) die Dampfdrücke bei verschiedenen Temperaturen (eingezeichnete
Kreise) den Wert des Außendrucks erreichen. Die eingezeichneten Punkte stellen also die
Siedepunkte der Mischungen dar. Trägt man die Siedetemperaturen gegen die Zusammensetzungen der siedenden Flüssigkeiten ab, so erhält man die als *Siedekurve* bezeichnete Dampfdruckisobare (Abhängigkeit der Siedetemperatur von der Zusammensetzung
bei konstantem Außendruck, Abbildung 1.22).

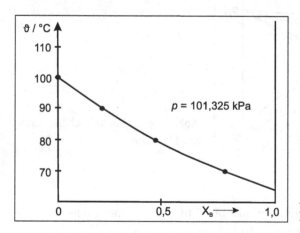

Abb. 1.22: Siedekurve einer idealen
Mischung.

Bezieht man die Siedetemperaturen auf die Zusammensetzung des jeweiligen Dampfes,
der sich über der siedenden Flüssigkeit bildet bzw. auf das aus ihm gewinnbare Kondensat, so erhält man neben der Siedekurve die sogenannte *Kondensationskurve.* Siedekurve
und Kondensationskurve ergeben zusammen das *Siedediagramm* (z.B. das Siedediagramm in Abbildung 1.23, bei dem allerdings in Abweichung zu den vorhergehenden

Dampfdruckkurven der Stoff B den geringeren Dampfdruck aufweist). Im Siedediagramm wird der Stoffmengenanteil auf der Abszisse sowohl zur Angabe der Gesamtzusammensetzung des Systems als auch zur Angabe der Zusammensetzung der siedenden Flüssigkeit bzw. des Dampfes (des Kondensats) genutzt. Für alle Punkte oberhalb der Kondensationskurve (reine Dampfphase) und für alle Punkte unterhalb der Siedekurve (homogene flüssige Mischphase) besitzt das System nach der Phasenregel K-P+2 = 3 Freiheitsgrade. Da wir den Siedevorgang betrachten, muss der Dampfdruck dem Außendruck entsprechen. Zur Beschreibung eines Punktes in diesen beiden Gebieten sind folglich 2 Bestimmungsstücke erforderlich, die Zusammensetzung und die Temperatur. Siede- und Kondensationskurve schließen ein Zweiphasensystem ein, in dem siedende Flüssigkeit und Dampf nebeneinander vorliegen. Punkte in diesem Gebiet sind univariant. Zu einer gegebenen Totalzusammensetzung x gehören jeweils zwei unterschiedliche Zusammensetzungen der koexistierenden Phasen, $m = n_A(l) + n_B(l)$ bzw. $m' = n_A(g) + n_B(g)$. Durch Wahl der Temperatur sind die Zusammensetzungen der beiden Phasen eindeutig festgelegt. So gehören zur Temperatur T bei einer Totalzusammensetzung x des in der Abbildung 1.23 dargestellten Systems eine Gasphase und eine Flüssigkeit der beschriebenen Zusammensetzung m und m'. Das Mengenverhältnis der beiden Phasen kann aus dem Verhältnis der Strecken xm und xm' entnommen werden. Es gilt eine dem Hebelgesetz analoge Beziehung

$$\frac{\text{Stoffmenge } m}{\text{Stoffmenge } m'} = \frac{n_A(l) + n_B(l)}{n_A(g) + n_B(g)} = \frac{\text{Strecke } xm'}{\text{Strecke } xm}.$$

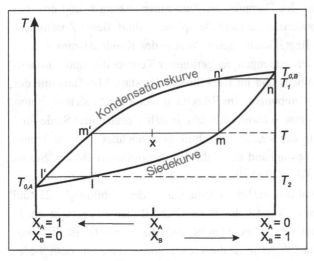

Abb. 1.23: Siedediagramm einer idealen Mischung.

Die zu einer Temperatur gehörende Gerade, die zwei miteinander im Gleichgewicht stehende Phasen verbindet, ist wieder eine auf Seite 26 bereits definierte **Konode**. Bringt man eine flüssige Mischung der Zusammensetzung m zum Sieden, so weist der Dampf bei der Siedetemperatur T die Zusammensetzung m' auf. Er ist angereichert mit der leichter siedenden Komponente A. Im weiteren Gedankenexperiment nehmen wir zunächst an, dass der Außendruck auf die Flüssigkeit konstant bleibt. Wir sorgen ferner dafür, dass der Dampf im System verbleibt, jedoch nicht wieder kondensiert. Im Ergebnis des Siedevorgangs reichert sich die flüssige Phase mit der schwerer siedenden Komponente an. Sorgt man für fortgesetztes Sieden, steigt die Siedetemperatur von T auf T_1, während die Flüssigkeit ihre Zusammensetzung von m bis n ändert. Gleichzeitig ändert die Dampfphase ihre Zusammensetzung von m' bis n'. Damit hat bei T_1 die Dampfphase die gleiche Zusammensetzung erreicht, wie die Ausgangslösung. Die flüssige Phase ist vollständig verdampft.

Siedediagramme bilden die Grundlage der Theorie der Stofftrennung durch *fraktionierte Destillation*:

Im Gegensatz zum oben beschriebenen Gedankenversuch, bei dem die Temperatur im Gesamtsystem einheitlich bis zur völligen Verdampfung ansteigt, ist bei einer fraktionierten Destillation der Siedekolben mit einem mehr oder weniger langen Rückflusskühler versehen, in welchem die Temperatur zum Ausgang hin immer geringer wird. Im Rückflusskühler kondensiert der aufsteigende Dampf. Wir betrachten nun den ersten kleinen Tropfen des Kondensats der Zusammensetzung m', der sich beim Aufsteigen des Dampfes am kälteren Kolbenhals bildet. Um ihn erneut zum Sieden zu bringen, benötigt man lediglich die zu l gehörende Siedetemperatur. Der nun gebildete Dampf besitzt mit l' nahezu die reinem A entsprechende Zusammensetzung. Zumindest kann man sich leicht vorstellen, dass die Kondensation des Dampfes der Zusammensetzung l' und erneutes Sieden des daraus gebildeten Kondensats zu einer Dampfphase führt, deren Zusammensetzung sehr nahe bei reinem A liegt. Genau dieser Prozess des Kondensierens und erneuten Siedens der kleinen Kondensatmengen bei geringerer Temperatur findet im aufsteigenden Glasrohr des Siedekolbens und im Rückflusskühler statt. Mit Zunahme des Anteils der schwerer siedenden Komponente im Rückstand steigt die Siedetemperatur. Ein Stoffgemisch A,B lässt sich umso schwerer trennen, je näher zueinander Siede- und Kondensationskurve verlaufen. In der Verfahrenstechnik kennzeichnet man die Trennbarkeit eines Flüssigkeitsgemisches anhand der Zahl der theoretischen Böden. Sie ist gleich der Anzahl der Konoden, die im Siedediagramm von der gegebenen Ausgangsmischung zum gewünschten Destillat führen. Im Siedediagramm der Abbildung 1.23 sind vom Ausgangsgemisch n bis zum Destillat l' drei theoretische Böden zu überwinden. Je mehr theoretische Böden zwischen den Eckpunkten liegen, umso schwerer ist die Trennung zu realisieren, umso leistungsfähiger muss die Trennkolonne sein. Aus dem Siedediagramm geht hervor, dass sich die Zahl der theoretischen Böden und damit das Trennproblem erheblich vergrößert, je näher man an das reine Destillat A heran rückt. Aus diesem Grunde wird man auch kein völlig reines Destillat erhalten können. Nimmt man eine minimale Verunreinigung in Kauf, so wird man prinzipiell eine ideale Mischung flüssiger Stoffe durch Destillation in ihre Bestandteile zerlegen können.

Für Abweichungen von der idealen Mischung wurden im Kapitel 1.10.5 positive bzw. negative Abweichungen der Dampfdruckkurven diskutiert. Wie gezeigt wurde, führen diese Abweichungen zur Erhöhung bzw. Erniedrigung der Siedepunkte. Liegt ein Dampfdruckmaximum vor, so führt das zum Siedepunktsminimum und umgekehrt. In den Extrempunkten fallen Siede- und Kondensationskurven dieser Systeme zusammen. Die zugehörigen Zusammensetzungen heißen *azeotrope Gemische* (Abbildung 1.24).

Azeotrope Gemische verhalten sich wie reine Stoffe. Sie besitzen einen definierten Siedepunkt, an dem Gasphase und azeotropes Gemisch die gleiche Zusammensetzung besitzen.

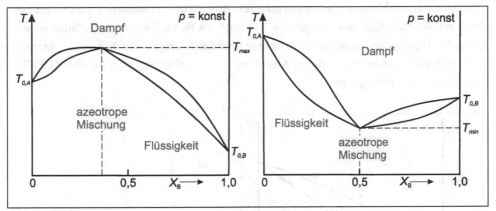

Abb. 1.24: Siedediagramme mit Siedepunktsmaximum bzw. –minimum.

In Abbildung 1.25 ist die destillative Trennung einer Mischung mit Azeotrop nachvollziehbar. Bringt man ein Gemisch mit der Zusammensetzung A zum Sieden, so stellt sich über eine Abfolge von Konoden (Isothermen AA', BB' usw.) eine Dampfphase mit nahezu reinem Azeotrop ein. Vollständig reines Azeotrop wird man nicht erhalten, weil die Zahl der theoretischen Böden wieder ins Unendliche wächst, je dichter man an das Azeotrop heranrückt. Die destillative Trennung beider Komponenten kann bei der Ausbildung azeotroper Mischungen nicht erreicht werden.

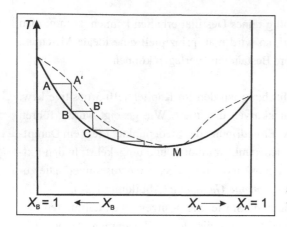

Abb. 1.25: Siedediagramm eines Systems mit azeotropem Minimum.

1.10.7 Schmelzdiagramme

Der temperaturabhängige Phasenübergang fest/flüssig (bei konstantem Druck) wird grafisch im *Schmelzdiagramm* dargestellt. Für auch im festen Zustand vollständig mischbare Zweikomponentensysteme (Mischkristallbildung) zeigen die Schmelzdiagramme ein den Siedediagrammen analoges Aussehen, wie in Abbildung 1.26 für eine Gold/Silber-Mischung ersichtlich ist.

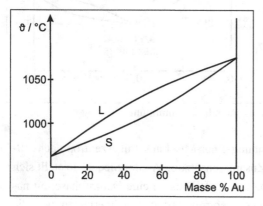

Abb. 1.26: Schmelzdiagramm der Gold/Silber-Mischung.

Anstatt der Siede- und Kondensationskurve enthalten die Diagramme *Soliduskurve (S) und Liquiduskurve (L)*. Voraussetzung für Mischkristallbildung ist, dass die beiden Komponenten in der festen Phase eine Art ideale Mischung bilden. Die liegt vor, wenn sich, wie im Beispiel Gold/Silber, die unterschiedlichen Atome im beliebigen Verhältnis auf den Gitterplätzen der Legierung austauschen lassen (*Substitutionsmischkristall*) oder wenn die Atome einer Komponente im beliebigen Umfang die Gitterzwischenräume be-

setzen können (***Einlagerungsmischkristall***). So kann sich z.B. Kohlenstoff in das Metall-
gitter des Eisens einlagern. Anstelle von ***Mischkristallen*** spricht man auch von ***festen
Lösungen***.

Neben den idealen Systemen existieren auch Mischkristalle, deren Schmelzdiagramme
Minima oder Maxima aufweisen, analog zu den azeotropen Gemischen in den Siedediagrammen. Ein Beispiel für ein Schmelzdiagramm mit Minimum liefert das System Kup-
fer/Gold. Mischkristalle mit Schmelzpunktmaximum sind relativ selten.

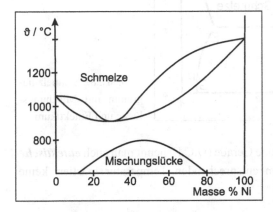

Abb. 1.27: Schmelzdiagramm des Systems
Gold / Nickel.

Wesentlich häufiger treten beim Phasenübergang fest/flüssig Mischungslücken auf. Im
System Gold/Nickel (Abbildung 1.27) besitzt die Mischungslücke eine obere kritische
Mischungstemperatur noch innerhalb der festen Phase. Im Bereich der Mischungslücke
findet eine Entmischung unter Bildung von zwei unterschiedlichen Mischkristallen statt.

Im Beispiel des Systems Silber/Kupfer berühren sich Mischungslücke und Liquiduskurve
in einem Punkt. Schematisch entsteht ein Schmelzdiagramm, wie in Abbildung 1.28 dargestellt.
Die eigentliche Mischungslücke verläuft längs der Kurve (F,D,E,G). (T_A,C,T_B) stellt die
Liquiduskurve dar, (T_B,E) und (T_A,D) sind Soliduskurven. Rechts von (T_B,E,G) bzw.
links von (T_A,D,F) existieren in begrenzten Mischungsbereichen die festen Lösungen β
bzw. α. Im Gebiet (T_A,D,C) befindet sich die feste Lösung α im Gleichgewicht mit der
Schmelze, im Gebiet (T_B,C,E) besteht ein Gleichgewicht zwischen der festen Lösung β
und der Schmelze. Am Punkt C stehen α- und β-Mischkristalle der Zusammensetzung D
und E im Gleichgewicht mit der Schmelze. C beschreibt gleichzeitig den tiefstmöglichen
Schmelzpunkt des Systems und heißt ***Eutektikum***.

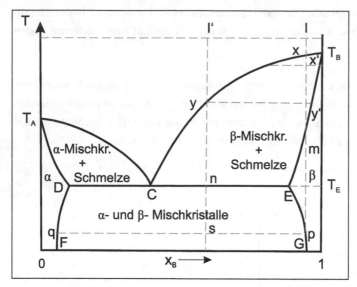

Abb. 1.28: Schmelzdiagramm mit Mischungslücke und Eutektikum.

Die durch den eutektischen Punkt C laufende Gerade (D,C,E) nennt man auch *eutektische Gerade*. Unterhalb der dem Eutektikum entsprechenden Temperatur existiert keine Schmelze des Gemisches.

Systeme, die im flüssigen Zustand unbegrenzt mischbar, im festen Zustand aber vollständig unlöslich ineinander sind, weisen ein weiter vereinfachtes Schmelzdiagramm auf (Abbildung 1.29). In ihm begrenzen die Liquiduskurve (T_A,C,T_B) und die Soliduskurve (T_A,D,C,E,T_B) den Bereich, in dem Schmelze und feste Phasen im Gleichgewicht stehen. Dieses häufig vorkommende System mit einer durchlaufenden eutektischen Geraden (D,C,E) bezeichnet man auch als *„System mit einfachem Eutektikum"*.

Im vorliegenden System gibt es unterhalb der eutektischen Geraden nur reine Kristalle A und reine Kristalle B in einem Mengenverhältnis, das der Totalzusammensetzung entspricht. Entstehen die Kristalle durch Abkühlen einer Schmelze, so kommt es je nach der Totalzusammensetzung der Schmelze zu einem ganz bestimmten Kristallgefüge, das für die Materialeigenschaften des Feststoffes mitunter von großer Bedeutung ist.

Kühlt man beispielsweise die Schmelze der Zusammensetzung l und der Temperatur T_1 ab, so beginnt bei m reines B zu kristallisieren. Während des weiteren Abkühlens scheidet sich immer mehr B aus, wodurch die Schmelze entlang der Liquiduskurve immer A-reicher wird. Bei T_2 im Punkt n ist die Schmelze der Zusammensetzung x im Gleichgewicht mit reinem B, wobei das Verhältnis der Strecken yn : xn das Mengenverhältnis von x zur festen Komponente B angibt. Ist die Temperatur T_E erreicht, so hat die Schmelze genau die Zusammensetzung des eutektischen Punktes. Von nun an kristallisiert auch A neben B aus. Das Kristallisat von B und A hat jetzt, wie die Schmelze, die eutektische

Zusammensetzung. Das bedeutet, dass sich während des Kristallisationsprozesses im eutektischen Punkt die Zusammensetzung der flüssigen Phase nicht ändert. Daraus resultiert, dass sich auch die Temperatur während des Erstarrens - ähnlich wie beim Erstarren einer Schmelze von reinem B oder reinem A - nicht ändert. Die Erstarrungstemperatur bleibt also konstant, bis der letzte Rest der Schmelze erstarrt ist.

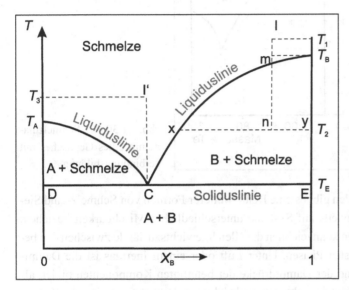

Abb. 1.29: Schmelzdiagramm eines im flüssigen Zustand vollständig mischbaren, im festen Zustand unmischbaren Systems mit einfachem Eutektikum.

Zu gleichen Schlüssen führt die Anwendung der Phasenregel. Bei Schmelzgleichgewichten werden im Diagramm die Existenzgebiete der flüssigen und festen Phasen dargestellt. Unberücksichtigt bleibt im Diagramm, dass sich entsprechend dem Dampfdruck der Schmelze immer auch eine Gasphase ausbilden muss. Am eutektischen Punkt liegen zwei feste Phasen A und B neben der flüssigen Schmelze und deren Gasphase vor. Er ist ein Quadrupelpunkt. Das System ist nach der Phasenregel nonvariant. Damit gibt es für die Temperatur und die Zusammensetzung nur ein Wertepaar. Im Temperaturbereich der festen Phasen liegen bei Totalzusammensetzungen des Systems links vom eutektischen Punkt das eutektische Gemisch und A nebeneinander vor, rechts existiert das eutektische Gemisch und die reine Komponente B.

Bilden die beiden Stoffe A und B eine Verbindung AB (Abbildung 1.30), so zeigt das Schmelzdiagramm den neuen Stoff durch ein Maximum in der Liquiduskurve an. AB schmilzt als reiner Stoff und teilt das Schmelzdiagramm in zwei Teile, von denen jeder dem in Abbildung 1.29 diskutierten Typ eines Schmelzdiagramms entspricht.

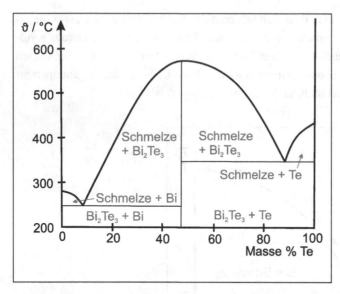

Abb. 1.30: Schmelzdiagramm eines Gemisches mit Verbindungsbildung.

Neben den diskutierten Fällen gibt es eine Reihe weiterer Formen von Schmelz- und Siedediagrammen, die sich jeweils auf Systeme unterschiedlicher Mischbarkeit beziehen. Die eingezeichneten Kurven kennzeichnen die Gleichgewichtszustände zwischen den beteiligten flüssigen bzw. festen Phasen. Unter Luft oder einem Inertgas ist die Dampfphase, die sich entsprechend der Dampfdrücke der beteiligten Komponenten bildet, als weitere Phase im Phasengleichgewicht zu berücksichtigen. Daraus folgt, dass die Kurven Zustände mit $F = 1$ kennzeichnen. Die Kurven trennen Einphasenbereiche ab bzw. schließen Mehrphasenbereiche ein.

Die Punkte, an denen die Kurven enden bzw. zusammentreffen, beschreiben nonvariante Zustände ($F = 0$). An diesen Punkten sind Zusammensetzung, Temperatur und Dampfdruck systemspezifisch gegeben.

Die Aufnahme eines Schmelzdiagramms erfolgt meist, indem man auf einem temperierbaren Heiztisch mit einem Mikroskop an verschieden zusammengesetzten Proben den Beginn (Punkte der Soliduskurve) und das Ende des Schmelzens (Punkte der Liquiduskurve) beobachtet (Versuch 1.16.4, S. 136). Bei einer zweiten Methode verfolgt man die Abkühlungsgeschwindigkeit der aufgeschmolzenen Proben (Versuch 1.16.5, S. 138). Die Verzögerung der Abkühlung bei beginnender Kristallisation durch freiwerdende Kristallisationswärme (Knicke in der Abkühlungskurve) und die Temperaturkonstanz (Haltepunkte) bei fehlender Freiheit führen zu charakteristischen Abkühlungskurven.

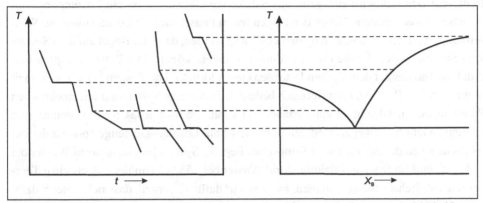

Abb. 1.31: Konstruktion eines Schmelzdiagramms einer binären Mischung aus den Abkühlungs-kurven der Schmelze (Abkühlungskurven sind idealisiert gezeichnet).

Einen Abschnitt konstanter Temperatur innerhalb einer Abkühlungskurve wird es z.B. geben, wenn die Schmelze eines reinen Stoffes erstarrt oder wenn aus der Schmelze eines Zweikomponentengemisches am eutektischen Punkt zwei verschiedene Kristallformen gebildet werden. In beiden Fällen ergibt die Phasenregel bei Berücksichtigung der Gas-phase $F = 0$, was eben bedeutet, dass sich, solange noch Schmelze existiert, die Tempe-ratur des Systems nicht ändern kann. Erst wenn alles erstarrt ist, und damit eine Phase weniger existiert, ist die Temperatur nicht mehr festgelegt und kann sich wieder entspre-chend dem Abkühlungsgesetz ändern. Abbildung 1.31 veranschaulicht die Konstruktion eines Schmelzdiagramms aus den *Abkühlungskurven* bei Vorliegen eines einfachen Eu-tektikums.

Aus Abbildung 1.31 wird deutlich, dass die Beobachtung der Abkühlungsgeschwindig-keit verschieden zusammengesetzter Schmelzen, insbesondere die Identifikation von Knick- und Haltepunkten der Abkühlungskurven (*„Thermische Analyse"*) zu den Tem-peraturen der Liquiduskurve (Beginn der Erstarrung) und der Soliduskurve (Ende der Er-starrung) von Schmelzdiagrammen führt.

Praktische Bedeutung haben Schmelzdiagramme vor allem für die Deutung des thermi-schen bzw. mechanischen Verhaltens von Festkörpern, insbesondere wenn diese aus meh-reren Komponenten bestehen. Auch die Wirkungsweise von Kältemischungen sowie die Verwendung von Salzen zum Auftauen vereister Straßen lassen sich aus der Phasenregel und dem jeweiligen Zustandsdiagramm des Mehrkomponentensystems ableiten.

Kältemischungen

Kältemischungen werden im Labor genutzt, um Behältnisse weit unter den Gefrierpunkt von Wasser abzukühlen. Dazu mischt man ein geeignetes Salz zu fein gestoßenem Eis.

In diesem Gemisch wird sich gesättigte Salzlösung bilden, so dass ein 2-Komponenten-4-Phasensystem entsteht. Neben den beiden festen Phasen und der Lösung muss der Wasserdampf über der Kältemischung berücksichtigt werden, da in der Regel auf dem System kein Stempel lastet, der die Dampfbildung verhindern könnte. Der Wasserdampfpartialdruck ist Teil des auf dem System lastenden Gesamtdrucks. Das System hat keine Freiheit mehr ($F = K - P + 2 = 0$), was letztlich bedeutet, dass dieses System nur am eutektischen Punkt in einem Gleichgewichtszustand sein kann. Da sich jedes System immer zum Gleichgewicht hinbewegen wird, strebt das Eis-Salz-Lösungs-Gemenge spontan der eutektischen Temperatur zu. Diese Temperatur liegt im System Natriumchlorid/Wasser bei –21,2 °C und im System Kalziumchlorid/Wasser bei –55 °C. Um der eutektischen Temperatur möglichst nahe zu kommen, hat man nur dafür zu sorgen, dass neben der Salzlösung die beiden festen Phasen existieren.

Auftauen von Eis durch Salzzugabe
Anhand des in Abbildung 1.32 dargestellten Zustandsdiagramms für die Mischung Wasser/NaCl erkennt man auch, dass Eis bei Zugabe von Kochsalz schmilzt.

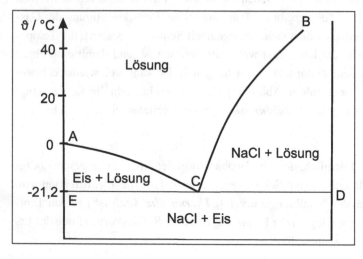

Abb. 1.32: Ausschnitt aus dem Zustandsdiagramm des Systems Wasser/NaCl.

Oberhalb der eutektischen Geraden, die durch den diskutierten Quadrupelpunkt C verläuft und für die als Temperatur –21,2 °C festgelegt ist, existieren feste Phasen nur neben Lösungen und Wasserdampf. Abgesehen vom Dampf liegen im Gebiet (A,C,E) Salzlösung und Eis nebeneinander vor, im Gebiet (B,C,D) sind es Salzlösung und festes Kochsalz. Das Massenverhältnis von Lösung und fester Phase wird bei gegebener Temperatur entsprechend der Totalzusammensetzung nach dem diskutierten „Hebelgesetz" festgelegt. Im Gebiet (A,C,B) existiert neben dem Dampf nur eine homogene flüssige Phase (wässrige Salzlösung), innerhalb der über zwei Freiheitsgrade (Temperatur und Zusammensetzung) verfügt werden kann. Um ausschließlich festes Salz und Eis neben Wasserdampf vorliegen zu haben, darf die Systemtemperatur höchstens –21,2 °C betragen. Zwischen 0 °C und –21,2 °C treten immer Lösungen auf. Angenommen, man beabsichtigt bei der Außentemperatur von –5 °C die Eisschicht zu beseitigen, die sich auf einer Straße befindet, so gelingt dies durch Streuen von Salz oder Aufbringen einer Salzlösung. Durch Zugabe einer ausreichenden, aber nicht zu hohen Salzmenge gelangt man aus dem Existenzgebiet (A, C, E) des Phasendiagramms in das Gebiet (A, C, B), in dem nur noch Lösung existiert.

1.10.8 Heterogene chemische Gleichgewichte

Chemischen Gleichgewichte gehorchen dem Massenwirkungsgesetz (MWG). Die Lage des Gleichgewichts wird durch die thermodynamische Gleichgewichtskonstante K wiedergegeben (s. a. Kap. 1.12). K setzt sich aus den Aktivitäten aller an der Reaktion beteiligten Stoffe zusammen. Allerdings ist es oft nur schwer oder gar nicht möglich, die genauen Aktivitäten anzugeben. Dann greift man auf Konstanten zurück, die aus den Partialdrücken der reagierenden Gase (K_p) oder aus Stoffmengenverhältnissen bzw. Konzentrationen der Reaktanten (K_X bzw. K_c) gebildet werden. Die für heterogene Phasengleichgewichte geltenden Regeln behalten auch für chemische Gleichgewichte ihre Gültigkeit. Bei reinen Phasengleichgewichten führt die Vergrößerung der Menge einer Phase nicht gesetzmäßig zur Vergrößerung der Menge der anderen Phase. Der Dampfdruck einer flüssigen bzw. festen Komponente ist ebenfalls unabhängig davon, ob viel oder wenig von der kondensierten Phase vorliegt. Analog lässt sich die Konzentration eines Salzes in seiner gesättigten Lösung nicht dadurch erhöhen, dass man die Menge des Bodenkörpers erhöht. Wie sich die allgemein für heterogene Phasengleichgewichte gültigen Aussagen bei heterogenen chemischen Gleichgewichten auswirken, soll das folgende Beispiel zeigen:

Lithiumchlorid-Monohydrat dissoziiert nach folgender Gleichung zu Lithiumchlorid und Wasser: $\qquad$ LiCl · H$_2$O $\rightleftharpoons$ LiCl + H$_2$O $\qquad$ $\Delta_R H > 0$.

Bei höheren Temperaturen und geringem Druck sind alle Reaktionsteilnehmer gasförmig. Das System ist homogen und im Gleichgewicht gilt das MWG:

$$K_p = \frac{p(\text{LiCl}) \cdot p(\text{H}_2\text{O})}{p(\text{LiCl} \cdot \text{H}_2\text{O})} \; .$$

Nimmt man an, dass das System durch Zersetzung von reinem LiCl · H$_2$O entsteht, dann lassen sich von fünf Zustandsgrößen, die das System beschreiben (Temperatur, Gesamtdruck, drei Partialdrücke), zwei frei variieren, z. B. die Temperatur und ein Partialdruck, denn mit drei Stoffen und zwei Einschränkungen (chemisches Gleichgewicht und konstantes Teilchenverhältnis von LiCl und H_2O) liegt ein homogenes Einkomponentensystem vor, in dem zwei Freiheitsgrade existieren. Die Partialdrücke von LiCl und H_2O sind gleich. Durch Wahl der Temperatur ist die Gleichgewichtskonstante festgelegt, die ihrerseits den dritten Partialdruck eindeutig bestimmt. Auch der Gesamtdruck als Summe der Partialdrücke ist dann keine frei verfügbare Größe mehr.

Da die Reaktion endotherm ist, wird sich das Gleichgewicht mit fallender Temperatur zugunsten von $LiCl \cdot H_2O$ verschieben. Die Gleichgewichtskonstante K_p wird kleiner. Dabei bleiben zunächst alle Stoffe gasförmig bis der Gasdruck von LiCl so klein geworden ist, dass er den Dampfdruck des festen LiCl erreicht. Bei dieser Temperatur scheidet sich festes LiCl ab. Der Dampfdruck des LiCl ist nur von der Temperatur abhängig, also bei gegebener Temperatur eine konstante Größe, die in die Gleichgewichtskonstante einbezogen werden kann. Gleiches gilt für das reine abgeschiedene LiCl. Als reiner Stoff in eigener Phase hat LiCl den Stoffmengenanteil $X = 1$ und beeinflusst die Gleichgewichtskonstante nicht. Es bleibt

$$K'_p = \frac{p(H_2O)}{p(LiCl \cdot H_2O)} \ .$$

Das System besteht nun aus zwei Phasen. Es verfügt weiterhin über zwei Freiheitsgrade, denn durch Wegfall einer Einschränkung (konstantes Teilchenverhältnis von LiCl und H_2O in der Gasphase) bilden die drei Stoffe nun ein Zweikomponentensystem. Bei gegebener Temperatur ist K' festgelegt und mit der Wahl eines Partialdrucks sind der zweite Partialdruck und der Gesamtdruck eindeutig bestimmt.

Bei weiterer Abkühlung wird man zu einer Temperatur gelangen, bei der sich auch festes $LiCl \cdot H_2O$ abscheidet und $p(LiCl \cdot H_2O)$ in die Gleichgewichtskonstante einbezogen werden kann. Es ergibt sich

$$K_p'' = p(H_2O) \ .$$

Das System bleibt ein Zweikomponentensystem, besitzt aber nun 1 Gasphase und 2 feste Phasen und deshalb nur noch einen Freiheitsgrad. Gibt man den Druck des Wasserdampfes vor, so ist damit die Temperatur eindeutig festgelegt oder umgekehrt.

Das obige Beispiel zeigt, dass das MWG innerhalb der Phasen eines heterogenen Systems seine Gültigkeit behält, doch sind im MWG diejenigen Stoffe nicht zu berücksichtigen, die unter den gegebenen Bedingungen als reine flüssige oder als feste Phasen auftreten, da ihr Stoffmengenanteil jeweils $X = 1$ ist.

1.10.9 Adsorptionsisotherme

Ein weiteres Beispiel heterogener Gleichgewichte sind Sorptionsvorgänge an Phasengrenzflächen. An den Grenzflächen unterschiedlicher Phasen sind die Wechselwirkungskräfte zwischen den Stoffteilchen nicht ausgeglichen. Die Teilchen, die die Grenzfläche bilden, stehen damit auch für Wechselwirkungen mit den Atomen oder Molekülen der Nachbarphase zur Verfügung. Zwischen beiden Phasen kommt es in Abhängigkeit von den Zustandsvariablen und den Eigenschaften ihrer Komponenten zum beiderseitigen oder auch einseitigen Stoffaustausch. Verteilungsgleichgewichte der Komponenten stellen sich ein. Den Vorgang der Stoffaufnahme aus einer angrenzenden Phase bezeichnet man als *Sorption*, den entgegengesetzten Vorgang als *Desorption*. Die aufgenommenen Teilchen werden entweder an der Phasengrenze festgehalten (*Adsorption*) oder durch Diffusion ins Phaseninnere weitertransportiert (*Absorption*).

Die stoffaufnehmende Phase heißt *Adsorbens*, die stoffabgebende bezeichnet man als *Adsorptiv*. Die abgegebene Komponente heißt *Adsorpt*. Den Adsorpt/Adsorbens-Komplex bezeichnet man schließlich als *Adsorbat*.

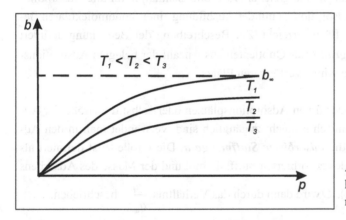

Abb. 1.33: Temperaturabhängigkeit der Beladung einer Adsorbensoberfläche.

Nach der Stärke der Bindungskräfte im Adsorbat unterteilt man in *Chemisorption* (Ausbildung chemischer Bindungen mit Werten der *Adsorptionsenthalpie* $-\Delta_{Ad}H$ von größer als 200 kJ mol^{-1}) und *Physisorption* (auf van der Waals-Kräften beruhende Wechselwirkung mit Adsorptionsenthalpiewerten $-\Delta_{Ad}H$ von deutlich unter 100 kJ mol^{-1}). Adsorptionsgleichgewichte werden von der verfügbaren freien Adsorbensoberfläche, der Adsorptkonzentration im Adsorptiv und der Temperatur beeinflusst. Bei der experimentellen Untersuchung von Adsorptionsgleichgewichten arbeitet man meist bei konstanter Temperatur. Den Zusammenhang zwischen der Oberflächenbelegung b und der freien Adsorptkonzentration bzw. bei Gasen deren Partialdruck bezeichnet man dann als *Adsorption-*

sisotherme. Abbildung 1.33 zeigt die Adsorption eines Gases an Aktivkohle bei drei verschiedenen Temperaturen. b_∞ steht für den Grenzwert einer monomolekularen Bedeckung der Adsorbensoberfläche durch das Adsorpt. In Abbildung 1.33 ist b_∞ für T_1 exemplarisch eingezeichnet. Bei weiterer Konzentrationserhöhung des freien Adsorpts (Erhöhung von p über den für die monomolekulare Belegungsschicht erforderlichen Druck hinaus) entstehen weitere Adsorptschichten auf der Adsorbensoberfläche. Die grafische Darstellung der Adsorptionsisothermen zeigt dann einen stufenförmigen Verlauf.

Für die mathematische Beschreibung der Adsorptionsgleichgewichte existieren mehrere Modelle, die jeweils für einen bestimmten Bereich der Isotherme eines speziellen Adsorptionsgleichgewichts mehr oder weniger gut geeignet sind. Bekannte und oft verwendete Funktionen gehen auf **I. Langmuir** (1881-1957, 1918 Aufstellung der Isothermengleichung), auf **H. Freundlich** (1880-1941, 1907 Aufstellung der Isothermengleichung) bzw. auf **S. Brunauer, P. H. Emett** und **E. Teller** (*BET-Isothermen*) zurück.

Die *Langmuir-Isotherme*, die im Kinetikkapitel noch exakt abgeleitet wird, geht von einheitlichen Adsorptionsplätzen und gleicher Adsorptionsenthalpie für alle Adsorptmoleküle aus. Die maximale Adsorption ist mit der Ausbildung einer monomolekularen Bedeckung der Adsorbensoberfläche erreicht. Zur Beschreibung der Bedeckung definiert Langmuir den *Bedeckungsgrad Θ* als Quotienten aus Anzahl der belegten Adsorptionsplätze und der Anzahl der maximal verfügbaren Plätze.

Da die Zahl von belegten oder freien Adsorptionsplätzen oder selbst die Größe der Adsorbensoberfläche messtechnisch schlecht zugänglich sind, verwendet man in den Adsorptionsisothermen meist die **adsorbierte Stoffmenge q**. Die Größe q ist definiert als Quotient aus der Menge n des adsorbierten Stoffs in mol und der Masse des Adsorbens in kg (Adsorptionsmolalität). Θ wird dann durch das Verhältnis $\dfrac{q}{q_{max}}$ beschrieben.

Die Langmuir-Isotherme lautet:

$$\Theta = \frac{q}{q_{max}} = \frac{K \cdot c_{frei}}{1 + K \cdot c_{frei}} \ . \tag{1.48}$$

K hat die Bedeutung der Gleichgewichtskonstanten der Adsorptionsreaktion mit der Einheit [Konz.$^{-1}$]. c_{frei} ist die Konzentration des freien Adsorpts. Die Gültigkeit der Langmuir-Isotherme wird durch die Darstellung von $\frac{1}{\Theta}$ bzw. $\frac{1}{q}$ gegen $\frac{1}{c_{frei}}$ überprüft. Bei Gültigkeit der Isothermen muss ein linearer Zusammenhang vorliegen.

Vor allem bei höheren Adsorptkonzentrationen wird die postulierte Begrenzung der Adsorbierbarkeit (Ende nach Ausbildung einer monomolekularen Belegung) nicht mehr eingehalten. Ferner gewinnt mit steigender Belegung der Oberfläche die energetische Uneinheitlichkeit der Adsorptionsplätze zunehmend an Einfluss. Die Langmuir-Isotherme wird mehr und mehr ungeeignet, die Adsorptionsgleichgewichte zu beschreiben.

Der energetischen Uneinheitlichkeit der Adsorptionsplätze trägt die empirisch gefundene **Freundlich-Isotherme** besser Rechnung. Bei ihr wird auch keine Maximalbelegung definiert. Die Freundlich-Isotherme lautet:

$$q = a \cdot \{c_{frei}\}^{n} . \tag{1.49}$$

a und n sind temperaturabhängige Konstanten und $\{c_{frei}\}$ ist die standardisierte, also dimensionslose Konzentration an freiem Adsorpt (vergl. S. 100f.). Die Konstante n nimmt gewöhnlich Werte zwischen 0,2 und 1 an und ist ein Maß für die Abnahme der Adsorptionsenthalpie bei steigender Belegung (energetische Uneinheitlichkeit der Adsorptionsplätze). Die Gültigkeit der Freundlich-Isothermen kann ebenfalls durch Linearisierung überprüft werden. Der Graph von $\ln q = f(\ln\{c_{frei}\})$ muss eine Gerade mit dem Anstieg n ergeben, die die Ordinate im Punkt $\ln a$ schneidet.
Langmuir- und Freundlich-Isothermen eignen sich sowohl für Chemisorptions- als auch für Physisorptionsprozesse.

Die BET-Isotherme berücksichtigt die Ausbildung mehrerer monomolekularer Adsorptionsschichten, geht jedoch auch von energetisch einheitlichen Adsorptionsplätzen in einer Schicht und von Physisorption aus. Sie wird zur Bestimmung von Adsorbensoberflächen mittels Gasbelegung herangezogen. Ihre mathematische Form ist:

$$\frac{p}{(p_0 - p) \cdot V} = \frac{1}{k \cdot V_{mono}} + \frac{k-1}{k \cdot V_{mono}} \cdot \frac{p}{p_0} \tag{1.50}$$

p- Gleichgewichtsdruck des Adsorptivs
p_0- Dampfdruck des reinen flüssigen Adsorptivs bei der Temperatur T
V- Adsorptivvolumen
V_{mono}- Adsorptvolumen zur Ausbildung einer Monoschicht
k- systemabhängige Konstante.

1.11   Der zweite Hauptsatz der Thermodynamik

1.11.1   Spontane makroskopische Vorgänge, die Entropie

Wie gezeigt wurde, gilt nach dem 1. Hauptsatz für alle geschlossenen Systeme, dass ausgetauschte Wärmeenergie bzw. verrichtete Arbeit zur Änderung der Inneren Energie führen: $\Delta u = q + w$. Für abgeschlossene Systeme bleibt demzufolge die Innere Energie konstant. Der 1. Hauptsatz sagt jedoch nichts darüber aus, in welcher Richtung Energieumwandlungen möglich sind und schon gar nichts darüber, in welche Richtung Vorgänge freiwillig (spontan) ablaufen. Wenn man die Natur beobachtet, stellt man jedoch fest, dass alle makroskopischen Vorgänge (Vorgänge, an denen viele Teilchen beteiligt sind) freiwillig immer nur in eine Richtung ablaufen. Beispiele für spontan ablaufende makroskopische Prozesse sind:

- Ein Gas dehnt sich in jedes zur Verfügung stehende Volumen aus. Es zieht sich jedoch nicht freiwillig in ein kleineres Volumen bzw. einen Volumenteil zusammen.
- Ein heißer Körper kühlt sich auf die Temperatur seiner Umgebung ab. Er wird aber nicht von selbst wärmer, indem er der kälteren Umgebung weitere Wärme entzieht.
- Beim Verbrennen von Diamanten entsteht CO_2. Aus heißem CO_2 bilden sich jedoch nie freiwillig unter Sauerstofffreisetzung Diamanten.
- Ein Ball fällt zu Boden. Durch den Aufprall springt er zurück, erreicht aber nicht die Ausgangshöhe. Nach dem Durchlaufen einiger Zyklen von Fallen und Zurückspringen bleibt er schließlich liegen. Wenn man berücksichtigt, dass bei jedem Aufprall infolge von Reibungsverlusten im Ball und mit dem Boden kinetische Energie des Balles in Wärme (ungeordnete Bewegungsenergie) umgewandelt wird, versteht man die Reduzierung der kinetischen Energie des Balles. Noch nie wurde jedoch beobachtet, dass ein Ball unter Abkühlung des Bodens, auf dem er liegt und des Materials, aus dem er besteht, spontan zu springen anfängt.

Diese Beobachtung, dass bei gegebenen Bedingungen makroskopische Vorgänge spontan immer nur in eine Richtung ablaufen und nicht wie in den mikroskopischen Dimensionen einzelner Atome oder Moleküle Richtungsumkehr möglich ist, ist **das Wesen des 2. Hauptsatzes der Thermodynamik**.

Alle spontan ablaufenden makroskopischen Vorgänge sind gerichtet und irreversibel.

Lange Zeit glaubte man, das Kriterium für die Richtung und die Triebkraft spontaner Vorgänge sei ihre Reaktionsenthalpie. Die Triebkraft sollte umso größer sein, je mehr Wärme freigesetzt wird. Dass die Prozesswärme q nicht das allein bestimmende Kriterium sein kann, lässt sich jedoch leicht überlegen. So gehört zu jedem exothermen Prozess in einem geschlossenen System ein endothermer Prozess der Umgebung. Ein chemisches Gleichgewicht lässt sich von der einen Seite durch eine exotherme Reaktion, von der anderen Seite aber durch eine endotherme Reaktion erreichen. Darüber hinaus gibt es zahlreiche Beispiele, in denen endotherme Prozesse in einem System freiwillig, d.h. spontan ablaufen. Viele Salze lösen sich im Wasser unter Abkühlung der Lösung (NH_4NO_3, $LiCl$). Mischt man festes $Ba(OH)_2 \cdot 8\,H_2O$ mit festem NH_4SCN, dann kühlt sich das Reaktionsgefäß so stark ab, dass es auf einer feuchten Unterlage festfriert.

$$Ba(OH)_2 \cdot 8\,H_2O\ (s) + 2\,NH_4SCN\ (s) \rightarrow Ba^{2+} + 2\,SCN^- + 10\,H_2O\ (l) + 2\,NH_3\ (g)$$
$$\Delta_R H^{\varnothing} \gg 0$$

Das spontane Verdunsten von Flüssigkeiten auf unserer Haut ist ebenfalls mit spürbarer Verdunstungskälte verbunden.

Das Streben nach dem Minimum an Innerer Energie ist zwar ein wichtiges Kriterium für die Richtung makroskopischer Prozesse, aber es kann nicht das dominierende sein. Ein zweites übergeordnetes Kriterium ist zu berücksichtigen. Das liegt daran, dass infolge der Teilchenbewegung ein Zustand, bei dem die Energie bzw. die Teilchen gleichmäßig im Raum verteilt sind, wahrscheinlicher ist als ein wohlgeordneter Zustand, in dem bestimmte Teilchen an einem bestimmten Ort gebunden sind. Wie man dieses Streben nach gleichmäßiger Verteilung bzw. größtmöglicher Unordnung in physikalische Begriffe kleidet und damit wissenschaftlich fassbar macht, ist Gegenstand der nächsten Abschnitte.

Beim Verständnis der Gerichtetheit freiwillig ablaufender makroskopischer Vorgänge soll uns nochmals der springende Ball helfen. Wir verstehen die Umwandlung der kinetischen Energie in Wärmeenergie und die einhergehende Dämpfung der Ballbewegung. Die Teilchen, aus denen der Ball besteht und die Bodenteilchen, die am Aufprall beteiligt sind, verstärken ihre Wärmebewegung. Im Gegensatz zur gerichteten kinetischen Energie des Balls ist die Wärmebewegung der Teilchen völlig ungeordnet. Der auf dem Boden liegende Ball fängt nicht an zu springen, weil es völlig unwahrscheinlich ist, dass alle Bodenteilchen ihre Wärmebewegung plötzlich in Richtung des Balls ausführen und dass alle Ballteilchen ihre Schwingungen so koordinieren, dass eine vom Boden wegführende resultierende Bewegung entsteht. Gase ziehen sich deshalb nicht spontan zusammen, weil es unwahrscheinlich ist, dass sich alle Gasmoleküle spontan in eine Richtung bewegen.

Ein Gegenstand wird nicht spontan wärmer als seine Umgebung, weil es unwahrscheinlich ist, dass die ungeordnete Wärmebewegung der Teilchen der Umgebung plötzlich zu
einer Ansammlung überschüssiger Wärmeenergie an der Stelle führt, an der sich der Gegenstand befindet. Die bevorzugte Verteilung der Energie in der Natur ist offensichtlich
eine möglichst *ungeordnete Verteilung der Gesamtenergie* und alle in einem abgeschlossenen Teilsystem freiwillig ablaufenden Vorgänge verstärken diese Art der Energieverteilung. Die Triebkraft spontaner Vorgänge liegt also in der Erhöhung der *Unordnung
bei der Verteilung der Gesamtenergie*. Alle anderen Vorgänge erfordern Arbeit, um den
Ordnungsgrad der Energieverteilung zu erhöhen. Will man Wärmeenergie in andere
Energieformen umwandeln, so wird das nie vollständig möglich sein, da Arbeit für die
Erhöhung des Ordnungsgrades der Teilchenbewegung aufgebracht werden muss. Wärme
stellt deshalb, verglichen mit anderen Energieformen, eine *„unedle Energieform"* dar.
Alle spontan ablaufenden Prozesse sind irreversibel. Bei ihnen wird die Unordnung der
Energieverteilung erhöht.

Als Maß für die Unordnung der Energieverteilung wird die Zustandsgröße s, *die Entropie*, eingeführt. Alle spontan in einem abgeschlossenen System ablaufenden Vorgänge
erzeugen Entropie. In Kapitel 1.11.3 werden uns dennoch chemische Reaktionen begegnen, die unter Entropieabnahme spontan verlaufen. Das werden Prozesse sein, die nicht
im abgeschlossenen System ablaufen, bei denen das Streben nach dem Energieminimum
zum Tragen kommen kann und bei denen die für die Spontaneität günstige Energieab-
nahme stärker ins Gewicht fällt als die ungünstige Erhöhung des Ordnungsgrades der
Energieverteilung.

Der zweite Hauptsatz erlaubt die vollständige Umwandlung von Arbeit in Wärme aber
nicht umgekehrt. Häufig alternativ verwendete Formulierungen im Zusammenhang mit
dem zweiten Hauptsatz sind deshalb:

- Es gibt kein *Perpetuum Mobile zweiter Art*, also keine Maschine, die ausschließlich durch Abkühlung eines Wärmereservoirs die notwendige Energie zum Verrichten von Arbeit gewinnt.
- Ein Prozess, bei dem nur Wärme einem Reservoir entnommen und vollständig in
  Arbeit umgewandelt wird, ist nicht möglich.
- Alle spontan im abgeschlossenen System ablaufenden Vorgänge produzieren Entropie.

Zur Charakterisierung des Ordnungszustandes der Energieverteilung in einem System
dient, wie oben erwähnt, die Zustandsgröße Entropie. Zugang zur Entropie erhält man
über thermodynamische oder statistische Überlegungen.

Wenden wir uns zunächst der thermodynamischen Betrachtungsweise zu.

In einem Versuch soll Wärmeenergie in Arbeit umgewandelt werden. Für diese Umwandlung ist ein Wärmefluss erforderlich, der nur von einem Wärmereservoir höherer Temperatur in Richtung eines kälteren erfolgen kann. Dies bedeutet, dass im Gesamtprozess der Energieumwandlung ein Teil der Wärme stets zur Erwärmung des kälteren Reservoirs verbraucht wird. Dieser Teil steht damit nicht mehr für die Umwandlung in Arbeit zur Verfügung. Der „Energieverlust" spiegelt die Qualitätsminderung wider, die die Energie im geschilderten Umwandlungsprozess erfährt. Ausgetauschte Wärme ist jedoch eine Weggröße. Wird sie im diskutierten Vorgang auf ein kaltes Reservoir übertragen, ist die Qualitätsminderung größer als bei der Übertragung auf ein weniger kaltes Reservoir. Durch Normierung auf die Temperatur 1 K gelingt es, eine (vom Weg unabhängige) Zustandsgröße zu definieren, die sich für die Beschreibung der Qualitätsminderung der Energie, also des Ordnungszustandes der Energieverteilung eignet. Man definiert die Entropieänderung, die sich in einem System während eines ablaufenden Vorgangs vollzieht, als Quotient aus der im Vorgang reversibel austauschbaren Wärme und der Systemtemperatur:

$$dS = \frac{\delta Q_{rev}}{T} \, . \tag{1.51}$$

Vergleicht man den End- und den Ausgangszustand, so muss man alle infinitesimalen Entropieänderungen addieren.

$$\int_A^E dS = \int_A^E \frac{\delta Q_{rev}}{T} \tag{1.52}$$

Bei isothermer Prozessführung ergibt sich aus Gleichung (1.52):

$$\Delta S = \frac{Q_{rev}}{T} \tag{1.53a}$$

($Q_{rev.}$ – im Gesamtprozess reversibel austauschbare Wärmemenge).

Diese thermodynamische Definition der Entropie geht auf **R. Clausius** (1854) zurück. Nahezu reversible Prozesse sind vor allem Phasenübergänge (Schmelzen-Erstarren bzw. Sieden-Kondensieren), bei denen eine infinitesimal kleine Änderung der Temperatur zu einer Umkehr des Prozesses führen kann. Je nachdem, ob der Phasenübergang isobar oder isochor erfolgt, lässt sich Gleichung (1.53a) für diese Prozesse konkretisieren:

$$\Delta S = \frac{\Delta H_{rev}}{T} \quad \text{bzw.} \quad \Delta S = \frac{\Delta U_{rev}}{T} \quad . \tag{1.53b}$$

ΔH_{rev} kann beispielsweise die Verdampfungsenthalpie bei der Siedetemperatur T sein.

Ein statistischer Zugang zur Entropie wurde von **L. Boltzmann** (1896) vorgeschlagen. Er definierte den Absolutwert von s mit Hilfe der thermodynamischen Wahrscheinlichkeit W, die ein Zustand hat. Die **thermodynamische Wahrscheinlichkeit W** gibt an, auf wie viele Arten der makroskopische Zustand des Systems vom mikroskopischen Gesichtspunkt der einzelnen Teilchen aus realisiert werden kann. Sie ist stets ≥ 1.

Nach Boltzmann gilt:

$$s = k_B \cdot \ln W + const. \tag{1.54}$$

k_B ist der Quotient aus Gaskonstante und **Avogadro-Konstante** ($k_B = \frac{R}{N_A}$) und wird als **Boltzmann-Konstante** bezeichnet. k_B beträgt rund $1{,}38 \cdot 10^{-23}$ J $\cdot$ K^{-1} $\cdot$ Teilchen^{-1}.

Um den Begriff der thermodynamischen Wahrscheinlichkeit und seinen Zusammenhang mit der Entropie besser verstehen zu können, wollen wir untersuchen, wie sich die Entropie ändert, wenn ein Gas in ein gleich großes evakuiertes Volumen expandiert. In einem Gedankenexperiment stellen wir uns zwei gleich große Gefäße vor, die durch eine verschließbare Öffnung miteinander verbunden sind. Im Gefäß G1 befindet sich bei geschlossener Öffnung ein Gasteilchen, das Gefäß G2 sei leer. Nach dem Öffnen der Verbindung hat das Teilchen zwei Möglichkeiten des Aufenthalts – Gefäß G1 oder Gefäß G2. Die thermodynamische Wahrscheinlichkeit (Aufenthaltsmöglichkeiten des Teilchens in den Gefäßen) beträgt vor dem Öffnen der Verbindung 1, nach dem Öffnen 2. Stellen wir diese Überlegung nun für zwei Teilchen A und B an, die sich im verschlossenem Gefäß G1 befinden. Sie besitzen wiederum die thermodynamische Wahrscheinlichkeit 1. Nach dem Öffnen der Verbindung gibt es vier Möglichkeiten der Teilchenverteilung:

beide in G1;   beide in G2;   A in G1und B in G2;   A in G2 und B in G1.

W hat folglich den Wert $2^2 = 4$. Die Basis der Potenz gibt dabei wieder die Zahl der gleich großen Gefäße (der möglichen Aufenthaltsräume bzw. der Anordnungsmöglichkeiten der Teilchen) an, der Exponent die Zahl der Teilchen.

Für drei Teilchen erhält man aus diesen Überlegungen nach dem Öffnen der Verbindung zwischen den Gefäßen eine thermodynamische Wahrscheinlichkeit von $2^3 = 8$. Bezeichnet man die Teilchen mit A, B und C und kennzeichnet der Index das Gefäß, in dem sich das Teilchen aufhält, so gibt es die Möglichkeiten (A_1, B_1, C_1); (A_1, B_1, C_2); (A_1, B_2, C_1); (A_2, B_1, C_1); (A_1, B_2, C_2); (A_2, B_1, C_2); (A_2, B_2, C_1) und (A_2, B_2, C_2). Der Aufenthalt von N Teilchen im verschlossenen Gefäß G1 hat die thermodynamische Wahrscheinlichkeit 1, nach dem Öffnen der Verbindung zu G2 steigt W auf 2^N. Liegt 1 mol Teilchen bei geschlossener Verbindung ausschließlich im Gefäß G1 vor, so beträgt ihre Entropie (Ausgangszustand S_A):

$$S_A = k_B \cdot N_A \cdot \ln 1 + const.$$

Im geöffneten Endzustand, der alle Verteilungsmöglichkeiten berücksichtigt, besitzen sie die Entropie

$$S_E = k_B \cdot \ln 2^{N_A} + const. = k_B \cdot N_A \cdot \ln 2 + const.$$

Die Entropieänderung $\Delta S = S_E - S_A$, die bei der Expansion des Gases auftritt, beträgt unter Berücksichtigung der Definition von k_B:

$$\Delta S = \frac{R}{N_A} \cdot N_A \cdot \ln 2 = R \cdot \ln 2 \quad .$$

Wenn sich ein Gas isotherm auf das Doppelte seines Volumens ausdehnt, erhöht sich seine molare Entropie folglich um den Betrag $R \cdot \ln 2$.

Das Beispiel bestätigt die oben getroffenen Aussagen. Die Expansion eines Gases ins Vakuum ist ein spontan ablaufender Prozess. Er ist verbunden mit der Erhöhung der thermodynamischen Wahrscheinlichkeit und damit mit Entropiegewinn.

1.11.2 Entropieänderungen in abgeschlossenen Systemen

Ein abgeschlossenes System soll aus zwei Phasen, z. B. Wasser und Eis, bestehen. Beide Phasen mögen sich zunächst deutlich in ihrer Temperatur ($T_{Eis} < T_{Wasser}$) unterscheiden. Unsere Erfahrung besagt, dass Wärme vom Wasser auf das Eis übergeht und zum Schmelzen des Eises führt. In ihrem Betrag sind abgegebene und aufgenommene Wärmemenge natürlich gleich, da ein abgeschlossenes System vorliegt. Nach der getroffenen Vorzeichenkonvention sind $\delta Q_1 = \delta Q_{Eis}$ positiv und $\delta Q_2 = \delta Q_{Wasser}$ negativ ($\delta Q_1 = -\delta Q_2$). Die entsprechenden molaren Entropieänderungen sind dS_1 bzw. dS_2, für die infolge des Temperaturunterschieds ($T_1 < T_2$) und wegen $dS = \dfrac{\delta Q_{rev}}{T}$

$$dS_1 > |dS_2| \qquad \text{und} \qquad dS_1 > 0; \quad dS_2 < 0 \qquad \text{gilt.}$$

Insgesamt ergeben die Entropieänderungen ΔS_1 und ΔS_2 zusammen die Entropieänderung des Systems.

$$\Delta S_{Sys.} = \Delta S_1 + \Delta S_2$$

Aus obigen Überlegungen folgt, dass $\Delta S_{Sys.}$ während des spontan ablaufenden Schmelzvorgangs einen positiven Zahlenwert besitzt ($\Delta S_{Sys.} > 0$). Nach einiger Zeit führen die Abkühlung des Wassers und die Erwärmung des Eises dazu, dass beide Phasen die gleiche Temperatur angenommen haben. Sie stehen im thermischen Gleichgewicht. Als Folge ergeben sich:

$$dS_1 = -dS_2 \qquad \text{bzw.} \qquad \Delta S_1 = -\Delta S_2 \qquad \text{und} \qquad \Delta S_{Sys.} = 0 \ .$$

Bei den Ausführungen zum zweiten Hauptsatz wurde bereits festgestellt, dass spontan ablaufende Prozesse in abgeschlossenen Systemen mit Entropiezunahme ($\Delta S_{Sys.} > 0$) einhergehen. Befinden sich die unterschiedlichen Phasen oder Komponenten eines abgeschlossenen Systems im thermodynamischen Gleichgewicht, so ändert sich die Entropie des Systems nicht. Prozesse, für die eine Entropieabnahme des abgeschlossenen Systems zu erwarten wäre, laufen spontan in der Gegenrichtung ab, sofern sie nicht kinetisch gehemmt sind.

1.11.3 Entropieberechnungen, der dritte Hauptsatz der Thermodynamik

Um zu tabellierbaren Entropiewerten für 25 °C zu kommen, muss zunächst die Temperaturabhängigkeit der Entropie erfasst werden. Dabei geht man von der Definition der Entropie $dS = \delta Q_{rev} / T$ aus. Für konstanten Druck und eine gegen Null strebende (infinitesimale) Änderung kann δQ_{rev} durch dH und dieses wiederum entsprechend Gleichung (1.29) durch $C_P \, dT$ ersetzt werden:

$$dS = \frac{dH}{T} = C_p \cdot \frac{dT}{T} \ . \tag{1.55}$$

Um die Entropieänderung $S_2 - S_1$ für das Temperaturintervall $T_2 - T_1$ zu erhalten, muss die Gleichung (1.55) integriert werden:

$$\int_{S_1}^{S_2} dS = \int_{T_1}^{T_2} C_p \cdot \frac{dT}{T} \ . \tag{1.56}$$

Für genaue Berechnungen muss berücksichtigt werden, dass die Molwärme C_P temperaturabhängig ist. C_P wird dann im Integral durch seine Potenzreihe $a + bT + cT^2 + \dots$ vertreten. Für kleine Temperaturintervalle bzw. Näherungsrechnungen wird mit der mittleren Molwärme $\overline{C}_p$ des Temperaturintervalls gerechnet. In diesem Falle ergibt sich

$$S_2 - S_1 = \overline{C}_p \cdot \int_{T_1}^{T_2} \frac{dT}{T} = \overline{C}_p \cdot (\ln T_2 - \ln T_1) = \overline{C}_p \cdot \ln \frac{T_2}{T_1} \quad . \tag{1.57}$$

Finden innerhalb des interessierenden Temperaturintervalls Phasenumwandlungen statt, so muss dies beachtet werden, denn bei Phasenumwandlungen ändert sich die Entropie sprunghaft. Das ist verständlich, wenn wir uns an die Deutung der Entropie als Maß der Unordnung der Energieverteilung erinnern. Beim Schmelzen eines Stoffes werden viele kleinere Teilchen gebildet, die Energie aufnehmen können. Sie besitzen alle unabhängige Translationsfreiheitsgrade. Beim Sieden schließlich entstehen einzelne Moleküle bzw. Atome, die in der Gasphase zur ungeordneten freien Bewegung befähigt sind. Während bei Phasenübergängen die Temperatur konstant bleibt, erhöht sich die Entropie des Systems sprunghaft. Eine Integration der Funktion $S = f(T)$ ist folglich nur in den Intervallen zwischen den Phasenübergängen möglich.

Die Entropiezunahme, die einem Phasenübergang entspricht, lässt sich über die zugehörige ***Phasenumwandlungsenthalpie*** und die ***Phasenumwandlungstemperatur*** erfassen.

$$\Delta_U S = \frac{\Delta_U H}{T_U} \tag{1.58}$$

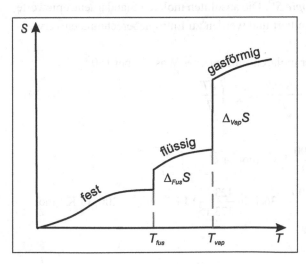

Abb. 1.34: Entropie eines Stoffes als Funktion seiner Temperatur.

Für die Entropieänderung, wie sie in Abbildung 1.34 schematisch dargestellt ist, ergibt sich demnach

$$\Delta S = S_E - S_A = \int_0^{T_1} C_{p_0} \cdot \frac{dT}{T} + \int_{T_1}^{T_{Fus}} C_{p_1} \cdot \frac{dT}{T} + \frac{\Delta_{Fus} H}{T_{Fus}} + \int_{T_{Fus}}^{T_{Vap}} C_{p_2} \cdot \frac{dT}{T} + \frac{\Delta_{Vap} H}{T_{Vap}} + \int_{T_{Vap}}^{298} C_{p_3} \cdot \frac{dT}{T} \ .$$

In der Nähe des absoluten Nullpunktes ist die Potenzreihe für C_{p0} experimentell nicht zu ermitteln. Deshalb wurde für das Intervall von 0 bis T_1 ein gesondertes Integral eingeführt.

Um Absolutwerte der Entropie des Endzustandes S_E angeben zu können, muss S_0 bekannt sein und für $\int_0^{T_1} C_{p_0} \cdot \frac{dT}{T}$ ein Lösungsvorschlag unterbreitet werden. Über S_0 wird im *dritten Hauptsatz der Thermodynamik* befunden. **W. Nernst** erkannte, dass alle Entropiedifferenzen gegen Null gehen, wenn die Temperaturen, bei denen die Prozesse stattfinden sich dem absoluten Nullpunkt nähern ($\Delta S \rightarrow 0$ für $T \rightarrow 0$, *Nernstsches Wärmetheorem*). Daraufhin postulierte **M. Planck** 1911, dass die Entropie eines idealen Kristalls eines beliebigen Stoffes am absoluten Nullpunkt einen Wert von 0 J K^{-1} mol^{-1} besitzt. Für die Molwärme eines Stoffes in der Nähe des absoluten Nullpunkts schlug **Debye** vor, die Temperaturabhängigkeit von C_p durch die Näherung $a \cdot T^3$ zu beschreiben. Damit wird auch das Integral $\int_0^T \frac{C_p \cdot dT}{T}$ leicht lösbar. Die *Debye-Näherung* benutzt man meist im Temperaturbereich von 0 bis 10 K, in dem Molwärmen experimentell nicht mehr vernünftig bestimmbar sind.

Der Entropiewert eines Stoffes, der sich auf diese Weise unter Standardbedingungen ergibt, heißt *molare Standardentropie $S^{\varnothing}$*. Die absoluten molaren Standardentropiewerte vieler Stoffe bei 298,15 K sind tabelliert und werden zu Entropieberechnungen verwendet.

Ein **Beispiel** ist die Berechnung der molaren Entropie des Wassers bei 150 °C:

$$S_T = S^{\varnothing}_{298,15} + \overline{C}_{p_1} \cdot \int_{298,15}^{T_U} \frac{dT}{T} + \frac{\Delta_U H}{T_U} + \overline{C}_{p_2} \cdot \int_{T_U}^{T_2} \frac{dT}{T} + \cdots \tag{1.59}$$

$$S_{423} = S^{\varnothing}_{298,15} + \overline{C}_{p_1} \cdot \int_{298,15}^{373,15} \frac{dT}{T} + \frac{40600}{373} \ \text{J K}^{-1} \text{mol}^{-1} + \overline{C}_{p_2} \cdot \int_{373,15}^{423,15} \frac{dT}{T}$$

$$= (70 + 75,6 \cdot \ln \frac{373,15}{298,15} + \frac{40600}{373,15} + 36,1 \cdot \ln \frac{423,15}{373,15}) \ \text{J K}^{-1} \text{mol}^{-1} = 200,3 \ \text{J K}^{-1} \text{mol}^{-1} \ .$$

Während der Erwärmung von 25 °C auf 150 °C erfährt das System eine Entropieänderung von $\Delta S = (200,3 - 70)\ J\ K^{-1}\ mol^{-1} = 130,3\ J\ K^{-1}\ mol^{-1}$.

Die Entropieänderung bei chemischen Reaktionen lässt sich nach der zur Enthalpieänderung analogen Beziehung berechnen:

$$\Delta_R S^{\varnothing} = \sum_{Pr\,odukte} \nu_i \cdot S_i^{\varnothing} - \sum_{Edukte} \nu_i \cdot S_i^{\varnothing} \ . \qquad (1.60)$$

Für die Oxidation von Glucose ergibt sich entsprechend der Reaktionsgleichung $C_6H_{12}O_6$ + 6 O_2 → 6 CO_2 + 6 H_2O folgende molare Standardreaktionsentropie:

$$\Delta_R S^{\varnothing} = [(6 \cdot 214 + 6 \cdot 70) - (212 + 6 \cdot 205)]\ J\ K^{-1}\ mol^{-1} = 262\ J\ K^{-1}\ mol^{-1} \ .$$

Von der statistischen Deutung der Entropie ausgehend lässt sich allgemein feststellen, dass Stoffe mit großen, aus vielen Atomen bestehenden Molekülen viele Möglichkeiten der Energieverteilung besitzen. Sie haben deshalb in der Regel höhere molare Entropien als Stoffe mit kleinen Molekülen.

Wächst bei einem Vorgang die Teilchenzahl, so stellt dies auch einen Entropiezuwachs dar. In Festkörperreaktionen gleichen sich beide Tendenzen oft aus, so dass $\Delta_R S$ einen Wert nahe 0 J K^{-1} mol^{-1} aufweist.

Reaktionen, bei denen Gase verschwinden bzw. gebildet werden, sind mit starken Entropieänderungen verbunden.

$$H_2\ (g) + \tfrac{1}{2}\ O_2\ (g) \to H_2O\ (l) \qquad \Delta_R S^{\varnothing} = -163,33\ J\ K^{-1} mol^{-1}$$

Reaktionen in flüssiger Phase sind vor allem immer dann mit einer Entropieänderung verbunden, wenn sich die Teilchenzahlen in den Solvathüllen ändern. Für die Reaktion H^+ (aq) + OH^- (aq) → H_2O (l) beträgt $\Delta_R S^{\varnothing}$ (298,15 K) = 80,7 J K^{-1} mol^{-1}, weil die Ionen stak solvatisiert sind, also H_2O-Moleküle freigesetzt werden.

1.11.4   Triebkraft spontaner Vorgänge in geschlossenen Systemen, die Freie Enthalpie

Der Exkurs zu Reaktionsentropien schließt Aussagen zu Entropieänderungen in geschlossenen Systemen bereits ein. Wir erkennen, dass dort sehr wohl negative Entropieänderungen (Entropieabnahmen) auch bei freiwillig ablaufenden Reaktionen möglich sind. Um nun auch für Reaktionen in geschlossenen Systemen ein Kriterium der Freiwilligkeit

ihres Ablaufens finden zu können, greifen wir wieder auf die Aussagen zu abgeschlossenen Systemen (Kapitel 1.11.2) zurück. Geschlossene Systeme können zusammen mit ihrer Umgebung als abgeschlossen betrachtet werden.

In abgeschlossenen Systemen laufen Vorgänge bekanntermaßen dann freiwillig ab, wenn
Entropie produziert wird ($\Delta S_{ges.} > 0$).

$$\Delta S_{ges.} = \Delta S_{Sys.} + \Delta S_{Umgeb.} > 0$$

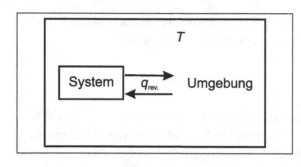

Abb 1.35: Energieaustausch zwischen einem Teilsystem und Umgebung im abgeschlossenen System.

Stellen wir uns entsprechend Abbildung 1.35 ein System vor, das Wärme reversibel an
die Umgebung abgibt. Die Entropieänderung der Umgebung resultiert dann aus der bei
konstanter Temperatur aufgenommenen Wärmemenge Q_{rev}. Die Temperatur kann als
konstant angesehen werden, wenn die Umgebung als sehr groß angenommen wird und
auf Grund ihrer Größe sich die Temperatur trotz Wärmezufuhr nicht messbar ändert. Das
System nimmt dabei die Umgebungstemperatur an. Für die bei konstantem Druck ausgetauschte molare Wärme gilt:

$$Q_{p,Umgeb.} = \Delta H_{Umgeb.} = -Q_{p,Sys.} = -\Delta H_{Sys.} \ . \tag{1.61}$$

Damit lässt sich die Änderung der Gesamtentropie mit Zustandsgrößen erfassen, die nur
das geschlossene Teilsystem beschreiben:

$$\Delta S_{ges} = \Delta S_{Sys.} - \frac{\Delta H_{Sys.}}{T} > 0 \ . \tag{1.62}$$

Um die Aussage von Gleichung (1.62) zu vereinfachen, definierte *J. W. Gibbs* eine weitere Zustandsgröße *g*, die sich aus *s*, *T* und *h* zusammensetzt und die **Freie Enthalpie**
heißt. Für ein Mol gilt dann:

$$G = H - T \cdot S \ . \tag{1.63}$$

Angebbar sind, wie bei U und H, keine Absolutwerte der Freien Enthalpie, sondern nur Änderungen von G_1 auf G_2.

$$G_2 - G_1 = H_2 - H_1 - T \cdot (S_2 - S_1) \quad \text{bzw.} \quad \Delta G = \Delta H - T \cdot \Delta S \qquad (1.64)$$

Bei Standardbedingungen gelangt man zur Änderung der **Freien Standardenthalpie**

$$\Delta G^{\varnothing} = \Delta H^{\varnothing} - T \cdot \Delta S^{\varnothing} \quad . \qquad (1.65)$$

Durch Multiplikation mit $-T$ erhält der mittlere Term in Gleichung (1.62), die für spontan ablaufende Prozesse gilt, die Form einer **Freien Enthalpiedifferenz**. Gleichzeitig kehrt sich dabei das Ungleichheitszeichen um.

$$\Delta G = \Delta H - T \cdot \Delta S < 0 \qquad (1.66)$$

Diese Gleichung liefert das Kriterium für die Freiwilligkeit eines Vorgangs in einem geschlossenen System und ist damit gleichsam die mathematische Formulierung für den Zweiten Hauptsatz der Thermodynamik in solchen Systemen. Vorgänge, bei denen die Freie Enthalpie zunimmt ($\Delta G > 0$), laufen in der Natur freiwillig nur in Gegenrichtung ab. Sie können nur durch Zufuhr von Nutzarbeit, z. B. von elektrischer Arbeit (Elektrolysen) oder mechanischer Arbeit (mahlen in Kugelmühlen) erzwungen werden. Daraus folgt auch, dass sich der Gleichgewichtszustand durch $\Delta G = 0$ auszeichnet.

Die thermodynamische Gleichung (1.64) gilt natürlich auch für chemische Reaktionen:

$$\Delta_R G = \Delta_R H - T \cdot \Delta_R S \quad . \qquad (1.67)$$

So ergibt sich z. B. für die Glucoseoxidation $\quad C_6H_{12}O_6 + 6\,O_2 \rightarrow 6\,CO_2 + 6\,H_2O$
die Freie Standardreaktionsenthalpie $\Delta_R G^{\varnothing}$ entsprechend
$\Delta_R G^{\varnothing} = \Delta_R H^{\varnothing} - T \cdot \Delta_R S^{\varnothing} = (-2794 - 298 \cdot 0{,}262)\ \text{kJ·mol}^{-1} = -2872\ \text{kJ·mol}^{-1}$
aus der Reaktionsenthalpie und der Reaktionsentropie. $\Delta_R H^{\varnothing}$ kann aus den tabellierten Standardbildungsenthalpien und $\Delta_R S^{\varnothing}$ aus den Standardentropiewerten berechnet werden.
Die Freie Reaktionsenthalpie $\Delta_R G$ erhält man in Analogie zur Reaktionsenthalpie $\Delta_R H$ auch aus den Freien Bildungsenthalpien $\Delta_F G$ der beteiligten Stoffe:

$$\Delta_R G = \sum_{\text{Produkte}} \nu_i \cdot \Delta_F G_i - \sum_{\text{Edukte}} \nu_i \cdot \Delta_F G_i \quad . \qquad (1.68)$$

Die *Freien Standardbildungsenthalpien* $\Delta_F G^{\varnothing}$ ($p = 1$ bar) sind für 298,15 K tabelliert. Als Bezugsniveau mit dem Wert 0 gelten wieder die Elemente in ihrer bei dieser Temperatur thermodynamisch stabilsten Modifikation.

Berechnet man die Freie Reaktionsenthalpie der Glucoseoxidation aus den Freien Bildungsenthalpien, so erhält man:

$$\Delta_R G^{\varnothing} = \sum_{Produkte} \nu_i \cdot \Delta_F G^{\varnothing}_i - \sum_{Ausgangsstoffe} \nu_i \cdot \Delta_F G^{\varnothing}_i$$

$$= \left\{ \left[6 \cdot (-394) + 6 \cdot (-237) \right] - \left[(-911) + 6 \cdot 0 \right] \right\} kJ \cdot mol^{-1}$$

$$= -2875 \, kJ \cdot mol^{-1} \quad .$$

Der stark negative Wert von $\Delta_R G^{\varnothing}$ besagt, dass unter Standardbedingungen (s. S. 40) die Reaktion eine starke Tendenz hat, von links nach rechts spontan zu verlaufen.

Aus Gleichung (1.64) lässt sich bezüglich eines freiwilligen Ablaufs ($\Delta_R G < 0$) für eine chemische Reaktion oder für einen Phasenübergang feststellen:

	ΔH	ΔS	Folgerung über die Freiwilligkeit eines Vorgangs
a)	<0	>0	bei jeder Temperatur möglich, $\Delta_R G$ stets < 0
b)	>0	<0	bei keiner Temperatur möglich, $\Delta_R G$ stets > 0
c)	<0	<0	bei niedriger Temperatur begünstigt, da dort $\Delta_R G < 0$ wahrscheinlicher
d)	>0	>0	bei hoher Temperatur begünstigt, da dort $\Delta_R G < 0$ wahrscheinlicher

Vorgänge vom Typ c) bezeichnet man als *enthalpiegetrieben*. Als Beispiel sei die Knallgasreaktion angeführt, auch wenn sie bei Normalbedingungen kinetisch gehemmt ist. Reaktionen vom Typ d) heißen *entropiegetrieben*. Hier sind die bereits erwähnten endothermen Salzauflösungen im Wasser bzw. die Umsetzung von NH_4SCN mit $Ba(OH)_2 \cdot 8 \, H_2O$ als Beispiele anführbar.

Das Zusammenspiel von Entropie und Enthalpie lässt sich auch an der Bildung der DNA-Doppelhelix aus zwei komplementären Oligonukleotiden diskutieren. Dabei werden die spezifischen Basenpaare Adenin (A) - Thymin (T) und Guanin (G) – Cytosin (C) durch nicht kovalente Bindungen (Wasserstoffbrückenbindungen und Stapelwechselwirkungen) gebildet. Dieser Vorgang wird als *Hybridisierung* bezeichnet. Betrachten wir die DNA-Sequenz 5'-d(TGAACGAT)-3', wobei die Zahlen die Stellung der freien OH-

Gruppen am terminalen Zucker im Zucker-Phosphat-Gerüst angeben und damit die Richtung des DNA-Stranges bestimmen. Damit ist auch die komplementäre DNA-Sequenz mit 3'-d(ACTTGCTA)-5' festgelegt und wir wollen die Frage diskutieren, ob beide Oligonukleotide bei Raumtemperatur unter Standardbedingungen hybridisieren können. Bei der Hybridisierung werden zwar chemische Bindungen ausgebildet, da aber die Teilchenzahl bei der Hybridisierung abnimmt und mit der Doppelhelix im Gegensatz zu den flexiblen Einzelsträngen eine starre Konformation angenommen wird, ist die Reaktion entropisch sehr ungünstig. Für die allgemeine Hybridisierungsreaktion $A + B \rightleftharpoons AB$ können die Reaktionsenthalpie und die Reaktionsentropie angegeben werden. Für die obige Sequenz ist $\Delta_R S^{\varnothing} = -667$ JK^{-1}mol^{-1} und $\Delta_R H^{\varnothing} = -253{,}3$ kJmol^{-1}. Die Bildung einer DNA-Doppelhelix ist also enthalpiegetrieben und mit Gleichung (1.66) ergibt sich eine Freie Reaktionsenthalpie von $\Delta_R G^{\varnothing} = -54{,}5$ kJmol^{-1}. Reaktionen mit negativer Freier Reaktionsenthalpie laufen freiwillig ab und sie werden als *exergon* bezeichnet. Die Hybridisierung kann also bei Raumtemperatur stattfinden. Hier muss nur beachtet werden, dass die oben angegebenen Werte für einen Salzgehalt von $c(NaCl) = 1M$ gelten. Bei kleineren Ionenstärken reicht der Enthalpiegewinn nicht aus, wodurch die Freie Reaktionsenthalpie positiv wird. Solche Reaktionen laufen nicht spontan ab und werden als *endergon* bezeichnet. Bei kleineren Ionenstärken ist die Ausbildung einer stabilen Doppelhelix nur für längere Sequenzen exergon.

Die Änderung der Freien Enthalpie der chemischen Umsetzung $A + B \rightarrow C + D$ lässt sich in Abbildung 1.36 verfolgen. Die Reaktion startet mit den Ausgangsstoffen A und B. Mit wachsender Konzentration von C und D sinkt die Freie Enthalpie des Systems ($\Delta_R G < 0$) bis das Minimum der Enthalpiekurve erreicht ist. Ein weiteres Fortschreiten der Reaktion ist nicht möglich. Rechts vom Minimum beschreibt die Kurve die Rückreaktion.

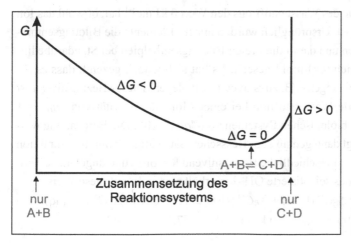

Abb. 1.36: Änderung der Freien Enthalpie während einer chemischen Reaktion.

Am Minimum der Freien Enthalpie hat die Reaktion ihre **thermodynamische Triebkraft** verloren. Dies bedeutet keineswegs, dass das Reagieren zwischen den Teilchen aufhört. Wir haben es mit einem **dynamischen Gleichgewicht** aus Hin- und Rückreaktion zu tun. Makroskopisch jedoch, im Sinne einer mit thermodynamischen Größen beschreibbaren Zustandsänderung, tritt keine Veränderung mehr auf.

Zum Verständnis der Namensgebung für ΔG schauen wir uns nochmals die Formulierung der Differenz einer Freien Enthalpie in Gleichung (1.64) an. Sie ist die um das Entropieglied $T \cdot \Delta S$ reduzierte Enthalpieänderung und verkörpert den bei reversibler Durchführung maximal als Nutzarbeit frei verfügbaren Anteil der gesamten ausgetauschten Wärme. Im Entropieglied $T \cdot \Delta S$ ist demnach der Anteil der degradierten und nicht mehr in Arbeit überführbaren Wärme enthalten. Es verkörpert den **Wärmetribut**, den jeder in der Natur ablaufende Vorgang und damit auch jede chemische Reaktion an ihre Umgebung zu leisten hat.

Bei Reaktionen, in denen keine Volumenarbeit geleistet wird, entspricht der Wärmeaustausch der Änderung der Inneren Energie. Analog zur Freien Enthalpie definierte bereits 1892 **H. v. Helmholtz** die **Freie Energie A,** die ebenso eine Zustandsgröße darstellt:

$$A = U - T \cdot S \quad \text{bzw.} \quad \Delta A = \Delta U - T \cdot \Delta S \ .$$

ΔA wird bei isochorer Durchführung als Kriterium für die Freiwilligkeit eines Vorgangs genommen. Für mögliche freiwillige Reaktionsabläufe bzw. erreichte Gleichgewichtszustände gilt wieder $\Delta A \leq 0$.

Zustandsfunktionen von Ionen

Beim Aufsuchen thermodynamischer Daten von Ionen in Tabellenwerken fällt auf, dass die Freie Bildungsenthalpie des Wasserstoffions den Wert 0 kJ mol^{-1} hat, obwohl das Ion keine Elementverbindung ist. Ursprünglich wurden nur für Elemente die Bildungsenthalpien, die Bildungsentropien und damit die Freien Bildungsenthalpien bei Standardbedingungen und 298,15 K gleich 0 kJ mol^{-1} gesetzt. Es hat sich jedoch gezeigt, dass es für Ionen zweckmäßiger ist, ein eigenes Bezugsniveau festzulegen. Dieses Bezugsniveau ist das vollständig solvatisierte Wasserstoffion bei einer Molalitätsaktivität von $^m a_H{}^+ = 1$ bzw. für Berechnungen in biologischen Systemen von $^m a_H{}^+ = 10^{-7}$. Die Berechnung weiterer Enthalpiewerte erfolgt dann gemäß dem Hessschen Satz lediglich durch Subtraktion bzw. Addition, so dass das unterschiedliche Bezugsniveau für Ionen und ungeladene Teilchenarten nicht stört. Für das solvatisierte OH$^-$-Ion erhält man z. B. auf diese Weise:

$$\Delta_F G^{\varnothing} \text{(OH}^- \text{ (aq))} = \Delta_F G^{\varnothing} \text{(H}_2\text{O)} + \Delta_R G^{\varnothing} \text{(H}_2\text{O} \rightleftarrows \text{H}^+ + \text{OH}^-\text{)} - \Delta_F G^{\varnothing} \text{(H}^+ \text{ (aq))}$$
$$= (-237{,}00 + 79{,}89 - 0) \text{ kJ} \cdot \text{mol}^{-1} = -157{,}11 \text{ kJ} \cdot \text{mol}^{-1} \ .$$

1.12 Thermodynamik chemischer Gleichgewichte

1.12.1 Die van't Hoffsche Reaktionsisotherme

Die Reaktionsisotherme beschreibt die Abhängigkeit der Freien Reaktionsenthalpie von den Zusammensetzungsgrößen der Edukte und Produkte in einem Reaktionsgemisch. Im einfachsten Fall, dass nämlich die reagierenden Stoffe ideale Gase sind und als Zusammensetzungsgrößen deren Partialdrücke fungieren, benötigen wir zuallererst eine Gleichung, die die Druckabhängigkeit der molaren Freien Enthalpie G beschreibt. Diese Gleichung soll aus der Definitionsgleichung $G = H - TS$ abgeleitet werden.

Änderungen von G werden allgemein durch sein totales Differential dG erfasst. Es berücksichtigt die Änderungen von allen drei Zustandsgrößen, aus denen sich G zusammensetzt. Liegen wie im Falle des Terms TS Produkte aus zwei veränderlichen Größen vor, wird nach der Produktregel differenziert, das heißt, nacheinander wird immer eine Größe konstant gehalten und die andere differenziert. Für dG erhält man somit:

$$dG = dH - d\,(TS) = dH - TdS - SdT \ . \tag{1.69}$$

Für das totale Differential der Enthalpie ($H = U + pV$) erhält man analog:

$$dH = dU + p \cdot dV + V \cdot dp \ . \tag{1.70}$$

Die Änderung der Inneren Energie entspricht nach dem 1. Hauptsatz der ausgetauschten Wärme und der am System verrichteten Volumenarbeit:

$$dU = \delta Q - p \cdot dV \ . \tag{1.71}$$

Daraus folgt für dH in Gleichung (1.70)

$$dH = \delta Q + V \cdot dp \ . \tag{1.72}$$

Die ausgetauschte Wärme δQ kann als reversible Wärme betrachtet werden (δQ_{rev}). Damit gilt unter Einbeziehung der Clausiusschen Entropiedefinition $\delta Q_{rev} = T \cdot dS$

$$dH = T \cdot dS + V \cdot dp \ . \tag{1.73}$$

Damit vereinfacht sich Gleichung (1.69) zu:

$$dG = V \cdot dp - S \cdot dT \ . \tag{1.74}$$

Die Beziehung (1.74) verdeutlicht (V und S sind stets positiv), dass bei konstantem Druck die Freie Enthalpie eines Systems mit steigender Temperatur abnimmt, dass sie andererseits bei konstanter Temperatur mit steigendem Druck zunimmt.

Da wir einen isothermen Vorgang zwischen idealen Gasen betrachten, vereinfacht sich die Gleichung (1.74) weiter zu:

$$dG = V \cdot dp = \frac{R \cdot T}{p} \cdot dp \ . \tag{1.75}$$

Durch Integration erhält man aus der Gleichung (1.75):

$$\Delta G = \int_{G_1}^{G_2} dG = R \cdot T \cdot \int_{p_1}^{p_2} \frac{dp}{p} = R \cdot T \cdot \ln \frac{p_2}{p_1} \ . \tag{1.76}$$

Für G_1 wählt man zweckmäßigerweise die Freie Standardenthalpie. Der zugehörige Partialdruck p_1 beträgt dann 1 bar. Da der Druck p_2 in der gleichen Einheit angegeben wird, stellt der Quotient der Partialdrücke einen reinen Zahlenwert dar (symbolisiert durch $\{p_i\}$) und ΔG vereinfacht sich zu:

$$\Delta G = G_2 - G^{\varnothing} = R \cdot T \cdot \ln \{p_2\} \quad \text{und allgemein} \quad G = G^{\varnothing} + R \cdot T \cdot \ln \{p\}. \tag{1.77}$$

Für die Freie Bildungsenthalpie $\Delta_F G$ gilt analog:

$$\Delta_F G = \Delta_F G^{\varnothing} + R \cdot T \cdot \ln \{p\} \ .$$

Betrachtet man eine chemische Reaktion $\nu_A \, A + \nu_B \, B \rightarrow \nu_C \, C + \nu_D \, D$, so ergibt sich die Freie Reaktionsenthalpie $\Delta_R G$ als Differenz der Summen der gewichteten Freien Bildungsenthalpien der Produkte und der Ausgangsstoffe.

$$\Delta_R G = \left(\nu_C \cdot \Delta_F G_C + \nu_D \cdot \Delta_F G_D \right) - \left(\nu_A \cdot \Delta_F G_A + \nu_B \cdot \Delta_F G_B \right)$$

$$= \left(\nu_C \cdot \Delta_F G_C{}^{\varnothing} + \nu_D \cdot \Delta_F G_D{}^{\varnothing} \right) - \left(\nu_A \cdot \Delta_F G_A{}^{\varnothing} + \nu_B \cdot \Delta_F G_B{}^{\varnothing} \right) + R \cdot T \cdot \ln \frac{\{p_C\}^{\nu_C} \cdot \{p_D\}^{\nu_D}}{\{p_A\}^{\nu_A} \cdot \{p_B\}^{\nu_B}}$$

$$\Delta_R G = \Delta_R G^{\varnothing} + R \cdot T \cdot \ln \frac{\{p_C\}^{\nu_C} \cdot \{p_D\}^{\nu_D}}{\{p_A\}^{\nu_A} \cdot \{p_B\}^{\nu_B}} \tag{1.78}$$

Die Gleichung (1.78) heißt *van`t Hoffsche Reaktionsisotherme*.

Den Ausdruck hinter dem Logarithmus in Gleichung (1.78), der die Zusammensetzung des vorliegenden Reaktionsgemisches beschreibt, nennt man kurz *Reaktionsquotient Q*.

Handelt es sich bei den reagierenden Stoffen nicht um ideale Gase, sondern um ideale Lösungen (meist Lösungen von Ionen), so sind im Reaktionsquotienten deren *standardisierte Molalitäten* ($^cm/^cm^\varnothing = {}^cm/$ 1mol $\cdot$ kg^{-1}Lsgm $= \{^cm\}$) zu benutzen. Dies hängt damit zusammen, dass die tabellierten Zustandsfunktionen $\Delta_F G^\varnothing$ sich auf $^cm^\varnothing = 1$ mol/kg Lösungsmittel beziehen. In verdünnten Lösungen ($^cm < 1$ mol/kg Lösgsm.) kann näherungsweise auch mit den standardisierten Molaritäten ($c/c^\varnothing = c/$ 1mol $\cdot$ L^{-1} Lösg $= \{c\}$) gerechnet werden. Dies ist wichtig, weil im Labor benötigte Lösungen meist mit Maßkolben hergestellt bzw. verdünnt werden und deshalb molaritätsbezogen sind. Für flüssige und feste Stoffe beziehen sich die Tabellenwerte von $\Delta_F G^\varnothing$ auf ihren reinen Zustand mit dem Stoffmengenanteil $X = 1$. Deshalb werden für diese Stoffe in der Reaktionsisothermen ihre Stoffmengenverhältnisse verwendet. Nehmen an der Reaktion sowohl Gase als auch Flüssigkeiten bzw. reine Stoffe oder gelöste Teilchen bzw. Ionen teil, dann kann es im Reaktionsquotienten Q und auch im entsprechenden Gleichgewichtsquotienten, durchaus zu gemischten Ausdrücken kommen, in denen sowohl Partialdrücke, als auch Stoffmengenverhältnisse bzw. Molalitäten oder Molaritäten enthalten sind.

Die Gleichung (1.78) lässt erkennen, dass bei einem entsprechend kleinen Umsatz (sehr kleine Konzentration der Produkte und sehr kleiner Reaktionsquotient Q) ΔG negativ (auch wenn nur gering negativ) werden kann. Das heißt, dass jede Reaktion bis zu dem entsprechend geringen Umsatz möglich ist. Dies ist wichtig für Reaktionsfolgen (fast alle praktisch bedeutsamen Reaktionen, insbesondere jene in biologischen Systemen, enthalten ja Reaktionsfolgen), denn hier kann einer Reaktion mit sehr kleinem negativen ΔG eine Reaktion mit großem negativen ΔG folgen, so dass bei Summation der ΔG-Werte der Teilreaktionen für die Bruttoreaktion ein negativer ΔG-Wert resultiert, der einen merklichen Umsatz garantiert. Die Tatsache, dass bis zu einem entsprechend geringen Umsatz jede Reaktion mit einem negativen ΔG verknüpft und deshalb möglich ist, erklärt auch manche in Spuren vorliegende Nebenprodukte.

Verwendung von Aktivitäten bei nicht idealen Mischungen
Häufig sind die Reaktionsmischungen nicht ideal, was daran zu erkennen ist, dass bereits beim Mischen, auch ohne dass eine chemische Reaktion abläuft, merkliche Wärmeeffekte bzw. Volumenänderungen auftreten. Im Reaktionsquotienten Q der Reaktionsisothermen werden die zwischenmolekularen bzw. interionischen Wechselwirkungen berücksichtigt, indem anstelle der Werte der *Zusammensetzungsgrößen* ($\{p_i\}$, X_i, $\{^cm_i\}$, $\{c_i\}$) deren *Aktivitäten* (im weiteren Verlauf oft allgemein durch das Formelzeichen a wiedergegeben) verwendet werden. Die Aktivitäten ergeben sich aus den Werten der Zusammensetzungsgrößen durch Multiplikation mit einem *Aktivitätskoeffizienten*, der für die jeweilige Zusammensetzungsgröße charakteristisch ist:

Zustand	Art der Aktivität	
Gas	*Druckaktivität*	$^{p}a = {^{p}f} \cdot \{p\}$
Flüssigkeit oder Feststoff	*Stoffmengenanteilaktivität*	$^{X}a = {^{X}f} \cdot X$
Gelöster Stoff oder Ion	*Molalitätsaktivität*	$^{m}a = {^{m}f} \cdot \{m\}$ oder
	Konzentrationsaktivität	$^{c}a = {^{c}f} \cdot \{c\}$

Den Aktivitätskoeffizienten ^{p}f bezeichnet man auch als *Fugazitätskoeffizienten* und sein Produkt mit dem Partialdruck $^{p}f \cdot p_i$ als *Fugazität*.

Die Aktivitätskoeffizienten haben in idealen Systemen den Wert 1, in realen Systemen sind sie meist kleiner als 1. Die Aktivitäten sind Größen ohne Einheit. Die Reaktionsisotherme für den allgemeinen Fall, der ideale und reale Gemische einschließt, ist mit Aktivitäten zu formulieren, zum Beispiel:

$$\Delta_R G = \Delta_R G^{\oslash} + RT \cdot \ln \frac{a_C{}^{\nu_C} \cdot a_D{}^{\nu_D}}{a_A{}^{\nu_A} \cdot a_B{}^{\nu_B}} \quad . \tag{1.79}$$

Diskutieren wir die **Anwendung der Reaktionsisotherme** (1.79) an drei Beispielen:

Beispiel 1

Gelingt die **Umwandlung von CaCO₃ in CaO und CO₂ bei Raumtemperatur?**

$$CaCO_3 \rightarrow CaO + CO_2$$

$$\Delta_R G = \Delta_R G^{\oslash} + R \cdot T \cdot \ln \frac{X_{CaO} \cdot \{p_{CO_2}\}}{X_{CaCO_3}}$$

Die Stoffmengenanteile reiner kondensierter Phasen sind 1. Die Freie Standardreaktionsenthalpie ist für diese Reaktion positiv (stark endotherm, $\Delta_R H^{\oslash} \gg 0$). Die Freie Enthalpie wird dann negativ, wenn es gelingt den Partialdruck des CO_2 so stark abzusenken, dass $|R \cdot 298{,}15 \text{ K} \cdot \ln p_{CO_2}| > \Delta_R G^{\oslash} = 132 \; kJ \cdot mol^{-1}$ gilt. Der CO_2 Partialdruck müsste folglich kleiner als 10^{-23} bar sein, was kaum realisierbar ist. Eine spürbare Umwandlung gelingt demnach nicht.

Beispiel 2

Für die **Bildung von Ammoniak aus den Elementen** bei 25 °C erhält man eine negative Freie Standardreaktionsenthalpie ($\Delta_R G^{\emptyset} < 0$). Die Reaktion läuft nur wegen ihrer kinetischen Hemmung nicht spontan ab. Um die Reaktionsgeschwindigkeit zu erhöhen, wird die Reaktion unter Verwendung eines Katalysators bei erhöhter Temperatur (in Deutschland bei ca. 450 °C) durchgeführt. Wegen der Verringerung der Teilchenzahl verringert sich bei der Ammoniaksynthese die Entropie: $3 H_2 + N_2 \rightarrow 2 NH_3$

$$\Delta_R S^{\emptyset} (298{,}15 \text{ K}) = 2 \cdot S^{\emptyset}(NH_3) - [3 \cdot S^{\emptyset}(H_2) + S^{\emptyset}(N_2)]$$
$$= (2 \cdot 192{,}45 - 3 \cdot 130{,}68 - 191{,}61) \text{ J mol}^{-1} \text{ K}^{-1} = -198{,}8 \text{ J mol}^{-1} \text{ K}^{-1} \ .$$

Wegen $\Delta_R G^{\emptyset} = \Delta_R H^{\emptyset} - T \cdot \Delta_R S^{\emptyset}$ wirkt sich die negative Reaktionsentropie besonders bei hoher Temperatur ungünstig auf $\Delta_R G^{\emptyset}$ und damit auf die Lage des Gleichgewichts aus. Die Freie Reaktionsenthalpie kann wieder verkleinert werden, wenn entsprechend

$$\Delta_R G = \Delta_R G^{\emptyset} + R \cdot T \cdot \ln \frac{\{p_{NH_3}\}^2}{\{p_{H_2}\}^3 \cdot \{p_{N_2}\}}$$

durch Druckerhöhung ein geeigneter Druckquotient gewählt wird. Um eine wirtschaftlich tragbare Ausbeute zu erhalten, wird in Deutschland bei ca. 300 bar gearbeitet. Die Druckerhöhung auf 300 bar vergrößert zwar alle Partialdrücke im Reaktionsgemisch, wirkt sich aber entsprechend der Reaktionsgleichung auf den Nenner des Druckquotienten stärker aus als auf den Zähler.

Beispiel 3

Adenosintriphosphat (ATP) stellt den wichtigsten Energieträger in biologischen Systemen dar und dient der Steuerung von biochemischen Prozessen. Bei energieliefernden Stoffwechselprozessen wie etwa der Oxidation von Glukose wird ATP aus Adenosindiphosphat (ADP) aufgebaut, und bei energieverbrauchenden Prozessen (z.B. Muskelkontraktion) wieder abgebaut. Die Hydrolyse von ATP lässt sich folgendermaßen formulieren (bei der gängigen Schreibweise muss beachtet werden, dass ATP typischerweise vier und ADP drei negative Ladungen trägt):

$$ATP(aq) + H_2O \rightarrow ADP(aq) + HPO_4{}^{2-}(aq) + H_3O^+(aq) \ .$$

Die Freie Standardreaktionsenthalpie bei 298,15 K ist mit $\Delta_R G^{\emptyset} = +10$ kJmol^{-1} positiv, die Reaktion also endergon. Allerdings wird bei Standardbedingungen eine Hydroniumionenaktivität von $a(H_3O^+) = 1$ vorausgesetzt, was einem pH-Wert von 0 entspricht. Für biologische Systeme ist es sinnvoller, die Freie Enthalpie für pH = 7 zu berechnen, was auch als ***biochemischer Standardzustand*** bezeichnet und hier mit dem Symbol * gekennzeichnet wird. Für $\Delta_R G^*$ ist also $a(H_3O^+) = 10^{-7}$ und es folgt:

$$\Delta_R G^* = \Delta_R G^{\oslash} + RT \ln Q = \Delta_R G^{\oslash} + RT \ln \frac{a(ADP) \cdot a(HPO_4^{2-}) \cdot a(H_3O^+)}{a(ATP) \cdot a(H_2O)} \ .$$

Alle anderen Aktivitäten entsprechen weiterhin dem chemischen Standardzustand. Man erhält:

$$\Delta_R G^* = \Delta_R G^{\oslash} + RT \ln 10^{-7} = \Delta_R G^{\oslash} - 7RT \ln 10 \ .$$

Für $\vartheta = 37$ °C und pH = 7 ergibt sich also $\Delta_R G^* = -31$ kJmol^{-1}. Die Reaktion ist unter diesen Bedingungen also exergon, die Reaktion läuft freiwillig ab. In biologischen Systemen gestalten sich die Bedingungen allerdings komplexer. So laufen die Reaktionen meist nicht unter Gleichgewichtsbedingungen ab und die ATP-Hydrolyse ist gekoppelt an weitere Stoffwechselprozesse.

Die Kurzform der Reaktionsisothermen

Erreicht eine Reaktion den Gleichgewichtszustand, so wissen wir, dass die Freie Reaktionsenthalpie $\Delta_R G$ den Zahlenwert null hat. Der Reaktionsquotient in der Reaktionsisothermen wird dann zur *Gleichgewichtskonstanten K*, und wir erhalten die sogenannte Kurzform der Reaktionsisothermen:

$$\Delta_R G^{\oslash} = -R \cdot T \cdot \ln K \qquad \text{bzw.} \qquad K = e^{-\frac{\Delta_R G^{\oslash}}{R \cdot T}} \ . \qquad (1.80)$$

Die aus $\Delta_R G^{\oslash}$ berechnete Gleichgewichtskonstante *K* bezeichnet man auch als wahre oder *thermodynamische Gleichgewichtskonstante*. Da $\Delta_R G^{\oslash}$, *R* und *T* konstante Größen sind bzw. als konstant festgelegt sein können, ist auch *K* eine echte Konstante. Daraus folgt, dass zur Sicherheit zunächst *der Massenwirkungsquotient immer mit Aktivitäten* zu formulieren ist. Im Nachhinein kann man dann entscheiden, ob das System sich annähernd ideal verhält, und die Werte der Zusammensetzungsgrößen anstelle der Aktivitäten benutzt werden können.

Die Beziehung (1.80) ist eine der wichtigsten Gleichungen der chemischen Thermodynamik. Mit ihrer Hilfe kann man aus den tabellierten thermodynamischen Zustandsfunktionen $\Delta_F G^{\oslash}$ bzw. $\Delta_F H^{\oslash}$ und $S^{\oslash}$ auch für Reaktionen, die messtechnisch schwer zugänglich sind - wie z. B. die Ammoniaksynthese bei 25 °C – Gleichgewichtskonstanten berechnen und so beispielsweise abschätzen, ob sich die Suche nach Katalysatoren überhaupt lohnt. Umgekehrt kann man natürlich auch *K* experimentell ermitteln und daraus $\Delta_R G^{\oslash}$ berechnen.

Wie man die Kurzform der Reaktionsisothermen nutzt, zeigen folgende Beispiele:

Beispiel 1

Ein interessanter Fall ist die **Berechnung der Löslichkeitskonstanten von AgCl**. Der Berechnung liegt das Gleichgewicht AgCl (s) $\rightleftharpoons$ Ag$^+$ (aq) + Cl$^-$ (aq) zugrunde. Die Berechnung der Freien Standardreaktionsenthalpie $\Delta_R G^{\varnothing}$ erfolgt aus den tabellierten Freien Standardbildungsenthalpien. Die für 298,15 K in kJ mol^{-1} angegebenen Werte betragen für AgCl (s): -109,79, Ag$^+$ (aq): 77,11 bzw. Cl$^-$ (aq) -131,23. Mit diesen Werten ergibt sich $\Delta_R G^{\varnothing} = 55,67$ kJ mol^{-1}. Aus der Kurzform der Reaktionsisotherme folgt ein Wert der Gleichgewichtskonstanten von $K = 1,8 \cdot 10^{-10}$.

Der zu K gehörende Massenwirkungsquotient ist aufgrund der zuvor geschilderten Zusammenhänge mit folgenden Aktivitäten zu formulieren: $K = \dfrac{{}^m a_{Ag^+} \cdot {}^m a_{Cl^-}}{{}^x a_{AgCl}}$.

Geht man von reinem Silberchlorid aus, so ist die Stoffmengenanteilaktivität $^x a_{AgCl}$ gleich 1 und kann entfallen. Der Massenwirkungsquotient vereinfacht sich zur sogenannten *Löslichkeitskonstanten* $K_L = {}^m a_{Ag^+} \cdot {}^m a_{Cl^-}$. Eine weitere Vereinfachung ist möglich, wenn das Silberchlorid in reinem Wasser gelöst wurde. Da Silberchlorid sehr schwer löslich ist, liegen sehr geringe Ionenkonzentrationen vor, und die Aktivitätskoeffizienten sind ≈ 1. Das sich ergebende Produkt $L = \{{}^c m_{Ag^+}\} \cdot \{{}^c m_{Cl^-}\} = \{c_{Ag^+}\} \cdot \{c_{Cl^-}\}$ wird gemeinhin als *Löslichkeitsprodukt* bezeichnet und gelegentlich zuzüglich der entsprechenden Einheit angegeben. Experimentell ergibt sich für 20 °C $L_c = 1,61 \cdot 10^{-10}$ mol^2 L^{-2}, also eine gute Übereinstimmung mit dem aus $\Delta_R G^{\varnothing}$ für 25 °C berechneten Wert $K_L = 1,8 \cdot 10^{-10}$.

Beispiel 2

Experimentell ermittelte Größen werden benutzt, um zu *neuen Tabellenwerten für Zustandsfunktionen* zu gelangen.

Das Ionenprodukt von reinem Wasser $K_W = {}^m a_{H^+} \cdot {}^m a_{OH^-}$ ist durch viele Messungen heute sehr genau bekannt. Es beträgt bei 25 °C $K_W = 1,008 \cdot 10^{-14}$. K_W soll der Ausgangswert zur Berechnung der Freien Standardreaktionsenthalpie für die Dissoziation des Wassers sein. Das Ionenprodukt des Wassers ist mit dem Massenwirkungsquotienten des Dissoziationsgleichgewichtes $K = \dfrac{{}^m a_{H^+} \cdot {}^m a_{OH^-}}{{}^x a_{H2O}}$ identisch. Unsere Betrachtungen gelten für reines Wasser, in dem die Ionenstärke vernachlässigbar gering ist. Deshalb kann man an Stelle der Aktivitäten der Ionen ihre Molalitäten benutzen, und die Stoffmengenanteilaktivität des undissoziierten Wassers $^x a_{H2O}$ kann annähernd gleich 1 gesetzt werden. Durch Einsetzen von K_W in die Kurzform der Reaktionsisothermen erhält man für 25 °C die Freie Standardreaktionsenthalpie für die Dissoziation des Wassers:

$$\Delta_R G^{\varnothing} = -R \cdot 298,15 \text{ K} \cdot \ln 1,008 \cdot 10^{-14} = 79,89 \text{ kJ} \cdot \text{mol}^{-1}.$$

Beispiel 3

Auf Seite 96/97 wurde die Hybridisierung zweier DNA-Einzelstränge zu einem Doppelstrang diskutiert. Mit Hilfe der Gleichungen (1.65) und (1.80) kann die Schmelztemperatur T_{Fus} von DNA-Duplexen berechnet werden, die zum Beispiel für die Polymerase-Kettenreaktion eine große Rolle spielt. Beim Schmelzen handelt es sich um die Umkehrung der Hybridisierung. Entsprechend der Gleichgewichtsreaktion $AB \rightleftharpoons A + B$ ist die Schmelztemperatur T_{Fus} definiert als diejenige Temperatur, bei der die Hälfte der Duplexe AB dissoziiert vorliegt. Unter der Annahme, dass die Reaktionsenthalpie und -entropie im betrachteten Temperaturintervall konstant sind, können die Gleichungen 1.65 und 1.80 kombiniert werden, um die Schmelztemperatur T_{Fus} aus der entsprechenden Gleichgewichtskonstanten K_{Fus} zu berechnen:

$$T_{Fus} = \frac{\Delta_R H^{\varnothing}}{\Delta_R S^{\varnothing} - R \ln K_{Fus}} \ .$$

Bei $K_{Fus} = 1{,}2 \cdot 10^{-8}$ erhält man für die DNA-Sequenzen aus dem Beispiel auf Seite 97 eine Schmelztemperatur von $T_{Fus} = 36°C$.

1.12.2 Die van't Hoffsche Reaktionsisobare

Die Reaktionsisobare beschreibt die Abhängigkeit der Gleichgewichtskonstanten K von der Temperatur. Die Reaktionsisobare kann folgendermaßen abgeleitet werden:
Unter isotherm-isobaren Bedingungen gilt für die Freie Standardreaktionsenthalpie (siehe Gl. (1.65)):

$$\Delta_R G^{\varnothing} = \Delta_R H^{\varnothing} - T \cdot \Delta_R S^{\varnothing} \ .$$

Mit der Kurzform der Reaktionsisothermen (Gl. (1.80)) ergibt sich

$$-R \cdot T \cdot \ln K = \Delta_R H^{\varnothing} - T \cdot \Delta_R S^{\varnothing} \qquad\qquad \text{bzw.}$$

$$\ln K = -\frac{\Delta_R H^{\varnothing}}{R \cdot T} + \frac{\Delta_R S^{\varnothing}}{R} \ . \qquad\qquad (1.81)$$

Bei der Ableitung der Gleichung (1.81) nach der Temperatur entfällt der konstante Term $\dfrac{\Delta_R S^{\varnothing}}{R}$. Man erhält die **van't Hoffsche Reaktionsisobare** (1.82):

$$\frac{d(\ln K)}{dT} = \frac{\Delta_R H^{\varnothing}}{R \cdot T^2} \ . \qquad\qquad (1.82)$$

Die unbestimmte Integration von (1.82) führt zu

$$\ln K_p = -\frac{\Delta_R H^\varnothing}{R} \cdot \frac{1}{T} + const. \qquad (1.83)$$

Setzt man voraus, dass $\Delta_R H^\varnothing$ im betrachteten Temperaturintervall als konstant angesehen werden kann, beschreibt die Gleichung (1.83) eine Gerade mit dem Anstieg $-\dfrac{\Delta_R H^\varnothing}{R}$ (Abb. 1.37). $\Delta_R H^\varnothing$ kann in einem kleinen Temperaturintervall, in dem auch keine Phasenübergänge liegen, als konstant angesehen werden (s. S. 48, Kirchhoffsches Gesetz).

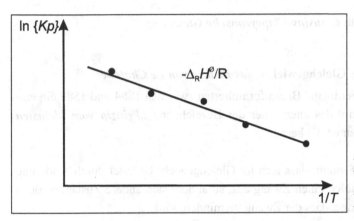

Abb. 1.37: Ermittlung thermodynamischer Größen aus Gleichgewichtsdaten einer Reaktion.

Mit der van't Hoffschen Reaktionsisobaren lassen sich damit aus Gleichgewichtsdaten Standardreaktionsenthalpien ermitteln. Bei bekannter Standardreaktionsenthalpie lässt sich die Gleichgewichtskonstante einer gegebenen Temperatur auf die Konstante einer weiteren Temperatur umrechnen. Die bestimmte Integration der Reaktionsisobaren (1.82) in den Grenzen von $\ln K_1$ und $\ln K_2$ bzw. T_1 und T_2 liefert den benötigten Zusammenhang:

$$\ln \frac{K_2}{K_1} = \frac{\Delta_R H^\varnothing}{R} \cdot \left(\frac{1}{T_1} - \frac{1}{T_2} \right). \qquad (1.84)$$

Bei endothermen Reaktionen erhält man, wie in Abbildung 1.37 gezeigt, eine fallende Gerade. Bei exothermen Reaktionen ($\Delta_R H^\varnothing < 0$) wird $-\dfrac{\Delta_R H^\varnothing}{R} > 0$ und die Gerade besitzt einen positiven Anstieg. Damit spiegelt der Kurvenverlauf in Abbildung (1.37) letztlich auch die Aussage des **Prinzips von Le Chatelier** wider, dass in endothermen Reaktionen mit steigender Temperatur ($1/T$ wird kleiner) die Gleichgewichtskonstante wächst (Verschiebung des Gleichgewichts auf die Seite der Reaktionsprodukte).

So wie mit Hilfe der Reaktionsisobaren aus der Abhängigkeit der Gleichgewichtskonstanten von der Temperatur die Reaktionsenthalpie berechenbar ist, lassen sich auch Enthalpieänderungen anderer Prozesse ermitteln. Anstelle der Gleichgewichtskonstanten setzt man andere, das Gleichgewicht charakterisierende Größen, ein. Z. B. lässt sich aus der Abhängigkeit des Dampfdruckes von der Temperatur die Verdampfungsenthalpie ermitteln:

$$\frac{d(\ln p)}{dT} = \frac{\Delta_{Vap} H^{\varnothing}}{R \cdot T^2} \ . \tag{1.85}$$

Die Beziehung (1.85) heißt ***Clausius-Clapeyronsche Gleichung***.

1.12.3 Verschiebung des Gleichgewichts, *das Prinzip von Le Chatelier*

Henry Le Chatelier und Ferdinand Braun formulierten zwischen 1884 und 1888 ein empirisch gefundenes Prinzip, das auch unter der Bezeichnung ***„Prinzip vom kleinsten Zwang"*** bekannt geworden ist. Es besagt:

> Übt man auf ein System, dass sich im Gleichgewicht befindet durch Änderung von Zustandsvariablen einen Zwang aus, so ändern sich andere Zustandsgrößen spontan in dem Sinne, dass der Zwang vermindert wird.

Oft findet man in der Formuliereng den Hinweis, dass die Reaktion des Systems in einer Verschiebung der Gleichgewichtslage besteht, was allerdings nur eingeschränkt richtig ist.

Welche Zustandsvariablen sind geeignet, die Lage eines chemischen Gleichgewichts zu beeinflussen? Zur Beantwortung dieser Frage wurden in den Kapiteln 1.12.1 und 1.12.2 bereits wichtige Aussagen getroffen.
Die Kurzform der van`t Hoffschen Reaktionsisobaren liefert den Zusammenhang zwischen der Gleichgewichtskonstanten K und der Temperatur. Es gilt Gleichung (1.80)

$K = e^{-\frac{\Delta_R G^{\varnothing}}{R \cdot T}}$. Entsprechend der van`t Hoffschen Reaktionsisobaren (Gleichung (1.82)) und Abbildung 1.37 lässt sich der Einfluss von ausgetauschter Reaktionswärme und Temperaturänderung aufzeigen. Es ist ersichtlich, dass Temperaturerhöhung bei exothermen chemischen Reaktionen zu einer Verschiebung des Gleichgewichts in Richtung der Ausgangsstoffe führt. Bei endothermen chemischen Reaktionen erfolgt die Verschiebung in Richtung der Endprodukte. Die Verschiebung ist am kleiner bzw. größer werdenden Zahlenwert von K erkennbar. Die Gleichungen (1.80) und (1.82) machen gleichzeitig deutlich, dass es außer der Temperatur keine weiteren Einflussgrößen gibt, die zu einer Änderung des Zahlenwertes von K (zu einer Gleichgewichtsverschiebung) führen.

Die diskutierte Gleichgewichtskonstante K setzt sich aus den Aktivitäten der Reaktanten (s. Bemerkungen zu den Aktivitäten in Kap. 1.12.1) zusammen und ist dimensionslos. Daneben verwendet man die sich aus Stoffmengenanteilen zusammensetzende Konstante K_X, die sich aus Partialdrücken zusammensetzende Konstante K_p oder die sich aus Konzentrationen zusammensetzende Konstante K_c. K_p bzw. K_c sind, abhängig von der konkreten Reaktion, oft dimensionsbehaftet.

Für die Ammoniaksynthese

$$N_2(g) + 3\,H_2(g) \rightleftharpoons 2\,NH_3(g)$$

lässt sich die auf Partialdrücke bezogene Gleichgewichtskonstante K_p formulieren. Durch Division der Partialdrücke durch den Standarddruck (1 bar) wird K_p auch dimensionslos.

$$K_p = \frac{\left(\dfrac{p_{NH_3}}{p^{\varnothing}}\right)^2}{\left(\dfrac{p_{N_2}}{p^{\varnothing}}\right)\cdot\left(\dfrac{p_{H_2}}{p^{\varnothing}}\right)^3} \tag{1.86}$$

Die so definierte Konstante K_p unterscheidet sich von der aus den Fugazitäten der beteiligten Gase gebildeten thermodynamischen Gleichgewichtskonstanten K nur noch durch einen Faktor, in den die potenzierten Fugazitätskoeffizienten eingehen. Im Idealfall (Reaktionsgemisch aus ungeladenen kleinen Molekülen, geringe Konzentrationen) geht sein Wert gegen 1.

Da der Partialdruck eines Reaktanten dem Produkt aus Stoffmengenanteil und Gesamtdruck des Reaktionsgemisches entspricht, gilt weiter:

$$K_p = \frac{\left(\dfrac{X_{NH_3}\cdot p}{p^{\varnothing}}\right)^2}{\left(\dfrac{X_{N_2}\cdot p}{p^{\varnothing}}\right)\cdot\left(\dfrac{X_{H_2}\cdot p}{p^{\varnothing}}\right)^3} = \frac{X_{NH_3}{}^2}{X_{N_2}\cdot X_{H_2}{}^3}\cdot\left(\frac{p^{\varnothing}}{p}\right)^2 .$$

Im Beispiel der Ammoniaksynthese besteht zwischen K_p und K_X der Zusammenhang

$$K_p = K_X \cdot \left(\frac{p^{\varnothing}}{p}\right)^2 \tag{1.87}$$

K ist, wie eingangs festgestellt wurde, druckunabhängig, was hier auch für K_p angenommen wird. Wird der Druck p im Reaktionsgemisch verdoppelt, muss K_X den vierfachen Wert annehmen.

Der zweite Faktor in Gleichung (1.87) erscheint stets, wenn sich bei einer Reaktion die Stoffmengen der beteiligten Gase auf Seiten der Ausgangsstoffe und der Produkte unterscheiden. Ändert sich die Stoffmenge der eingesetzten Gase dagegen nicht, wird bei der Reaktion folglich keine Volumenarbeit verrichtet und es gilt $K_p = K_X$.

Bezüglich der Wirkung des Drucks muss zwischen gasförmigen und kondensierten Reaktanten unterschieden werden. Sind Gase an der Reaktion beteilig und wird während der Reaktion Volumenarbeit geleistet (Bildung bzw. Verbrauch gasförmiger Stoffmengenanteile), so übt eine Druckänderung Einfluss auf die Stoffmengenzusammensetzung aus. Bei einer Abnahme der Stoffmengenanteile der Gase während der Reaktion führt eine Druckerhöhung zur Erhöhung der Stoffmengenanteile der Produkte. Bei einer Zunahme der Stoffmengenanteile der Gase führt die Druckerhöhung dagegen zu einer Absenkung der Stoffmengenanteile der Produkte. Das System selbst verfolgt dabei das Ziel der Beibehaltung der Gleichgewichtslage, die durch den Zahlenwert von K beschrieben wird.

Die in verschiedenen Lehrbüchern auch diskutierte Beeinflussung der Lage eines Gleichgewichts durch Konzentrationsänderung der Edukte bzw. der Produkte kann dagegen nur mit Hilfe der van't Hoffschen Reaktionsisothermen (Gleichung (1.79)) diskutiert werden. Die Freie Reaktionsenthalpie $\Delta_R G$ spontan ablaufender Reaktionen besitzt einen negativen Zahlenwert. Über Veränderung der Aktivitäten der reagierenden Stoffe im Reaktionsquotienten Q lässt sich $\Delta_R G$ noch stärker absenken, was einer Erhöhung der Triebkraft der Reaktion entspricht. Ist das Gleichgewicht erreicht, laufen Hin- und Rückreaktion gleich schnell ab und $\Delta_R G$ besitzt den Wert 0 J·mol^{-1}.

Eine nun erzwungene Veränderung der Aktivität einzelner Reaktionspartner stört das vorliegende Gleichgewicht und liefert erneut von 0 J·mol^{-1} verschiedene $\Delta_R G$ –Werte, was zu einem verstärkten Anlaufen der Hin- oder der Rückreaktion führt.

Die Verringerung der Aktivität von Reaktionsprodukten (ebenso die Erhöhung der Aktivität von Ausgangsstoffen) verringern Q. Im Ergebnis wird $\Delta_R G$ wieder negativ und die Hinreaktion wird favorisiert, weil das System versucht, den durch K beschriebenen Gleichgewichtszustand wieder herzustellen.

Die auf ein chemisches Gleichgewicht ausgeübten Zwänge können vielfältig sein. Lediglich Temperaturänderungen verschieben das Gleichgewicht. Sind Gase an einer Reaktion beteiligt und ändern sich während der Reaktion auch die Stoffmengenverhältnisse der Gase (Volumenarbeit findet statt), so hat eine Druckveränderung Einfluss auf die stoffmengenbasierte Gleichgewichtskonstante K_X.

Aktivitätsveränderungen einzelner Reaktionspartner stören dagegen ein vorliegendes Gleichgewicht. In diesem Fall versucht das System die Aktivitäten der restlichen Reaktanten so zu verändern, dass der Reaktionsquotient Q wieder der ursprünglichen Gleichgewichtskonstanten K angenähert wird.

1.13 Die Beschreibung realer Systeme mit partiellen Größen, das chemische Potenzial

Im vorangehenden Abschnitt wurde erläutert, wie die Zusammensetzungsgrößen durch Einführung von Aktivitätskoeffizienten den intermolekularen bzw. interionischen Wechselwirkungen Rechnung tragen, und so die thermodynamische Wirksamkeit der Teilchen in realen Gemischen erfasst werden kann. Eine naheliegende Konsequenz der intermolekularen Wechselwirkungen ist, dass viele molare Zustandsgrößen, insbesondere das Molvolumen und die Zustandsfunktionen G, H und S bei konstantem Druck und konstanter Temperatur keine konstanten Größen mehr sind, sondern von der jeweiligen Zusammensetzung des Gemisches abhängen. Am Beispiel der Freien Enthalpie soll erläutert werden, wie man mit diesem Problem umgeht. Der Ansatz besteht darin, dass man untersucht, wie sich die Freie Enthalpie einer Mischung ändert, wenn man 1 Mol des betrachteten Stoffes dem Gemisch zusetzt und gleichzeitig dafür sorgt, dass die Temperatur, der Druck und die quantitative Zusammensetzung nahezu konstant bleiben. Die Konstanz der genannten Zustandsgrößen ließe sich praktisch einigermaßen realisieren, wenn die zugegebene Stoffmenge im Vergleich zum vorhandenen System relativ klein ist. Am besten wäre es, dem System nur eine infinitesimal kleine Stoffmenge zuzufügen und den Bezug auf die Zugabe von 1 Mol rechnerisch herzustellen, indem die nun auch infinitesimal kleine Änderung der Freien Enthalpie des Systems durch die Stoffmengenänderung dividiert wird. Diese Betrachtung führt zu einer neuen molaren Zustandsgröße, dem sogenannten *Chemischen Potenzial μ* :

$$\mu_i = (\partial g / \partial n_i)_{T, p, n} = \bar{G}_i \; . \tag{1.88}$$

In dieser Definition bedeutet ∂g die extensive Zunahme der Freien Enthalpie des Systems bei Vermehrung der Stoffmenge von i um ∂n_i. Die Indizierung mit T, p und n soll hervorheben, dass die Temperatur, der Druck und die Mengen der übrigen Stoffe - außer i - konstant bleiben sollen. Von mehreren möglichen Variablen wird also nur eine, bei Konstanz der anderen, verändert. Deshalb wird das für infinitesimal kleine partielle Änderungen in der Mathematik übliche Operatorensymbol ∂ verwendet. Durch die Division der extensiven Änderung der Freien Enthalpie des Systems ∂g durch die Stoffmengenänderung ∂n_i erhält man die molare Größe μ_i. Solche molaren Größen, die auf die geschilderte

Art und Weise entstehen, heißen in der Physikalischen Chemie ***partielle Größen***. Das chemische Potenzial μ_i ist somit identisch mit $\bar{G}_i$, der partiellen molaren Freien Enthalpie des Stoffes i im System der gegebenen Zusammensetzung.

Neben dem chemischen Potenzial als partieller molarer Freier Enthalpie sind die wichtigsten partiellen Größen:

partielles molares Volumen $\bar{V}_i = (\partial v / \partial n_i)_{T,p,n}$,

partielle molare Enthalpie $\bar{H}_i = (\partial h / \partial n_i)_{T,p,n}$,

partielle molare Entropie $\bar{S}_i = (\partial s / \partial n_i)_{T,p,n}$.

Der Querstrich über dem Symbol ist das Kennzeichen von partiellen Zustandsgrößen. Aus den obigen Betrachtungen folgt, dass die Werte der partiellen Größen von der konkreten Zusammensetzung abhängen. Will man mit ihnen ein praktisches Problem lösen, müssen sie zuvor für die zu untersuchende Mischung ermittelt werden. Dies lässt sich nach bestimmten Verfahren, die hier nicht besprochen werden können, durchführen, ist aber mit erheblichem Aufwand verbunden. Bei vielen Fragestellungen genügen Näherungslösungen, und man wird dann auf die bekannten Tabellenwerte für ideale Systeme zurückgreifen.

Unabhängig von den praktischen Schwierigkeiten haben die partiellen Größen einen allgemeineren Geltungsbereich. Sie sind nicht auf den Idealzustand beschränkt, sondern schließen ihn als Grenzfall mit ein. In der Physikalischen Chemie spiegelt sich dies insofern wider, als viele thermodynamische Gleichungen, die für Mischphasen Bedeutung haben (zum Beispiel Gleichungen für den osmotischen Druck, für die Siedepunktserhöhung, für die Gefrierpunktserniedrigung, für den Einfluss von fremden Ionen auf die Löslichkeit eines Salzes usw.) zunächst unter Verwendung der partiellen Größen abgeleitet werden, um sie dann gegebenenfalls vereinfachend für den Idealfall umzuformulieren. Für diese Ableitungen benötigt man Gleichungen, die die Abhängigkeit des chemischen Potenzials einer Teilchenart von den Aktivitäten wiedergeben. In integrierter Form ähneln sie der Gleichung (1.77), die die Abhängigkeit der Freien Enthalpie vom Partialdruck eines idealen Gases beschreibt. Für die Abhängigkeit von der Druckaktivität und der Molalitätsaktivität lauten sie beispielsweise:

$$\mu = {}^p\mu^{\emptyset} + RT \ln {}^p a = {}^p\mu^{\emptyset} + RT \ln\{p\} + RT \ln {}^p f \tag{1.89}$$

$$\mu = {}^m\mu^{\emptyset} + RT \ln {}^m a = {}^m\mu^{\emptyset} + RT \ln\{{}^c m\} + RT \ln {}^m f \ . \tag{1.90}$$

Die Symbole $\{p\}$ und $\{^c m\}$ in den Gleichungen (1.89) und (1.90) stehen für standardisierte Partialdrücke bzw. standardisierte Molalitäten, also für dimensionslose Größen (vergl. S. 100/101). In diesen Gleichungen, wie in den entsprechenden Gleichungen für den Stoffmengenanteil bzw. für die Molarität, spiegelt sich anschaulich wider, wovon in einem realen System das chemische Potenzial (das Potenzial, reagieren zu können) abhängt. Handelt es sich um ein Gas (Gleichung 1.87), so ist für seine Reaktionsbereitschaft (auch als chemische Affinität bezeichnet) zunächst sein chemisches Potenzial im Standardzustand $^p\mu^\varnothing$ (also beim Partialdruck 1 bar) bestimmend. Im 2. Term der rechten Seite kommt zum Ausdruck, dass sein chemisches Potenzial um einen entsprechenden Betrag erhöht (verringert) wird, wenn sein Partialdruck größer (kleiner) als 1 bar ist. Der 3. Term spiegelt wider, dass bei verändertem Druck sich auch die intermolekularen Wechselwirkungen verändern werden. Da erhöhter Druck mit erhöhten intermolekularen Wechselwirkungen einhergeht und der Fugazitätskoeffizient $^p f$ dann kleiner als 1 ist, wird der 3. Term negativ ausfallen, und das durch den erhöhten Druck zunächst (2. Term) vergrößerte chemische Potenzial wird wieder etwas verringert. Analog wären die anderen Gleichungen zu interpretieren.

Das chemische Potenzial hat in realen Systemen die gleiche Bedeutung wie die Freie Enthalpie in idealen Systemen. Gleichgewicht herrscht zwischen Stoffen, wenn ihre chemischen Potenziale gleich sind. Dies gilt auch für Phasengleichgewichte. Liegt kein Gleichgewicht vor, geht Stoff aus der Phase mit dem höheren Potenzial in die Phase mit dem niedrigeren Potenzial über. Aus der Gleichsetzung der chemischen Potenziale im Gleichgewichtszustand und ihrer Abhängigkeit von den Aktivitäten leiten sich viele thermodynamische Gleichungen für reale Systeme ab, auf die oben bereits verwiesen wurde.

Herleitung der van't Hoffschen Gleichung

Die obigen Ausführungen lassen sich am Beispiel der Osmose (s. Abschnitt 1.10.3, S. 61) demonstrieren, bei der ein Lösungsmittel von einem Bereich mit niedriger Konzentration gelöster Stoffe durch eine semipermeable Membran in einen Bereich hoher Konzentration eintritt. Im Gleichgewicht besteht kein Nettofluss mehr und das chemische Potential des Lösungsmittels A ist in beiden Kammern identisch:

$$\mu_{A,0}(p) = \mu_A\,(p + \Pi, X_A), \tag{1.91}$$

dabei ist $\mu_{A,0}(p)$ das chemisches Potential des reinen Lösungsmittels A beim Druck p, und $\mu_A(p+\Pi, X_A)$ das chemisches Potential der Lösung beim Druck $p+\Pi$ mit dem Stoffmengenanteil des Lösungsmittels X_A. Weiterhin gilt:

$$\mu_A\,(p + \Pi, X_A) = \mu_{A,0}(p + \Pi) + RT \ln X_A \quad . \tag{1.92}$$

Die Änderung des chemischen Potentials mit dem Druck kann entsprechend obiger Ausführungen als Druckabhängigkeit der partiellen molaren Freien Enthalpie ausgedrückt werden: $\Delta\overline{G_A} = \overline{G_A}(p + \Pi) - \overline{G_A}(p)$. Nach Gleichung (1.75) ist $\Delta\overline{G_A} = \overline{V_A}\Delta p$, wobei $\overline{V_A}$ das partielle molare Volumen des Lösungsmittels ist, das im betrachteten Druckintervall konstant ist. Damit gilt:

$$\mu_{A,0}(p + \Pi) = \mu_{A,0}(p) + \overline{V_A}\Delta p = \mu_{A,0}(p) + \overline{V_A}\Pi \quad . \tag{1.93}$$

Durch Kombination der drei Gleichungen erhält man:

$$0 = \overline{V_A}\Pi + RT\ln X_A = \overline{V_A}\Pi - RTX_B \quad . \tag{1.94}$$

Bei der letzten Umformung wurden als Näherung für verdünnte Lösungen $\ln X_A \approx X_A - 1$ und die Beziehung $X_A = 1 - X_B$ verwendet. Somit erhält man für den osmotischen Druck für verdünnte Lösungen:

$$\Pi = \frac{RTX_B}{\overline{V_A}} \quad .$$

Berücksichtigt man zusätzlich, dass für verdünnte Lösungen $X_B \approx n_B/n_A$ und die Relationen $v = n_A \cdot \overline{V_A}$ bzw. $c_B = n_B/v$ gelten, erhält man schließlich die van't Hoffsche Gleichung (1.44)

$$\Pi = \frac{RTn_B}{v} = c_B RT \quad .$$

1.14 Übungsaufgaben zu Kapitel 1

1. Berechnen Sie die Volumenarbeit, die bei der Verdampfung von 18 g Wasser bei 100 °C und Normaldruck geleistet wird, wenn sich der Wasserdampf wie ein ideales Gas verhält!

2. Berechnen Sie die Molwärmen von Wasserstoff bei 37,5 °C und von Sauerstoff bei 300 K. Verwenden Sie dazu die Potenzreihen:

C_p (H$_2$): $[27,72 + 33,91 \cdot 10^{-4}\ K^{-1}\ T]$ J K^{-1}mol^{-1}

C_p (O$_2$): $[25,74 + 12,99 \cdot 10^{-3}\ K^{-1}\ T - 38,64 \cdot 10^{-7}\ K^{-2}\ T^2]$ J K^{-1}mol^{-1} .

3. Berechnen Sie die mittlere Molwärme für Wasserstoff im Temperaturintervall von 25 °C – 50 °C. Benutzen Sie die Potenzreihe aus Aufgabe 2!

4. Welche Wärmemenge ist erforderlich, um 100 g Sauerstoff von 25 °C auf 50 °C zu erwärmen? Verwenden Sie die mittlere Molwärme $\overline{C}_p$ = 29,27 J K^{-1} mol^{-1}.

5. Die Verdampfung von 15 g Ethanol bei Siedetemperatur und 1 bar führt zu einem Gasvolumen von 9,1 L. Berechnen Sie die Änderung der Inneren Energie, wenn die Verdampfungsenthalpie $\Delta_{Vap}H^{\varnothing}$ (351,5 K) = 42,45 kJ mol^{-1} beträgt!

6. Berechnen Sie die Standardreaktionsenthalpie für die nachfolgende Reaktion:

F$_2$ (g) + H$_2$O (l) → 2 HF (g) + ½ O$_2$ (g)

$\Delta_F H^{\varnothing}$ (HF, g) = -269 kJ · mol^{-1}; $\Delta_F H^{\varnothing}$ (H$_2$O, l) = -285 kJ · mol^{-1} .

7. Berechnen Sie die Standardreaktionsenthalpie der Oxidation von Methanol zu Ameisensäure aus den Standardverbrennungsenthalpien! Mischungseffekte sollen unberücksichtigt bleiben.

$\Delta_C H^{\varnothing}$ (CH$_3$OH) = -727 kJ · mol^{-1}; $\Delta_C H^{\varnothing}$ (HCOOH) = -270 kJ · mol^{-1}

8. Berechnen Sie die Standardreaktionsenthalpie für die Oxidation von Stickstoffmonoxid gemäß der Gleichung:

2 NO + O$_2$ → 2 NO$_2$

$\Delta_F H^{\varnothing}$ (NO) = +90,43 kJ · mol^{-1} $\Delta_F H^{\varnothing}$ (NO$_2$) = +33,63 kJ · mol^{-1} .

9. Bei der vollständigen Verbrennung von 10,0 g Benzoesäure wird eine Wärme von 264,6 kJ freigesetzt. Berechnen Sie für die gleichen Reaktionsbedingungen die molare Verbrennungsenthalpie!

10.   Bei der im offenen Kalorimetergefäß bei 25 °C durchgeführten Reaktion

$$Zn + H_2SO_4 \rightarrow ZnSO_4 + H_2\uparrow$$

wird pro Mol Formelumsatz vom Kalorimeter eine Wärmemenge von $Q_p = 143,2$ kJ aufgenommen. Wie groß ist die Reaktionsenergie bei der gleichen Temperatur?

11.   Berechnen Sie die molare Standardbildungsenthalpie von Wasserstoff bei 50 °C. Verwenden Sie dazu

a) die mittlere Molwärme $\overline{C}_p$ (H$_2$) = 28,76 J·K^{-1}·mol^{-1} bzw.

b) die Potenzreihe C_p (H$_2$) = [27,72 + 33,91 · 10^{-4} K^{-1} T] J ·K^{-1}mol^{-1} !

12.   Ermitteln Sie die Differenz der Molwärmen der Reaktanten bei der unter Standardbedingungen und 25 °C ablaufenden Reaktion

$$C_2H_2 + 2\,H_2 \rightarrow C_2H_6$$

aus den $\overline{C}_p$ (298 K)-Werten!

$\overline{C}_p$ (H$_2$) = 28,89 J·K^{-1}·mol^{-1}; $\overline{C}_p$ (C$_2$H$_2$) = 46,52 J·K^{-1}·mol^{-1};

$\overline{C}_p$ (C$_2$H$_6$) = 55,06 J·K^{-1}·mol^{-1}

13.   Welche Standardreaktionsenthalpie erhält man, wenn die Hydrierungsreaktion in Aufgabe 12 bei 75 °C durchgeführt wird. Die zugehörigen mittleren Molwärmen sind:

$\overline{C}_p$ (H$_2$)   = 28,97 J K^{-1} mol^{-1} ,

$\overline{C}_p$ (C$_2$H$_2$) = 47,35 J K^{-1} mol^{-1} ,

$\overline{C}_p$ (C$_2$H$_6$) = 56,48 J K^{-1} mol^{-1} .

Der $\Delta_R H^{\emptyset}$ (298 K)-Wert beträgt $-310,2$ kJ · mol^{-1}.

14.   Für die Reaktion CH$_4$ + H$_2$O$_{(g)}$ → CO + 3H$_2$ sind die Potenzreihen zur Bestimmung der wahren Molwärmen bekannt.

C_p (CH$_4$)   = (14,15 + 7,5 · 10^{-2} K^{-1} T – 17,53 · 10^{-6} K^{-2} T^2) J K^{-1} mol^{-1}

C_p (H$_2$O$_{(g)}$) = (28,85 + 13,74 · 10^{-3} K^{-1} T – 14,36 · 10^{-7} K^{-2} T^2) J K^{-1} mol^{-1}

C_p (CO)   = (26,17 + 8,75 · 10^{-3} K^{-1} T – 19,22 · 10^{-7} K^{-2} T^2) J K^{-1} mol^{-1}

C_p (H$_2$)   = (28,80 + 27,63 · 10^{-5} K^{-1} T – 11,68 · 10^{-7} K^{-2} T^2) J K^{-1} mol^{-1}

Die Standardreaktionsenthalpie $\Delta_R H^{\emptyset}$ (298 K) beträgt +195,98 kJ mol^{-1}.

Berechnen Sie die Standardreaktionsenthalpie bei 1000 °C.

15. 20 g einer Flüssigkeit mit der Molmasse 42,5 g · mol^{-1} werden bei Normaldruck (vgl. S.18) bei der Siedetemperatur der Verbindung (85 °C) verdampft. Der Dampf verhält sich wie ein ideales Gas. Welche Volumenarbeit wird verrichtet?

16. Welche Volumenarbeit wird bei der vollständigen Verbrennung von 1 mol Tetralin ($C_{10}H_{12}$) bei 25°C und konstantem Druck verrichtet?

17. Welche Arbeit wird verrichtet, wenn 3 mol O_2 bei 25 °C isotherm von 1 atm
    a) in einem Schritt
    b) nahezu reversibel
    auf einen Gleichgewichtsdruck von 7 atm komprimiert werden?

18. Welche Wärmemenge muss man 50 g Ammoniak zuführen, um das Gas bei konstantem Druck von 25 °C auf 80 °C zu erwärmen? Seine mittlere Molwärme im relevanten Temperaturintervall beträgt $\bar{C}_p = 42,29$ J · K^{-1} · mol^{-1}.

19. Die Verdampfungsenthalpie des Wassers beträgt bei 100 °C +40,6 kJ · mol^{-1}. Welche Änderung der Inneren Energie tritt auf, wenn 1 mol H_2O bei 100 °C verdampft wird und der Wasserdampf als ideales Gas betrachtet werden kann? Das Volumen des flüssigen Wassers bleibe unberücksichtigt.

20. Berechnen Sie die Standardreaktionsenthalpie der Zersetzung von H_2O_2 bei 25 °C gemäß der Gleichung
    $$H_2O_2 \rightarrow H_2O + \tfrac{1}{2}\, O_2.$$
    Gegeben sind die Standardbildungsenthalpien:
    $\Delta_F H^{\varnothing}$ (H_2O_2, l, 298 K) = -187,78 kJ mol^{-1} und
    $\Delta_F H^{\varnothing}$ (H_2O, l, 298 K) = -285,83 kJ mol^{-1}.

21. Berechnen Sie die Standardreaktionsenthalpie der Zersetzung von H_2O_2 bei 328,15 K. Nutzen Sie neben den Angaben in Aufgabe 20 die mittleren Molwärmen
    $\bar{C}_p$ (H_2O_2, l) = 89,1 J K^{-1} mol^{-1}, $\bar{C}_p$ (H_2O, l) = 75,29 J K^{-1} mol^{-1},
    $\bar{C}_p$ (O_2, g) = 29,355 J K^{-1} mol^{-1}.

22. Die Standardreaktionsenthalpie für die Bildung von NO

    $$\frac{1}{2}N_2 + \frac{1}{2}O_2 \rightarrow NO$$

    beträgt bei 25 °C $\Delta_F H^{\varnothing}$ (298 K) = 90,25 kJ mol^{-1}

    Berechnen Sie den Wert der Standardreaktionsenthalpie bei 500 °C.
    Verwenden Sie zur Berechnung der wahren Molwärmen die folgenden Potenzreihen:

    $$C_p(N_2) = (27,21 + 10^{-3} \text{ K}^{-1} \text{ T}) \text{ J K}^{-1} \text{ mol}^{-1}$$
    $$C_p(O_2) = (25,74 + 12,99 \cdot 10^{-3} \text{ K}^{-1} \text{ T} - 38,64 \cdot 10^{-7} \text{ K}^{-2} \text{ T}^2) \text{ J K}^{-1} \text{ mol}^{-1}$$
    $$C_p(NO) = (26,0 \ + 10,2 \ \cdot 10^{-3} \text{ K}^{-1} \text{ T} - 25,62 \cdot 10^{-7} \text{ K}^{-2} \text{ T}^2) \text{ J K}^{-1} \text{ mol}^{-1}.$$

23. Blaues Kupfersulfat (CuSO$_4$ · 5 H$_2$O) wird in einem evakuierten Behälter erwärmt, bis Kristallwasser abgegeben wird. Mit steigender Temperatur bilden sich drei Gleichgewichtszustände zwischen Pentahydrat – Trihydrat, Trihydrat – Monohydrat und Monohydrat – wasserfreies Kupfersulfat aus. Wie viel Komponenten besitzt das System? Lässt sich ein System realisieren, in dem drei verschiedene Hydrate mit Wasserdampf im Gleichgewicht stehen?

24. Eine wässrige Lösung von Natriumdihydrogenphosphat steht im Gleichgewicht mit Wasserdampf. Welche Art von System (Zahl der Phasen und der Komponenten) liegt vor? Beantworten Sie die Frage a) ohne Berücksichtigung der Ionenbildung und b) unter Einbeziehung der Ionen.

25. Eine gesättigte wässrige Lösung von Natriumsulfat (mit Na$_2$SO$_4$-Bodenkörper) steht im Gleichgewicht mit Wasserdampf. Charakterisieren Sie das System (Zahl der Phasen bzw. Komponenten) und ermitteln Sie die Anzahl der Freiheitsgrade.

26. Wie lauten die Antworten für Aufgabe 25, wenn es sich um eine ungesättigte Lösung handelt?

27. In 1 L Wasser sind 68,4 g Zucker (0,2 mol) gelöst. Bei welcher Temperatur siedet die Lösung bei einem Druck von 1 atm (1,01325 bar)? Die ebullioskopische Konstante von reinem Wasser beträgt 0,51 K kg mol^{-1}.

28. Der Dampfdruck von Diethylether beträgt bei 10 °C 38,903 kPa. Nach dem Auflösen von 5,15 g einer organischen Verbindung in 100 g Ether sinkt der Dampfdruck um 1,133 kPa. Berechnen Sie die Molmasse der aufgelösten Substanz!

29. Der Dampfdruck von Toluol beträgt bei 90 °C 53,328 kPa. o-Xylol besitzt unter den gleichen Bedingungen einen Dampfdruck von 19,998 kPa. Wie ist die Zusammensetzung der flüssigen Mischung beider Komponenten, die bei 90 °C und 0,5 atm siedet? Welche Zusammensetzung besitzt der entstehende Dampf?

30. Für eine Mischung aus Oktan(O) und Toluol(T) soll bei 101,325 kPa das Siedediagramm aufgenommen werden. Dazu wird in Abhängigkeit von der Temperatur und dem Stoffmengenverhältnis des Toluols in der flüssigen Mischung (X_T) zusätzlich das Stoffmengenverhältnis (Y_T) im jeweils ersten Kondensattropfen gemessen. Die Siedepunkte der reinen Komponenten liegen bei 110,6 °C (T) und 125,6 °C (O).

ϑ in °C	110,9	112,0	114,0	115,8	117,3	119,0	121,1	123,0
X_T	0,908	0,795	0,615	0,527	0,408	0,300	0,203	0,097
Y_T	0,923	0,836	0,698	0,624	0,527	0,410	0,297	0,164

Zeichnen Sie das Siedediagramm und ermitteln Sie die Zusammensetzung, die der im Gleichgewicht mit der siedenden Mischung stehende Dampf hat, wenn X_T = 0,25 beträgt.

31. Überprüfen Sie, ob der in Abbildung 1.30 für das Tellur angegebene Massenanteil (ca. 48 %) der Verbindung Bi_2Te_3 entspricht! Berechnen Sie dazu das Stoffmengenverhältnis von Te im Maximum!

32. Durch Zugabe von 67 g einer unbekannten Substanz zu 500 g Tetrachlorkohlenstoff trat eine Gefrierpunktserniedrigung des Lösungsmittels um 10,5 K auf. Berechnen Sie die Molmasse der Substanz! ($E_G(CCl_4)$ = 30 K kg mol^{-1}).

33. Sind Oktan und Toluol durch Destillation trennbar? Begründen Sie Ihre Antwort unter Verwendung des Siedediagramms der Aufgabe 30.

34. Benzaldehyd besitzt eine Molmasse von 106 g mol^{-1}. Bei welcher Temperatur gefrieren 100 g Essigsäure, in der 0,848 g Benzaldehyd gelöst sind (F_P(Essigsäure) = 16,6 °C; E_G(Essigsäure) = 3,90 K kg mol^{-1})?

35. Der Dampfdruck einer Lösung von 15,45 g Harnstoff in 98,43 g Wasser soll bei 18 °C berechnet werden. Der Dampfdruck des Wassers beträgt bei dieser Temperatur 2,064 kPa. Es soll das Raoultsche Gesetz gelten.

36. Bei welcher Temperatur gefriert die Harnstofflösung aus Aufgabe 35 unter Normaldruck (1 atm)? (E_G (H_2O) = 1,86 K kg mol^{-1})

37. Ermitteln Sie numerisch den Totaldampfdruck einer Mischung aus 90 Masse% Toluol und 10 Masse% Benzol bei 20 °C (p_0(Benzol, 20 °C) = 9,999 kPa, p_0(Toluol, 20 °C) = 2,933 kPa). Die Mischung ist ideal.

38. Aus den Siedetemperaturen der reinen Stoffe und aus der Temperaturabhängigkeit ihrer Dampfdrücke soll das Siedediagramm des Systems Benzol – Toluol konstruiert werden (K_p(Benzol) = 80,1 °C, K_p(Toluol) = 110,8 °C).

ϑ in °C	85	90	95	100	105
p_0 (Benzol) in Torr	867	1000	1164	1344,4	1541,7
p_0(Toluol) in Torr	342,8	403,6	474,2	552,1	647,1

39. Die Abbildung 1.38 zeigt das Zustandsdiagramm von Kohlendioxid.
     a) Was geschieht mit Trockeneis bei 1 bar und 25 °C?
     b) In welcher Form liegt CO_2 in Gasflaschen (67 bar; 20 °C) vor?
     c) Was passiert, wenn eine CO_2-Flasche auf 32 °C erwärmt wird?

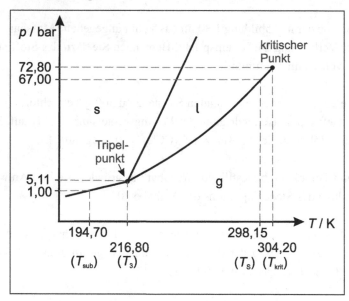

Abb. 1.38: Phasendiagramm des CO_2.

40. Im Labor ist untersucht worden, wie gut sich Aktivkohle eignet, um eine bestimmte Verunreinigung A aus dem Wasser zu entfernen. Dazu wurde für verschiedene Konzentrationen c_A der adsorbierte Anteil q_A bestimmt. Die eingesetzte Aktivkohlemenge und das Gesamtvolumen der Lösung sowie die Temperatur waren in jedem Versuch gleich. Die folgende Tabelle stellt die Messwerte zusammen:

c_A / mol/l	13,3	26,7	40,0	53,3	66,7	80,0	93,3
q_A /mol	1,02	1,86	2,55	3,14	3,69	4,16	4,61

Prüfen Sie, ob die Langmuir-Isotherme oder die Freundlich-Isotherme besser geeignet ist, um den Adsorptionsvorgang zu beschreiben.

Langmuir-Isotherme
$$\frac{q}{q_{max}} = \frac{K \cdot c}{1 + K \cdot c}$$

Freundlich-Isotherme
$$q = a \cdot c^n$$

41. Ethin schmilzt bei 103,9 K mit einer Standardschmelzenthalpie von $\Delta_{Fus}H^{\emptyset} = 3,35$ kJ · mol^{-1}. Berechnen Sie die molare Schmelzentropie.

42. 1 mol Ethen wird von 25 °C auf 225 °C erwärmt. Welchen Wert besitzt seine Standardentropie nach dem Erwärmen, wenn $S^{\emptyset}$ (298 K) = 219,56 J K^{-1} mol^{-1} beträgt (C_p : [27,88 + 0,067 K^{-1} T] J K^{-1} mol^{-1})?

43. Ermitteln Sie aus den Standardentropiewerten der Reaktanten die Standardreaktionsentropie für $C_2H_2 + H_2 \rightarrow C_2H_4$

$S^{\emptyset}$ (C_2H_2, 298 K) = 200,94 J K^{-1} mol^{-1}

$S^{\emptyset}$ (H_2, 298 K) = 130,68 J K^{-1} mol^{-1}

$S^{\emptyset}$ (C_2H_4, 298 K) = 219,56 J K^{-1} mol^{-1}.

44. Berechnen Sie bei 25 °C und 1 bar Druck die Freie Reaktionsenthalpie der Reaktion $F_2 + H_2O \rightarrow 2HF + \frac{1}{2}O_2$.

Bekannt sind die Freien Bildungsenthalpien von HF und H_2O

$\Delta_F G^{\emptyset}$ (HF, 298 K) = -273,2 kJ · mol^{-1}

$\Delta_F G^{\emptyset}$ (H_2O, 298 K) = -237,13 kJ · mol^{-1}.

45.   Wie groß ist die Freie Standardreaktionsenthalpie der Reaktion

PbO (rot)+ H_2 → Pb + H_2O bei 25 °C?

Bekannt sind: $\Delta_F G^{\varnothing}$ (H_2O, l) = -237,13 kJ · mol^{-1}

$\Delta_F G^{\varnothing}$ (PbO, rot) = -188,93 kJ · mol^{-1}.

46.   Welche der beiden Reaktionen läuft bei 25 °C und 1 bar freiwillig ab?

a)   MgO + Zn → Mg + ZnO

b)   ZnO + Mg → Zn + MgO

Bekannt sind die Freien Bildungsenthalpiewerte der Oxide

$\Delta_F G^{\varnothing}$ (MgO, 298 K) = -569,91 kJ mol^{-1}; $\Delta_F G^{\varnothing}$ (ZnO, 298 K) = -318,41 kJ mol^{-1}.

47.   Berechnen Sie die Standardreaktionsenthalpie der Reduktion von Blei(II)oxid bei 25 °C (Aufg. 45), wenn außer den in Aufg. 45 angeführten Freien Bildungsenthalpien der Oxide noch die $S^{\varnothing}$ -Werte der Reaktanten bekannt sind: $S^{\varnothing}$ (H_2) = 130,68 J K^{-1} mol^{-1}; $S^{\varnothing}$ (Pb) = 64,81 J K^{-1} mol^{-1}; $S^{\varnothing}$ (H_2O) = 69,91 J K^{-1} mol^{-1}; $S^{\varnothing}$ (PbO, rot) = 66,5 J K^{-1} mol^{-1}.

48.   Die Freie Standardreaktionsenthalpie der Reaktion $CO_2 + H_2 \rightleftharpoons CO + H_2O$ beträgt bei 25 °C +27,21 kJ · mol^{-1}. Welchen Wert besitzt die Gleichgewichtskonstante K für diese Bedingungen?

49.   Stellen Sie fest, welche der Reaktionen

a) N_2O_4 (g) → 2 NO_2 (g)

b)   2 NO_2 (g) → N_2O_4 (g)

bei 25 °C freiwillig abläuft, wenn die Partialdrücke $p(NO_2)$ = 0,5 bar und $p(N_2O_4)$ = 1 bar betragen. Der $\Delta_R G^{\varnothing}$ (298 K)-Wert der Reaktion a) wird mit +5,4 kJ mol^{-1} angegeben.

50.   Wie groß ist die molare Entropie des Stickstoffs bei 700 K und 1 atm, wenn $S^{\varnothing}$ (N_2) = 191,62 J K^{-1} mol^{-1} beträgt und die Molwärme nach der Potenzreihe (27,21 + 0,042 T·K^{-1}) J K^{-1} mol^{-1} berechnet wird?

51.   Berechnen Sie die Freie Standardreaktionsenthalpie der Reaktion

4 HCl (g) + O_2 (g) → 2 Cl_2 (g) + 2 H_2O (l)

bei 25 °C aus den Bildungsenthalpien und den Entropiewerten der Reaktanten:

$\Delta_F H^{\varnothing}$ (HCl, 298 K) = -92,31 kJ mol^{-1}, $\Delta_F H^{\varnothing}$ (H_2O, 298 K) = -285,83 kJ mol^{-1}

$S^{\varnothing}$ (HCl) = 186,91 J K^{-1} mol^{-1}, $S^{\varnothing}$ (H_2O) = 69,91 J K^{-1} mol^{-1}

$S^{\varnothing}$ (O_2) = 205,14 J · K^{-1} mol^{-1}, $S^{\varnothing}$ (Cl_2) = 223,07 J K^{-1} mol^{-1}.

52. Die Verdampfungsenthalpie von Chloroform beträgt am Siedepunkt (61,7 °C) +29,4 kJ mol^{-1}. Um welchen Betrag erhöht sich seine Entropie beim Verdampfungsvorgang unter konstantem Druck?

53. Berechnen Sie den Gleichgewichtspartialdruck von NO$_2$ bei 25 °C, wenn der Partialdruck von N$_2$O$_4$ 1 atm beträgt und $\Delta_R G^{\varnothing}$ (298 K) der Reaktion N$_2$O$_4$ (g) $\rightleftharpoons$ 2 NO$_2$ (g) bekannt ist ($\Delta_R G^{\varnothing}$ (298 K) = +5,5 kJ · mol^{-1}).

54. Gegeben sind das Ionenprodukt von reinem Wasser bei verschiedenen Temperaturen sowie die Standardbildungsenthalpie- und Standardentropiewerte der beteiligten Teilchen bei 25 °C.

ϑ in °C	10,0	20,0	30,0	40,0
$K_W \cdot 10^{14}$ in mol^2 L^{-2}	0,2918	0,6815	1,469	2,919

	H$^+$(aq)	OH$^-$(aq)	H$_2$O (l)
$\Delta_F H^{\varnothing}$ in kJ mol^{-1}	0	-230	-286
$S^{\varnothing}$ in J K^{-1} mol^{-1}	0	-10,8	69,9

a) Berechnen Sie anhand der Reaktionsisobaren durch Geradenausgleich $\Delta_R H^{\varnothing}$ und $\Delta_R S^{\varnothing}$! Für welche Temperatur gelten die ermittelten Werte?

b) Berechnen Sie $\Delta_R G^{\varnothing}$ aus den Ergebnissen der Teilaufgabe a)!

c) Für welche Reaktion haben Sie $\Delta_R G^{\varnothing}$, $\Delta_R H^{\varnothing}$ und $\Delta_R S^{\varnothing}$ berechnet?

d) Entscheiden Sie sich aus den folgenden Möglichkeiten für den Massenwirkungsquotienten, der zu der Reaktion und den thermodynamischen Daten gehört:

$$K_1 = \frac{c_{H^+} \cdot c_{OH^-}}{c_{H_2O}} \quad K_2 = \frac{c_{H_3O^+} \cdot c_{OH^-}}{c_{H_2O}} \quad K_3 = \frac{c_{H^+} \cdot c_{OH^-}}{X_{H_2O}} \quad K_4 = \frac{c_{H_3O^+} \cdot c_{OH^-}}{c_{H_2O}^2} \quad .$$

Denken Sie daran, dass die Konzentration des Wassers durch $c_{H_2O} = \dfrac{n_{H_2O}}{V_{L\ddot{o}sung}}$

gegeben ist und dass das gesuchte K mit K_W identisch sein muss.

e) $\Delta_R G^{\varnothing}$ hat einen positiven Wert. Unter welchen Reaktionsbedingungen ist deshalb die untersuchte Reaktion nicht möglich?

f) Berechnen Sie K_W für 25 °C. Um wie viel % weicht das Ergebnis vom gerundeten Wert 1 · 10^{-14} ab?

g) Berechnen Sie die Entropie von OH$^-$(aq) aus dem Regressionswert für $\Delta_R S^{\varnothing}$. Gegeben sind $S^{\varnothing}$ (H$_2$O (l)) = 70 J K^{-1} mol^{-1} und $S^{\varnothing}$ (H$^+$(aq)) = 0 J K^{-1} mol^{-1}. Um wie viel % weicht dieser Wert vom Tabellenwert ab?

($S^{\varnothing}$ (OH$^-$ (aq)) = -11 J K^{-1} mol^{-1})

55. Entnehmen Sie die Tabellenwerte der Freien Bildungsenthalpien und Entropien von Ag^+(aq), Cl^-(aq) und AgCl (s) für Standardbedingungen bei 298 K der Literatur. Berechnen sie daraus die Löslichkeitskonstante von AgCl in Wasser.

56. Berechnen Sie die Schmelztemperatur T_{Fus} eines DNA Duplexes der Sequenz 5'-ATTATGTAAGATTAC/3'-TAATACATTCTAATG, bei der die Schmelzenthalpie 430,5 kJ mol^{-1} und die Schmelzentropie 1,2 kJ K^{-1} mol^{-1} betragen. Beide Werte können als konstant im relevanten Temperaturbereich aufgefasst werden. Gehen Sie davon aus, dass die Aktivität beider Oligonukleotide im vollständig aufgetrennten Zustand 10^{-6} beträgt. Vergleichen Sie T_{Fus} mit der Schmelztemperatur eines Duplexes der Sequenz 5'-CCTGCAGTGCCACGT/3'-GGACGTCA-CGGTGCA ($\Delta_{Fus}H$ = 538,4 kJ mol^{-1}, $\Delta_{Fus}S$ = 1,4 kJ mol^{-1}) und diskutieren Sie den Unterschied.

1.15 Kalorimetrische Versuche zur chemischen Thermodynamik

Eine kalorimetrische Messung beginnt in der Regel mit der Bestimmung der Wärmekapazität c des Kalorimeters. Grundlage ist die kalorische Grundgleichung (1.26), S. 46, $q = c \cdot \Delta T$ mit $c = \Sigma c_i \cdot m_i$ (vergleichen Sie mit Kapitel 1.8). Da die spezifischen Wärmen c_i der Kalorimeterbestandteile (Gefäß, Wasser, Thermometer, Rührer u.a.m.) meist nicht angebbar sind, wird c durch Kalibrierung ermittelt. Dazu wird eine kleine bekannte Wärmemenge zugeführt und die resultierende Temperaturerhöhung sehr genau gemessen. Bekannte Wärmemengen lassen sich auf verschiedene Weise zuführen:

1. mittels einer elektrisch betriebenen Heizspirale, die erzeugte Wärme folgt aus $q = I \cdot U \cdot t$,
2. Durchführung einer Reaktion mit bekannter Reaktionswärme,
3. Zugabe von Wasser oder einem Metall bekannter spezifischer Wärme und bekannter Masse. Die zugegebene Komponente besitzt eine höhere Temperatur.

Wenn nach der Kalibrierung die Wärmekapazität bekannt ist, wird im Kalorimeter die zu untersuchende Reaktion durchgeführt und über die Grundgleichung der Kalorimetrie aus der gemessenen Temperaturerhöhung die Reaktionswärme q berechnet.

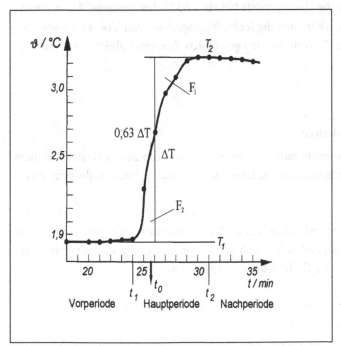

Abb. 1.39: Temperatur – Zeit - Diagramm bei einer kalorimetrischen Messung.

Entscheidend für die genaue Ermittlung von c und von q ist eine Bestimmung der meist nur einige Zehntel Grad betragenden Temperaturänderung auf ein 1/1000 K genau. Dies erfordert, dass man mit der Temperaturmessung schon vor der willkürlich ausgelösten Wärmeübertragung beginnt.

Man wartet, bis sich die Temperaturen der einzelnen Bestandteile des Kalorimeters ausgeglichen haben und beginnt dann im Minutenabstand die jetzt lineare Temperaturänderung etwa 10 Minuten lang zu notieren (Vorperiode). Dann löst man die eigentliche Wärmeübertragung aus. Die Temperaturmessung wird dabei kontinuierlich fortgesetzt (Hauptperiode). Der Temperatursprung während der Hauptperiode ist beendet, wenn es wieder zu einer linearen Temperaturänderung bzw. bei einem sehr gut isolierten Kalorimeter zur Temperaturkonstanz kommt, was man wieder ca. 10 Minuten lang misst (Nachperiode).

Aus Vor-, Haupt- und Nachperiode gilt es nun, die Temperaturänderung zu ermitteln, die allein der ausgelösten Wärmeübertragung zukommt und frei von Umgebungseinflüssen ist. Diese Temperaturänderung ΔT erhält man zu einem Zeitpunkt t_0, in dem die in ihm errichtete Senkrechte die Fläche zwischen den extrapolierten linearen Abschnitten und der Hauptperiode in zwei gleichgroße Teile F_1 und F_2 zerlegt (Abbildung 1.39). Meist schneidet die ΔT-Senkrechte die Hauptperiode bei etwa 63 % des Anstiegs. Am genauesten lässt sich ΔT bestimmen, wenn man die Regressionsgeraden von Vor- und Nachperiode ermittelt und daraus die T-Werte für den gewählten Zeitpunkt gleicher Flächen berechnet.

1.15.1 Neutralisationsenthalpie

Zur Bestimmung von Enthalpieänderungen Δh in Lösung, die zu wenigstens einigen Zehntel Grad Temperaturänderung führen, lassen sich einfach gebaute Kalorimeter verwenden (Abbildung 1.40).

Sehr geringe Prozesswärmen erfordern teure Präzisionskalorimeter mit zusätzlicher Raumtemperierung. Im vorliegenden Versuch soll die relativ große Enthalpieänderung der Reaktion von Oxonium- und Hydroxidionen ermittelt werden:

$$H^+ (aq) + OH^- (aq) \rightarrow H_2O \qquad \Delta H^{\varnothing} (298.15 \text{ K}) = -56.6 \text{ kJ} \cdot \text{mol}^{-1}$$

Zur Bestimmung der Neutralisationsenthalpie werden die starken Elektrolyte Salzsäure und Natronlauge eingesetzt.

Der adiabatisch durchzuführende Versuch basiert auf dem Zusammenhang zwischen der entstehenden Wärme q, **der Wärmekapazität c** und der mit der Erwärmung verknüpften Temperaturerhöhung ΔT: $q = c \cdot \Delta T$. Die Ermittlung der Wärmekapazität erfolgt auf elektrischem Wege. Die zugeführte Wärmemenge q ergibt sich aus der an einem Heizwiderstand anliegenden Spannung U, der Stromstärke I und der Betriebszeit t nach der Gleichung: $q = U \cdot I \cdot t$

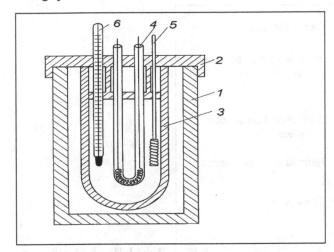

Abb. 1.40: Einfaches Kalorimeter für Enthalpieänderungen in Lösung
1-Gehäuse, 2-Deckel, 3-Dewargefäß, 4-Heizung, 5-Rührer, 6-Thermometer.

Die Bestimmung der Wärmekapazität erfolgt zweckmäßigerweise im Anschluss an die Neutralisation in dem dann vorliegenden System. Zur Neutralisation wird das Dewargefäß mit 10 ml 0,1 M NaOH und 100 ml destilliertem Wasser gefüllt. Beide Flüssigkeiten besitzen, ebenso wie die zuzugebende Säure, Raumtemperatur. Zur Neutralisation der Natronlauge geben Sie 1 ml 1 N HCl aus einer Eppendorfpipette in das Kalorimeter. Gemessen wird die Temperaturänderung in der Lösung während der Vor-, Haupt- und Nachperiode mit Hilfe eines Widerstandsthermometers. Die spontan bei der sehr schnellen Neutralisation freigesetzte Reaktionswärme kann zu einem kurzzeitigen Überschwingen der Temperatur führen. Aus den Temperatur-Zeit-Kurven wird, wie unter 1.15 beschrieben, ΔT ermittelt und zur Berechnung von c bzw. q genutzt.

Fragen:

1. Warum unterscheiden sich ΔH und ΔU bei einer Reaktion in Lösung nur wenig?
2. Berechnen Sie die Neutralisationsenthalpie aus tabellierten Bildungsenthalpien!
3. Warum muss sich der im Versuch ermittelte Wert auch bei Ausschluss von Messfehlern vom berechneten bzw. oben angegebenen Wert unterscheiden? Bedenken Sie die Reaktionsbedingungen, auf die sich $\Delta_R H^{\varnothing}$ jeweils bezieht!
4. Wie wird ΔH aus dem q der kalorimetrischen Messung berechnet?

1.15.2   Verdampfungsenthalpie

Wird eine Flüssigkeit bei konstanter Temperatur und konstantem Druck verdampft, so ist die zugeführte Wärmemenge q_p der Verdampfungsenthalpie $\Delta_{Vap}h$ äquivalent. In einem einfachen Versuch ist z. B. die Verdampfungsenthalpie von Wasser beim Siedepunkt in einem mit Tauchsieder und Liebig-Kühler versehenen Dewargefäß bestimmbar.

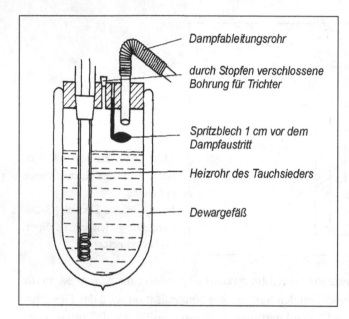

Abb. 1.41: Siedegefäß zur Bestimmung der Verdampfungsenthalpie des Wassers.

Die zugeführte Wärmemenge ergibt sich aus der elektrischen Arbeit über die Gleichung $q = I \cdot U \cdot t$. Bei der 1. Messung wird die Stromstärke mit Hilfe eines Widerstandes auf 1,2 A einreguliert. Die Spannung U stellt sich dem Widerstand entsprechend ein und wird registriert. Das Wasser wird zum Sieden gebracht. Wenn das Kondensat gleichmäßig abtropft, beginnt man es 300 s lang in einem zuvor gewogenen Kölbchen aufzufangen. Die Masse des Kondensats wird bestimmt und das Wasser in das Siedegefäß zurückgefüllt. Die Heizspirale des Tauchsieders muss vollständig von Wasser umgeben sein. Bei den nächsten 6 Messungen wird die Stromstärke jeweils um 0,1 A erniedrigt.

Bei allen Messungen ist darauf zu achten, dass in den Kühler nur Dampf und keine durch den Siedevorgang eventuell hervorgerufenen Spritzer gelangen.

Die Auswertung erfolgt durch grafische Darstellung und Regression anhand der Gleichung:

$$I \cdot U \cdot t = \Delta_{Vap}H \cdot n + C$$

n: Stoffmenge des Kondensats
C: Konstante der Wärmeverluste

Die molare Verdampfungsenthalpie $\Delta_{Vap}H$ ergibt sich als Anstieg der Regressionsgeraden.

Bei dieser Auswertung wird davon ausgegangen, dass die in C steckenden Wärmeverluste durch Wärmeleitung, Wärmestrahlung und nicht kondensierten Dampf bei den verschiedenen Stromstärken gleich sind.

Fragen:

1. Welcher Art sind die Bindungskräfte, die beim Verdampfen von a) Wasser, b) Hexan überwunden werden müssen?
2. Begründen Sie, dass Wasser zwar bei beliebigen Temperaturen verdampfen, aber bei gegebenem Luftdruck nur bei einer Temperatur sieden kann. Liegt dies an einer verringerten Anzahl von Freiheiten gemäß der Gibbsschen Phasenregel?
3. Erfolgt die Verdampfung spontan mit $\Delta G < 0$ oder wird der Vorgang durch die zugeführte Wärme - thermodynamisch betrachtet – erzwungen (vergl. S. 95)?
4. Berechnen Sie die molare Verdampfungsenthalpie für 1 bar und 25 °C aus tabellierten Bildungsenthalpien!
5. Vergleichen Sie den gemessenen Wert mit dem Literaturwert $\Delta_{Vap}H^{\varnothing}$ (H_2O, 373 K) = 40,656 kJ mol^{-1} und rechnen Sie die bei 100 °C ermittelte Verdampfungsenthalpie mit der Kirchhoffschen Gleichung auf 25 °C um. Vergleichen Sie den Wert mit dem aus den Bildungsenthalpien berechneten Wert (benutzen Sie die Molwärmen $\bar{C}_p$ ($H_2O_{(g)}$) = 33,58 J K^{-1} mol^{-1} und $\bar{C}_p$ ($H_2O_{(l)}$) = 75,291 J K^{-1} mol^{-1}).

1.15.3 Verbrennungsenthalpie

Verbrennungswärmen organischer Stoffe werden normalerweise in einer Berthelot-Mahlerschen „Verbrennungsbombe" in reinem Sauerstoff bestimmt (Abbildung 1.42). Zunächst wird durch Verbrennung von Benzoesäure die Wärmekapazität der Anlage (Bombe im Kalorimeter) bestimmt. Dazu werden ca. 200 bis 300 mg Benzoesäure zusammen mit einem Zünddraht bekannter Masse zu einer Tablette gepresst. Die Tablette wird gewogen und mit den Drahtenden an den Zündelektroden über einem Quarzschälchen befestigt. Die Bombe wird mit Handkraft verschlossen und über ein Ventil mit etwa 20 bar Sauerstoff befüllt. Die dichte Bombe setzt man in das Wasserbad des Kalorimeters.

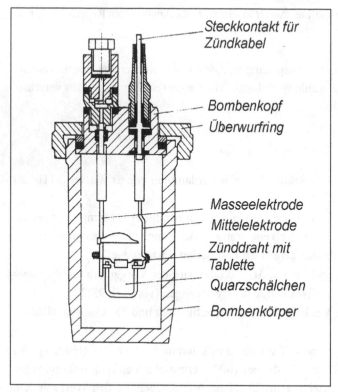

Steckkontakt für
Zündkabel

Bombenkopf
Überwurfring

Masseelektrode
Mittelelektrode
Zünddraht mit
Tablette
Quarzschälchen
Bombenkörper

Abb. 1.42: Verbrennungs-
bombe.

Nach Aufstecken des Zündkabels, Anstellen des Rührmotors und Einführen des Thermo-
meters verschließt man das Kalorimeter. Nach etwa 5 Minuten wird begonnen, die Temperatur auf 0,001 °C genau jede Minute abzulesen. Wenn sich in der Anlage die Tempe-
raturunterschiede ausgeglichen haben, beginnt man mit der Aufnahme der Vorperiode.
Nach mindestens 8 Werten der Vorperiode wird durch Drücken des Zündknopfes die
Verbrennung ausgelöst. Dabei wird die Temperaturablesung ohne Unterbrechung fortgesetzt. Nach spätestens 3 Minuten sollte ein stärkerer Temperaturanstieg um etwa ein hal-
bes Grad beobachtbar sein (Hauptperiode). Ist dies nicht der Fall, hat die Verbrennung
nicht funktioniert, der Sauerstoff muss abgelassen, und die Bombe kann erneut beschickt
werden. Wird ein deutlicher Temperaturanstieg beobachtet, ist die Temperaturmessung
kontinuierlich fortzusetzen. Wenn die Temperaturänderung wieder konstant ist, werden
noch mindestens 8 Werte der Nachperiode notiert. Nach der Verbrennung von Benzoesäure, für die die Verbrennungswärme gegeben ist, wird nach dem gleichen Verfahren
Naphthalin verbrannt. Die Auswertung für die Bestimmung der Wärmekapazität c und
die Bestimmung der Verbrennungswärme von Naphthalin erfolgt über die kalorische
Grundgleichung $q = c \cdot \Delta T$.

Die Temperaturänderung ΔT soll aus dem Temperatur-Zeit-Diagramm (Vorperiode-Hauptperiode-Nachperiode) (siehe Abb. 1.39) entnommen werden. Die auf 1 Mol umgerechnete Wärmemenge Q_V ist gleich $\Delta_C U$. Die Verbrennungsenthalpie folgt aus der Gleichung: $\Delta_C H = \Delta_C U + \Delta \nu RT$ mit $\Delta \nu = -2$ (vergleichen Sie mit Kapitel 1.6, Gleichung (1.23)). Der Literaturwert: $\Delta_C H$ (Naphthalin (s)) beträgt: - 5157 kJ·mol⁻¹.

Fragen:

1. Warum ergibt der Versuch zunächst $\Delta_C U$? Wofür stehen $\Delta \nu \cdot R \cdot T$ *und* $\Delta \nu = -2$?
2. Wozu werden Verbrennungsenthalpien verwendet?

1.16 Versuche zu Phasengleichgewichten

1.16.1 Kryoskopie

Die Gefrierpunktserniedrigung ΔT_G, die Siedepunktserhöhung ΔT_S und die Dampfdruckerniedrigung Δp hängen, wie auch die Erscheinung des osmotischen Drucks, von der Anzahl der in einem Lösungsmittel gelösten Teilchen (Moleküle, Ionen) ab. Man spricht von kolligativen Eigenschaften. Für $\Delta T_{G,S}$ gilt unter idealen Bedingungen annähernd:

$$\Delta T_{S,G} = \frac{R \cdot T_0^2}{\Delta H_A} \cdot X_B$$

ΔH_A - Phasenumwandlungsenthalpie des reinen LM

T_0 - Phasenumwandlungstemperatur des reinen LM

X_B - Stoffmengenverhältnis des gelösten Stoffes

R - Allgemeine Gaskonstante (8,314 J · K⁻¹ · mol⁻¹)

Beschränkt man sich auf verdünnte Lösungen, kann man n_B im Nenner des Stoffmengenverhältnisses $X_B = \dfrac{n_B}{n_B + n_A}$ gegenüber n_A vernachlässigen. X_B wird dann ersetzt durch $\dfrac{m_B \cdot M_A}{m_A \cdot M_B}$. Die lösungsmittelspezifischen Konstanten M_A, ΔH_A und T_0 fasst man mit R zu einer Konstanten E zusammen und erhält:

$$\Delta T_{S,G} = E_{S,G} \cdot \frac{m_B}{M_B \cdot m_A}$$

In dieser Gleichung ist E die **kryoskopische Konstante** E_G bzw. **ebullioskopische Konstante** E_S und ist gleich der Änderung der Phasenumwandlungstemperatur, wenn man ein

Mol Teilchen in einem Kilogramm Lösungsmittel löst (vergleichen Sie mit Kapitel 1.10.3). E ist somit ΔT für eine einmolale Lösung und hat die Einheit K kg mol^{-1}. Für die experimentelle Erfassung von ΔT und die Ermittlung der molaren Masse des gelösten Stoffes M_B ist ein großer Zahlenwert von E günstig. Die folgende Tabelle enthält die Werte von E für einige oft verwendete Lösungsmittel:

Lösungsmittel	E_S in K kg mol^{-1}	E_G in K kg mol^{-1}	Lösungsmittel	E_G in K kg mol^{-1}
Wasser	0,51	1,86	Phenol	7,27
Ethanol	1,0	1,20	Campher	40
Aceton	1,5	1,72		
Benzol	2,57	5,12		

Wasser wird vorzugsweise benutzt, wenn das Verhalten von Elektrolyten untersucht werden soll. Infolge der interionischen Wechselwirkung kommt es hier zu Abweichungen vom idealen Verhalten, das man ähnlich wie bei chemischen Gleichgewichten oder Leitfähigkeitsmessungen durch Einführung eines sogenannten osmotischen Koeffizienten f_0 berücksichtigt, der diese Abweichung auffängt:

$$\Delta T_G = E_G \cdot z \cdot f_0 \cdot \frac{m_B}{M_B \cdot m_A} \qquad f_0 \text{ - osmotischer Koeffizient}$$

$$z \text{ - Anzahl der vom Salz gebildeten Ionen}$$

M_B ist ist dann eine aus den Massen der gebildeten Ionen gemittelte fiktive Masse. Will man M_B oder f_0 experimentell bestimmen, benutzt man ein durchsichtiges Doppelmantelgefäß, das mit den abgewogenen Massen m_A und m_B befüllt wird. In einer Kältemischung wird die Lösung unter Rühren abgekühlt. Meist setzt das Erstarren erst nach Unterkühlung ein. Man misst T_0 bzw. T mit einem empfindlichen Thermometer, wenn die letzten Kristalle beim Temperaturanstieg nach dem Erstarren wieder aufschmelzen.

Fragen:

1. Welches Lösungsmittel wäre auf Grund seines E-Wertes für eine Molmassebestimmung besonders geeignet?
2. Wie unterscheidet sich ein 1:1-Salz bezüglich seiner Gefrierpunktserniedrigung von der eines nicht dissoziierenden Stoffes gleicher Molmasse?
3. Wie ändert sich der osmotische Koeffizient f_0 beim Übergang von sehr verdünnten zu konzentrierteren Salzlösungen?

1.16.2 Adsorptionsisotherme einer gelösten Substanz

Die Adsorptionsisotherme (Kapitel 1.10.9) beschreibt die Abhängigkeit der Menge eines adsorbierten Stoffes (gebundenes Adsorpt) von der Gleichgewichtskonzentration im Adsorptiv (freies Adsorpt) pro Oberflächen- bzw. Masseneinheit des Adsorptionsmittels (Adsorbens) bei konstanter Temperatur. Diese Abhängigkeit kann man grafisch darstellen bzw. durch eine Funktionsgleichung erfassen. Die von Langmuir bzw. die von Freundlich gefundenen Beziehungen wurden im Kapitel 1.10.9 beschrieben und erläutert. Zur experimentellen Überprüfung der Adsorptionsisotherme eignet sich z. B. das System Aktivkohle/Essigsäure.

Dazu wird die Adsorption von Essigsäure an Aktivkohle in 5 verschieden konzentrierten Essigsäurelösungen ermittelt (je 100 mL der Ausgangsmolaritäten: 0,05; 0,1; 0,15; 0,2; 0,3 werden gebraucht). Die Ausgangsmolaritäten werden durch Verdünnen von 1 M Essigsäure hergestellt und dürfen sich nicht verändern. Da Essigsäure zum bakteriellen Abbau neigt, sollte das Alter der 1 M Stammlösung 4 Wochen nicht überschreiten, oder ihre Konzentration muss durch Titration einer Verdünnungsstufe neu bestimmt werden.

Den einzelnen Verdünnungsstufen werden je 50 mL entnommen und zu 2,00 g Kohle gegeben, die man z.B. auf glattem Papier abgewogen und in einen trockenen verschließbaren Enghalskolben überführt hat. Die verschlossenen Kolben werden mindestens 5 Minuten mäßig geschwenkt, die Temperatur wird kontrolliert und die Suspension filtriert. Zwecks Bestimmung der nichtadsorbierten Essigsäure (c_{frei}) werden von jedem Filtrat zwei Proben zu 10 mL mit 0,1 M NaOH titriert.

Da es sich um eine physikalische Adsorption mit einer sehr geringen positiven Wärmetönung handelt, ist das Adsorptionsgleichgewicht nur wenig temperaturabhängig (Fragen 1 und 2), doch sollte eine Erwärmung durch Heizkörper oder Sonneneinstrahlung vermieden werden.

Aus den Messdaten wird die von 1 g Aktivkohle adsorbierte Stoffmenge q' der Essigsäure berechnet:

$$q = \frac{(c_0 - c_{frei}) \cdot v}{m}$$

v - Volumen eingesetzter Säure in L

m - Masse Kohle in kg

c_0 - Ausgangskonzentration der Essigsäure

c_{frei} - Konzentration freies Adsorpt

Vom vorliegenden System ist bekannt, dass die Konzentrationsabhängigkeit der Adsorption am besten durch die Freundlich´sche Adsorptionsisotherme beschrieben wird:

$$q = a \cdot \{c_{frei}\}^n \qquad \text{bzw.} \qquad \ln q = n \cdot \ln\{c_{frei}\} + \ln a$$

Durch grafische Darstellung der logarithmischen Formulierung und durch Regressionsrechnung können die Gültigkeit der Gleichung überprüft und die Konstanten a und n ermittelt werden. Die Konstante n sollte im für Aktivkohle bei Raumtemperatur typischen Bereich von 0.3 bis 0.8 liegen, a ist der Schätzwert von q für 1 M Essigsäure.

Fragen:

1. Zeigen sie, dass a den Charakter einer Gleichgewichtskonstanten hat.
2. Welche Gleichung beschreibt dann $a = f(T)$? Begründen Sie mit der Gleichung, dass die Temperaturabhängigkeit gering ist und a bzw. die Adsorption mit steigender Temperatur abnimmt.
3. Begründen Sie kinetisch die Temperaturabhängigkeit der Adsorption.

1.16.3 Siedediagramm

In einem Siedediagramm (vergleichen Sie mit Kapitel 1.10.6) wird der Zusammenhang zwischen der Siedetemperatur eines Flüssigkeitsgemisches und der Zusammensetzung der Flüssigphase (Siedekurve) und der Dampfphase (Kondensationskurve) grafisch dargestellt. Als Beispiele für Systeme, bei denen ein Azeotrop (Zusammenfallen der Siede bzw. Kondensationskurve, Abbildung 1.24) auftritt, sollen Gemische von Benzol / Methanol bzw. Dioxan / Wasser dienen. Für die experimentelle Ermittlung eines Siedediagramms werden ca. 10 verschiedene Gemische untersucht. Die nicht idealen Systeme Benzol / Methanol und Dioxan / Wasser mit ihrem azeotropen Siedepunktsminimum sind als Praktikumsversuche gut geeignet, da sich Benzol und Methanol bzw. Dioxan und Wasser in ihren Brechungsindices merklich unterscheiden.

Die Zusammensetzung der Dampfphase kann nach Kondensation weniger Tropfen mit einem Refraktometer leicht untersucht werden. Hält man die Kondensatmenge extrem klein, so kann man davon ausgehen, dass sich die Zusammensetzung des Ausgangsgemisches nicht geändert hat. Andererseits sollte die Kondensatmenge groß genug sein, um Proben zur Bestimmung des Brechungsindexes entnehmen zu können. In der verwendeten Apparatur wird das Kondensatvolumen durch Rückfluss konstant bei etwa 0,5 mL gehalten. Das Volumen des eingesetzten Gemisches verringert sich folglich um 2-3 % und die Bestimmung der Zusammensetzung des Siederückstandes empfiehlt sich ebenfalls. Temperaturmessungen im Siedegefäß belegen, dass trotz angestrebter Wärmeisolierung ein Temperaturgradient zwischen Flüssigkeit und Gasphase, hauptsächlich verursacht durch das rückfließende kalte Kondensat existiert. Dieser Tatsache trägt man durch Messung zweier Temperaturen (Gas- und Flüssigphase) Rechnung.

Das Siedegefäß (Abbildung 1.43) wird über einen Trichter etwa zur Hälfte mit der Mischung (und Siedesteinchen!) gefüllt und durch die beiden Schliffthermometer verschlossen. Die einsetzende Kondensatbildung erkennt man leicht im Rückflusskühler. Die Einstellung des Gleichgewichts zwischen Sieden und Kondensieren ist erreicht, wenn sich an beiden Thermometern konstante Temperaturen eingestellt haben. Die Temperaturkonstanz sollte mindestens über 5 Minuten erkennbar sein. Von den Konoden, die zu der jeweiligen Temperatur gehören, erhält man aus der Messung des Brechungsindexes einen Endpunkt.

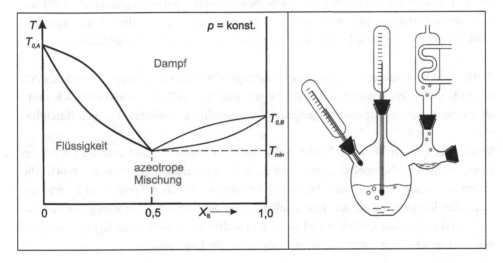

Abb. 1.43 Siedediagramm mit Minimum und Apparatur zur Bestimmung des Siedediagramms (Die Zusammensetzung der azeotropen Mischung – in der Abbildung bei $X_B = 0{,}5$ – ist abhängig von der Art der Stoffe.).

Dazu wird der Messwert mit der aus den Ausgangsgemischen bestimmten Kalibriergeraden verglichen. Die ermittelten linken oder rechten Endpunkte der Konoden liegen auf den Siede- bzw. Kondensationskurven des Siedediagramms.

Fragen:

1. Erklären Sie das Dampfdruckdiagramm des Systems Benzol/Methanol (Dioxan/Wasser) und vergleichen Sie es mit dem Diagramm eines idealen Flüssigkeitsgemisches.
2. Wie viele reale Freiheiten hat das System im azeotropen Minimum? Genügt die Phasenregel als Erklärung?
3. Erläutern Sie anhand des Siedediagramms, für welche Zusammensetzungen durch Dampfentnahme die Siedetemperatur steigt! Was bleibt bei fraktionierter Destillation im Kolben zurück, was kann man abdestillieren?

1.16.4   Schmelzdiagramm mittels mikroskopischer Beobachtung

Das Schmelzdiagramm des Systems o-Nitrophenol / p-Nitrophenol soll anhand der mikroskopischen Beobachtung von Schmelzbeginn und Schmelzende verschieden zusammengesetzter Gemische aufgenommen werden. Dazu gibt man jeweils eine kleine Spatelspitze gut gemischter feiner Kristalle auf einen Objektträger, drückt das Kristallgemisch vorsichtig mit einem Deckglas etwas breit, legt dies auf den Mikroskopheiztisch und schützt es mit der Präparateführung und einer größeren Scheibe gegen Wärmeabstrahlung.

In der Literatur veröffentlichte Schmelzpunkte werden verabredungsgemäß wegen des geringeren Zeitaufwandes nicht im Gleichgewicht, sondern mit einer Erwärmungsgeschwindigkeit von etwa 4 K min^{-1} bestimmt. So soll auch hier verfahren werden.

Anfänglich kann mit einer hohen Erwärmungsgeschwindigkeit gearbeitet werden, doch ca. 20 K unter dem erwarteten Schmelzbeginn wird die Aufheizrate von etwa 4 K min^{-1} an einem spezielle Stromversorgungsgerät eingestellt (s. konkrete Versuchsdurchführung).

Wegen der Unlöslichkeit der beiden Substanzen im festen Zustand ergeben die beiden Komponenten ein Schmelzdiagramm mit einfachem Eutektikum (Abbildung 1.44). Alle Zusammensetzungen beginnen theoretisch bei der eutektischen Temperatur zu schmelzen. Allerdings ist dies schwer festzustellen, wenn die Gemische nur wenig von der Unterschusskomponente enthalten und zu grob kristallin sind. Die letzten Kristalle schmelzen bei Erreichen der entsprechenden Temperatur der Liquiduskurve.

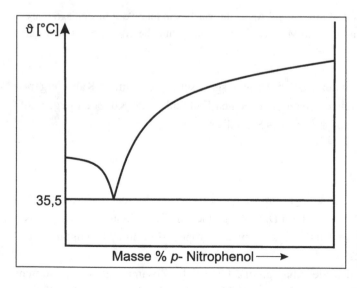

Abb. 1.44: Schmelzdiagramm des Gemisches von o-und p-Nitrophenol.

Aufschluss über das Zustandsdiagramm eines Zweikomponentengemisches kann man auch durch die Beobachtung eines sogenannten Kontaktpräparates erhalten. Zur Demonstration soll ein Kontaktpräparat zwischen Benzamid und p-Nitrophenol hergestellt und untersucht werden. Zu diesem Zweck schmilzt man eine geringe Menge Benzamid ($F_P = 128$ °C) zwischen Objektträger und Deckglas. Nur die Hälfte der Objektträgerfläche soll vom Schmelzfilm eingenommen werden. Anschließend bringt man am Rande der erstarrten Schmelze etwas p-Nitrophenol auf und erhöht die Temperatur bis dieses bei 114 °C schmilzt und flüssiges p-Nitrophenol in den Grenzbereich der noch festen Benzamidschicht eindiffundiert. Nun lässt man alles erstarren. Durch diese Darstellungsart sind analog zur Abszisse eines Schmelzdiagramms in der Kontaktzone der beiden Substanzen von reinem Benzamid bis zu reinem p-Nitrophenol alle Konzentrationsverhältnisse kontinuierlich verwirklicht. Etwa in der Mitte der Grenzschicht kommt es zur Ausbildung einer 1:1-Molekülverbindung. Unter dem Mikroskop sucht man sich jetzt eine Stelle des Grenzbereichs, an der unterschiedliche Kristallstrukturen gut zu erkennen sind. Man erhitzt erneut und beobachtet das Schmelzverhalten der verschiedenen Zonen. Beim Erreichen der ersten eutektischen Temperatur ($T_{E,1}$ ca. 84 °C) bildet sich ein schmaler Schmelzfluss auf der dem p-Nitrophenol näheren Seite. Beim Erreichen der zweiten eutektischen Temperatur ($T_{E,2}$ ca. 93 °C) bildet sich ein Schmelzfluss auf der anderen Seite der Kontaktzone. In der Mitte bleibt ein schmaler Kristallstreifen, der die Molekülverbindung repräsentiert und bei ca. 98 °C schmilzt.

Fragen:

1. Wie ist der Begriff Komponente definiert?
2. Wie nennt man Kristalle bei gegenseitiger Löslichkeit im festen Zustand?
3. Was versteht man unter einem Eutektikum? Wie viel Freiheiten hat das System am eutektischen Punkt? Was bezeichnet man als eutektische Gerade?
4. Warum ist die Beobachtung des eutektischen Schmelzens umso schwieriger, je weiter die Zusammensetzung sich den Rändern des Diagramms nähert?
5. Wie lässt sich erklären, dass o-Nitrophenol niedriger schmilzt als p-Nitrophenol?
6. Das Schmelzdiagramm kann auch durch Verfolgen der Abkühlung $T = f(t)$ aufgeschmolzener Gemische ermittelt werden. Worauf beruht dieses Verfahren?
7. Was ist eine Kältemischung? Begründen Sie, dass sich eine Kältemischung spontan unter die Raumtemperatur abkühlt. Welche wärmeverbrauchenden Vorgänge ermöglichen die Abkühlung?

1.16.5   Erstellen des Schmelzdiagramms mittels thermischer Analyse

Die Systeme Naphthalin / p-Dichlorbenzol bzw. Naphthalin/Biphenyl besitzen ebenfalls Schmelzdiagramme mit einfachem Eutektikum entsprechend den Abbildungen 1.29 bzw. 1.44. Die Punkte der Liquiduskurve und der Soliduskurve (eutektische Gerade) sind aus den Knick- und Haltepunkten von Abkühlungskurven verschieden zusammengesetzter Schmelzen zu bestimmen, also mittels thermischer Analyse (s. S. 77). Wie im Kapitel 1.10.7 beschrieben, kommt es beim Beginn des Erstarrens und beim Erreichen der eutektischen Temperatur (beim Ende des Erstarrens) zu plötzlichen Änderungen der Abkühlungsgeschwindigkeit, was sich in Knick- bzw. Haltepunkten in der Abkühlungskurve bemerkbar macht. Die Haltepunkte der reinen Komponenten und die Knickpunkte der Gemische gehören zur Liquiduskurve, die Haltepunkte der Gemische zur eutektischen Geraden.

Idealisierte Abkühlungskurven der Schmelzen sind in Abbildung 1.31, Kapitel 1.10.7 dargestellt. Für die Abbildung wurden Schmelzen ausgewählt, die zu deutlichen Knick- und Haltepunkten führen. Je dichter die Ausgangszusammensetzung in der Nähe einer der reinen Komponenten liegt, um so weniger Schmelze ist beim Erreichen der eutektischen Temperatur noch vorhanden und um so kürzer bzw. undeutlicher ist der Haltepunkt ausgeprägt. Ferner treten sowohl an den Knick- als auch an den Haltepunkten Unterkühlungen der Schmelze auf, in deren Folge die Temperatur zunächst unter den entsprechenden Wert der Liquiduskurve abfällt. Beim Einsetzen der verzögerten Kristallisation führt die freigesetzte Wärme dann wieder zum Temperaturanstieg. Die Unterkühlung dauert außerdem bei tieferen Temperaturen, also an den Haltepunkten der Gemische, länger als an den Knickpunkten, da die Temperaturdifferenz zur Raumtemperatur und damit die Abkühlungsgeschwindigkeit geringer sind. Das Phänomen der Unterkühlung kann auch durch ständiges Rühren der Schmelze nicht ganz vermieden werden.

Fragen:

1. Welches Gesetz beschreibt den Verlauf einer Abkühlungskurve, wenn keine Kristallisation stattfindet?
2. Wie lässt sich der Verlauf der Abkühlungskurven in Abbildung 1.31, Kapitel 1.10.7 begründen?
3. Warum kann sich eine Schmelze bis unter den der Liquiduskurve entsprechenden Erstarrungspunkt abkühlen, ohne dass sich Kristalle bilden?

1.17 Bestimmung weiterer thermodynamischer Konstanten

1.17.1 Säurekonstante von p-Nitrophenol

Bei der Dissoziation von p-Nitrophenol in wässriger Lösung bildet sich ein die Gelbfärbung verursachendes Anion, während undissoziiertes p-Nitrophenol fast farblos ist.

Die unterschiedlichen Absorptionsbereiche von HA und A⁻ (Abb. 1.45) bedeuten günstige Bedingungen für die spektralfotometrische Bestimmung der Säurekonstanten $K_{S,exp}$

$$K_S = \frac{a_{H^+} \cdot a_{A^-}}{a_{HA}} \qquad K_{S,c} = \frac{c_{H^+} \cdot c_{A^-}}{c_{HA}} \qquad K_{S,exp} = \frac{a_{H^+} \cdot c_{A^-}}{c_{HA}}$$

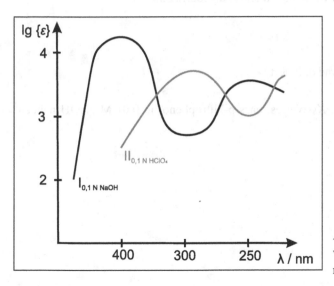

Abb. 1.45: UV/VIS-Spektren von p-Nitrophenol (II) und seinem Anion (I).

Im vorliegenden Versuch wird die Dissoziation von p-Nitrophenol in Pufferlösungen (Zitronensäure / Hydrogenphosphat) bei pH-Werten zwischen 6 und 8 untersucht. Diese pH-Werte ergeben H⁺-Aktivitäten von ähnlicher Größe wie die Werte von K_S (25 °C):

$7{,}08 \cdot 10^{-8}$ bzw. K_S (20 °C): $6{,}16 \cdot 10^{-8}$, so dass das Verhältnis von $\dfrac{a_{H^+}}{a_{A^-}}$ nicht zu einseitig

ausfällt, was für die gewählte Untersuchungsmethode ungünstig wäre. Im Versuch wird zunächst $K_{S,exp}$ bestimmt. Durch Einsetzen des Dissoziationsgrades α in den entsprechenden Gleichgewichtsausdruck (s. Kapitel 3.2 und 3.3.1) ergeben sich die Arbeitsgleichungen:

$$K_{S,exp} = \frac{a_{H^+} \cdot \alpha}{1-\alpha} \qquad \text{bzw.} \qquad pK_S = pH + \lg \frac{1-\alpha}{\alpha} \ .$$

Aus den pH-Werten der Pufferlösungen folgt direkt $a_H{}^+$. Die Größe von α im gewählten Puffer lässt sich bei Gültigkeit des Lambert-Beerschen Gesetzes wegen der Proportionalität zwischen der Extinktion und der Konzentration des absorbierenden Teilchens aus den Extinktionen der untersuchten Lösung und der Extinktion E_∞ in 0.01 M NaOH berechnen. In 0,01 M NaOH ist p-Nitrophenol nahezu vollständig dissoziiert und c_{A^-} kann mit c_{A0} gleich gesetzt werden. Es gilt:

$$\alpha = \frac{c_{A^-}}{c_{A_0}} \qquad \text{bzw.} \qquad \alpha = \frac{E}{E_\infty} \; .$$

K_S erhält man aus $K_{S,exp}$ durch Multiplikation mit dem über eine Debye-Hückel-Näherung aus der Ionenstärke der Puffer berechneten Aktvitätskoeffizienten f_{A^-}.

Fragen:

1. Wie ist der Dissoziationsgrad definiert?
2. Was ist ein pK-Wert?
3. Begründen Sie anhand des K_S-Wertes, dass p-Nitrophenol in 0,01 M NaOH nahezu vollständig dissoziiert!

2 Reaktionskinetik

Bei der Untersuchung chemischer Reaktionen interessiert zunächst, welche Reaktionsprodukte aus gegebenen Ausgangsstoffen gebildet werden können. Wichtig sind weiterhin Angaben zum möglichen Grad der Umsetzung der Ausgangsstoffe und zur Energiebilanz einer Reaktion. Damit sind aber noch keine Aussagen über den zeitlichen Ablauf der Stoffumwandlung getroffen. Wem nützen chemische Reaktionen, die von vorhandenen Ausgangsstoffen zu gewünschten Reaktionsprodukten nahezu vollständig unter Freisetzung von Energie ablaufen, wenn die notwendige Zeit unendlich groß ist? Die auf die Zeiteinheit bezogene Stoffumsetzung ist eine wichtige Größe zur Bewertung der Wirtschaftlichkeit chemischer Reaktionen. Bestrebungen, chemische Reaktionen zu beschleunigen (manchmal auch zu verzögern) und damit die Effektivität und Rentabilität eines Verfahrens zu erhöhen, standen am Beginn der Entwicklung der chemischen Kinetik. *Die Reaktionskinetik untersucht den zeitlichen Verlauf chemischer Reaktionen und Möglichkeiten, diesen zu verändern.* Dabei geht es unter anderem um Fragen, wie:

- Läuft die Reaktion mit messbarer Geschwindigkeit ab?
- Wie ist das Ausbeute/Zeit-Verhältnis?
- Wie ist der Mechanismus der konkreten Stoffumwandlung und an welcher Stelle muss man ansetzen, um das Ausbeute/Zeit-Verhältnis zu optimieren?

Nach der Geschwindigkeit, mit der chemische Reaktionen ablaufen, unterteilt man in

- *sehr schnelle Reaktionen*
  Hierzu gehören nahezu alle Ionenreaktionen. Sie laufen in Bruchteilen einer Sekunde ab und können mit bloßem Auge nicht verfolgt werden. Eine der schnellsten bekannten Reaktionen ist die Protonenübertragungsreaktion in flüssiger Phase,
  $$H_3O^+(aq) + OH^-(aq) \rightarrow 2H_2O\,(l)$$
  deren Geschwindigkeitskonstante bei Raumtemperatur in der Größenordnung von 10^{11} L $\cdot$ mol^{-1} $\cdot$ s^{-1} liegt.

- *Reaktionen mit mittlerer Geschwindigkeit*
  Sie benötigen wenige Sekunden bis Stunden für den Ablauf der Stoffumwandlung bzw. bis zum Erreichen eines Gleichgewichtszustandes. Hydrolysereaktionen (Rohrzuckerinversion, Esterhydrolyse) oder viele Gasphasenreaktionen laufen in derartigen Zeiträumen ab. Reaktionen mit mittlerer Geschwindigkeit bilden den Hauptgegenstand unserer weiteren Betrachtungen.

© Springer-Verlag GmbH Deutschland, ein Teil von Springer Nature 2020
W. Bechmann und I. Bald, *Einstieg in die Physikalische Chemie für Naturwissenschaftler*, Studienbücher Chemie,
https://doi.org/10.1007/978-3-662-62034-2_2

- **sehr langsame Reaktionen**
  Sie erstrecken sich oft über mehrere Jahre. Viele Festkörperreaktionen, viele radioaktive Zerfallsreaktionen oder der Abbau bestimmter in der Umwelt relevanter Schadstoffe sind Beispiele für sehr langsame Reaktionen.

Zur Vereinfachung der folgenden Betrachtungen beziehen wir uns zunächst nur auf homogene Reaktionen, d. h. auf Vorgänge, die innerhalb einer Phase ablaufen. Heterogene Reaktionen sind komplexer zu diskutieren. Sie laufen an der Grenzfläche zwischen zwei Phasen ab. Der Transport der Reaktanten zur Grenzfläche, Adsorptionsreaktionen, Desorptionsreaktionen und Abtransport der Produkte sind zusätzliche Teilschritte im heterogenen System.

Es ist bekannt, dass die Geschwindigkeit vieler Reaktionen durch Temperaturerhöhung vergrößert wird oder dass durch Temperaturerniedrigung chemische Reaktionen verzögert werden können (Kühlen und Einfrieren von Lebensmitteln). Zunächst jedoch betrachten wir Stoffumwandlungsprozesse bei konstanter Temperatur.

2.1   Reaktionsgeschwindigkeit

Unter Geschwindigkeit versteht man stets die Änderung einer physikalischen Größe in der Zeiteinheit. Chemische Reaktionen lassen sich an der Abnahme der Konzentration der Ausgangsstoffe bzw. an der Zunahme der Konzentration der Reaktionsprodukte verfolgen.

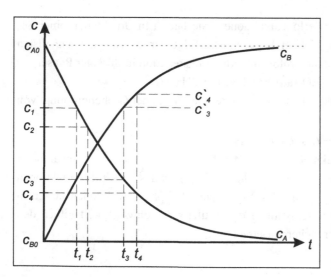

Abb. 2.1: Änderung der Konzentration von Ausgangsstoff und Reaktionsprodukt bei der Reaktion   A → B.

Für die Reaktion A → B erhält man den in Abbildung 2.1 dargestellten zeitabhängigen Konzentrationsverlauf. Für das einfache Beispiel A → B verhalten sich die beiden Kurven wie Bild und Spiegelbild. Aus dem Kurvenverlauf ist ersichtlich, dass sich die Geschwindigkeit im Reaktionsverlauf ändert. So ist die Konzentrationsänderung $c_1 - c_2$ deutlich größer als die Differenz $c_3 - c_4$, auch wenn die Zeitabstände $t_2 - t_1$ und $t_4 - t_3$ gleich gewählt wurden. Bildet man die Quotienten aus Δc und Δt, so erhält man eine *mittlere Geschwindigkeit* im betrachteten Zeitintervall. Ferner ist ersichtlich, dass sich die Differenzen $c_3 - c_4$ und $c_3{'} - c_4{'}$ in ihrem Vorzeichen unterscheiden. Man trifft für die Differenzbildung die Festlegungen: $\Delta c = c_{n+1} - c_n$ und $\Delta t = t_{n+1} - t_n$. Darüber hinaus soll $v_R > 0$ sein, so dass die mittlere Geschwindigkeit einer Reaktion im betrachteten Zeitintervall als

$$\overline{v}_R = \frac{-\Delta c_{Edukt}}{\Delta t} = \frac{\Delta c_{Produkt}}{\Delta t} \qquad (2.1)$$

definiert wird. Die *Augenblicksgeschwindigkeit* (momentane Geschwindigkeit) bei der Reaktion A → B zur Zeit t erhält man als Steigung der Tangente durch den Kurvenpunkt $(c ; t)$ bzw. als Grenzwert des Differenzenquotienten für $\Delta t \to 0$

$$v_R = -\frac{dc_A}{dt} = \frac{dc_B}{dt} \quad . \qquad (2.2)$$

In vielen Reaktionen erfolgt kein äquimolarer Stoffumsatz. Zur Einbeziehung dieser Fälle verändern wir unsere Beispielreaktion in 2A → B. Es gilt $-\frac{1}{2}\frac{dc_A}{dt} = \frac{dc_B}{dt}$. Da für die gleiche Reaktion, egal welchen Reaktionspartner man verfolgt, natürlich die gleiche *Reaktionsgeschwindigkeit* vorliegen muss, definiert man v_R der allgemeinen Reaktion

$$v_A \cdot A + v_B \cdot B \to v_C \cdot C + v_D \cdot D$$

als

$$v_R = -\frac{1}{v_A} \cdot \frac{dc_A}{dt} = -\frac{1}{v_B} \cdot \frac{dc_B}{dt} = \frac{1}{v_C} \cdot \frac{dc_C}{dt} = \frac{1}{v_D} \cdot \frac{dc_D}{dt} \quad . \qquad (2.3)$$

Als Maßeinheit der Reaktionsgeschwindigkeit erhält man den Quotienten aus Konzentrations- und Zeiteinheit, z. B. $[v_R] = mol \cdot L^{-1} \cdot s^{-1}$. Die Einhaltung der eingangs getroffenen Festlegung T = const. erfordert erheblichen experimentellen Aufwand. Reaktionen laufen oft unter spürbarer Energiefreisetzung (exotherm) ab oder entziehen der Umgebung während ihres Verlaufs Wärmeenergie (endotherm).

Um diese Wärmeeffekte auszugleichen und den Einfluss der Zimmertemperatur auszuschalten, muss in thermostatierten Reaktionsräumen gearbeitet werden. Bei Gasphasenreaktionen ist zweckmäßigerweise der Reaktionsraum von einem thermostatierten Metallblock umgeben, Reaktionen in flüssiger Phase laufen in thermostatierten Gefäßen ab.

2.2   Molekularität von Elementarreaktionen, Reaktionsordnung von Geschwindigkeitsansätzen

Unter *Molekularität* von *Elementarreaktionen* versteht man die Zahl von Teilchen der Ausgangsstoffe, die für den Ablauf eines Stoffumsatzes auf molekularer Ebene mindestens vorhanden sein muss. Sie ist identisch mit der Zahl der Teilchen, die gleichzeitig zusammentreffen müssen, damit neue Teilchen gebildet werden können. Molekularität ist also ein Begriff, der das mikroskopische Geschehen widerspiegelt. Die Molekularitäten der folgenden Elementarreaktionen sind z. B.

$A \rightarrow B$	ein Teilchen von A, *unimolekular*
$A + B \rightarrow C$	ein Teilchen von A und ein Teilchen von B, *bimolekular*
$A + 2B \rightarrow D$	ein Teilchen von A und zwei Teilchen von B, *trimolekular*.

Es ist leicht einzusehen, dass die Geschwindigkeit einer Reaktion mit der Zahl der zur Reaktion befähigten Teilchen wächst. Bei unimolekularen Reaktionen sind v_R und c_A proportional zueinander, bei bimolekularen Reaktionen ist v_R proportional dem Produkt der Konzentration der Ausgangsstoffe. Im Beispiel unserer trimolekularen Reaktion muss c_B zweimal als Faktor im Produkt der Konzentrationen, also als $c_B{}^2$ erscheinen. Die Summe der Exponenten der Konzentrationsglieder sind in den drei diskutierten Fällen 1, 2 und 3. Auf *Bruttoreaktionen* ist der Begriff der Molekularität nicht anwendbar. Die Reaktionsgleichung erlaubt keine Rückschlüsse auf die Elementarreaktionen, die im Einzelnen ablaufen. Dennoch zeigt sich, dass in sehr vielen Reaktionen die Reaktionsgeschwindigkeit ebenfalls proportional zum Produkt ganzzahliger Potenzen von Konzentrationen der Ausgangsstoffe ist. Die Summe der Exponenten der Konzentrationsglieder im Geschwindigkeitsansatz von Bruttoreaktionen nennt man *Reaktionsordnung (RO)*. Für Elementarreaktionen wird die Reaktionsordnung durch die Molekularität gegeben. Sie sind stets 1., 2. oder 3. Ordnung. Höhere Molekularitäten als 3 treten praktisch nicht auf. Schon das gleichzeitige Zusammentreffen von drei Teilchen als Voraussetzung eines trimolekularen Elementarschrittes besitzt nur geringe Wahrscheinlichkeit.

Die **Geschwindigkeitsansätze** für die Reaktionen 1., 2. bzw. 3. Ordnung lauten im allgemeinen Fall:

$$-\frac{1}{\nu_A} \cdot \frac{dc_A}{dt} = k \cdot c_A \qquad\qquad\qquad 1.\text{Ordnung}$$

$$-\frac{1}{\nu_A} \cdot \frac{dc_A}{dt} = k \cdot c_A \cdot c_B \quad \text{oder} \quad -\frac{1}{\nu_A} \cdot \frac{dc_A}{dt} = k \cdot c_A{}^2 \qquad 2.\text{Ordnung}$$

$$(2.4)$$

$$-\frac{1}{\nu_A} \cdot \frac{dc_A}{dt} = k \cdot c_A \cdot c_B \cdot c_C \quad \text{oder}$$

$$-\frac{1}{\nu_A} \cdot \frac{dc_A}{dt} = k \cdot c_A \cdot c_B{}^2 \quad \text{oder} \quad -\frac{1}{\nu_A} \cdot \frac{dc_A}{dt} = k \cdot c_A{}^3 \qquad 3.\text{Ordnung}.$$

Die Proportionalitätsfaktoren k heißen **Reaktionsgeschwindigkeitskonstanten.** Den Begriff der Reaktionsordnung wendet man nicht nur auf die Gesamtreaktion an, sondern auch auf einzelne Ausgangsstoffe. Die Reaktion mit dem Geschwindigkeitsansatz

$$-\frac{1}{\nu_A} \cdot \frac{dc_A}{dt} = k \cdot c_A \cdot c_B{}^2$$

besitzt als Gesamtreaktion die Reaktionsordnung 3, ist bezüglich des Ausgangsstoffes A von 1. Ordnung, in Bezug auf B aber von 2. Ordnung. Die Exponenten der Konzentrationsglieder müssen nicht ganzzahlig sein. So ist für eine Reaktion der Geschwindigkeitsansatz

$$v_R = k \cdot c_A{}^{\frac{1}{2}} \cdot c_B$$

denkbar. Die Reaktionsordnung der Gesamtreaktion ist $\frac{3}{2}$. In Bezug auf A ist sie $\frac{1}{2}$, in Bezug auf B liegt eine Reaktion 1. Ordnung vor. Ein Beispiel für eine Reaktion mit der Reaktionsordnung $\frac{3}{2}$ ist der thermische Zerfall von Acetaldehyd nach folgender Gleichung:

$$CH_3\,CHO \rightarrow CH_4 + CO \qquad (T = 670\ K)\ .$$

Es gibt auch Beispiele chemischer Reaktionen, auf die das Konzept der Reaktionsordnung der Gesamtreaktion nicht anwendbar ist. Für die Darstellung von Bromwasserstoff aus den Elementen wird experimentell das Geschwindigkeitsgesetz

$$v_R = \frac{k \cdot c_{H_2} \cdot c_{Br_2}^{\frac{3}{2}}}{c_{Br_2} + k' \cdot c_{HBr}} \tag{2.5}$$

gefunden, das sich nicht in der Form $v_R = k'' \cdot c_A^{\ p} \cdot c_B^{\ q}$ zusammenfassen lässt und damit keine Angabe der Gesamtordnung für die ihrer Bruttogleichung nach recht einfache Umsetzung erlaubt.

2.3   Geschwindigkeitsgesetze

Die Differenzialgleichungen, die für chemische Reaktionen den Zusammenhang zwischen Reaktionsgeschwindigkeit und Konzentrationen der Ausgangsstoffe (in seltenen Fällen sind auch Konzentrationen von Reaktionsprodukten einbezogen) beschreiben, heißen auch *Geschwindigkeitsgesetze*. Wie sich zeigen lässt, gehorchen Reaktionen mit gleicher Reaktionsordnung dem gleichen Geschwindigkeitsgesetz. Reaktionsordnung und Geschwindigkeitsgesetz sind nicht aus der Bruttoreaktionsgleichung ableitbar, sondern müssen experimentell bestimmt werden. Kann für die allgemeine Reaktion

$$\nu_A \cdot A + \nu_B \cdot B \rightarrow \nu_C \cdot C + \nu_D \cdot D$$

die Reaktionsordnung n ermittelt werden, so lautet das Geschwindigkeitsgesetz (der Geschwindigkeitsansatz):

$$-\frac{1}{\nu_A} \cdot \frac{dc_A}{dt} = k \cdot c_A^{\ p} \cdot c_B^{\ q} \qquad \text{und} \qquad p + q = n \ . \tag{2.6}$$

Die Dimension der Reaktionsgeschwindigkeitskonstante hängt von der Reaktionsordnung ab. In den folgenden Betrachtungen integrieren wir die Geschwindigkeitsansätze, die für einfache Reaktionsordnungen aufgestellt werden können. In ihrer Form als integrierte Gesetze sind sie der experimentellen Überprüfung einfach zugänglich. Mit der experimentellen Bestätigung eines speziellen Geschwindigkeitsgesetzes wird gleichzeitig die Reaktionsordnung der Bruttoreaktion bestätigt.

2.3.1 Geschwindigkeitsgesetz für Reaktionen 1. Ordnung

Handelt es sich bei der Umsetzung A → B um eine Reaktion 1. Ordnung, so gilt das Geschwindigkeitsgesetz:

$$-\frac{dc_A}{dt} = k \cdot c_A \quad . \tag{2.7}$$

Die Gleichung wird durch Separation der Variablen und nachfolgende Integration gelöst

$$-\frac{dc_A}{c_A} = k \cdot dt \qquad \int -\frac{dc_A}{c_A} = k \cdot \int dt \qquad -\ln c_A = k \cdot t + C \quad . \tag{2.8}$$

Die Integrationskonstante C erhält man durch Einsetzen eines bekannten Wertepaares. Zum Zeitpunkt $t = 0$ besitzt c_A den Wert der Ausgangskonzentration c_{A0}

$$-\ln c_{A0} = k \cdot 0 + C \quad .$$

Damit lautet *das integrierte Geschwindigkeitsgesetz für Reaktionen 1. Ordnung*:

$$\ln c_A = -k \cdot t + \ln c_{A0} \quad . \tag{2.9}$$

Zum gleichen Ergebnis führt die bestimmte Integration der Gleichung (2.8), wenn sie in den Grenzen von c_{A0} bis c_A bzw. von $t = 0$ bis t ausgeführt wird.

Im allgemeinen Fall eines von 1 abweichenden stöchiometrischen Koeffizienten von A geht der Koeffizient in die Reaktionsgeschwindigkeitskonstante mit ein. Die Dimension der Reaktionsgeschwindigkeitskonstanten für Reaktionen 1. Ordnung ergibt sich aus Gleichung (2.9) mit $[k]$ = Zeiteinheit^{-1} (s^{-1}, min^{-1}, h^{-1} etc.). Eine weitere wichtige Größe im Zusammenhang mit der Geschwindigkeit einer chemischen Reaktion ist die *Halbwertszeit*. Sie gibt den Zeitpunkt an, an dem die Hälfte des Ausgangsstoffes umgesetzt wurde. Für Reaktionen 1. Ordnung folgt aus dem integrierten Geschwindigkeitsgesetz:

$$t_{1/2} = -\frac{1}{k} \cdot \left(\ln \frac{c_{A0}}{2} - \ln c_{A0} \right) = \frac{1}{k} \cdot \left(\ln c_{A0} - \ln \frac{c_{A0}}{2} \right) = \frac{\ln 2}{k} \quad . \tag{2.10}$$

Die Halbwertszeit einer Reaktion 1. Ordnung ist also unabhängig von der Ausgangskonzentration des umgesetzten Stoffes und umgekehrt proportional zur Reaktionsgeschwindigkeitskonstanten.

Beispiel für RO = 1:

Azomethan $CH_3\text{-}N\text{=}N\text{-}CH_3$ wird thermisch in Ethan und Stickstoff gespaltet. Für die Reaktion bei 600 °C wurde der Partialdruck des Azomethans in Abhängigkeit von der Zeit gemessen.

t in s	0	1000	2000	3000	4000
p in Pa	10,9	7,63	5,32	3,71	2,59

Bestätigen Sie, dass eine Reaktion 1. Ordnung vorliegt. Ermitteln Sie grafisch die Reaktionsgeschwindigkeitskonstante und berechnen Sie die Halbwertszeit der Reaktion.

Lösung:

Liegt eine Reaktion 1. Ordnung vor, so lässt sich darauf das integrierte Geschwindigkeitsgesetz (2.9) anwenden. Die Gültigkeit des Gesetzes für die vorliegende Reaktion zeigt sich daran, dass der Graph der Funktion ln $\{p\}$ = f (t) eine fallende Gerade mit dem Anstieg $-k$ ist. Eine Umrechnung des Partialdrucks in die Konzentration c ist nicht erforderlich. Beide Größen sind bei konstanter Temperatur einander proportional. $\{p\}$ steht für den Zahlenwert des Partialdrucks.

t in s	0	1000	2000	3000	4000
ln $\{p\}$	2,39	2,03	1,67	1,31	0,95

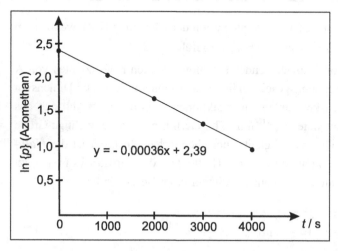

Abb. 2.2: Thermische Zersetzung von Azomethan.

ln $\{p\}$ lässt sich demnach wirklich als lineare Funktion der Zeit darstellen, was die Gültigkeit des Geschwindigkeitsgesetzes für die untersuchte Reaktion und damit die Reaktionsordnung 1 bestätigt. Durch Einzeichnen der Geraden werden gleichzeitig messtechnisch bedingte Abweichungen ausgeglichen. Die grafisch aus dem Anstieg der Geraden bestimmte Reaktionsgeschwindigkeitskonstante stellt somit bereits einen Mittelwert des rechnerisch aus der Zweipunktegleichung bestimmbaren Anstiegs dar. Verwendet man die Zweipunktegleichung der Geraden, so sollte man sich am Funktionsbild überzeugen, dass die gewählten Punkte keine „Ausreißer" unter den Messpunkten sind:

$$k = -\frac{\Delta \ln\{p\}}{\Delta t} = \frac{-(0,95-2,39)}{4000 \text{ s}} = 3,60 \cdot 10^{-4} \text{ s}^{-1} \ .$$

Die berechnete Halbwertszeit beträgt:

$$t_{\frac{1}{2}} = \frac{\ln 2}{3,60 \cdot 10^{-4}} s = 1925,4 \ s \approx 32 \ \text{min} \ .$$

Neben weiteren chemischen Reaktionen, wie der thermischen Zersetzung von N_2O_5, der Zersetzung von Wasserstoffperoxid oder der thermischen Ethanspaltung gehören radioaktive Zerfallsreaktionen zu den Umsetzungen mit der Reaktionsordnung 1.

Eine Reihe radioaktiver Zerfallsreaktionen nutzt man als sogenannte *radioaktive Uhren* zu Altersbestimmungen. Zwei bekannte Beispiele sind die *Kalium-Argon-Methode* bzw. die *Radiocarbon-Methode*. Erstere verwendet man zur Altersbestimmung kaliumhaltiger Mineralien. Vom Kaliumisotop $^{40}_{19}K$, das eine natürliche Häufigkeit von 0,0119 % und eine Halbwertszeit von $16,1 \cdot 10^8$ Jahren besitzt, wird in einer Kerneinfangreaktion $^{40}_{18}Ar$ gebildet.

$$2 \ ^{40}_{19}K \rightarrow \ ^{40}_{20}Ca + \ ^{40}_{18}Ar$$

Aus dem Verhältnis von ^{40}K und ^{40}Ar kann auf das Alter der Mineralien geschlossen werden. Verfälschungen treten auf, wenn zu junge Mineralien untersucht werden, die meist Einschlüsse atmosphärischer ^{40}Ar-Atome enthalten. Generell sollten bei radioaktiven Uhren Probenalter und Halbwertszeit nicht zu weit auseinanderliegen. Für Datierungen, die sich auf Zeiträume innerhalb der letzten 500 bis 50000 Jahre beziehen, verwendet man oft die *Radiocarbon-Methode*. Die Methode beruht auf der natürlichen Bildung von ^{14}C. Die Neutronen der kosmischen Höhenstrahlung reagieren in Kernreaktionen mit ^{14}N-Kernen. Der gebildete radioaktive Kohlenstoff zerfällt mit einer Halbwertszeit von 5570 ± 30 Jahren unter Abgabe von β-Strahlung und Rückbildung von stabilem ^{14}N Stickstoff:

Bildung von ^{14}C: $\qquad ^{14}_{7}N + n \rightarrow \ ^{14}_{6}C + p$

Zerfall von ^{14}C: $\qquad ^{14}_{6}C \rightarrow \ ^{14}_{7}N + e \ .$

Der gebildete ^{14}C wird oxidiert und beteiligt sich am natürlichen Kohlenstoffkreislauf. Er wird so Bestandteil organischer Verbindungen von Pflanzen und Tieren. Zwischen ^{14}C-Zerfall und ^{14}C-Zufuhr stellt sich ein Gleichgewicht ein, das von der natürlichen ^{14}C-Konzentration bestimmt wird, solange der Organismus am Kohlenstoffaustausch mit der Natur teilnimmt. Hört dieser Austausch auf, weil mit dem Absterben des Organismus die Kohlenstoffaufnahme endet, klingt auch die ^{14}C-Aktivität nach dem Zeitgesetz einer Reaktion 1. Ordnung ab. Der Vergleich der in einer Probe vorhandenen ^{14}C-Aktivität mit der Gleichgewichtsaktivität rezenten Kohlenstoffs (natürliche Aktivität) führt zur Aussage über das Probenalter. Dem Verfahren liegt die Näherung zugrunde, die natürliche ^{14}C-Aktivität über die letzten 50.000 Jahre als konstant anzusehen. Allerdings treten bei Schwankungen der Sonnenaktivität und den damit verbundenen Auswirkungen auf die kosmische Höhenstrahlung Störungen der ^{14}C-Bildung auf. Massive Eingriffe in das stationäre ^{14}C-Gleichgewicht stellen auch die oberirdischen Atombombenversuche der 50er und 60er Jahre des vorigen Jahrhunderts sowie der seit etwa 150 Jahren enorm gestiegene Verbrauch fossiler Brennstoffe dar. Die Verbrennung fossiler Brennstoffe führt in Folge erhöhter ^{12}C-Freisetzung zur Abnahme der ^{14}C-Aktivität. Korrekturen von 2 % bis 5 % sind erforderlich. Die Kernwaffentests erhöhten die ^{14}C-Konzentration in der Atmosphäre, so dass weitere Korrekturen nötig wurden. Mittels Radiocarbon-Methode wurde z. B. das Alter der altbronzezeitlichen Anlage von Stonehenge in England mit 3800 ± 275 Jahren bestimmt, für die steinzeitlichen Tempelanlagen von Hagar Qim (Malta) ein Alter von etwa 5500 Jahren ermittelt oder das berühmte Turiner Leichentuch Christi als mögliche Fälschung enttarnt. Für seine Anfertigung konnte der Zeitraum zwischen 1260 und 1390 eingegrenzt werden.

2.3.2 Geschwindigkeitsgesetz für Reaktionen 2. Ordnung

Reaktionen, die nach dem Geschwindigkeitsansatz

$$-\frac{1}{v_A} \cdot \frac{dc_A}{dt} = k' \cdot c_A \cdot c_B \quad \text{bzw.} \quad -\frac{1}{v_A} \cdot \frac{dc_A}{dt} = k' \cdot c_A{}^2 \tag{2.11}$$

ablaufen, heißen Reaktionen 2. Ordnung. Im einfachsten Fall sind die bimolekularen Elementarschritte $A + B \rightarrow C$ bzw. $A + A \rightarrow D$ Reaktionen 2. Ordnung. Bei Bruttoreaktionen kann die Ordnung wieder nicht aus den stöchiometrischen Koeffizienten abgeleitet werden. Hier geht man einen analogen Weg, wie er bereits im Kapitel 2.3.1 beschritten wurde. Man überprüft experimentell, ob das integrierte Geschwindigkeitsgesetz auf die Bruttoreaktion zutrifft. Bezieht man die stöchiometrischen Koeffizienten als konstante Faktoren in die Reaktionsgeschwindigkeitskonstante ein, so genügt es im Weiteren

$$-\frac{dc_A}{dt} = k \cdot c_A \cdot c_B \quad \text{bzw.} \quad -\frac{dc_A}{dt} = k \cdot c_A^2$$

zu betrachten. Durch geeignete Wahl der Reaktionsbedingungen ($c_{A0} = c_{B0}$, s. a. Kapitel 2.3.7) lassen sich auch die Reaktionen mit dem allgemeineren Geschwindigkeitsansatz $v_R = k \cdot c_A \cdot c_B$ mittels $v_R = k \cdot c_A^2$ beschreiben. Der Integration dieser Differenzialgleichung geht wieder die Separation der Variablen voraus.
Es gilt:

$$\int -\frac{dc_A}{c_A^2} = k \int dt \quad . \tag{2.12}$$

Als Lösung des unbestimmten Integrales erhält man:

$$\frac{1}{c_A} = k \cdot t + C \quad . \tag{2.13}$$

Die Integrationskonstante C wird durch Einsetzen des bekannten (c_{A0} ; 0)-Wertepaares ermittelt. Damit lautet ***das integrierte Geschwindigkeitsgesetz für Reaktionen 2. Ordnung***, die dem Geschwindigkeitsansatz $v_R = k \cdot c_A^2$ gehorchen:

$$\frac{1}{c_A} = k \cdot t + \frac{1}{c_{A0}} \quad . \tag{2.14}$$

Seine Gültigkeit für eine gegebene Messreihe bestätigt man durch die grafische Darstellung von $\frac{1}{c_A} = f(t)$. Man muss eine steigende Gerade erhalten, die die Ordinate in $\frac{1}{c_{A0}}$ schneidet. Aus Gleichung (2.14) lässt sich die Dimension der Geschwindigkeitskonstanten für Reaktionen 2. Ordnung ableiten. Sie ist

$$[k] = \frac{1}{\text{Konzentrationseinheit} \cdot \text{Zeiteinheit}} \quad \text{z. B. } L \cdot mol^{-1} \cdot s^{-1} \; .$$

Die Dimension der Geschwindigkeitskonstanten einer chemischen Reaktion wird also durch deren Reaktionsordnung festgelegt.
Die zum Geschwindigkeitsgesetz (2.14) gehörende Halbwertszeit ist

$$t_{1/2} = \frac{\frac{2}{c_{A0}} - \frac{1}{c_{A0}}}{k} = \frac{1}{k \cdot c_{A0}} \quad . \tag{2.15}$$

Sie hängt im Gegensatz zur Halbwertszeit der Reaktionen 1. Ordnung von der Ausgangs-konzentration ab und steigt mit sinkendem c_{A0} (s. auch Abbildung 2.4). Damit sinkt die Eduktkonzentration in Reaktionen 2. Ordnung langsamer als in Reaktionen 1. Ordnung mit gleicher Anfangsgeschwindigkeit.

Für den Fall **unterschiedlicher Ausgangskonzentrationen** der Reaktanten A und B, die nicht im Verhältnis ihrer stöchiometrischen Koeffizienten vorliegen, für den v_R also nicht zu $v_R = k \cdot c_A{}^2$ vereinfacht werden kann, wird die mathematische Behandlung der Diffe-renzialgleichung komplizierter. Zunächst führt man die Umsatzvariable x ein und stellt die Momentankonzentrationen c_A und c_B als Funktion von x dar:

$$c_A = c_{A0} - x; \quad c_B = c_{B0} - x \quad mit \quad \frac{dc_A}{dx} = -1 \quad bzw. \quad dc_A = -dx \quad . \tag{2.16}$$

Das Geschwindigkeitsgesetz lautet also:

$$-\frac{dc_A}{dt} = k \cdot c_A \cdot c_B = \frac{dx}{dt} = k \cdot (c_{A0} - x) \cdot (c_{B0} - x) \quad . \tag{2.17}$$

Separation der Variablen führt zu

$$\frac{dx}{(c_{A0} - x) \cdot (c_{B0} - x)} = k \cdot dt \quad . \tag{2.18}$$

Über Partialbruchzerlegung von $\dfrac{1}{(c_{A0} - x) \cdot (c_{B0} - x)}$ erhält man:

$$\frac{1}{(c_{A0} - x) \cdot (c_{B0} - x)} = \frac{A}{(c_{A0} - x)} + \frac{B}{(c_{B0} - x)} \quad mit \quad A \cdot (c_{B0} - x) + B \cdot (c_{A0} - x) = 1 \quad .$$

Ausmultiplizieren und erneutes Ausklammern führen zu:

$$A \cdot c_{B0} - A \cdot x + B \cdot c_{A0} - B \cdot x = 1 \quad bzw. \quad A \cdot c_{B0} + B \cdot c_{A0} - x \cdot (A + B) = 1 \quad .$$

Diese Gleichung ist für beliebige Werte von x nur lösbar, wenn A + B = 0, also A = -B ist. Damit erhält man:

$$B = \frac{1}{c_{A0} - c_{B0}} \quad \text{und} \quad A = \frac{1}{c_{B0} - c_{A0}}.$$

Die Funktion $\quad \dfrac{1}{c_{B0} - c_{A0}} \cdot \dfrac{dx}{c_{A0} - x} + \dfrac{1}{c_{A0} - c_{B0}} \cdot \dfrac{dx}{c_{B0} - x} = k \cdot dt \quad$ ist leicht integ-

rierbar. Man ersetzt $c_{A0} - x = u$ und $c_{B0} - x = v$. Da $\dfrac{du}{dx} = \dfrac{dv}{dx} = -1$ gilt, vereinfacht sich

die Funktion zu:

$$-\frac{1}{c_{B0} - c_{A0}} \cdot \frac{du}{u} - \frac{1}{c_{A0} - c_{B0}} \cdot \frac{dv}{v} = k \cdot dt.$$

Bestimmte Integration in den Grenzen von c_{A0} bis u, c_{B0} bis v bzw. 0 bis t liefert

$$-\frac{1}{c_{B0} - c_{A0}} \cdot \ln\frac{c_{A0} - x}{c_{A0}} + \frac{1}{c_{B0} - c_{A0}} \cdot \ln\frac{c_{B0} - x}{c_{B0}} = k \cdot t \qquad \text{bzw.}$$

$$\ln\frac{(c_{A0} - x) \cdot c_{B0}}{(c_{B0} - x) \cdot c_{A0}} = (c_{A0} - c_{B0}) \cdot k \cdot t \quad \text{oder} \quad \ln\frac{c_A \cdot c_{B0}}{c_B \cdot c_{A0}} = (c_{A0} - c_{B0}) \cdot k \cdot t. \quad (2.19)$$

Beispiel für RO = 2:
Lachgas (Distickstoffmonoxid) zerfällt bei hohen Temperaturen in Stickstoff und Sauerstoff:

$$2N_2O \rightarrow 2N_2 + O_2.$$

Die Reaktion lässt sich über den Druckanstieg verfolgen, wenn sie bei konstantem Reaktorvolumen durchgeführt wird. Aus dem Druckanstieg wird der Partialdruck des Ausgangsgases berechnet. Zur Zeit $t = 0$ beträgt $p\,(N_2O) = p_0$. Zur Zeit t hat $p\,(N_2O)$ den Wert $p_0 - x$. Die Reaktionsprodukte haben entsprechend der Reaktionsgleichung die Partialdrücke $p\,(N_2) = x$ bzw. $p\,(O_2) = x/2$. Der jeweilige Gesamtdruck beträgt folglich

$$(p_0 - x) + x + \frac{x}{2} = p = p_0 + \frac{x}{2}.$$

Experimentell wurden bei 1000 °C folgende Wertepaare gemessen:

t in s	0	30	60	90	250	500
p in Pa	66660	72659	76659	79992	88191	92924

Der der N_2O-Konzentration proportionale Partialdruck $p(N_2O)$ beträgt $p_0 - (2p - 2p_0) = 3p_0 - 2p$.

t in s	0	30	60	90	250	500
$p(N_2O)$ in Pa	66660	54662	46662	39996	23598	14132

Welches integrierte Zeitgesetz für die Reaktion gilt, lässt sich aus Abblidung 2.3 ablesen.

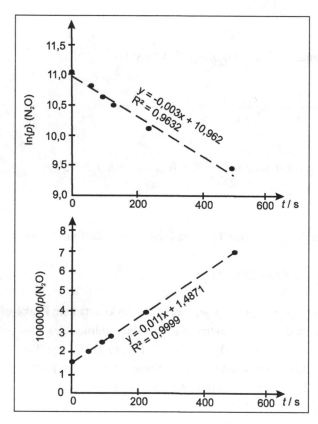

Abb. 2.3: Grafische Prüfung der Reaktionsordnung der thermischen Lachgaszersetzung.

In Abbildung 2.3 werden die Funktionen ln $\{p(N_2O)\} = f(t)$ bzw. $\dfrac{1}{p(N_2O)} = f(t)$ gegenübergestellt.

t in s	0	30	60	90	250	500
$\ln\{p(N_2O)\}$	11,107	10,909	10,751	10,596	10,069	9,556
$10^5/p(N_2O)$	1,500	1,829	2,143	2,500	4,238	7,076

Aus der Grafik ist ersichtlich, dass bei Anwendung des integrierten Geschwindigkeitsgesetzes für Reaktionen 1. Ordnung die lineare Anpassung deutlich schlechter ist als bei Anwendung des Geschwindigkeitsgesetzes für Reaktionen 2. Ordnung. Im Diagramm für RO = 1 verbindet ein gekrümmter Linienzug besser die Messpunkte. Im Gegensatz dazu liefert der Graph der Funktion $\dfrac{1}{p(N_2O)} = f(t)$ eine steigende Gerade mit sehr gutem Bestimmtheitsmaß (B = R^2, R- Korrelationskoeffizient). Der über lineare Regression erhaltene Anstieg beträgt 0,0111 und führt zu k = 1,11 $\cdot$ 10^{-7} Pa^{-1} $\cdot$ s^{-1}. Durch Multiplikation mit 1000 RT ergibt sich k = 1,19 L·mol^{-1}·s^{-1}.

Bei Berechnung aus zwei genügend weit auseinander liegenden Messpunkten ergibt sich ebenfalls $k = \dfrac{(7,076 - 1,500) \cdot 10^{-5}\,Pa^{-1}}{500\,s} = 1,12 \cdot 10^{-7} Pa^{-1} \cdot s^{-1}$. Für den Abbau der halben Gasmenge benötigt man bei einem Ausgangsdruck von 66,660 kPa eine Halbwertszeit von $t_{1/2} = \dfrac{1}{k \cdot p_0} = 134,6\,s = 2,24\,min$. Für eine weitere Halbierung auf 16,665 kPa werden $\dfrac{1}{1,12 \cdot 33330} \cdot 10^7 s = 268\,s = 4,46\,min$ benötigt.

Weitere Beispiele für Reaktionen 2. Ordnung sind die Wöhlersche Harnstoffsynthese aus Ammoniumcyanat oder die alkalische Verseifung von Estern. Die thermische Zersetzung von Stickstoffdioxid in Stickstoffmonoxid und Sauerstoff folgt ebenfalls dem Geschwindigkeitsgesetz für Reaktionen 2. Ordnung. Für das Bildungsgleichgewicht von Iodwasserstoff aus den Elementen wies Max Bodenstein in seinen klassischen Untersuchungen zur Kinetik umkehrbarer Reaktionen bereits 1899 die Reaktionsordnung 2 sowohl für die Hin- als auch die Rückreaktion nach.

2.3.3 Geschwindigkeitsgesetze für Reaktionen 0. und 3. Ordnung

Entsprechend der im Kapitel 2.2 getroffenen Definition liegt eine Reaktionsordnung von 3 vor, wenn drei Ausgangsstoffe reagieren, von denen sich jeder nach 1. Ordnung umsetzt. Sie liegt auch vor, wenn zwei Ausgangsstoffe reagieren, von denen sich der eine nach 1. Ordnung, der zweite nach 2. Ordnung umsetzt oder wenn nur ein Ausgangsstoff vorliegt, der dem nachfolgenden Geschwindigkeitsgesetz gehorcht.

$$-\frac{dc_A}{dt} = k \cdot c_A^{\ 3} \qquad\qquad (2.20)$$

Stöchiometriefaktoren werden wieder in k eingerechnet. Nur vom letzteren, einfachen Geschwindigkeitsgesetz soll die integrierte Form ermittelt werden. Separation der Variablen und Integration führen zu

$$\frac{1}{c_A^{\ 2}} = 2 \cdot k \cdot t + \frac{1}{c_{A0}^{\ 2}} \qquad\qquad (2.21)$$

und zur Halbwertszeit

$$t_{\frac{1}{2}} = \frac{3}{2 \cdot k \cdot c_{A0}^{\ 2}} \quad . \qquad\qquad (2.22)$$

Ein Beispiel für eine Reaktion 3. Ordnung ist die Oxidation von Stickstoffmonoxid, für die die Bruttoreaktionsgleichung $2NO + O_2 \rightarrow 2NO_2$ gilt.

Vergleicht man den zeitlichen Verlauf von Reaktionen 1., 2. und 3. Ordnung (Abb. 2.4), so erkennt man, dass die Geschwindigkeit mit steigender Reaktionsordnung (gleiche Ausgangskonzentration und gleicher Zahlenwert der Geschwindigkeitskonstanten vorausgesetzt) abnimmt.

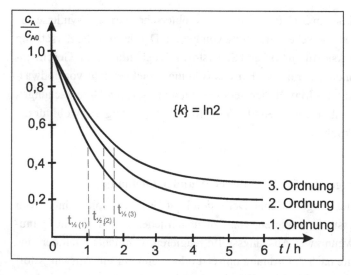

Abb. 2.4: Verlauf von Reaktionen 1., 2. und 3. Ordnung, $c_{A0} = 1\ \text{mol·L}^{-1}$.

Reaktionen 0. Ordnung besitzen eine konstante Reaktionsgeschwindigkeit. Das integrierte Zeitgesetz lautet:

$$c_A = -k \cdot t + c_{A0} \ . \hspace{4cm} (2.23)$$

Die zugehörige Halbwertszeit berechnet man mit:

$$t_{1/2} = \frac{c_{A0}}{2 \cdot k} \ . \hspace{4cm} (2.24)$$

Reaktionen 0. Ordnung sind beispielsweise Elektrolysevorgänge bei konstanter Stromstärke, fotochemische Reaktionen (die Reaktionsgeschwindigkeit wird durch die Lichtabsorption bestimmt), der Zerfall einer gesättigten Lösung mit Bodenkörper oder heterogen katalysierte Reaktionen, bei denen die Reaktionsgeschwindigkeit von der Katalysatoroberfläche bestimmt wird.

2.3.4 Weitere Reaktionsordnungen

Im Kapitel 2.2 wurde bereits darauf hingewiesen, dass neben den ganzzahligen Reaktionsordnungen auch gebrochene Ordnungen auftreten können und in einigen Fällen das Konzept der Reaktionsordnung überhaupt nicht angewendet werden kann. Die Untersuchung sehr vieler Reaktionen zeigt, dass RO = 1 und RO = 2 am häufigsten auftreten. Für RO = 3 liegt der Nachweis eigentlich nur bei wenigen Gasphasenreaktionen des Stickstoffmonoxids vor. Wie noch zu zeigen ist (Kapitel 2.6), verbirgt sich hinter RO = 2 oder RO = 3 keineswegs notwendigerweise ein bi- bzw. trimolekularer Elementarschritt im Reaktionsmechanismus. Gebrochene Reaktionsordnung und die wenigen nachgewiesenen ganzzahligen Reaktionsordnungen > 3 lassen sich nur aus mehrstufigen Reaktionsmechanismen ableiten. Diese Aussage kann auch für viele Reaktionen 2. Ordnung bzw. Reaktionen 3. Ordnung getroffen werden. Als Reaktion 4. Ordnung wurde bereits 1898 die Umsetzung von Bromid und Bromat in saurer Lösung von **Indson, Walker** und **van't Hoff** identifiziert. Sie verläuft nach der Gleichung

$$BrO_3^- + 5Br^- + 6H^+ \rightarrow 3H_2O + 3Br_2 \ .$$

Die Reaktion von Chlorat und Chlorid besitzt in saurer Lösung sogar die Reaktionsordnung 8 (**Luther** und **Mc Dongall**, 1908):

$$2ClO_3^- + 2Cl^- + 4H^+ \rightarrow 2H_2O + Cl_2 + 2ClO_2 \ .$$

2.3.5   Herabsetzung der Reaktionsordnung durch Komponentenüberschuss

Zahlreiche Reaktionen in Lösungen, bei denen das Lösungsmittel selbst Edukt ist (z. B. bei Hydrolysereaktionen), laufen ohne spürbare Veränderungen der Lösungsmittelkonzentration ab. Katalysatoren (z. B. homogene Katalyse durch Säuren bzw. Basen) greifen in Reaktionsmechanismen ein. In der Bruttoreaktion bleibt ihre Konzentration allerdings konstant. Im Geschwindigkeitsgesetz verhalten sich konstante und nahezu konstante Konzentrationen wie Faktoren, die mit der eigentlichen Reaktionsgeschwindigkeitskonstanten zusammengefasst werden können.

Die experimentelle Überprüfung der sauren Hydrolyse von Essigsäuremethylester ergibt eine Reaktionsordnung von 1. Aus der Reaktionsgleichung

$$CH_3COOCH_3 + H_2O + H^+ \rightarrow CH_3COOH + CH_3OH + H^+$$

ist eindeutig ersichtlich, dass mehrere Ausgangsstoffe miteinander reagieren. Potenzen ihrer Konzentrationen müssen letztlich auch im Geschwindigkeitsgesetz erscheinen

$$-\frac{dc_{Ester}}{dt} = k \cdot c_{Ester}{}^{\alpha} \cdot c_{H_2O}{}^{\beta} \cdot c_{H^+}{}^{\gamma} \; .$$

Da $c_{H_2O}{}^{\beta} \cdot c_{H^+}{}^{\gamma}$ als konstant angesehen werden kann, vereinfacht sich das Geschwindigkeitsgesetz zu:

$$v_R = k_{\text{exp.}} \cdot c_{Ester}{}^{\alpha}$$

und der experimentelle Befund RO = 1 wird verständlich mit $\alpha = 1$. Die Konzentrationskonstanz von Überschusskomponenten nutzt man auch gezielt zur Herabsetzung der Reaktionsordnung aus. Lautet das ursprüngliche Geschwindigkeitsgesetz einer Reaktion

$$v_R = k \cdot c_A \cdot c_B{}^2 \; ,$$

so erhält man bei Überschuss von A eine Reaktion 2. Ordnung mit der entsprechenden Konstanten k_{exp}. Die Verfolgung der gleichen Reaktion bei einem Überschuss von B führt zur Reaktionsordnung 1 mit der RGK $k`_{exp.}$.

Auf diese Weise lassen sich mit der sogenannten *Isoliermethode* der Reihe nach die Reaktionsordnungen der Ausgangsstoffe ermitteln. Selbst bei komplizierten Geschwindigkeitsgesetzen kann für einzelne Reaktanten mittels Isoliermethode die Reaktionsordnung bestimmt werden. Lautet das Geschwindigkeitsgesetz z. B.

$$v_R = \frac{k_1 \cdot c_A{}^2 \cdot c_B{}^{\frac{1}{2}}}{k_2 + k_3 \cdot c_B}$$

und wird die Reaktion bei einem Überschuss von B verfolgt, so erhält man experimentell die Reaktionsordnung 2 für die Komponente A. Allerdings ist die experimentell ermittelte Geschwindigkeitskonstante k_{exp} komplex zusammengesetzt und k_1, k_2 und k_3 sind nur durch weitere Untersuchungen separierbar.

In der Kinetikliteratur verwendet man mitunter den Begriff der **Pseudoordnung**. Damit will man lediglich zum Ausdruck bringen, dass die experimentell bestimmte Reaktionsordnung durch Komponentenüberschuss erniedrigt wurde.

2.3.6 Zusammenfassung zu den Geschwindigkeitsgesetzen

In der folgenden Übersicht (Abbildung 2.5) sind für die einfachsten Fälle Reaktionsordnung, zugehöriges Geschwindigkeitsgesetz, die geeignete grafische Darstellung, die Dimension der aus dem Geradenanstieg bestimmbaren Reaktionsgeschwindigkeitskonstanten und die Gleichung für die Berechnung der Halbwertszeit zusammengefasst. Die Begriffe Geschwindigkeitsansatz und Geschwindigkeitsgesetz werden im Kapitel 2 als Synonyme benutzt. Dabei verwendet man Geschwindigkeitsansatz vorrangig für die Differentialgleichung und Geschwindigkeitsgesetz meist für die integrierte Form.

Reaktions-ordnung	Geschwindig-keitsgesetz	Integriertes Ge-schwindigkeitsgesetz	Grafische Darstellung	$[k]$	$t_{1/2}$
0	$-\dfrac{dc_A}{dt} = k$	$c_A = -k \cdot t + c_{A0}$	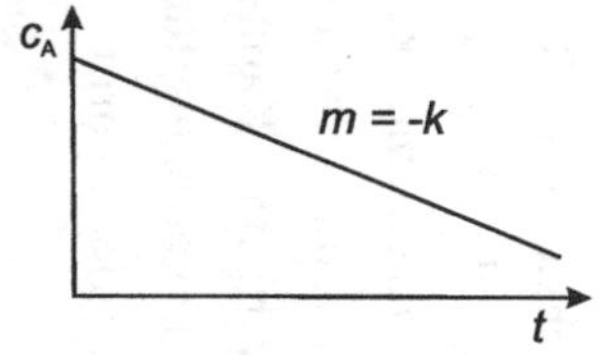 $m = -k$	$\text{mol} \cdot \text{L}^{-1} \cdot \text{s}^{-1}$	$t_{1/2} = \dfrac{c_{A0}}{2 \cdot k}$
1	$-\dfrac{dc_A}{dt} = k \cdot c_A$	$\ln c_A = -k \cdot t + \ln c_{A0}$	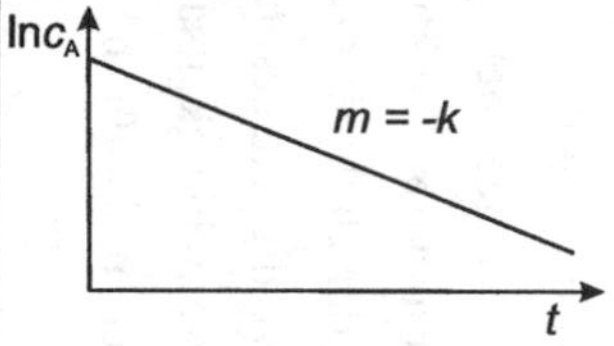 $m = -k$	s^{-1}	$t_{1/2} = \dfrac{\ln 2}{k}$
2	$-\dfrac{dc_A}{dt} = k \cdot c_A^{2}$	$\dfrac{1}{c_A} = k \cdot t + \dfrac{1}{c_{A0}}$	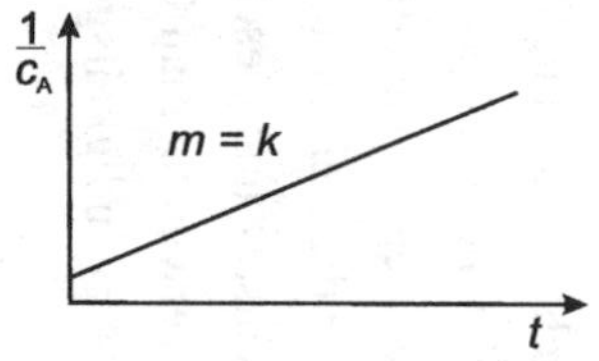 $m = k$	$\text{L} \cdot \text{mol}^{-1} \cdot \text{s}^{-1}$	$t_{1/2} = \dfrac{1}{k \cdot c_{A0}}$
3	$-\dfrac{dc_A}{dt} = k \cdot c_A^{3}$	$\dfrac{1}{c_A^{2}} = 2k \cdot t + \dfrac{1}{c_{A0}^{2}}$	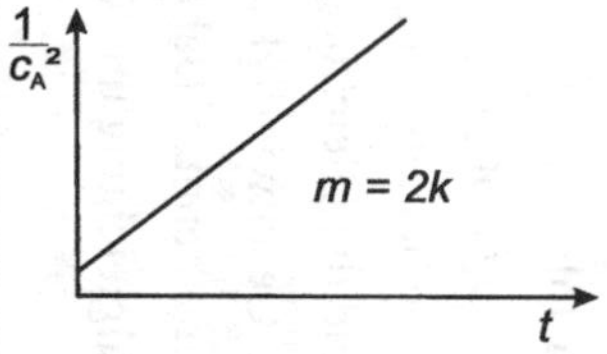 $m = 2k$	$\text{L}^{2} \cdot \text{mol}^{-1} \cdot \text{s}^{-1}$	$t_{1/2} = \dfrac{3}{2 \cdot k \cdot c_{A0}^{2}}$

Abb. 2.5: Zusammenfassung zu den Gesetzen für einfache Reaktionsordnungen.

2.3.7 Weitere Methoden zur Bestimmung der Reaktionsordnung

Die Bestimmung der Reaktionsordnung von Bruttoreaktionen aus experimentell gewonnenen kinetischen Daten ist ein zentrales Problem der Reaktionskinetik. Ihre Kenntnis ist Voraussetzung für die Anwendung des richtigen Geschwindigkeitsgesetzes. Die Isoliermethode (Kapitel 2.3.5) ist dabei bei der Bestimmung der Reaktionsordnung einzelner Reaktanten hilfreich. Im Allgemeinen versucht man jedoch, die Reaktionsordnung der Bruttoreaktion insgesamt zu erfassen. Dabei arbeitet man bei konstanten Temperaturen und stöchiometrischen Anfangskonzentrationen aller Reaktanten. Als Hauptmethode kann man die in den Kapiteln 2.3.1 bis 2.3.3 diskutierte Anwendung der integrierten Geschwindigkeitsgesetze ansehen. Durch Überprüfung, welches Geschwindigkeitsgesetz Gültigkeit besitzt (für welche grafische Darstellung wirklich eine Gerade erhalten wird), wird die Reaktionsordnung bestimmt. Die Methode beschränkt sich aber auf ganzzahlige Werte der Reaktionsordnung. Wie ebenfalls in den Kapiteln 2.3.1 bis 2.3.3 gezeigt wurde, hängt auch die Halbwertszeit von der Reaktionsordnung ab. Das führt zur *Methode der Halbwertszeiten*. In ihr untersucht man nicht die Reaktion eines einzigen Gemisches über einen langen Zeitraum, sondern verfolgt wie mehrere stöchiometrische Gemische unterschiedlicher Ausgangskonzentration bis zu einem fünfzig prozentigen Stoffumsatz reagieren. Für Reaktionen 1. Ordnung ist die Halbwertszeit unabhängig von der Ausgangskonzentration. Allgemein gilt für alle Reaktionen, dass die Halbwertszeit proportional zur $(1 - n)$-ten Potenz der Anfangskonzentration und umgekehrt proportional zur Geschwindigkeitskonstanten ist.

Für eine allgemeine Reaktion mit den Edukten A und B, die im Verhältnis ihrer stöchiometrischen Koeffizienten eingesetzt werden, gilt der Geschwindigkeitsansatz

$$-\frac{1}{v_A} \cdot \frac{dc_A}{dt} = k \cdot c_A^{\;p} \cdot c_B^{\;q} = k \cdot c_A^{\;p} \cdot c_A^{\;q} \cdot \left(\frac{v_B}{v_A}\right)^q . \tag{2.25}$$

Sie besitzt folglich die Ordnung $n = p + q$ und der Geschwindigkeitsansatz (2.25) lässt sich zu

$$-\frac{dc_A}{dt} = k_{exp.} \cdot c_A^{\;n} \tag{2.26}$$

vereinfachen. Die Konstante k_{exp} entsteht durch Einbeziehung der stöchiometrischen Koeffizienten v_A und v_B in die Reaktionsgeschwindigkeitskonstante k. Die Integration des Geschwindigkeitsgesetzes (für $n \neq 1$) liefert:

$$\frac{1}{(n-1) \cdot c_A^{\;n-1}} - \frac{1}{(n-1) \cdot c_{A0}^{\;n-1}} = k \cdot t . \tag{2.27}$$

Die Halbwertszeit für diesen allgemeinen Fall erhält man durch Einsetzen von $c_A = \dfrac{c_{A0}}{2}$

$$t_{1/2} = \frac{2^{n-1} - 1}{k \cdot (n-1) \cdot c_{A0}^{\,n-1}} \ . \tag{2.28}$$

Logarithmieren von (2.28) liefert

$$\ln t_{1/2} = \ln \frac{2^{n-1} - 1}{k \cdot (n-1)} + (1-n) \cdot \ln c_{A0} \ . \tag{2.29}$$

Der Graph von $\ln t_{1/2}$ gegen $\ln c_{A0}$ ist damit eine Gerade, die den Anstieg $1 - n$ besitzt und

die Ordinate in $\ln \dfrac{2^{n-1} - 1}{k \cdot (n-1)}$ schneidet. Durch Bestimmung aus der Halbwertszeit sind

auch alle gebrochenzahligen Reaktionsordnungen zugänglich. Bestimmt man die Reaktionsordnung durch Vergleich der experimentellen Ergebnisse mit den integrierten Geschwindigkeitsgesetzen, muss man mindestens 70 % des Stoffumsatzes verfolgen können. Aus Abbildung 2.3 ist leicht ersichtlich, dass ein zu geringer Stoffumsatz (z. B. von 66,660 kPa auf 39,996 kPa, was einem Umsatz von 40 % entspricht) ebenso gut eine andere Reaktionsordnung, z. B. RO = 1, vortäuschen kann. Die Methode der Halbwertszeiten erfordert die experimentelle Verfolgung eines 50 %-igen Stoffumsatzes.

Eine weitere Methode verfolgt nur den Beginn der Reaktion (etwa bis zu 10 % Stoffumsatz). Sie wird als **Methode** der Bestimmung der Reaktionsordnung aus **der Anfangsgeschwindigkeit** bezeichnet. Logarithmiert man den allgemeinen Geschwindigkeitsansatz (2.26), so erhält man wieder eine lineare Beziehung

$$\ln v_R = \ln k + n \cdot \ln c_A \ . \tag{2.30}$$

Für das Anfangsstadium einer Reaktion kann $c_A = c_{A0}$ gesetzt werden. Damit ist bei Variation von c_{A0} die Reaktionsordnung n direkt aus dem Anstieg der Geraden

$$\ln v_R = \ln k + n \cdot \ln c_{A0}$$

ablesbar. Die Methode der Anfangsgeschwindigkeiten ist vor allem bei den Reaktionen vorteilhaft, in deren Verlauf die Rückreaktion zunehmend an Bedeutung gewinnt oder die autokatalysiert ablaufen.

2.4 Experimentelle Bestimmung kinetischer Daten

Ziel kinetischer Messungen ist stets die Bestimmung von Konzentration/Zeit-Wertepaaren für einzelne an einer chemischen Reaktion beteiligte Stoffe. Welche Stoffe verfolgt werden, hängt von der leichten analytischen Bestimmbarkeit ab. Verändert sich im Verlauf einer Reaktion z. B. die Stoffmenge einer Säure oder Base, so kann diese Änderung durch Titration kleiner Probemengen verfolgt werden. Die Probemengen werden dem Reaktionsgemisch zu bestimmten Zeiten entnommen. Man unterbricht auf geeignete Weise (momentanes Abkühlen, Verdünnen etc.) den weiteren Reaktionsverlauf in den entnommenen Proben und führt dann die Analyse aus. Da sowohl für die Probenentnahme als auch für das „Abschrecken" (Unterbrechen der Reaktion) endliche Zeiten benötigt werden, in denen sich die Konzentrationen der beteiligten Stoffe weiter verändern, eignet sich die *„Abschreckmethode"* nur für Reaktionen, die nicht zu schnell ablaufen. Ihre Halbwertszeit sollte in der Größenordnung von einer Stunde und mehr liegen.

Eleganter ist es, den Reaktionsverlauf *in Echtzeit* zu verfolgen, ohne dem System dabei Proben zu entnehmen. Eine Möglichkeit, dies bei Gasphasenreaktionen zu tun, bei denen sich die Ausgangsstoffe und Reaktionsprodukte in ihrer Stöchiometriezahl unterscheiden und deshalb Druckänderungen gemessen werden können, haben wir im Kapitel 2.3.2 bereits diskutiert. Andere physikalische Eigenschaften des Reaktionsgemisches, die eventuell Auskunft über den Fortgang der Reaktionen geben können, sind Absorption elektromagnetischer Strahlung durch beteiligte Stoffe, optische Aktivität einzelner Reaktionsteilnehmer, elektrische Leitfähigkeit oder Dichte des Reaktionsgemisches.

Wichtig bei allen kinetischen Messungen ist die Gewährleistung der Temperaturkonstanz, da sowohl die Reaktionsgeschwindigkeit, oft aber auch die physikalische Messgröße temperaturabhängig sind.

Als einer der ersten verfolgte **L. Wilhelmy** 1850 eine chemische Reaktion durch Messen einer physikalischen Größe. Er studierte die saure Hydrolyse von Rohrzucker. In dieser Reaktion bilden sich aus Saccharose ($C_{12}H_{22}O_{11}$) zu gleichen Teilen D(+)-Glucose und D(-)- Fructose (s. Versuch 2.10.2, S. 215):

$$C_{12}H_{22}O_{11} + H_2O \rightarrow C_6H_{12}O_6 \text{ (Glucose)} + C_6H_{12}O_6 \text{ (Fructose) .}$$

Sowohl Saccharose ($[\alpha]_D^{20} = +66{,}5°$) als auch die Reaktionsprodukte Glucose ($[\alpha]_D^{20} = +52{,}7°$) und Fructose ($[\alpha]_D^{20} = -92{,}4°$) drehen die Schwingungsebene linear polarisierten Lichts. Während der Reaktion muss der positive Startwert durch Bildung von Fructose kontinuierlich abnehmen. Bei etwa 86 % Saccharoseabbau durchläuft der Drehwinkel die 0°-Marke, um schließlich für das gesamte Reaktionsgemisch negativ zu werden. Der End-

wert ist temperaturabhängig, da sowohl bei Glucose als auch bei Fructose ein tempera-
turabhängiges Gleichgewicht zwischen α- und β-Form existiert und beide Anomere in
unterschiedlichem Maße zur Gesamtdrehung beitragen. Die Messtemperatur ist deshalb
als Hochzahl bei der Angabe des Drehwinkels mit angegeben. Der Index gibt Auskunft
über die Wellenlänge des monochromatischen polarisierten Lichts. Kurzwelliges Licht
erfährt eine stärkere Drehung als langwelliges. Die dem Na-Liniendublett entsprechenden
Wellenlängen von 589,0 bzw. 589,6 nm wird meist durch den Index D angegeben.

Die Verfolgung chemischer Reaktionen durch Messung physikalischer Größen hat nach
1930 den Einsatz der Abschreckmethode zurückgedrängt. Sehr häufig werden *fotometri-*
sche Methoden verwendet. Absorbiert ein Reaktant oder ein Produkt Licht im UV/VIS-
Bereich, so kann seine Konzentration nach dem ***Lambert-Beerschen Gesetz*** bestimmt
werden.

$$\lg \frac{I_0}{I_D} = E = \varepsilon \cdot c \cdot l \quad . \tag{2.31}$$

I_0 und I_D sind die Intensitäten des in die Messlösung eintretenden (0) bzw. aus ihr austre-
tenden (D) Lichts. l gibt die Küvettenlänge an und damit die Wegstrecke, auf der Strahlung absorbiert wird. ε ist schließlich eine wellenlängen- und lösungsmittelabhängige
Stoffkonstante der absorbierenden Komponente (***molarer dekadischer Extinktionskoef-***
fizient). Absorbieren mehrere an einer Reaktion beteiligte Stoffe im UV/VIS-Bereich, so
lassen sich die Einzelkomponenten immer noch genügend genau verfolgen, wenn sich die
Extinktionskoeffizienten bei der Messwellenlänge hinreichend deutlich voneinander unterscheiden. Ein Phänomen, von dem sich profitieren lässt, wenn sowohl ein Reaktant als
auch ein Produkt im untersuchten Spektralbereich Absorptionsbanden aufweisen, ist das
Auftreten eines sogenannten *isosbestischen Punktes*, bei dem die Extinktionskoeffizienten von Edukten und Produkten gleich sind. Die Extinktion des Reaktionsgemisches sollte
bei der Wellenlänge des isosbestischen Punktes während des gesamten Reaktionsverlaufs
konstant sein (Abbildung 2.6). Änderungen der Extinktion bei dieser Wellenlänge weisen
auf die Bildung von Nebenprodukten bzw. auf Folgereaktionen hin.

Betrachten wir die Reaktion A → B, bei der A und B im Spektralbereich absorbieren:
Die Extinktion E_t, die zum Zeitpunkt t gemessen wird, setzt sich zusammen aus:

$$E_t = a \cdot c_A + b \cdot c_B + \gamma \quad . \tag{2.32}$$

γ stellt die Extinktion der Blindprobe ohne die Komponenten A und B dar (Lösungsmittel, Puffer etc.).

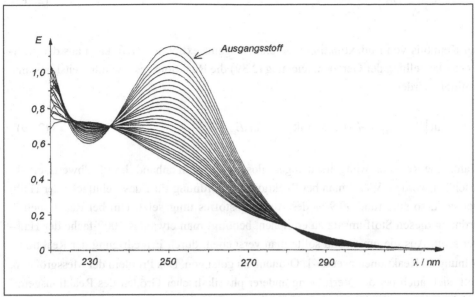

Abb. 2.6: Spektralfotometrische Verfolgung der basischen Hydrolyse (pH = 13) von N,N´-Diphe-
nylharnstoff.

Zum Zeitpunkt $t = 0$ der verfolgten Reaktion ($c_A = c_{A0}$, $c_B = 0$) erhält man

$$E_0 = a \cdot c_{A0} + \gamma \quad . \tag{2.33}$$

Nach vollständiger Umsetzung ($c_A = 0$, $c_B = c_{A0}$) gilt

$$E_\infty = b \cdot c_{A0} + \gamma \quad . \tag{2.34}$$

Zu einem beliebigen Zeitpunkt t gilt: $c_A = c_{A0} - x$, $c_B = x$, also

$$E_t = a \cdot (c_{A0} - x) + b \cdot x + \gamma \quad . \tag{2.35}$$

Aus den Gleichungen (2.33) bis (2.35) lässt sich ableiten

$$E_\infty - E_0 = (b - a) \cdot c_{A0} \tag{2.36}$$

$$E_\infty - E_t = (b - a) \cdot (c_{A0} - x) = (b - a) \cdot c_A \quad . \tag{2.37}$$

Verfolgt man z. B. eine Reaktion 1. Ordnung, so ergibt sich:

$$\ln \frac{c_A}{c_{A0}} = \ln \frac{E_\infty - E_t}{E_\infty - E_0} = -k \cdot t \quad . \tag{2.38}$$

Bei Kenntnis von Endextinktion (E_∞) und Ausgangsextinktion (E_0), kann aus der grafischen Darstellung der Geradengleichung (2.39) die Reaktionsgeschwindigkeitskonstante ermittelt werden.

$$\ln |E_\infty - E_t| = -k \cdot t + n \quad \text{mit} \quad n = \ln |E_\infty - E_0| \tag{2.39}$$

Wann eine Reaktion weitgehend abgeschlossen ist, kann anhand ihrer Halbwertszeit abgeschätzt werden. Wählt man bei Reaktionen 1. Ordnung für t das Zehnfache der Halbwertszeit, so sind rund 99,9 % des Ausgangsstoffes umgesetzt. Um bei Reaktionen 2. Ordnung diesen Stoffumsatz zu erreichen, benötigt man etwa das 1000-fache der Halbwertszeit. Aus diesem Grund sollte man versuchen, durch Erniedrigung der Reaktionsordnung zu Reaktionen pseudo-1. Ordnung zu gelangen. Das Problem der Messgröße X_∞ stellt sich auch bei der Verfolgung anderer physikalischer Größen des Reaktionsgemisches, zu denen sowohl Ausgangsstoffe als auch Reaktionsprodukte einen Beitrag liefern. Es gibt jedoch bestimmte Durchführungsvarianten (z. B. Guggenheim-Verfahren bei Reaktionen 1. Ordnung) oder nichtlineare Ausgleichsrechnungen (als Teil von Tabellenkalkulationsprogrammen), die die Auswertung kinetischer Messreihen und die Ermittlung von k ohne die Kenntnis von X_0 und X_∞ gestatten.

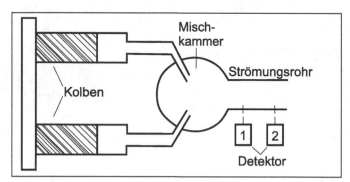

Abb. 2.7: Messanordnung der Strömungsmethode.

Bei schnelleren Reaktionen verwendet man die sogenannte **Strömungsmethode** für die Messung physikalischer Größen. Dabei werden die Ausgangskomponenten A und B in einer Mischkammer schnell und intensiv vermischt und unmittelbar in ein Strömungsrohr geleitet.

Die Reaktion schreitet entlang des im Strömungsrohr zurückgelegten Weges fort und kann an verschiedenen Stellen des Rohrs gemessen werden. Zusammen mit der Strömungsgeschwindigkeit gibt der zurückgelegte Weg Auskunft über die Reaktionszeit. Das ständige Durchströmen der Apparatur erfordert allerdings erhebliche Reaktantmengen. Dieser Nachteil wird durch sogenannte stopped-flow-Anordnungen vermieden. In ihnen wird das Reaktionsgemisch aus der Mischkammer ebenfalls in eine geeignete Messküvette (Strömungsrohr) überführt, dort aber stationär festgehalten. Die Messung erfolgt zeitlich versetzt in Echtzeitanalysen. Die stopped-flow-Methode kommt mit kleineren Volumina der Reaktionsgemische aus. Sie wird z. B. bei vielen biochemischen Reaktionen, wie Untersuchungen zur Enzymkinetik, eingesetzt. Zeitlich hoch aufgelöst, lassen sich fotochemische Reaktionen untersuchen. Durch sehr kurze Blitze (Lichtblitze oder Laserblitze) wird die Reaktion eingeleitet und spektrometrisch verfolgt. So werden z. B. ultrakurze Pulse mit Pulszeiten von rd. 4 fs = $4 \cdot 10^{-15}$ s (phasenentkoppelte Laser) eingesetzt. Die Registrierung der Absorptions- bzw. Emissionsspektren des Reaktionsgemisches erfolgt elektronisch zu verschiedenen Zeiten im Anschluss an den Anregungsimpuls (Blitz).

2.5 *k* = f(*T*), die Arrheniussche Gleichung

Wir haben bereits darauf hingewiesen, dass durch Kühlen bzw. Einfrieren Lebensmittel länger haltbar gemacht werden können (Verzögerung chemischer Reaktionen) bzw. dass durch Temperaturerhöhung chemische Reaktionen zu beschleunigen sind. Im allgemeinen Geschwindigkeitsgesetz einer chemischen Reaktion ist die Reaktionsgeschwindigkeitskonstante die einzige temperaturabhängige Größe, wenn man von komplexen Reaktionsmechanismen absieht, in denen temperaturabhängige Gleichgewichte auf Stoffkonzentrationen Einfluss nehmen. Schon frühzeitig formulierte **van't Hoff** die sogenannte *RGT-Regel* (Reaktionsgeschwindigkeit-Temperatur-Regel), nach der sich die Reaktionsgeschwindigkeitskonstante einer Reaktion um den Faktor 2 bis 3 vergrößert, wenn man die Temperatur um 10 K erhöht. Die Regel geht von Voraussetzungen aus, auf die am Ende des Kapitels nochmals Bezug genommen wird. Um viele Abweichungen dieser Regel mit zu erfassen, wurde sie später so formuliert, dass bei einer Temperatursteigerung von 10 K die Geschwindigkeitskonstante *k* um den Faktor 1 bis 10 vergrößert wird, für sehr viele Reaktionen der Faktor aber zwischen 2 und 3 liegt.

Im Folgenden beschränken wir uns auf Reaktionen, deren Geschwindigkeit bei Temperatursteigerung wächst (für mehr als 80 % aller Reaktionen gilt $\frac{dk}{dT} > 0$). Bei sehr schnellen Reaktionen ist die Temperaturabhängigkeit sehr gering (für etwa 15 % der Reaktionen gilt $\frac{dk}{dT} \approx 0$) und wenige komplexe Reaktionen besitzen bei höheren Temperaturen eine geringere Reaktionsgeschwindigkeit ($\frac{dk}{dT} < 0$), z. B. die Oxidation von Stickstoffmonoxid.

Der Verlauf der Funktion $k = f(T)$ wurde 1889 von dem Schweden **Svante Arrhenius** an Beispielreaktionen experimentell ermittelt. Trägt man $\ln k$ gegen $\frac{1}{T}$ grafisch ab, so erhält man eine fallende Gerade. Also existiert der mathematische Zusammenhang:

$$\ln k = a \cdot \frac{1}{T} + b \ . \tag{2.40}$$

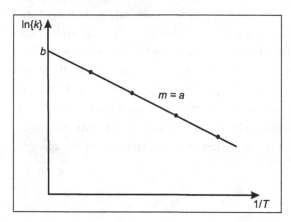

Abb. 2.8: Empirisch gefundener Zusammenhang zwischen $\ln k$ und $1/T$.

Arrhenius war die van`t Hoffsche Reaktionsisobare bekannt (s. Kap. 1.12.2, S. 106). Die beschreibt bekanntlich die Temperaturabhängigkeit der Gleichgewichtskonstanten. Aus der Ähnlichkeit beider Beziehungen schloss Arrhenius, dass der Anstieg a in Gleichung (2.40) auch eine Energiedifferenz enthalten sollte. Doch deuten wir a und b zunächst für einfache Gasphasenreaktionen:

Voraussetzung für die Reaktion zwischen A und B ist der Zusammenstoß der Teilchen. Für Gase lässt sich die Stoßhäufigkeit aus der Teilchendichte (Teilchenzahl pro Volumen), den Teilchenradien und der kinetischen Energie der Teilchen berechnen. Würden alle Zusammenstöße zur Reaktion führen, so müssten alle Gasphasenreaktionen bei Zimmertemperatur blitzschnell ablaufen.

Für Stickstoffmoleküle beträgt die Stoßhäufigkeit unter Normalbedingungen (1 bar, 25 °C) rund $5 \cdot 10^9 \ \text{s}^{-1}$ für jedes N_2-Molekül. Liegen zwei Komponenten A und B in der Gasphase nebeneinander zu gleichen Anteilen vor, so treffen A und B immer noch in der Hälfte aller Fälle aufeinander, also immer noch $> 10^9$ Stöße in einer Sekunde. Definiert man eine theoretische Reaktionsgeschwindigkeitskonstante $k_{theor.}$ für den Fall, dass alle Zusammenstöße zur Reaktion führen, so zeigt die Erfahrung

$$k_{theor.} >> k_{exp.} \ .$$

Folglich gibt es ***wirksame und unwirksame Zusammenstöße***. Eduktteilchen mit durchschnittlicher Energie sind beim Zusammenstoß offensichtlich nicht zur Reaktion befähigt.

Um einem wirksamen Zusammenstoß herbeizuführen, müssen die Eduktteilchen ernergiereicher sein. Man spricht von **aktivierten Teilchen**.

*Die Differenz zwischen der Energie der aktivierten, also zur Reaktion befähigten Teilchen und dem Durchschnittswert der Energie der Eduktteilchen ist die Arrheniussche **Aktivierungsenergie E_A**.*

Diskutieren wir den Sachverhalt am Beispiel **der einfachen bimolekularen Reaktion**
$$A + BC \rightarrow AB + C.$$
Bei der Reaktion wird die Bindung zwischen B und C gelöst und gleichzeitig eine neue Bindung zwischen A und B gebildet. Dazu in der Lage sind die aktivierten Edukte A^* bzw. BC^*. Teilchen mit geringerer Energie müssen erst einen entsprechenden Mehrbetrag an Energie aufnehmen. Dies ist z. B. im Rahmen der ständigen Umverteilung der Energie, meist durch Zusammenstoß mit anderen Teilchen, möglich. Den Prozess, in dem durch Energieübertragung reaktionsfähige Teilchen gebildet werden, bezeichnet man als *Aktivierung* (Schritt 1 in Abbildung 2.9).

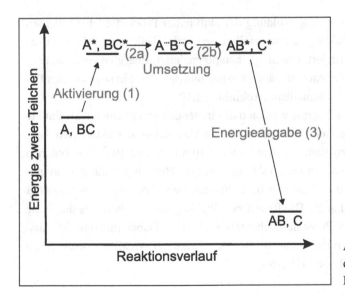

Abb. 2.9: Energiediagramm der drei möglichen Phasen der Reaktion von A mit BC.

Der Aktivierung schließt sich die eigentliche chemische Reaktion (chemischer Elementarakt) an. In ihr wird aus den aktivierten Teilchen der Übergangszustand $A \cdots B \cdots C$ gebildet (2a), der seinerseits in die aktivierten Produkte AB^* und C^* zerfallen kann (2b). Die aktivierten Produkte AB^* und C^* geben schließlich in einem dritten Schritt in Stößen oder anderen Umverteilungsprozessen einen Teil ihrer Energie ab (3). AB bzw. C stehen dann wieder für Produkte mit durchschnittlicher Energie. *Der aus mikroskopischer Sicht geschilderte Reaktionsverlauf* ist in Abbildung 2.9 dargestellt.

Das Energiediagramm beschreibt eine exotherme Reaktion, da die mittlere Energie der Produkte unter der der Ausgangsstoffe liegt.

Diskutieren wir nun den energetischen Verlauf des chemischen Elementaraktes (2a, 2b). Da sich die Gesamtenergie der beteiligten Teilchen während des Vorgangs nicht ändert (s. Abbildung 2.9), können energetische Veränderungen offenbar nur in der Umwandlung verschiedener Energieformen im Rahmen der konstanten Gesamtenergie erfolgen. Die Gesamtenergie eines Teilchens teilt sich auf die Anteile an potenzieller und kinetischer Energie auf:

$$\varepsilon_{ges.} = \varepsilon_{pot} + \varepsilon_{kin} \ .$$

Während der ersten Phase des Elementaraktes der Reaktion, also vom Beginn der Wechselwirkung bis zur Ausbildung des Übergangszustandes, werden bestehende Bindungen gelockert und neue lockere Bindungen gebildet. Der Übergang von einem stabilen Bindungszustand in labile Bindungszustände geht stets mit der Erhöhung der potenziellen Energie einher. Das kann nach obigen Überlegungen nur auf Kosten der kinetischen Energie der Teilchen geschehen.

In der zweiten Phase der Umsetzung (Bildung der aktivierten Produktteilchen) werden erneut stabile Bindungen gebildet, die potenzielle Energie der Teilchen wird zugunsten ihrer kinetischen Energie verringert. Die möglichen potenziellen Energien eines dreiatomigen Systems als Funktion der Atomabstände werden üblicherweise in sogenannten Potenzialflächendiagrammen veranschaulicht (Abbildung 2.10).

Abstände gleicher potenzieller Energie werden darin in der dritten Dimension als Punkte der gleichen Höhenlinie dargestellt. Verfolgen wir die Umsetzung der aktivierten Teilchen und beginnen am rechten Rand der Abbildung 2.10 mit A* und BC*. Die Teilchen erhöhen im Prozess des Bindungsumbaus (Veränderung der Bindungsabstände) ihre potenzielle Energie. Dabei wird das System bestrebt sein, den Zuwachs an potenzieller Energie möglichst gering zu halten. Die Reaktion sollte folglich innerhalb des durch die gestrichelte Linie markierten Potenzialflächentals verlaufen. Dabei müssen die Ausgangsstoffe A* und BC* einen Höhenzug überwinden, bevor der Abfall der potenziellen Energie zu den Produkten AB* und C* erfolgt.

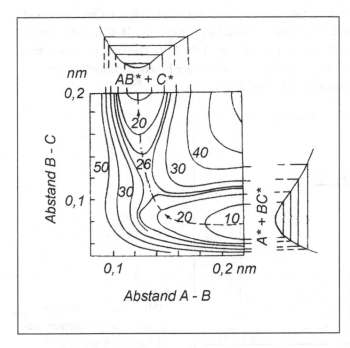

Abb. 2.10: Potenzielle Energie-Fläche-Diagramm des dreiatomigen Systems A,B,C.

Abbildung 2.11 veranschaulicht die Änderung der potenziellen Energie während des chemischen Elementarakts in einem Verlaufsdiagramm. Es wird deutlich, dass bei der Bildung des aktivierten Komplexes A···B···C ein Energiemaximum überwunden werden muss.

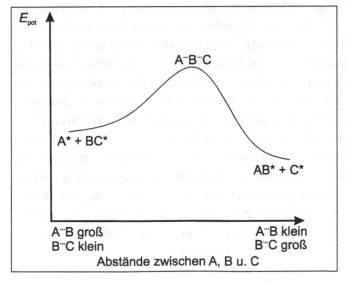

Abb. 2.11: Änderung der potenziellen Energie im Verlauf des chemischen Elementaraktes.

Auf makroskopische, z. B. molare Stoffmengen bezogen, lässt sich der Energiezustand der Ausgangsstoffe A, BC mit dem Energiezustand der Produkte AB, C und dem energiereichen Übergangszustand A$\cdots$B$\cdots$C vergleichen (Abb. 2.12). Die Differenz zwischen den Durchschnittswerten der Energien der Produkte und der Edukte entspricht bei isobarer Reaktionsführung der molaren Reaktionsenthalpie.

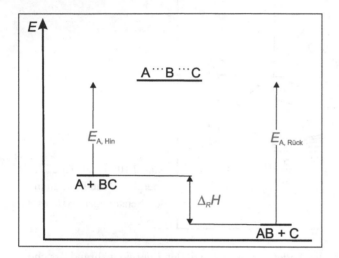

Abb. 2.12: Energiediagramm der exothermen Reaktion von A und BC.

Die drei Energieniveaus werden nebeneinander im Energiediagramm der Reaktion dargestellt. Aus der Abbildung 2.12 geht hervor, dass sich die Reaktionsenthalpie als Differenz der Aktivierungsenergien der Hin- und Rückreaktion ergibt.

Diskutieren wir nun den Einfluss der Temperatur auf die Reaktionsgeschwindigkeit. Zu jeder Temperatur T gehört eine bestimmte Verteilung der kinetischen Energie auf die Teilchen des Systems. Die Teilchen führen dabei drei verschiedene Bewegungsarten aus. Das sind Translationsbewegungen längs der Raumkoordinaten, Molekülschwingungen und Molekülrotationen um die Trägheitsachsen der Moleküle. Die Translationsenergie verteilt sich entsprechend einer schiefen Glockenkurve auf die einzelnen Gasteilchen, während die Schwingungsenergie und die Rotationsenergie gequantelt sind. Um die Energiebilanz während des Elementaraktes konstant zu halten, müssen die Teilchen mit mindestens so viel kinetischer Energie zusammenstoßen, dass der für den Übergangszustand A$\cdots$B$\cdots$C erforderliche Wert der potenziellen Energie durch Energieumwandlung erreicht werden kann. Diese kinetische Energie ist dann ein Schwellenwert, unterhalb dessen keine Reaktion möglich ist. Ausnahmen bilden lediglich die seltenen Fälle, in denen der Übergangszustand durchtunnelt wird, was quantenchemisch möglich ist und für wenige Reaktionen experimentell nachgewiesen werden konnte.

Nehmen wir an, dass der Zuwachs an potenzieller Energie aus der Translationsenergie der Teilchen erfolgt, so beinhaltet die Aktivierungsenergie einen Schwellenwert der kinetischen Energie.

Die aktivierten Teilchen müssen bezüglich ihrer Translationsenergie einen Schwellenwert überschreiten, um den erfolgreichen Elementarakt einer chemischen Reaktion zu ermöglichen.

In Abbildung 2.13 ist die Verteilung der Translationsenergie der Eduktteilchen für zwei Temperaturen dargestellt. $\overline{E}_1$ und $\overline{E}_2$ veranschaulichen die Mittelwerte der Translationsenergien bei den Temperaturen T_1 und T_2. E^* gibt den Schwellenwert für einen erfolgreichen Elementarakt an. Durch die schraffierte Fläche werden die zur Reaktion befähigten Eduktteilchen grafisch veranschaulicht.

Man erkennt, dass bei einer Temperaturerhöhung die Verteilung der Translationsenergie geändert wird. Die schiefe Glockenkurve wird flacher (Abbildung 2.13). Gleichzeitig vergrößert sich die schraffierte Fläche. Bei höherer Temperatur besitzen mehr Eduktteilchen die erforderliche Translationsenergie für einen erfolgreichen Zusammenstoß. Die Reaktion läuft schneller ab.

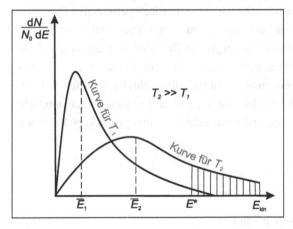

Abb. 2.13: Schematische Darstellung der Verteilung der Translationsenergie der Teilchen bei zwei unterschiedlichen Temperaturen.

Ein allgemeiner Zugang zu dem Anteil der aktivierten, also energiereicheren Eduktteilchen, die bei einer gegebenen Temperatur eine Energie im Abstand E_A oberhalb der Durchschnittsenergie besitzen, ist über die **Boltzmann-Verteilung** möglich:

$$N = N_0 \cdot e^{-\frac{E_A}{R \cdot T}} \,. \tag{2.41}$$

N_0 steht dabei für die Gesamtzahl aller Teilchen, N für die Anzahl der Teilchen, deren Energie um mindestens E_A über dem Durchschnitt liegt und Voraussetzung für erfolgreiche Zusammenstöße ist. T ist die Temperatur des Reaktionsgemisches und E_A bezieht sich auf 1 mol wirksame Zusammenstöße. N_0 ist proportional zu der Zahl aller Zusammenstöße, während N proportional zur Zahl der wirksamen Zusammenstöße ist. Ferner lässt sich die Proportionalität zu den diskutierten Reaktionsgeschwindigkeitskonstanten $k_{theor.}$ und $k_{exp.}$ herstellen:

$$k_{theor.} \propto N_0 \quad \text{und} \quad k_{exp.} \propto N$$

$$\frac{k_{exp.}}{k_{theor.}} = \frac{N}{N_0} = e^{-\frac{E_A}{R \cdot T}} \quad \text{oder} \quad k_{exp.} = k_{theor.} \cdot e^{-\frac{E_A}{R \cdot T}} \quad .$$

Betrachtet man nicht ausschließlich punktförmige Stoßpartner, sondern berücksichtigt, dass in der Regel nur sterisch günstige Zusammenstöße zur chemischen Umsetzung führen, so ist $k_{theor.}$ mit einem sterischen Faktor P zu multiplizieren. Man erhält:

$$k_{exp.} = P \cdot k_{theor.} \cdot e^{-\frac{E_A}{R \cdot T}} \quad \text{bzw.} \quad k_{exp.} = k_0 \cdot e^{-\frac{E_A}{R \cdot T}} \quad . \tag{2.42}$$

Der Vergleich von (2.40) und (2.42) ermöglicht nun den empirisch gefundenen Größen a und b in Gleichung (2.40) eine konkrete Bedeutung zuzuweisen. Die Größe a ist der negative Quotient aus der molaren Aktivierungsenergie der Reaktion und der allgemeinen Gaskonstanten. Die Größe b beschreibt die maximale Geschwindigkeitskonstante für den Fall, dass alle sterisch günstigen Zusammenstöße zur Reaktion führen (vgl. auch S. 177). Gleichung (2.42) heißt *Arrhenius'sche Gleichung*. E_A und k_0 (Frequenzfaktor) sind die *Arrhenius-Parameter* einer Reaktion. Die Arrhenius'sche Gleichung ist in verschiedenen Formen gebräuchlich:

a)   als Exponenzialform $k = k_0 \cdot e^{-\frac{E_A}{R \cdot T}}$,

b)   als logarithmierte Form $\ln k = \ln k_0 - \frac{E_A}{R \cdot T}$, $\qquad$ (2.43)

c)   als Differenzialform von (2.43) $\frac{d(\ln k)}{dT} = \frac{E_A}{R \cdot T^2}$, $\qquad$ (2.44)

d)   als Integralform, die durch bestimmte Integration der Gleichung (2.44) in den Grenzen von $\ln k_1$ bis $\ln k_2$ bzw. T_1 bis T_2 erhalten wird:

$$\int_{\ln k_1}^{\ln k_2} d(\ln k) = \frac{E_A}{R} \cdot \int_{T_1}^{T_2} \frac{dT}{T^2} \quad \text{bzw.} \quad \ln \frac{k_2}{k_1} = \frac{E_A}{R} \cdot \left(\frac{1}{T_1} - \frac{1}{T_2} \right) \quad . \tag{2.45}$$

Mit Hilfe der logarithmierten Form (2.43) ermittelt man grafisch die Aktivierungsenergie aus experimentell bestimmten $(k; T)$-Wertepaaren.

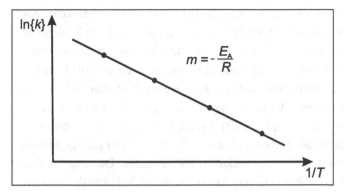

Abb. 2.14: Grafische Bestimmung der Aktivierungsenergie.

Mit der Integralform d) berechnet man E_A aus zwei experimentell bestimmten $(k ; T)$-Wertepaaren. Ferner nutzt man sie, um die Reaktionsgeschwindigkeitskonstante einer Reaktion auf den einer anderen Temperatur entsprechenden Wert umzurechnen. Dazu muss E_A natürlich bekannt sein:

$$E_A = \frac{R \cdot \ln \frac{k_2}{k_1} \cdot T_2 \cdot T_1}{T_2 - T_1} \quad \text{oder} \quad \ln k_2 = \ln k_1 + \frac{E_A}{R} \cdot \left(\frac{1}{T_1} - \frac{1}{T_2} \right) .$$

Die Deutung von k_0 als maximale Geschwindigkeitskonstante, abgeleitet von der Zahl aller Zusammenstöße, gilt nur für Gasphasenreaktionen kleiner Moleküle, bei denen es nicht auf sterische Bedingungen beim Zusammenstoß ankommt. Bei **Reaktionen in Lösungen** sind eine Reihe zusätzlicher Bedingungen gegeben, die das Zusammentreffen der Reaktanten A und B und deren Umwandlung beeinflussen. Zunächst werden A und B durch die Lösungsmittelmoleküle massiv in ihrer Beweglichkeit behindert. Die Diffusionsgeschwindigkeit der Reaktanten bestimmt ihr Zusammentreffen. Vor allem bei größeren Molekülen sind sterische Faktoren bei der Annäherung der reaktiven Zentren von A und B bedeutsam. Auch die Aktivierungsenergie E_A ist in Lösung eine komplexere Größe als in Gasphasenreaktionen. Einmal zusammengetroffene Reaktantmoleküle werden durch die Lösungsmittelmoleküle daran gehindert, sich schnell wieder voneinander zu entfernen. Damit hat ein gebildetes Stoßpaar unter Umständen genügend Zeit, die Energie, die für die Umsetzung zum Produkt noch erforderlich ist, aus der Umgebung bzw. aus der Wechselwirkung mit den Lösungsmittelteilchen aufzunehmen. Neben der kinetischen Energie der Reaktantmoleküle spielt die Energie der gesamten Anordnung aus Lösungsmittel- und Reaktantteilchen eine wichtige Rolle. Zur Untersuchung des Gesamtprozesses teilt man den Reaktionsablauf in Lösungen in zwei Teilschritte. Im ersten Schritt wird der Komplex (AB) gebildet. (AB) reagiert dann spontan zum Produkt weiter oder muss für die Reaktion erst noch aktiviert werden. Erfolgt im zweiten Fall keine ausreichende Energiezufuhr, dissoziiert (AB) wieder. Die Geschwindigkeit von Reaktionen, bei denen (AB) sehr schnell zum Produkt weiter reagiert, wird von der Diffusionsgeschwindigkeit der Reaktanten bestimmt. Geschwindigkeitskonstanten von 10^9 L·mol^{-1}·s^{-1} und größer sind Indiz für **diffusionskontrollierte Reaktionen 2. Ordnung.** Beispiele sind Reaktionen zwischen Radikalen, die keine oder nur sehr geringe Aktivierungsenergien erfordern. Muss dagegen der Komplex (AB) zunächst aktiviert werden, hängt die Reaktionsgeschwindigkeit davon ab, wie schnell es dem Komplex (AB) gelingt, Energie aus der Umgebung, z. B. von den Solvensmolekülen, aufzunehmen. Derartige **aktivierungskontrollierte Reaktionen** besitzen kleinere Reaktionsgeschwindigkeitskonstanten.

Mit Kenntnis des Arrhenius´schen Gesetzes können wir uns nun nochmals der **RGT-Regel** zuwenden. Wir setzen eine Reaktion voraus, bei der die Temperatursteigerung von 25 °C auf 35°C die Verdopplung der Reaktionsgeschwindigkeitskonstanten zur Folge hat. Mittels Integralform der Arrhenius´schen Gleichung lässt sich die Aktivierungsenergie der Reaktion berechnen.

$$E_A = \frac{\ln\frac{k_2}{k_1} \cdot R}{\frac{1}{T_1} - \frac{1}{T_2}} = \frac{0{,}693 \cdot 8{,}314 \,\text{J} \cdot \text{mol}^{-1} \cdot \text{K}^{-1}}{(3{,}35 - 3{,}24) \cdot 10^{-3}\,\text{K}^{-1}} = 52{,}38 \,\text{kJ} \cdot \text{mol}^{-1} \quad .$$

Verdreifacht sich bei einer anderen Reaktion im gleichen Temperaturintervall die Reaktionsgeschwindigkeit, so besitzt diese eine Aktivierungsenergie von

$$E_A = \frac{1{,}09 \cdot 8{,}314}{0{,}11} \,\text{kJ} \cdot \text{mol}^{-1} = 83{,}04 \,\text{kJ} \cdot \text{mol}^{-1} \quad .$$

Dass die RGT-Regel für viele Reaktionen zutrifft, liegt also daran, dass die Aktivierungsenergien vieler experimentell leicht zugänglicher Reaktionen Werte zwischen 50 und 80 kJ · mol^{-1} besitzen. Führen wir die erste der diskutierten Reaktionen nun bei Temperaturen durch, die um 100 K höher liegen, so beträgt das Verhältnis der Geschwindigkeitskonstanten:

$$\ln\frac{k_2}{k_1} = \frac{E_A}{R} \cdot \left(\frac{1}{T_1} - \frac{1}{T_2} \right) = \frac{52{,}38 \cdot 10^3}{8{,}314} \cdot (2{,}51 - 2{,}45) \cdot 10^{-3} = 0{,}378$$

$$k_2 = 1{,}46 \cdot k_1 \quad .$$

Als zweite Voraussetzung ist folglich zu nennen, dass Reaktionen mit Aktivierungsenergien von 50 bis 80 kJ·mol^{-1} im Temperaturbereich von 20 bis 50 °C untersucht werden. Übertragen auf alle Reaktionen lässt sich also feststellen, dass das Verhältnis zweier bei 10 K Temperaturdifferenz aufgenommener Geschwindigkeitskonstanten von der Aktivierungsenergie der Reaktion und vom untersuchten Temperaturintervall abhängt.

In der wissenschaftlichen Literatur wird bei der Diskussion von Zusammenhängen zwischen Aktivierungsparametern und Struktur heute die sogenannte *Eyring-Gleichung* bevorzugt verwendet:

$$k = \frac{k_B \cdot T}{h} \cdot \exp\left(-\frac{\Delta G^{\neq}}{R \cdot T}\right) = \frac{k_B \cdot T}{h} \cdot \exp\left(-\frac{\Delta H^{\neq}}{R \cdot T}\right) \cdot \exp\left(\frac{\Delta S^{\neq}}{R}\right) \, .$$

In dieser Gleichung bedeuten k_B die Boltzmann-Konstante, h das Plancksche Wirkungsquantum sowie $\Delta H^{\neq}$ und $\Delta S^{\neq}$ die Aktivierungsenthalpie bzw. die Aktivierungsentropie. Der Eyring-Gleichung liegt also die Vorstellung zugrunde, dass zwischen dem Übergangszustand und den durchschnittlich energiereichen Teilchen ein Gleichgewicht herrscht, auf das die Reaktionsisotherme anwendbar ist. Ein Vorteil der Eyring-Gleichung gegenüber der einfachen Arrhenius´schen Gleichung besteht unter anderem darin, dass sie die Temperaturabhängigkeit der Geschwindigkeitskonstanten über einen größeren Temperaturbereich besser beschreibt. In der logarithmierten Form

$$\ln\frac{k}{T} = \ln\frac{k_B}{h} - \frac{\Delta H^{\neq}}{R \cdot T} + \frac{\Delta S^{\neq}}{R}$$

ergibt sich beim Abtragen von $\ln\frac{k}{T}$ gegen $\frac{1}{T}$ eine Gerade, die die Berechnung von $\Delta H^{\neq}$ und $\Delta S^{\neq}$ gestattet. Die Aktivierungsentropie wird häufig herangezogen, wenn es darum geht, zu entscheiden, ob im Übergangszustand kompaktere oder bindungsärmere Strukturen als im Ausgangszustand vorliegen. Im ersten Fall ist ein negatives, im zweiten Fall ein positives $\Delta S^{\neq}$ zu erwarten.

Kennt man die experimentell vergleichsweise einfach bestimmbare Aktivierungsenergie und den Frequenzfaktor der Arrhenius´schen Gleichung, lassen sich $\Delta H^{\neq}$ und $\Delta S^{\neq}$ auch aus ihnen berechnen. Es gelten die Näherungen:

$\Delta H^{\neq} \approx E_A$ für alle Reaktionen, bei denen $\Delta H \approx \Delta U$ ist

($\Delta H^{\neq} = E_A + \Delta v R T$ für Gasphasenreaktionen mit Volumenarbeit),

sowie $\Delta S^{\neq} = R \cdot \ln\frac{k_0}{T} - R \cdot \ln\frac{k_B}{h} \approx R \cdot \ln\frac{k_0}{T} - 206 \text{ JK}^{-1}\text{mol}^{-1}$.

Auf das Problem der Logarithmen physikalischer Größen wurde bereits wiederholt hingewiesen, z. B. bei der Verwendung von $\ln\{p\}$, $\ln\{k\}$, $\ln\{c\}$. Das durch die geschweiften Klammern angedeutete Einsetzen der reinen Maßzahlen der Größen wird möglich, weil auf beiden Seiten einer Gleichung die Logarithmen der gleichen Größe mit der gleichen Dimension auftreten. Das Zusammenfassen der Logarithmen führt dann zum Logarithmus einer dimensionslosen Zahl. In den angeführten Ableitungen wird meist auf das Setzen der geschweiften Klammern verzichtet, so z. B. bei $\ln t_{1/2}$, $\ln v_R$ oder bei der logarithmierten Form der Eyring-Gleichung auf Seite 177. Das Zusammenfassen der Logarithmen in dieser Gleichung führt zu

$$\ln\frac{k}{T} - \ln\frac{k_B}{h} = -\frac{\Delta H^{\neq}}{RT} + \frac{\Delta S^{\neq}}{R} = \ln\frac{k \cdot h}{T \cdot k_B}.$$

Durch Kürzen der Einheiten erhält man im Bruch $\frac{k \cdot h}{T \cdot k_B}$ eine dimensionslose Zahl, wenn k in s^{-1} eingesetzt wird. Der von Eyring diskutierte Mechanismus postuliert für die Umwandlung des aktivierten Komplexes folglich einen unimolekularen Reaktionsschritt.

2.6 Komplexe Reaktionen

Das Ziel kinetischer Untersuchungen besteht oft in der Aufklärung von *Reaktionsmechanismen*, also im Aufstellen einer Folge von Elementarschritten, die zusammen die Bruttoreaktion ergeben. Dabei muss ein hypothetisch formulierter Reaktionsmechanismus stets in Einklang gebracht werden mit dem experimentell ermittelten Geschwindigkeitsgesetz. Setzt sich eine Bruttoreaktion aus einer Kaskade aufeinanderfolgender Elementarschritte zusammen, so kann man sich leicht vorstellen, dass die Reaktionsordnung der Bruttoreaktion mit der Molekularität eines Elementarschritts übereinstimmt, wenn dieser im Vergleich zu den anderen Elementarschritten des postulierten Mechanismus sehr viel langsamer abläuft. Man spricht auch vom *geschwindigkeitsbestimmenden Schritt* der Bruttoreaktion. Dieses einfache Konzept reicht aber für die Beschreibung der meisten Reaktionsabläufe nicht, weil mehrere der simultan ablaufenden Elementarschritte berücksichtigt werden müssen, folglich *komplexe Reaktionen* vorliegen. Zum besseren Verständnis komplexer Reaktionen geht man von drei Grundtypen aus:

Gleichgewichtsreaktionen,

Parallel- oder Nebenreaktionen,

Folgereaktionen.

Bei den folgenden Betrachtungen komplexer Reaktionen nehmen wir der Einfachheit halber unimolekulare Elementarschritte an, d. h. wir setzen für die Einzelschritte die Gültigkeit des Geschwindigkeitsgesetzes für Reaktionen 1. Ordnung voraus.

2.6.1 Gleichgewichtsreaktionen

Die Gleichgewichtsreaktion A $\rightleftharpoons$ B besteht aus zwei Teilschritten, der Hinreaktion mit der Geschwindigkeitskonstanten k_1 und der Rückreaktion mit der Geschwindigkeitskonstanten k_2 (oft verwendet man in der Literatur die Bezeichnung k_{-1}). A wird in der Hinreaktion verbraucht, in der Rückreaktion jedoch gebildet. Die Gesamtänderung der Konzentration von A während der Einstellung des Gleichgewichtes beträgt also

$$\frac{dc_A}{dt} = -k_1 \cdot c_A + k_2 \cdot c_B \quad . \tag{2.46}$$

Zur Zeit $t = 0$ betragen $c_A = c_{A0}$ und $c_B = 0$. Während der gesamten Reaktion gilt $c_A + c_B = c_{A0}$ und c_B kann durch $(c_{A0} - c_A)$ ersetzt werden. Gleichung (2.46) erhält damit die Form:

$$\frac{dc_A}{dt} = -k_1 \cdot c_A + k_2 \cdot c_{A0} - k_2 \cdot c_A = -(k_1 + k_2) \cdot c_A + k_2 \cdot c_{A0} \quad . \tag{2.47}$$

Zur Lösung der Differenzialgleichung führt man wieder die Separation der Variablen durch

$$\frac{dc_A}{-(k_1 + k_2) \cdot c_A + k_2 \cdot c_{A0}} = dt \quad .$$

Man substituiert $z = (k_1 + k_2) \cdot c_A - k_2 \cdot c_{A0}$ mit $\frac{dz}{dc_A} = (k_1 + k_2)$ und erhält $-\frac{dz}{(k_1 + k_2) \cdot z} = dt$. Die Integration liefert $-\ln z = (k_1 + k_2) \cdot t + C$. Die Integrationskonstante C wird anhand des Wertepaares (c_{A0} ; 0) bestimmt:

$$-\ln\left[(k_1 + k_2) \cdot c_{A0} - k_2 \cdot c_{A0}\right] = -\ln k_1 \cdot c_{A0} = C \quad .$$

Damit erhält die integrierte Gleichung die Form:

$$\ln\left[(k_1 + k_2) \cdot c_A - k_2 \cdot c_{A0}\right] = -(k_1 + k_2) \cdot t + \ln k_1 \cdot c_{A0} \quad . \tag{2.48}$$

Umformen liefert:

$$\frac{(k_1 + k_2) \cdot c_A - k_2 \cdot c_{A0}}{k_1 \cdot c_{A0}} = e^{-(k_1 + k_2) \cdot t}$$

$$(k_1 + k_2) \cdot c_A = k_1 \cdot c_{A0} \cdot e^{-(k_1 + k_2) \cdot t} + k_2 \cdot c_{A0} \text{ bzw.}$$

$$c_A = \frac{k_2 + k_1 \cdot e^{-(k_1+k_2) \cdot t}}{k_1 + k_2} \cdot c_{A0} \quad . \tag{2.49}$$

Die Gleichgewichtseinstellung erfolgt mit fortschreitender Zeit. Bei t_∞ liegen die Gleichgewichtskonzentrationen

$$c_{A\infty} = \frac{k_2}{k_1 + k_2} \cdot c_{A0} \qquad \text{bzw.}$$

$$c_{B\infty} = c_{A0} - \frac{k_2}{k_1 + k_2} \cdot c_{A0} = \left(1 - \frac{k_2}{k_1 + k_2}\right) \cdot c_{A0} = \frac{k_1}{k_1 + k_2} \cdot c_{A0} \qquad \text{vor.}$$

Die Gleichgewichtskonstante K, die den Quotienten aus $c_{B\infty}$ und $c_{A\infty}$ darstellt, ergibt sich damit als:

$$K = \frac{c_{B\infty}}{c_{A\infty}} = \frac{k_1}{k_2} \quad . \tag{2.50}$$

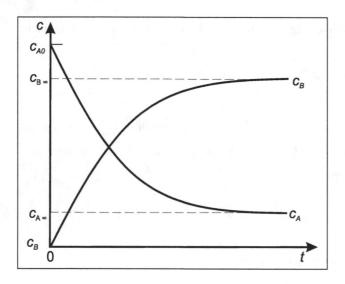

Abb. 2.15: Konzentrationsverlauf bei Gleichgewichtsreaktionen.

K ist somit gleich dem Quotienten aus den Geschwindigkeitskonstanten der Hin- und der Rückreaktion. Gleichgewichtsreaktionen zeigen den in Abbildung (2.15) dargestellten Konzentrationsverlauf.

Ist das Gleichgewicht eingestellt, so laufen Hin- und Rückreaktion gleich schnell ab. Für die Bruttoreaktion A $\rightleftharpoons$ B ist die Reaktionsgeschwindigkeit $-\frac{dc_A}{dt} = \frac{dc_B}{dt} = 0$. Man spricht von einem dynamischen Gleichgewicht. Nach Einstellung des Gleichgewichts sind die Konzentrationen der beteiligten Stoffe über die Gleichgewichtskonstante zugänglich.

Zur separaten Bestimmung von k_1 und k_2 benutzt man erneut Gleichung (2.48). Da

$$(k_1 + k_2) \cdot c_A - k_2 \cdot c_{A0} = (k_1 + k_2) \cdot \left[c_A - \frac{k_2}{k_1 + k_2} \cdot c_{A0} \right] = (k_1 + k_2) \cdot (c_A - c_{A\infty})$$

gilt, lässt sich Gleichung (2.48) in der Form $\ln(c_A - c_{A\infty}) = -(k_1 + k_2) \cdot t + \ln c_{B\infty}$ formulieren. $(k_1 + k_2)$ ist damit aus dem Anstieg der Geraden (Abb. 2.16) bestimmbar.

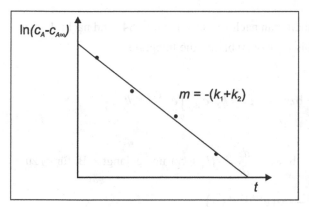

Abb. 2.16: Regression zur Bestimmung von $k_1 + k_2$.

Damit steht ein Gleichungssystem zur Bestimmung von k_1 bzw. k_2 zur Verfügung:

$$K = \frac{k_1}{k_2} \quad \text{und} \quad m = -(k_1 + k_2) \quad \text{mit den Lösungen}$$

$$k_1 = -\frac{m \cdot K}{1 + K} \quad \text{bzw.} \quad k_2 = -\frac{m}{1 + K} \quad . \tag{2.51}$$

Beispiele für die beschriebenen Gleichgewichtsreaktionen 1. Ordnung sind die Mutarotation von α- und β-Glucose sowie die Umwandlung von γ-Hydroxybuttersäure in das entsprechende Lacton in saurer Lösung.

2.6.2 Parallel- oder Nebenreaktionen

Laufen gleichzeitig zwei unabhängige Reaktionen ab, die den gleichen Ausgangsstoff besitzen, so spricht man von *Parallel- oder Nebenreaktionen*:

A → B (Geschwindigkeitskonstante k_1)   A → C (Geschwindigkeitskonstante k_2)

Für die Konzentrationsabnahme von A gilt:

$$-\frac{dc_A}{dt} = k_1 \cdot c_A + k_2 \cdot c_A = (k_1 + k_2) \cdot c_A \quad . \tag{2.52}$$

Die Bildungsgeschwindigkeit der Produkte beträgt:

$$\frac{dc_B}{dt} = k_1 \cdot c_A \quad \text{und} \quad \frac{dc_C}{dt} = k_2 \cdot c_A \quad . \tag{2.53}$$

Durch Integration von (2.52) erhält man

$$c_A = c_{A0} \cdot e^{-(k_1+k_2)\cdot t} \quad . \tag{2.54}$$

Für die Produktkonzentrationen erhält man nach Einsetzen von (2.54) und nachfolgende Integration in den Grenzen von 0 bis c_B bzw. 0 bis c_C die Integrale

$$c_B = k_1 \cdot c_{A0} \cdot \int_0^t e^{-(k_1+k_2)\cdot t} dt \quad \text{bzw.} \quad c_C = k_2 \cdot c_{A0} \cdot \int_0^t e^{-(k_1+k_2)\cdot t} dt \quad .$$

Man substituiert $-(k_1 + k_2) \cdot t = z$ bzw. $\dfrac{dz}{dt} = -(k_1 + k_2)$ und gelangt z. B. für c_B zu

$$c_B = -\frac{k_1 \cdot c_{A0}}{k_1 + k_2} \cdot \int_0^z e^z dz = -\frac{k_1 \cdot c_{A0}}{k_1 + k_2} \cdot \left(e^{-(k_1+k_2)\cdot t} - 1 \right).$$

Damit ergeben sich die Produktkonzentrationen

$$c_B = \frac{k_1 \cdot c_{A0}}{k_1 + k_2} \cdot \left(1 - e^{-(k_1+k_2)\cdot t} \right) \text{ bzw. } c_C = \frac{k_2 \cdot c_{A0}}{k_1 + k_2} \cdot \left(1 - e^{-(k_1+k_2)\cdot t} \right) \quad . \tag{2.55}$$

Das Verhältnis der Produktkonzentrationen ist $\dfrac{c_B}{c_C} = \dfrac{k_1}{k_2} = P = \text{const.}$ über den gesamten Ablauf der Reaktion. Die Geschwindigkeitskonstanten lassen sich bei Kenntnis des Produktverhältnisses P aus Gleichung (2.54) berechnen.

Aus $\ln\dfrac{c_A}{c_{A0}} = -(k_1 + k_2)t$ mit $m = -(k_1 + k_2)$ bzw. $m = -(Pk_2 + k_2)$ lassen sich $k_2 = -\dfrac{m}{1+P}$ bzw. $k_1 = -\dfrac{m \cdot P}{1+P}$ berechnen. $\tag{2.56}$

Das Konzentrationsverhältnis der Reaktionsprodukte bleibt auch bei Nebenreaktionen höherer Ordnung konstant, wenn beide Nebenreaktionen von gleicher Ordnung sind

(**Wegscheidersches Prinzip**). Nebenreaktionen lassen sich durch Wahl der Reaktionsbedingungen oft unterschiedlich beeinflussen, so dass auch unterschiedliche Produktver-
hältnisse resultieren.

Als Beispiel von Bruttoreaktionen, die parallel verlaufen und deren Geschwindigkeit
durch Wahl der Reaktionsbedingungen beeinflusst wird, sei die Bromierung von Toluol
angeführt:

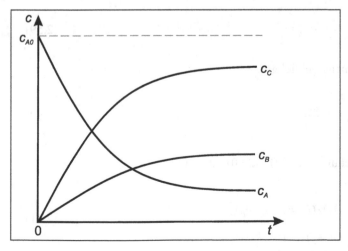

Führt man die Reaktion in polaren Lösungsmitteln unter Verwendung von Katalysatoren
(Lewis-Säuren wie $FeCl_3$) und Raumtemperatur durch, so wird die elektrophile Substitu-
tion am Kern beschleunigt (Reaktion 1, KKK - Kälte, Katalysator, Kern). Soll vorwie-
gend die Seitenkette bromiert werden, beschleunigt man die Reaktion 2 durch Wahl der
Reaktionsbedingungen UV-Strahlung (Radikalbildung) und Sieden (SSS – Siedehitze,
Sonnenlicht, Seitenkette). Der Konzentrations-Zeit-Verlauf für die Parallelreaktionen
$A \rightarrow B$ und $A \rightarrow C$ (gleiche Reaktionsordnungen) wird in Abbildung 2.17 dargestellt.
Bei Parallelreaktionen ist die schnellere Reaktion bestimmend für die Produktbildung.

Abb. 2.17: Zeitabhängig-
keit der Stoffkonzentrationen in Parallelreaktionen.

2.6.3   Folgereaktionen

Als Folgereaktionen bezeichnet man nacheinander ablaufende Elementarschritte, z. B.
A → B (Geschwindigkeitskonstante k_1) und   B → C (Geschwindigkeitskonstante k_2).
Beispiele für unimolekulare Umwandlungen, wie sie hier besprochen werden, sind radioaktive Zerfallsreaktionen. Für die Abnahme von A gilt das Geschwindigkeitsgesetz

$$\frac{dc_A}{dt} = -k_1 \cdot c_A \ . \tag{2.57}$$

B wird in Reaktion 1 gebildet und in Folgereaktion 2 abgebaut:

$$\frac{dc_B}{dt} = k_1 \cdot c_A - k_2 \cdot c_B \ . \tag{2.58}$$

Für c_A erhält man das bekannte integrierte Geschwindigkeitsgesetz für Reaktionen 1. Ordnung

$$c_A = c_{A0} \cdot e^{-k_1 \cdot t} \ .$$

Die Differentialgleichung (2.58) ist nicht direkt mit dem bisher genutzten Verfahren (Separation der Variablen und nachfolgende Integration) lösbar. Sie enthält mit c_A und c_B zwei voneinander unabhängige Variablen, die beide Funktionen der Zeit sind.
In solchen Fällen bedient man sich einer Lösungsfunktion, die c_A und c_B in geeigneter Weise miteinander verknüpft. Die Lösungsfunktion, in unserem Fall u, ist natürlich ebenfalls eine Funktion der Zeit und nach dieser differenzierbar.

$$u(t) = k_1 \cdot c_A + (k_1 - k_2) \cdot c_B \tag{2.59}$$

Die Anwendung der Summenregel liefert:

$$\frac{du}{dt} = k_1 \cdot \frac{dc_A}{dt} + (k_1 - k_2) \cdot \frac{dc_B}{dt} \ . \tag{2.60}$$

Die Verknüpfung der Gleichungen (2.57) - (2.60) führt zu:

$$\begin{aligned}
\frac{du}{dt} &= -k_1^{\ 2} \cdot c_A + (k_1 - k_2) \cdot (k_1 \cdot c_A - k_2 \cdot c_B) \\
&= -k_2 \cdot [k_1 \cdot c_A + (k_1 - k_2) \cdot c_B] = -k_2 \cdot u \ .
\end{aligned} \tag{2.61}$$

Die Differenzialgleichung (2.61) ist wieder nach Trennung der Variablen einfach lösbar.
Nach Integration von $\dfrac{du}{u} = -k_2 \cdot dt$ erhält man:

$$u = u_0 \cdot e^{-k_2 \cdot t} \quad \text{also} \quad k_1 \cdot c_A + (k_1 - k_2) \cdot c_B = k_1 \cdot c_{A_0} \cdot e^{-k_2 \cdot t} \quad . \qquad (2.62)$$

Aus Gleichung (2.62) folgt für c_B :

$$c_B = \frac{k_1}{k_2 - k_1} \cdot (e^{-k_1 \cdot t} - e^{-k_2 \cdot t}) \cdot c_{A0} \quad . \qquad (2.63)$$

Da stets $c_A + c_B + c_C = c_{A0}$ sein muss, lässt sich c_C als Differenz $c_{A0} - c_A - c_B$ berechnen. Einsetzen von c_A und c_B liefert:

$$c_C = (1 + \frac{k_1 \cdot e^{-k_2 \cdot t} - k_2 \cdot e^{-k_1 \cdot t}}{k_2 - k_1}) \cdot c_{A0} \quad . \qquad (2.64)$$

Aus Gleichung (2.63) ist ersichtlich, dass c_B für $t \to \infty$ gegen 0 geht. c_C muss nach Gleichung (2.64) für $t \to \infty$ gegen c_{A0} gehen. Der Konzentration-Zeitverlauf einer Folgereaktion ist in Abbildung 2.18 gezeigt.

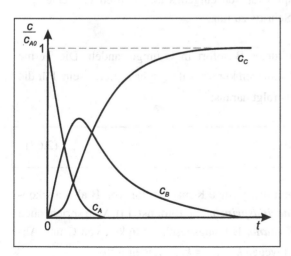

Abb. 2.18: Konzentration-Zeitverlauf einer Folgereaktion.

Folgereaktionen sind für die Aufklärung von Reaktionsmechanismen überaus wichtig. Deshalb sollen einige Grenzfälle gesondert diskutiert werden.

Für die zusammengefassten Elementarschritte $A \rightarrow B \rightarrow C$ mit k_1 für $A \rightarrow B$ und k_2 für $B \rightarrow C$ soll angenommen werden:

- $k_1 >> k_2$

  Bei diesem Reaktionsverlauf kann man davon ausgehen, dass A nahezu vollständig in B umgewandelt wurde, bevor dessen Umsetzung beginnt. Damit können die Näherungen $c_{A0} \approx c_{B0}$ und $k_1 \cdot c_A \approx 0$ formuliert werden. Für die Bildung des Zwischenprodukts B gilt dann entsprechend Gleichung (2.58) der Geschwindigkeitsansatz

  $$\frac{dc_B}{dt} = -k_2 \cdot c_B \qquad \text{und damit das integrierte Zeitgesetz}$$

  $$c_B = c_{B_0} \cdot e^{-k_2 \cdot t} \quad \text{oder} \quad c_B = c_{A_0} \cdot e^{-k_2 \cdot t} \ . \tag{2.65}$$

  Für c_C kann stets angenommen werden: $c_C = c_{A0} - c_B$ ($c_A \approx 0$ kann bei der eigentlichen Produktbildung vernachlässigt werden). Damit ergibt sich für C die Produktkonzentration

  $$c_C = c_{A_0} - c_B = c_{A_0} - c_{A_0} \cdot e^{-k_2 \cdot t} = c_{A_0} \cdot (1 - e^{-k_2 \cdot t}) \ . \tag{2.66}$$

  Die Bildung von C hängt also nur von der Reaktionsgeschwindigkeitskonstanten des langsamen Reaktionsschrittes 2 und der Ausgangskonzentration c_{A0} ab. Wir haben es hier mit einem Beispiel für den eingangs angeführten Fall eines geschwindigkeitsbestimmenden Schritts zu tun.

- $k_2 >> k_1$

  Mit dieser Prämisse wird gebildetes B sofort in C umgewandelt. Die Terme $k_2 \cdot c_B$ und $k_1 \cdot c_A$ müssen folglich nach kurzer Anfangsphase gleich sein. Für die Bildungsgeschwindigkeit von B folgt daraus:

  $$\frac{dc_B}{dt} = k_1 \cdot c_A - k_2 \cdot c_B \approx 0 \ . \tag{2.67}$$

Während der Folgereaktion kann die geringe Konzentration von B also als konstant betrachtet werden (***Stationäritätsprinzip*** von **Bodenstein**). Man spricht auch von einem ***quasistationären Zustand.*** Bildungsgeschwindigkeit von C und Abbaugeschwindigkeit von A sind wegen $k_1 \cdot c_A \approx k_2 \cdot c_B$ identisch:

$$-\frac{dc_A}{dt} = \frac{dc_C}{dt} = k_1 \cdot c_A \quad . \tag{2.68}$$

- Betrachten wir schließlich Folgereaktionen, bei denen die Bildung von B selbst eine Gleichgewichtsreaktion darstellt: $A \rightleftharpoons B \rightarrow C$

  Im Gleichgewichtsschritt wird B mit der Geschwindigkeit $k_1 \cdot c_A$ gebildet und mit der Geschwindigkeit $k_2 \cdot c_B$ abgebaut. Erfolgen sowohl die Bildung des Zwischenprodukts B als auch sein Zerfall zum Ausgangsstoff A viel schneller als die Umsetzung von B zu C mit der Geschwindigkeit $k_3 \cdot c_B$, dann stellt sich zwischen A und B tatsächlich ein Gleichgewicht ein. Die Konzentration von B kann über die Gleichgewichtskonstante $K = \dfrac{c_B}{c_A}$ erhalten werden. Die Bildungsgeschwindigkeit von C beträgt:

$$\frac{dc_C}{dt} = k_3 \cdot c_B = k_3 \cdot K \cdot c_A \quad . \tag{2.69}$$

2.7 Reaktionsmechanismen ausgewählter Reaktionen

An ausgewählten Beispielen soll gezeigt werden, wie postulierte Reaktionsmechanismen und experimentell ermittelte Geschwindigkeitsgesetze in Übereinstimmung gebracht werden. Da bei der Formulierung der Geschwindigkeitsansätze für die einzelnen Mechanismen nur auf bereits erläuterte Gleichungen zurückgegriffen wird, erfolgt im Kapitel 2.7 keine Nummerierung der Gleichungen.

2.7.1 Die Langmuirsche Adsorptionsisotherme

Die im Kapitel 1.10.9 beschriebene Adsorptionsisotherme von Langmuir lässt sich mit den kinetischen Überlegungen zu Gleichgewichtsreaktionen leicht herleiten. Die Adsorptionsisotherme gilt für den Gleichgewichtszustand der Reaktion

$$A + O_{frei} \rightleftharpoons AO \ ,$$

A steht dabei für das freie Adsorpt, O_{frei} für die freien Adsorptionsplätze auf der Oberfläche des Adsorbens und AO für die besetzten Adsorptionsplätze auf der Adsorbensoberfläche. Bereits in Kapitel 1.10.9 wurde der Bedeckungsgrad Θ definiert:

$$\Theta = \frac{N \text{ (Zahl der belegten Adsorptionsplätze)}}{N_0 \text{ (Gesamtzahl aller Adsorptionsplätze)}} \ .$$

Im oben formulierten Adsorptionsgleichgewicht ist die Konzentration c_{A0} der Zahl N und damit $N_0 \cdot \Theta$ proportional. $c_{0,frei}$ ist dann $N_0 - N_0 \cdot \Theta = N_0 \cdot (1 - \Theta)$ proportional. Für den Gleichgewichtszustand gilt der Geschwindigkeitsansatz

$$-\frac{dc_A}{dt} = k_1 \cdot c_A \cdot N_0 \cdot (1 - \Theta) - k_2 \cdot N_0 \cdot \Theta = 0 \ .$$

Durch Umformen erhält man:

$$K = \frac{k_1}{k_2} = \frac{\Theta}{c_A \cdot (1 - \Theta)} \ .$$

Freistellen nach Θ ergibt die bekannte Form der Adsorptionsisotherme:

$$\Theta = \frac{K \cdot c_A}{1 + K \cdot c_A} \ .$$

2.7.2   Oxidation von Stickstoffmonoxid

Für die Bruttoreaktion $2\,NO + O_2 \rightarrow 2\,NO_2$ wird experimentell die Reaktionsordnung 3 ermittelt. Gegen die Vermutung, dass es sich um eine trimolekulare Elementarreaktion handelt, sprechen zwei Argumente.

- Trimolekulare Elementarschritte besitzen nur eine geringe Wahrscheinlichkeit. Die Reaktionsgeschwindigkeit müsste demnach gering sein.
- Es ist nicht zu verstehen, dass die Reaktionsgeschwindigkeit der NO-Oxidation bei steigender Temperatur sinkt.

Postuliert man dagegen einen Reaktionsmechanismus, der aus einer Gleichgewichtsreaktion und einer Folgereaktion besteht, so sind sowohl das ermittelte Geschwindigkeitsgesetz als auch die thermische Besonderheit der Reaktion verständlich. In einem vorgelagerten Gleichgewichtsschritt dimerisiert Stickstoffmonoxid.

$$2\,NO \rightleftharpoons N_2O_2 \qquad\qquad K = \frac{c_{N_2O_2}}{c_{NO}^2}$$

In der Folgereaktion mit der Geschwindigkeitskonstanten k_2 wird N_2O_2 oxidiert:

$$N_2O_2 + O_2 \rightarrow 2\,NO_2 \;.$$

Für die bimolekulare Oxidation gilt das Geschwindigkeitsgesetz

$$\frac{dc_{NO_2}}{dt} = 2k_2 \cdot c_{N_2O_2} \cdot c_{O_2} \quad .$$

Die Konzentration des Zwischenproduktes ist aus der Gleichgewichtsreaktion gegeben durch: $c_{N_2O_2} = K \cdot c_{NO}{}^2$. Folglich muss sich das Reaktionsprodukt in einer Reaktion 3. Ordnung aus NO und O_2 bilden:

$$-\frac{dc_{NO}}{dt} = \frac{dc_{NO_2}}{dt} = 2k_2 \cdot K \cdot c_{NO}{}^2 \cdot c_{O_2} = k_{\text{exp.}} \cdot c_{NO}{}^2 \cdot c_{O_2} \quad .$$

Weil die vorgelagerte Gleichgewichtsreaktion exotherm ist, wird das Gleichgewicht bei steigender Temperatur auf die Seite der Monomere verschoben. Damit sinkt die für die eigentliche Oxidationsgeschwindigkeit wichtige N_2O_2-Konzentration. Das Absinken der experimentell gefundenen Geschwindigkeitskonstanten $k_{exp} = 2\,k_2 \cdot K$ mit steigender Temperatur führt in Auswertung der Arrhenius'schen Gleichung zu einem negativen Wert der Aktivierungsenergie $E_{A,exp}$. Dies lässt sich nur damit erklären, dass sich $E_{A,exp}$ im Falle eines vorgelagerten Gleichgewichts als Summe von E_A der Elementarreaktion und $\Delta_R H$ der Reaktionsenthalpie des vorgelagerten Gleichgewichts ergibt: $E_{A,exp} = E_A + \Delta_R H$. Dabei ist offenbar die Gleichgewichtsreaktion stark exotherm und der negative $\Delta_R H$-Wert absolut größer als die positive E_A der Elementarreaktion 2. Wir sehen, dass die über die Arrhenius'sche Gleichung ermittelte Aktivierungsenergie nicht immer mit der Definition, wie wir sie im Kapitel 2.5 gegeben haben, übereinstimmt. Die Arrhenius'sche Aktivierungsenergie ist bei komplexen Reaktionen nur dann nahezu mit der Energiedifferenz zwischen dem Übergangszustand und dem Ausgangszustand gleichzusetzen, wenn keine zusätzlichen vorgelagerten Gleichgewichte existieren und im komplexen Reaktionsmechanismus ein Reaktionsschritt die Gesamtgeschwindigkeit bestimmt.

2.7.3 Thermodynamische Ableitung der Arrheniusschen Gleichung

Die Mechanismen in Abschnitt 2.7.3 und 2.7.4 gehen davon aus, dass man die Bildung aktivierter Komplexe kinetisch wie die Bildung echter Zwischenprodukte behandeln kann.

Bei der Ableitung der **Arrheniusschen Gleichung** in Kapitel 2.5 wurde bereits auf strukturelle Ähnlichkeiten zur van't Hoffschen Reaktionsisobaren hingewiesen. Die Reaktionsisobare spiegelt die Beziehung zwischen der Gleichgewichtskonstanten, der Standardreaktionsenthalpie und der Temperatur wider:

$$\frac{d(\ln K)}{dT} = \frac{\Delta_R H^\varnothing}{R \cdot T^2} \quad .$$

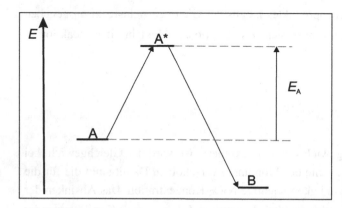

Abb. 2.19: Aktivierungsenergie einer chemischen Reaktion.

Betrachten wir in der Reaktion A $\rightarrow$ B den Reaktionsschritt, der zum aktivierten Teilchen A* führt, als Gleichgewichtsreaktion (A $\rightleftharpoons$ A*), dann wird $K^{\neq}$ durch das Verhältnis der Konzentrationen von A* und A gegeben ($K^{\neq} = \frac{c_{A^*}}{c_A}$).

Die entsprechende Standardenthalpie ist etwa gleich der Aktivierungsenergie E_A. Die van't Hoffsche Reaktionsisobare lautet dann:

$$\frac{d(\ln K^{\neq})}{dT} = \frac{E_A}{R \cdot T^2} \quad .$$

Die Geschwindigkeit der Bildung des Reaktionsprodukts B aus dem **aktivierten Komplex** wird gegeben durch:

$$v_R = k_2 \cdot c_{A^*} = k_2 \cdot K^{\neq} \cdot c_A \quad .$$

Für $K^{\neq}$ ergibt sich durch Integration der Reaktionsisobaren

$$\ln K^{\neq} = -\frac{E_A}{R \cdot T} + \ln A \quad \text{oder} \quad K^{\neq} = A \cdot e^{-\frac{E_A}{R \cdot T}}.$$

Nach Einsetzen in den oben formulierten Geschwindigkeitsansatz erhält man:

$$v_R = k_2 \cdot A \cdot e^{-\frac{E_A}{R \cdot T}} \cdot c_A = k_{\exp} \cdot c_A \qquad \text{und damit die } \textbf{\textit{Arrheniussche Gleichung}}$$

$$k_{\exp} = k_2 \cdot A \cdot e^{-\frac{E_A}{R \cdot T}} = k_0 \cdot e^{-\frac{E_A}{R \cdot T}} \quad .$$

2.7.4 Diffusions- und aktivierungskontrollierte Reaktionen

Für Reaktionen in Lösung wurde im Kapitel 2.5 bereits ein zweistufiger Mechanismus postuliert. In einer ersten Gleichgewichtsreaktion bildet sich der Komplex der Reaktanten A und B $\quad$ A + B $\rightleftharpoons$ AB (k_1-Geschwindigkeitskonstante der Hinreaktion, k_2-Geschwindigkeitskonstante der Rückreaktion). Die Bildung des Komplexes wird dabei von der Diffusionsgeschwindigkeit der Reaktanten bestimmt. Für die Abnahme der (AB)-Konzentration sind sowohl die Dissoziation des Komplexes als auch seine Weiterreaktion zum Produkt gemäß $\quad$ AB $\rightarrow$ P (Geschwindigkeitskonstante k_3) verantwortlich. Nehmen wir an, dass für die Bildung von AB ein vorgelagertes Gleichgewicht vorliegt, das zu einer konstanten AB-Konzentration führt, so gilt:

$$\frac{dc_{AB}}{dt} = k_1 \cdot c_A \cdot c_B - k_2 \cdot c_{AB} - k_3 \cdot c_{AB} = 0 \text{ bzw.}$$

$$c_{AB} = \frac{k_1 \cdot c_A \cdot c_B}{k_2 + k_3} \quad .$$

Das Produkt P bildet sich mit der Geschwindigkeit

$$\frac{dc_P}{dt} = k_3 \cdot \frac{k_1 \cdot c_A \cdot c_B}{k_2 + k_3} \quad .$$

Verläuft die Weiterreaktion von AB nach P nahezu ungehemmt, so muss $k_3 \gg k_2$ gelten und für die Gesamtreaktion ergibt sich

$$\frac{dc_P}{dt} \approx k_1 \cdot c_A \cdot c_B \quad ,$$

also die gleiche Geschwindigkeit wie für die diffusionskontrollierte Komplexbildung. Braucht AB allerdings lange Zeit, um in einen angeregten, für die Weiterreaktion befähigten Zustand zu gelangen, so gilt $k_2 \gg k_3$. Für die Produktbildung bedeutet das:

$$\frac{dc_P}{dt} = \frac{k_3 \cdot k_1 \cdot c_A \cdot c_B}{k_2} = k_3 \cdot K \cdot c_A \cdot c_B \quad .$$

Da meist $k_3 \cdot K < k_1$ ist, wird die aktivierungskontrollierte Reaktion in der Regel langsamer ablaufen als die diffusionskontrollierte.

2.7.5   Bildung von HBr in einer Kettenreaktion

Nachdem **Max Bodenstein** das Iodwasserstoffgleichgewicht als Reaktion 2. Ordnung aufgeklärt hatte, wandte er sich der analogen Bruttoreaktion für Bromwasserstoff zu.

$$H_2 + Br_2 \rightleftharpoons 2HBr$$

Überraschenderweise ergab sich keine vergleichbare Kinetik, sondern das bereits angeführte komplizierte Geschwindigkeitsgesetz

$$\frac{dc_{HBr}}{dt} = \frac{k \cdot c_{H_2} \cdot c_{Br_2}^{\frac{3}{2}}}{c_{Br_2} + k' \cdot c_{HBr}} \quad .$$

Die Erklärung wurde erst 13 Jahre später durch **Christiansen, Herzfeld** und **Polanyi** geliefert, indem sie für die Bromwasserstoffbildung einen *Radikalkettenmechanismus* formulierten. *Kettenreaktionen* sind spezielle Folgereaktionen. Ihre Elementarschritte unterteilt man in:

- *Startreaktionen* – Bildung von Kettenträgern, z. B. Radikalen,
- *Kettenwachstum* – Reaktion der Kettenträger mit Reaktantmolekülen unter Bildung neuer Kettenträger,
- *Abbruchreaktionen* – Reaktion von zwei Kettenträgern und Bildung eines Produktmoleküls, das selbst kein Kettenträger ist, damit Reduzierung der Kettenträgerkonzentration.

Im Mechanismus von Kettenreaktionen können zusätzlich Kettenverzweigungsreaktionen, Inhibierungsreaktionen und Abfangreaktionen auftreten.

- *Kettenverzweigungsreaktionen* sind Teil des Kettenwachstums. In ihnen wird die Zahl der Kettenträger vergrößert. Aus der Reaktion eines Kettenträgers mit einem Reaktantmolekül entstehen dann mindestens zwei Kettenträger. Verzweigungsreaktionen sind die Ursache explosionsartig ablaufender Reaktionen.
- Greift ein Kettenträger ein Produktmolekül an, so entsteht dabei zwar wieder ein Kettenträger, aber die Nettobildungsgeschwindigkeit des Produkts verringert sich.

Derartige *Inhibierungsreaktionen* führen nicht zum Kettenabbruch, verlangsamen aber die Produktbildung.

* *Abfangreaktionen* entfernen schließlich Kettenträger aus dem System, indem Reaktionen mit nicht zur Kettenreaktion gehörenden stabilen Radikalen (O_2, NO etc.) stattfinden bzw. die Kettenträgerenergie in Stößen an Gefäßwände oder kleine Partikel abgeführt wird.

Die Bromwasserstoffbildung lässt sich als *Radikalkettenreaktion* formulieren:

Startreaktion: $\qquad\qquad\qquad Br_2 \rightarrow 2Br\cdot$ $\qquad\qquad$ (k_1)

Kettenwachstum: $\qquad\qquad\; Br\cdot + H_2 \rightarrow HBr + H\cdot$ $\quad$ (k_2)

$\qquad\qquad\qquad\qquad\quad H\cdot + Br_2 \rightarrow HBr + Br\cdot$ $\quad$ (k_3)

Inhibierung: $\qquad\qquad\quad H\cdot + HBr \rightarrow H_2 + Br\cdot$ $\quad$ (k_4)

$\qquad\qquad\qquad\quad (Br\cdot + HBr \rightarrow Br_2 + H\cdot)$

Kettenabbruch: $\qquad\quad M + Br\cdot + Br\cdot \rightarrow Br_2 + M$ $\quad$ (k_5)

$\qquad\qquad\qquad\quad (M + H\cdot + H\cdot \rightarrow H_2 + M)$

$\qquad\qquad\qquad\quad (M + H\cdot + Br\cdot \rightarrow HBr + M)$.

An den Kettenabbruchreaktionen ist jeweils ein Stoßpartner M beteiligt, der die freiwerdende Rekombinationsenergie abführt.

Es hat sich gezeigt, dass die in Klammern stehenden Elementarschritte keine Bedeutung für die Geschwindigkeit der Bruttoreaktion besitzen. Leitet man die Nettobildungsgeschwindigkeit von HBr aus Kettenwachstum und der verbleibenden Inhibierungsreaktion ab, so gilt

$$\frac{dc_{HBr}}{dt} = k_2 \cdot c_{Br} \cdot c_{H_2} + k_3 \cdot c_H \cdot c_{Br_2} - k_4 \cdot c_H \cdot c_{HBr} \quad .$$

H· und Br· sind reaktive Radikale, die in sehr geringen Konzentrationen vorliegen. Die Änderungen ihrer Konzentrationen $\frac{dc}{dt}$ sind ebenfalls sehr gering, denn je mehr von den Radikalen gebildet werden, umso schneller können sie abreagieren. Damit kann man für diese Stoffe *quasistationäre Zustände* annehmen:

$$\frac{dc_H}{dt} = k_2 \cdot c_{Br} \cdot c_{H_2} - k_3 \cdot c_H \cdot c_{Br_2} - k_4 \cdot c_H \cdot c_{HBr} = 0 \qquad \text{und}$$

$$\frac{dc_{Br}}{dt} = k_1 \cdot c_{Br_2} - k_2 \cdot c_{Br} \cdot c_{H_2} + k_3 \cdot c_H \cdot c_{Br_2} + k_4 \cdot c_H \cdot c_{HBr} - k_5 \cdot c_{Br}^2 = 0 \quad.$$

Die Termsumme $-k_2 \cdot c_{Br} \cdot c_{H_2} + k_3 \cdot c_H \cdot c_{Br_2} + k_4 \cdot c_H \cdot c_{HBr}$ in der zweiten Gleichung gibt die Änderung der H·-Konzentration wieder und wird Null gesetzt. Durch Vereinfachung beider Geschwindigkeitsansätze erhält man für die Konzentrationen der kurzlebigen Zwischenprodukte

$$k_2 \cdot c_{Br} \cdot c_{H_2} = c_H \cdot (k_3 \cdot c_{Br_2} + k_4 \cdot c_{HBr}) \quad \text{bzw.} \quad c_H = \frac{k_2 \cdot c_{Br} \cdot c_{H_2}}{k_3 \cdot c_{Br_2} + k_4 \cdot c_{HBr}}$$

und

$$k_1 \cdot c_{Br_2} = k_5 \cdot c_{Br}^2 \quad \text{bzw.} \quad c_{Br} = \sqrt{\frac{k_1}{k_5} \cdot c_{Br_2}} \quad.$$

Die Substitution von c_{Br} in c_H ergibt

$$c_H = \frac{k_2 \cdot \left(\frac{k_1}{k_5}\right)^{\frac{1}{2}} \cdot c_{Br_2}^{\frac{1}{2}} \cdot c_{H_2}}{k_3 \cdot c_{Br_2} + k_4 \cdot c_{HBr}} \quad.$$

Durch Einsetzen in den eingangs formulierten Geschwindigkeitsansatz für die Bildung von HBr erhält man:

$$\frac{dc_{HBr}}{dt} = k_2 \cdot \left(\frac{k_1}{k_5} \cdot c_{Br_2}\right)^{\frac{1}{2}} \cdot c_{H_2} + \frac{k_2 \cdot \left(\frac{k_1}{k_5} \cdot c_{Br_2}\right)^{\frac{1}{2}} \cdot c_{H_2}}{k_3 \cdot c_{Br_2} + k_4 \cdot c_{HBr}} \cdot \left(k_3 \cdot c_{Br_2} - k_4 \cdot c_{HBr}\right)$$

$$= k_2 \cdot \left(\frac{k_1}{k_5}\right)^{\frac{1}{2}} \cdot c_{Br_2}^{\frac{1}{2}} \cdot c_{H_2} \cdot \left(1 + \frac{k_3 \cdot c_{Br_2} - k_4 \cdot c_{HBr}}{k_3 \cdot c_{Br_2} + k_4 \cdot c_{HBr}}\right) \quad.$$

Der Klammerterm liefert:

$$\frac{k_3 \cdot c_{Br_2} + k_4 \cdot c_{HBr} + k_3 \cdot c_{Br_2} - k_4 \cdot c_{HBr}}{k_3 \cdot c_{Br_2} + k_4 \cdot c_{HBr}} = \frac{2 \cdot k_3 \cdot c_{Br_2}}{k_3 \cdot c_{Br_2} + k_4 \cdot c_{HBr}} \quad.$$

Folglich lautet das Geschwindigkeitsgesetz:

$$\frac{dc_{HBr}}{dt} = \frac{k_2 \cdot \left(\frac{k_1}{k_5}\right)^{\frac{1}{2}} \cdot 2 \cdot k_3 \cdot c_{Br_2}^{\frac{3}{2}} \cdot c_{H_2}}{k_3 \cdot c_{Br_2} + k_4 \cdot c_{HBr}} = \frac{k \cdot c_{Br_2}^{\frac{3}{2}} \cdot c_{H_2}}{c_{Br_2} + k' \cdot c_{HBr}} \quad ,$$

was identisch ist mit dem experimentell bestimmten Geschwindigkeitsgesetz der Reaktion.

2.7.6 Der Mechanismus unimolekularer Reaktionen

F. Lindemann und **C. Hinshelwood** untersuchten in den Jahren nach 1920 unimolekulare Gasphasenreaktionen (RO = 1) und fanden heraus, dass diese Reaktionen bei sehr geringen Konzentrationen des Ausgangsstoffes oft dem Geschwindigkeitsgesetz für Reaktionen 2. Ordnung gehorchen. Dieser Wechsel der Reaktionsordnung für die gleiche Reaktion erscheint recht überraschend. Lindemann und Hinshelwood gingen davon aus, dass durch den Zusammenstoß zweier Teilchen des Ausgangsstoffes ein angeregtes Teilchen entsteht:

$$A + A \rightarrow A^* + A \qquad (k_1) \quad .$$

Das angeregte Molekül kann in einem weiteren Stoß seine Energie wieder abgeben

$$A + A^* \rightarrow A + A \qquad (k_2) \qquad \text{oder zum Produkt P weiter reagieren}$$
$$A^* \rightarrow P \qquad\qquad (k_3) \quad .$$

Postuliert man für A^* einen quasistationären Zustand, so gilt

$$\frac{dc_{A^*}}{dt} = k_1 \cdot c_A^2 - k_2 \cdot c_{A^*} \cdot c_A - k_3 \cdot c_{A^*} = 0 \quad \text{bzw.} \qquad c_{A^*} = \frac{k_1 \cdot c_A^2}{k_2 \cdot c_A + k_3} \quad .$$

Die Produktbildung gehorcht dem Geschwindigkeitsansatz

$$\frac{dc_P}{dt} = k_3 \cdot c_{A^*} = k_3 \cdot \frac{k_1 \cdot c_A^2}{k_2 \cdot c_A + k_3} \quad .$$

Das Geschwindigkeitsgesetz 1. Ordnung erhält man bei höherer Konzentration von A, weil dann $k_3 << k_2 \cdot c_A$ wird und k_3 im Nenner vernachlässigt werden kann. Kürzen von c_A führt zu

$$\frac{dc_P}{dt} = \frac{k_3 \cdot k_1}{k_2} \cdot c_A \quad .$$

Im Mechanismus ist dieser Elementarschritt wegen $k_3 \ll k_1$, k_2 geschwindigkeitsbestimmend.

Der *Lindemann-Hinshelwood-Mechanismus* erklärt auch die Beobachtung, dass bei sehr kleinen Reaktantkonzentrationen ($k_2 \cdot c_A \ll k_3$) eine Reaktion 2.Ordnung vorliegen muss. Die vorletzte Gleichung vereinfacht sich dann zu

$$\frac{dc_P}{dt} = k_1 \cdot c_A^{\,2} \quad .$$

Stellt man das vollständige Geschwindigkeitsgesetz

$$\frac{dc_P}{dt} = k_3 \cdot \frac{k_1 \cdot c_A^{\,2}}{k_2 \cdot c_A + k_3} \quad \text{in der Form}$$

$$\frac{dc_P}{dt} = k \cdot c_A \quad \text{mit} \quad k = \frac{k_3 \cdot k_1 \cdot c_A}{k_2 \cdot c_A + k_3}$$

dar, lässt sich der postulierte Mechanismus experimentell überprüfen.

Wie Abbildung 2.20 verdeutlicht, kann $\frac{1}{k} = \mathrm{f}\!\left(\frac{1}{c}\right)$ als Gerade mit der Funktionsgleichung

$\frac{1}{k} = \frac{1}{k_1} \cdot \frac{1}{c_A} + \frac{k_2}{k_1 \cdot k_3}$ grafisch dargestellt werden. Bei größeren Molekülen muss dem eigentlichen Reaktionsakt oft die Umverteilung der Energie im angeregten Molekül auf einzelne Bindungen vorausgehen. Das führt bei höheren Konzentrationen von A zu Abweichungen von der Geraden (Abb. 2.20).

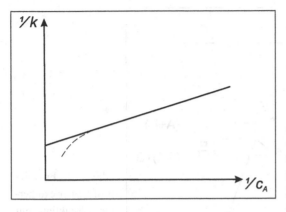

2.8   Katalyse

Katalysatoren sind Stoffe, die die Geschwindigkeit einer chemischen Reaktion verändern, ohne in der Bruttoreaktionsgleichung in Erscheinung zu treten. Sie senken in der Regel die Aktivierungsenergie der chemischen Reaktion, indem sie in den Mechanismus der Reaktion eingreifen. Sie führen dazu, dass ein langsamer Reaktionsschritt durch schnellere Elementarreaktionen unter Beteiligung des Katalysators ersetzt wird. Diese einfache Vorstellung über die Wirkungsweise eines Katalysators geht auf **Wilhelm Ostwald** zurück und lässt sich anhand der folgenden Gleichungen darstellen. Der geschwindigkeitsbestimmende Schritt einer nicht katalysierten Reaktion sei:

$$A + B \rightarrow AB\,.$$

Durch Verwendung eines Katalysators wird dieser Elementarschritt in zwei anderen Reaktionsschritten mit geringerer Aktivierungsenergie umgangen.

$$A + K \rightleftharpoons AK \quad \text{und } AK + B \rightarrow AB + K$$

In ihrer Summe führen die Teilschritte ebenfalls zu AB. Ohne Katalysator benötigen die Teilchen eine höhere Aktivierungsenergie. Bei Verwendung eines Katalysators erhöht sich die Zahl der Elementarschritte, die aber alle eine geringere Aktivierungsenergie besitzen. Bei einer gegebenen Temperatur sind in Gegenwart des Katalysators folglich viel mehr Teilchen zu einer erfolgreichen Umsetzung befähigt als in seiner Abwesenheit. Die katalysierte Reaktion verläuft schneller.

Im Energieschema lässt sich der Sachverhalt wie folgt darstellen:

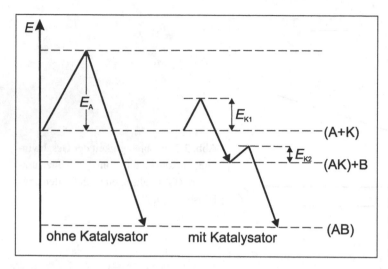

Abb. 2.21: Energieprofil einer exothermen Reaktion mit und ohne Katalysator.

Die Bedeutung der Verwendung von Katalysatoren kann an folgenden Beispielen demonstriert werden:

- Die Zersetzung von H_2O_2 erfordert eine Aktivierungsenergie von 76 kJ mol^{-1}. Sie verläuft deshalb bei Zimmertemperatur nur sehr langsam. In Gegenwart katalytisch wirkender Iodidionen wird E_A auf 57 kJ mol^{-1} herabgesetzt. Bei Zimmertemperatur entspricht das einem Beschleunigungsfaktor von 2000.

- Besonders effizient sind ***Biokatalysatoren*** (Enzyme). Die Aktivierungsenergie der Rohrzuckerinversion kann durch Verwendung von Oxoniumionen als Katalysator auf 107 kJ mol^{-1} herabgesetzt werden (saure Rohrzuckerinversion). Das katalytisch wirkende ***Enzym*** Invertase senkt E_A auf 36 kJ mol^{-1}. Bei 37 °C (Körpertemperatur) besitzt der Biokatalysator, verglichen mit H_3O^+ einen Beschleunigungsfaktor von 10^{12}.

2.8.1 Säure-Base-Katalyse

Die oben erwähnte H_2O_2-Zersetzung gemäß der Bruttoreaktionsgleichung

$$2\ H_2O_2 \rightarrow 2\ H_2O + O_2$$

stellt in Gegenwart von katalytisch wirksamen Oxoniumionen und Iodidionen ein Beispiel für die Wirkungsweise von Katalysatoren dar. Für die Reaktion wird folgender Mechanismus vorgeschlagen. In einer vorgelagerten Gleichgewichtsreaktion mit Oxoniumionen erfolgt die Protonierung der H_2O_2-Moleküle:

$$HOOH + H_3O^+ \rightleftharpoons HOOH_2^+ + H_2O \qquad K = \frac{c_{HOOH_2^+}}{c_{HOOH} \cdot c_{H_3O^+}}\ .$$

Die Wasserkonzentration kann als konstant angesehen werden. Die protonierten Moleküle reagieren sehr schnell mit Iodidionen zur unteriodigen Säure (k_2).

$$HOOH_2^+ + I^- \rightarrow H_2O + HOI$$

Die unteriodige Säure setzt sich anschließend mit Wasserstoffperoxidmolekülen um, wobei O_2 freigesetzt und die katalysierenden Spezies rückgebildet werden (k_3).

$$HOI + HOOH \rightarrow H_3O^+ + O_2 + I^-$$

Dieser Elementarschritt ist geschwindigkeitsbestimmend, so dass für die Gesamtgeschwindigkeit

$$\frac{dc_{O_2}}{dt} = k_3 \cdot c_{HOI} \cdot c_{HOOH} = k_2 \cdot c_{HOOH_2^+} \cdot c_{I^-} \quad \text{gilt.}$$

Die $HOOH_2^+$-Konzentration ist aus der Gleichgewichtskonstanten erhältlich:

$$\frac{dc_{O_2}}{dt} = k_2 \cdot K \cdot c_{HOOH} \cdot c_{H_3O^+} \cdot c_{I^-} \; .$$

In der Bruttoreaktion $\quad 2\,H_2O_2 \rightarrow 2\,H_2O + O_2 \quad$ treten die katalytisch wirkenden Oxoniumionen bzw. Iodidionen nicht in Erscheinung. Ihre Konzentrationen werden im Ergebnis der Bruttoreaktion nicht geändert. Die Bruttoreaktion verläuft nach 1. Ordnung. Die katalytische Einbeziehung von H_3O^+ in den Reaktionsmechanismus macht die H_2O_2-Zersetzung zugleich zu einem Beispiel für eine *säurekatalysierte Reaktion.* Allgemein versteht man unter *Säurekatalyse* die Protonenübertragung vom Katalysator auf den Reaktanten mit anschließender Weiterreaktion des protonierten Teilchens:

$$X + HK \rightleftharpoons HX^+ + K^- \quad \text{und Weiterreaktion von } HX^+ \, .$$

Analog lassen sich *basekatalysierte Reaktionen* diskutieren. Bei der *Basekatalyse* wird der Reaktant durch den Katalysator deprotoniert:

$$HX + K \rightleftharpoons HK^+ + X^- , \qquad \text{Weiterreaktion von } X^- \, .$$

Die Säure- und Basekatalyse sind zugleich Beispiele für *homogene Katalysen.* Im Gegensatz zur heterogenen Katalyse befinden sich dabei Katalysator und Reaktanten in der gleichen Phase. Als weiteres Beispiel für die homogene Katalyse sei die *Metallionenkatalyse* genannt. Durch Anlagerung von Metallionen kommt es zu Elektronendichteverschiebungen im Reaktantmolekül. Der *Reaktant-Metallion-Komplex* bildet reaktive Zentren aus, die zur Wechselwirkung mit weiteren Ausgangsstoffen befähigt sind. Die Schadstoffwirkung von Schwermetallionen beruht z. T. auf der *Metallionenkatalyse*.

2.8.2   Enzymkatalysierte Reaktionen – Michaelis-Menten-Kinetik

Enzyme sind makromolekulare Eiweiße, die eine Vielzahl von biochemischen Reaktionen katalysieren und steuern. Sie binden spezifisch ein Substratmolekül im aktiven Zentrum des Enzyms (Schlüssel-Schloss-Prinzip), woraus häufig eine Konformationsänderung innerhalb des aktiven Zentrums resultiert („induced-fit"-Modell). Es entsteht ein *Enzym-Substrat-Komplex* (Anlagerung an das Substrat), in dem ebenfalls Veränderungen der Elektronendichteverteilung im Substrat bewirkt werden. Sie führen zur Weiterreaktion des Substrats. Ein Beispiel ist die Hydrolyse von Peptidbindungen durch das Enzym Chymotrypsin.

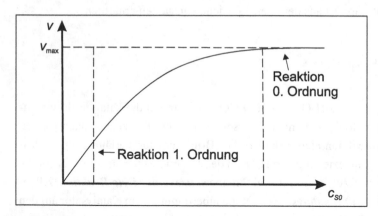

Abb. 2.22: Abhängigkeit der Anfangsgeschwindigkeit von der Substratkonzentration bei enzymkatalysierten Reaktionen.

Das aktive Zentrum wird von den Aminosäuren Serin, Histidin, Asparaginsäure und Glycin gebildet. Die Spaltung der Peptidbindung geschieht durch einen nukleophilen Angriff der Hydroxylgruppe des Serins und anschließende Abspaltung eines Amins. Die Abspaltung der Peptid-Carbonsäure und die Wiederherstellung des Serins erfolgt nach einem nukleophilen Angriff des Wassermoleküls.

Wegen der makromolekularen Eigenschaft der Enzyme stellen die Reaktionen einen Grenzfall zur *heterogenen Katalyse* dar. Für einfache enzymkatalysierte Reaktionen schlugen **L. Michaelis** und **M. Menten** 1913 den im Folgenden diskutierten Mechanismus vor.

Michaelis und Menten untersuchten die Anfangsgeschwindigkeit enzymkatalysierter Reaktionen in Abhängigkeit von der Substratkonzentration und fanden, dass die Reaktionen bei kleinen Substratkonzentrationen nach 1. Ordnung, bei großen Substratkonzentrationen nach 0. Ordnung verlaufen. Zur Erklärung dieses Verhaltens nahmen sie deshalb an: **Substrat** und **Enzym** bilden in einer Gleichgewichtsreaktion den **Enzym-Substrat-Komplex**, der in einer Folgereaktion zum Produkt weiter reagiert und das Enzym wieder freisetzt:

$$E + S \rightleftharpoons ES \rightarrow P \ .$$

Für die Teilschritte existieren die folgenden Reaktionsgeschwindigkeitskonstanten: k_1 für die Bildung des Komplexes, k_2 für die Dissoziation des Komplexes und k_3 für die Weiterreaktion des Komplexes zum Produkt.

Für den Enzym-Substrat-Komplex kann nach kurzer Einlaufzeit der Reaktion ein *quasistationärer Zustand* angenommen werden. Damit gilt:

$$\frac{dc_{ES}}{dt} = k_1 \cdot c_E \cdot c_S - k_2 \cdot c_{ES} - k_3 \cdot c_{ES} = 0$$

$$c_{ES} = \frac{k_1}{k_2 + k_3} \cdot c_E \cdot c_S \ . \tag{2.70}$$

Die aktuelle Enzymkonzentration c_E erhält man aus der Differenz der Ausgangskonzentration des Enzyms c_{E0} und der Komplexkonzentration c_{ES}

$$c_{ES} = \frac{k_1}{k_2 + k_3} \cdot (c_{E0} - c_{ES}) \cdot c_S \ . \tag{2.71}$$

Durch Umformen und Freistellen von c_{ES} erhält man:

$$c_{ES} = \frac{\dfrac{k_1}{k_2 + k_3} \cdot c_{E0} \cdot c_S}{1 + \dfrac{k_1}{k_2 + k_3} \cdot c_S} \ . \tag{2.72}$$

Den Kehrwert von $\dfrac{k_1}{k_2+k_3}$ fasst man zur sogenannten ***Michaelis-Menten-Konstanten***

K_M zusammen. Für c_{ES} folgt daraus

$$c_{ES} = \frac{c_{E0} \cdot c_S}{K_M + c_S} \; . \tag{2.73}$$

Für die Produktbildung gilt der Geschwindigkeitsansatz

$$\frac{dc_P}{dt} = k_3 \cdot c_{ES} = k_3 \cdot \frac{c_{E0} \cdot c_S}{K_M + c_S} \; . \tag{2.74}$$

Die Gleichung 2.74 wird auch als Michaelis-Menten-Gleichung bezeichnet. Nimmt man
sehr kleine Substratkonzentrationen an, so vereinfacht sich der Geschwindigkeitsansatz
zu

$$\frac{dc_P}{dt} \approx k_3 \cdot \frac{c_{E0} \cdot c_S}{K_M}, \tag{2.75}$$

was einer Reaktion 1. Ordnung entspricht.
Große Substratkonzentrationen dagegen erlauben die Näherung $K_M + c_S \approx c_S$, woraus

$$\frac{dc_P}{dt} \approx k_3 \cdot c_{E0}, \tag{2.76}$$

eine Reaktion 0. Ordnung resultiert. $k_3 \cdot c_{E0}$ stellt die Maximalgeschwindigkeit v_{max} der
enzymkatalysierten Reaktion dar.

Zur Bestimmung der Michaelis-Menten-Konstanten bildet man den Kehrwert der Gleichung (2.74) und misst die Anfangsgeschwindigkeit v_{R0} in Abhängigkeit von der an-
fänglichen Substratkonzentration c_{S0}.

$$\frac{1}{v_{R0}} = \frac{K_M + c_{S0}}{k_3 \cdot c_{E0} \cdot c_{S0}} = \frac{K_M}{k_3 \cdot c_{E0}} \cdot \frac{1}{c_{S0}} + \frac{1}{k_3 \cdot c_{E0}} \tag{2.77}$$

Die Konstanten sind aus dem Anstieg und dem Ordinatenabschnitt der Geraden $\frac{1}{v_{R0}} = f\left(\frac{1}{c_{S0}}\right)$ zugänglich, wie Abbildung 2.23 verdeutlicht. Der Schnittpunkt der Geraden mit der $\frac{1}{c_{S0}}$-Achse entspricht $-\frac{1}{K_M}$. Die Werte werden grafisch oder durch Regressionsrechnung zu (2.77) erhalten.

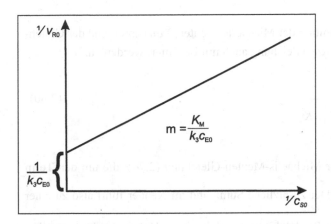

Abb. 2.23: Grafische Bestimmung der Michaelis-Menten-Konstanten.

Zur Regulierung biochemischer Prozesse ist nicht nur die Beschleunigung durch Enzyme entscheidend, sondern auch die Hemmung von enzymkatalysierten Reaktionen durch Inhibitoren, wie etwa bestimmte Stoffwechselprodukte oder auch Arzneistoffe. Inhibitoren (I) können beispielsweise direkt mit einem Enzym reagieren, und durch Bildung eines **Enzym-Inhibitor-Komplexes** (EI) die Bindung des Substrats verhindern. Die Reaktionsgeschwindigkeit wird entsprechend herabgesetzt, was durch ein zusätzliches, vorgelagertes Gleichgewicht im Reaktionsmechanismus berücksichtigt werden kann:

$$E + I \rightleftharpoons EI .$$

Die Gleichgewichtskonstante ist gegeben durch $K_{EI} = \frac{c_{EI}}{c_E \cdot c_I}$. Die Gesamtkonzentration von gebundenem und freiem Enzym entspricht der Ausgangskonzentration c_{E0}: $c_{E0} = c_{ES} + c_E + c_{EI}$. Die Geschwindigkeit der Produktbildung ist weiterhin durch $k_3 \cdot c_{ES}$ gegeben und kann auch über die Maximalgeschwindigkeit v_{max} und den Konzentrationsanteil von Enzym-Substratkomplex zur Gesamtkonzentration des Enzyms ausgedrückt werden:

$$\frac{dc_P}{dt} = k_3 \cdot c_{ES} = v_{max} \cdot \frac{c_{ES}}{c_{ES} + c_E + c_{EI}} \; . \tag{2.78}$$

Nach Kürzen mit c_{ES} ergibt sich:

$$\frac{dc_P}{dt} = \frac{v_{max}}{1 + \dfrac{c_E}{c_{ES}} + \dfrac{c_{EI}}{c_{ES}}} \; . \tag{2.79}$$

Mit Gleichung (2.70), der Definition der Michaelis-Menten-Konstanten und der Gleichgewichtskonstanten K_{EI} kann diese Gleichung auch umformuliert werden zu:

$$\frac{dc_P}{dt} = \frac{v_{max}}{1 + \dfrac{K_M}{c_S} + \dfrac{c_I}{c_S} \cdot K_{EI} \cdot K_M} \; . \tag{2.80}$$

Diese Gleichung entspricht der Michaelis-Menten-Gleichung (2.74), die um den Term $\dfrac{c_I}{c_S} \cdot K_{EI} \cdot K_M$ erweitert wurde. Der zusätzliche Summand im Nenner führt also zu einer geringeren Geschwindigkeit der Produktbildung und damit zur Hemmung der Enzymkatalyse. Das Ausmaß der Hemmung hängt in diesem Fall sowohl von der Konzentration des Inhibitors ab, als auch von der Substratkonzentration. Da die Bindung von Inhibitor und Substrat an das Enzym Konkurrenzreaktionen darstellen, spricht man bei diesem Mechanismus von ***kompetitiver Hemmung***.

Liegt das Substrat in deutlich höherer Konzentration als der Inhibitor vor, so wird der Erweiterungsterm sehr klein. Gleichung (2.80) geht dann in die Michaelis-Menten-Gleichung (2.74) über.

Bei einer weiteren Art der Enzymhemmung reagiert der Inhibitor mit dem Enzym-Substratkomplex ES:

$$\mathrm{ES + I \rightleftharpoons ESI} \; .$$

Für die entsprechende Gleichgewichtskonstante und die Gesamtkonzentration an gebundenem und freiem Enzym gilt analog zu obigen Betrachtungen: $K_{ESI} = \dfrac{c_{ESI}}{c_{ES} \cdot c_I}$ und $c_{E0} = c_{ES} + c_E + c_{ESI}$. Damit ergibt sich für die Geschwindigkeit der Produktbildung:

$$\frac{dc_P}{dt} = k_3 \cdot c_{ES} = v_{max} \cdot \frac{c_{ES}}{c_{ES} + c_E + c_{ESI}} \tag{2.81}$$

$$\frac{dc_P}{dt} = \frac{v_{max}}{1 + \dfrac{c_E}{c_{ES}} + \dfrac{c_{ESI}}{c_{ES}}} \tag{2.82}$$

$$\frac{dc_P}{dt} = \frac{v_{max}}{1 + \dfrac{K_M}{c_S} + c_I \cdot K_{ESI}} \cdot \tag{2.83}$$

Hier taucht also der hemmende Term $c_I \cdot K_{ESI}$ im Nenner auf, der im Gegensatz zur kompetitiven Hemmung nicht von der Substratkonzentration abhängt. Daher wird dieser Mechanismus als **unkompetitive Hemmung** bezeichnet. Die Wirkungsweise von Inhibitoren kann durch eine graphische Auftragung wie in Abb. 2.23 gezeigt untersucht werden. Dabei führt die kompetitive Hemmung zu einer steileren Geraden, während der Ordinatenabschnitt identisch bleibt. Die unkompetitive Hemmung dagegen führt zu einer Verschiebung der Geraden zu positiveren Werten und damit zu einem veränderten Ordinatenabschnitt, während die Steigung der Gerade unverändert bleibt (s. Übungsaufgabe 34, Seite 212 und Lösung Seite 463).

2.8.3 Katalytischer Ozonabbau

Ozon bildet sich aus molekularem Sauerstoff in der Bruttogleichgewichtsreaktion

$$3\,O_2 \rightleftharpoons 2\,O_3$$

Aus thermodynamischen Gründen ist die Rückreaktion favorisiert, so dass das Gleichgewicht normalerweise stark auf die Seite des molekularen Sauerstoffs verschoben ist. Intensive Sonnenstrahlung, wie sie in der Stratosphäre der Erde auftritt, verschiebt das Gleichgewicht zu Gunsten des Ozons. Für die Ozonbildung und den natürlichen Ozonabbau in der Stratosphäre wurden Mechanismen vorgeschlagen, von denen der **Chapman-Mechanismus** der bekannteste ist und stellvertretend für alle behandelt werden soll. Er lässt sich in folgende Teilschritte zerlegen:

$$
\begin{aligned}
O_2 &\rightleftharpoons 2\,O & \lambda &\leq 240\,\text{nm} \\
O + O_2 &\rightleftharpoons O_3 & & \\
O_3 + O &\rightleftharpoons 2\,O_2 & & \\
O_3 &\rightleftharpoons O_2 + O & \lambda &\leq 310\,\text{nm} \;.
\end{aligned}
$$

Die Wellenlängenaussagen ergeben sich aus den Bindungsenergiewerten der aufzubrechenden Bindungen. Sie verdeutlichen die Mindestenergie, die die Strahlung besitzen muss, um für die Photolyse geeignet zu sein.

Resultat der Bildungs- und Abbaureaktionen war über mehrere hunderttausend Jahre der Erdgeschichte eine weitgehend konstante Ozonkonzentration der *Stratosphäre* in 15 bis 40 km Höhe (photostationäres Gleichgewicht der *Ozonosphäre*). Für das Leben auf der Erde ist es ganz wichtig, dass bei der photolytischen Spaltung von molekularem Sauerstoff bzw. Ozon und bei einer Reihe von Prozessen, die zur elektromagnetischen Anregung kleiner Gasmoleküle, vor allem der Ozonmoleküle selbst oder zu Photoionisationsprozessen führen, der für die Biosphäre schädliche *UVC- bzw. UVB-Anteil des Sonnenlichts* (harte UV-Strahlung, $\lambda < 320$ nm) größtenteils verbraucht wird.

Seit etwa 1950 wurden Fluorchlorkohlenwasserstoffe (FCKW) zunehmend industriell hergestellt und eingesetzt. Zum einen bildeten sie eine wichtige Halogensenke für die chemische Industrie, zum anderen nutzte man die hervorragenden Gebrauchseigenschaften dieser Verbindungen aus (ungiftig, hervorragende Lösungsmittel, nicht brennbar etc.). Zu spät erwies sich die hohe Stabilität der *FCKW* als tödliche Eigenschaft für die *Ozonosphäre*. FCKW-Moleküle werden wegen ihrer Stabilität in der *Troposphäre* (bis etwa 10 km Höhe, Höhe variiert in Abhängigkeit vom Breitengrad) chemisch nicht verändert. Einmal freigesetzt, steigen sie über einen Zeitraum von 15 bis 18 Jahren in die Stratosphäre auf. Am äußeren Rand der Ozonosphäre werden sie schließlich photolytisch gespalten:

$$CFCl_3 \rightarrow Cl + CFCl_2 \qquad \lambda \leq 220 \text{ nm} .$$

Die gebildeten Chlorradikale katalysieren eine der Abbaureaktionen des *Chapman-Zyklus:*

$$Cl + O_3 \rightarrow ClO + O_2$$
$$\underline{ClO + O \rightarrow Cl + O_2}$$
$$O_3 + O \rightarrow 2\,O_2 \qquad .$$

Man schätzt, dass ein Chlorradikal 1 Million mal diesen Mechanismus durchlaufen kann, bevor es in der Reaktion mit OH- bzw. O_2H-Radikalen in HCl überführt wird. Inzwischen sind die Produktion und Nutzung der FCKW weitgehend eingestellt. Die als Verschäumungsmittel eingesetzten Verbindungen und die in Aggregaten verwendeten Stoffe (z. B. Kühlmittel etc.) gelangen aber weiter in die Umwelt. Die eigentliche Schädigung der Ozonosphäre erfolgt 15 bis 18 Jahre verzögert und dann über einen langen Zeitraum.

2.9 Übungsaufgaben zu Kapitel 2

1. Unter Verwendung eines Katalysators zerfällt Wasserstoffperoxid entsprechend der Bruttoreaktionsgleichung

$$H_2O_2 \rightarrow H_2O + \tfrac{1}{2} O_2 \ .$$

   In Abhängigkeit von der Zeit wurde bei konstanter Temperatur die H_2O_2-Konzentration verfolgt. Bestimmen Sie grafisch die Reaktionsordnung und die Reaktionsgeschwindigkeitskonstante!

t / min	0	7,5	15	22,5	30
c / mol·L^{-1}	2,54	1,59	0,983	0,617	0,381

2. Als Reaktionsgeschwindigkeitskonstante des H_2O_2-Zerfalls in Aufgabe 1 wurde in einer anderen Versuchsreihe bei gegebener Temperatur $6{,}29 \cdot 10^{-2}$ min^{-1} ermittelt. In welcher Zeit zerfallen 2,32 mol H_2O_2 von eingesetzten 5,80 mol?

3. Wie viel Gramm H_2O_2 bleiben nach 10 min zurück, wenn die Ausgangslösung 5,80 mol H_2O_2 enthält? Die Geschwindigkeitskonstante der Zerfallsreaktion beträgt $6{,}29 \cdot 10^{-2}$ min^{-1}.

4. Das Trioxalatomanganat(III)ion zerfällt in einer Reaktion 1. Ordnung gemäß der Bruttoreaktionsgleichung

$$[Mn(C_2O_4)_3]^{3-} \rightarrow Mn^{2+} + \frac{5}{2} C_2O_4^{2-} + CO_2 \ .$$

   Bei 15 °C wurden folgende Messwerte ermittelt:

t / min	0	1	3	5	7	10	15	20
$10^2 \cdot c$ / mol·L^{-1}	10,0	9,00	7,40	6,1	5,00	3,20	2,20	1,35

   Ermitteln Sie grafisch die Reaktionsgeschwindigkeitskonstante!

5. Bei der alkalischen Hydrolyse von Propionsäureethylester wurden gleiche Ausgangskonzentrationen der beiden Edukte eingesetzt. Die Bruttoreaktionsgleichung lautet:

$$C_2H_5COOC_2H_5 + OH^- \rightarrow C_2H_5COO^- + C_2H_5OH \ .$$

   Bei 20 °C wurden folgende Esterkonzentrationen in Einheiten von 10^{-3} mol·L^{-1} gemessen:

t / min	0	10	20	30	40	60	80	100	120
$c \cdot 10^3$ / mol L^{-1}	20,0	10,26	6,71	5,04	4,03	2,85	2,26	1,85	1,56

Bestimmen Sie grafisch die Reaktionsordnung und die Reaktionsgeschwindig-keitskonstante.

6.   Lachgas zersetzt sich thermisch entsprechend folgender Reaktionsgleichung:

$$N_2O \rightarrow N_2 + \tfrac{1}{2} O_2 \quad \text{in einer Reaktion 2. Ordnung.}$$

Bei 1000 K wurde der Gesamtgasdruck gemessen.

t / s	0	30	60	90
p / Torr	500	545	577	600

Ermitteln Sie die Geschwindigkeitskonstante!

7.   Hirschhornsalz zersetzt sich bei 135 °C irreversibel:

$$NH_4HCO_3 \rightarrow NH_3 + H_2O + CO_2 \ .$$

Die während der Reaktion verbleibende Salzmenge wird durch Wägung erhal-ten. Ermitteln Sie die Reaktionsordnung.

t / min	0	5	10	20
m / g	92	74	56	20

8.   In welcher Zeit ist eine bestimmte Menge Dimethylether bei 777 K zu 50%, 80 % bzw. nahezu vollständig (99,9 %) zersetzt? Die Geschwindigkeitskonstan-te der Reaktion beträgt $4,4 \cdot 10^{-4}$ s^{-1}.

9.   Für die Dimerisierung von Butadien wurden in Abhängigkeit von der Tempera-tur zwei Geschwindigkeitskonstanten bestimmt:

ϑ / °C	240,0	267,2
k / cm$^3 \cdot$ mol$^{-1} \cdot$ s^{-1}	0,751	2,434

Berechnen Sie die Aktivierungsenergie und den Frequenzfaktor der Reaktion!

10.   Oberhalb von 600 K zerfällt Stickstoffdioxid in einer Reaktion 2. Ordnung in Stickstoffmonoxid und Sauerstoff. Für die Zerfallsreaktion wurden bei unter-schiedlichen Temperaturen die Geschwindigkeitskonstanten bestimmt.

T / K	592,0	603,5	627,0	651,5	656,2
k / $cm^3 \cdot mol^{-1} \cdot s^{-1}$	0,522	0,755	1,70	4,02	5,03

Ermitteln Sie Aktivierungsenergie und Frequenzfaktor der Reaktion.

11. Triethylamin reagiert mit Ethyliodid bei 70 °C in Nitrobenzol zu Tetraethyl-ammoniumiodid. Die Aktivierungsenergie (E_A = 49,82 kJ·mol^{-1}) und der Frequenzfaktor der Reaktion (k_0 = 7,5 · 10^6 L·mol^{-1}·min^{-1}) sind bekannt. Wie groß ist die Reaktionsgeschwindigkeitskonstante?

12. Durch Einsatz eines Katalysators wird die Aktivierungsenergie in Aufgabe 11 um 40 % gesenkt. Um welchen Faktor wird die Reaktion bei 70 °C beschleunigt?

13. Die Geschwindigkeitskonstante der Rohrzuckerinversion beträgt 2,17 ·10^{-3} min^{-1} bei 25 °C in 0,5 n HCl. Wie viel Masse % des eingesetzten Rohrzuckers sind nach 20 min bei 40 °C hydrolysiert, wenn die Aktivierungsenergie 109 kJ·mol^{-1} beträgt? Wie groß ist die Halbwertszeit bei 40 °C?

14. Bei der Inversion des Rohrzuckers erhöht sich die Geschwindigkeitskonstante bei Temperaturerhöhung von 20 °C auf 30 °C auf das 4,3 fache. Berechnen Sie die Aktivierungsenergie.

15. Die Halbwertszeit der alkalischen Verseifung eines Esters (Reaktion 2. Ordnung) beträgt bei einer Ausgangskonzentration von 0,250 mol·L^{-1} t$_{½}$ = 11,5 min. Wie viel mol des Esters sind nach 2,3 h zersetzt?

16. Wie verhält sich die Zeit, in der 75 % der Ausgangsmenge reagiert haben, zur Halbwertszeit bei einer Reaktion 3. Ordnung?

17. Berechnen Sie die Aktivierungsenergie für die Zersetzung von NO$_2$ in NO und O$_2$, wenn die Geschwindigkeitskonstanten k_1 = 83,9·10^{-5} L·mol^{-1}·s^{-1} bei 600 K und k_2 = 407·10^{-5} L·mol^{-1}·s^{-1} bei 640 K betragen.

18. Für den Zerfall von Nitrosylchlorid gemäß der Gleichung

$$2\ NOCl \rightarrow 2\ NO + Cl_2$$

ermittelt man bei unterschiedlichen Temperaturen die Geschwindigkeitskonstanten

ϑ / °C	150	200
k / L·mol^{-1}·s^{-1}	3,65	76,3

Berechnen Sie die Aktivierungsenergie und den Frequenzfaktor der Reaktion!

19. Welche Geschwindigkeitskonstante besitzt die Reaktion in Aufgabe 18 bei 180 °C?

20. Wann besitzt die Reaktionsgeschwindigkeit einer enzymatisch katalysierten Reaktion, die nach der Michaelis-Menten-Kinetik abläuft, die Hälfte ihres Maximalwertes?

21. Für die Reaktion 1. Ordnung $SO_2Cl_2 \rightarrow SO_2 + Cl_2$ wird bei 593 K die Reaktionsgeschwindigkeitskonstante (RGK) mit $2,20 \cdot 10^{-5}$ s^{-1} ermittelt. Wie viel Prozent des SO_2Cl_2 werden durch Erhitzen der Probe bei 593 K in 2 h zersetzt?

22. Die Reaktion $CH_3CH_2NO_2 + OH^- \rightarrow CH_3CHNO_2^- + H_2O$ läuft bei 273 K mit einer Anfangskonzentration der Ausgangsstoffe von $5,0 \cdot 10^{-3}$ mol $\cdot$ L^{-1} ab. Die OH^-- Konzentration fällt nach 5 min auf $2,6 \cdot 10^{-3}$ mol $\cdot$ L^{-1}, nach 10 min auf $1,7 \cdot 10^{-3}$ mol $\cdot$ L^{-1} und nach 15 min auf $1,3 \cdot 10^{-3}$ mol $\cdot$ L^{-1}. Zeigen Sie grafisch, dass eine Reaktion 2. Ordnung für gleiche Anfangskonzentrationen von OH^- und Nitroethan vorliegt und berechnen Sie die RGK bei der gegebenen Temperatur!

23. Die Halbwertszeit des radioaktiven ^{131}I beträgt 193,4 h. In welcher Zeit zerfallen 10 % dieses Stoffes?

24. Für eine Reaktion zweiter Ordnung wurde die RGK bei 25 °C gemessen ($k = 3,25 \cdot 10^{-2}$ L·mol^{-1}·s^{-1}). Die Konzentration der Ausgangsstoffe betrug bei Reaktionsbeginn jeweils 0,25 mol·L^{-1}. Berechnen Sie die Konzentration der Ausgangsstoffe nach 10 min Reaktionszeit!

25. Der katalytische Zerfall von H_2O_2 wird titrimetrisch verfolgt. Dabei werden bei 40 °C folgende Konzentrationen gemessen:

t / s	0	450	900	1350	1800
c_A / mol $\cdot$ L^{-1}	0,254	0,159	0,098	0,062	0,038

Ermitteln Sie die Reaktionsordnung und die RGK.

26. Die Bildung des quarternären Ammoniumsalzes Benzoylmethylenpyridinium-
bromid ($C_6H_5COCH_2NC_5H_5Br$) aus Bromacetophenon ($BrCH_2COC_6H_5$) und
Pyridin in Methanol lässt sich an der Zunahme der Leitfähigkeit der Lösung verfolgen. Die Konzentration der beiden Ausgangsstoffe betrug vor Beginn der Reaktion je 38,5 mol $\cdot$ m^{-3}. Die Abnahme der Ausgangskonzentration eines der
beiden Ausgangsstoffe im Verlaufe der Reaktion, berechnet aus Leitfähigkeitsmessungen, zeigt die folgende Tabelle:

t / s	0	1680	4080	5040	5940	6600	9180	12180
c_A / mol $\cdot$ m^{-3}	38,5	13,37	5,50	4,45	3,79	3,40	2,44	1,84

Bestimmen Sie die Reaktionsordnung, die Geschwindigkeitskonstante k und die
Halbwertszeit der Reaktion!

27. Die Hydrolyse eines bestimmten Insektizids verläuft nach einem Geschwindigkeitsgesetz pseudo-erster Ordnung, die RGK der Reaktion mit Wasser hat bei
12 °C den Wert $k = 1,45$ a^{-1}. Eine bestimmte Portion dieses Insektizids wird im
Monat Juni in einen See gespült. Das führt dort zu einer mittleren Ausgangskonzentration, die mit $c_0 = 5 \cdot 10^{-7}$ g $\cdot$ cm^{-3} bestimmt wird. Unter der Annahme, dass
die durchschnittliche Temperatur des Sees 12 °C beträgt und nur hydrolytischer
Abbau erfolgt, sind folgende Aufgaben zu lösen:
a) Wie groß ist die Insektizidkonzentration nach einem Jahr?
b) Wie lange dauert es, bis die Massenkonzentration auf $3 \cdot 10^{-7}$ g $\cdot$ cm^{-3} abge-
sunken ist?

28. Eine chemische Reaktion zeigt einen 20 %igen Umsatz eines der Ausgangsstoffe in 12,6 min bei 300 K und 3,20 min bei 340 K. Berechnen sie die Aktivierungsenergie dieser Reaktion.

29. Bei 20 °C betragen für die Verseifung von Essigsäuremethylester die RGK
$k = 0,114$ L $\cdot$ mol$^{-1}\cdot$ min^{-1} und die Aktivierungsenergie $E_A = 46,6$ kJ $\cdot$ mol^{-1}. Um
wie viel Prozent nimmt die Geschwindigkeitskonstante bei 10 K Temperaturer-
höhung zu und wie groß ist der Frequenzfaktor?

30. Eine Reaktion 1. Ordnung hat eine Aktivierungsenergie von $E_A = 94,62$ kJ mol^{-1}
und einen Frequenzfaktor $k_0 = 6 \cdot 10^{13}$ s^{-1}. Bei welcher Temperatur beträgt die
Halbwertszeit 1 min?

31. Für den Zerfall von N_2O_5 wurden folgende Werte erhalten:

ϑ / °C	25	35	45	55	65
$k_1 \cdot 10^5$ / s^{-1}	1,72	6,65	24,94	75,0	240

Berechnen Sie die Aktivierungsenergie, den Frequenzfaktor und die Halbwertszeit für diese Reaktion bei 50 °C.

32. In Methanol laufen zwischen $CoCl_2$ und Anilin Komplexbildungsreaktionen ab:

$$CoCl_2 + 2\,An \rightarrow [Co(An)_2]Cl_2 \qquad (1)$$

$$[Co(An)_2]Cl_2 + 2\,An \rightarrow [Co(An)_4]Cl_2 \qquad (2)$$

(blau)   (rot)

Die Reaktion (2) verläuft bei Anilinüberschuss nach 1. Ordnung. Bei 25 °C wurden folgende Extinktionen gemessen:

t / min	5	100	200	300	400
E	0,3492	0,3665	0,3819	0,3979	0,4117

Die Extinktion der ausreagierten Lösung beträgt 0,5376. Ermitteln Sie die Geschwindigkeitskonstante der Reaktion.

33. Zeigen Sie, dass der allgemeine Geschwindigkeitsansatz

$$-\frac{1}{\nu_A} \cdot \frac{dc_A}{dt} = k' \cdot c_A^{\,p} \cdot c_B^{\,q} \quad \text{mit} \quad n = p + q \quad \text{in der Form} \quad -\frac{dc_A}{dt} = k \cdot c_A^{\,n}$$

dargestellt werden kann, wenn A und B im stöchiometrischen Verhältnis ihrer Konzentrationen eingesetzt werden.

34. Die Kinetik enzymkatalysierter Reaktionen lässt sich in vielen Fällen mit der Michaelis-Menten-Gleichung beschreiben:

$$v = \frac{v_{max}}{1 + \dfrac{K_M}{c_S} + \beta}$$

Formen Sie die Gleichung so um (Linearisierung), dass eine einfache graphische Bestimmung der Michaelis-Menten-Konstanten K_M über die Auftragung $\frac{1}{v_0} \rightarrow$ $\frac{1}{c_{S0}}$ möglich ist. Unterscheiden Sie hierbei die Fälle

a) keine Hemmung: $\beta = 0$,

b) kompetitive Hemmung: $\beta = K_M \cdot K_{EI} \cdot \dfrac{c_I}{c_S}$,

c) unkompetitive Hemmung: $\beta = K_{ESI} \cdot c_I$.

Geben Sie für jeden der drei Fälle eine linearisierte Gleichung an und benennen Sie die Unterschiede in der graphischen Auswertung bei b) und c) im Vergleich zu a). Skizzieren Sie alle drei Fälle in einem $\frac{1}{v_0} \rightarrow \frac{1}{c_{S0}}$ – Diagramm.

2.10   Versuche zur Reaktionskinetik

2.10.1 Zerfallsgeschwindigkeit des Trioxalatomanganat(III)-Ions

Der Zerfall einer frisch hergestellten braunen Lösung der Titelverbindung nach der Reaktionsgleichung:

$$2\,[\,Mn(C_2O_4)_3]^{3-} \;\rightarrow\; 2\,Mn^{2+} + 5\,C_2O_4^{2-} + 2\,CO_2$$

ist eine Reaktion, die nach 1.Ordnung abläuft. Der Reaktionsmechanismus beginnt mit einem langsamen Schritt. Im oktaedrischen Manganatkomplex wird eine von den 6 Bindungsstellen der Oxalatanionen durch ein Molekül H_2O substituiert, wobei ein unsymmetrisches, für eine innere Redoxreaktion anfälliges Komplexion entsteht, das in schnellen Folgereaktionen die Endprodukte bildet:

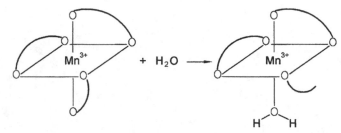

Der dargestellte Reaktionsschritt ist also geschwindigkeitsbestimmend und wegen des großen Wasserüberschusses eine Reaktion pseudo-erster Ordnung.

Für analoge Kobaltkomplexe erfolgt die Reduktion des Zentralions erst nach Bestrahlung mit Licht. Für diese Komplexe diskutiert man als geschwindigkeitsbestimmenden Schritt einen fotochemisch induzierten Elektronentransfer von einem Oxalatliganden auf das Zentralion. Der Mechanismus führt letztlich auch zu einer Reaktion 1. Ordnung.

Es werden Messreihen bei zwei verschiedenen Anfangskonzentrationen durchgeführt, die zeigen sollen, dass die Geschwindigkeitskonstante und die Halbwertszeit einer Reaktion 1. Ordnung von der Anfangskonzentration unabhängig sind.

Das braune Komplexion entsteht sofort nach dem Mischen von:

	0,1 M MnSO$_4$,	0,1 M Oxalsäure	0,01 M KMnO$_4$
1. Konzentration	10 mL	40 mL	5,0 mL
2. Konzentration	5 mL	20 mL	2,5 mL + 25 mL H$_2$O

Für die fotometrische Verfolgung der Reaktion wählt man eine Wellenlänge im blaugrünen Bereich mit Anfangsextinktionen zwischen 1 und 0,3. Auf Temperaturkonstanz und Temperaturübereinstimmung von ± 0,2 K bei den verschiedenen Ausgangskonzentrationen ist zu achten. Der Blindwert der wassergefüllten Messküvette muss auf Null abgeglichen sein.

Zur Veranschaulichung werden grafische Darstellungen $E = f(t)$ und $\ln E = f(t)$ angefertigt. Der Anstieg der Gleichung $\ln E = -kt + \ln E_0$ bzw. $\ln \dfrac{E_0}{E} = k \cdot t$ liefert die Geschwindigkeitskonstante k. Die Halbwertszeit $t_{1/2}$ ist aus $E = f(t)$ abzulesen bzw. aus der Geschwindigkeitskonstanten zu berechnen.

Fragen:

1. Wie ist die Durchlässigkeit definiert? Wie groß ist die Extinktion einer Lösung, wenn sie 50% des einfallenden Lichtes absorbiert?
2. Welches ist der geschwindigkeitsbestimmende Schritt bei Folge- bzw. bei Nebenreaktionen?
3. Welcher Zusammenhang besteht zwischen der Extinktion und der Konzentration?
4. Wie berechnet man $t_{1/2}$ aus k bei Reaktionen 1. und bei Reaktionen 2. Ordnung?

2.10.2 Inversionsgeschwindigkeit von Saccharose (Rohrzucker)

Die Hydrolyse der Saccharose verläuft nach der stöchiometrischen Gleichung:

$$C_{12}H_{22}O_{11} \quad + \quad H_2O \quad \xrightarrow{\ H^+\ } \quad C_6H_{12}O_6 \quad + \quad C_6H_{12}O_6 \ .$$

Saccharose $\qquad\qquad\qquad\qquad$ D(+)Glucopyranose $\qquad$ D(-)Fructopyranose

Rohrzucker dreht die Ebene des linear polarisierten Lichtes nach rechts mit der spezifischen Drehung $[\alpha]^{20}_D$: 66,55 grd·g^{-1}·cm^3·dm^{-1}. Das Gemisch der Endprodukte dreht dagegen nach links, da Glucose zwar nach rechts dreht ($[\alpha]^{20}_D$: 52,5 grd·g^{-1}·cm^3·dm^{-1}), Fructose jedoch viel stärker nach links ($[\alpha]^{20}_D$: -91,9 grd·g^{-1}·cm^3·dm^{-1}). Im Verlauf der Hydrolyse wird also aus einem positiven ein negativer Drehwinkel („Inversion").

Um die Reaktion zu beschleunigen, wird 1 M Salzsäure als Katalysator eingesetzt. Der vermutete Reaktionsmechanismus führt zu dem Geschwindigkeitsansatz

$$-\frac{dc_R}{dt} = K \cdot k \cdot c_{H^+} \cdot c_{H_2O} \cdot c_R \tag{2.84}$$

K für das vorgelagerte Protonierungsgleichgewicht,
k für die nachfolgende Hydrolyse.

In diesem Ansatz sind alle Größen, bis auf die Rohrzuckerkonzentration, konstant und lassen sich zu k_{exp} zusammenfassen.

Für die Messreihen werden 100 g 15 Masse-%ige Rohrzuckerlösung hergestellt. Die Lösung sowie 40 mL 2 M HCl werden getrennt auf die Messtemperatur (etwa 20,0 °C) vortemperiert. Dann werden 40 mL der Zuckerlösung zur Säure gemischt. Die 20 cm lange Polarimeterröhre wird gefüllt und in das an einem Thermostaten angeschlossene Polarimeter gelegt. Nach etwa 2 Minuten wird der 1. Messwert registriert. Die weiteren Messungen folgen alle 5 Minuten. Bei einem Drehwinkel von etwa -1 Grad bricht man die Messung ab. Nach dem Start der 1.Messreihe wird in gleicher Weise eine 2. Messreihe bei einer ca. 20 Grad höheren Temperatur begonnen. Die genauen Temperaturen werden protokolliert.

Die Ermittlung von k_{exp} erfolgt nach der Gleichung: $\ln(\alpha - \alpha_\infty) = -k_{exp} \cdot t + \ln(\alpha_0 - \alpha_\infty)$. Für die Auswertung ist also die Kenntnis von α_∞ erforderlich. Da die Hydrolyse bei Zimmertemperatur erst nach mehreren Stunden sich dem Ende nähert, wird α_∞ am Rest der Lösungen bestimmt, der ca. 30 Minuten lang bei etwa 60 °C gehalten wird. Bevor die Drehwinkel α_∞ gemessen werden können, muss wieder auf die jeweilige Messtemperatur temperiert werden, da bei Glucose und bei Fructose temperaturabhängige Gleichgewichte zwischen $\alpha-$ und $\beta-$Form vorliegen.

Über die Gleichung $\ln k_{exp} = -\dfrac{E_A}{R \cdot T} + \ln k_0$ werden die Arrheniussche Aktivierungsenergie E_A und der Frequenzfaktor k_0 ermittelt. (Literaturwerte: E_A: 106 kJ mol^{-1}, k_0: $7,1 \cdot 10^{14}$ s^{-1}).

Fragen:

1. Warum sind die Konzentrationen von H_2O nahezu und von H^+ vollständig konstant?
2. Was ist eine homogene Katalyse? Wie greift das H^+ vermutlich in die Hydrolyse ein?
3. Berechnen Sie α_0 für die Messlösung über $\alpha = \dfrac{[\alpha]^{20}_D \cdot l \cdot m}{v}$ *(l in dm, m in g, v in* cm^3*)!*
4. Leiten Sie anhand der Gleichung $k_{exp} = K \cdot k \cdot c_{H^+} \cdot c_{H_2O}$ und der Arrheniusschen Gleichung ab, dass die Arrheniussche Aktivierungsenergie E_A unabhängig von der Katalysatorkonzentration $c_H{}^+$ ist!
5. Zeigen Sie, dass in die Arrheniussche Aktivierungsenergie auch die Reaktionsenthalpie des Protonierungsgleichgewichts eingeht!
6. Wie ist der Frequenzfaktor k_0 definiert? Wovon hängt die Größe von k_0 ab?

2.10.3 Esterhydrolyse

Die saure Hydrolyse von Carbonsäureestern wird durch folgende Bruttogleichung beschrieben:

$$R_1COOR_2 + H_2O \xrightarrow{\quad H^+ \quad} R_1COOH + R_2OH .$$

Die Hydrolyse verläuft vor allem infolge sterischer Hinderung des Angriffs von H_2O an der protonierten Carbonylgruppe umso langsamer, je länger und verzweigter R_1 und R_2 sind. Im Versuch soll die Hydrolyse von Essigsäureethylester in 0,5 M HCl bei 25 °C, 30 °C bzw. 35 °C untersucht werden. Der Umsatz wird durch Titration der entstehenden Essigsäure verfolgt. Damit der Verbrauch für den Katalysator vom Titrationsergebnis abgezogen werden kann, erfolgt gleich nach dem Mischen von vortemperierten 5 ml Ester und 100 ml 0,5 M HCl die 1. Titration mit 0,1 M NaOH gegen Phenolphthalein als Indikator. Dazu werden, wie auch bei den weiteren alle 10 Minuten erfolgenden Messungen, 5 ml Reaktionsgemisch entnommen und in ca. 200 ml kaltes Wasser überführt. Durch Abkühlen des Reaktionsgemisches und Verdünnen des Katalysators wird die Reaktion abgestoppt. Allerdings muss anschließend zügig titriert werden, da die Reaktion langsam weiterläuft, was man auch daran merkt, dass nach dem Rotumschlag des Indikators am Äquivalenzpunkt sich die Lösung allmählich wieder entfärbt. Der Äquivalenzpunkt gilt als erreicht, wenn eine schwache Rosafärbung sich etwa 5 Sekunden gehalten hat.

Die Carbonsäurederivate (Ester, Amide, Säurechloride, Säureanhydride u.ä.) hydrolysieren in saurer Lösung zumeist in einer Reaktion pseudo-erster Ordnung, das heißt, in den Geschwindigkeitsansatz gehen anstatt der Konzentration der Oxoniumionen (vereinfacht als H^+ dargestellt), des Wassers und des Substrats, die Gleichgewichtskonstante der Esterprotonierung und die Geschwindigkeitskonstante für die Umsetzung des protonierten Substrats mit dem Wasser ein. In Säuren, deren Konzentration größer als etwa 1 molar ist, tritt bei den Carbonsäurederivathydrolysen an die Stelle der H^+-Konzentration die sogenannte ***Hammettsche Aciditätsfunktion*** h_0 als Maß für die protonierende Kraft des Lösungsmittels. Die Aciditätsfunktion $h_0 = a_H^+ \cdot f_B/f_{BH}^+$ wird für ungeladene Substrate verwendet und berücksichtigt, dass die Protonierungskraft beim Konzentrieren der Säure stärker ansteigt, als es die H^+-Konzentration zum Ausdruck bringt. Die Aciditätsfunktionen werden bestimmt, indem die Extinktionen und damit die Konzentrationen einer Indikatorbase B und der protonierten Base BH^+ ermittelt werden. Da die Hydrolyse bei konstanter Säurekonzentration bzw. Aciditätsfunktion untersucht wird, gehen alle geschwindigkeitsbestimmenden Größen, bis auf die Esterkonzentration, in die experimentelle Geschwindigkeitskonstante k_{exp} ein. Die Bestimmung von k_{exp} erfolgt durch Auswertung der Gleichungen:

$$\ln \frac{c_{E_0}}{c_E} = k_{exp} \cdot t \quad \text{bzw.} \quad \ln \frac{v_\infty}{v_\infty - v_t} = k_{exp} \cdot t \tag{2.85}$$

v_∞ : Verbrauch an 0,1 M NaOH für die nach vollständiger Hydrolyse entstandene Essigsäure; der Wert muss aus der Esteranfangskonzentration berechnet werden.

Esterdichte: 0,894 g·mL^{-1} bei 25 °C; 0,888 g·mL^{-1} bei 30 °C;

0,882 g·mL^{-1} bei 35 °C.

v_t : Verbrauch an 0,1 M NaOH für die nach t entstandene Menge Essigsäure.

Literaturwerte für 0,5 M HCl: k_{exp} (25 °C) = 5,61·10^{-5} s^{-1} ; k_{exp} (35 °C) = 1,31·10^{-4} s^{-1}.

Die Aktivierungsenergie zur Berechnung des erwarteten k_{exp} beträgt 64,82 kJ·mol^{-1} .

Fragen:

1. Warum wirkt die entstehende Essigsäure nicht autokatalytisch?
2. Worin besteht der Unterschied der Begriffe Reaktionsordnung und Molekularität in ihrer Anwendung?
3. Welcher Reaktionsmechanismus wird für die saure Esterhydrolyse vorgeschlagen?

2.10.4 Iodierung von Aceton

Die kinetische Untersuchung der Iodierung von Aceton

$$CH_3COCH_3 + I_2 \rightarrow CH_3COCH_2I + HI$$

ergibt:

- Die Umsatzgeschwindigkeit ist proportional der Acetonkonzentration und der Wasserstoffionenkonzentration.
- Sie ist weitgehend unabhängig von der I$_2$-Konzentration.

Aufgrund dieser Befunde nimmt man an, dass nicht die Ketoform CH_3COCH_3 (Symbol A), sondern die in verhältnismäßig geringer Konzentration vorliegende Enolform CH_3COHCH_2 (Symbol E) mit Iod reagiert und dass der geschwindigkeitsbestimmende Schritt die säurekatalysierte Enolisierung des Acetons ist, gefolgt von einer relativ schnellen Iodierung unter Freisetzung von Iodwasserstoff.

$$CH_3COCH_3 + H^+ \rightleftharpoons CH_3COHCH_2 + H^+ \qquad \text{(Schritt 1)}$$

mit den Geschwindigkeitskonstanten k_1 und k_2 für Hin- bzw. Rückreaktion sowie

$$CH_3COHCH_2 + I_2 \rightarrow CH_3COCH_2I + H^+ + I^- \qquad \text{(Schritt 2)}$$

mit der zugehörigen Geschwindigkeitskonstanten k_3.

Die im Schritt 2 gebildeten H$^+$-Ionen wirken im Schritt 1 als Katalysator. Die Iodierung von Aceton ist demnach eine ***autokatalytische Reaktion***. Eine experimentell überprüfbare Geschwindigkeitsgleichung für den komplexen Mechanismus lässt sich unter Zuhilfenahme des ***Bodensteinschen Stationaritätsprinzips*** ableiten:

Zunächst wird unter Verwendung der Umsatzvariablen x der Geschwindigkeitsansatz für die Bildung des Reaktionsprodukts nach Reaktionsschritt 2 formuliert:

$$\frac{dx}{dt} = k_3 \cdot c_E \cdot c_{I_2} \ . \tag{2.86}$$

Die Konzentrationsänderung der Enolform folgt andererseits dem Geschwindigkeitsgesetz:

$$\frac{dc_E}{dt} = k_1 \cdot c_A \cdot c_{H^+} - k_2 \cdot c_E \cdot c_{H^+} - k_3 \cdot c_E \cdot c_{I_2} \ . \tag{2.87}$$

Nimmt man nun, wie oben behauptet, an, dass sich die Enolform relativ langsam bildet und schnell weiter reagiert, dann sollte sich entsprechend dem Stationaritätsprinzip für die Enolform nach einer kurzen Einlaufzeit ein quasistationäres Fließgleichgewicht (steady state) mit konstanter Enolkonzentration einstellen, in dem sich Bildung und Abreaktion des Zwischenprodukts die Waage halten (vergl. Enzymkatalyse, Kap. 2.8.2). Das bedeutet, dass dann $\frac{dc_E}{dt}$ gleich Null wird. Setzt man dies in Gl. (2.87) ein und löst nach c_E auf, ergibt sich:

$$c_E = \frac{k_1 \cdot c_A \cdot c_{H^+}}{k_2 \cdot c_{H^+} + k_3 \cdot c_{I_2}} \ . \tag{2.88}$$

Ersetzt man in Gl. (2.86) c_E durch die rechte Seite von Gl. (2.88), so folgt:

$$\frac{dx}{dt} = \frac{k_1 \cdot k_2 \cdot c_A \cdot c_{H^+} \cdot c_{I_2}}{k_2 \cdot c_{H^+} + k_3 \cdot c_{I_2}} \ . \tag{2.89}$$

Eine weitere Vereinfachung ist möglich, wenn man in Übereinstimmung mit den kinetischen Befunden annimmt, dass $k_3 >> k_2$.

Dann kann im Nenner von Gl.(2.89) $k_2 \cdot c_{H^+}$ gegenüber $k_3 \cdot c_{I_2}$ vernachlässigt werden, und man erhält nach Kürzen von $k_3 \cdot c_{I_2}$ eine verhältnismäßig einfache Geschwindigkeitsgleichung für die komplexe Reaktion

$$\frac{dx}{dt} = k_1 \cdot c_A \cdot c_{H^+} \ . \tag{2.90}$$

Man ersetzt c_A durch $c_{A_0} - x$ und c_{H^+} durch $c_{H^+_0} + x$. Die anschließende Integration nach dem Verfahren der Partialbruchzerlegung ergibt die experimentell überprüfbare Gleichung:

$$\ln \frac{c_{H^+_0} + x}{c_{A_0} - x} = k_1 \cdot (c_{A_0} + c_{H^+_0}) \cdot t + \ln \frac{c_{H^+_0}}{c_{A_0}} \qquad . \qquad (2.91)$$

c_{A_0} \qquad\qquad Anfangskonzentration an Aceton

$c_{H^+_0}$ \qquad\qquad Anfangskonzentration an H^+-Ionen

x \qquad\qquad Konzentration an iodiertem Aceton (Umsatzvariable)

$\qquad\qquad x = c_{I_2, 0} - c_{I_2}$

Die Reaktion wird durch Messung der Extinktion des Iods bei 550 nm verfolgt.

Für einen brauchbaren Reaktionsansatz gibt man je 2,5 mL 1 M HCl und 0,1 M I_2 (mit KI gelöst) in einen 50 mL-Maßkolben, füllt bis auf ca. 5 mL mit Wasser auf, temperiert bei 25 °C und startet durch Zugabe von 1 mL ebenfalls vortemperiertem Aceton. Nach Auffüllen des Maßkolbens mit Wasser befüllt man eine temperierte, gasdichte 1 cm-Küvette und beginnt nach 5 Minuten mit den Extinktionsmessungen, die man ca. 90 Minuten lang fortsetzt. Die Auswertung erfolgt über die Gl. (2.91). Die zur Berechnung von x erforderliche Kenntnis der I_2-Konzentration entnimmt man einer zuvor ohne Säurezusatz durchgeführten Kalibrierung.

Die Aussage, dass es im geschwindigkeitsbestimmenden Schritt zur Lösung einer C-H-Bindung kommt, lässt sich durch Iodierung von deuteriertem D_6-Aceton verifizieren. Man wird wegen der größeren Masse des Deuteriums einen deutlichen primären Isotopeneffekt $\frac{k_D}{k_H} < 1$ erwarten können.

Fragen:

1. Formulieren Sie die Strukturformeln für die tautomeren Formen des Acetons.
2. Was bezeichnet man als Autokatalyse? Warum kommt es hier zur Autokatalyse, während eine solche bei der Hydrolyse von Essigsäureethylester in Salzsäure nicht festgestellt werden kann, obwohl bei der Esterhydrolyse auch eine Säure entsteht?
3. Wie lässt sich das Stationäritätsprinzip begründen? Warum stellt sich auch in einem See mit Zu- und Abflüssen meist ein relativ konstanter Wasserpegel ein?
4. Warum muss zur Integration der Geschwindigkeitsgleichung (2.90) das Verfahren der Partialbruchzerlegung herangezogen werden? Führen Sie die Integration durch.

3 Elektrochemie

3.1 Zur Geschichte der Elektrochemie

Es war eine Reihe experimenteller Befunde, die zur Entwicklung dieses Teilgebietes der Physikalischen Chemie und auch zu seiner Unterteilung führte. Die Liste der Namen, die mit den Experimenten verknüpft sind, liest sich nicht nur wie eine Zeittafel der Geschichte der Elektrizitätslehre, sondern auch der Physikalischen Chemie selbst.

Der Begriff Elektrizität wurde um 1600 von **William Gilbert** geprägt. Er leitete ihn von dem griechischen Wort für Bernstein ab. Gilbert rieb verschiedene Stoffe an Fell und bemerkte, dass einige danach in der Lage waren, Papierstückchen anzuziehen. Besonders gut gelang dies mit Bernstein. 1747 entwickelte **Benjamin Franklin** eine Theorie, wonach Körper Elektrizität besitzen, die sich beim Aneinanderreiben ungleich auf zwei Körper verteilen kann. Folge sind Überschuss oder Defizit an Elektrizität. Er prägte die Begriffe von *glasartiger* (positiver) und *harzartiger* (negativer) *Elektrizität.* 1791 führte **Luigi Galvani** sein berühmtes Froschschenkelexperiment durch und schrieb tierischem Gewebe sogenannte *animalische Elektrizität* zu. 1800 konstruierte **Alessandro Volta** eine Anordnung von Kupfer- und Zinkplatten, die er durch feuchte, mit Salzwasser getränkte Tücher, trennte. Mit der *Voltaschen Säule* konnte man nun auch Funken erzeugen und elektrische Schocks austeilen, was bislang nur mit Bandgeneratoren möglich war. Volta bezog seine Elektrizität weder aus tierischem Gewebe noch aus dem Aneinanderreiben von Stoffen, sondern aus unbelebter Materie. Die Voltasche Säule, für deren Aufbau bald weitere Metallkombinationen verwendet wurden, revolutionierte die Naturwissenschaft des beginnenden 19. Jahrhunderts. Im Mai 1800 setzten **Nicholson** und **Carlisle** elektrischen Strom zur Wasserzersetzung ein. Sie gewannen Sauerstoff an der Silberanode und Wasserstoff an der Zinkkatode ihrer Apparatur. Zwischen 1806 und 1807 stellte **Humphry Davy** Natrium und Kalium elektrolytisch aus deren Hydroxiden her und verwendete dazu eine Voltasche Säule.

1813 begann **Michael Faraday**, der grandiose Autodidakt unter den Naturwissenschaftlern, mit seinen Arbeiten zur Elektrolyse. Faraday fand heraus, dass die an einer Elektrode abgeschiedene Stoffmenge der zur Abscheidung bewegten Ladung proportional ist. Es gilt:

© Springer-Verlag GmbH Deutschland, ein Teil von Springer Nature 2020
W. Bechmann und I. Bald, *Einstieg in die Physikalische Chemie für Naturwissenschaftler*, Studienbücher Chemie,
https://doi.org/10.1007/978-3-662-62034-2_3

$$\text{abgeschiedene Stoffmenge } n_A = \frac{\text{bewegte Ladung } (I \cdot t)}{z \cdot F}$$

z – Ionenladungszahl des Teilchens, das abgeschieden wird,
F – **Faraday-Konstante** $= 96485 \text{ C mol}^{-1}$ (1 mol Elementarladungen).

Faraday schuf einen wesentlichen Teil der heute noch gültigen Nomenklatur der Elektrochemie. Die Begriffe **Ion, Anion, Kation, Elektrode, Anode, Katode, Elektrolyt** und **Elektrolyse** gehen auf ihn zurück. 1891 schließlich schlug **J. Stoney** vor, der Elementarladung den Namen **Elektron** zu geben. Später wurde diese Bezeichnung für das Ele-mentarteilchen verwendet, das Träger der Elementarladung von $- 1,6021 \cdot 10^{-19}$ C ist.

Geht es um die exakte Messung einer bewegten Ladungsmenge, so verwendet man auch heute noch Coulometer, z. B. **Silbercoulometer**. Im Silbercoulometer werden Silberionen an einer Platinelektrode entladen. Zur Abscheidung von 107,81 g Silber (1 mol Silberionen) an der Platinelektrode benötigt man 96485 C (1 mol Elementarladungen). Mit der Ladung 1 C kann man folglich $1,1180 \cdot 10^{-3}$ g Silber abscheiden. Die Platinelektrode wird nach dem Stromfluss gewogen und die Massenzunahme ermittelt.

1887 gründete Wilhelm Ostwald die Zeitschrift für Physikalische Chemie. In den ersten Bänden dieser Zeitschrift wurden fast ausschließlich Beiträge zu elektrochemischen Themen veröffentlicht. Die Autoren sind zugleich Väter der Physikalischen Chemie und der Elektrochemie. Als Beispiele seien angeführt:

> **Friedrich Wilhelm Kohlrausch** (Kohlrauschsche Gesetze),
> **Svante Arrhenius** (Theorie der elektrolytischen Dissoziation),
> **Jacobus van't Hoff** (osmotischer Druck von Elektrolytlösungen),
> **Wilhelm Ostwald** (Ostwaldsches Verdünnungsgesetz).

Für die Entwicklung des Fachgebietes bedeutsame experimentelle Befunde, die letztlich zur Unterteilung der Elektrochemie führten, waren:
1. Elektrolytlösungen leiten den elektrischen Strom (Elektrolytische Leitfähigkeit),
2. das Froschschenkelexperiment Galvanis (Elektrochemische Potenziale),
3. die Wasserzersetzung durch Nicholson und Carlisle (Elektrolyse).

Sucht man nach einer allgemeinen Definition für Elektrochemie, so ist sie *das Teilgebiet der Physikalischen Chemie, das sich mit der Umwandlung von chemischer Energie in elektrische Energie und umgekehrt beschäftigt. Sie untersucht ferner die Natur der Elektrolyte, ihre Dissoziation und die Vorgänge an Elektroden.*

3.2 Elektrolyte und deren Wechselwirkung mit Lösungsmitteln

Elektrolyte sind chemische Verbindungen, die in gelöster, flüssiger oder fester Form als ionische Leiter den elektrischen Strom leiten können. Ursache der Leitfähigkeit ist die Ausbildung oder Existenz von frei beweglichen positiv bzw. negativ geladenen Ionen. Die Ionen existieren bereits in den Verbindungen bevor man sie löst oder sie sind Ergebnis der Wechselwirkung der Verbindungen mit polaren Lösungsmitteln. Stoffe, die aus Ionen aufgebaut sind, nennt man *echte Elektrolyte*. Verbindungen mit stark polaren kovalenten Bindungen, die erst durch Wechselwirkung mit polaren Lösungsmittelmolekülen in Ionen überführt werden, heißen *potenzielle Elektrolyte*. Wasser ist solch ein polares Lösungsmittel, das in sogenannten *Solvolysereaktionen* die Aufspaltung potenzieller Elektrolyte in Ionen verursacht. Die Aufspaltung einer Verbindung in frei bewegliche Ionen bezeichnet man als *elektrolytische Dissoziation*. Dissoziationen sind Gleichgewichtsreaktionen der allgemeinen Form

$$\text{Elektrolyt} \rightleftharpoons \text{Anion} + \text{Kation} .$$

Verläuft die elektrolytische Dissoziation beim Lösen der Verbindung vollständig oder nahezu vollständig, so spricht man von *starken Elektrolyten*. *Schwache Elektrolyte* besitzen dagegen ein auf der Seite der undissoziierten Verbindungen liegendes Gleichgewicht. Zur Beschreibung der Lage des Dissoziationsgleichgewichts verwendet man den *Dissoziationsgrad* α

$$\alpha = \frac{\text{Anzahl der dissoziierten Elektrolyteinheiten}}{\text{Anzahl aller Elektrolyteinheiten}} .$$

Demnach kann α Werte zwischen 0 und 1 annehmen. Für starke Elektrolyte gilt immer $\alpha \approx 1$, für schwache Elektrolyte ist der Dissoziationsgrad von ihrer Verdünnung abhängig. Mit wachsender Konzentration wird α sehr klein.

Die Einteilungen der Elektrolyte in stark und schwach, echt und potenziell überschneiden sich. Festes Kochsalz besteht aus Ionenkristallen. In wässriger Lösung spalten die Natriumchloridkristalle vollständig in frei bewegliche und hydratisierte Natriumkationen und Chloridanionen auf. Die Verbindung ist sowohl ein echter als auch ein starker Elektrolyt. Chlorwasserstoff besteht aus HCl-Molekülen mit polarer, kovalenter Bindung zwischen den Atomen. Löst man HCl in Wasser, so dissoziiert es in Folge der Wechselwirkung mit den Wassermolekülen nahezu vollständig in Oxonium- und Chloridionen, die vor der Dissoziation nicht im Chlorwasserstoffmolekül vorhanden waren. HCl ist ein starker, aber potenzieller Elektrolyt. Echte Elektrolyte sind meist starke, potenzielle Elektrolyte sind oft schwache.

Die Frage, welche strukturellen und energetischen Vorgänge stattfinden, wenn sich ein Stoff in einem Lösungsmittel löst, befasst sich mit einem außerordentlich komplexen Problem. Auch wenn man sich auf das Lösen starker Elektrolyte in Wasser beschränkt, sind so viele untereinander schwer abgrenzbare Wechselwirkungen zu berücksichtigen, dass unser Wissen darüber auch heute noch sehr lückenhaft und das verfügbare Datenmaterial zwar sehr umfangreich, aber häufig noch unsicher ist. Im Folgenden wollen wir andeuten, was man von den einzelnen strukturellen und energetischen Veränderungen, die den Auflösungsvorgang begleiten, mit einiger Sicherheit weiß. Im Mittelpunkt der Betrachtung soll der besonders einfache Fall des Auflösens von NaCl in Wasser stehen. Man kann das Auflösen von NaCl durch folgende Reaktionsgleichung beschreiben:

$$NaCl(s) + n\ H_2O \rightarrow Na^+(aq) + Cl^-(aq)\ .$$

Das Zeichen aq bedeutet, dass vollständig hydratisierte Ionen entstanden sind.

Beim ***Auflösen von Salzen*** müssen folgende Teilvorgänge stattfinden:
1. Das Ionengitter des aufzulösenden Kristalls muss von der Oberfläche ausgehend zerstört werden. Kationen und Anionen müssen zu frei beweglichen Teilchen werden.
2. Das Lösungsmittel unterstützt durch Solvatation der Ionen deren Übergang aus dem Gitter in das Lösungsmittel.
3. Im Lösungsmittel müssen für die solvatisierten Teilchen Hohlräume (Kavitäten) geschaffen werden. Das bedeutet, Anziehungskräfte zwischen den Lösungsmittelmolekülen müssen gelockert werden.
4. Die solvatisierten Ionen bewirken durch Fernwirkung ihrer Ladung Strukturänderungen im Lösungsmittel in ihrer Umgebung.

Betrachtet man die Teilvorgänge, wird deutlich, dass vom energetischen Standpunkt aus gesehen die Wechselwirkungen bzw. Bindungen im Ionengitter, im Lösungsmittel und zwischen den Ionen und den Lösungsmittelmolekülen involviert sind. Diese Wechselwirkungen sollen zunächst näher beleuchtet werden.

Ion-Ion-Wechselwirkung im Ionenkristall, ***Gitterenergie***

Die Energie, die man einem Mol Ionenkristall zuführen muss, um ihn in gasförmige Ionen zu zerlegen, nennt man seine Gitterenergie. Im Folgenden soll am Beispiel von NaCl untersucht werden, wie man diese Gitterenergie berechnen kann.

Im kubischen Kristallgitter von NaCl ist jedes Ion von 6 Gegenionen umgeben, doch wollen wir der Einfachheit halber vorerst die Wechselwirkung in einem Ionenpaar Na^+; Cl^- untersuchen.

Die zwischen zwei Ladungen Q_1 und Q_2 wirkende elektrostatische Kraft wird durch das

Coulombsche Gesetz beschrieben:

$$F = \frac{1}{\varepsilon \cdot \varepsilon_0 \cdot 4\pi} \cdot \frac{Q_1 \cdot Q_2}{r^2} \quad . \tag{3.1}$$

Dabei bedeuten:

r Abstand zwischen den Ladungen in Metern,

ε_0 Influenzkonstante oder absolute Dielektrizitätskonstante des Vakuums: $8,854 \cdot 10^{-12}$ A·s · V^{-1} · m^{-1}

ε relative Dielektrizitätskonstante eines Dielektrikums, z.B. eines Lösungsmittels, das sich zwischen den Ladungen befindet; ε gibt an, wievielmal stärker im Vergleich zum Vakuum das Dielektrikum das elektrische Feld und damit die Kraft zwischen den Ladungen Q_1 und Q_2 schwächt; es ist eine dimensionslose und temperaturabhängige Zahl (z. B. für Wasser bei 25 °C: 78,54) ,

$4\pi r^2$ bringt zum Ausdruck, dass sich die Kraft über eine kugelförmige Oberfläche verteilt.

$1/(\varepsilon\,\varepsilon_0 4\pi)$ mit $\varepsilon = 1$ für das angenommene Vakuum beträgt $8,988 \cdot 10^9$ V·m·A^{-1}·s^{-1} und wird im Folgenden mit a abgekürzt.

Welche Energie wird nun frei, wenn sich ein Ionenpaar, so wie es im Gitter vorliegt, aus unendlich weit voneinander entfernten freien Ionen bildet? Wenn der Zahlenwert der potenziellen Energie zweier Ladungen (ihre Coulombsche Energie) bei unendlicher Entfernung gleich 0 gesetzt wird, dann ergibt sich ihre potenzielle Energie beim Abstand r aus der Arbeit, die geleistet werden muss, um die Ladungen Q_1 und Q_2 aus unendlicher Entfernung bis zum Abstand r anzunähern. Bei der Berechnung der Arbeit gehen wir wieder vom Skalarprodukt aus wirkender Kraft, bewirkter Ortsveränderung und cos α (Winkel der vom Kraftvektor und dem Verschiebungsvektor eingeschlossen wird) aus. Wie am Beispiel der Volumenarbeit (Kap. 1.4, S. 28) gezeigt, gilt es bei der wirkenden Kraft zwischen systemimmanenter bzw. externer Kraft zu unterscheiden. Die Coulombsche Kraft ist systemimmanent. Das Skalarprodukt erhält deshalb ein negatives Vorzeichen. Die Ladungen Q_1 und Q_2 im Coulombschen Gesetz sind vorzeichenbehaftete Größen. Soll die Coulombsche Kraft, wie in Gleichung (3.1) formuliert, positiv sein, müssen beide Ladungen das gleiche Vorzeichen besitzen. Daraus folgt, dass unsere Coulombsche Kraft F die abstoßende Kraft zwischen gleichartig geladenen Ionen ist. Diese Überlegung hilft uns, eine Aussage über den Winkel α zu treffen. Bei der Annäherung zweier Ionen sind Kraftvektor und Verschiebungsvektor entgegengesetzt gerichtet: $\cos \alpha = -1$. Der von uns verwendete Abstandsparameter r wird bei der Annäherung der Ionen kleiner. ds muss folglich durch $-dr$ ersetzt werden. Für die Berechnung der Arbeit ergibt sich also:

$$\delta w = -F \cdot ds \cdot \cos \alpha = -a \cdot \frac{Q_1 \cdot Q_2}{r^2} \cdot \left(-dr\right) \cdot \left(-1\right) = -a \cdot \frac{Q_1 \cdot Q_2}{r^2} \cdot dr \quad \text{bzw.}$$

$$w = E_{pot} = \int_{\infty}^{r} -F \cdot dr = \int_{\infty}^{r} -a \cdot \frac{Q_1 \cdot Q_2}{r^2} \cdot dr = a \cdot \frac{Q_1 \cdot Q_2}{r} \, . \tag{3.2}$$

Sind die Ladungen, wie im vorliegenden Fall (Abb. 3.1) ungleichartig, sinkt die potenzielle Energie bei Annäherung der Ionen unter 0, das heißt, sie wird negativ. Die Ionen nähern sich bis zu einem Gleichgewichtsabstand r_0. Eine noch größere Annäherung wird durch die positiven Atomkerne verhindert. Die zunehmende Abstoßung der Atomkerne bei Annäherung der Ionen unter den Gleichgewichtsabstand verdeutlicht die obere Kurve in Abbildung 3.1. In der Gleichung für die potenzielle Energie wird dies durch den Abstoßungsterm b/r^9 berücksichtigt.

Es ergibt sich:

$$w(r) = E_{pot} = a \cdot \frac{Q_1 \cdot Q_2}{r} + \frac{b}{r^9} \, . \tag{3.3}$$

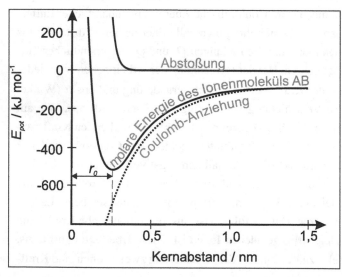

Abb. 3.1: Potenzielle Energie einer Ionenbeziehung in Abhängigkeit vom Kernabstand.

Der Gleichgewichtsabstand r_0 stellt sich im Potenzialminimum ein. Dies ermöglicht die Bestimmung der Konstanten b, denn im Minimum der Kurve muss entsprechend der Differentialrechnung $dE/dr = 0$ gelten.
Daraus folgt

$$a \cdot \frac{Q_1 \cdot Q_2}{r_0^2} = -\frac{9 \cdot b}{r_0^{10}} \quad \text{und} \quad b = -\frac{1}{9} \cdot a \cdot Q_1 \cdot Q_2 \cdot r_0^8 \ . \tag{3.4}$$

Setzt man dies für b in die Gleichung (3.3) ein, so ergibt sich:

$$E_{pot} = a \cdot \frac{Q_1 \cdot Q_2}{r_0} - a \cdot \frac{Q_1 \cdot Q_2}{9 \cdot r_0} = a \cdot \frac{8 \cdot Q_1 \cdot Q_2}{9 \cdot r_0} \ . \tag{3.5}$$

Berücksichtigt man nun, dass in einem NaCl-Gitter nicht nur 1 Ion mit einem, sondern mit 6 Ionen entgegengesetzter Ladung in Wechselwirkung steht und die Wirkung einer Ladung über die unmittelbar benachbarten Ionen hinausreicht, so muss a mit einer von **E. Madelung** berechneten und nach ihm benannten Konstanten M_A multipliziert werden, die für die Geometrie des NaCl-Gitters den Wert 1,748 hat. Setzt man für Q_1 und Q_2 die Elementarladungen $1{,}602 \cdot 10^{-19} A \cdot s$ mit ihren entsprechenden Vorzeichen sowie den Gleichgewichtsabstand $r_0 = 2{,}813 \cdot 10^{-10}$ m in die obige Gleichung ein und bezieht das Ergebnis durch Multiplikation mit der *Avogadroschen Konstante* auf ein Mol NaCl-Kristall, so ergibt sich die Energie, die bei der Bildung von 1 Mol NaCl-Gitter aus den gasförmigen Ionen freigesetzt wird. Der umgekehrte Vorgang führt zur Gitterdissoziation in frei bewegliche gasförmige Ionen und wird durch die positive Gitterenergie $E = 767$ kJ·mol^{-1} wiedergegeben.
Bei der beschriebenen Berechnung der Gitterenergie werden Bewegungen der Ionen, also Beiträge kinetischer Energie vernachlässigt und im Gitter nur Ion-Ion-Wechsel-wirkungen berücksichtigt.
Der Vergleich mit experimentell ermittelten Gitterenergien zeigt, dass die Vereinfachungen bei nicht zu hohen Ansprüchen statthaft sind.

Will man die auf konstantes Volumen bezogene Gitterenergie in die auf konstanten Druck bezogene Gitterenthalpie umrechnen, muss die Volumenarbeit für die Freisetzung von 2 Mol gasförmiger Ionen berücksichtigt werden. Mit Gleichung 1.23, S. 38, ergibt sich bei 298 K mit $\Delta v = 2$ eine zu addierende Volumenarbeit von rund 5 kJ·mol^{-1}.
Daraus folgt eine Gitterenthalpie von 772 kJ·mol^{-1}. Dieser Wert ist ca. 15 kJ kleiner als der über den Born-Haber-Kreisprozess (S. 46) berechnete Wert, was bei Berücksichtigung der unterschiedlichen Wege bzw. Ausgangsdaten verständlich scheint.

Wechselwirkung zwischen Wassermolekülen

Bevor wir die Wechselwirkungen zwischen Ionen und Wasser beschreiben, müssen wir kurz auf die Wechselwirkungen zwischen den Lösungsmittelmolekülen eingehen. Für Wasser ist bekannt, dass dies im Wesentlichen ***Dipol-Dipol-Wechselwirkungen, Wasserstoffbrückenbindungen*** und ***Dispersionswechselwirkungen*** sind. Dispersionswechselwirkungen (London-Kräfte) sind Wechselwirkungen, die quantenmechanischen Ursprungs sind. In modellhafter Vorstellung wirken dabei Kräfte, die nicht auf permanente sondern auf fluktuierende Dipole zurückgehen. Solche Dipole könnten durch kurzzeitige Verlagerungen der positiven und negativen Ladungen in den Molekülen entstehen. Sie gleichen sich im Mittel aus, haben aber momentan wirkende Anziehung zur Folge. Dispersionswechselwirkungen sind die allgemeinsten Wechselwirkungen, die stets auftreten. Ohne sie könnte man beispielsweise nicht erklären, warum sich völlig ungeladene, unpolare wasserstoffbrückenfreie Moleküle zu einer Flüssigkeit zusammenfinden können. Da die Dispersionswechselwirkungen jedoch nur geringe Reichweite haben und zudem unspezifisch und ungerichtet wirken, haben sie keine besonderen Folgen bezüglich der Ordnung und der Struktur in einer Lösung. Durch Dipole verursachte Wechselwirkungen und Dispersionswechselwirkungen bezeichnet man auch zusammenfassend als ***van der Waals-Wechselwirkungen***.

Ion-Dipol-Wechselwirkungen

Die Kräfte, die beim Auflösungsprozess eines Ionenkristalls die Gitterenergie überwinden helfen, basieren auf den ***Ion-Dipol-Wechselwirkungen***. Aus vielen Eigenschaften gelöster Ionen lässt sich schließen, dass sie in polaren Lösungsmitteln von Solvathüllen umgeben sind.

Die Kraft F, welche zwischen einem kugelförmigen Ion und einem Dipol wirkt, hängt zunächst einmal von der Ladung des Ions Q und von der Größe des Dipolmomentes μ ab. Es gilt die Beziehung

$$F \propto \frac{Q \cdot \mu \cdot \cos\varphi}{r^3} \ . \tag{3.6}$$

Die dritte Potenz des Abstandes r macht deutlich, dass die Wechselwirkung mit der Entfernung stark abnimmt. Wichtig für die Wirksamkeit ist auch die räumliche Orientierung des Dipols zum Ion, was durch $\cos\phi$ berücksichtigt wird. ϕ ist dabei der Winkel zwischen der Ausrichtung des Dipols (Verbindungslinie seiner Pole) und der Verbindungslinie zwischen den Mittelpunkten von Ion und Dipol. Die Wirksamkeit der Ionenladung hängt davon ab, wie groß das geladene Teilchen ist. Große Ionen, meist Anionen, sind schwächer hydratisiert als die kleineren. Die Anziehung des negativen Ladungsschwerpunktes am Sauerstoff der Wassermoleküle führt zur Ausbildung der Hydrathülle der Kationen.

In der *inneren Hydrathülle* (unmittelbare Umgebung des Ions) werden die Wassermoleküle im Ergebnis der Ion-Dipol-Wechselwirkung fest gebunden.

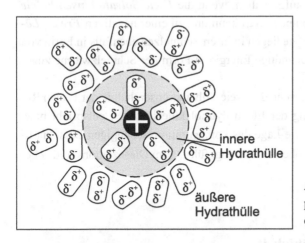

Abb. 3.2: Ion-Dipol- bzw. Dipol-Dipol-Wechselwirkung beim Aufbau der Hydrathülle eines Kations.

In einer zweiten und dritten Schicht (*äußere Hydrathülle*) ist hauptsächlich die *Dipol-Dipol-Wechselwirkung* für den Aufbau der Hydrathülle verantwortlich. Die sterische Anordnung der gewinkelt gebauten Wassermoleküle um die kugelförmigen Kationen führt zu einer starken Vergrößerung der Radien der hydratisierten Ionen gegenüber den nicht hydratisierten. So beträgt der Ionenradius des hydratisierten Lithiumkations mit 3,4 Å das Fünffache des nicht hydratisierten Ions (0,68 Å). Bei den vergleichsweise großen Anionen (großes Radius / Ladung - Verhältnis) ist die Ion-Dipol-Wechsel-wirkung geringer, was sich in einer kleineren Hydratationszahl niederschlägt.

Wie bei der Bildung fester Salze im Ergebnis einer Ion-Ion-Wechselwirkung Energie in Form der Gitterenergie freigesetzt wird, so wird im Ergebnis der Ion-Dipol-Wechselwirkung mit den Lösungsmittelmolekülen *Solvatationsenergie* frei. Die Ion-Dipol-Wechselwirkung und besonders die Dipol-Dipol-Wechselwirkung in der äußeren Hydrathülle führen nicht zu starren Verbänden wie den Ionenkistallen. Es erfolgt ein ständiger Austausch der Lösungsmittelmoleküle der äußeren *Solvathülle* mit freien Lösungsmittelmolekülen. Die Austauschgeschwindigkeit wächst mit steigender Temperatur und führt zu Schwierigkeiten bei der Bestimmung der *Solvatationszahl*. Die Dipol-Dipol-Wechselwirkung ist aus energetischer Sicht von untergeordneter Bedeutung. Bei ihr ist die wirkende Kraft umgekehrt proportional zur siebenten Potenz der Dipolentfernung.

Über die äußere Hydrathülle hinaus besitzen die Wechselwirkungen Bedeutung für die Lösungsmittelstruktur (z. B. in Clustern oder Ketten).

Die elektrolytische Dissoziation ist also Ergebnis der Wechselwirkung zwischen undissoziiertem Elektrolyten und dem jeweiligen Lösungsmittel. Ionenkristalle werden in frei bewegliche und solvatisierte Ionen aufgespalten, wenn die *Freie Solvatationsenthalpie* die *Freie Kristallgitterenthalpie* kompensieren kann und zu einer negativen *Freien Lösungsenthalpie* führt. Echte Elektrolyte liegen in ihren Schmelzen ebenfalls in Form von beweglichen Ionen vor. Hier wird die nötige Energie in Form der Schmelzwärme zugeführt.

Potenzielle Elektrolyte dissoziieren, wenn die Freie Solvatationsenthalpie der Freien Reaktionsenthalpie für die Aufspaltung der Elektrolytmoleküle in Ionen entspricht bzw. diese im Absolutbetrag übersteigt. Die Lage des konzentrationsabhängigen Dissozia-tionsgleichgewichts wird, wie weiter oben bereits angeführt, vom Dissoziationsgrad α beschrieben.

3.3 Elektrolytische Leitfähigkeit

Die Fähigkeit eines Systems (metallischer Leiter, Elektrolytlösung etc.), den elektrischen Strom zu leiten, wird durch seinen *elektrischen Widerstand R* charakterisiert. Angelegte Spannung U, fließender Strom I und elektrischer Widerstand R sind im *Ohmschen Gesetz* miteinander verknüpft:

$$R = \frac{U}{I}\;. \tag{3.7}$$

Der Widerstand R eines Leiters hängt von seinem *spezifischen Widerstand ρ*, seiner Länge l und dem Leiterquerschnitt A ab, in dem der Ladungstransport erfolgt. Es gilt:

$$R = \rho \cdot \frac{l}{A}\;. \tag{3.8}$$

Bei metallischen Leitern sind l und A leicht messbar, und damit wird bei Kenntnis von R der spezifische Widerstand berechenbar. Widerstände lassen sich besonders genau mit der *Wheatstoneschen Messbrücke* bestimmen.

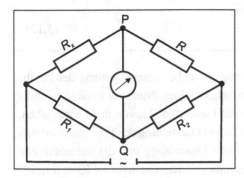

Abb. 3.3: Wheatstonesche Brückenschaltung zur Leitfähigkeitsmessung.

Dabei wird der einstellbare Widerstand R so lange verändert, bis die Brücke stromlos ist. Im stromlosen Zustand gilt:

$$\frac{R_1}{R_2} = \frac{R_x}{R} \quad \text{oder} \quad R_x = \frac{R_1 \cdot R}{R_2} \ . \tag{3.9}$$

Bei Elektrolytlösungen bestimmt man die Leitfähigkeit. Unter *Leitfähigkeit G* (in der älteren Literatur auch als Leitwert bezeichnet) versteht man den Kehrwert des elektrischen Widerstandes:

$$G = \frac{1}{R} \qquad [G] = \Omega^{-1} = S \qquad \text{(Siemens)} \ . \tag{3.10}$$

Zur Messung der Leitfähigkeit von Elektrolytlösungen eignet sich ebenfalls die Wheatstonesche Brückenschaltung. In der obigen Anordnung gilt:

$$G_x = \frac{R_2}{R_1 \cdot R} \ . \tag{3.11}$$

Alternativ zur Wheatstoneschen Brücke wird heute mit Digitalmultimetern und entsprechenden Geräten der Widerstand oft durch Spannungsmessung unter Verwendung von Kostantstromquellen bestimmt.

3.3.1 Spezifische und molare Leitfähigkeit

In Analogie zum Widerstand R definiert man die *spezifische Leitfähigkeit κ* als Kehrwert des spezifischen Widerstandes ρ. Aus Gleichung (3.8) folgt:

$$G = \kappa \cdot \frac{A}{l} \quad \text{bzw.} \quad \kappa = G \cdot \frac{l}{A} \; . \tag{3.12}$$

In Elektrolytlösungen erfolgt der Leitungsvorgang (Ionenbewegung) entlang der Feldlinien des von den Elektroden ausgehenden elektrischen Feldes. Nun sind weder eine mittlere Länge der Feldlinien noch die Bewertung der Gesamtfläche, von der sie ausgehen, messtechnisch leicht zugänglich. In der schematischen Darstellung des Feldlinienverlaufs in Abbildung 3.4 erkennt man die unterschiedliche Linienlänge und die uneinheitliche Wirkung der Elektrodenfläche auf den Ladungstransport. Der Quotient l/A kann folglich nur über Kalibriermessungen für eine bestimmte Elektrodenanordnung bestimmt werden. Die Kalibrierung der Messzelle erfolgt unter Verwendung von Elektrolytlösungen mit bekannter spezifischer Leitfähigkeit. Die Kalibrierlösungen wurden in sogenannten **Drahtelektroden** vermessen. Das sind dünne, zylindrische Röhren, die mit Scheibenelektroden der Fläche A verschlossen sind. In ihnen kann der Ladungstransport nur entlang der nahezu parallel verlaufenden Feldlinien erfolgen.

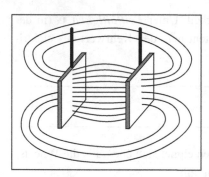

Abb. 3.4: Schematischer Feldlinienverlauf zwischen den Elektroden einer Leitfähigkeitszelle.

Man bezeichnet den Quotienten l/A als **Widerstandskapazität** C der Leitfähigkeitsmesszelle. Heute gelangen hauptsächlich industriell gefertigte Messzellen mit einer definierten Widerstandskapazität zum Einsatz.

Die Einheit der spezifischen Leitfähigkeit ist $\Omega^{-1} \cdot cm^{-1} = S \cdot cm^{-1}$. Es lässt sich leicht einsehen, dass κ eine konzentrationsabhängige Größe ist, da mit der Elektrolytkonzentration die Zahl der Ladungsträger variiert wird.

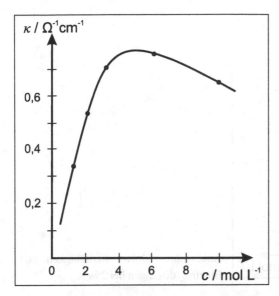

Abb. 3.5: Spezifische Leitfähigkeit einer wässrigen HCl-Lösung bei 288 K.

Abbildung 3.5 zeigt die Konzentrationsabhängigkeit der spezifischen Leitfähigkeit einer wässrigen HCl-Lösung. Einen ähnlichen Verlauf der spezifischen Leitfähigkeit zeigen alle Elektrolyte. Schwache Elektrolyte besitzen in Richtung sinkender Konzentrationen zusätzlich wachsende Dissoziationsgrade α und fallen deshalb weniger steil ab.

Die auf die Konzentration bezogene spezifische Leitfähigkeit eines Elektrolyten heißt *molare Leitfähigkeit* Λ

$$\Lambda = \frac{\kappa}{c} \qquad [\Lambda] = \mathrm{S} \cdot \mathrm{m}^2 \cdot \mathrm{mol}^{-1} \ . \tag{3.13}$$

In zahlreichen Arbeiten wird die sogenannte *Äquivalentleitfähigkeit* Λ_e verwendet. Sie ist der Quotient aus molarer Leitfähigkeit und Ladungszahl der Ionen.

Konzentrationsabhängigkeit der molaren Leitfähigkeit
Bei starken Elektrolyten nähert sich die molare Leitfähigkeit bei zunehmender Verdünnung bereits im Bereich gut messbarer Konzentrationen einem Grenzwert für unendlich verdünnte Lösungen, denn die Veränderung von Λ wird nur durch interionische Wechselwirkung verursacht.

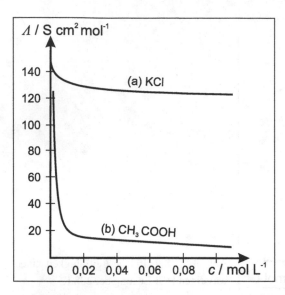

Abb. 3.6: Molare Leitfähigkeit von Elektrolytlösungen bei 298 K.

Schwache Elektrolyte verändern dagegen, wegen zunehmender Dissoziation bei sinkender Konzentration, die molare Leitfähigkeit sehr stark. Hier wird der Grenzwert Λ_∞ (*Grenzleitfähigkeit bei unendlicher Verdünnung*) erst bei Konzentrationen abschätzbar, die sehr nahe 0 mol $\cdot$ l^{-1} liegen. Die Extrapolationen auf Λ_∞ sind bei schwachen Elektrolyten wegen der Messfehler im Bereich niedrigster Konzentrationen stark fehlerbehaftet.

Starke Elektrolyte
Für experimentell gut zugängliche starke Elektrolyte fand **F. W. Kohlrausch** eine empirische Beziehung zwischen molarer Leitfähigkeit und der Elektrolytkonzentration, in die die Grenzleitfähigkeit eingeht:

$$\Lambda = \Lambda_\infty - k \cdot \sqrt{c} \ . \tag{3.14}$$

Gleichung (3.14) ist das nach dem Entdecker benannte *Kohlrauschsche Quadratwurzelgesetz* starker Elektrolyte. Die Größe k stellt eine stoffabhängige Konstante dar, die im Wesentlichen von der Ionenladung beeinflusst wird. Im Gültigkeitsbereich des Kohlrauschschen Gesetzes ($c < 10^{-2}$ mol $\cdot$ l^{-1}) erhält man Geraden, deren Anstiege k_i bei Elektrolyten, die aus Ionen mit gleichen Ladungszahlen bestehen, sehr ähnlich sind.

Bildet man das Verhältnis $\varphi_\pm = \dfrac{\Lambda}{\Lambda_\infty}$, so erhält man die *Leitfähigkeitskoeffizienten*. Der

Leitfähigkeitskoeffizient $\varphi_\pm$ reduziert Λ_∞ über $\Lambda = \varphi_\pm \cdot \Lambda_\infty$ in gleicher Weise auf reale

Bedingungen, wie der mittlere Aktivitätskoeffizient $f_\pm$ über $a = f_\pm \cdot \dfrac{c}{1\,\text{M}}$ die Umrechnung

der Idealgröße Konzentration auf die Realgröße Aktivität a erlaubt. Beide Größen spiegeln somit die interionische Wechselwirkung wider. Sie haben in der Regel Werte, die kleiner als 1 sind. (Bei unseren Betrachtungen zu starken Elektrolyten gehen wir definitionsgemäß von einem Dissoziationsgrad $\alpha \approx 1$ aus.)

Kohlrausch machte ferner die interessante Beobachtung, dass die Unterschiede in den Λ_∞-Werten von Salzen (also $\Delta\Lambda_\infty$) gleich bleiben, wenn die Salzpaare jeweils in einem Ion übereinstimmen. Er untersuchte z. B. Salzpaare, die jeweils Na^+- bzw. K^+-Ionen mit dem gleichen Anion enthielten, und stellte für die Differenzen ihrer Grenzleitfähigkeiten bei 25 °C folgende Werte fest (Λ_∞ in $S \cdot cm^2 \cdot mol^{-1}$):

	Λ_∞		Λ_∞		Λ_∞
NaCl	126,45	$NaNO_3$	121,56	NaOH	169,2
KCl	149,85	KNO_3	144,96	KOH	192,6
$\Delta\Lambda_\infty$	23,4		23,4		23,4

Der experimentelle Befund lässt sich leicht erklären, wenn man Λ_∞ aus zwei unabhängigen Termen zusammensetzt, die die Grenzleitfähigkeiten der Anionen bzw. Kationen angeben:

$$\Lambda_\infty = \nu_+ \cdot \Lambda_+ + \nu_- \cdot \Lambda_- \ . \tag{3.15}$$

Die Koeffizienten ν_+ und ν_- entsprechen den Stöchiometriezahlen der Ionen in den vorliegenden Verbindungen. Mit Hilfe dieses *Gesetzes der unabhängigen Ionenwanderung* schuf Kohlrausch ein Instrument zur einfachen Berechnung der Grenzleitfähigkeiten von Elektrolyten aus tabellierten Werten der *molaren Ionengrenzleitfähigkeiten*.

Beispiel: Die Grenzleitfähigkeit wässriger $BaCl_2$-Lösungen beträgt bei 25 °C

$$\Lambda_\infty = (127,2 + 2 \cdot 76,35) \ S \cdot cm^2 \cdot mol^{-1} = 279,9 \ S \cdot cm^2 \cdot mol^{-1} \ .$$

Tabelle 3.1: Grenzleitfähigkeiten von Ionen in Wasser bei 25 °C

Kationen	$\Lambda_+ / \text{S} \cdot \text{cm}^2 \cdot \text{mol}^{-1}$	Anionen	$\Lambda_- / \text{S} \cdot \text{cm}^2 \cdot \text{mol}^{-1}$
Ba^{2+}	127,2	Br^-	78,1
Ca^{2+}	119,0	CH_3COO^-	40,9
Cs^+	77,2	Cl^-	76,35
Cu^{2+}	107,2	ClO_4^-	67,3
H^+	349,6	CO_3^{2-}	138,6
K^+	73,5	$(COO)_2^{2-}$	148,2
Li^+	38,7	F^-	55,4
Mg^{2+}	106,0	$[Fe(CN)_6]^{3-}$	302,7
Na^+	50,1	$[Fe(CN)_6]^{4-}$	442,0
$[N(C_2H_5)_4]^+$	32,6	I^-	76,8
$[N(CH_3)_4]^+$	44,9	NO_3^-	71,46
NH_4^+	73,5	OH^-	199,1
Rb^+	77,8	SO_4^{2-}	160,0
Sr^{2+}	118,9		
Zn^{2+}	105,6		

Durch geeignete Kombination von experimentell zugängigen Grenzleitfähigkeiten starker Elektrolyte lassen sich ebenfalls Grenzleitfähigkeiten schwacher Elektrolyte berechnen.

Als **Beispiel** sei hier die Berechnung der Grenzleitfähigkeit von Essigsäure angeführt:

(1) $\Lambda_\infty(\text{NaCl}) = \Lambda_+(\text{Na}^+) + \Lambda_-(\text{Cl}^-) = 126,45 \ \text{S} \cdot \text{cm}^2 \cdot \text{mol}^{-1}$

(2) $\Lambda_\infty(\text{HCl}) = \Lambda_+(\text{H}^+) + \Lambda_-(\text{Cl}^-) = 425,95 \ \text{S} \cdot \text{cm}^2 \cdot \text{mol}^{-1}$

(3) $\Lambda_\infty(\text{CH}_3\text{COONa}) = \Lambda_+(\text{Na}^+) + \Lambda_-(\text{CH}_3\text{COO}^-) = 91,0 \ \text{S} \cdot \text{cm}^2 \cdot \text{mol}^{-1}$

$$(3) - (1) + (2) = \Lambda_+(\text{Na}^+) + \Lambda_-(\text{CH}_3\text{COO}^-) - \Lambda_+(\text{Na}^+) - \Lambda_-(\text{Cl}^-) + \Lambda_+(\text{H}^+) + \Lambda_-(\text{Cl}^-)$$

$$= \Lambda_+(\text{H}^+) + \Lambda_-(\text{CH}_3\text{COO}^-) = 390,5 \ \text{S} \cdot \text{cm}^2 \cdot \text{mol}^{-1} \quad .$$

Nach der *Arrheniusschen Theorie der elektrolytischen Dissoziation* liegen starke Elektrolyte in Lösungen vollständig dissoziiert vor. Liefert jedes Ion einen stets gleichen Beitrag zur Leitfähigkeit, müsste die molare Leitfähigkeit starker Elektrolyte eigentlich eine Konstante sein. Das Kohlrauschsche Quadratwurzelgesetz beschreibt die Abweichung starker Elektrolyte vom Idealverhalten bei Konzentrationen kleiner als $c = 10^{-2}$ mol $\cdot$ L^{-1}.

Die Tatsache, dass der k-Faktor im Kohlrauschschen Gesetz für Elektrolyte, deren Anionen und Kationen gleiche Ladungszahlen besitzen, nahezu gleich ist, weist auf die Bedeutung der Ionenladung bei der Abweichung vom Idealverhalten hin. Diese Beobachtungen stehen in Übereinstimmung mit der 1923 von **Peter Debye** und **Ernst Hückel** aufgestellten Theorie zur Behandlung starker Elektrolyte. In dieser Theorie wird auch von der Arrheniusschen Annahme der vollständigen Dissoziation ausgegangen. Debye und Hückel schreiben die scheinbar kleineren Dissoziationsgrade, auf die man aus Leitfähigkeitsmessungen (auch Messungen der osmotischen Drücke) von Elektrolytlösungen schließen könnte, gänzlich den elektrostatischen Wechselwirkungen der gelösten Ionen zu. Die elektrostatischen Kräfte der Ion-Ion-Wechselwirkung besitzen eine große Reichweite und sind nicht gerichtet. Das führt zur Ausbildung von *„Ionenwolken"*, in denen unterschiedlich geladene Ionen nicht in alternierender Folge ihre Ladungen kompensieren, sondern in denen sich um das Zentralion viele entgegengesetzt geladene Ionen kugelartig anordnen (Abbildung 3.7a). Beim Anlegen eines elektrischen Feldes werden die unterschiedlich geladenen Ionen in entgegengesetzter Richtung bewegt. Dabei wird die thermodynamisch stabile Kugelsymmetrie gestört. Es entsteht eine asymmetrisch verzerrte Anionenwolke. Das System bringt der Symmetrieänderung Widerstand entgegen, der sich als Bremsen der Ionenbewegung dokumentiert (Abbildung 3.7b). Man spricht vom *Asymmetrieeffekt.*

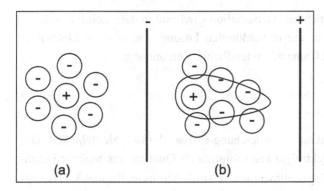

Abb. 3.7: Ionenwolken und deren Verzerrung im elektrischen Feld.

Die Bewegung der Ionen erfolgt in der Lösung nicht geradlinig im elektrischen Feld, sondern in einer Art Zickzackbewegung (vergleichbar der Brownschen Bewegung), die als Springen von einem „Loch" zum anderen innerhalb der Lösungsmittelstruktur gedeutet werden kann. Resultat vieler Sprünge eines Ions ist schließlich eine im elektrischen Feld gerichtete Vorwärtsbewegung. Ionenwolken stellen den energetisch günstigsten Zustand eines Zentralions dar. Wird das Zentralion bewegt, so versucht es am neuen Standort seine kugelsymmetrische Ionenwolke wieder aufzubauen.
Die dafür benötigte Zeit, die sogenannte *Relaxationszeit der Ionenwolke*, verzögert ebenfalls die Ionenbewegung. Diese Bremswirkung nennt man *Relaxationseffekt*. Sie wird

mit wachsender Ionenkonzentration stärker. Ein weiterer Effekt kommt hinzu. Da sowohl das Zentralion, als auch die Ionen der „Wolke" solvatisiert sind, gleicht die Bewegung der Ionen einem entgegengesetzt gerichteten Strom von Lösungsmittelmolekülen, gegen den die Ionen zusätzlich ankämpfen müssen. Mit wachsender Ladung des Zentralions vergrößert sich die Ionenwolke eines Ions und damit auch der entgegengesetzt gerichtete Strom von Lösungsmittelmolekülen (*elektrophoretischer Effekt*). Die angeführten Einflüsse behindern die Ionenbewegung und täuschen Dissoziationsgrade $\alpha < 1$ vor.

Schwache Elektrolyte

In der verdünnten wässrigen Lösung eines schwachen Elektrolyten liegen wegen des kleinen und mit steigender Konzentration weiter sinkenden Dissoziationsgrades nur geringe Ionenkonzentrationen vor. Die interionische Wechselwirkung, die wir bei starken Elektrolyten mit Leitfähigkeits- bzw. Aktivitätskoeffizienten ($\varphi_\pm$, $f_\pm$) beschrieben haben, kann vernachlässigt werden. Für die Leitfähigkeitskoeffizienten gilt die Näherung $\varphi_\pm = 1$. Im Gegensatz zu starken Elektrolyten muss allerdings der Zusammenhang zwischen dem Dissoziationsgrad α und der molaren Leitfähigkeit berücksichtigt werden. In schwachen Elektrolyten ist die molare Leitfähigkeit dem Dissoziationsgrad proportional:

$$\Lambda = a \cdot \alpha \ . \tag{3.16a}$$

Mit zunehmender Verdünnung nehmen Dissoziationsgrad und molare Leitfähigkeit zu. Da die interionische Wechselwirkung in verdünnten Lösungen schwacher Elektrolyte vernachlässigbar ist, gilt für den Grenzwert unendlicher Verdünnung:

$$\lim_{c \to 0} \Lambda = \lim_{\alpha \to 1} a \cdot \alpha = \Lambda_\infty \qquad \text{bzw.} \qquad a = \Lambda_\infty \ . \tag{3.16b}$$

Somit ist der Proportionalitätsfaktor a in Gleichung (3.16a) die Grenzleitfähigkeit. Der Dissoziationsgrad schwacher Elektrolyte kann folglich als Quotient aus molarer Leitfähigkeit und Grenzleitfähigkeit dargestellt werden. α wurde bereits im Kapitel 3.2 als Verhältnis aus der Anzahl der dissoziierten Elektrolyteinheiten und der Anzahl aller vor der Dissoziation vorhandenen Einheiten eines gelösten Elektrolyten definiert:

$$\alpha = \frac{\Lambda}{\Lambda_\infty} = \frac{N_{dissoziiert}}{N_0} \ . \tag{3.17a}$$

Wie ebenfalls schon früher ausgeführt, sind Dissoziationsreaktionen Gleichgewichtsreaktionen. Die schwache Säure HA (z. B. Essigsäure) dissoziiert demnach entsprechend der Gleichung

$$H_2O + HA \rightleftharpoons H_3O^+ + A^- \qquad K' = \frac{c_{H_3O^+} \cdot c_{A^-}}{c_{HA} \cdot X_{H_2O}} \; .$$

Die Wasserkonzentration kann als konstant angesehen werden und wird in die Gleichgewichtskonstante $K = K' \cdot X_{H_2O}$ einbezogen. In rein wässriger Lösung kann man davon ausgehen, dass die Oxoniumionen und die Anionen der schwachen Säure nur aus Dissoziationsreaktionen stammen. Das bedeutet, dass die Konzentrationen dieser Ionen der Anzahl der dissoziierten Säuremoleküle äquivalent sind:

$$\alpha = \frac{c_{H_3O^+}}{c_0} = \frac{c_{A^-}}{c_0} \qquad c_0 : \text{Ausgangskonzentration von HA} \; . \tag{3.17b}$$

c_{HA} wird als Differenz aus der Ausgangskonzentration und dem dissoziierten Anteil berechnet. Der dissoziierte Anteil lässt sich wie oben durch die Konzentration der entstandenen Ionen ersetzen, und man erhält im Falle eines 1:1-Elektrolyten (wie der Essigsäure) für die Gleichgewichtskonzentration der undissoziierten Säure HA:

$$c_{HA} = c_0 - c_{H_3O^+} = c_0 - c_{A^-} = c_0 - \alpha \cdot c_0 \; . \tag{3.18}$$

Das Einsetzen dieser Konzentrationen in die Gleichgewichtskonstante K liefert

$$K = \frac{\alpha^2 \cdot c_0^{\,2}}{c_0 - \alpha \cdot c_0} \; . \tag{3.19}$$

Durch Kürzen erhält man eine Beziehung, die sich auf alle schwachen 1:1-Elektrolyte (Säuren und Basen) mit der Ausgangskonzentration c_0 anwenden lässt

$$K = \frac{\alpha^2 \cdot c_0}{1 - \alpha} \; . \tag{3.20}$$

Unter Verwendung der molaren Leitfähigkeiten ergibt sich:

$$K = \frac{\dfrac{\Lambda^2}{\Lambda_\infty^2} \cdot c_0}{1 - \dfrac{\Lambda}{\Lambda_\infty}} = \frac{\Lambda^2 \cdot c_0}{(\Lambda_\infty - \Lambda) \cdot \Lambda_\infty} \; . \tag{3.21}$$

Die Gleichungen (3.20) und (3.21) werden als **Ostwaldsches Verdünnungsgesetz** bezeichnet. Es erlaubt die experimentelle Bestimmung der weitgehend konzentrations-unabhängigen Dissoziationskonstanten bzw. der stärker konzentrationsabhängigen Dissoziationsgrade α aus Leitfähigkeitsmessungen in rein wässrigen Lösungen. Im Experiment werden spezifische Leitfähigkeiten gemessen und zur Berechnung molarer Leitfähigkeiten herangezogen. Die Grenzleitfähigkeiten der Elektrolyte erhält man aus den tabellierten Werten der Ionengrenzleitfähigkeiten entsprechend dem Kohlrauschschen Gesetz der unabhängigen Ionenwanderung (Gleichung (3.15)). Man wählt meist Konzentrationen zwischen 0,1 und 0,001 M. Sind die schwachen Elektrolyte bei diesen Konzentrationen schon stärker dissoziiert, müssen die molaren Leitfähigkeiten mit Hilfe des Leitfähigkeitskoeffizienten korrigiert werden.

Der Quotient $\dfrac{\Lambda}{\Lambda_\infty}$ wird für starke und schwache Elektrolyte also unterschiedlich interpretiert. Für einen allgemeinen Ansatz, der alle Elektrolyte berücksichtigt, können weder für $\varphi_\pm$ noch für α konstante Werte von 1 angenommen werden. Dann gilt:

$$\frac{\Lambda}{\Lambda_\infty} = \varphi_\pm \cdot \alpha \quad . \tag{3.22}$$

3.3.2 Ionenwanderungsgeschwindigkeit und Ionenbeweglichkeit

Wieso unterscheiden sich die Äquivalenzleitfähigkeiten starker Elektrolyte? Führen wir folgendes Gedankenexperiment durch:

Ein Kation mit der Ladung Q^+ befindet sich in einer wässrigen Lösung im elektrischen Feld zwischen zwei Elektroden, an denen die Spannung U angelegt ist. Die Feldstärke E ist proportional der angelegten Spannung U. Auf das Kation wirkt die Kraft $F = Q^+ \cdot E$, die es zur negativ geladenen Katode hin beschleunigt. Der Beschleunigung entgegen wirken die Reibung mit den Lösungsmittelmolekülen (Viskosität des Lösungsmittels) und die im **Debye/Hückel-Modell** diskutierten Effekte (Asymmetrieeffekt, Relaxations-effekt, elektrophoretischer Effekt). Eine weitere wichtige Rolle spielt der Durchmesser des solvatisierten Ions.

Betrachtet man die Ionenbewegung in einer unendlich verdünnten Lösung, so können die mit dem Debye/Hückel-Modell erklärten Abweichungen vom Idealverhalten vernachlässigt werden. Die **Wanderungsgeschwindigkeit** ist dann nur noch abhängig von der Ionenart (Durchmesser des solvatisierten Ions und Ionenladung) und dem Lösungsmittel (Viskosität). Sie ist proportional zur elektrischen Feldstärke. Der ionenspezifische Proportionalitätsfaktor im Fall der unendlich verdünnten Lösung heißt **Ionenbeweglichkeit** *u*. Wird die Wanderungsgeschwindigkeit in $m \cdot s^{-1}$ und die Feldstärke in $V \cdot m^{-1}$ angegeben, folgt daraus für *u* die Dimension $[u] = \dfrac{m^2}{V \cdot s}$. Die durch das elektrische Feld bedingte Wanderungsgeschwindigkeit von Ionen (Geschwindigkeit der aus der Zickzackbewegung resultierenden gerichteten Vorwärtsbewegung) ist nicht groß. Sie beträgt bei einer Feldstärke von $100\ V \cdot m^{-1}$ etwa 10^{-2} bis $10^{-3}\ mm \cdot s^{-1}$. Die *Ionenbeweglichkeiten* liegen demnach in der Größenordnung von 10^{-7} bis $10^{-8}\ m^2 \cdot V^{-1} \cdot s^{-1}$ (vgl. Tabelle 3.2).

Das Produkt aus Ionenbeweglichkeit und Faradaykonstante (1 mol Elementarladungen) führt zur bereits im Kohlrauschschen Gesetz der unabhängigen Ionenwanderung benutzten molaren Grenzleitfähigkeit der Ionen, zur *Ionenleitfähigkeit*

$$\Lambda_\pm = z \cdot u_\pm \cdot F \qquad (F = 96484{,}56\ C \cdot mol^{-1})\ . \qquad\qquad (3.23)$$

Tabelle 3.2: Ionenbeweglichkeiten ausgewählter Ionen in Wasser bei 25 °C

Kation	$u\ /\ 10^{-8}\ m^2 \cdot V^{-1} \cdot s^{-1}$	Anion	$u\ /\ 10^{-8}\ m^2 \cdot V^{-1} \cdot s^{-1}$
Ag^+	6,42	Br^-	8,09
Ca^{2+}	6,17	CH_3COO^-	4,24
Cu^{2+}	5,56	Cl^-	7,91
H_3O^+	36,23	CO_3^{2-}	7,46
K^+	7,62	F^-	5,70
Li^+	4,01	$[Fe(CN)_6]^{3-}$	10,5
Na^+	5,19	$[Fe(CN)_6]^{4-}$	11,4
NH_4^+	7,63	I^-	7,96
$[N(CH_3)_4]^+$	4,65	NO_3^-	7,4
Rb^+	7,92	OH^-	20,64
Zn^{2+}	5,47	SO_4^{2-}	8,29

Die hohen Beweglichkeiten der H_3O^+- und OH^--Ionen erklärt man mit Protonenübertragung zwischen Wasser und diesen Ionen. Die Unterschiede in der Ionenbeweglichkeit der anderen hydratisierten Ionen resultieren aus ihrer Ladung und ihrem Durchmesser.

3.3.3   Bestimmung von Ionenleitfähigkeiten, Überführungszahlen

In den beiden zurückliegenden Abschnitten wurde über Ionenleitfähigkeiten bzw. Ionenbeweglichkeiten von Kationen und Anionen gesprochen, aber noch nichts darüber gesagt, wie man zu den in den Tabellen aufgeführten Werten gelangt. Als eine Ausgangsgröße bieten sich die über das Kohlrauschsche Quadratwurzelgesetz experimentell zugänglichen Grenzleitfähigkeiten an, die Summeneigenschaften der beteiligten Kationen und Anionen sind ($\Lambda_\infty = v_+ \cdot \Lambda_+ + v_- \cdot \Lambda_-$). Kennt man die Ionenleitfähigkeit eines einzigen Ions und bestimmt die Grenzleitfähigkeit eines Elektrolyten, der dieses Ion enthält, ist durch Differenzbildung die Ionenleitfähigkeit des Gegenions berechenbar. Es leuchtet ein, dass man auf diesem Wege durch Variation der Elektrolyte eine Vielzahl von Ionenkombinationen untersuchen und die einzelnen Ionenleitfähigkeiten berechnen kann. Die Frage ist nur, wie man zu den ersten Ionenleitfähigkeiten kommt, die den Ausgangspunkt für die Berechnung weiterer Ionenleitfähigkeiten bilden können. Offenbar benötigt man neben der Grenzleitfähigkeit eine zweite experimentell zugängliche Größe, die von den Ionenleitfähigkeiten abhängt. Ihre Kenntnis führt zu einem System von zwei Gleichungen, das die Berechnung der Ionenleitfähigkeiten des Kations und des Anions für den untersuchten Elektrolyten gestattet. Die zweite experimentell bestimmbare Größe liegt mit der sogenannten **Überführungszahl t** vor.

Mit Überführungszahl $t_\pm$ bezeichnet man den Anteil der durch eine Ionensorte transportierten Ladung, bezogen auf die durch alle Ionen transportierte Ladung:

$$t_+ = \frac{I_+}{I} \ .$$

(3.24)

I ist der insgesamt durch die Elektrolytlösung geflossene Strom, I_+ der von den Kationen transportierte Anteil. Da der Gesamtstrom die Summe der durch Anionen und Kat-ionen transportierten Teile ist ($I = I_+ + I_-$), gilt:

$$t_+ = \frac{I_+}{I_+ + I_-} \quad \text{und} \quad t_- = \frac{I_-}{I_+ + I_-} \quad \text{bzw.} \quad t_+ + t_- = 1 \ .$$

(3.25)

Betrachten wir eine unendlich verdünnte Elektrolytlösung mit der Grenzleitfähigkeit Λ_∞, so teilt sich der Stromtransport auf Anionen und Kationen nach dem Gesetz der unabhängigen Ionenwanderung in Abhängigkeit von deren Ionenleitfähigkeit auf. Das schneller wandernde Ion übernimmt einen größeren Anteil und hat die größere Überführungszahl.

Den Überführungszahlen können damit die Quotienten

$$\frac{\Lambda_+}{\Lambda_\infty} = t_+ \quad \text{bzw.} \quad \frac{\Lambda_-}{\Lambda_\infty} = t_-$$

(3.26)

zugeordnet werden. Bei Kenntnis von $t_\pm$ und den Grenzleitfähigkeiten Λ_∞ (für starke Elektrolyte sind sie experimentell zugänglich) stehen zwei Gleichungen mit zwei Unbekannten zur Verfügung und die Ionenleitfähigkeiten können berechnet werden.

Hittorfsche Überführungszahlen, experimentelle Ermittlung von t_+ und t_-

Bei der *Hittorfschen Methode* werden die Überführungszahlen aus der Stoffmengenbilanz einer Elektrolyse ermittelt. Die *Hittorfsche Überführungszelle* ist in drei Teilräume unterteilt (Abbildung 3.8), den Anodenraum AR, den Mittelraum MR und den Katodenraum KR. Nehmen wir an, dass sich ein 1:1 Elektrolyt, dessen Ionen die Ladungszahl 1 besitzen (z. B. HCl-Lösung) in der Überführungszelle befindet.

Aus Tabelle 3.1 werden für H_3O^+ und Cl^- die *Ionengrenzleitfähigkeiten* entnommen. Sie verhalten sich annähernd wie 4:1. Insgesamt sollen beim Stromfluss 5 mol Ladungen transportiert werden. Die transportierte Ladung teilt sich entsprechend der Leitfähigkeit auf die unterschiedlichen Ionen auf, wobei an beiden Elektroden letztlich jeweils 5 mol Ionen entladen werden (1:1 Elektrolyt). Bei der Elektrolyse wandern die Anionen aus dem Katodenraum zur Anode, die Kationen aus dem Anodenraum zur Katode. Die Konzentration im Mittelraum bleibt konstant. Wegen der unterschiedlichen Ionenbeweglichkeit wandern in der gleichen Zeit viermal mehr Kationen als Anionen.

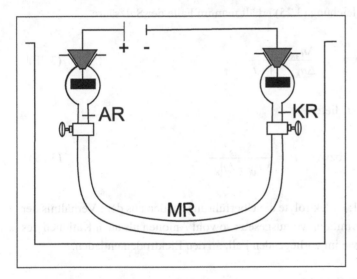

Abb. 3.8: Hittorfsche Überführungszelle.

Die Entladung der 5 mol Kationen wird zum Teil durch die aus dem Anodenraum nachgelieferten Kationen ersetzt. Im Katodenraum entsteht ein Defizit von 1 mol H_3O^+:

- 5 mol H_3O^+	entladen
+ 4 mol H_3O^+	nachgeliefert
- 1 mol H_3O^+	1 mol Cl^- wird zur Anode transportiert.

Im Anodenraum wird die Entladung von 5 mol Cl^--Ionen nur durch 1 mol aus dem Katodenraum nachgelieferter Cl^--Ionen kompensiert:

$$- 5 \text{ mol } Cl^- \qquad \text{entladen}$$
$$\underline{+ 1 \text{ mol } Cl^- \qquad\qquad \text{nachgeliefert}}$$
$$- 4 \text{ mol } Cl^- \qquad 4 \text{ mol } H_3O^+ \text{ werden zur Katode transportiert.}$$

In beiden Elektrodenräumen sinkt die Säurekonzentration unterschiedlich. Nach der Elektrolyse ergibt sich ein Verhältnis der Stoffmengenänderung von 1 : 4 zwischen $\dfrac{\Delta n_{KR}}{\Delta n_{AR}}$. Dieses Verhältnis der Stoffmengenabnahme entspricht dem reziproken Verhältnis der *Ionenleitfähigkeiten* und wegen Gleichung (3.26) dem reziproken Verhältnis der *Überführungszahlen*

$$\frac{\Delta n_{KR}}{\Delta n_{AR}} = \frac{\Lambda(\text{Anion})}{\Lambda(\text{Kation})} = \frac{t_-}{t_+} \ . \tag{3.27}$$

Unter Hinzunahme von Gleichung (3.25) erhält man im Falle der Salzsäure

$$\frac{\Delta n_{KR}}{\Delta n_{AR}} = \frac{t_-}{1-t_-} \qquad \text{bzw.} \qquad \frac{\Delta n_{AR}}{\Delta n_{KR}} = \frac{t_+}{1-t_+} \ . \tag{3.28}$$

Das Auflösen nach t_- bzw. t_+ liefert:

$$t_- = \frac{\Delta n_{KR}}{\Delta n_{AR} + \Delta n_{KR}} \qquad \text{bzw.} \qquad t_+ = \frac{\Delta n_{AR}}{\Delta n_{AR} + \Delta n_{KR}} \ . \tag{3.29}$$

Somit lassen sich für alle 1:1-Elektrolyte die Überführungszahlen aus dem Verhältnis der Stoffmengendifferenzen ermitteln, vorausgesetzt sowohl Anionen als auch Kationen des Elektrolyten lassen sich, wie im vorliegenden Fall, an den Elektroden entladen.

Methode der wandernden Schichten

Zwei in ihrer Dichte unterschiedliche Elektrolytlösungen werden vorsichtig übereinander geschichtet. Beide Elektrolyten sollen z. B. über das gleiche Kation oder Anion verfügen, sich aber im Gegenion unterscheiden (KNO_3, $KMnO_4$). Die Wanderungsgeschwindigkeit des unteren Anions (MnO_4^-) muss deutlich geringer sein als die des oberen (NO_3^-). Wird nun Gleichspannung an die Elektroden gelegt, so bewegen sich die K^+-Ionen in Richtung Katode und die Anionen in Richtung Anode. Die langsamer wandernden Permanganationen überholen dabei die Nitrationen nicht. Die scharfe Grenzlinie zwischen den unterschiedlich gefärbten Bereichen bleibt erhalten. Die Permanganat-ionen werden aber auch nicht immer weiter hinter den Nitrationen zurück bleiben, weil die schneller zur Anode wandernden Nitrationen hinter sich ein von den Kaliumionen verursachtes positives Potenzial zurück lassen. Dies erhöht die Geschwindigkeit der Permanganationen bis sie sich der Geschwindigkeit der Nitrationen angeglichen haben. Die Farbschicht wandert folglich mit der Geschwindigkeit der Nitrationen.

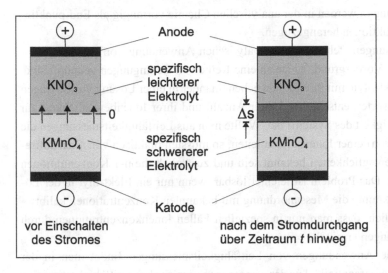

Abb. 3.9: Messanordnung bei der Methode der wandernden Schichten.

Fließt der Strom I in der Zeit t, so ist die von einer Ionenart bewegte Ladung:

$$Q = z \cdot c \cdot v \cdot e \cdot N_A \qquad (3.30)$$

z – Ladungszahl des bewegten Ions $\qquad N_A$ – Avogadrokonstante
c – Konzentration des bewegten Ions $\qquad e$ – Elementarladung
v – von der Grenzschicht überstrichenes Volumen.

Für die von den detektierten Nitrationen ($z = 1$) transportierte Ladung gilt folglich:

$$Q_{NO_3^-} = c \cdot v \cdot e \cdot N_A = c \cdot v \cdot F \ . \qquad (3.31)$$

Insgesamt wurde aber eine Ladung von $I \cdot t$ transportiert. Auf die Nitrationen entfällt der Anteil

$$t_- = \frac{c \cdot v \cdot F}{I \cdot t} \ . \qquad (3.32)$$

In unserem Beispiel ist die Grenzschicht zwischen den Elektrolytlösungen durch die Färbung der Permanganationen erkennbar. Eine andere Möglichkeit, die Wanderung der

Grenzschicht zu verfolgen, besteht z. B. in der Messung der Brechungsindices der Lösungen.

3.3.4 Analytische Anwendung von Leitfähigkeitsmessungen (Konduktometrie)

Leitfähigkeitsmessungen werden in der analytischen Chemie vorrangig als End-punktindikator von Ionenreaktionen herangezogen.

Konzentrationsmessungen stehen bei der analytischen Anwendung von Leitfähigkeitsmessungen nicht im Vordergrund, da sie an eine Reihe von Bedingungen geknüpft sind. Liegen mehrere Elektrolyte mit ihren Ionen nebeneinander in einer Lösung vor, so tragen die einzelnen Ionensorten entsprechend ihrer Anzahl und ihrer Ionenbeweglichkeit zur spezifischen Leitfähigkeit des Systems bei. Wollte man aus Leitfähigkeitsmessungen die Anzahl (Konzentration) einer Ionensorte ableiten, so müssten praktisch von allen auftretenden Ionen die Beweglichkeiten bekannt sein und zusätzlich die n-1 Konzentrationen der restlichen Ionen. Das Problem ist leichter lösbar, wenn nur ein Elektrolyt in der Lösung vorliegt. Man könnte die Messanordnung mit bekannten Konzentrationen kalibrieren. So ist verständlich, dass man nur in speziellen Fällen Ionenkonzentrationen durch Leitfähigkeitsmessungen ermittelt.

Einfache analytische Anwendungen von Leitfähigkeitsmessungen findet man in der Trink- und Brauchwasseranalytik. Aus der gemessenen spezifischen Leitfähigkeit werden dabei keine Rückschlüsse auf Einzelionen gezogen, sondern Aussagen zur Gesamt-ionenbelastung der Probe abgeleitet. Für die spezifische Leitfähigkeit von Trinkwasser wird in der TVO (Trinkwasserverordnung) ein Richtwert von 400 $\mu S \cdot cm^{-1}$ angegeben.

Die spezifische Leitfähigkeit von Trinkwasser kann aber in Abhängigkeit von der Wasserhärte über einen großen Bereich schwanken. Im Potsdamer Trinkwasser werden z. B. κ-Werte gemessen, die in der Größenordnung von $\approx 1000\ \mu S \cdot cm^{-1}$ liegen. Frisch destilliertes Wasser weist Leitfähigkeiten von $0{,}7 - 2\ \mu S \cdot cm^{-1}$ auf. Bei längerem Stehen löst sich ein Teil des CO_2 der Luft und erhöht über die Bildung von Oxoniumionen und Hydrogenkarbonationen wieder die Leitfähigkeit. Mittels Vakuumdestillation in Quarzgefäßen erreicht man nach Literaturangaben κ-Werte von $0{,}04 - 0{,}06\ \mu S \cdot cm^{-1}$.

Die wichtigste konduktometrische Methode ist die *Leitfähigkeitstitration*. Viele analytische Reaktionen sind Ionenreaktionen. Bei ihnen ändert sich die Anzahl der Ionen (Neutralisation, Fällung) oder zumindest die Art und damit die Beweglichkeit der Ionen. Die Folge sind Änderungen der Leitfähigkeit des Systems. Damit sich die Leitfähigkeit des Systems bei der Zugabe des Reaktionspartners allein in Folge einer Verdünnung nicht zu sehr ändert, muss das Volumen der zufließenden Lösung im Verhältnis zum vorgelegten Volumen möglichst klein sein.

Neutralisationstitrationen

Anstelle von Farbindikatoren können Leitfähigkeitsmessungen zur Anzeige des *Äquivalenzpunktes* genutzt werden. Starke Säuren und Basen zeigen eine sehr viel höhere Leitfähigkeit als die Salzlösung, weil die H_3O^+- bzw. OH^--Ionen eine viel höhere Beweglichkeit aufweisen als die anderen Kationen bzw. Anionen.

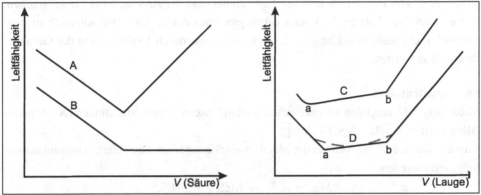

Abb. 3.10: Konduktometrische Endpunkterkennung in Neutralisationsreaktionen.

Titriert man nun eine starke Base (z. B. NaOH) mit einer starken Säure (z. B. HCl), so erhält man den Kurvenverlauf A in Abbildung 3.10. Die Leitfähigkeit der Kurve A sinkt, weil OH^--Ionen durch Cl^--Ionen ersetzt werden.

$$Na^+ + OH^- \quad \xrightarrow{\;H^+ + Cl^-\;} \quad Na^+ + Cl^- + H_2O$$

Am Äquivalenzpunkt ist sie am geringsten und steigt danach wegen der überschüssigen Oxoniumionen wieder steil an. Titriert man Natronlauge dagegen mit einer schwachen Säure (Essigsäure), so erhält man den Kurvenverlauf B. Bis zum Äquivalenzpunkt nimmt die Leitfähigkeit ab, weil OH^-- Ionen durch Acetationen ersetzt werden. Der Äquivalenzpunkt lässt sich schlechter erkennen, weil danach die Leitfähigkeit nahezu konstant bleibt. Die ohnehin geringe Dissoziation der überschüssigen Essigsäure wird durch die vorhandenen Acetationen praktisch völlig unterdrückt.

Kurve C zeigt die schematische Titration von Essigsäure mit NaOH. Zu Beginn der Titration werden die freien Oxoniumionen schnell durch Natriumionen ersetzt.

$$H^+ + CH_3COO^- + CH_3COOH \quad \xrightarrow{\;Na^+ + OH^-\;} \quad Na^+ + CH_3COO^- + H_2O$$

Das gebildete Salz ist vollständig dissoziiert und drängt die Dissoziation der Essigsäure zurück. Das bedeutet, dass es nach dem frühen Minimum a zu einem flachen Anstieg der Leitfähigkeit infolge Salzbildung kommen muss. Am Äquivalenzpunkt b tritt ein starker Knick auf, weil nun überschüssige OH^--Ionen die Leitfähigkeit stark erhöhen.

In Kurve D werden eine starke und eine schwache Säure nebeneinander mit einer starken Base titriert. Der Punkt a ist dann der Äquivalenzpunkt der starken, b der der schwachen Säure. Allerdings können die Punkte oft wegen eines der gestrichelten Kurve ähnlichen Verlaufs nicht mehr exakt bestimmt, sondern müssen durch Verlängerung der Geraden abgeschätzt werden.

Fällungstitrationen
Abbildung 3.11 zeigt den schematischen Verlauf zweier Fällungstitrationen (A – Metallfällung mit H_2S, B – AgCl-Fällung).
Kurve A steigt steil an, weil bei der Metallionenfällung leicht bewegliche Oxoniumionen freigesetzt werden:

$$Me^{2+} + H_2S \ \rightarrow \ MeS \downarrow + 2\,H^+ \ .$$

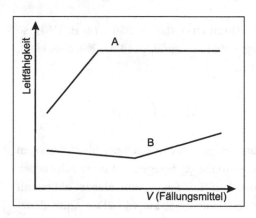

Abb. 3.11 Konduktometrische Verfolgung von Fällungstitrationen.

Mit dem Ende der Fällung hört auch der Anstieg der H_3O^+-Konzentration auf. H_2S selbst ist ein sehr schwacher Elektrolyt. Seine Dissoziation wird durch die freigesetzten H_3O^+ Ionen zusätzlich verringert.
Bei der Silberchloridfällung bleibt die Leitfähigkeit zunächst nahezu konstant, da sich Ag^+ und Na^+ kaum in ihren Beweglichkeiten unterscheiden.

$$Ag^+ + NO_3^- \quad \xrightarrow{\ Na^+ + Cl^-\ } \quad AgCl \downarrow + Na^+ + NO_3^-$$

Nach dem Äquivalenzpunkt steigt die Leitfähigkeit an, weil die Ionen des Fällungsmittels zusätzlich als Ladungsträger in Erscheinung treten.

3.4 Elektrochemische Potenziale

Im Zentrum der folgenden Darlegungen steht die Umwandlung chemischer Energie in elektrische Energie. Wir besprechen chemische Vorgänge (Reaktionen), bei denen elektrische Energie gewonnen wird, die dafür nötigen Versuchsanordnungen und die Art der ablaufenden Reaktionen.

3.4.1 Elektrochemische Doppelschicht und elektrochemische Spannungsreihe

Taucht man einen Zinkstab in eine Kupfersulfatlösung, so beobachtet man das Abscheiden von elementarem Kupfer auf der Zinkoberfläche. In der zuvor Zinksalz freien Lösung lassen sich Zinkionen nachweisen. Beide Beobachtungen sind mit folgender Bruttoreaktionsgleichung beschreibbar:

$$Zn + Cu^{2+} + SO_4^{2-} \rightarrow Cu + Zn^{2+} + SO_4^{2-} \ .$$

Sie setzt sich aus den Teilreaktionen

$$Cu^{2+} + 2e^- \rightarrow Cu \qquad \text{Reduktion}$$
$$Zn \rightarrow Zn^{2+} + 2e^- \qquad \text{Oxidation}$$

zusammen. Der Elektronenaustausch ist nachweisbar, wenn beide Teilreaktionen räumlich getrennt werden. Dazu taucht man die entsprechenden Metallstäbe in ihre Sulfatlösungen. Zwischen beiden Sulfatlösungen gibt es die Möglichkeit der Ionenwanderung durch ein Diaphragma. Das Diaphragma verhindert gleichzeitig die mechanische Durchmischung der Salzlösungen. Verbindet man beide Metalle in einem äußeren Stromkreis über ein Messgerät miteinander, kann der Elektronenfluss vom Zink- zum Kupferstab als elektrischer Strom sichtbar gemacht werden. Die eben beschriebene Versuchsanordnung bezeichnet man nach ihrem Entdecker als *Daniell-Element* (**J. F. Daniell** 1790 – 1845). Allgemein stellt das Daniell-Element ein Beispiel für eine sogenannte *galvanische Kette (galvanische Zelle, galvanisches Element)* dar. Die vom *Diaphragma* getrennten Anordnungen von Metallstab und zugehöriger Metallsalzlösung nennt man *Halbelement bzw. Elektrode.* Der Versuchsaufbau in Abbildung 3.12 wird symbolisch mit der Schreibweise $Zn \mid ZnSO_4 : CuSO_4 \mid Cu$ wiedergegeben. Die Schreibweise orientiert sich an der

Richtung der freiwillig ablaufenden Zellreaktion, bei der Zink in Lösung geht (Oxidationsreaktion) und Kupferkationen abgeschieden werden (Reduktionsreaktionen). Die zuerst genannte Elektrode ist bei galvanischen Elementen demnach die Anode (s. Kapitel 3.4.3). Die Elektronenbewegung im geschlossenen äußeren Stromkreis erfolgt gerichtet von der Anode zur Katode.

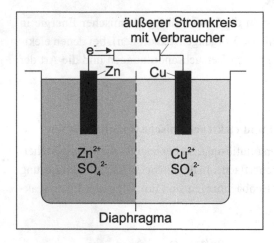

Abb. 3.12: Schematischer Aufbau des Daniell-Elements.

Der Trennstrich zwischen Metall | Metallsalzlösung stellt die Phasengrenze fest - flüssig dar, die gestrichelte Linie steht für das Diaphragma zwischen den Halbelementen. Eine gestrichelte Doppellinie deutet an, dass das Diffusionspotenzial in geeigneter Weise minimiert wurde. Diffusionspotenziale treten stets an der Grenzfläche zwischen unterschiedlichen Elektrolytlösungen auf. Sie werden im Kapitel 3.4.4 näher behandelt. In den Halbelementen laufen Ladungsübergänge an der Phasengrenze ab. Ursache der Ladungsübergänge sind die Elektrodenreaktionen

$$Me^{z+} + z \cdot e^- \rightleftharpoons Me \ ,$$

in denen ein Gleichgewicht zwischen oxidierter Form (Me^{z+}) und reduzierter Form (Me) angestrebt wird. Bei der Anode treten Metallkationen durch die Phasengrenze in die Salzlösung über und lassen dabei die abgegebenen Elektronen im „Elektronengas" des Metallgitters zurück. Die Reaktion führt zum Überschuss negativer Ladung am Metallstab und zum Überschuss positiver Ladung (wegen der abgegebenen Kationen) in der Elektrolytlösung, also zur *Herausbildung einer Potenzialdifferenz* zwischen den beiden Phasen. Die elektrostatischen Kräfte zwischen negativer fester Phase und abgegebenen Kationen sorgen dafür, dass sich die Kationen nicht ungehindert in die Lösung entfernen, sondern sich in der Nähe der Phasengrenze anreichern. Diesen Bereich der aus fester Phase und Elektrolytlösung bestehenden Elektrode nennt man *elektrische Doppelschicht* (Abbildung 3.13). Im Aufbau der Doppelschicht unterscheidet man zwischen der *starren Doppelschicht (Helmholtz-Doppelschicht)* und der *diffusen Doppelschicht (Nernstsche*

Doppelschicht). In der starren Schicht führen starke Wechselwirkungskräfte (wegen der geringen Entfernung der unterschiedlichen Ladungen) dazu, dass die polaren Lösungsmittelmoleküle und die solvatisierten Kationen in ihrer Beweglichkeit stark eingeschränkt sind. In der diffusen Doppelschicht sind die solvatisierten Ionen frei beweglich (Diffusion), liegen aber noch in höherer Konzentration vor als im Inneren der Elektrolytlösung. Die Potenzialdifferenz $\Delta\varepsilon$ ist zwischen der festen Phase und der Helmholtz-Doppelschicht am stärksten und wird mit wachsender Entfernung von der Phasengrenze geringer (Abbildung 3.13).

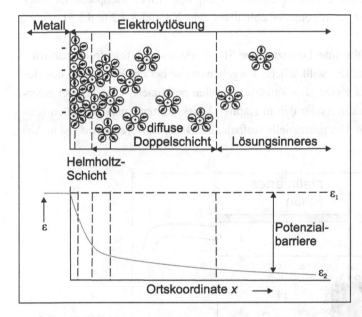

Abb. 3.13: Schematischer Aufbau der elektrischen Doppelschicht.

Die Potenzialdifferenz $\Delta\varepsilon$ einzelner Halbelemente ist nicht messbar, da das Potenzial der die feste Phase umgebenden elektrischen Doppelschicht nicht abgegriffen werden kann. Möglich ist jedoch, das Potenzial eines Halbelements mit dem anderer Halbelemente zu vergleichen. Für den Vergleich schafft man sich mit der ***Standardwasserstoffelektrode*** einen willkürlichen Bezugspunkt, dem man das Potenzial 0 V zuordnet. Wasserstoffelektroden (Abb. 3.14) zählen zu den Gaselektroden. Sind Gase an den potenzialbildenden Reaktionen beteiligt, verwendet man oft Platinstäbe als Elektronenspeicher. Das Halbelement mit dem Elektrodensymbol $Pt \mid H_2 \mid H^+$ wird zur Standardwasserstoffelektrode, wenn ein Wasserstoffpartialdruck von 1 bar und eine Molalitätsaktivität der Wasserstoffionen von $^m a = 1$ vorliegen.

*Die Spannung (Potenzialdifferenz) zwischen einer ausgewählten Elektrode und der Standardwasserstoffelektrode nennt man verkürzt **Elektrodenpotenzial U** dieser Elektrode.*

In der Praxis lässt sich eine Standardwasserstoffelektrode bislang nicht exakt konstruieren, da der Aktivitätskoeffizient $^mf_+$ des Wasserstoffions in solch konzentrierten Lösungen eine individuelle Eigenschaft des Ions ist und bis heute nicht genau gemessen bzw. berechnet werden kann. Man weiß also nicht, welche Säurekonzentration der Wasserstoffionenaktivität 1 entspricht. Diese Einschränkung betrifft jedoch nicht die Möglichkeit relative Elektrodenpotenziale anderer Elektroden im Vergleich mit Wasserstoffelektroden zu bestimmen, denn für verdünnte Lösungen sind die individuellen Aktivitätskoeffizienten mit Hilfe der Debye-Hückel-Gleichungen oder anderer Näherungsformeln berechenbar. Bei Kenntnis der exakten Aktivität ist aus dem Elektrodenpotenzial einer Halbzelle dann auch ihr Standardpotenzial ableitbar (siehe Kapitel 3.4.2 und 3.5).

In Wirklichkeit ist das absolute Potenzial der Standardwasserstoffelektrode natürlich auch von 0 V verschieden. Die willkürliche Vorgehensweise bei der Festlegung des Bezugspunktes wird aber bei vielen physikalischen Größen praktiziert, wie z. B. bei unterschiedlichen Temperaturskalen oder den in Kapitel 2 diskutierten Zustandsgrößen Enthalpie und Freie Enthalpie. Der prinzipielle Aufbau einer *Wasserstoffelektrode* ist in Abbildung 3.14 gezeigt.

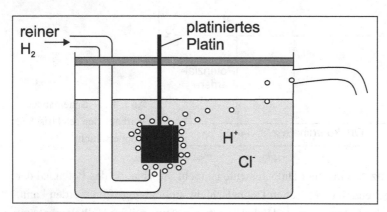

Abb. 3.14: Aufbau der Wasserstoffelektrode.

Die Elektrode enthält ein platiniertes Platinblech, das von Wasserstoff umspült wird. Das Platinblech befindet sich in wässriger HCl-Lösung bekannter Wasserstoffionenaktivität. Der eingeleitete Wasserstoff perlt zur HCl-Lösungsoberfläche, hat also einen dem Außendruck entsprechenden Druck von ca. 1,01 bar. Das metallische Platin dient der Aufnahme der Elektronen, die auf der Seite des Oxidationsmittels H^+ bei der Elektrodenreaktion entstehen

$$2\,H^+ + 2\,e^- \rightleftharpoons H_2 \quad .$$

Unter Zuhilfenahme eines chemisch indifferenten Materials, wie z. B. des Platins für die Aufnahme und Ableitung von Elektronen, lassen sich auch unterschiedlich stark geladene und ineinander überführbare Ionen für potenzialbildende Elektrodenreaktionen nutzen. Die allgemeine Form der **Elektrodenreaktion** lautet:

$$\text{Oxidationsmittel} + z \cdot e^- \rightleftharpoons \text{Reduktionsmittel} \,.$$

In vielen älteren Lehrbüchern (auch in den vorhergehenden Auflagen unseres „Einstiegs…") werden Elektrodenreaktionen als Oxidationen formuliert. Da es sich um Gleichgewichtsreaktionen handelt, sind beide Schreibweisen prinzipiell gleichwertig. Allerdings führt die Form Reduktionsmittelmittel $\rightarrow$ Oxidationsmittel $+ z\, e^-$ zum Vorzeichenwechsel und zur Umkehr des Reaktionsquotienten Q in der noch zu besprechenden Nernstschen Gleichung.

Grundsätzlich lässt sich jede Bruttoredoxreaktion in zwei Teilreaktionen zerlegen, die als Elektrodenreaktion in einem Halbelement fungieren können. Über den Vergleich mit der Standardwasserstoffelektrode sind Aussagen über die Stärke der Reduktions- bzw. Oxidationsmittel bezogen auf das System $\text{Pt}\,|\,H_2\,|\,H^+$ möglich. Zink ist ein stärkeres Reduktionsmittel als H_2, H^+ ist ein stärkeres Oxidationsmittel als Zn^{2+}. Von den beiden Halbelementen besitzt die Elektrode $Zn\,|\,Zn^{2+}$ ein stärker negatives Potenzial als $\text{Pt}\,|\,H_2\,|\,H^+$. Verbindet man beide Halbelemente, so fließt ein Strom von der $Zn\,|\,Zn^{2+}$-Elektrode zur $\text{Pt}\,|\,H_2\,|\,H^+$-Elektrode. Kombiniert man die Standardwasserstoffelektrode mit der Standardelektrode $Ag\,|\,Ag^+$, so kehrt sich die Stromrichtung um. Jetzt ist H_2 ein stärkeres Reduktionsmittel als Ag, die Standardwasserstoffelektrode absolut stärker negativ geladen als die $Ag\,|\,Ag^+$-Elektrode. Ein Halbelement kann in Abhängigkeit vom zweiten Halbelement, mit dem es leitend verbunden wird, also sowohl Elektronenspender, als auch Elektronenempfänger sein. Die Standardpotenziale aller Halbelemente, die gegenüber Wasserstoff als Elektronendonator auftreten, erhalten ein negatives Vorzeichen. Die Standardpotenziale aller Halbelemente, die gegenüber Wasserstoff als Elektronenakzeptor fungieren, erhalten ein positives Vorzeichen. Die Auflistung der Standardpotenziale der Halbelemente, beginnend mit den größten negativen Werten, heißt **elektrochemische Spannungsreihe**. Tabelle 3.3 gibt eine Übersicht über wichtige Standardpotenziale.

Für einige Elektrodenreaktionen muss deren pH-Abhängigkeit berücksichtigt werden. In Tabelle 3.4 sind pH-abhängige Redoxpaare mit ihren Standardpotenzialen aufgeführt.

Tabelle 3.3: Standardpotenziale bei 298,15 K (berechnet für wässrige Lösungen)

Elektrode	Elektrodenreaktion (Reduktion)	$U^{\varnothing}$ / V
Li $\mid$ Li$^+$	Li$^+$ + e$^-$ $\rightleftharpoons$ Li	-3,045
K $\mid$ K$^+$	K$^+$ +e$^-$ $\rightleftharpoons$ K	-2,925
Cs $\mid$ Cs$^+$	Cs$^+$ + e$^-$ $\rightleftharpoons$ C s	-2,923
Ba $\mid$ Ba^{2+}	Ba^{2+} + 2e$^-$ $\rightleftharpoons$ Ba	-2,906
Na $\mid$ Na$^+$	Na$^+$ + e$^-$ $\rightleftharpoons$ Na	-2,714
Mg $\mid$ Mg^{2+}	Mg^{2+} + 2 e$^-$ $\rightleftharpoons$ Mg	-2,363
Al $\mid$ Al^{3+}	Al^{3+} + 3e$^-$ $\rightleftharpoons$ Al	-1,662
Zn $\mid$ Zn^{2+}	Zn^{2+} + 2e$^-$ $\rightleftharpoons$ Zn	-0,763
Fe $\mid$ Fe^{2+}	Fe^{2+} + 2e$^-$ $\rightleftharpoons$ Fe	-0,440
Sn $\mid$ Sn^{2+}	Sn^{2+} + 2e$^-$ $\rightleftharpoons$ Sn	-0,136
Pb $\mid$ Pb^{2+}	Pb^{2+} + 2e$^-$ $\rightleftharpoons$ Pb	-0,126
Fe $\mid$ Fe^{3+}	Fe^{3+} + 3e$^-$ $\rightleftharpoons$ Fe	-0,036
Pt $\mid$ D$_2$ $\mid$ D$^+$	2D$^+$ + 2e$^-$ $\rightleftharpoons$ D$_2$	-0,003
Pt $\mid$ H$_2$ $\mid$ H$^+$	2H$^+$ + 2 e$^-$ $\rightleftharpoons$ H$_2$	0,0
Pt $\mid$ Sn^{2+}, Sn^{4+}	Sn^{4+} +2 e$^-$ $\rightleftharpoons$ Sn	+0,15
Pt $\mid$ Cu$^+$, Cu^{2+}	Cu^{2+} +e$^-$ $\rightleftharpoons$ Cu	+0,153
Pt $\mid$ S$_2$O$_3^{2-}$, S$_4$O$_6^{2-}$	S$_4$O$_6^{2-}$ +2 e$^-$ $\rightleftharpoons$ 2 S$_2$O$_3^{2-}$	+0,170
Ag $\mid$ AgCl $\mid$ Cl$^-$	AgCl + e$^-$ $\rightleftharpoons$ Ag + Cl$^-$	+0,222
Cu $\mid$ Cu^{2+}	Cu^{2+} + 2 e$^-$ $\rightleftharpoons$ Cu	+0,337
Pt $\mid$ I$_2$ $\mid$ I$^-$	I$_2$ + 2 e$^-$ $\rightleftharpoons$ 2 I$^-$	+0,536
Pt $\mid$ Fe(CN)$_6^{4-}$, Fe(CN)$_6^{3-}$	Fe(CN)$_6^{3-}$ + e$^-$ $\rightleftharpoons$ Fe(CN)$_6^{4-}$	+0,690
Pt $\mid$ Fe^{2+},Fe^{3+}	Fe^{3+} + e$^-$ $\rightleftharpoons$ Fe^{2+}	+0,771
Ag $\mid$ Ag$^+$	Ag$^+$ + e$^-$ $\rightleftharpoons$ Ag	+0,799
Hg $\mid$ Hg^{2+}	Hg^{2+} + 2 e$^-$ $\rightleftharpoons$ Hg	+0,854
Pt $\mid$ Hg$^+$,Hg^{2+}	Hg^{2+} + e$^-$ $\rightleftharpoons$ Hg$^+$	+0,920
Pt $\mid$ Br$_2$ $\mid$ Br$^-$	Br$_2$ + 2 e$^-$ $\rightleftharpoons$ 2 Br$^-$	+1,065
Pt $\mid$ Cl$_2$ $\mid$ Cl$^-$	Cl$_2$ + 2 e$^-$ $\rightleftharpoons$ 2 Cl$^-$	+1,360
Pt $\mid$ Ce^{3+}, Ce^{4+}	Ce^{4+} +e$^-$ $\rightleftharpoons$ Ce^{3+}	+1,610
Pt $\mid$ Co^{2+}, Co^{3+}	Co^{3+} + e$^-$ $\rightleftharpoons$ Co^{2+}	+1,808
Pt $\mid$ SO$_4^{2-}$, S$_2$O$_8^{2-}$	S$_2$O$_8^{2-}$ + 2 e$^-$ $\rightleftharpoons$ 2 SO$_4^{2-}$	+2,010
Pt $\mid$ F$_2$ $\mid$ F$^-$	F$_2$ + 2 e$^-$ $\rightleftharpoons$ 2F$^-$	+2,850

Tabelle 3.4: Standardpotenziale ausgewählter pH-abhängiger Redoxpaare

Elektrode	Elektrodenreaktion (Reduktion)	$U^\varnothing$ / V
Pt | $H_2(COO)_2$, CO_2, H^+	$2\,CO_2 + 2\,H^+ + 2\,e^- \rightleftharpoons H_2(COO)_2$	-0,49
Pt | NO | NO_3^-, OH^-	$NO_3^- + 2\,H_2O + 3\,e^- \rightleftharpoons NO + 4\,OH^-$	-0,14
Pt | H_2 | H^+	$2\,H^+ + 2\,e^- \rightleftharpoons H_2$	0,0
Pt | O_2 | OH^-	$O_2 + 2\,H_2O + 4\,e^- \rightleftharpoons 4\,OH^-$	+0,40
Pt | I_2, OH^-, IO^-	$2\,IO^- + 2\,H_2O + 2\,e^- \rightleftharpoons I_2 + 4\,OH^-$	+0,45
Pt | I^-, OH^-, IO^-	$IO^- + H_2O + 2\,e^- \rightleftharpoons I^- + 2\,OH^-$	+0,49
Pt | O_2 | H_2O_2, H^+	$O_2 + 2\,H^+ + 2\,e^- \rightleftharpoons H_2O_2$	+0,68
Pt | Cl^-, OH^-, ClO^-	$ClO^- + H_2O + 2\,e^- \rightleftharpoons Cl^- + 2\,OH^-$	+0,88
Pt | I^-, IO_3^-, H^+	$IO_3^- + 6\,H^+ + 6\,e^- \rightleftharpoons I^- + 3\,H_2O$	+1,09
Pt | O_2 | H^+	$O_2 + 4\,H^+ + 4\,e^- \rightleftharpoons 2\,H_2O$	+1,23
Pt | MnO_2 | Mn^{2+}, H^+	$MnO_2 + 4\,H^+ + 2\,e^- \rightleftharpoons Mn^{2+} + 2\,H_2O$	+1,23
Pt | Cr^{3+}, $Cr_2O_7^{2-}$, H^+	$Cr_2O_7^{2-} + 14\,H^+ + 6\,e^- \rightleftharpoons 2\,Cr^{3+} + 7\,H_2O$	+1,33
Pt | Br^-, BrO_3^-, H^+	$BrO_3^- + 6\,H^+ + 6\,e^- \rightleftharpoons Br^- + 3\,H_2O$	+1,44
Pt | Cl^-, ClO_3^-, H^+	$ClO_3^- + 6\,H^+ + 6\,e^- \rightleftharpoons Cl^- + 3\,H_2O$	+1,45
Pt | PbO_2 | Pb^{2+}, H^+	$PbO_2 + 4\,H^+ + 2\,e^- \rightleftharpoons Pb^{2+} + 2\,H_2O$	+1,45
Pt | Cr^{3+}, CrO_4^{2-}, H^+	$CrO_4^{2-} + 8\,H^+ + 3\,e^- \rightleftharpoons Cr^{3+} + 4\,H_2O$	+1,48
Pt | Mn^{2+}, MnO_4^-, H^+	$MnO_4^- + 8\,H^+ + 5\,e^- \rightleftharpoons Mn^{2+} + 4\,H_2O$	+1,52
Pt | $PbSO_4$ | PbO_2 | H^+	$PbO_2 + 4\,H^+ + SO_4^{2-} + 2\,e^- \rightleftharpoons PbSO_4 + 2\,H_2O$	+1,69
Pt | H_2O_2, H^+	$H_2O_2 + 2\,H^+ + 2\,e^- \rightleftharpoons 2\,H_2O$	+1,78
Pt | F^-, OF_2, H^+	$OF_2 + 2\,H^+ + 4\,e^- \rightleftharpoons 2\,F^- + H_2O$	+2,1

3.4.2 Die Nernstsche Gleichung, Einzelpotenziale und Ionenaktivitäten

Der Zusammenhang zwischen dem Potenzial einer Elektrode, ihrem Standardpotenzial und von 1 abweichenden *Aktivitäten* der Reduktionsmittel/Oxidationsmittel sowie der Temperatureinfluss auf die Gleichgewichtsreaktionen in den Elektroden wird durch die nach **Walter Nernst** (1864 bis 1941) benannte Gleichung beschrieben.

In ihrer allgemeinen Form kann die *Nernstsche Gleichung* auf alle Elektrodenreaktionen der Form

$$\text{Oxidationsmittel}^{z+} + z \cdot e^- \rightleftharpoons \text{Reduktionsmittel}$$

angewendet werden. Sie lautet:

$$U = U^{\varnothing} - \frac{R \cdot T}{z \cdot F} \cdot \ln \frac{\Pi a_{RM}}{\Pi a_{OM}} \qquad\qquad (3.33)$$

$U, U^{\varnothing}$ -   Potenzial bzw. Standardpotenzial der Elektrode

T -   Temperatur in Grad Kelvin

F -   Faradaykonstante ($96484{,}56 \ C \cdot mol^{-1}$)

R -   allgemeine Gaskonstante ($8{,}314 \ J \cdot mol^{-1} \cdot K^{-1}$)

z -   Zahl der bei der Oxidation abgegebenen Elektronen

$\Pi a_{RM/OM}$ - stöchiometrisches Produkt der Aktivitäten der Reduktions- bzw. Oxidationsmittel und der an der Reaktion beteiligten Teilchen.

Die Aktivitäten kondensierter Phasen (Metalle in fester oder flüssiger Form, reine Flüssigkeiten) und von Gasen, deren Partialdruck 1 bar beträgt, sind $a = 1$. Für sehr kleine Konzentrationen kann man die Aktivität durch den Zahlenwert der Molalität (näherungsweise auch der Molarität) ersetzen. Der Faktor $\frac{R \cdot T}{z \cdot F}$ beträgt bei 25 °C $\frac{0{,}02569}{z}$ V. Oft verwendet man in der Nernstschen Gleichung anstelle des natürlichen Logarithmus den dekadischen Logarithmus. In diesem Fall muss $\frac{R \cdot T}{z \cdot F}$ mit 2,303 multipliziert werden, was zu dem Faktor $\frac{0{,}0591}{z}$ V führt. Für die Elektrodenreaktion

$$MnO_4^- + 8H^+ + 5e^- \rightleftharpoons Mn^{2+} + 4 \ H_2O$$

lautet die Nernstsche Gleichung bei 298,15 K z. B.

$$U = U^{\varnothing} - \frac{0{.}0591V}{5} \cdot ln \frac{a_{Mn^{2+}}}{a_{MnO_4^-} \cdot a_{H^+}^8} \ .$$

Am ausgewählten Beispiel wird der Einfluss des pH-Wertes auf die Elektrodenpotenziale aus Tabelle 3.4 deutlich.

Die Verwendung der Aktivität ist erforderlich, weil zwischen den Ionen vollständig dissoziierter starker Elektrolyte die **Coulombschen Wechselwirkungskräfte** selbst in verdünnten Lösungen zu Abweichungen vom Idealverhalten führen. Auf dieses Problem haben wir bereits im Zusammenhang mit der Leitfähigkeit starker Elektrolyte aufmerksam gemacht. Die Wechselwirkung und damit das Ausmaß der Abweichung hängt wesentlich von der Ladungszahl der Ionen ab und geht in den **mittleren Aktivitätskoeffizienten** eines Elektrolyten ein. Dieser ist für einen Elektrolyt A_aX_b mit den individuellen Koeffizienten verknüpft durch

$$f_{\pm} = (f_A{}^a \cdot f_X{}^b)^{1/(a+b)} \ .$$

Die mittleren Aktivitätskoeffizienten benutzt man, wenn man die Abweichung vom Idealverhalten nicht anteilig auf die Ionen des Elektrolyten aufteilen kann. So hängt zum Beispiel die auf Molalitätsaktivitäten bezogene Löslichkeitskonstante K_L von $PbCl_2$ mit dem auf Molalitäten bezogenem Löslichkeitsprodukt L über die Gleichung

$$K_L \, (PbCl_2) = {}^m a \, (Pb^{2+}) \cdot {}^m a \, (Cl^-)^2 = {}^c m \, (Pb^{2+}) \cdot {}^c m \, (Cl^-)^2 \cdot {}^m f(Pb^{2+}) \cdot {}^m f(Cl^-)^2 = L \cdot f_{\pm}{}^3$$

zusammen. Während die individuellen Aktivitätskoeffizienten experimentell nicht zugänglich sind, lässt sich $f_{\pm}$ durch Division der thermodynamisch berechenbaren Löslichkeitskonstanten durch das messbare Löslichkeitsprodukt berechnen.

Tabelle 3.5: Mittlere Aktivitätskoeffizienten in wässriger Lösung

Elektrolyt	Mittlerer Aktivitätskoeffizient $f_{\pm}$ für c / mol $\cdot$ l^{-1} bei 25 °C		
	0,001	0,01	0,1
HCl	0,966	0,904	0,796
K_2SO_4	0,889	0,715	0,441
$CuSO_4$	0,740	0,410	0,149
NaCl	0,966	0,906	0,786
NaOH	0,964	0,905	0,772
HNO_3	0,965	0,902	0,785
H_2SO_4	0,837	0,543	0,379
$AgNO_3$	0,964	0,896	0,717
$ZnSO_4$	0,700	0,387	0,144

Tabelle 3.5 enthält mittlere Aktivitätskoeffizienten $f_{\pm}$ für drei unterschiedliche Konzentrationen starker Elektrolyte. Man erkennt, dass sich die Aktivitätskoeffizienten für starke Verdünnungen ($c < 10^{-3} M$) dem Wert 1 nähern. Ferner ähneln sich die Werte bei Elektrolyten, die in der Ladung ihrer Ionen übereinstimmen. HCl, NaCl, NaOH, HNO_3, $AgNO_3$ bilden eine Gruppe, K_2SO_4 und H_2SO_4 eine zweite und $CuSO_4$ und $ZnSO_4$ eine dritte. Die erste Gruppe sind 1:1-Elektrolyte mit einer Ionenladung von 1. Die zweite Gruppe sind 2:1-Elektrolyte mit einer Kationenladung von 1 und einer Anionenladung von 2 und in der dritten Gruppe liegen wieder 1:1-Elektrolyte mit einer Ionenladung von 2 vor. Zur Beschreibung der Abhängigkeit der mittleren Aktivitätskoeffizienten von der „wirksamen Ionenladung" aller enthaltenen Ionen definiert man die ***Ionenstärke I***

$$I = \frac{1}{2} \cdot \sum_i \frac{{}^c m}{{}^c m^{\varnothing}} \cdot z_i^2 \qquad {}^c m : \text{Ionenmolalität;} \quad z_i : \text{Ionenladung} \ . \tag{3.34}$$

Näherungsweise können zur Berechnung der Ionenstärke anstelle der standardisierten Molalitäten die standardisierten Molaritäten verwendet werden. Eine 0,02 M Na_2SO_4-Lösung besitzt demnach eine Ionenstärke von

$$I = \frac{1}{2} \cdot (2 \cdot 0,02 \cdot 1^2 + 0,02 \cdot 2^2) = 0,06 \ .$$

Die mittleren Aktivitätskoeffizienten verdünnter Lösungen erhält man näherungsweise aus der Beziehung

$$\lg f_{\pm} = -A \cdot |z_+ \cdot z_-| \cdot \sqrt{I} \ , \tag{3.35}$$

wobei $z_{\pm}$ wieder die Ladungszahlen der aus dem Elektrolyten gebildeten Ionen sind. A ist eine Konstante, in die die Lösungsmitteleigenschaften eingehen (z. B. Temperatur, Viskosität, Dielektrizitätskonstante). Für Wasser hat A bei 25 °C den Wert 0,509.

3.4.3 Einteilung von Elektroden in Anoden und Katoden, Elektrodentypen

Nach der in 3.4.1 und 3.4.2 angewandten, auf **Faraday** zurückgehenden Definition versteht man unter einer *Elektrode* ein Zweiphasensystem, in dem an der Phasengrenze Ladungsübertragungsvorgänge stattfinden. Gewöhnlich handelt es sich dabei um die Übertragung von Elektronen. Beide Phasen sind zum Ladungstransport befähigt. Umgangssprachlich und bei der in Kapitel 3.6 noch zu besprechenden Elektrolyse wird der Elektrodenbegriff oft nur auf den in eine Elektrolytlösung eintauchenden Festkörperstab angewendet.

Findet an der Phasengrenze einer Elektrode eine Elektronenübertragung vom Festkörper auf Teilchen der Elektrolytlösung statt (Reduktionsreaktion), so nennt man sie *Katode*. Im Gegensatz zur Katode, die aus der Sicht der Elektrolytlösung als *Elektronendonator* wirkt, besitzt die *Anode Elektronenakzeptorfunktion*. An ihrer Phasengrenze laufen Oxidationsreaktionen ab. Zu Katoden bzw. Anoden werden Elektroden erst, wenn zwei Halbelemente in einer elektrochemischen Zelle leitend miteinander verbunden sind. Nach den an den Elektrodenreaktionen beteiligten Reduktions- bzw. Oxidationsmitteln und nach der besonderen Art der Phasengrenzen, an denen die Ladungsübertragung stattfindet, unterscheidet man verschiedene *Elektrodentypen*:

- *Metall/Metallionen-Elektroden*
  Sie bestehen aus einem Metallkörper, der in Kontakt zur Lösung eines seiner Salze steht. Die Elektrodenreaktion ist $Me^{z+} + ze^- \rightleftharpoons Me$. Als Beispiel können die bereits

angeführten Zink | Zinksulfat- bzw. Kupfer | Kupfersulfat-Elektroden genannt werden. Bei der ebenfalls bereits angesprochenen Symbolik für Elektroden wird die Reihenfolge Reduktionsmittel | Oxidationsmittel beibehalten, also Zn | Zn^{2+} bzw. Cu | Cu^{2+}. Da die kondensierten Phasen der reinen Metalle einen Stoffmengenanteil bzw. eine Stoffmengenanteilaktivität $X_a = 1$ besitzen, lautet die Nernstsche Gleichung für Metall/Metallionen-Elektroden

$$U = U^{\varnothing} - \frac{RT}{zF} \cdot \ln \frac{1}{a_{Me^{z+}}} = U^{\varnothing} + \frac{RT}{zF} \cdot \ln a_{Me^{z+}} \quad . \tag{3.36}$$

- **Gaselektroden**

In ihnen läuft die Elektrodenreaktion zwischen einem Gas mit einem Partialdruck p_i und einer Lösung seiner Ionen ab. Man benötigt ein **Inertmetall** (meist Platin) für die Elektronenaufnahme oder –abgabe. Das Inertmetall vermittelt die Ladungsübertragung, nimmt an der Potenzialbildung aber nicht teil. Unter Beibehaltung der o. a. Schreibweise sind Wasserstoff- und Chlorelektroden Beispiele für Gaselektroden:

Elektrodensymbol	Elektrodenreaktion
Pt $\mid H_2 \mid H^+$	$2H^+ + 2e^- \rightleftharpoons H_2$
$Cl^- \mid Cl_2 \mid$ Pt	$Cl_2 + 2e^- \rightleftharpoons 2\,Cl^-$.

Die Platinoberfläche fungiert als Adsorbens für die Gasmoleküle. Das Inertmetall wird im Elektrodensymbol, wie in den Beispielen gezeigt, mit angegeben. Die auf die Potenzialbildung bei Gaselektroden angewandten Nernstschen Gleichungen lauten dann:

$$U = -\frac{RT}{2F} \cdot \ln \frac{a_{H_2}}{a_{H^+}^{\,2}} \quad \text{und} \quad U = U^{\varnothing} - \frac{RT}{2F} \cdot \ln \frac{a_{Cl^-}^{\,2}}{a_{Cl_2}} \quad . \tag{3.37}$$

Bei einem Gasdruck von jeweils 1 bar gilt außerdem $a_{Gas} = 1$. Damit erhalten die Elektrodenpotenziale wieder die bereits aus älteren Lehrbüchern bekannte Form.

- **Metall/Salz-Elektroden**

Sie bestehen aus einem Metallkörper, der von einer porösen Schicht eines unlöslichen Salzes aus dem Metallkation und einem Gegenion X^{z-} bedeckt ist. Der Festkörper befindet sich in einer Elektrolytlösung, die die X^{z-}-Ionen enthält. Beispiele sind die **Silber/Silberchlorid-Elektrode**, die **Blei/Bleisulfat-Elektrode** oder die **Kalomel-Elektrode** (Quecksilber/Quecksilber(I)chlorid-Elektrode).

In der Schreibweise von Metall/Salz-Elektroden werden Metall | Metallsalz | Gegenion angegeben. Für die erwähnten Beispiele sind das Ag |AgCl |Cl⁻, Pb | PbSO₄ | SO₄²⁻ und Hg | Hg₂Cl₂ | Cl⁻.

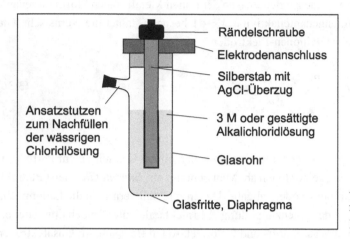

Rändelschraube

Elektrodenanschluss

Silberstab mit
AgCl-Überzug

Ansatzstutzen
zum Nachfüllen
der wässrigen
Chloridlösung

3 M oder gesättigte
Alkalichloridlösung

Glasrohr

Glasfritte, Diaphragma

Abb. 3.15: Schema einer Ag| AgCl |Cl⁻ - Elektrode.

Das Elektrodenpotenzial derartiger Metall/Salz-Elektroden ergibt sich zunächst, wie das der entsprechenden Metall/Metallionen-Elektroden wieder aus dem Standardpotenzial und der Metallionenaktivität. Letztere ist aber über die Löslichkeitskonstante K_L mit der Aktivität des Gegenions verknüpft. Am Beispiel der Ag | AgCl | Cl⁻ -Elektrode erhält man Gleichung (3.38):

$$U = U^{\varnothing}{}_{Ag/Ag^+} - \frac{RT}{F} \cdot \ln \frac{1}{a_{Ag^+}} = U^{\varnothing}{}_{Ag/Ag^+} - \frac{RT}{F} \cdot \ln \frac{a_{Cl^-}}{K_L} = U^{\varnothing}{}_{Ag/AgCl/Cl^-} - \frac{RT}{F} \cdot \ln a_{Cl^-}$$

(3.38)

$U^{\varnothing}{}_{Ag/AgCl/Cl^-}$ ist das Standardpotenzial der Metall/Salz-Elektrode, das um den konstanten Term $\frac{RT}{F}\ln K_L$ vom Standardpotenzial $U^{\varnothing}{}_{Ag|Ag^+}$ abweicht. Bei konstanter Gegenionenaktivität besitzen Metall/Salz-Elektroden ein konstantes Potenzial und eignen sich als Bezugselektroden.

- **Redoxelektroden**
Der Begriff Redoxelektrode wird dann verwendet, wenn unter Einbeziehung eines inerten metallischen Leiters das Potenzial zwischen zwei Oxidationsstufen einer in Lösung vorliegenden Spezies genutzt wird.
Beispiele für derartige Elektrodenreaktionen sind:

$$Fe^{3+} + e^- \rightleftharpoons Fe^{2+}$$
$$MnO_4^- + 8H^+ + 5e^- \rightleftharpoons Mn^{2+} + 4 H_2O .$$

Symbolisiert wird eine Redoxelektrode durch die Angabe: inertes Metall | Reduktionsmittel, Oxidationsmittel, also Pt | Fe^{2+}, Fe^{3+} bzw. Pt | Mn^{2+}, MnO_4^-, H^+.
In der Nernstschen Gleichung sind dann die Ionenaktivitäten beider Oxidationsstufen und auch die pH-Abhängigkeit der Potenziale enthalten. Auf die angeführten Beispiele angewendet lautet die Gleichung:

$$U = U^{\varnothing}{}_{Fe^{3+}/Fe^{2+}} - \frac{RT}{F} \cdot \ln \frac{a_{Fe^{2+}}}{a_{Fe^{3+}}} \quad bzw.$$

$$U = U^{\varnothing}{}_{MnO_4^-,H^+ | Mn^{2+}} - \frac{RT}{5F} \cdot \ln \frac{a_{Mn^{2+}}}{a_{MnO_4^-} \cdot a_{H^+}{}^8} . \tag{3.39}$$

Eine andere Einteilung der Elektroden unterscheidet zwischen den bereits erwähnten Redoxelektroden und Elektroden 1. bzw. 2. Art.

- **Elektroden 1. Art**
  Zu ihnen gehören die oben beschriebenen *Metall/Metallionen-Elektroden*. Allgemein steht das Element (auch Metalllegierungen oder Gase) in Kontakt mit seinem in Lösung vorliegenden Ion. Da das Potenzial bei Elektroden 1. Art nur von der Aktivität des an der Elektrodenreaktion beteiligten Ions abhängt, können Elektroden der 1. Art folglich als Messelektroden bei der Bestimmung von *Ionenaktivitäten* in Elektrolytlösungen eingesetzt werden.

- **Elektroden 2. Art**
  Hierzu gehören die *Metall/Salz-Elektroden*. Bei ihnen wird über das Löslichkeitsgleichgewicht des schwer löslichen Salzes die Abhängigkeit des Potenzials von der Kationenaktivität des Metalls durch die vom Anion des schwerlöslichen Salzes ersetzt. Somit wird das Elektrodenpotenzial von der Aktivität des Anions bestimmt. Solange eine konstante Anionenaktivität im Elektrolyten garantiert wird, besitzen Elektroden 2. Art ein konstantes Potenzial und eignen sich als *Referenz- bzw. Bezugselektroden*. Eine oft benutzte Bezugselektrode ist die bereits erwähnte *Silber/Silberchlorid-Elektrode* mit $U = + 0{,}2105$ V (20 °C, 3 M KCl-Lösung).
  Einen besonderen Typ von Elektroden 2. Art stellen die *Metall/Metalloxid-Elektroden* dar. Beispiele dieser Elektrodentypen sind die *Antimon/Antimonoxid-Elekt-*

rode bzw. die ***Bismut/Bismutoxid-Elektrode***, die beide zu pH-Messungen verwendet werden können. Die Elektroden bestehen aus einem mit einer dünnen Oxidschicht überzogenen Metallstab. Die Oxidschicht bildet sich, weil sich die Metallkationen mit Wasser zu Metallhydroxid umsetzen, das sich mit dem zugehörigen Oxid im Gleichgewicht befindet. Für die Sb/Sb_2O_3-Elektrode gilt:

$$2\, Sb^{3+} + 6\, e^- \rightleftharpoons 2\, Sb$$
$$2\, Sb(OH)_3 + 6\, H^+ \rightleftharpoons 2\, Sb^{3+} + 6\, H_2O$$
$$\underline{Sb_2O_3 + 3\, H_2O \rightleftharpoons 2\, Sb(OH)_3} \qquad \text{bzw. als Bruttogleichung:}$$
$$Sb_2O_3 + 6\, H^+ + 6\, e^- \rightleftharpoons 2\, Sb + 3\, H_2O\ .$$

Wenden wir die Nernstsche Gleichung auf die Bruttoelektrodenreaktion an, so folgt:

$$U = U^{\varnothing}{}_{Sb_2O_3,H^+|Sb} - \frac{RT}{6F} \cdot \ln \frac{a_{Sb}{}^2 \cdot a_{H_2O}{}^3}{a_{Sb_2O_3} \cdot a_{H^+}{}^6}\ .$$

Da die Aktivitäten der kondensierten Phasen gleich 1 sind, ergibt sich ein Elektrodenpotenzial, das nur von der Wasserstoffionenaktivität abhängt

$$U = U^{\varnothing}{}_{Sb_2O_3,H^+|Sb} + \frac{RT}{F} \cdot \ln a_{H^+}\ . \tag{3.40}$$

Bei 25 °C entspricht der Messwert folglich der Differenz aus $U^{\varnothing}$ und $0{,}0591 \cdot pH$. Eine pH-Wert-Messung ist allerdings nur im pH-Bereich von 3 bis 11 möglich, weil sich sonst der oben formulierte Mechanismus der Elektrodenreaktion nicht aufrechterhalten lässt. Metall/Metalloxid-Elektroden werden heute nur noch dann zu pH-Messungen verwendet, wenn man mechanisch besonders robuste Elektroden benötigt.

3.4.4 Diffusions- und Membranpotenziale

Potenzialbildende Vorgänge sind nicht auf Elektroden beschränkt, wie sie im Kapitel 3.4.3 beschrieben wurden. Sie treten auch an den Grenzflächen zweier Elektrolytlösungen auf. Die Elektrolytlösungen können sogar die gleiche Zusammensetzung haben, sofern sie sich in der Elektrolytkonzentration unterscheiden. Treten z. B. zwei HCl-Lösungen unterschiedlicher Konzentration in Kontakt, so diffundieren aus der konzentrierteren Lösung die Ionen mit dem Ziel des Konzentrationsausgleichs in die verdünnte HCl-Lösung. Die Beweglichkeit der H^+-Ionen ist aber wesentlich größer als die der Cl^--Ionen, so dass die Kationen den Chloridionen anfangs vorauseilen. An der Grenzfläche beider Lösungen erfolgt eine Ladungstrennung. Sie führt zu einem sogenannten ***Diffusionspotenzial.*** Die mit steigendem Diffusionspotenzial wachsenden *Coulombschen Anziehungskräfte* sorgen dafür, dass die Front der H^+-Ionen nach kurzer Zeit in ihrer Beweglichkeit gebremst wird. Gleichzeitig beschleunigt die vorauseilende H^+-Schicht die langsameren Cl^--Ionen. Bei einem für die Kombination aus verschiedenen Elektrolyten typischen Diffusionspotenzial werden schließlich für beide Ionen gleiche *Diffusionsgeschwindigkeiten* erreicht. Die Größe des Diffusionspotenzials hängt folglich vom Konzentrationsgefälle und von der Differenz der *Ionenbeweglichkeiten* zwischen Kation und Anion im Elektrolyten ab. Diffusionspotenziale verfälschen die Potenzialdifferenz zwischen zwei Halbelementen, da zur Bestimmung der Potenzialdifferenz die Elektrolyte der Halbzellen leitend verbunden werden müssen. Dabei kommt es zwangsläufig zur Ausbildung von Diffusionspotenzialen. Sie lassen sich jedoch bei der Verwendung eines sogenannten Stromschlüssels weitgehend unterdrücken. *Stromschlüssel* (bzw. *Salzbrücken*) sind mit konzentrierten bzw. gesättigten Salzlösungen (mit fester Salzphase) gefüllte Glasröhrchen. An beiden Enden verhindern *Diaphragmen* oder andere Vorrichtungen das Auslaufen der Salzlösungen. Abbildung 3.16 zeigt die Verbindung zweier Halbelemente mit einem Stromschlüssel (*Salzbrücke*). Nun kommt es in beiden Halbelementen an den Enden der Salzbrücke zu Diffusionspotenzialen, die aber etwa gleich groß und entgegengesetzt gerichtet sind, einander also nahezu kompensieren. In den *Salzbrücken* verwendet man Elektrolyte wie KCl oder NH_4NO_3, bei denen beide Ionen vergleichbare Beweglichkeiten besitzen. Mit Salzbrücken gelingt es, die Verfälschung der Potenzialdifferenz zwischen den Halbelementen auf 1 bis 2 mV zu reduzieren. Gänzlich unterdrücken lassen sich Diffusionspotenziale nicht.

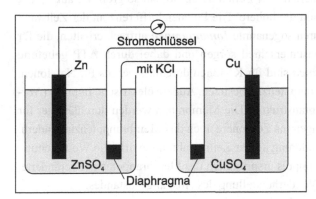

Abb. 3.16: Daniell-Element mit Stromschlüssel.

Eine vor allem auch für biologische Systeme sehr wichtige Potenzialbildung erfolgt an Membranen. Trennt eine Membran z. B. NaCl-Lösungen unterschiedlicher Konzentration voneinander, so versucht das System wiederum einen Konzentrationsausgleich für alle Ionen auf beiden Seiten der Membran. Ist die Membran zwar für Na^+-Ionen, nicht aber für die größeren Cl^--Ionen durchlässig, so gelingt der Ausgleich nicht. Er kann nur für die Na^+-Ionen einsetzen. Das führt zum Überschuss von positiven Ladungen auf der Seite der verdünnten Lösung und zu einem negativen Ladungsüberschuss in der ehemals konzentrierteren Lösung, also zu einer Potenzialdifferenz zwischen beiden Kammern.

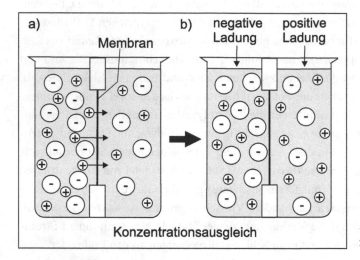

Abb. 3.17: Ausbildung eines Membranpotenzials.

Die Potenzialdifferenz auf beiden Membranseiten (*Membranpotenzial*) wirkt dem weiteren Konzentrationsausgleich entgegen.

An den Membranen von Nervenzellen bauen sich *Membranpotenziale* auf, weil sich die K^+- bzw. Na^+-Konzentrationen innerhalb und außerhalb der Zellen erheblich unterscheiden. Die K^+-Konzentration ist innerhalb der Zellen 20 bis 30 mal so groß wie außerhalb, für Na^+ ist die Außenkonzentration die höhere. Die Potenzialdifferenz an der Zellwand beträgt etwa 70 mV. Sie wird durch sogenannte *Ionenpumpen* aufrechterhalten, die für den beschriebenen Konzentrationsunterschied sorgen und dabei durch ATP gelieferte Energie nutzen. Die *Zellmembranen* sind für K^+-Ionen durchlässiger als für Na^+-Ionen, wenn sie das beschriebene Membranpotenzial besitzen. Äußere elektrische Impulse (*Nervenreizung*) verändern die Membranstruktur. Die Membranen werden durchlässiger für Na^+-Ionen, die mit ihrem Eindringen ins Zellinnere auch das Membranpotenzial ändern. Die Weiterleitung der Potenzialänderung an der Zellmembran bewirkt die Weiterleitung der Nervenreizung. Dort, wo der Impuls ursprünglich das Membranpotenzial veränderte, sorgen die Ionenpumpen für die Wiederherstellung des Ausgangszustandes.

Die Tatsache, dass sich immer dann Membranpotenziale an ionendurchlässigen Membranen ausbilden, wenn auf beiden Seiten der Membran unterschiedliche Ionenaktivitäten vorliegen, lässt sich zu Aktivitätsmessungen nutzen (s. Glaselektrode, ionenselektive Elektroden, Kapitel 3.5.2). Das Membranpotenzial hängt von der Ladungszahl des Ions ab, das es verursacht (infolge der Wanderung durch die Membran) und von seinem Aktivitätsunterschied auf beiden Membranseiten:

$$U = \frac{R \cdot T}{z \cdot F} \cdot \ln \frac{a_1}{a_2} \quad . \tag{3.41}$$

3.5 Zellspannung

3.5.1 Galvanische Zellen, Gleichgewichtszellspannung

Verbindet man zwei Halbzellen (Elektroden), so dass ein Ladungstransport zwischen beiden Elektrolytlösungen möglich wird, erhält man eine *galvanische Zelle*. Damit sich die Elektrolytlösungen nicht mechanisch vermischen, werden sie häufig durch poröse Wände *(Diaphragmen)* getrennt oder über die bereits erwähnten *Stromschlüssel* leitend verbunden (s. Abbildung 3.16). Die Elektrode mit dem niedrigeren Potenzial fungiert als Anode, die mit dem höheren (stärker positiven) Potenzial als Katode. Zwischen den Feststoffphasen beider Halbzellen lässt sich im stromlosen Zustand die Differenz der Elektrodenpotenziale als *Gleichgewichtszellspannung* messen. Zu einem Stromfluss von der Anode zur Katode kommt es, wenn die Feststoffphasen der beiden Elektroden über einen äußeren Stromkreis (metallischer Leiter und Verbraucher) miteinander verbunden werden. Durch Anlegen einer gleich großen, aber entgegengesetzt gerichteten Potenzialdifferenz erreicht man den Gleichgewichtszustand zwischen beiden Elektroden, bei dem kein Elektronenfluss (kein elektrischer Strom) stattfindet. Die *Gleichgewichtszellspannung* E, die in älteren Büchern als *EMK (elektromotorische Kraft)* bezeichnet wird, ergibt sich aus der Differenz aus Katoden- und Anodenpotenzial:

$$E = U_{\text{Katode}} - U_{\text{Anode}} \quad .$$

Die Differenzbildung (also der Vorzeichenwechsel für das Anodenpotenzial) erfolgt, weil an der Anode die Oxidationsreaktion abläuft, während die Standardpotenziale immer den Reduktionsreaktionen zugeordnet sind (s. Tab. 3.3 und 3.4).

Beim bereits besprochenen Daniell-Element besitzen die Halbzellen Standardpotenziale von $U^{\varnothing}{}_{Zn|Zn^{2+}} = -0{,}76 \text{ V}$ *bzw.* $U^{\varnothing}{}_{Cu|Cu^{2+}} = +0{,}34 \text{ V}$. Die Gleichgewichtszellspannung E zwischen beiden Standardelektroden beträgt also $E = (0{,}34 + 0{,}76) \text{ V} = 1{,}1 \text{ V}$.

Bei Stromfluss läuft die Zellreaktion der galvanischen Zelle, die sich aus beiden Elektrodenreaktionen zusammensetzt, spontan ab. Der Zinkstab gewinnt neue Elektronen, indem er Zinkkationen an den Elektrolyten abgibt. Der Kupferstab verbraucht die über den metallischen Leiter des äußeren Stromkreises gelieferten Elektronen, indem an ihm Kupferkationen des Elektrolyten als Kupferatome abgeschieden werden. An der Zinkelektrode läuft die Zinkoxidation ab. An der Kupferelektrode dagegen erfolgt die Reduktion der Kupferkationen. Die Oxidation erfolgt stets an der Anode, die Reduktion dagegen an der Katode. Die Zellreaktion im Daniell-Element wird durch die Reaktionsgleichung

$$Zn + Cu^{2+} + SO_4^{2-} \rightarrow Cu + Zn^{2+} + SO_4^{2-}$$

gegeben.

Das Diaphragma bzw. der Stromschlüssel ermöglichen den Ladungsausgleich im Elektrolyten durch *Ionenwanderung*. Zur Reaktionsgleichung der freiwillig ablaufenden *Zellreaktion* gelangt man stets, wenn man wie oben beschrieben die *Anodenreaktion* als Oxidation formuliert und zur *Katodenreaktion* addiert, die wie üblich als Reduktion aufgeschrieben wird. Am Beispiel des Daniell-Elements demonstriert, schreibt man:

Anodenreaktion (stärker negative Elektrode)	$Zn \rightarrow Zn^{2+} + 2\,e^-$
Katodenreaktion (stärker positive Elektrode)	$Cu^{2+} + 2\,e^- \rightarrow Cu$
Zellreaktion	$Zn + Cu^{2+} \rightleftharpoons Zn^{2+} + Cu$.

Bei Stromfluss ist die zwischen den Halbzellen messbare Spannung stets kleiner als die Gleichgewichtszellspannung E. Die Ursache liegt im *Spannungsabfall*, verursacht durch den *inneren Widerstand* der Zelle. Nach den Gesetzen des unverzweigten Stromkreises teilt sich E bei Stromfluss auf dessen Teilwiderstände auf. Wir messen einen Spannungsabfall am *äußeren Widerstand*, der von betriebenen Geräten verursacht wird und am *inneren Widerstand*, der zum Ionentransport und zu den Elektrodenreaktionen gehört. Die um den Spannungsabfall am inneren Widerstand R_i verminderte Gleichgewichtszellspannung heißt *Klemmspannung E_K:*

$$E_K = E - I \cdot R_i \ . \tag{3.42}$$

Zur Messung von E benötigt man folglich Messanordnungen, die möglichst stromlos arbeiten. Man erreicht dies durch Verwendung von Messgeräten (im äußeren Stromkreis), die extrem große elektrische Widerstände besitzen. Die damit erreichbaren Stromstärken I sind sehr klein (bis etwa 10^{-9} A). Der Spannungsabfall $I \cdot R_i$ kann dann vernachlässigt werden. Eine andere Art der stromlosen Messung von E wird mit der *Poggendorffschen Kompensationsschaltung* (Abbildung 3.18) realisiert. Die Schaltung enthält eine Gleichspannungsquelle S, deren Potenzialdifferenz größer ist, als die zu bestimmende Gleichgewichtszellspannung. An einem Spannungsteiler können beliebige Bruchteile der Spannung von S abgegriffen werden.

Der variablen Spannung zwischen A und P ist die Zellspannung entgegen geschaltet, so dass A und P gleichnamige Pole beider Spannungsquellen verbinden. Man verändert die Position von P so lange, bis das Galvanometer G keinen Stromfluss mehr anzeigt, also das Gleichgewicht zwischen den Elektroden erreicht wird.

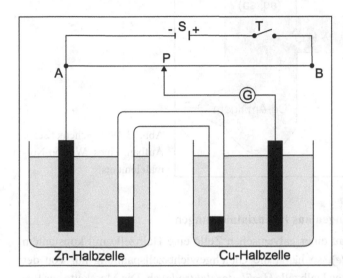

Abb. 3. 18: Poggendorffsche Kompensationsschaltung zur Messung von E eines Daniell-Elements.

Während der Einstellung schließt man den Stromkreis über den Schalter T immer nur kurze Zeit, um zu vermeiden, dass es zu einer über die äußere Gegenspannung erzwungenen Stoffabscheidung an den Elektroden der Zelle kommt. Im stromlosen Zustand stimmen E und Spannung zwischen A und P in ihren Beträgen überein.

Zur Eichung des Spannungsteilers benutzt man oft eine Zelle, deren Gleichgewichtszellspannung sehr genau bekannt ist, das **Weston-Normalelement** (Abbildung 3.19). Sie beträgt bei 25 °C 1,01807 V und weist eine nur sehr geringe Temperaturabhängigkeit auf. Führt man eine Kompensationsschaltung der Reihe nach mit dem **Weston-Element** und der zu bestimmenden Zelle durch, so erhält man mit $\overline{AP}$ entsprechend Abbildung 3.18

$$\frac{\overline{AP}_{Weston}}{\overline{AP}_{Zelle}} = \frac{1,01807 \text{ V}}{E_{Zelle}} \quad bzw. \quad E_{Zelle} = 1,01807 \text{ V} \cdot \frac{\overline{AP}_{Zelle}}{\overline{AP}_{Weston}} \quad .$$

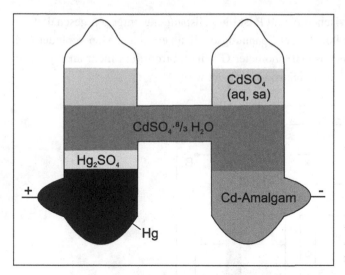

Abb. 3.19: Schematischer Aufbau eines Weston-Normalelements.

3.5.2 Aktivitätsbestimmungen aus Potenzialmessungen

Verwendet man beim Aufbau einer galvanischen Zelle eine Halbzelle mit konstantem Potenzial (**Referenzelektrode**), so hängt die Gleichgewichtszellspannung nur von der Elektrodenreaktion der zweiten Halbzelle (**Indikatorelektrode**) ab. Die Messkette aus Referenz- und Indikatorelektrode lässt sich nach entsprechender Kalibrierung (Bestimmung von A und B in Gleichung 3.43) zur quantitativen Bestimmung der Aktivität des Messions verwenden:

$$E = U_{Katode} - U_{Anode} = A + B \cdot \ln a_{MI} \qquad \text{(MI-Mession)} \ . \qquad (3.43)$$

Als Indikatorelektroden eignen sich alle Elektroden 1. Art, deren Elektrodenpotenzial möglichst selektiv und stabil auf eine Ionenart anspricht. Als Referenzelektrode wird meist eine Elektrode 2. Art verwendet.

Beispiel:
Ein Kupferstab und eine Kalomelelektrode tauchen bei 25 °C in eine Elektrolytlösung unbekannter Kupfer(II)ionenaktivität. E der Zelle beträgt 40 mV. Wie groß ist die Cu^{2+}-Aktivität?

$$E = U_{Cu \mid Cu2+} - U_{Kalomel, gesättigteKCl} = U^{\varnothing}_{Cu \mid Cu^{2+}} + \frac{0{,}0256}{2} \, \text{V} \cdot \ln a_{Cu^{2+}} - 0{,}245 \, \text{V}$$

$$= 0{,}345 \, \text{V} - 0{,}245 \, \text{V} + 0{,}0128 \, \text{V} \cdot \ln a_{Cu^{2+}}$$

$$\ln a_{Cu^{2+}} = \frac{0,04\,\text{V} - 0,1\,\text{V}}{0,0128\,\text{V}} = -4,6875$$

$$a_{Cu^{2+}} = 9,21 \cdot 10^{-3} \quad .$$

Häufig verwendet man *ionenselektive Elektroden* zur Aktivitätsbestimmung. Die bekannteste Anwendung dieser Art ist die *pH-Messung mittels Glaselektrode*. In ionenselektiven Elektroden liegt meist eine Kombination aus zwei galvanischen Zellen vor. In jeder Zelle ist eine Referenzelektrode gekoppelt mit einer Elektrode, deren Spannung von einem Membranpotenzial herrührt. Beide Membranpotenziale sind leitend miteinander verbunden.

Um die Wirkungsweise der *Glaselektrode* zu verstehen, soll zunächst die Ausbildung der Membranpotenziale betrachtet werden. Glaselektroden sind aus alkalireichen Gläsern gefertigt. In den Silikatgerüsten dieser Gläser befinden sich z. B. besonders viele Natriumionen. Hat das Glas mehrere Tage Kontakt zu einer wässrigen Lösung, so quillt die äußere Schicht des Silikatgerüsts. Wassermoleküle und Oxoniumionen gelangen in das Silikatgerüst. Infolge der geringen Dissoziationskonstanten der Kieselsäure werden die Natriumionen der Quellschicht (QS) weitgehend gegen Wasserstoffionen ausgetauscht. Wegen der Pufferfunktion der Kieselsäure ist die Wasserstoffionenkonzentration der Quellschicht nahezu konstant. Bringt man die so vorbereitete Quellschicht z. B. in Kontakt mit einer wässrigen Lösung, in der eine größere Wasserstoffionenkonzentration vorliegt als innerhalb der Quellschicht, so bildet sich ein Membranpotenzial aus. H$^+$-Ionen wandern in die Quellschicht und werden als Kieselsäure gebunden. An der Außenseite der Membran entsteht dadurch ein negativer Ladungsüberschuss, in der Quellschicht führen die freigesetzten Alkaliionen zu einem positiven Ladungsüberschuss. Findet der eben beschriebene Vorgang an der äußeren und der inneren Oberfläche einer dünnen Glaskugel statt und sorgt man zusätzlich dafür, dass das innere Membranpotenzial U_{Mi} durch eine sich im Inneren befindliche Pufferlösung konstant bleibt, so kann aus der Kombination mit zwei Referenzelektroden die Oxoniumionenaktivität der äußeren wässrigen Lösung ermittelt werden.

Zur Vereinfachung wählen wir gleichartige Referenzelektroden für beide Zellen, die über die dünne nicht gequollene, aber kationenreiche gläserne Trennschicht leitend verbunden sind. Damit erhält man nach Gleichung (3.41) als Gleichgewichtszellspannung der gesamten Elektrodenanordnung

$$E = \frac{R \cdot T}{F} \cdot \left(\ln \frac{a_{H^+_{außen}} \cdot a_{H^+/QS_{innen}}}{a_{H^+/QS_{außen}} \cdot a_{H^+_{innen}}} \right) \quad . \tag{3.44}$$

Geht man wieder wegen der Pufferwirkung der Kieselsäure davon aus, dass die H^+-Aktivitäten der äußeren und der inneren Quellschicht (a_{QS}) gleich sind, erhält man:

$$E = \frac{R \cdot T}{F} \cdot \ln \frac{a_{H^+_{außen}}}{a_{H^+_{innen}}} \quad \text{bzw. bei } T = 298{,}15 \text{ K} \qquad E = A - 0{,}0591 \text{ V} \cdot pH. \qquad (3.45)$$

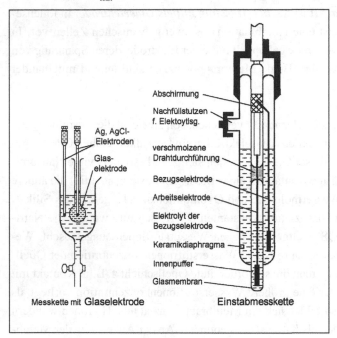

Abb. 3.20: Messanordnung zur pH-Messung mittels Glaselektrode.

Die messbare Abweichung von diesem Idealfall heißt *Asymmetriepotenzial* der Glaselektrode. Man erhält das Asymmetriepotenzial, wenn man eine mit der Innenlösung der Glaskugel identische Lösung vermisst und zwei gleichartige Referenzelektroden verwendet.

In der Praxis werden A und B durch Kalibrierung ermittelt. Dazu benutzt man Pufferlösungen mit bekannten pH-Werten. Die Kalibrierung gilt jeweils nur für die gewählte Temperatur. In kommerziell erhältlichen Glaselektroden ist oft die zweite Referenzelektrode schon integriert. Man spricht dann von Einstabmessketten. Abbildung 3.20 zeigt sowohl den schematischen Aufbau einer Messanordnung mit Glaselektrode als auch den Aufbau einer Einstabmesskette.

Ionenselektive Elektroden gibt es inzwischen für viele Ionen. Sie bilden alle ein konstantes inneres und ein veränderliches äußeres Membranpotenzial aus. Als Membranen eignen sich in Polymere eingelagerte Ionenaustauscher, die weitgehend selektiv mit dem

Mession reagieren oder man verwendet Einkristalle aus schwerlöslichen Salzen der Mes-sionen mit entsprechenden Gegenionen. Die Schwachstelle der ionenselektiven Elektro-den liegt darin, dass sich der Ionenaustausch nicht wirklich selektiv gestalten lässt, bzw. darin, dass es weitere Ionen gibt, mit denen das Gegenion schwerlösliche Salze bildet. Diese Prozesse tragen zum äußeren Membranpotenzial bei und führen zu Störungen bei den Aktivitätsmessungen. Man spricht von **Querempfindlichkeiten** der Elektroden für mehrere Ionen. Wird evtl. ein noch schwerer lösliches Salz des Gegenions während der Messung an der Membran gebildet, so bestimmt dieser Elektrodenvorgang das Gesamt-potenzial. Dieses Problem bezeichnet man als „**Vergiftung**" der Elektrode. Neben der Glaselektrode zur pH-Messung werden häufig ionenselektive Elektroden zur Fluoridbe-stimmung im Trinkwasser (LaF_3-Membran), zur Cl^--, Br^--, I^-- bzw. S^{2-}-Bestimmung (Membran der Ag-Salze), zur Na^+- bzw. K^+-Aktivitätsmessung (Spezialgläser) oder auch zur Cu^{2+}-, Pb^{2+}-, Cd^{2+}- Bestimmung (Membran der Metallsulfide) verwendet. Beim Ein-satz der Elektroden sind durch geeignete zusätzliche analytische Verfahren jedoch **Quer-empfindlichkeiten** bzw. **Vergiftungen** auszuschließen.

3.5.3 Potenziometrische Bestimmung der Löslichkeitskonstanten eines schwer löslichen Salzes

Potenziometrische Verfahren werden häufig eingesetzt, um thermodynamische Konstan-ten zu bestimmen. Als Beispiel soll hier die experimentelle Bestimmung des Löslichkeits-produktes eines schwer löslichen Elektrolyten angeführt werden.

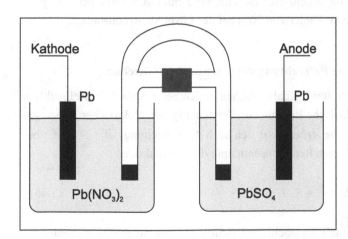

Abb. 3.21: Messanordnung zur Bestimmung des Löslich-keitsproduktes von $PbSO_4$.

Man kombiniert eine Referenzelektrode mit einer Halbzelle, die als Elektrolyt die gesät-tigte Lösung des schwer löslichen Salzes enthält. Denkbar zur Bestimmung der **Löslich-keitskonstanten K_L** von $PbSO_4$ (vergl. S. 260) wäre eine **Konzentrationskette** aus zwei

Pb | Pb^{2+}-Halbzellen (Abbildung 3.21). Für die Halbzelle mit $Pb(NO_3)_2$-Elektrolyt sind Konzentration (0,01 mol · l⁻¹) und Aktivitätskoeffizient ($f_\pm$ = 0,69) bekannt. Bei 25 °C wird eine Gleichgewichtszellspannung E von 50 mV gemessen, wenn der Elektrolyt der zweiten Halbzelle eine gesättigte $PbSO_4$-Lösung ist. Aus dem Messwert kann mit Hilfe der Nernstschen Gleichung die Pb^{2+}-Aktivität der zweiten Halbzelle ermittelt werden:

$$50 \text{ mV} = U^{\varnothing}{}_{Pb/Pb^{2+}} - \frac{0{,}059 \text{ V}}{2} \cdot \lg \frac{1}{0{,}01 \cdot 0{,}69} - U^{\varnothing}{}_{Pb/Pb^{2+}} + \frac{0{,}059 \text{ V}}{2} \cdot \lg \frac{1}{a_{Pb^{2+}}}$$

$$= \frac{0{,}059 \text{ V}}{2} \cdot \lg 0{,}0069 - \frac{0{,}059 \text{ V}}{2} \cdot \lg a_{Pb^{2+}} = \frac{0{,}059 \text{ V}}{2} \cdot \lg \frac{0{,}0069}{a_{Pb^{2+}}}$$

$$\lg a_{Pb^{2+}} = \lg 0{,}0069 - \frac{100}{59} = -2{,}16 - 1{,}695 = -3{,}855 \qquad a_{Pb^{2+}} = 1{,}4 \cdot 10^{-4}$$

Da für stark verdünnte Lösungen, wie sie für schwer lösliche Elektrolyten angenommen werden können, die Aktivitätskoeffizienten beider gleich stark geladener Ionen annähernd gleich sind, erhält man als *Löslichkeitskonstante* bei 25 °C

$$K_{L(PbSO_4)} = a_{Pb^{2+}} \cdot a_{SO_4^{2-}} = (1{,}4 \cdot 10^{-4})^2 = 1{,}96 \cdot 10^{-8} \quad .$$

In der Praxis sind genaue Ermittlungen von Löslichkeitskonstanten bzw. Löslichkeitsprodukten mit hohen Anforderungen an Reinheit der Stoffe und an präzise Spannungsmessungen verbunden. So führt im angeführten Beispiel ein Fehler von 1 mV bei der Spannungsmessung bereits zu einem Fehler von 20% bei der Löslichkeitskonstanten.

3.5.4   Thermodynamische Betrachtung der Nernstschen Gleichung

Aus thermodynamischer Sicht wird in galvanischen Zellen beim Ablauf der Zellreaktion aus chemischer Energie elektrische Energie zur Verrichtung von elektrischer Arbeit gewonnen. Die molare *elektrische Arbeit* lässt sich nach der Beziehung $W = -z \cdot F \cdot E$ berechnen und entspricht der Freien Reaktionsenthalpie der Zellreaktion:

$$\Delta_R G = -z \cdot F \cdot E = \Delta_R G^{\varnothing} + R \cdot T \cdot \ln Q \quad . \tag{3.46}$$

Der Reaktionsquotient Q enthält die stöchiometrischen, mit den Stöchiometriezahlen als Exponenten versehenen Produkte der Aktivitäten aller an der Zellreaktion beteiligten Stoffe.

Die Gleichgewichtszellspannung E ist die Differenz der Elektrodenpotenziale:

$$E = U_{Katode} - U_{Anode} = -\frac{\Delta_R G^{\varnothing}}{z F} - \frac{RT}{z F} \ln Q \quad . \tag{3.47}$$

Q lässt sich in zwei Terme separieren, die zu beiden Elektroden gehören:

$$E = -\frac{\Delta_R G^{\varnothing}}{zF} - \frac{RT}{zF} \cdot \left(\ln \frac{a_{RM,Katode}}{a_{OM,Katode}} - \ln \frac{a_{RM,Anode}}{a_{OM,Anode}} \right) \quad . \tag{3.48}$$

Zerlegt man auch den Term $-\frac{\Delta_R G^{\varnothing}}{zF}$ in eine Differenz aus Katoden- und Anodenwert, so kann die Differenz der Elektrodenpotenziale dargestellt werden als:

$$E = -\frac{\Delta_R G^{\varnothing}{}_{Katode}}{z F} + \frac{\Delta_R G^{\varnothing}{}_{Anode}}{z F} - \frac{RT}{z F} \left(\ln \frac{a_{RM,Katode}}{a_{OM,Katode}} - \ln \frac{a_{RM,Anode}}{a_{OM,Anode}} \right) \quad .$$

$-\frac{\Delta_R G^{\varnothing}{}_{Elektrode}}{z F}$ steht für $U^{\varnothing}{}_{Elektrode}$.

Geordnet nach den Elektroden erhält man die Elektrodenpotenziale

$$U = U^{\varnothing} - \frac{RT}{z F} \cdot \ln \frac{a_{RM}}{a_{OM}} \tag{3.49}$$

in Form der Nernstschen Gleichung.

3.5.5 Berechnung von Gleichgewichtskonstanten aus Standardpotenzialen

Eine galvanische Zelle, deren Gleichgewichtszellspannung 0 V beträgt, ist nicht mehr in der Lage elektrische Arbeit zu verrichten. Umgangssprachlich bezeichnet man sie als leer und drückt damit aus, dass die Zellreaktion von einer gerichtet ablaufenden Reaktion in ihr chemisches Gleichgewicht übergegangen ist. Für Gleichung (3.48) bedeutet das:

$$0\ V = E^{\varnothing}{}_{Zelle} - \frac{RT}{z F} \cdot \ln K \quad \text{bzw.} \quad \ln K = \frac{z F E^{\varnothing}}{RT} \quad . \tag{3.50}$$

$E^{\varnothing}{}_{Zelle}$ wird als Differenz der Standardpotenziale berechnet ($U^{\varnothing}{}_{Katode} - U^{\varnothing}{}_{Anode}$). Für das Daniell-Element bedeutet das bei einer Temperatur von 298,15 K:

$$\ln K = \frac{2 \cdot 964858 \cdot (0,34 + 0,76)}{8,314 \cdot 298,15} = 85,63 \quad \text{bzw.} \quad K = 1,55 \cdot 10^{37} \ .$$

Das Gleichgewicht der Zellreaktion liegt im Fall des Daniell-Elements demnach nahezu vollständig auf der Produktseite.

3.5.6 Biologische Redoxreaktionen

Auch in biologischen Systemen spielen Elektronenübertragungsreaktionen eine große Rolle und die Kenntnis der Standardpotenziale biologischer Redoxreaktionen hilft beim Verständnis und der Aufklärung von biochemischen Reaktionsfolgen. Bei Stoffwechsel-prozessen wie dem Abbau von Glucose wird Energie gewonnen, und damit der chemische Energiespeicher ATP gebildet (s. Abschnitt 1.12.1). Glucose wird dabei schrittweise unter Bildung des biologischen Reduktionsmittels Nicotinamid-Adenin-Dinukleotid (NADH) oxidiert. Im letzten Schritt der Glucose-Verwertung (der Atmungskette) wird das NADH durch Sauerstoff oxidiert. Dabei entsteht NAD^+ und die Reaktion ist mit der Bildung von ATP gekoppelt. NADH wird daher auch als energielieferndes Coenzym bezeichnet. Bei der Oxidation von NADH werden zwei Elektronen übertragen und die entsprechende Halbreaktion kann folgendermaßen formuliert werden:

$$NAD^+ + H^+ + 2e^- \rightleftharpoons NADH \quad \text{mit } U^{\varnothing} = \text{-}0,11 \text{ V}.$$

Auch für biochemische Redoxreaktionen gilt, dass ein stärker negatives Redoxpotenzial die zunehmende Bereitschaft einer Elektronenabgabe anzeigt. Elektronen werden also auf Komponenten mit dem positiveren Redoxpotenzial übertragen. Allerdings muss auch hier beachtet werden, dass $U^{\varnothing}$ die chemischen Standardbedingungen symbolisiert. Für die obige Reaktion entspricht das also (wie in Abschnitt 1.12.1 schon für die ATP-Hydrolyse erläutert) einem pH-Wert von 0.

Für *biochemische Standardbedingungen* (pH = 7) können wir das *biochemische Standardpotenzial* U^* wiederum mit der Nernstschen Gleichung bestimmen:

$$U^* = U^{\varnothing} - \frac{RT}{2F} \ln \frac{a_{NADH}}{a_{NAD^+} \cdot a_{H^+}}$$

Da weiterhin gilt, dass $a_{NAD^+} = 1$ und $a_{NADH} = 1$, kann die Gleichung zu

$$U^* = U^{\varnothing} + \frac{RT}{2F} \ln a_{H^+}$$

vereinfacht werden.

Durch Umrechnung der Basis des Logarithmus ($\ln a = 2,3 \cdot \lg a$) erhält man:

$$U^* = U^{\emptyset} - \frac{RT}{2F} \cdot 2{,}3 \cdot pH$$

Für $T = 298{,}15$ K und $pH = 7$ erhält man somit $U^* = -0{,}32$ V.

3.6 Elektrolyse

Während die Zellreaktionen galvanischer Zellen freiwillig ablaufende chemische Reaktionen darstellen, in denen chemische in elektrische Energie umgewandelt wird, sind die zugehörigen Umkehrreaktionen nur unter Verrichtung elektrischer Arbeit möglich. Die mittels zugeführter elektrischer Energie erzwungene Umkehr der Zellreaktionen bezeichnet man als *Elektrolyse*. Die Elektrolyse führt zur *Zersetzung des Elektrolyten*, dessen Ionen an den Elektroden entladen werden. (Im Gegensatz zu den galvanischen Zellen wird der Elektrodenbegriff in einer Elektrolysezelle nur auf die meist festen Phasen angewandt, die Elektronen zu- bzw. abführen.) Bezüglich des Ladungsvorzeichens kehren sich die Zuordnungen um. Die Anode ist positiv, die Katode negativ geladen. Dabei erfolgt an der Anode wieder die Oxidation, an der Katode die Reduktion. Elektrolysevorgänge und damit verbundene katodische Reduktionen bzw. anodische Oxidationsreaktionen nutzt man bei:

- der *Raffination von Metallen* (sowohl anodisches Lösen des ungereinigten Metalls als auch katodische Reduktion der Metallkationen zum abgeschiedenen hochreinen Metall),
- dem Aufbringen metallischer Überzüge in der *Galvanik* (katodische Reduktion von Metallkationen an der zu überziehenden Elektrode),
- dem Erzeugen schützender *Oxidschichten auf Oberflächen* (anodische Oxidation),
- der Synthese von Stoffen (Elemente und Verbindungen) durch Redoxreaktionen an den Elektroden.

Elektrolysiert werden Elektrolytlösungen oder Elektrolytschmelzen. Als Elektroden verwendet man oft Platinelektroden bzw. bei technischen Elektrolysen Graphitelektroden.

3.6.1 Zersetzungsspannung und Polarisierung der Elektroden

Zwei in eine 1,9 M HCl-Lösung ($a \approx 1$) eingetauchte Platinelektroden werden mit einer Gleichspannungsquelle verbunden. Über einen Drehwiderstand wird die Spannung schrittweise erhöht. Die aufgenommene Stromstärke/Spannungskurve zeigt dabei einen in zwei Abschnitte einteilbaren Verlauf (Abbildung 3.22).

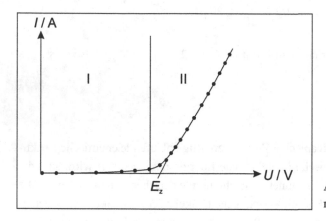

Abb. 3.22: Stromstärke/ Spannungskurve der HCl- Elektrolyse.

Im Abschnitt I führt die Erhöhung der Gleichspannung nur zu sehr kleinen, um die Null-Linie schwankenden Stromstärken. Die Ursache liegt in der *Polarisierung* der Platinelektroden.

An der Anode werden Cl^-- Ionen, an der Katode H^+-Ionen entladen. Die gebildeten Gasatome sind an der Platinoberfläche adsorbiert und bilden dort auch Gasmoleküle aus, die im direkten Kontakt zu den korrespondierenden Ionen im Elektrolyten stehen. Es entstehen Gaselektroden, die eine galvanische Zelle bilden und deren elektrochemische Potenziale durch die Nernstsche Gleichung beschrieben werden:

$$U_{Katode} = -\frac{RT}{2 \cdot F} \cdot \ln \frac{p_{H_2}}{a_{H^+}^2} \quad \text{und} \quad U_{Anode} = U_{Anode}^{\emptyset} - \frac{RT}{2 \cdot F} \cdot \ln \frac{p_{Cl_2}}{a_{Cl^-}^2} \quad .$$

Die Aktivitäten der abgeschiedenen Gase können näherungsweise durch ihre Partialdrücke ersetzt werden. Mit wachsendem Druck der abgeschiedenen Gase (Erhöhung der Elektrolysespannung) steigt die Spannung des gebildeten galvanischen Elements. Dieser Polarisierungsprozess lässt sich nicht beliebig fortsetzen. Erreicht der Gasdruck den Wert des Außendrucks, so lösen sich die adsorbierten Gase ab und entweichen als Blasen aus der Elektrolytlösung. Die Zellspannung des erzwungenen galvanischen Elements (sie kompensiert die angelegte Elektrolysespannung) kann nicht weiter ansteigen. Eine weitere Erhöhung der Elektrolysespannung führt zum Abscheidestrom, der dem *Ohmschen Gesetz* gehorcht und im Kurvenabschnitt II (Abb. 3.22) dargestellt ist. Elektrolyse findet folglich erst statt, wenn die angelegte Gleichspannung nicht mehr vom sich bildenden galvanischen Element kompensiert werden kann. Diesen Wert der Elektrolysespannung nennt man *Zersetzungsspannung E_Z*. Für die beiden Reaktionsquotienten Q_R der Elektrodenreaktionen erhält man den Wert 1 (Partialdruck der Gase ≈ 1 bar, Ionenaktivität bei gewählter Konzentration ≈ 1). Damit erreichen die Elektrodenpotenziale den Wert ihrer

Standardpotenziale. Die Zersetzungsspannung als Differenz der Standardpotenziale der Elektroden der Elektrolysezelle ($U^{\varnothing}_{Katode} - U^{\varnothing}_{Anode}$) beträgt $E_Z = (1,36 - 0)$ V $= 1,36$ V. Die Potenziale, die zur Abscheidung der Ionen an den einzelnen Elektroden führen, nennt man *Abscheidungspotenziale* U_z. Sie werden im Wesentlichen durch die Standardelektrodenpotenziale bestimmt.

Wird die Elektrolyse mit höheren *Stromdichten* ($> 10^{-2}$ A·cm^{-2}) an den Elektrodenoberflächen und mit unterschiedlichen Elektrodenmaterialen durchgeführt, so kommt es vor allem bei der Abscheidung von Gasen zu deutlichen Abweichungen vom theoretischen Abscheidungspotenzial und zu deutlich höheren Zersetzungsspannungen. Dieses Phänomen bezeichnet man als Überspannung.

3.6.2 Überspannung

Benutzt man z. B. Graphitelektroden und höhere Stromdichten (0,1 A · cm^{-2}), so sinkt das Abscheidungspotenzial von Wasserstoff von 0 V auf –0,96 V und das Abscheidungspotenzial des Chlors steigt von 1,36 V auf 1,62 V.
Damit beträgt die tatsächlich nötige Zersetzungsspannung

$$E_Z = 1,36 \text{ V} + 0,26 \text{ V} - (-0,96 \text{ V}) = 2,58 \text{ V}.$$

Die Abweichungen der bei Stromfluss messbaren Abscheidungspotenziale von den Idealwerten, die sich aus der Anwendung der Nernstschen Gleichung auf die eigentliche Elektrodenreaktion ergeben, heißen *Überspannung* η

$$\eta = E_{Z,\text{exp.}} - E_{Nernst} \; . \tag{3.51}$$

Beim Auftreten von Überspannungen ergibt sich für die Zersetzungsspannung eines Elektrolyten:

$$E_Z = E_{Z,Nernst} + \eta_{Anode} - \eta_{Katode} \; . \tag{3.52}$$

Die Ursachen der Überspannung sind überwiegend kinetischer Natur. Oft sind den Elektrodenreaktionen vorgelagerte Reaktionen (Dissoziationen, Dehydratisierungen etc.), Hemmungen der Durchtrittsreaktion an der Phasengrenze Elektrolyt/kondensierte Phase oder Prozesse, die mit dem Herauslösen von Ionen aus oder deren Einbau in Kristallgitter zusammenhängen, für das Auftreten der Überspannungen verantwortlich. Überspannungen treten vor allem bei der Abscheidung von Gasen auf. Verwendet man in der Wasserstoffelektrode z. B. nicht platinierte Elektroden, sondern andere Metalle, so hat man es stets mit deutlich negativeren Elektrodenpotenzialen zu tun. Die Größe der Überspannungen hängt vor allem vom Elektrodenmaterial, von der Stromdichte (mit wachsender Stromdichte zunehmend), von der Ionenkonzentration, der Temperatur und der Elektrodenoberfläche ab. H_2 hat die größte Überspannung an Quecksilber, O_2 an blankem Platin. Das Auftreten von Überspannungen ist in vielen elektrochemischen Anwendungen eine äußerst willkommene Erscheinung. Beispiele hierfür sind:

- der *Bleiakkumulator* (s. auch Kapitel 3.7.2)
  An den Bleikatoden müsste sich beim Ladevorgang der edlere Wasserstoff, der in der *Akkusäure* in Form von Oxoniumionen vorliegt, abscheiden. Infolge der *Wasserstoffüberspannung* (tatsächliches Abscheidungspotenzial $U_{Z,exp.} = -1V$) werden Pb^{2+}-Kationen reduziert ($U_{Z,Pb2+} = -0,36$ V), die im $PbSO_4$ vorliegen.

- das *Amalgam-Verfahren* (Elektrolyse gesättigter wässriger Alkalichloridlösungen zwischen Graphitanode und Quecksilberkatode)
  An der Katode müsste wiederum H_2 abgeschieden werden. Die hohe H_2-Überspannung am Quecksilber führt dazu, dass Natriumkationen reduziert werden und mit dem Quecksilber ein Amalgam bilden.

- die *Polarographie*
  Die Quantifizierung und Identifizierung reduzierbarer Ionen oder Verbindungen in wässriger Lösung wird durch die Bestimmung der Zersetzungsspannungen und der Höhe' des Diffusionsgrenzstromes möglich. Hinsichtlich ihrer Standardpotenziale sollten sich aus wässrigen Lösungen jedoch nur Halbedel- bzw. Edelmetalle abscheiden lassen. Da als Elektrodensystem Quecksilber mit seiner großen Wasserstoffüberspannung verwendet wird, sind auch die Kationen der unedlen Metalle und Verbindungen mit negativen Redoxpotenzialen reduzierbar.

3.6.3 Anwendungsbeispiele für elektrolytische Verfahren

Mehrere Beispiele für die Anwendung elektrolytischer Vorgänge wurden in den beiden vorhergehenden Kapiteln bereits angeführt. Verwiesen sei auf das Aufbringen von Metallüberzügen auf Oberflächen, auf Metallraffination und das Amalgam-Verfahren. Ebenfalls angeführt wurde die Polarographie als Analysenmethode. Bei polarographischen Messungen benötigt man einen Grundelektrolyten (Überschusskomponente) der den Ladungstransport in der Messzelle übernimmt. In der Stromstärke / Spannungskurve einer *polarographischen Messung* (Abbildung 3.23) sind stofftypische Stufen erkennbar. Sie werden durch die Teilchen der Probe (Unterschusskomponenten) verursacht, wenn diese elektrolytisch reduziert werden. Man erhöht kontinuierlich die negative *Abscheidungsspannung*, die an einer *Quecksilbertropfelektrode* (Katode) anliegt. Als Anode wird das abtropfende *Bodenquecksilber* verwendet.

Die Teilchen der Unterschusskomponente besitzen ein geringeres Abscheidepotenzial als die Kationen des Grundelektrolyten. Ihre Reduktion führt zum Stromanstieg in der Stromstärke / Spannungskurve, wie in Abb. 3.23 gezeigt. Sind nach dem Erreichen des Abscheidepotenzials die in unmittelbarer Nähe der Elektrode (elektrochemische Doppelschicht) vorhandenen Teilchen reduziert, stellt sich ein nahezu konstanter Strom ein. Da die reduzierten Teilchen nicht am Ladungstransport in der Lösung beteiligt sind (sie stellen eine Unterschusskomponente dar), müssen aus dem Inneren der Elektrolytlösung weitere Teilchen durch Diffusion zur Elektrode transportiert werden. Man spricht vom *Diffusionsgrenzstrom,* der wegen der konstanten Diffusionsgeschwindigkeit nicht weiter ansteigt. Seine Höhe ist proportional zur Konzentration der reduzierten Spezies *(Depolarisator).* Es entsteht die typische Stufenform eines Polarogramms.

Der Vorteil der Quecksilbertropfelektrode ist ihre ständige Selbsterneuerung. Damit wird sie durch die abgeschiedenen Metalle nicht vergiftet. Eine Ausbildung eines Überzugs durch das abgeschiedene Metall mit vom Quecksilber abweichendem Standardpotenzial erfolgt auch deshalb nicht, weil sich die Metalle unter *Amalgambildung* im Quecksilber lösen. Anstelle des Abscheidepotenzials nutzt man zur Identifizierung der reduzierten Teilchen (Metallkationen, organische Moleküle) die zur halben Stufenhöhe gehörenden, ebenfalls stoffspezifischen *Halbstufenpotenziale* U_h. Die Polarographie erlaubt sowohl die Identifizierung von Teilchen anhand der Halbstufenpotenziale als auch deren Quantifizierung anhand der Stufenhöhe.

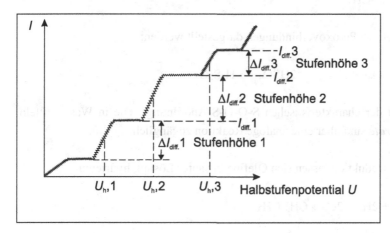

Abb. 3.23: Polarogramm.

Die hohe Wasserstoffüberspannung in der Quecksilberelektrode verhindert, dass aus wässrigen Lösungen Wasserstoff abgeschieden wird und erlaubt die Bestimmung von Stoffen mit negativem Standardpotenzial. An der als Arbeitselektrode fungierenden Tropfelektrode können Potenziale von +0,4 V bis −1,6 V eingestellt werden. Oberhalb von +0,4 V geht Quecksilber anodisch in Lösung, unterhalb von −1,6 V erfolgt die Entladung von Alkalikationen, die als Teil des Grundelektrolyten den positiven Ladungstransport besorgen. Noch stärker negative Potenziale lassen sich bei der Verwendung von quartären Ammoniumsalzen als Grundelektrolyt (-2,5 V bei $N(C_2H_5)_4Cl$) erreichen. Im möglichen Potenzialbereich erfolgt allerdings auch die Reduktion physikalisch gelöster Sauerstoffmoleküle nach der Gleichung $\qquad O_2 + 2H_2O + 4e^- \rightarrow 4OH^-$.

Der dabei auftretende Reduktionsstrom erstreckt sich in zwei Stufen über einen breiten Spannungsbereich und überlagert andere Stoffabscheidungen. Die Reduktion des im Wasser gelösten Sauerstoffs erfolgt zunächst zu O_2^{2-} und dann zu OH^-. Um Störungen durch die breiten, ineinander übergehenden Sauerstoffstufen zu umgehen, wird der gelöste Sauerstoff vor der Messung durch Einleiten eines Inertgases (meist Argon) ausgetrieben. Mittels *Polarographie* ist die *Simultanbestimmung* mehrerer *Depolarisatoren* (reduzierbarer Stoffe) möglich, wenn ihre *Halbstufenpotenziale* mehr als 0,1 V auseinander liegen.

Elektrolytische Verfahren bieten sich zur *Darstellung von Radikalen* als Zwischenstufen in Synthesereaktionen an. Die Radikale erhält man durch anodische Entladung von Anionen. Aus Acetationen kann z. B. auf diese Weise über die Zwischenstufe der Methylradikale Ethan erzeugt werden:

$$CH_3COO^- \rightarrow CH_3COO\cdot + e^-$$
$$CH_3COO\cdot \rightarrow CH_3\cdot + CO_2$$
$$2CH_3\cdot \rightarrow CH_3-CH_3$$

Aus Oxoanionen können Peroxoverbindungen dargestellt werden:

$$HSO_4^- \rightarrow HSO_4\cdot + e^- \qquad\qquad 2HSO_4\cdot \rightarrow H_2S_2O_8$$

(Peroxodisulfat mit der charakteristischen S-O-O-S-Anordnung). Die in Waschmitteln eingesetzten *Perborate* sind über eine analoge Reaktion zugänglich.

Mittels katodischer Reduktion lassen sich Olefine in saurer Lösung hydrieren

$$CH_2 = CH_2 + 2H^+ + 2e^- \rightarrow CH_3\text{-}CH_3$$

bzw. Nitroverbindungen in Amine überführen:

Als Zwischenstufe entsteht ebenfalls Nitrosobenzol, das mit Anilin durch Kondensation Azobenzol bilden kann:

3.7 Elektrochemische Energiequellen

Ohne die Nutzung galvanischer Zellen zur Versorgung der verschiedensten Geräte mit elektrischer Energie ist unser heutiges Leben nicht mehr vorstellbar. Nach ihrem Wirkungsprinzip unterscheidet man drei Arten elektrochemischer Energiequellen, die Primär-, die Sekundär- und die Brennstoffzellen.

3.7.1 Primärzellen

Die Zellreaktion ist irreversibel. Nach ihrer Entladung sind *Primärzellen* nicht mehr verwendbar. Die älteste und zugleich bis heute verwendete Primärzelle ist das *Leclanché-Element*. Es wurde 1867 von **G. Leclanché** entwickelt und kombiniert eine $Zn \mid Zn^{2+}$-Elektrode mit einer $Mn^{3+} \mid Mn^{4+}$-Redoxelektrode. In einem Zinkbecher (Anode, Anodenreaktion $Zn \rightarrow Zn^{2+} + 2e^-$) befindet sich der Elektrolyt sowie die von einem Braunstein (MnO_2)/Ruß-Gemisch umgebene Graphitkatode. Der Elektrolyt ist wässrige Ammoniumchloridlösung, die 5 bis 10 % Zinkchlorid enthält. Sie ist mit Mehl zu einer Paste verdickt. Der Zinkbecher wird mit einer Vergussmasse (Bitumen) verschlossen. Dadurch werden Elektrolyt und Katode luftdicht abgeschlossen und gegen Auslaufen geschützt.

In der Katodenreaktion wird Mn^{4+} zu Mn^{3+} reduziert:

$$MnO_2 + H^+ + e^- \rightarrow MnO(OH)$$
$$2 \, MnO(OH) \rightleftharpoons Mn_2O_3 + H_2O \ .$$

Die notwendigen Wasserstoffionen entstehen durch Autoprotolyse der Ammoniumionen des Elektrolyten gemäß

$$NH_4^+ \rightleftharpoons NH_3 + H^+ \ .$$

Als resultierende Zellreaktion erhält man

$$Zn + 2\,MnO_2 + 2\,NH_4Cl \rightarrow Mn_2O_3 + [Zn(NH_3)_2]Cl_2 + H_2O.$$

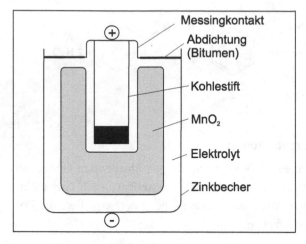

Abb. 3.24: Aufbau des Leclanché-Elements.

Die Gleichgewichtszellspannung der **Leclanché-Zelle** beträgt 1,65 V, die mittlere **Klemmspannung** 1 - 1,2 V.

Weitere Beispiele alkalischer Primärelemente sind

- die **Zink/Silberoxid-Zelle**

$$Zn + Ag_2O \rightarrow ZnO + 2\,Ag\,.$$

Einer Wiederaufladbarkeit der Zink/Silberoxid-Zelle steht die schlechte Löslichkeit entgegen, die das Silberoxid im alkalischen Medium aufweist. Beim Entladen entstehen außerdem Silberdendriten (feine Verästelungen von festem Silber), die innerhalb der Batterien zu Kurzschlüssen führen können.

- die **Lithium/Braunstein-Zelle**

$$Li + MnO_2 \rightarrow LiMnO_2\,.$$

Primärzellen, deren Anodenmaterial Lithium ist, besitzen besonders hohe Gleichgewichtszellspannungen. Als Elektrolytlösungen werden Lithiumsalze in wasserfreien Lösungsmitteln (Acetonitril, Propencarbonat, Dimethoxyethan etc.) verwendet.

- In alkalischen **Zink/Braunstein-Zellen** verwendet man in einen Metallbehälter gefülltes pulverisiertes Zink (Anode). Elektrolyt ist eine KOH-Lösung. Als Katode fungiert wieder die Braunstein/Graphit-Kombination. Die Zellreaktion ist:

$$Zn + 2\,MnO_2 \rightarrow ZnO + Mn_2O_3 \ .$$

Die alkalische Zink/Braunstein-Zelle gehört streng genommen nicht mehr zu den Primärelementen. Sie ist in begrenztem Umfang (etwa 50 Lade- / Entladezyklen) wieder aufladbar, wenn vollständige Entladung vermieden wird.

3.7.2 Sekundärzellen

Sekundärzellen sind nach der Entladung wieder aufladbar. Bei der Entladung liefert die freiwillig ablaufende Zellreaktion elektrische Energie. Der Ladevorgang ist die im Gegensatz zur Zellreaktion erzwungene Rückreaktion (Elektrolyse). Sekundärzellen werden als *Akkumulatoren* bezeichnet. Die bekannteste Anwendung von Akkumulatoren ist der *Bleiakkumulator*.

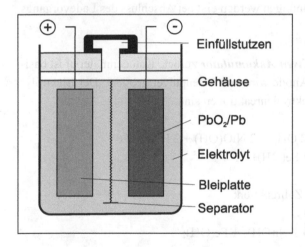

Abb. 3.25: Aufbau eines Bleiakkumulators.

Sein schematischer Aufbau ist in Abbildung 3.25 dargestellt. Die Anode besteht aus Blei, die Katode ist eine Bleiplatte, in deren Oberfläche Blei(IV)oxid eingearbeitet ist. Beide Elektroden sind mit möglichst großen Oberflächen ausgestattet (Gitter, Röhrchen, Schwammblei etc.). Das Diaphragma zwischen Anoden- und Katodenraum besteht oft aus säurebeständigen Kunststoff-, Cellulose- oder Gummivliesen. Der Elektrolyt ist Schwefelsäure (ca. 30 %, $\rho = 1{,}21\ g \cdot cm^{-3}$). Das Akkugehäuse wird aus Kunststoff oder Hartgummi gefertigt.

Die *Katodenreaktion* ist

$$PbSO_4 + 2\ H_2O \rightleftharpoons PbO_2 + 4\ H^+ + SO_4^{2-} + 2\ e^-.$$

Die **Anodenreaktion** wird durch die folgende Reaktionsgleichung wiedergegeben:

$$Pb + SO_4^{2-} \rightleftharpoons PbSO_4 + 2\ e^-$$

Daraus ergibt sich für die Zellreaktion beim **Entladen**

$$PbO_2 + Pb + 4\ H^+ + 2\ SO_4^{2-} \rightarrow 2\ PbSO_4 + 2\ H_2O.$$

Während des Entladevorgangs wird Schwefelsäure verbraucht. Das gebildete Wasser verdünnt den Elektrolyten zusätzlich. Elektrolytaktivität und Gleichgewichtszellspannung sinken.

Die erzwungene Rückreaktion (**Laden**) führt zur Bildung von Schwefelsäure. Die Dichte der Akkusäure steigt. Als Nebenreaktion tritt beim Laden des Bleiakkumulators Wasserzersetzung auf. Die Abscheidung der Gase ist kinetisch gehemmt und die für die Gasfreisetzung erforderlichen Überspannungen werden erst bei Abschluss des Ladevorgangs erreicht.

Auf **T. A. Edison** geht der **Nickel/Eisen-Akkumulator** zurück. Katodenmaterial ist basisches Nickeloxid ($NiO(OH)$). Die Anode wird von Eisenpulver gebildet. Der Elektrolyt ist eine 20 % KOH-Lösung. Die Elektrodenreaktionen sind:

| Katode | $2\ Ni(OH)_2 + 2\ OH^- \rightleftharpoons 2\ NiO(OH) + 2\ H_2O + 2\ e^-$ |
| Anode | $Fe + 2\ OH^- \rightleftharpoons Fe(OH)_2 + 2\ e^-$ |

Daraus resultiert beim Entladen die Zellreaktion:

$$2\ NiO(OH) + 2\ H_2O + Fe \rightarrow 2\ Ni(OH)_2 + Fe(OH)_2\ .$$

In analoger Weise sind die Vorgänge in **Nickel/Cadmium-** bzw. **Nickel/Zink-Akkumulatoren** zu formulieren. Basisches Nickeloxid stellt die Katode, Metallpulver die Anode dar.

Immer mehr an Bedeutung gewinnen wegen ihrer hohen Energiedichte ($A\cdot h\cdot kg^{-1}$) und des geringen Memory-Effekts die sogenannten **Lithium-Ionen Akkumulatoren**. Die Anode besteht aus Graphit, in das beim Ladevorgang Lithiumionen einwandern und entladen werden. Die Katode enthält ein Lithium-Metall-Oxidgemisch (Me: z. B. Co oder Mn). Sie nimmt beim Entladen die aus der Anode freigesetzten Lithium-Ionen auf, indem im

Metalloxid eine Erniedrigung der Oxidationsstufe des Metalls stattfindet. Als Elektrolyt dient meist $LiPF_6$ in einem organischen wasserfreien Lösungsmittel. Die Zellreaktion beim Entladen ($\rightarrow$) bzw. Laden ($\leftarrow$) kann mit Mn als Metall folgendermaßen formuliert werden:

$$LiMn_2O_4 + C(Li_x) \rightleftharpoons Li_2Mn_2O_4 + C(Li_{x-1}) \ .$$

Die Zellspannung der Lithium-Ionen-Akkus beträgt etwa 3,7 Volt und entspricht damit fast einer Reihenschaltung von drei Alkalibatterien. So werden Lithium-Ionen Akkumulatoren z.B. zunehmend auch im Bereich der Elektromobilität eingesetzt. Die weite Verbreitung der Lithium-Ionen-Akkumulatoren wurde 2019 mit dem Chemie-Nobelpreis gewürdigt.

Die Umstellung der Stromerzeugung durch Verbrennung fossiler Brennstoffe oder durch Kernspaltung auf sogenannte erneuerbare Energiequellen, wie Windkraft und Photovoltaik, ist eine große technologische und gesellschaftliche Herausforderung, die vor allem nach besseren Energiespeichertechnologien verlangt. Die Weiterentwicklung existierender und die Entwicklung neuer elektrochemischer Energiespeicher sind ein entscheidender Baustein der sogenannten Energiewende in Deutschland.

3.7.3 Brennstoffzellen

Wie im Kapitel 1 gezeigt wurde, wird durch die Oxidation von Brennstoffen (Verbrennung) ein großer Betrag an chemischer Energie freigesetzt, der auch für den Antrieb von Wärmekraftmaschinen (Verbrennungsmotoren) nutzbar gemacht, d.h. in Arbeit umgewandelt werden kann. Wie wir in Kapitel 1.4 kennengelernt haben, kann nur ein bestimmter Anteil der freigesetzten Wärme in Arbeit (also z.B. in elektrische Energie) umgewandelt werden. In einer Wärmekraftmaschine beträgt der maximale Wirkungsgrad je nach Temperaturunterschied zwischen kaltem und warmem Bad etwa 40 – 50 %.

Galvanische Zellen haben gegenüber Wärmekraftmaschinen den Vorteil der direkten Umwandlung von chemischer in elektrische Energie und deshalb eine höhere Energieausbeute. Die direkte Umwandlung der in Verbrennungsreaktionen freigesetzten chemischen Energie in elektrische Energie erreicht man in sogenannten *Brennstoffzellen*. Der Brennstoff wird dabei von außen zugeführt und die Elektroden nehmen nicht direkt an der elektrochemischen Reaktion teil. In Brennstoffzellen laufen die Reaktionen derart ab, dass Oxidation der Brennstoffe und Reduktion der Oxidationsmittel räumlich getrennt und freiwillig an den beiden Elektroden stattfinden. Der Wirkungsgrad kann bei der Brennstoffzelle größer als 80 % sein. Die oxidierten Brennstoffe und die reduzierten Oxidationsmittel dürfen den Elektrolyten, der sich zwischen den Elektroden befindet, nicht verändern. Als Brennstoffe eignen sich Gase (H_2, CO, Kohlenwasserstoffe) oder auch flüssige, leicht oxidierbare Verbindungen. Oxidationsmittel sind meist Sauerstoff, Luft oder Wasserstoffperoxid. Bei der Verwendung von H_2 als Brennstoff entsteht nur Wasser als Produkt bzw. Abgas (s.u.), weshalb die Brennstoffzelle eine wichtige Rolle für die CO_2-freie oder –arme Stromerzeugung aus erneuerbaren Energiequellen spielt. Als Elektrolyte verwendet man Säuren, Laugen oder Oxidschmelzen bzw. sogenannte Festkörper-Elektrolyte. Brennstoffzellen werden typischerweise auch nach dem verwendeten Elektrolyten benannt. Die wichtigsten Vertreter sind die Polymerelektrolytmembran-Brennstoffzelle (PEMFC), die Phosphorsäure-Brennstoffzelle (PAFC) und die Oxidkeramik-Brennstoffzelle (SOFC). Einzige Ausnahme bei der Benennung ist die Methanol-Brennstoffzelle, die nach dem Brennstoff benannt ist. Das Problem der Brennstoffzellen besteht in der kinetischen Hemmung der Elektrodenreaktionen. Brauchbare Geschwindigkeiten der **Brennstoffoxidation** und **Oxidationsmittelreduktion** erfordern meist unterschiedliche Katalysatoren. Vor allem flüssige Brennstoffe erreichen ausreichende Reaktionsgeschwindigkeiten erst bei hohen Temperaturen. Nach ihrer Arbeitstemperatur unterscheidet man:

Hochtemperaturbrennstoffzellen (z. B. SOFC)   300 °C – 1100 °C

Mitteltemperaturbrennstoffzellen (z. B. PAFC)   100 °C – 300 °C und

Niedertemperaturbrennstoffzellen (z. B. PEMFC)   < 100 °C .

Am weitesten entwickelt ist die **Wasserstoff/Sauerstoff-Zelle**, die schematisch in Abbildung 3.26 gezeigt ist. Ihre Elektrodenreaktionen sind:

Katode: $4\ OH^- \rightleftharpoons O_2 + 2\ H_2O + 4\ e^-$ (Raney-Silber-Katalysator)

Anode: $2\ H_2 \rightleftharpoons 4\ H^+ + 4\ e^-$ (Raney-Nickel-Katalysator) .

Daraus ergibt sich die Zellreaktion $2\ H_2 + O_2 \rightarrow 2\ H_2O$.

Als Elektrodenmaterial eignet sich z.B. eine Polymer-Elektrolyt-Membran. Das gebildete Wasser muss abgeführt werden.

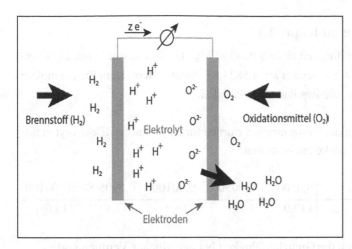

Abb. 3.26: Aufbau einer Wasserstoff / Sauerstoff-Brennstoffzelle.

Wasserstoff/Sauerstoff-Zellen mit einer Lebensdauer von mehreren Jahren werden bereits in der Raumfahrt und im Rüstungsbereich eingesetzt. Kürzlich erfolgte auch die Markteinführung für den kommerziellen stationären und mobilen Einsatz von Brennstoffzellen z. B. in dezentralen Kleinkraftwerken und in Elektrofahrzeugen. Besondere Anforderungen werden an die Reinheit der Gase gestellt. Verunreinigungen der Brennstoffe bzw. Oxidationsmittel, wie z.B. durch CO, das aus der industriellen H_2-Herstellung entsteht, wirken bei vielen Brennstoffzellen als Katalysatorgifte und schädigen die Zellen.

3.8   Übungsaufgaben zu Kapitel 3

1.   Die spezifische Leitfähigkeit einer 0,0200 M MgCl$_2$-Lösung wurde bei 25 °C experimentell ermittelt. Sie beträgt $\kappa = 4,582 \cdot 10^{-3}$ S·cm^{-1}. Berechnen Sie die molare Leitfähigkeit Λ bzw. die Äquivalentleitfähigkeit Λ_e.

2.   In Abhängigkeit von der Konzentration wurden für einen starken Elektrolyten folgende molare Leitfähigkeiten bestimmt:

c / mol·L^{-1}	0,0100	0,00500	0,00100	0,000500	0,000100
Λ / S·mol^{-1}·cm^2	110,0	112,9	116,9	117,8	119,0

Ermitteln Sie grafisch die Grenzleitfähigkeit bei unendlicher Verdünnung!

3.   In einer stark verdünnten NH$_4$Cl-Lösung wurden die Grenzleitfähigkeit mit $\Lambda_\infty = 149$ S·mol^{-1}·cm^2 und die Überführungszahl der Chloridionen $t_- = 0,491$ bestimmt. Berechnen Sie die Grenzleitfähigkeit des Ammoniumions und seine Ionenbeweglichkeit.

4.   Aus den bei 25 °C gemessenen molaren Leitfähigkeiten von Ameisensäurelösungen und einer Grenzleitfähigkeit $\Lambda_\infty = 404,3$ S·mol^{-1}·cm^2 sollen die korrespondierenden Dissoziationsgrade α berechnet werden.

c_0 / mol·L^{-1}	0,0100	0,00500	0,00100	0,000500
Λ / S·mol^{-1}·cm^2	50,2	69,2	138,0	174,8

Stellen Sie die Funktion $\alpha = f(c_0)$ grafisch dar und schätzen Sie den Dissoziationsgrad einer 0,0075 M Ameisensäure durch Interpolation ab.

5.   Berechnen Sie unter Verwendung der Dissoziationsgrade α bei 0,0100 M und 0,00100 M Ameisensäurelösungen (Aufgabe 4) die Dissoziationskonstante K_S und die pH-Werte der verdünnten Säuren ($f_\pm \approx 1$).

6.   Die Grenzleitfähigkeit von AgBr soll bei 25 °C berechnet werden. Bekannt sind die entsprechenden Λ_∞-Werte folgender Salze:

$$\Lambda_\infty \text{ (NaBr)} \qquad = 128,2 \quad \text{S·mol}^{-1}\text{·cm}^2$$
$$\Lambda_\infty \text{ (CH}_3\text{COONa)} \quad = \ 91,0 \quad \text{S·mol}^{-1}\text{·cm}^2$$
$$\Lambda_\infty \text{ (CH}_3\text{COOAg)} \quad = 102,8 \quad \text{S·mol}^{-1}\text{·cm}^2 \ .$$

7. Eine Propansäurelösung besitzt bei 18 °C den Wert $\Lambda_\infty = 349$ S·mol^{-1}·cm^2. Für eine 0,135 M Lösung wurde eine Leitfähigkeit von 4,79 · 10^{-4} S gemessen. Die Widerstandskapazität C der Messzelle beträgt 1cm^{-1}. Berechnen Sie näherungsweise den pH-Wert der Lösung.

8. Die konzentrationsbezogene Dissoziationskonstante K_S von Chloressigsäure beträgt bei 25 °C 1,4 · 10^{-3}. Berechnen Sie
   a) den Dissoziationsgrad einer 0,5 M-Lösung,
   b) näherungsweise den pH-Wert dieser Lösung.

9. Die auf Aktivitäten bezogene Dissoziationskonstante von Cyanessigsäure wird bei 25 °C mit $K_S = 3,56 \cdot 10^{-3}$ angegeben.
   Berechnen Sie den pH-Wert einer wässrigen Lösung von 50,0 g der Säure in 1 l über die Näherung $K_S = a(H^+)^2 / (a(HA)_0 - a(H^+))$.

10. Berechnen Sie den pH-Wert einer gesättigten Kalziumhydroxidlösung. Bei 18 °C beträgt das Löslichkeitsprodukt (L_c) 5,47 ·10^{-6} mol^3 L^{-3}, ($K_W = 5,73 \cdot 10^{-15}$).

11. Die Gleichgewichtszellspannung des galvanischen Elements
    Cd | Cd^{2+} (a = 1) || Cu^{2+} (a = 1) |Cu
    soll für 25 °C ermittelt werden. Bekannt sind
    $U^{\varnothing}$ (Cd | Cd^{2+}) = –0,402 V und $U^{\varnothing}$ (Cu | Cu^{2+}) = 0,346 V.

12. Welche Gleichgewichtszellspannung liefert das folgende galvanische Element bei 25 °C ?
    Ni | Ni^{2+} ($a = 0,0014$) || Ag$^+$ ($a = 0,593$) |Ag
    Gegeben sind $U^{\varnothing}$ (Ag | Ag$^+$) = 0,799 V bzw. $U^{\varnothing}$ (Ni | Ni^{2+}) = -0,23 V.

13. Wie groß ist die Gleichgewichtszellspannung der folgenden galvanischen Kette bei 25 °C, wenn die Aktivitätskoeffizienten $f_{\pm}$ (0,005 M Ni(NO$_3$)$_2$) = 0,57 und $f_{\pm}$ (0,1 M AgNO$_3$) = 0, 717 betragen ?
    Ni | Ni(NO$_3$)$_2$ (aq, 0,005 M) || AgNO$_3$ (aq, 0,1 M) |Ag

14. Berechnen Sie die Gleichgewichtszellspannung der folgenden galvanischen Kette bei 25 °C, bei der eine wasserstoffumspülte Platinelektrode (p(H$_2$) = 1bar) und eine Silberelektrode in eine gesättigte Silberhydroxidlösung eintauchen.
    Pt| H$_2$ | H$^+$ || Ag$^+$(aq)| AgOH (s) |Ag

Bekannt sind die Löslichkeitskonstante K_L (AgOH) = 1,5 $\cdot$ 10^{-8}, das Ionenprodukt des Wassers K_W = 1,0 $\cdot$10^{-14} und $U^\varnothing$ (Ag | Ag$^+$) = 0,799 V.

15.   Berechnen Sie das Standardpotenzial der Silber/Silberchlorid-Elektrode, wenn die Löslichkeitskonstante bei 25 °C K_L (AgCl) = 1,73 $\cdot$ 10^{-10} beträgt. Das Standardpotenzial $U^\varnothing$(Ag | Ag$^+$) = 0,799 V ist bekannt.

16.   Welches Potenzial besitzt eine Silber/Silberchlorid-Elektrode, wenn die Aktivität der Chloridionen 0,37 beträgt?

17.   Berechnen Sie das Redoxpotenzial einer Halbzelle Pt | Fe^{3+}; Fe^{2+} mit den Aktivitäten a (Fe^{3+}) = 0,2 und a (Fe^{2+}) = 1,5 bei 25 °C.

18.   Welche GleichgewichtszellspannungK besitzen folgende Konzentrationsketten bei 25 °C?
   a)   Ag | Ag$^+$ (a = 0,01) || Ag$^+$ (a = 0,1) | Ag
   b)   Ag | Ag$^+$ (a = 0,001) || Ag$^+$ (a = 0,1) | Ag

19.   Für die Konzentrationskette
          Ag | Ag$^+$ (a = x) || Ag$^+$ (a = 0,1) | Ag
   wurde bei 25 °C eine Gleichgewichtszellspannung von 0,134 V gemessen. Wie groß ist die unbekannte Silberionenaktivität x?

20.   Berechnen Sie aus dem Standardpotenzial der Ag | Ag$^+$-Elektrode (0,799 V) und dem Standardpotenzial der Ag | AgCl | Cl$^-$-Elektrode (0,223 V) die Löslichkeitskonstante von AgCl.

21.   Berechnen Sie aus den Standardpotenzialen die Gleichgewichtskonstante der folgenden Reaktion bei 25 °C:
          Fe^{2+} + Zn + SO$_4^{2-}$ $\rightleftharpoons$ Fe + SO$_4^{2-}$ + Zn^{2+}
   $U^\varnothing$ (Zn | Zn^{2+}) = -0,763 V; $U^\varnothing$ (Fe | Fe^{2+}) = -0,440 V.

22.   Das Standardpotenzial der Silber/Silberchlorid-Elektrode beträgt 0,223 V. Bei einer unbekannten Cl$^-$-Ionenaktivität wurde ein Elektrodenpotenzial von 0,287 V gemessen. Berechnen Sie die Cl$^-$-Ionenaktivität!

23.   Berechnen Sie aus den Standardpotenzialen die Gleichgewichtskonstante der folgenden Reaktion bei 25 °C:

$$Zn + SO_4^{2-} + Cd^{2+} \rightleftharpoons Zn^{2+} + Cd + SO_4^{2-}$$
$$U^\varnothing (Zn \mid Zn^{2+}) = -0{,}763 \text{ V}; \quad U^\varnothing (Cd \mid Cd^{2+}) = -0{,}402 \text{ V}.$$

24. Berechnen Sie die Löslichkeitskonstante von Bleifluorid bei 25 °C, wenn das Standardpotential der Elektrode Pb | PbF$_2$ (gesättigte Lösung) –0,35 V beträgt ($U^\varnothing$ (Pb | Pb^{2+}) = -0,12 V).

25. Für Cadmiumsulfat bestimmter Aktivität berechnet man eine theoretische Zersetzungsspannung E_Z = 1,33 V. Der tabellierte Wert der Gesamtüberspannung beträgt η = 0,7 V. Welche elektrische Arbeit (in kWh) ist erforderlich, um 0,5 kg Cadmium bei anliegender Mindestspannung elektrolytisch abzuscheiden? Der Spannungsabfall aufgrund des Gesamtwiderstandes beträgt 0,6 V.

26. Wie viel Gramm Nickel werden durch einen elektrischen Strom mit einer Stromstärke von I = 0,673 A bei der Elektrolyse einer Nickelsulfatlösung in vier Stunden und 25 Minuten maximal abgeschieden?

27. Die theoretische Zersetzungsspannung einer 0,5 M Kupfersulfatlösung beträgt E_Z = 0,74 V. Die experimentell ermittelte Elektrolysespannung ist U = 2,36 V. Im Messstromkreis floss bei einem Gesamtwiderstand von R = 3,48 Ω ein Strom von I = 0,25 A. Berechnen Sie die Gesamtüberspannung beim Elektrolyseprozess.

28. Bis zu welcher Aktivität lässt sich Kupfer bei 25 °C in einaktiver Salzsäure lösen? Näherungsweise nimmt man gleiche Oxoniumionen- und Chloridionenaktivitäten an.

29. Begründen Sie, dass man mit Chlorwasser in einer iodidhaltigen Lösung Iod nachweisen kann.

3.9   Versuche zur Elektrochemie

3.9.1   Konduktometrische Bestimmung von Säurekonstanten

Werden sehr saubere schwache Säuren HA in sehr reinem Wasser ($\kappa_{H_2O} \leq 5$ µS cm^{-1})
gelöst, hängt die Leitfähigkeit von den durch Dissoziation gebildeten Hydronium- und
Säureanionen A$^-$ ab. Da H_3O^+ und A$^-$ in reinem Wasser nahezu ausschließlich aus der
Dissoziation von HA stammen, lässt sich in der Definitionsgleichung des Dissoziations-
grades die Stoffmenge der dissoziierten Teilchen durch die Stoffmenge an H_3O^+ bzw. an
A$^-$ ersetzen. Daraus folgt:

$$c_H^+ = \alpha \cdot c_0 \qquad \text{und} \qquad c_A^- = \alpha \cdot c_0 .$$

Führt man diese Gleichungen in $K_c = \dfrac{c_{H^+} \cdot c_{A^-}}{c_{HA}}$ ein, dann ergibt sich

$$K_c = \frac{\alpha^2 \cdot c_0^2}{c_0 - \alpha \cdot c_0} = \frac{\alpha^2 \cdot c_0}{1 - \alpha} .$$

Der Dissoziationsgrad ist andererseits identisch mit dem Quotienten aus der molaren Leitfähigkeit Λ der schwachen Säure in der gegebenen Lösung und der Grenzleitfähigkeit Λ_∞
($\alpha = \dfrac{\Lambda}{\Lambda_\infty}$). Ist z. B. die Hälfte der Säure dissoziiert, so ist $\alpha = 0{,}5$ und $\dfrac{\Lambda}{\Lambda_\infty}$ ebenfalls $0{,}5$
(vergl. Kap. 3.3.1).

Der Versuch beginnt mit der Ermittlung der Widerstandskapazität C der Messzelle (Leit-
fähigkeitselektroden) mit 0,01 M KCl, deren spezifische Leitfähigkeit κ für verschiedene
Temperaturen tabelliert ist. Die Leitfähigkeit G wird gemessen. Die Widerstandskapazität
C berechnet man aus $\kappa = C \cdot G$. Anschließend wird üblicherweise noch einmal überprüft,
ob das verfügbare Wasser dem Leitfähigkeitskriterium genügt. Dann erfolgt die 1. Messung einer 0,1 M Säurelösung, beispielsweise einer 0,1 M Essigsäure. Mit dem aus der
Kalibrierung bekannten C wird nun zunächst κ berechnet. Indem durch die Ausgangskonzentration dividiert wird, ergibt sich Λ entsprechend $\Lambda = \dfrac{\kappa}{c_0}$. Für die Berechnung von
α ist nun nur noch die Kenntnis der Grenzleitfähigkeit Λ_∞ erforderlich. Sie ergibt sich
durch Addition der auf die Messtemperatur umgerechneten Ionenleitfähigkeiten. Die Umrechnung geht von den für 25 °C tabellierten Werten aus (s. Kapitel 3.3.1, Tabelle 3.1).
Die Umrechnungsgleichung ist:

$$\Lambda_\vartheta = \Lambda_{25} + (\beta \cdot \vartheta / °C - 25) \cdot \Lambda_{25} \text{ mit } \beta \text{ (CH}_3\text{COO}^-) = 0{,}0238 \text{ bzw. } \beta \text{ (H}^+) = 0{,}0154 .$$

Neuere Messzellen messen auch die Temperatur und rechnen den Messwert automatisch auf 25 °C um.

Die zweite Messlösung erhält man durch Verdünnen auf die halbe Konzentration. Analog wird der Leitwert von vier weiteren Verdünnungsstufen gemessen. Die für Essigsäure zu erwartende Dissoziationskonstante K_{exp} beträgt $1,80 \cdot 10^{-5}$ mol·l^{-1}. Sie weicht um wenige Prozent von dem richtigen, auf Aktivitäten bezogenen $K_S = 1,75 \cdot 10^{-5}$ ab. Die Abweichung von $K_{S,exp}$ liegt daran, dass bei seiner Berechnung keine Korrekturen der Konzentration durch Leitfähigkeits- und Aktivitätskoeffizienten vorgenommen wurden.

Fragen:

1. Wie ist der Dissoziationsgrad α definiert?
2. Gegeben sei die Lösung eines schwachen Elektrolyten in einem Leitfähigkeitsgefäß. Wie hängen folgende Größen von der Konzentration ab: Widerstandskapazität, Leitfähigkeit, spezifische Leitfähigkeit, molare Leitfähigkeit, Grenzleitfähigkeit, Dissoziationsgrad, Dissoziationskonstante?
3. Wie lassen sich Ionenleitfähigkeiten experimentell ermitteln?
4. Berechnen Sie den Aktivitätskoeffizienten $f_\pm$ in 0,1 M CH_3COOH über K_S und α!

3.9.2 Potenziometrische Bestimmung von pK$_S$-Werten schwacher Säuren

Titriert man eine 0,01 M Lösung einer schwachen Säure mit 0,1 M NaOH und bestimmt dabei gleichzeitig den pH-Wert mit einer kalibrierten Glaselektrode, so kann man aus den Messdaten den pK$_S$-Wert ermitteln.

Das Dissoziationsgleichgewicht schwacher Säuren wird beschrieben durch:

$$K_S = \frac{a_{H^+} \cdot a_{A^-}}{a_{HA}} = \frac{a_{H^+} \cdot c_{A^-} \cdot f_{A^-}}{a_{HA}} \quad .$$

Der Aktivitätskoeffizient f_{HA} der undissoziierten Säure kann annähernd 1 gesetzt werden. Damit ist a_{HA} durch c_{HA} ersetzbar, so dass man nach Logarithmieren die sogenannte *Henderson-Hasselbalch´ sche Gleichung* erhält:

$$\lg K_S = \lg a_{H^+} + \lg \frac{c_{A^-}}{c_{HA}} + \lg f_{A^-} \quad bzw. \quad pK_S = pH + \lg \frac{c_{HA}}{c_{A^-}} - \lg f_{A^-} \quad .$$

Ist halb so viel NaOH verbraucht, wie bis zum Äquivalenzpunkt erforderlich wäre, kann bei Säuren mit pK$_S$-Werten zwischen 4 und 11 angenommen werden, dass die gleiche

Menge Säure noch unneutralisiert vorliegt, wie bereits in Anionen umgewandelt wurde, dass also c_{HA} und c_{A^-} gleich sind. Nach der oben angeführten Henderson-Hasselbalch'schen Gleichung gilt also bei Vernachlässigung von $\lg f_{A^-}$ beim Halbäquivalenzpunkt $pK_S = pH_{1/2}$. Eine umfassendere Arbeitsgleichung zur Auswertung der Messwerte erhält man, wenn in der Gleichung c_{HA} durch $c_0 - c_{A^-}$ und anschließend c_{A^-} aufgrund der Elektroneutralitätsbedingung durch $c_{Na^+} + c_{H^+} - c_{OH^-}$ ersetzt werden:

$$pK_S = pH - \lg \frac{c_{Na^+} + c_{H^+} - c_{OH^-}}{c_0 - (c_{Na^+} + c_{H^+} - c_{OH^-})} - \lg f_{A^-} \qquad \text{mit} \qquad f_{A^-} \approx f_{\pm}$$

c_0 Bruttokonzentration der Säure im Titrationspunkt

c_{Na^+} aus der NaOH-Zugabe berechnete Na$^+$-Konzentration im Titrationspunkt

c_{H^+}, c_{OH^-} aus dem pH-Wert am Titrationspunkt nach Berechnung von $f_{\pm}$ über die Debye-Hückel-Näherung (Kapitel 3.4.2) zugänglich.

Diese Gleichung lässt eine Berechnung von pK$_S$-Werten einbasiger Säuren nicht nur unmittelbar beim Halbäquivalenzpunkt, sondern auch in dessen Nähe zu. Die so an mehreren Titrationspunkten berechneten pK$_S$-Werte sollten innerhalb der Fehlergrenzen übereinstimmen.

Für eine exakte pK$_S$-Bestimmung sind folgende Bedingungen einzuhalten: karbonatfreie Natronlauge, Temperaturkonstanz auf ± 0,2 K, Inertgasschutz, insbesondere wenn korrespondierende Säuren schwacher Basen mit pK$_S$-Werten im basischen Bereich zu vermessen sind, intakte und nicht driftende Glaselektrode bzw. Einstabmesskette.

Fragen:

1. Wie kann man aus der Titrationskurve pH = f(V_{NaOH}) den Äquivalenzpunkt ermitteln?
2. Leiten Sie die Hasselbalch'sche Gleichung aus der exakten Gleichung ab und erläutern Sie, dass die Hasselbalch'sche Näherung umso schlechter wird, je weiter sich die pK$_S$-Werte der untersuchten Säuren von pK$_S$ = 7 entfernen.
3. Wie ändert sich die Arbeitsgleichung, wenn BH$^+$ titriert werden soll?
4. Wie berechnet man c_{Na^+}, c_{H^+}, c_{OH^-} und c_{A^-} an einem Titrationspunkt?

   Man benötigt diese Größen zur näherungsweisen Berechnung der Ionenstärke I mit $I = \frac{1}{2} \Sigma (c_i/c^{\varnothing}) z_i^2$ und der Aktivitätskoeffizienten mittels der Näherung nach Debye-Hückel $\lg f_{\pm} = -0,509 \cdot z_+ \cdot z_- \cdot \sqrt{I}$ (vergl. S. 258).

3.9.3 Konzentrationsketten

Wenn man die Halbelemente Ag|Ag$^+$ (a_1) und Ag|Ag$^+$ (a_2) mit $a_1 < a_2$ über einen Stromschlüssel miteinander verbindet, handelt es sich um eine Konzentrationskette, da die Potenzialdifferenz allein durch die unterschiedliche Konzentration gegeben ist. Wird der Stromschlüssel mit konzentrierter NH$_4$NO$_3$-Lösung gefüllt und damit ein Diffusionspotenzial weitgehend vermieden, ergibt sich eine Gleichgewichtszellspannung entsprechend:

$$E = \frac{R \cdot T}{F} \cdot \ln \frac{a_2}{a_1} \ .$$

Im Versuch wird E folgender Lösungen vermessen:

Lösung 1	Lösung 2	Lösung 1	Lösung 2
0,01 M AgNO$_3$	0,1 M AgNO$_3$	gesättigte AgCl-Lösg.	0,01 M AgNO$_3$
0,001 M AgNO$_3$	0,1 M AgNO$_3$	gesättigte AgI-Lösg.	0,01 M AgNO$_3$
0,0001 M AgNO$_3$	0,01 M AgNO$_3$	Ag(NH$_3$)$_2$$^+$-Lösg.	0,01 M AgNO$_3$
		Ag(S$_2$O$_3$)$_2$$^{3-}$-Lösg.	0,01 M AgNO$_3$

Bei Kenntnis von a_2 lassen sich die unbekannten a_1 aus E berechnen. Im Falle der gesättigten Lösungen von AgCl und AgI sind dann bei Kenntnis der Anionenaktivitäten die Löslichkeitskonstanten $K_L = a_{Ag^+} \cdot a_{Cl^-}$ bzw. $K_L = a_{Ag^+} \cdot a_{I^-}$ zugänglich.

Bei der Ermittlung von a aus c wird näherungsweise anstelle von $a_i = f_i \cdot c_i$ mit $a_i = f_\pm \cdot c_i$ gerechnet. Der mittlere Aktivitätskoeffizient $f_\pm$ kann über die Ionenstärke I und die Debye-Hückel-Gleichung ermittelt werden. Dazu benötigt man die Konzentrationen aller in der entsprechenden Lösung vorhandenen Ionen.

Wird beispielsweise der AgCl-Niederschlag durch Zugabe von 30 mL 0,01 M KCl zu 20 mL 0,01 M AgNO$_3$ erzeugt, tragen in der Lösung Cl$^-$, K$^+$ und NO$_3$$^-$ zur Ionenstärke bei. Die Cl$^-$-Konzentration ergibt sich aus der Überlegung, dass von den zugesetzten 30 mL 0,01 M KCl 20 mL zur Fällung von AgCl verbraucht wurden und für die restlichen 10 mL eine Konzentrationsabnahme im Verhältnis 10/50 anzusetzen ist. Es ergibt sich also

$c_{Cl^-} = \frac{1}{5} \cdot 0,01 \text{ M} = 0,002 \text{ M}$. Entsprechend findet man $c_{K^+} = \frac{3}{5} \cdot 0,01 \text{ M} = 0,006 \text{ M}$ und

$c_{NO_3^-} = \frac{2}{5} \cdot 0,01 \text{ M} = 0,004 \text{ M}$. Die Ionenstärke und den Aktivitätskoeffizienten in dieser

Lösung berechnet man mit I = ½ (0,002 + 0,004 + 0,006) = 0,006 bzw.
$f_\pm = 10^{-0,509 \cdot \sqrt{I}} = 0,913$.

Fragen:

1. Erläutern Sie die Begriffe: Halbelement, elektrochemische Zelle, Zellspannung, Gleichgewichtszellspannung, Elektrodenpotenzial, Standardelektrodenpotenzial, Diffusionspotenzial.
2. Wie lautet die Nernstsche Gleichung in allgemeiner Form für Elektrodenpotenziale?
3. Wie ergibt sich die Gleichung für die Spannung einer Konzentrationskette aus den Gleichungen für die Elektrodenpotenziale?
4. Warum ist die NH_4NO_3-Lösung für einen Stromschlüssel besonders geeignet? Vergleichen Sie die Ionenleitfähigkeiten von NH_4^+ und NO_3^- !
5. Wie kann man die Löslichkeitskonstanten von AgCl bzw. AgI aus thermodynamischen Zustandsfunktionen berechnen?

3.9.4   Bestimmung der Überführungszahlen von Salpetersäure nach Hittorf

Überführungszahlen (vergl. Kapitel 3.3.3) geben an, welchen Anteil die Kationen bzw. Anionen eines Elektrolyten am Ladungstransport übernehmen, wenn durch die Lösung Gleichstrom fließt. Bei der Elektrolyse von Salpetersäure werden durch NO_3^--Ionen ca. 0,16 Anteile und durch die H_3O^+-Ionen ca. 0,84 Anteile der Ladung transportiert. Diese Anteile lassen sich ermitteln, wenn man 0,1 M HNO_3 etwa eine halbe Stunde lang bei geringer Stromstärke elektrolysiert, und anschließend durch alkalimetrische Titration die Stoffmengendifferenz Δn an HNO_3 zwischen Anodenraum und Katodenraum bestimmt. Die folgende Übersicht zeigt, dass Δn doppelt so groß ist wie die durch NO_3^- transportierte Ladungsmenge.

Anodenraum (+)	Mittelraum	Katodenraum (-)	Zeitpunkt
100 H_3O^+ 100 NO_3^-	1000 H_3O^+ 1000 NO_3^-	100 H_3O^+ 100 NO_3^-	am Anfang
79 H_3O^+ 104 NO_3^-	1000 H_3O^+ 1000 NO_3^-	121 H_3O^+ 96 NO_3^-	nach Transport von insgesamt 25 Ladungseinheiten, davon 21 durch H_3O^+-Ionen und 4 durch NO_3^--Ionen
104 H_3O^+ 104 NO_3^-	1000 H_3O^+ 1000 NO_3^-	96 H_3O^+ 96 NO_3^-	nach Entladen von 25 H_3O^+-Ionen an der Katode und 12,5 H_2O-Molekülen an der Anode

In der Übersicht wird auch deutlich, dass die Bilanz daran gebunden ist, dass NO_3^--Ionen zwar zur Anode wandern, dort aber wegen ihres relativ großen Abscheidungspotenzials nicht entladen werden. An der Anode werden Wassermoleküle oxidiert.

Die in wässriger Lösung immer vorhandenen OH^--Ionen haben eine so geringe Konzentration, dass ihr Anteil am Ladungstransport trotz der hohen Ionenbeweglichkeit vernachlässigbar ist. Um die Überführungszahl des NO_3^--Ions zu berechnen, muss man Δn halbieren und durch die insgesamt mittels beider Ionenarten transportierte Ladung dividieren. Die Größe der transportierten Ladung wird experimentell ermittelt, indem man in den Stromkreis ein mit Kalilauge gefülltes Knallgas-Coulometer einschaltet, durch das der gleiche Strom wie durch das Überführungsgefäß fließt. Aus dem auf 0 °C und 1,01325 bar umgerechneten Knallgasvolumen ist durch Multiplikation mit $0,0594 \text{ mmol} \cdot \text{cm}^{-3}$ auf die insgesamt durch das Überführungsgefäß transportierten n_q Mol Elementarladungen zu schließen. Die Überführungszahl von NO_3^- ergibt sich dann aus $t_- = \dfrac{\Delta n}{2 \cdot n_q}$. Die Überführungszahl von H_3O^+ folgt aus der Differenz zu 1.

Fragen:

1. Wie sind folgende Begriffe definiert: Wanderungsgeschwindigkeit, Beweglichkeit, Ionenleitfähigkeit?
2. Wie erklärt sich die besonders hohe Ionenleitfähigkeit von H^+ und OH^-?
3. Welche Beziehung besteht zwischen Überführungszahl und den Ionenleitfähigkeiten eines gelösten Elektrolyten? Welche Bedeutung hat die Messung von Überführungszahlen für die Bestimmung von Ionenleitfähigkeiten?
4. In welchem Verhältnis stehen immer die an beiden Elektroden insgesamt abgeschiedenen zu den insgesamt transportierten Ladungsäquivalenten?
5. Zeigen Sie, dass zwischen der Oxidation eines Wassermoleküls bzw. eines OH^- Ions an der Anode bezüglich der Art der gebildeten Teilchen kein Unterschied besteht.
6. Leiten Sie ab, dass zur Entwicklung von 1 mL Knallgas durch Elektrolyse unter Normalbedingungen insgesamt 0,0594 mmol Elementarladungen transportiert werden müssen.

3.9.5 Zersetzungsspannung

Die Elektrolyse von Salzsäure und vieler anderer Elektrolytlösungen beginnt erst, wenn ein bestimmtes Spannungsminimum überschritten ist. Man nennt diese Spannung Zersetzungsspannung. Elektrolysiert man 1 M Salzsäure zwischen zwei Platinelektroden, so finden eine Reihe von Vorgängen an den Elektroden statt, die den Verlauf der Strom-Spannungs-Kurve erklären:

Beginnt man mit einer Gleichspannung von 0,2 V, wird das Amperemeter noch keinen Stromfluss anzeigen. Das liegt daran, dass ein kurzer nicht beobachtbarer Stromstoß an der Katode H^+-Ionen in Wasserstoff und an der Anode Cl^--Ionen in Chlor umwandelt. Die Platinelektroden adsorbieren Wasserstoff und Chlor an ihrer Oberfläche und verwandeln sich dadurch in eine Wasserstoff- bzw. in eine Chlorelektrode. In der vorliegenden Salzsäure bedeutet dies die Ausbildung einer galvanischen Kette (Chlorknallgas-Kette), deren Spannung der angelegten Spannung entgegenwirkt.

Katode: $2 H^+ + 2 e^- \rightarrow H_2$ Anode: $2 Cl^- \rightarrow Cl_2 + 2e^-$

       $Pt \mid H_2 \mid H^+$ $U^{\varnothing} = 0$ V $Pt \mid Cl_2 \mid Cl^-$ $U^{\varnothing} = 1,36$ V

Die Gleichgewichtszellspannung der Kette beträgt bei 298 K:

$$E = 1,36 \text{ V} + \frac{0,059}{2} \text{ V} \cdot \lg \frac{p_{H_2} \cdot p_{Cl_2}}{(a_{H^+} \cdot a_{Cl^-})^2}$$

$$E = 1,36 \text{ V} + \frac{0,059}{2} \text{ V} \cdot \lg \frac{p_{H_2} \cdot p_{Cl_2}}{(f_{\pm}^{2} \cdot c_{HCl}^{2})^2} \quad \text{und } f_{\pm} = 0,82.$$

Der Stromstoß dauert so lange, bis der Wert der Gegenspannung die angelegte Spannung erreicht hat und kompensiert. Wird die angelegte Spannung um 0,2 V erhöht, kommt es wieder zu einem kurzen Stromstoß. Die Elektroden reichern sich mit H_2 und Cl_2 an. Da das Galvanometer die kurzen Stromstöße nicht registriert, bleibt der Stromfluss nahezu gleich Null. Nach einigen Spannungsschritten wird jedoch ein geringer Stromfluss wahrgenommen. Dies hängt damit zusammen, dass sehr kleine Mengen bereits entladenen Wasserstoffs und entladenen Chlors von den Elektroden in die Lösung abwandern, so dass eine kleine wirksame Restspannung bleibt, die den Reststrom ermöglicht. Das Kompensieren der angelegten Spannung durch die Gegenspannung hört erst auf, wenn der Gasdruck an den Elektroden den Außendruck erreicht. Dann können sich Blasen bilden, welche sich von den Elektroden ablösen. Dadurch wird ein weiteres Ansteigen des Gasdruckes an den Elektroden und, wie die obigen Gleichungen zeigen, auch der Gegenspannung unmöglich.

Von nun an kommt es zu einem geradlinigen Anstieg des Stromes mit steigender Spannung entsprechend dem Ohmschen Gesetz. Die Zersetzungsspannung findet man, wenn man den linearen Anstieg auf I gleich 0 extrapoliert. Sie liegt hier bei etwa 1,36 V, wenn durch eine mit fein verteiltem Platin (Platinmohr) überzogene großflächige Katode die Wasserstoffüberspannung minimiert wird.

In einem zweiten Versuchsteil wird 1 M Salzsäure unter Zusatz von 0,5 bzw. 1g KI elektrolysiert. Die Zersetzungsspannung von HI wird man in der Nähe des Standardpotenzials von $I_2 \mid I^-$ (0,536 V) vor der von HCl finden. Oberhalb der Zersetzungsspannung von HI beginnt wieder ein linearer Abschnitt, der anders als bei der Zersetzung von HCl ab einer bestimmten Spannung in eine nahezu waagerechte Strom-Spannungs-Kurve umschwenkt. Während dieses waagerechten Abschnitts fließt der sogenannte Grenzstrom der HI-Zersetzung. Trotz Erhöhung der Spannung kann die Stromstärke nicht steigen, weil alle dort ankommenden I^--Ionen entladen werden und deren Nachlieferung durch Diffusion aus der Lösung erfolgen muss.

Die konstante Anzahl der an der Anode ankommenden I^--Ionen begrenzt den Stromfluss solange, bis nach Erreichen der Zersetzungsspannung von HCl auch Cl^--Ionen entladen werden.

Die Abbildung 3.27 zeigt die Strom-Spannungs-Kurve für die Zersetzung von HI in HCl als Leitelektrolyt. Da das Erreichen der Zersetzungsspannung von dem Elektrodenpotenzial des abzuscheidenden Ions (Depolarisator) und die Höhe des Grenzstromes von seiner Konzentration abhängen, kann man auf diese Weise ein Ionengemisch, meist handelt es sich um Metallionen, qualitativ und quantitativ analysieren (vergl. Kapitel 3.6.3 zur Polarographie).

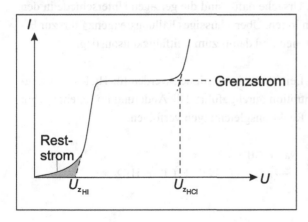

Abb. 3.27: Polarogramm der Elektrolyse von HI im Leitelektrolyten HCl.

Fragen:

1. Leiten Sie die Gleichung für die Gleichgewichtszellspannung der Chlorknallgas-Kette aus den Gleichungen für die Elektrodenpotenziale ab!
2. Wie ist E definiert?
3. Warum findet man im vorliegenden Versuch die Zersetzungsspannung der Salzsäure in der Nähe von 1,36 V? Berechnen Sie E mit $f_\pm = 0,82$!
4. Wie ändert sich die Zersetzungsspannung mit fallendem Luftdruck und wie mit sinkender Salzsäurekonzentration?
5. Wie müsste sich der erhöhte Zusatz von KI in der dritten Messreihe auf die Strom-Spannungs-Kurve auswirken?

3.9.6   Konduktometrische Titration

Ionenreaktionen, in denen sich Anzahl und/oder Art der beteiligten Ionen ändern, können konduktometrisch verfolgt werden. Die einzelnen Ionen leisten entsprechend ihrer Zahl und ihrer Beweglichkeit einen Beitrag zur Leitfähigkeit des Reaktionsgemisches. Hydronium- und Hydroxidionen besitzen die größten Ionenbeweglichkeiten. Ändert sich in der Ionenreaktion ihre Anzahl (Neutralisationsreaktionen, H_2S-Fällungsreaktionen), so hat das starken Einfluss auf die elektrische Leitfähigkeit der Reaktionsmischung. Leitfähigkeitsmessungen eignen sich deshalb besonders zur Erkennung des Äquivalenzpunktes in Neutralisationsreaktionen. Die Lösungen von starken und schwachen Säuren/Basen zeigen entsprechend dem Dissoziationsverhalten der Verbindungen unterschiedlichen Verlauf der Leitfähigkeitskurven in den verfolgten Neutralisationstitrationen. Das führt dazu, dass starke und schwache Säuren/Basen simultan titriert werden können.

Bei Fällungsreaktionen, in denen sich die Gesamtzahl der beteiligen Ionen (gleiche Ladungszahl der ausgefällten und der zugeführten Ionen) nicht ändert und bei denen Hydronium- bzw. Hydroxidionen nicht beteiligt sind, beobachtet man zunächst nur geringfügige Änderungen der Leitfähigkeit. Ursache dafür sind die geringen Unterschiede in den Beweglichkeiten der ausgetauschten Ionen. Überschüssiges Fällungsreagenz führt zur Erhöhung der Zahl der vorliegenden Ionen und damit zum Leitfähigkeitsanstieg.

Die im Kapitel 3.3.4 besprochenen Leitfähigkeitstitrationen werden für HCl- und Essigsäurelösungen unbekannter Konzentration durchgeführt. Die Änderung im Ionenangebot der Lösungen lässt sich anhand der Reaktionsgleichungen verfolgen:

$$H^+ + Cl^- \quad \xrightarrow{\ Na^+ + OH^-\ } \quad Na^+ + Cl^- + H_2O$$

$$CH_3COOH \quad \xrightarrow{\ Na^+ + OH^-\ } \quad Na^+ + CH_3COO^- + H_2O$$

$$Ag^+ + NO_3^- \quad \xrightarrow{\ H^+ + Cl^-\ } \quad AgCl\!\downarrow + H^+ + NO_3^- \ .$$

Dabei ist immer zu überlegen, welche Ionen vorgelegt wurden, welche beim Titrieren zugeführt werden und was ein Überschreiten des Äquivalenzpunktes für das Ionenangebot in der Lösung bedeutet.

Der Verlauf der aufgenommenen Leitfähigkeitskurven ist zu diskutieren. Aus den Leitfähigkeitsmessungen werden die unbekannten Säurekonzentrationen ermittelt.

Fragen:

1. Wie sind Leitfähigkeit, spezifische Leitfähigkeit und molare Leitfähigkeit einer Elektrolytlösung definiert? Welche der angeführten physikalischen Größen eignen sich als Messgrößen bei Leitfähigkeitstitrationen?
2. Zu Beginn der Leitfähigkeitstitration verdünnen Sie die Probe auf 250 mL Lösung. Ist es für die Titration wichtig, dieses Ausgangsvolumen exakt einzuhalten?
3. Bei der konduktometrischen Titration soll die Konzentration des Titrationsmittels wesentlich größer sein als die Konzentration der Vorlage. Warum verfolgen Sie dieses Ziel?

4 Wechselwirkung zwischen elektromagnetischer Strahlung und Stoff – Grundlagen der Spektroskopie

Unter *elektromagnetischer Strahlung* versteht man eine Welle aus gekoppelten elektrischen und magnetischen Feldern. Stoffe, die dieser Welle ausgesetzt sind, können von ihr Energie aufnehmen. Dabei wechseln die Stoffe zwischen ihrem, der jeweiligen Temperatur entsprechenden energetischen Grundzustand G und einem energetisch angeregten Zustand A^* (Abbildung 4.1). Die absorbierte Energie (Aufnahme von Energie durch den Stoff) entspricht der Energiedifferenz ΔE zwischen Grundzustand und angeregtem Zustand des Stoffes. Handelt es sich bei dem Stoff um Atome bzw. Moleküle, sind, wie im Folgenden noch gezeigt wird, nur bestimmte Energiebeträge geeignet, ihn in einen angeregten Zustand zu überführen. Im Energieniveauschema von Atomen und Molekülen existieren diskrete, von Struktur und Bau der Stoffe abhängige Energieniveaus. Daraus ergibt sich als Grundbedingung für eine erfolgreiche Wechselwirkung, dass die Strahlungsenergie genau mit der Differenz im Energieniveauschema des Stoffes übereinstimmt, dass also *Resonanz* zwischen Strahlung und den Energietermen des Stoffes vorliegt.

Der Stoff bleibt nicht im energetisch angeregten Zustand. Durch Energieabgabe, meist strahlungslos in Stoßprozessen aber auch durch Aussenden elektromagnetischer Strahlung, kehrt er in den jeweiligen Grundzustand zurück. Wieder entspricht die Energie der emittierten Strahlung der Differenz zwischen den diskreten Energietermen des Stoffes.

Die Größenordnung der Energie, die bei der Wechselwirkung zwischen Strahlung und Stoff übertragen wird, variiert stark in Abhängigkeit vom beabsichtigten Anregungsprozess. Sie führt zu einer Vielzahl spektroskopischer Methoden, die Rückschlüsse auf Konzentration und Struktur des wechselwirkenden Stoffes zulassen.

Am Beispiel von vier ausgewählten, für die chemische Analytik besonders bedeutsamen Methoden, sollen die Energieübertragung, die Anregungsmodelle und die aus den spektralen Informationen gezogenen qualitativen bzw. quantitativen Informationen über den wechselwirkenden Stoff diskutiert werden. Jede dieser Methoden nutzt einen speziellen Teil des elektromagnetischen Spektrums und damit einen speziellen Energiebereich.

Die Energie der elektromagnetischen Strahlung entspricht dem Produkt aus *Planckschem Wirkungsquantum h* und der Strahlungsfrequenz ν. Neben der *Frequenz* ν werden auch die *Wellenlänge* λ bzw. die *Wellenzahl* $\tilde{\nu}$ als energieäquivalente Größen verwendet. Es gilt:

© Springer-Verlag GmbH Deutschland, ein Teil von Springer Nature 2020
W. Bechmann und I. Bald, *Einstieg in die Physikalische Chemie für Naturwissenschaftler*, Studienbücher Chemie,
https://doi.org/10.1007/978-3-662-62034-2_4

$$E = h \cdot v = h \cdot \frac{c}{\lambda} = h \cdot c \cdot \tilde{v} \qquad\qquad (4.1)$$

mit $h = 6{,}63 \cdot 10^{-34}$ J·s, der *Lichtgeschwindigkeit* c mit $c = 3 \cdot 10^{17}$ nm·s^{-1} = $3 \cdot 10^{10}$ cm·s^{-1} und

$[v] = $ s^{-1}, $[\lambda] = $ nm bzw. $[\tilde{v}] = $ cm^{-1}.

Betrachtet man jeweils ein Mol derartiger Anregungsprozesse, muss Gleichung (4.1) mit der *Avogadroschen Konstanten* N_A ($N_A = 6{,}02 \cdot 10^{23}$ mol^{-1}) multipliziert werden.

Die grafische Darstellung der Strahlungsabsorption bzw. Strahlungsemission gegen die energieäquivalente Größe heißt *Spektrum* des wechselwirkenden Stoffes. Die Methoden, die die Energieaufnahme durch den Stoff verfolgen, sind *absorptionsspektroskopische Methoden*. Die Methoden, die die Strahlungsabgabe durch den Stoff untersuchen, sind *emissionsspektroskopische Verfahren*.

Im Ergebnis der Wechselwirkung mit der elektromagnetischen Strahlung verändert der Stoff seinen energetischen Zustand. Wird er dabei chemisch nicht verändert, spricht man von *Resonanzmethoden*. Es besteht allerdings auch die Möglichkeit, dass durch sehr energiereiche Strahlung Folgeprozesse wie z. B. die Ionisierung ausgelöst werden, die zu chemisch veränderten Produkten führen. Ein derartiges Verfahren wird im Folgenden noch mit der Massenspektrometrie vorgestellt.

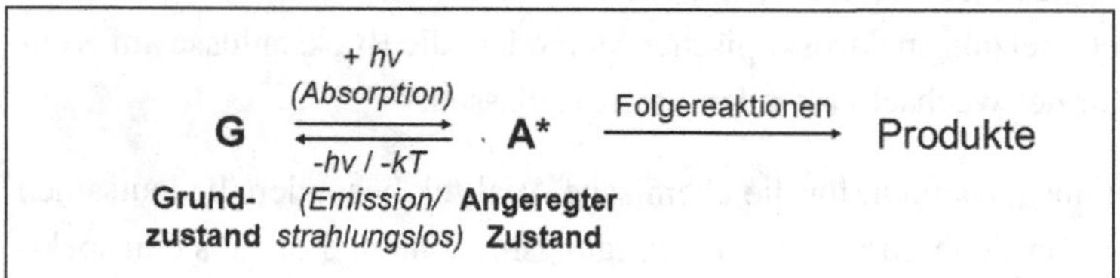

Abb. 4.1: Wechselwirkung zwischen elektromagnetischer Strahlung und Stoff.

4.1 Die UV/Vis-Spektroskopie

4.1.1 Der UV/Vis-Spektralbereich und das Modell der Quantenzahlen zur Beschreibung von Atomspektren

Die UV/Vis-Spektroskopie ist die älteste spektroskopische Methode. Ihre Entwicklung ist untrennbar verbunden mit der Schaffung eines modernen Atommodells, der Entdeckung neuer Elemente oder der Entwicklung der Quantenmechanik. Am Beginn standen emissionsspektroskopische Befunde, die zur Entwicklung der Spektralanalyse durch **Bunsen** und **Kirchhoff** in der Mitte des 19. Jahrhunderts führten, bzw. die Deutung der Linien im Emissionsspektrum angeregter Wasserstoffatome u. a. durch **Balmer**.

Die verwendete Strahlung umfasst nur den relativ kleinen Teil des elektromagnetischen Spektrums von 200 nm bis 800 nm. Strahlung dieser Energie ist geeignet, Valenzelektronen der Atome in höhere Energieniveaus anzuheben bzw. wird emittiert, wenn die Valenzelektronen angeregter Atome unter Strahlungsemission in den Grundzustand zurückkehren. Bei der Untersuchung chemischer Verbindungen werden die Bindungselektronen angeregt. Uns interessiert die UV/Vis-Spektroskopie als Resonanzmethode, d. h. die absorbierte Strahlung soll nicht zum Bindungsbruch in Molekülen oder Molekülionen führen. Für Bindungen in größeren organischen Molekülen wird diese Bedingung mit kurzwelliger UV-Strahlung allerdings bereits nicht mehr erfüllt.

Der Bereich von 200 nm bis 400 nm heißt *Quarz-UV*. Bei der Untersuchung von Lösungen chemischer Verbindungen werden diese in Quarzküvetten bestrahlt. Während einfache, meist alkalioxidhaltige Gläser für Licht mit Wellenlängen < 340-360 nm undurchlässig sind, ist Quarzglas im gesamten UV/Vis-Wellenlängenbereich durchlässig.

Von 400-800 nm, im Bereich des sichtbaren Lichts, genügen allerdings auch einfache Gläser als optische Materialien.

Die ausgetauschte Energie beträgt $600 - 300 -$ bzw. $150 \ kJ \cdot mol^{-1}$ für Wellenlängen von $200 - 400 -$ bzw. 800 nm.

Vergleicht man die Energiewerte mit Bindungsenergiewerten ausgewählter Bindungen, wie C–O ($385 \ kJ \cdot mol^{-1}$), O–H ($463 \ kJ \cdot mol^{-1}$) oder C=O ($708 \ kJ \cdot mol^{-1}$), so wird deutlich, dass die Strahlungsenergie für einen Bindungsbruch durchaus ausreichen kann. In der Mehrzahl der untersuchten Stoffe wird die Energie des elektronisch angeregten Zustandes jedoch in andere Energieformen umgewandelt, bevor es zur Konzentration des Energieüberschusses in einzelnen Bindungen und zum Bindungsbruch kommt.

Absorption bzw. Emission von sichtbarem Licht führt zur Farbigkeit. So besitzen Stoffe, die Licht zwischen $400 - 800$ nm absorbieren im Durchlicht die *Komplementärfarbe* der absorbierten Strahlung.

Farbe des sichtbaren Lichts	Wellenlänge in nm	Komplementärfarbe
blau	450	gelb
grün	550	rot
gelb	600	blau
rot	700	grün

Oberhalb von 800 nm schließt sich an den UV/Vis-Spektralbereich der Bereich der energieärmeren nahen Infrarotstrahlung an. Unterhalb von 200 nm gelangt man zunächst in das *Vakuum-UV*-Gebiet. (Einzelne Bestandteile der Luft absorbieren. Die Untersuchungen müssen deshalb im Vakuum durchgeführt werden.) Bei sehr vielen Stoffen kommt es zu Bindungsbrüchen. Unterhalb von 10 nm gelangt man schließlich in den Spektralbereich der sehr energiereichen *Röntgenstrahlung*.

Vom Emissionsspektrum des Wasserstoffatoms zum Bohrschen Atommodell
Eingangs wurde bereits darauf hingewiesen, dass die Interpretation von Emissionsspektren am Anfang der UV/Vis-Spektroskopie stand. Der Untersuchung des Wasserstoffatoms, in dessen Elektronenhülle sich nur ein Elektron befindet, kam dabei besondere Bedeutung zu. Stellt es doch den einfachsten aller möglichen Fälle dar. 1885 entdeckte **J. Balmer**, dass sich die Wellenzahlen der vier im Bereich des sichtbaren Lichts auftretenden Emissionslinien des Wasserstoffatoms sehr gut durch die Beziehung

$$\tilde{v} \propto \left(\frac{1}{4} - \frac{1}{n^2} \right)$$ mit n als natürlicher Zahl größer 2 darstellen lassen.

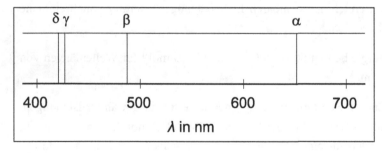

Abb. 4.2: Emissionsspektrum des Wasserstoffatoms im Sichtbaren, die Balmer-Serie.

Bald danach wurde eine Reihe weiterer nach ihren Entdeckern benannten Linienserien im Emissionsspektrum des Wasserstoffs gefunden, die der allgemeinen Beziehung

$$\tilde{v} = R_H \cdot \left(\frac{1}{n_1^2} - \frac{1}{n_2^2} \right)$$ mit n_1 und n_2 = natürliche Zahlen und $n_2 > n_1$ (4.2)

genügen. R_H ist die **Rydberg – Konstante** für das Wasserstoffatom. Sie hat einen Wert von 109677 cm^{-1}. Die Serien sind:

Lyman-Serie	$n_1 = 1$	Lage im UV Bereich,
Balmer-Serie	$n_1 = 2$	Lage im sichtbaren Bereich,
Paschen-Serie	$n_1 = 3$	Lage im Infrarotbereich,
Brackett-Serie	$n_1 = 4$	Lage im Infrarotbereich,
Pfund-Serie	$n_1 = 5$	Lage im Infrarotbereich.

Nils Bohr erkannte 1913 die große Bedeutung der Seriengleichung für die Theorie des Atombaus. In Kenntnis der Einsteinschen Gleichung $E = h \cdot v$ erweiterte er die Seriengleichung durch Multiplikation mit der Lichtgeschwindigkeit c und dem Planckschen Wirkungsquantum h zu einer Energiegleichung (vergl. Gleichung (4.1)) und deutete die Gleichung so, dass die Emission eines Lichtquants dadurch zustande kommt, dass das Elektron von einer Schale höherer Energie auf eine Schale niedrigerer Energie springt:

$$\Delta E = h \cdot v = h \cdot c \cdot \tilde{v} = R_H \cdot h \cdot \frac{c}{n_1^2} - R_H \cdot h \cdot \frac{c}{n_2^2}. \tag{4.3}$$

Damit wurde erstmals die Erkenntnis von der Quantennatur der Strahlung auf das Atom übertragen. Die ganzen Zahlen n_i sind Ausdruck dafür, dass die Energiezustände der Atome diskret oder anders ausgedrückt, dass sie gequantelt sind. n wird bekanntlich als **Hauptquantenzahl** bezeichnet und gibt die Schalennummer im Bohrschen Atommodell an.

Quantenmechanik und die theoretische Ableitung der Quantenzahlen

Den theoretischen Zugang zu Quantenzahlen liefert die **Quantenmechanik**. Da Moleküle sehr klein sind, können deren Eigenschaften nicht mehr durch die klassische Physik beschrieben werden. Sie gehorchen den Gesetzen der Quantenmechanik. Eine vollständige Behandlung der Quantenmechanik und der Beschreibung von atomaren und molekularen Eigenschaften durch die Quantentheorie kann im Rahmen dieses Buches nicht erfolgen und der interessierte Leser sei an die weiterführende Literatur der physikalischen Chemie verwiesen. Im Folgenden werden wir die grundlegenden Ideen der Quantenmechanik und die Konsequenzen für die Beschreibung von Molekülzuständen aufzeigen. Diese sind die Voraussetzung für das Verständnis der spektroskopischen Methoden, die in analytischen Verfahren in fast jedem chemisch orientierten Labor angewendet werden. Im Anschluss werden anhand von vielen praktischen Beispielen die wichtigsten spektroskopischen Verfahren und die Massenspektrometrie behandelt.

Zu Beginn des 20. Jahrhunderts fanden Physiker wie **Albert Einstein** (Photoelektrischer Effekt), **Max Planck** (Plancksches Strahlungsgesetz), **James Franck** und **Gustav Hertz** (Franck-Hertz-Versuch) heraus, dass Materie Energie (z.B. in Form von Licht) nur in bestimmten Portionen aufnehmen kann und nicht in beliebig kleinen, kontinuierlichen Mengen. Sie prägten den Begriff der *Quantisierung von Energie* und stellten fest, dass sowohl Licht (Photonen) als auch Elementarteilchen (Elektronen, Protonen etc.) als Quanten aufgefasst werden müssen. 1924 generalisierte **Louis de Broglie** diese Idee, indem er nachwies, dass Teilchen auch als Wellen, und Wellen als Teilchen beschrieben werden können. Dies bezeichnet man auch als *Welle-Teilchen-Dualismus* und de Broglie führte den Begriff der *Materiewellen* ein. Entsprechend kann einem Teilchen mit dem Impuls p eine Wellenlänge zugeordnet werden, die de-Broglie-Wellenlänge:

$$\lambda = \frac{h}{p} \ . \tag{4.4}$$

Dies führte **Werner Heisenberg** 1927 zu der Erkenntnis, dass es bestimmte Eigenschaften kleiner Systeme (z.B. eines Moleküls) gibt, die nicht gleichzeitig beliebig genau bestimmbar sind. Betrachten wir als Beispiel ein Elektron: Es besitzt die Masse m_e und entsprechend seiner Geschwindigkeit v besitzt das Elektron einen Impuls $p = m_e v$. Für Teilchen, die der klassischen Physik gehorchen, kann sowohl der Impuls des Teilchens, als auch sein Aufenthaltsort genau bestimmt werden. Ist die Masse des Teilchens aber klein, wie es etwa beim Elektron der Fall ist, dann kann dem Teilchen eine Wellenlänge zugeordnet werden, die deutlich größer sein kann, als ein Atomdurchmesser (entsprechend Gleichung (4.4)). Im Wellenbild besitzt das Teilchen damit eine gewisse Ausdehnung, so dass dessen Aufenthaltsort nicht mehr beliebig genau bestimmbar ist. Dies führt zur *Unschärferelation*:

$$\Delta x \cdot \Delta p \geq \frac{\hbar}{2} \ . \tag{4.5}$$

Hier ist Δx die Ortsunschärfe, Δp die Impulsunschärfe und $\hbar = h/2\pi$ mit dem Planckschen Wirkungsquantum $h = 6{,}63 \cdot 10^{-34}$ J·s. Ein weiteres Eigenschaftspaar, das nicht beliebig genau gemeinsam bestimmbar ist, besteht aus der Zeit t und der Energie E, so dass für Zeitintervall Δt und Energieunschärfe ΔE die gleiche Relation gilt, wie für Ort und Impuls:

$$\Delta E \cdot \Delta t \geq \frac{\hbar}{2} \ . \tag{4.6}$$

Die Elementarteilchen Elektronen, Protonen und Neutronen, und die aus ihnen aufgebauten Atome und Moleküle besitzen also sowohl Teilchen-, als auch Welleneigenschaften. 1926 postulierte **Erwin Schrödinger**, dass die Eigenschaften eines quantenmechanischen Systems mit einer Gleichung beschrieben werden können, die der klassischen Wellengleichung entspricht. Die sogenannte zeitunabhängige *Schrödinger-Gleichung* lautet:

$$\hat{H}\psi = E\psi . \tag{4.7}$$

Dabei stellt ψ einen Ausdruck für die Materiewellen (die Wellenfunktion) dar, deren Energie E berechnet werden kann, indem man auf sie den Hamilton-Operator $\hat{H}$ anwendet. Für ein eindimensionales System hat der Hamilton-Operator die Form:

$$-\frac{\hbar^2}{2m} \cdot \frac{d^2}{dx^2} + V(x) \qquad . \tag{4.8}$$

Der *Hamilton-Operator* ist eine Rechenoperation, die auf die Wellenfunktion ψ angewendet wird, so dass die (eindimensionale, zeitunabhängige) Schrödinger-Gleichung vollständig ausgeschrieben lautet:

$$-\frac{\hbar^2}{2m} \cdot \frac{d^2\psi(x)}{dx^2} + V(x) \cdot \psi(x) = E \cdot \psi(x) \qquad . \tag{4.9}$$

Dabei ist $V(x)$ das Potenzial, in dem sich das Teilchen befindet. Dieses Potenzial kommt durch eine bestimmte Wechselwirkung zustande, die das Teilchen in seiner Umgebung verspürt.

Die Schrödinger-Gleichung konnte sehr erfolgreich auf die Eigenschaften von Atomen und Molekülen angewendet werden, wodurch beispielsweise die Emissionsspektren von Wasserstoffatomen erstmals komplett beschrieben werden konnten.

Die Anwendung der Schrödinger-Gleichung sei an einem einfachen Beispiel demonstriert. Betrachten wir ein Elektron, das sich entlang einer Ortskoordinate x in einem bestimmten Bereich frei bewegen kann (ohne Wechselwirkung mit der Umgebung, also ohne ein wirkendes Potenzial). Die Bewegung sei aber örtlich eingeschränkt. D.h. es gibt eine Grenze, an der die potenzielle Energie so hoch wird, dass das Elektron in diesen Bereich nicht eindringen kann (s. Abbildung 4.3). Innerhalb eines Bereiches zwischen 0 und L kann sich das Elektron aufhalten. Dort ist sein Potenzial $V = 0$. Außerhalb dieses Bereiches kann es sich nicht aufhalten, weil $V = \infty$ ist. Für diese Bedingungen lassen sich mithilfe der Schrödinger-Gleichung die Wellenfunktion und die Energie des Elektrons berechnen. Da zwischen $x = 0$ und $x = L$ das Potenzial gleich null ist, vereinfacht sich die Schrödinger-Gleichung zu:

$$-\frac{\hbar^2}{2m_e} \cdot \frac{d^2\psi(x)}{dx^2} = E \cdot \psi(x) \; . \tag{4.10}$$

Die Wellenfunktion ψ muss sich also nach zweifacher Ableitung nach x wieder selbst reproduzieren. Weiterhin gilt die Randbedingung, dass die Wellenfunktion an den Randbereichen (also am Übergang von erlaubtem zu unerlaubtem Aufenthalt) null sein muss. Diese Bedingungen erfüllen folgende Funktionen:

$$\psi(x) = \sqrt{\frac{2}{L}}\sin(\frac{n\pi x}{L}) \; . \tag{4.11}$$

Setzt man diese Funktionen in die Schrödinger-Gleichung ein, so erhält man die möglichen Energien, die das Elektron annehmen kann:

$$E_n = \frac{n^2 h^2}{8mL^2} \; . \tag{4.12}$$

Aus den Gleichungen (4.11) und (4.12) wird deutlich, dass es verschiedene mögliche Lösungen für die Wellenfunktion und die Energie des Elektrons gibt. Die genaue Energie hängt von L und n ab. Die entsprechenden Lösungen sind in Abbildung 4.3 dargestellt.

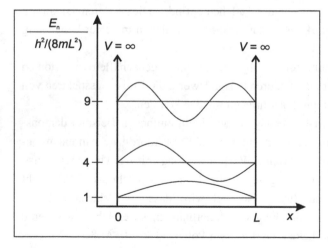

Abb. 4.3: Wellenfunktionen und Energien des Teilchens im Kasten für n =1, 2 und 3.

Die wichtige Konsequenz aus dieser Betrachtung ist, dass das Elektron unter den gegebenen Bedingungen zwar unterschiedliche Energiewerte annehmen kann, dass aber auch nur diskrete Werte zulässig sind. Sie sind gegeben durch ein Vielfaches von $\frac{h^2}{8mL^2}$. Der Faktor n entspricht der bereits erwähnten Hauptquantenzahl und kann nur die Werte 1, 2,

3,... annehmen. Die unterschiedlichen Lösungen für ψ und E stellen die Quantenzustände des Systems dar. Ein Übergang von einem Zustand in einen anderen (energetisch höher liegenden) könnte beispielsweise durch Absorption elektromagnetischer Strahlung erfolgen. Diese Übergänge werden in der Spektroskopie verwendet, um Informationen über die Eigenschaften des Systems zu erhalten. Würde man beispielsweise experimentell diejenige Energie bestimmen, die für die Anregung des Elektrons von einem Zustand in einen energetisch höheren Zustand notwendig ist, so könnte man mit Gleichung (4.12) die Größe L bestimmen.

Das hier angeführte Beispiel wird als **Teilchen (Elektron) im Kasten** bezeichnet. Das Elektron kann sich natürlich auch in der Hülle eines einzelnen Atoms oder in der Valenzschale eines Moleküls befinden. Die Lösung der Schrödinger-Gleichung (und die Bestimmung der Energieeigenwerte) wäre dafür ungleich komplizierter, aber das Prinzip bleibt das gleiche: Es sind nur diskrete energetische Zustände erlaubt, und diese sind durch Quantenzahlen charakterisiert. Durch die Schrödinger-Gleichung lässt sich also die eingangs erwähnte Quantisierung der Energie nicht nur empirisch feststellen, sondern auch mathematisch ableiten. Die Anregung von Elektronen von einem (Grund-)Zustand in einen höherliegenden Zustand wird in der UV/Vis-Absorptions-Spektroskopie ausgenutzt. Da die Wechselwirkungen eines einzelnen Elektrons mit Atomkernen und anderen Elektronen in Atomen und Molekülen relativ komplex sind, werden für die Beschreibung der energetischen Zustände unterschiedliche Quantenzahlen benötigt, die noch genauer beschrieben werden.

Ein Molekül kann auch rotieren oder Schwingungsbewegungen ausführen. Auch für diese Bewegungen kann die Schrödinger-Gleichung aufgestellt und mögliche Energieeigenwerte ermittelt werden. Diese hängen von der jeweiligen Rotations- bzw. Schwingungsquantenzahl ab und sind Grundlage der Schwingungs- bzw. Rotationsspektroskopie. Sehr viel weniger Energie ist notwendig, um die Richtung des Kernspins von Atomkernen (charakterisiert durch die Kernspinquantenzahl) zu verändern. Dies wird in der NMR-Spektroskopie ausgenutzt.

Quantenzahlen von Atomen mit einem Valenzelektron

Um die größere Vielfalt der Linien in den Spektren der Alkaliatome erklären zu können, war man gezwungen, die Hauptquantenzahl n zunächst durch eine **Bahndrehimpulsquantenzahl** zu ergänzen. Zur Deutung der zu verschiedenen l gehörenden Zustände wurde angenommen, dass sich das Valenzelektron mit verschiedenen Drehimpulsen auf einer Bahn bewegen kann. Deshalb wird der zugehörige Vektor $\vec{l}$ auch als **Bahndrehimpuls** bezeichnet. Anstelle der Zahlenwerte für l werden zur Angabe der Bahndrehimpulsquantenzahl üblicherweise die Buchstaben s ($l=0$), p ($l=1$), d ($l=2$), f ($l=3$), g ($l=4$), h ($l=5$) und weiter in alphabetischer Reihenfolge verwendet.

Zur Erklärung der Tatsache, dass sich bei Untersuchungen im Magnetfeld die Anzahl der

Linien der Atomspektren gesetzmäßig vermehrt, wurde die ***Magnetquantenzahl*** m_l eingeführt. Die Vermehrung der Linien bzw. Energieterme deutete man so, dass sich der Bahndrehimpuls $\vec{l}$ nicht in beliebigen Winkeln zur Richtung des äußeren Magnetfeldes $\vec{H}$ einstellen kann, sondern dass in Abhängigkeit von l nur $2 \cdot l + 1$ verschiedene Winkel möglich sind (Abbildung 4.4). Verständlich wird dies, wenn man bedenkt, dass sich hinter dem Bahndrehimpuls die Beschreibung einer bewegten Ladung verbirgt, welche ein magnetisches Moment besitzt. Im Magnetfeld kommt es nun zur Wechselwirkung, die sich in der räumlichen Orientierung der Vektoren $\vec{l}$ und $\vec{H}$ dokumentiert. $\vec{l}$ kann dabei alle Einstellungen annehmen, bei denen sich die Projektion von $\vec{l}$ auf die Richtung von $\vec{H}$ als ganzzahliges Vielfaches von $\dfrac{h}{2 \cdot \pi}$ ausdrücken lässt:

$$\left| \vec{l}_H \right| = m_l \cdot \frac{h}{2 \cdot \pi} \quad . \tag{4.13}$$

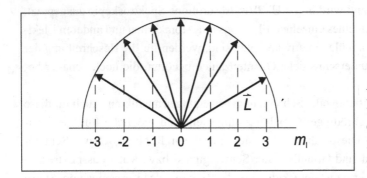

Abb. 4.4: Einstellmöglichkeiten des Bahndrehimpulses $\vec{l}$ mit $l =$ 3 zum äußeren Magnetfeld.

Alle zum gleichen l gehörenden m_l-Werte beschreiben verschiedene Geometrien eines Zustands, die ohne das äußere Magnetfeld energetisch gleichwertig sind. Man bezeichnet sie dann als ***entartet***.

Eine weitere, die sogenannte ***Spinquantenzahl*** s musste eingeführt werden. Unter anderem konnte man nur so erklären, warum das gelbe Licht des Na-Atoms aus einem Dublett zweier eng benachbarter Linien bei 589,0 nm und 589,6 nm besteht. Um der Quantenzahl eine anschauliche Deutung zu geben, wurde sie der Eigendrehbewegung (Spin) des Elektrons zugeordnet. Vom Spindrehimpuls $\vec{s}$ musste man annehmen, dass er zwei entgegengesetzt gerichtete Einstellungen annehmen kann, für die s die Werte $+\frac{1}{2}$ bzw. $-\frac{1}{2}$ besitzt. Die beiden Energiezustände, die zur Deutung des Na-Dubletts nötig sind, kommen dadurch zustande, dass sich der Bahndrehimpuls $\vec{l}$ und der Spindrehimpuls $\vec{s}$ vektoriell zu einem *Gesamtdrehimpuls* $\vec{j}$ addieren:

$$\vec{j} = \vec{l} + \vec{s} \ . \tag{4.14}$$

Diese Art der Wechselwirkung nennt man *Spin-Bahn-Kopplung*.

Der Betrag des Gesamtdrehimpulses wird durch die *Gesamtdrehimpulsquantenzahl j* bestimmt. Im Falle des Valenzelektrons des Na-Atoms ergeben sich für die Kopplung zwischen $\vec{l}$ ($l=1$) und $\vec{s}$ (mit den unterschiedlichen Einstellungsmöglichkeiten) die Gesamtdrehimpulsquantenzahlen $j_i = l + s_i$, also $j_1 = \dfrac{3}{2}$ und $j_2 = \dfrac{1}{2}$.

Die beiden unterschiedlichen Gesamtdrehimpulse führen zwar zu einem sehr geringen, jedoch beobachtbaren Energieunterschied der Terme und erklären so die Feinstruktur des Na-Dubletts (s. a. Abbildung 4.64, S. 426, Termschema des Natriumatoms).

Tab. 4.1: Übersicht über die Quantenzahlen im Einvalenzelektron-System

Bezeichnung der Quantenzahl	Mengenbereich, Drehimpulsquantlg.	Energie-Bezug	Orbital-Bezug
Hauptqz. n	$1, 2, 3, \ldots$	grobe Unterschiede	Verschiedene Größe,
Bahndrehimpulsqz. l	$0, 1, 2, \ldots(n-1)$ s, p, d.. $\|\vec{l}\| = \dfrac{h}{2 \cdot \pi} \sqrt{l \cdot (l+1)}$	mittlere Unterschiede (ab Alkali-Atome)	Verschiedene Orbitalgeometrie
Magnetqz. m_l	$-l, (-l+1),.,0,.(l-1), l$ $\|\vec{l}_H\| = \dfrac{h}{2 \cdot \pi} \cdot m_l$	Unterschiede im Magnetfeld	Orientierung zu den Raumachsen, z. B. p_x, p_y, p_z
Spinqz. s	$+\frac{1}{2}, -\frac{1}{2}$ $\|\vec{s}_H\| = \dfrac{h}{2 \cdot \pi} \cdot \left(\pm \dfrac{1}{2} \right)$	entartet	
Gesamtdrehimpulsqz. j	$l+\frac{1}{2}, l-\frac{1}{2}$ $\|\vec{j}\| = \dfrac{h}{2 \cdot \pi} \sqrt{j \cdot (j+1)}$	geringe Unterschiede, Feinstruktur	

In den Ausführungen zur Quantenmechanik haben wir am „Teilchen im Kasten"-Modell gezeigt, dass sich die energetischen Zustände eines Elektrons durch Anwenden der Schrödinger-Gleichung auf die Wellenfunktion Ψ_n, berechnen lassen. Die Werte von n entsprechen dabei der Hauptquantenzahl des Elektrons. Die Beschreibung eines atomaren Systems mit der dreidimensionalen *Wellenfunktion* $\Psi_{n,l,m}$ führt zu diskreten Werten der Variablen n, l, m_l. Man kann zeigen, dass die Variablen den Quantenzahlen n, l und m_l entsprechen. Aus der Lösung der Schrödinger-Gleichung ergeben sich die exakten Wertebereiche für die einzelnen Quantenzahlen und die Gleichungen, nach denen aus den Quantenzahlen die zugehörigen Drehimpulse berechnet werden können (Tabelle 4.1). Weiter lässt sich aus ihr ableiten, in welchem Maße die einzelnen Quantenzahlen die Energie der Elektronen und deren Aufenthaltsräume (Orbitale) beschreiben.

Quantenzahlen und Termssymbole bei Atomen mit mehreren Valenzelektronen

Die Kopplung von Drehimpulsen bei Systemen mit mehreren Valenzelektronen ist komplizierter als in Einvalenzelektron-Teilchen und führt zur Beschreibung der Energiezustände mit *Termsymbolen*. Die Absorptions- und Emissionsspektren der Atome mit mehreren Valenzelektronen sind bei entsprechender Auflösung überaus linienreich. Dies ist verständlich, wenn man bedenkt, dass sich durch die Kopplung von Drehimpulsen verschiedener Valenzelektronen die Anzahl der energetischen Zustände erheblich vergrößert.

Bei den Alkali-Atomen unterscheiden sich die beiden Energieniveaus, die zu den Spin-Bahn-Kopplungen gehören, nur geringfügig voneinander. Daraus schließt man, dass bei diesen Atomen die Kopplung von Bahn- und Spindrehimpuls nur schwach sein kann. Dies zeigt sich in ähnlicher Weise für alle leichten Atome (bis zu ^{55}Cs). **Russell** und **Saunders** schlugen für die Spin-Bahn-Kopplung dieser Atome folgende Schrittfolge vor:

Kopplung der einzelnen Bahndrehimpulse $\vec{l}_i$ zu einem *Gesamtbahndrehimpuls* $\vec{L}$ mit der Quantenzahl L

$$L = \left| \sum m_{li} \right|, \tag{4.15}$$

Kopplung der Spindrehimpulse $\vec{s}_i$ zu einem *Gesamtspindrehimpuls* $\vec{S}$ mit der Quantenzahl S

$$S = \left| \sum s_i \right| \tag{4.16}$$

und Kopplung von $\vec{L}$ und $\vec{S}$ zu **Gesamtdrehimpulsen** $\vec{J}$ mit den entsprechenden Quantenzahlen $J = L - S$ bis $L + S$ bei einer Schrittweite von 1.

Die Beträge der so definierten Drehimpulse $\vec{L}$, $\vec{S}$ bzw. $\vec{J}$ (*DI*) von Mehrvalenzelektronen – Systemen hängen in der bekannten Form von den Quantenzahlen L, S bzw. J (*Qz*) ab:

$$|DI| = \frac{h}{2 \cdot \pi} \cdot \sqrt{Qz \cdot (Qz + 1)} \ . \tag{4.17}$$

Die Anweisung, dass L durch Summation nicht der einzelnen l- sondern der m_l-Werte und S aus den s_i-Werten zu berechnen ist, resultiert daraus, dass bei der Kopplung der Drehimpulse der Einzelelektronen zum Gesamtdrehimpuls (Vektoraddition) die Richtung der Einzelimpulse zueinander berücksichtigt werden muss (Abbildung 4.5). Das gelingt eben durch die Verwendung der richtungsabhängigen Magnetquantenzahlen m_l bzw. s_i.
Aus den Beziehungen (4.15) und (4.16) folgt, dass es nur positive S- bzw. L-Werte gibt. Das hängt damit zusammen, dass z. B. bei gleichgerichteten $\vec{l}$ bzw. $\vec{s}$, ob nun beide positiv oder negativ ausgerichtet sind, ein gleich großer Drehimpuls $\vec{L}$ bzw. $\vec{S}$ resultiert. Seine Ausrichtung im negativen oder positiven Sinne ist erst bei der Kopplung zu $\vec{J}$ von Bedeutung und wird dabei durch die Vorschrift zur Berechnung von J berücksichtigt.

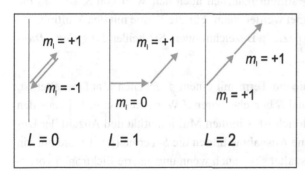

Abb. 4.5: Möglichkeiten der vektoriellen Addition der Bahndrehimpulse zweier p-Elektronen ($l_1 = 1$, $l_2 = 1$) zu einem Gesamtbahndrehimpuls mit den Quantenzahlen $L = 0$, 1 oder 2. An den Bahndrehimpulsen sind die richtungsabhängigen m_l-Werte vermerkt.

Wie bereits bei der Bahndrehimpulsquantenzahl l für ein einzelnes Elektron beschrieben, wird auch die Gesamtbahndrehimpulsquantenzahl L durch Buchstaben symbolisiert. Anstatt der Symbole s, p, d, f... verwendet man die Großbuchstaben S, P, D, F... für $L = 0$, 1, 2, 3... .
Der oben geschilderte Weg zur Kopplung der Drehimpulse wird **Russel-Saunders-Kopplung** bzw. **L-S-Kopplung** genannt. Er erweist sich als erfolgreich bei den leichten Atomen. Je größer die Atome werden, umso stärker ist die Kopplung zwischen $\vec{l}$ und $\vec{s}$ zu

$\bar{j}$ bei jedem einzelnen Elektron und die Russel-Saunders-Kopplung wird zunehmend ungeeignet. Für schwere Atome muss sie schließlich durch ein anderes Kopplungsmodell abgelöst werden.

Im Ergebnis der Russell-Saunders-Kopplung erhält man *Termsymbole*, die zur Kennzeichnung eines Energieniveaus genutzt werden:

$$^{M}L_{J}.$$

Ein solches **Termsymbol** enthält neben der Angabe der Gesamtbahndrehimpulsquantenzahl L und der Gesamtdrehimpulsquantenzahl J noch die sogenannte **Multiplizität M** des Terms.

Die Multiplizität erweist sich bei Mehrvalenzelektronen-Systemen (Atome bzw. Ionen) als ein wichtiges Kriterium für die Schaffung von Ordnung im Linienreichtum eines Spektrums. Elektronensprünge zwischen Termen verschiedener Multiplizität sind sehr unwahrscheinlich, mit anderen Worten verboten. Es ist deshalb üblich, Terme mit gleicher Multiplizität zu einem Termsystem zusammenzufassen. Man kann zeigen, dass die Multiplizität davon abhängt, wie sich die Spins der Valenzelektronen zueinander ausrichten, ob z. B. bei zwei Valenzelektronen die beiden Spins parallel oder antiparallel (gepaart) ausgerichtet sind. Bei den diskutierten Atomen mit mehreren Valenzelektronen ist die Multiplizität immer um 1 größer als die Anzahl der ungepaarten Elektronen. Die Anzahl der ungepaarten Elektronen bestimmt natürlich auch den Wert von S, so dass die Multiplizität aus $M = 2S + 1$ berechnet werden kann. Für die Terme mit den Multiplizitäten 1, 2, 3, 4 usw. verwendet man spezielle Bezeichnungen. Sie heißen **Singulett-, Dublett-, Triplett-, Quartettterm**.

Die Anzahl der Unterniveaus, in die ein Term mit einem gegebenen L aufgespalten ist, wird durch die Anzahl der aus L und S berechenbaren J-Werte bestimmt. Wie aus den unten diskutierten Beispielen ersichtlich ist, stimmen Multiplizitität und Anzahl der Unterniveaus in der Regel überein. Eine Ausnahme bilden die S-Terme ($L = 0$), die nur ein J zulassen und deshalb nicht aufgespalten sind, auch wenn ungepaarte Elektronen vorliegen und formal eine von Eins verschiedene Multiplizität berechnet wird.

Will man Aussagen über die energetische Reihenfolge von Russel-Saunders-Termen machen, muss zunächst die Elektronenkonfiguration des Zustandes bekannt sein, in dem sich das Atom bzw. Ion befindet, d. h. es müssen von jedem Valenzelektron die Quantenzahlen n, l, m_l und s gegeben sein.

Die **Elektronenkonfiguration** der Elemente erhält man bekanntlich durch fortschreitende Besetzung der durch n, l und m_l charakterisierten Energieniveaus. Die energetische Lage der Niveaus wird durch die Quantenzahlenkombination nl gegeben. Für die Elemente des

PSE erfolgt die Besetzung in der Reihenfolge

1s 2s 2p 3s 3p 4s 3d 4p 5s 4d 5p 6s 4f 5d ... .

Jeder Bahndrehimpulsquantenzahl l sind $2l + 1$ energiegleiche (entartete) Niveaus zugeordnet, die sich in ihren Magnetquantenzahlen m_l unterscheiden. Da weiterhin jedes Niveau mit maximal zwei Elektronen besetzt werden kann (sie unterscheiden sich im s-Wert), ergibt sich die Maximalbelegung einer Quantenzahlkombination nl mit $4l + 2$. Die Zahl der Valenzelektronen der Atome ergibt sich letztlich als Differenz aus der Gesamtzahl der Elektronen (Ordnungszahl) und der Summe der voll besetzten nl-Kombinationen. Da voll besetzte bzw. halb gefüllte Valenzschalen besonders stabile energetische Zustände darstellen, werden z. B. beim Cu bzw. Cr aus dem höchsten voll besetzten Niveau jeweils ein Elektron zur Komplettierung der Valenzniveaus entliehen.

Über die energetische Reihenfolge der Russel-Saunders-Zustände geben die ***Hundschen Regeln*** Auskunft. Diese besagen:

Bei gegebenen n- und l-Werten hat jeweils derjenige Term mit dem größeren S-Wert bzw. mit der größten Multiplizität die niedrigere Energie.

Unter den Termen mit gleichem S liegt der Term mit dem größten L energetisch am niedrigsten.

Ist die Unterschale (Elektronen mit gleichem l) mehr als halbvoll besetzt, ist in der Regel der Zustand mit dem größten J-Wert am stabilsten ($J = L + S$). Andernfalls ist der mit dem kleinsten J-Wert der energieärmste ($J = L - S$).

Um zum stabilsten, energieärmsten Russell-Saunders-Zustand zu kommen, werden also beginnend beim größtmöglichen m_l erst alle m_l-Zustände mit Elektronen paralleler Spins, also gleicher Spinquantenzahl s besetzt, bevor Spinpaarung erfolgt.

So lassen sich beispielsweise die Grundzustände des C-Atoms und des O-Atoms durch folgende Angaben beschreiben:

Elektronenkonfiguration	Stabilster Zustand	Quantenzahlen	Termsymbol
^{12}C: $1s^2\,2s^2\,2p^2$	↑ ↑	$S = \frac{1}{2} + \frac{1}{2} = 1$	
	m_l -1 0 +1	$L = 1 + 0 = 1$	
		$J = 1 - 1 = 0$	$^3P_0$
^{16}O: $1s^2\,2s^2\,2p^4$	↑ ↑ ↓↑	$S = \frac{1}{2}+\frac{1}{2}+\frac{1}{2}-\frac{1}{2}=1$	
	m_l -1 0 +1	$L = 1 + 1 + 0 + -1 = 1$	
		$J = 1 + 1 = 2$	$^3P_2$

Die Spektren von C und O bestätigen die Richtigkeit der obigen Regeln. Es zeigt sich zudem, dass sich die gleichen Russell-Saunders-Zustände ergeben bei Atomen mit x Elektronen auf einer Unterschale und bei solchen, denen x Elektronen zur Auffüllung einer Unterschale fehlen.

Ohne Berücksichtigung der Hundschen Regeln kommt man zu mehr oder weniger angeregten Zuständen der gegebenen Elektronenkonfiguration. So erhält man z. B. für ein V^{3+}-Ion mit der Valenzelektronenkonfiguration $3d^2$ durch Besetzung eines m_l-Wertes oder benachbarter m_l-Werte mit zwei Elektronen unter Einhaltung des Pauli-Prinzips neun relativ stabile Russell-Saunders-Zustände:

$^1S_0$, $^1D_2$ und $^1G_4$ als Terme mit der Multiplizität 1   und
$^3P_0$, $^3P_1$, $^3P_2$, $^3F_2$, $^3F_3$, $^3F_4$ als Terme mit der Multiplizität 3.

Entsprechend den Hundschen Regeln erweist sich der Zustand $^3F_2$ als der energieärmste. Für das Ca-Atom ergibt sich für die Elektronenkonfiguration Ar $4s^2$ (die Argonschale ist abgeschlossen, dafür steht Ar) nur ein möglicher Zustand. Da das 4s-Niveau doppelt besetzt ist, muss Spinpaarung vorliegen. Der entsprechende Term ist $^1S_0$. Die angeregten Zustände sind mit anderen Elektronenkonfigurationen verknüpft:

Ar $4s^1 3d^1$ ergibt das Singulett $^1D_2$ und die Tripletts $^3D_{3,2,1}$
Ar $4s^1 4p^1$ ergibt das Singulett $^1P_1$ und die Tripletts $^3P_{2,1,0}$.

Auswahlregeln für Elektronenübergänge in Atomen
Es wurde erwähnt, dass nicht alle möglichen Elektronenübergänge zwischen energetisch verschiedenen Zuständen auch wirklich so oft stattfinden, dass man eine Linie im Spektrum beobachten kann. Übergänge, die mit hoher Wahrscheinlichkeit auftreten, heißen *erlaubte Übergänge*, die mit geringer Wahrscheinlichkeit nennt man *verboten*. Aus der Analyse der Spektren ergeben sich die in Tabelle 4.2 zusammengefassten, auch theoretisch begründbaren Auswahlregeln für erlaubte Übergänge. Die Regeln für nicht erlaubte Übergänge bezeichnet man als *Übergangsverbote*.
Das nach **V. Laporte** benannte Verbot bezieht sich auf Symmetrieänderungen bei Elektronensprüngen. Nach Laporte spricht man von einem *geraden Zustand*, wenn in Mehrelektronensystemen die Summe der Bahndrehimpulsquantenzahlen l_i gerade ist, ansonsten ist der Zustand ungerade. Verboten sind nach den Angaben in der Übersicht also Sprünge, bei denen sich die Symmetrie nicht ändert.

Tab. 4.2:   Erlaubte und nicht erlaubte Übergänge

Einvalenzelektronsystem	Mehrvalenzelektronensystem	Übergangsverbot
Δn beliebig	Δn beliebig	
$\Delta l = \pm 1$	$\Delta L = 0, \pm 1$	$\Delta l \neq \pm 1$, $\Delta L \neq 0, \pm 1$ bahnverboten
$\Delta s = 0$	$\Delta S = 0$	$\Delta S \neq 0$, Änderung der Multiplizität ist spinverboten
$\Delta j = 0, \pm 1$	$\Delta J = 0, \pm 1$	verboten $J=0 \rightarrow J=0$
	Symmetrieänderung g $\leftrightarrow$ u $\Delta\Sigma l_i = \pm 1, \pm 3, ..$	Laporte-verboten: $\Delta\Sigma l_i$ gerade oder g $\rightarrow$ g bzw. u $\rightarrow$ u

Belegbar sind die Übergangsregeln z. B. am Linienspektrum des Ca-Atoms. Vom Grundzustand $^1S_0$ ist nur der Übergang nach $^1P_1$ beobachtbar. Die Übergänge zu den Triplettzuständen sind spinverboten, der Übergang $^1S_0 \rightarrow {}^1D_2$ ist bahnverboten.

Das Quantenzahlenmodell mit der Formulierung von Termsymbolen als Resultat vektorieller Kopplungen, der Bestimmung von Grundtermen und der Anwendung von Übergangsregeln findet hauptsächlich Verwendung bei der Interpretation der Elektronenanregungsspektren von Atomen und einkernigen Ionen. Darüber hinaus wird es auch auf kleine Moleküle übertragen. Man formuliert Termsymbole zur Beschreibung der Bindungselektronenenergie. Molekülquantenzahlen erkennt man daran, dass die Bezeichnung der Drehimpulse für die Bindungselektronen nunmehr mit griechischen Buchstaben erfolgt. Für die Drehimpulsquantenzahlen verwendet man dann Λ, Σ und Ω (anstatt L, S und J). Darauf, dass auch die energetische Lage der Schwingungs- bzw. Rotationsterme von Molekülen mittels Quantenzahlen beschrieben werden kann, wurde bereits verwiesen.

In den nachfolgenden Betrachtungen verwenden wir bei der Diskussion der Wechselwirkung zwischen Stoffteilchen und elektromagnetischer Strahlung jedoch meist einfachere und anschaulichere Modelle. Der Leser wird aber durch Begriffe wie Übergangsverbote oder Multiplizität bzw. durch die Verwendung von Termsymbolen an das abstrakte Modell der Quantenzahlen erinnert werden.

Linien und Bandenspektren

Absorptions- bzw. Emissionsspektren von Atomen und Ionen sind *Linienspektren*. Die Energieterme der Teilchen liegen so weit auseinander, dass bei einer Anregung der Valenzelektronen nur Strahlung deutlich unterschiedlicher Wellenlängen absorbiert bzw. von angeregten Atomen emittiert werden. Dazwischen liegen stets Energiebereiche, die nicht zur Resonanz beitragen und im Spektrum leer bleiben. Die Aufnahme von Atomspektren setzt in der Regel Atomisierungsprozesse voraus, in denen Verbindungen gespalten und die Atome in die Gasphase überführt werden. Um Absorptionsspektren aufnehmen zu können, muss das System elektromagnetischer Strahlung ausgesetzt werden, die genau die Spektrallinien, zumindest einzelne besonders intensive Linien des Analyten besitzen (Verwendung von Hohlkathodenlampen in der AAS). Spektrallinien haben eine Breite von rund $5 \cdot 10^{-3}$ nm. Lichtqellen, die ein breiteres Wellenlängenspektrum anbieten (etwa 1-2 nm Spaltbreite) sind ungeeignet. Bei ihnen führt eine Energieabsorption nur zu einer kaum messbaren Intensitätsabnahme der Strahlung.

Ganz anders verhält es sich bei der Aufnahme von Molekülspektren. Moleküle besitzen *Bandenspektren*. Banden bestehen aus sehr vielen, sehr eng benachbarten Spektrallinien.

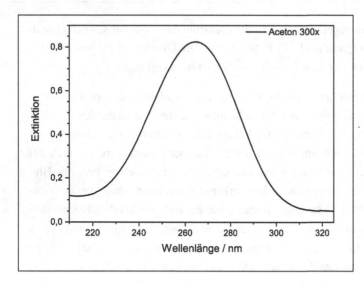

Abb. 4.6: Absorptionsspektrum einer wässrigen Acetonlösung (Verdünnung 1:300, Küvettenlänge 1 cm).

In Molekülen können Bindungselektronen natürlich ebenfalls angeregt und in höhere Energieniveaus überführt werden. Allerdings sind die einzelnen Elektronenterme mit einer Reihe von Schwingungstermen (und Rotationstermen) untersetzt, die bei Anregungsprozessen ebenfalls geändert werden können. In Abhängigkeit von der Wahrscheinlichkeit, zusätzlich zur elektronischen Anregung in ein konkretes Rotations-Schwingungsniveau zu wechseln, besitzen die Absorptionslinien unterschiedliche Intensitäten. Der geschlossene Kurvenzug in Bandenspektren verschleiert die Tatsache, dass natürlich auch die Schwingungs- und Rotationzustände der Moleküle diskret, also gequantelt sind. Abbildung 4.6 zeigt das UV/Vis-Absorptionsspektrum einer wässrigen Acetonlösung.

4.1.2 Aufnahme von UV/Vis–Absorptionsspektren, Absorptionsmaße

In UV/Vis–Spektren wird das Ausmaß der Absorption eingestrahlten Lichts bzw. die Intensität des emittierten Lichts als Funktion der Wellenlänge dargestellt. Im vorhergehenden Kapitel wurde bereits darauf hingewiesen, dass gasförmige Atome Linienspektren besitzen, während chemische Verbindungen, deren Spektren darüber hinaus meist in Lösung aufgenommen werden, Bandenspektren aufweisen. Zur Spektrenaufnahme wird die zu untersuchende organische bzw. anorganische Verbindung in einem geeigneten Lösungsmittel gelöst. Das Lösungsmittel sollte dabei im untersuchten Spektralbereich selbst nicht oder nur sehr wenig absorbieren. Die Lösung wird in Glasküvetten (im UV–Bereich in Quarzglasküvetten!) gefüllt. Der Aufbau eines einfachen UV/Vis–Spektralphotometers ist in Abbildung 4.7 dargestellt.

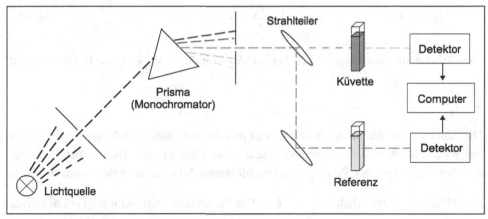

Abb. 4.7: Aufbau eines Zweistrahl-UV/VIS-Spektralphotometers.

Bei Messungen über den gesamten Spektralbereich sind unterschiedliche Lichtquellen nötig. Sie werden automatisch gewechselt. Die UV-Strahlung erzeugt man meist mit Deuterium-Gasentladungslampen, im sichtbaren Bereich gelangen Halogen- oder einfache Glühlampen zum Einsatz. Als Monochromatoren werden Gitter verwendet, die das polychromatische Licht der jeweiligen Lampe in monochromatische Strahlung, d. h. in Strahlung von definierter Wellenlänge und damit definierter Energie aufspalten. Der aus der Spaltblende austretende Lichtstrahl wird durch ein Spiegelsystem in zwei Teilstrahlen gleicher Intensität zerlegt. Ein Strahl wird durch die Küvette mit der Messlösung geführt, der andere Strahl durchläuft eine Vergleichsküvette, die alle Lösungskomponenten (Lösungsmittel, evtl. Puffer etc.) bis auf den eigentlichen Analyten enthält. Dadurch lassen sich alle Intensitätsverluste durch Streuung bzw. Absorption eliminieren, die nicht auf den Analyten zurückgehen. Nach dem Durchlaufen von Mess- und Vergleichsküvette werden die beiden Lichtstrahlen mittels geeigneter Detektoren miteinander verglichen, woraus das Messsignal resultiert. Durch Drehen des Gitters kann nacheinander der gesamte interessierende Wellenlängenbereich durchfahren werden. Neben dieser *sequenziellen Arbeitsweise* gewinnt heute die simultane Vermessung mehrerer Wellenlängen mit *Diodenarray*-Detektoren immer mehr an Bedeutung. Bei diesen Geräten werden die Intensitäten bei unterschiedlichen Wellenlängen gleichzeitig von mehreren CCD-Bausteinen registriert.

Im Ergebnis der Untersuchung erhält man UV/Vis–Spektren, wie in der Abbildung 4.6 dargestellt. Strahlungsabsorption erkennt man am Auftreten von Absorptionsbanden. Absorptionsmaße charakterisieren dabei die Intensitätsänderung der wechselwirkenden Strahlung. Deren Ausgangsintensität sei I_0. Bei Resonanz (geeigneter Energie) wird ein Teil der Strahlung absorbiert (I_A), der restliche Teil tritt aus der Küvette aus (I_D). Es gilt:

$$I_0 = I_A + I_D \qquad bzw. \qquad 1 = \frac{I_A}{I_0} + \frac{I_D}{I_0} \quad . \tag{4.18}$$

Die Brüche in Gleichung (4.18) heißen Absorption $A = \dfrac{I_A}{I_0}$ bzw. Durchlässigkeit

$$D = \frac{I_D}{I_0} \, .$$

Die Abnahme der Strahlungsintensität dI ist proportional dem Produkt aus I und dem bei der Wechselwirkung zurückgelegten Weg ds. Das führt zu einer Differentialgleichung, die über Separation der Variablen und nachfolgende Integration in den Grenzen von I_0 bis I_D lösbar ist. Man erhält $\ln \dfrac{I_D}{I_0} = -k \cdot l$. Der Proportionalitätsfaktor trägt ein negatives Vorzeichen, weil die Absorption zu einer Intensitätsabnahme führt. l steht für den Weg, auf dem die Wechselwirkung stattfindet, also für die Küvettenlänge. k hat einen großen Zahlenwert, wenn viele absorbierende Teilchen vorliegen. Das ist dann der Fall, wenn die Konzentration des absorbierenden Stoffes groß ist und wenn gleichzeitig die richtige Strahlungsenergie für erlaubte Elektronenübergänge vorliegt. k lässt sich damit als Produkt aus einem Konzentrationsterm und einem für den Stoff charakteristischen Term ε' darstellen. Für die Lösung der oben diskutierten Differentialgleichung erhält man folglich:

$$\ln \frac{I_0}{I_D} = \varepsilon' \cdot c \cdot l \quad \text{bzw. für den dekadischen Logarithmus} \quad \lg \frac{I_0}{I_D} = \varepsilon \cdot c \cdot l. \tag{4.19}$$

$\lg \frac{I_0}{I_D}$ heißt **Extinktion E** und wird häufig in Spektren als Absorptionsmaß verwendet. Gleichung (4.19) heißt **Lambert-Beersches-Gesetz** und bildet die Grundlage der quantitativen Analyse mittels UV/Vis–Spektroskopie.

Der **molare dekadische Extinktionskoeffizient** ε in Gleichung (4.19) ist eine wellenlängenabhängige Stoffkonstante. Er wird in der Einheit $L \cdot mol^{-1} \cdot cm^{-1}$ angegeben. ε bzw. $\lg \varepsilon$, wenn sich sein Zahlenwert im Spektrum über mehrere Zehnerpotenzen ändert, werden ebenfalls häufig als Ordinatengröße bei UV/Vis–Spektren verwendet. Bei erlaubten Übergängen hat ε meist Werte von $> 10^3\ L \cdot mol^{-1} \cdot cm^{-1}$. Übergangsverbote erkennt man im Spektrum an kleinen ε-Werten ($< 10^2\ L \cdot mol^{-1} \cdot cm^{-1}$).

Quantitative Analyse mittels Extinktionsmessungen
Um das Lambert-Beersche Gesetz für die Konzentrationsmessung eines absorbierenden Stoffes zu nutzen, müssen der Extinktionskoeffizient ε und die Schichtdicke l (Küvettenlänge) gegeben sein bzw. muss anhand mehrerer Lösungen bekannter Konzentration zunächst die Kalibriergerade (ihr Anstieg ist $\varepsilon \cdot l$) ermittelt werden. Dabei sollte gewährleistet sein, dass der Kalibrierbereich groß genug gewählt ist und die zu erwartende unbekannte Konzentration mit einschließt. Die zu untersuchenden Stoffe müssen im gewählten Lösungsmittel beständig sein und dürfen mit anderen Zusatzstoffen keine Reaktionen eingehen. Ebenso dürfen im untersuchten Konzentrationsbereich keine konzentrationsabhängigen Reaktionen ablaufen (Assoziation, Dissoziation). Um geeignete Wellenlängen für Konzentrationsmessungen zu finden, nimmt man ein Übersichtsspektrum des absorbierenden Stoffes im Lösungsmittel auf. Für Konzentrationsmessungen eignen sich dann die λ_{max}-Werte mit den zugehörigen ε_{max}-Werten. Bei Spektrometern mittlerer Güte muss man berücksichtigen, dass die gemessenen Extinktionen zwischen 0,1 und 1 liegen sollten. E gibt eine logarithmische Einteilung der Durchlässigkeit wieder. Mit steigender Größe ($E > 1$) beschreiben kleine Änderungen im Messwert, die in der Größenordnung der Messgenauigkeit oder gar darunter liegen, starke Veränderungen der Konzentration. Die Messungen werden ungenau und ungenügend reproduzierbar.
UV/Vis–Photometer finden bei physikalisch-chemischen Messungen in vielfältiger Weise Anwendung, so auch bei den Versuchen zur Reaktionskinetik (Trioxalatomanganat(III)-Zerfall) bzw. bei der Bestimmung von Gleichgewichtskonstanten (pKs–Wert von p-Nitrophenol) in diesem Buch.

4.1.3 UV/Vis-Spektren organischer Verbindungen, Anregung der Bindungselektronen im Molekülorbitalmodell

Zur Beschreibung der Anregung von Bindungselektronen in organischen Verbindungen bedient man sich heute des HOMO–LUMO–Modells. Bei der Ausbildung von Bindungen gehen die Valenzelektronen aus ihren jeweiligen Atomorbitalen (AO) in Molekülorbitale (MO) über. Die Molekülorbitale erhält man bekanntlich durch Linearkombination der Atomorbitale. Ergebnis einer derartigen Linearkombination zweier Atomorbitale sind dann stets ein bindendes und ein antibindendes Molekülorbital. Bindende MO sind gegenüber den AO energetisch abgesenkt, antibindende MO dagegen energetisch höher liegend. Freie Elektronenpaare von an der Bindung beteiligten Atomen können durch UV/Vis-Strahlung ebenfalls angeregt werden. Zur Bindung tragen sie nicht bei. Ihre Energie wird bei der Bindungsbildung nicht geändert. Die Terme der freien, nicht bindenden Elektronenpaare bleiben unverändert und liegen folglich zwischen den bindenden und antibindenden MO.

Bei der elektronischen Anregung wird nun ein Bindungselektron aus dem energetisch höchstliegendem besetzten MO (Highest Occupied Molecular Orbital - **HOMO**) in ein energetisch darüber liegendes unbesetztes MO (Lowest Unoccupied Molecular Orbital - **LUMO**) überführt. Um die Termstruktur einer organischen Verbindung zu kennen, muss man folglich die Frage nach der Art der im Molekül vorliegenden Bindungen und der Beteiligung von Atomen mit freien Elektronenpaaren beantworten.

An Bindungsmöglichkeiten zwischen zwei Atomen gibt es *σ-Bindungen* (der Aufenthaltswahrscheinlichkeitsraum des Bindungselektronenpaars befindet sich in der Kernverbindungsachse) und *π-Bindungen* (die Aufenthaltswahrscheinlichkeitsräume der Bindungselektronen liegen oberhalb bzw. unterhalb der Kernverbindungsachse).

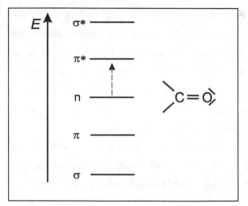

Abb. 4.8: Termschema einer organischen Verbindung mit Mehrfachbindung zu Atomen mit freien Elektronenpaaren, n $\rightarrow$ π*-Übergang als energieärmster Übergang.

Bezüglich möglicher HOMO – LUMO–Übergänge gilt:

$\sigma \rightarrow \sigma^*$-Übergänge

Aus Abbildung 4.8 ersieht man, dass für $\sigma \rightarrow \sigma^*$-Übergänge die größten Energiebeträge aufzubringen sind. Die entsprechenden Absorptionsmaxima liegen stets im Vakuum-UV, für Ethan z. B. bei 135 nm. $\sigma \rightarrow \sigma^*$-Übergänge haben im UV/Vis-Spektralbereich oberhalb 200 nm keine analytische Bedeutung. Die Spektren der Alkane sind leer. Hexan, Cyclohexan, Heptan u. a. eignen sich deshalb hervorragend als Lösungsmittel in der UV/Vis-Spektroskopie. Leider ist das Lösevermögen der unpolaren Alkane für viele Stoffe nicht ausreichend.

$n \rightarrow \sigma^*$-Übergänge

In Verbindungen mit Heteroatomen, in denen ausschließlich σ-Bindungen vorliegen, finden die HOMO-LUMO-Übergänge zwischen den n- bzw. σ^*-Niveaus statt. Sie sind längerwellig als $\sigma \rightarrow \sigma^*$-Übergänge, liegen aber meist auch unterhalb von 200 nm. Wasser bzw. aliphatische Alkohole eignen sich damit ebenfalls als Lösungsmittel in der UV/Vis-Spektroskopie für viele polare Stoffe. Bei Alkoholen ist zu berücksichtigen, dass ihre Absorptionsbande unterhalb 200 nm recht breit ist und erst oberhalb 220 nm die Untersuchungen nicht mehr stört. Für drei ausgewählte Beispiele liegen die Bereiche der HOMO – LUMO-Übergänge bei:

Verbindung	λ_{max} (n $\rightarrow$ σ^*)
R – Cl	≈ 230 nm
R – OH	≈ 190 nm
H_2O	167 nm .

$\pi \rightarrow \pi^*$-Übergänge

Die HOMO - LUMO-Übergänge in Alkenen bzw. Alkinen sind $\pi \rightarrow \pi^*$-Übergänge. Für isolierte Doppelbindungen liegen sie ebenfalls unterhalb 200 nm. Isoliert heißt eine Mehrfachbindung, wenn zwischen ihr und einer weiteren Mehrfachbindung mindestens zwei Einfachbindungen liegen.

Ethen absorbiert bei 162 nm, wenn man eine Hexanlösung des Gases untersucht. Eine zunehmende Zahl von Alkylsubstituenten an den die Doppelbindung tragenden C-Atomen führt zur *"Rotverschiebung"* (Absorption bei höheren Wellenlängen) der Absorptionsbande. Derartige nach größeren Wellenlängen verschobene Übergänge heißen auch **bathochrom** verschoben.

Bei Tetraalkylsubstitution wird der $\pi \rightarrow \pi^*$-Übergang auf ≈ 200 nm verschoben (2,3-Dimethylbuten, λ_{max} = 196 nm).

n → π*-Übergänge

n → π*-Übergänge sind symmetrieverboten (Laporte verboten). Man erkennt das z. B. an den zugehörigen Extinktionskoeffizienten ε, die meist kleiner als 10^2 $l \cdot mol^{-1} \cdot cm^{-1}$ sind (s. Kapitel 4.1.2). Bei Mesomerie wird das Symmetrieverbot allerdings abgeschwächt.

Strukturelemente, wie $\diagdown C = O$, $\diagdown C = N-$, $-C \equiv N$, $-N = N-$, $-NO_2$ besitzen oberhalb von 200 nm Absorptionsbanden, die auf n → π*-Übergänge zurückgehen. Die n → π*-Übergänge isolierter Gruppen liegen zwischen 250 und 350 nm (Aceton 276 nm). Verknüpft man diese bzw. ähnliche Gruppen mit mesomeriefähigen Systemen, so führt dies oft zur Verschiebung der n → π*-Bande zu Wellenlängen oberhalb von 400 nm und damit zur Farbigkeit der Derivate (Beispiel: Benzol farblos, Nitrobenzol gelb). Man bezeichnet solche Strukturelemente deshalb auch als ***chromophore Gruppen***.

Verbindungen mit konjugierten π-Bindungen

Zwei Bindungen a und b heißen konjugiert zueinander, wenn die Atome, von denen sie ausgehen, durch eine Einfachbindung verknüpft sind. In Abbildung 4.9 ist eine konjugierte Doppelbindung schematisch dargestellt. Gehören die konjugierten Bindungen zu chromophoren Gruppen, spricht man von konjugierten Chromophoren.

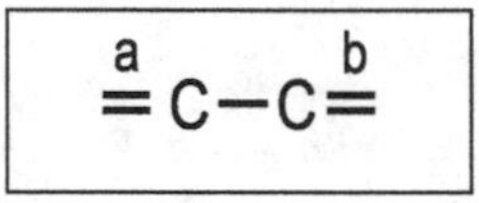

$$= C - C =$$
$$\quad a \quad\quad b$$

Abb. 4.9:   Konjugierte Doppelbindungen a und b.

Zwischen konjugierten π-Bindungen kommt es zur Wechselwirkung in Form der Ausbildung eines neuen chromophoren Systems. Folge ist die bathochrome Verschiebung der Absorptionsbanden bei Elektronenübergängen (Verschiebung zu höheren Wellenlängen, Rotverschiebung).

Die MO des neuen Systems erhält man wieder durch Linearkombination der π- bzw. π*-Molekülorbitale der konjugierten Bindungen im Sinne der MO-Theorie. Abbildung 4.10 zeigt, dass im Ergebnis der Kombination der Molekülorbitale zwei bindende und zwei antibindende Orbitale entstehen und dass die Anregungsenergie ΔE für einen HOMO→LUMO-Übergang kleiner geworden ist.

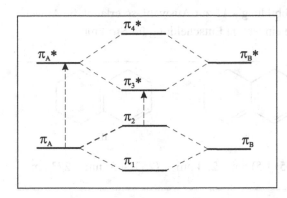

Abb. 4.10: Vereinfachtes MO-Schema konjugierter π-Bindungen.

Besitzt Buten(1) eine Absorptionsbande bei 170 nm, so liegt sie beim Butadien(1,3) bei 217 nm.

Neben weiteren konjugierten π-Bindungen haben Alkylsubstituenten und Ringstrukturen am konjugierten System additiven Einfluss auf die bathochrome Bandenverschiebung. Derartige summarische Effekte lassen sich in *Inkrementsystemen* zusammenfassen. Als Beispiel eines empirischen Inkrementsystems seien die *Woodward'schen Absorptionsregeln* für die längstwellige Absorptionsbande konjugierter Polyene angeführt.

Zunächst gilt es zu entscheiden, ob das konjugierte System in einem Ring bzw. einer Kettenstruktur vorliegt. Der Grundwert eines Diens beträgt für die Ringstruktur 253 nm, für die Kettenstruktur 214 nm. Zu diesen Grundwerten addiert man Einzelbeiträge einer bathochromen Verschiebung:

- 5 nm, für jeden Alkylsubstituenten am konjugierten System,
- 5 nm, für exocyclische Doppelbindungen innerhalb eines konjugierten Systems, das Ringstrukturen aufweist,
- 30 nm für jede weitere konjugierte Doppelbindung.

Schwierigkeiten bereitet mitunter die Identifizierung exocyclischer Doppelbindungen. Sie können ihrerseits Teil annelierter Ringe sein.

Die Ausbildung konjugierter π-Systeme ist in Polyenen, aber auch in ungesättigten Ketonen, Aldehyden, Säuren und anderen Verbindungen denkbar. Für jede Verbindungsklasse gibt es spezielle Inkrementsysteme.

Beispiel für die Anwendung der Woodwardschen Regeln auf Diene:
Findet man die längstwellige Absorptionsbande einer Verbindung $C_{10}H_{14}$ bei 270 nm und

stehen die Strukturen I, II und III in Abbildung 4.11 zur Auswahl, so erlaubt die Anwendung der Woodwardschen Regeln eine eindeutige Entscheidung für Struktur III.

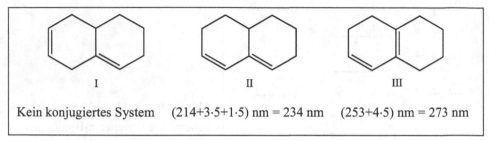

I	II	III
Kein konjugiertes System	(214+3·5+1·5) nm = 234 nm	(253+4·5) nm = 273 nm

Abb. 4.11: Anwendung des Woodwardschen Inkrementsystems.

Aromaten und Heteroaromaten

Schreibt man den Benzolring in Form seiner Kekulé-Grenzstrukturen auf, so lässt sich die Verbindung als zyklisches, konjugiertes Trien diskutieren. Demzufolge sind bathochrom verschobene $\pi \rightarrow \pi^*$-Übergänge im Benzol bzw. seinen Derivaten zu erwarten. Da es drei verschiedene π^*-Orbitale gibt, die sich durch die Anzahl der Knotenflächen unterscheiden, lassen sich experimentell für das π-Elektronensystem des Benzols drei $\pi \rightarrow \pi^*$-Übergänge ermitteln. In Abhängigkeit von ihrer Lage werden sie als β-, p- bzw. α-Bande bezeichnet. Der β-Bande ist dabei der energiereichste Übergang zuzuordnen, der α-Bande der energieärmste. Die in Richtung α-Bande abnehmende Übergangswahrscheinlichkeit (sinkendes ε) ist darauf zurückführbar, dass in wachsendem Maße Symmetrieverbote für die zugeordneten Übergänge greifen (Tabelle 4.3).

Tab. 4.3:   Absorptionsbanden des Benzols in Hexan

λ_{max} in nm	Bezeichnung	ε in L·(mol·cm)$^{-1}$
185	*β-Bande*	60000
204,5	*p-Bande*	8000
255	*α-Bande*	200

Lösungsmitteleinfluss auf die Form und Lage der Absorptionsbanden

Abbildung 4.12 zeigt das Absorptionsspektrum einer wässrigen Phenollösung. Die α-Bande ist auf Grund des Substituenteneinflusses im Vergleich zum Benzol bathochrom verschoben.

Einfluss auf die Lage der Bandenmaxima üben auch die Lösungsmittel aus. Lösungsmittelmoleküle wechselwirken mit den Molekülen des untersuchten Stoffes. Freie Elektronenpaare führen zu negativen Ladungsschwerpunkten im untersuchten Molekül und damit zu deren Polarität. Polare Teilchen treten in Wechselwirkung mit polaren Lösungsmittelmolekülen. Die Wechselwirkung lässt sich mit einer sehr schwachen Bindung vergleichen. Damit führt die Wechselwirkung zu einer energetischen Absenkung der n-Orbitale in polaren Lösungsmitteln. Für n → π^*-Übergänge muss dann mehr Energie aufgebracht werden. Das Bandenmaximum der n → π^*-Übergänge wird in polaren Lösungsmitteln folglich **blauverschoben (*hypsochrom verschoben*)**. π → π^*-Übergänge erfahren dagegen in polaren Lösungsmitteln eine bathochrome Verschiebung. Verantwortlich dafür ist die im Vergleich zum Grundzustand höhere Polarität der angeregten Zustände. In den angeregten Zuständen von π-Systemen sind die π^*-Orbitale zumindest teilweise besetzt. Die Wechselwirkung dieser Elektronen mit den Lösungsmittelmolekülen führt nun zur Absenkung der π^*-Orbitale, also zur Rotverschiebung der π → π^*-Übergänge. Man vergleicht also die Absorptionsbanden einer organischen Verbindung in einem polaren und einem unpolaren Lösungsmittel und erhält aus der Bandenverschiebung Hinweise darauf, ob es sich bei einer Bande um einen n → π^*- bzw. π → π^*-Übergang handelt. Diese Hinweise sind vor allem dann hilfreich, wenn die gemessenen ε-Werte keine eindeutige Zuordnung der Bande erlauben.

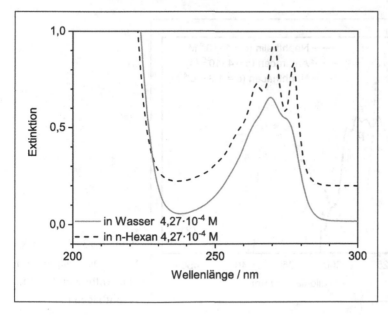

Abb. 4.12: Absorptionsspektrum einer Phenollösung in Wasser bzw. n-Hexan.

Die α-Bande im Phenolspektrum (Abbildung 4.12) zeigt drei Schultern. Sie rühren von der Schwingungsstruktur der Bande her, d. h. dass beim Elektronenübergang bevorzugt drei unterschiedliche Schwingungsterme des angeregten Niveaus besetzt werden. Derartige Schwingungsstrukturen sind in polaren Lösungsmitteln auch weniger ausgeprägt als in unpolaren. Die Ursache liegt wieder in der Wechselwirkung mit den Lösungsmittelmolekülen.

Das Dreibandensystem des Benzols findet sich in allen Benzolderivaten wieder. Allerdings verursachen die einzelnen Substituenten unterschiedlich starke Rotverschiebungen der β-, p- bzw. α-Banden. Die p-Bande wird stärker verschoben als die α-Bande. Im Extremfall führt das dazu, dass die intensivere p-Bande die α-Bande "einholt" und „überrollt". Ein Beispiel dafür sind die in Abbildung 4.13 dargestellten Spektren der Acene. Im Vergleich zum Benzol ist das 3-Bandensystem im Spektrum des Naphthalins (1) bathochrom verschoben. Die Bathochromie verstärkt sich mit zunehmender Zahl der kondensierten Ringe. Daneben erfährt die p-Bande eine stärkere Rotverschiebung und holt beim Anthracenspektrum (2) die α-Bande ein. Im Naphthacenspektrum (3) hat die p-Bande die α-Bande sogar überholt. Die Bathochromie führt mit zunehmender Zahl der kondensierten Ringe zur Farbigkeit der Verbindungen. Während Benzol, Naphthalin und Anthracen noch farblos sind, ist Naphthacen gelb und Pentacen sogar blau gefärbt. Substituenten bzw. Anellierung erniedrigen die Symmetrie des Benzolrings.

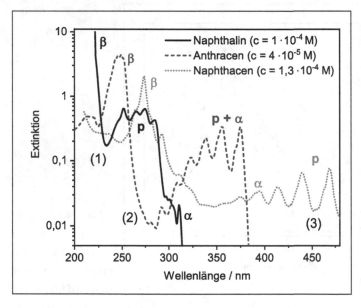

Abb. 4.13: UV-Spektren von Naphthalin (1), Anthracen (2) und Naphthacen (3).

Im Spektrum zeigt sich dies in einer Intensitätszunahme der symmetrieverbotenen Übergänge der α-Bande. Diese Intensitätszunahme ist ebenfalls in Abbildung 4.13 erkennbar. Der unterschiedliche Einfluss von Substituenten auf die Lage und Intensität der p- bzw.

α-Bande in monosubstituierten Benzolderivaten ist in Tabelle 4.4 dargestellt.

Tab. 4.4: Absorptionsbanden monosubstituierter Benzolderivate in Methanol

Substituent	p-Bande		α-Bande	
	λ_{max} in nm	ε_{max} in l·(mol·cm)$^{-1}$	λ_{max} in nm	ε_{max} in l·(mol·cm)$^{-1}$
-H	200	7400	240	204
-CH$_3$	207	7000	261	225
-Cl	210	7400	264	190
-Br	210	7900	261	192
-OH	210	6200	270	1450
-OCH$_3$	217	6400	269	1480
-COOH	230	11600	273	970
-NH$_2$	230	8600	280	1430

Bei Disubstitution hängt die Verschiebung von der Art der Substitutenten, der Art der Substitution (ortho, meta, para) und von der jeweiligen Bande (β, p, α) ab. Die Substituenten können Elektronendonatoren oder Elektronenakzeptoren sein. Donatoren bzw. Akzeptoren beeinflussen die Bandenverschiebung unterschiedlich. Für die α-Bande addieren sich bei gleichartigen Substituenten (z. B. beide Donatoren) und para-Disubstitution die Einflüsse. Bei ortho- bzw. meta-Disubstitution addieren sich die Einflüsse partiell im Sinne einer vektoriellen Addition. Bei Substituenten unterschiedlicher Art werden die Einzelbeiträge subtrahiert. Anders ist der Einfluss auf die Verschiebung der p-Bande. Die stärkste Verschiebung der p-Bande erhält man bei Disubstitution mit Substituenten unterschiedlicher Art und in para-Stellung. Diese Kombination führt meist zum Überrollen der α-Bande.

In heteroaromatischen Systemen bleibt die Bandenstruktur des Benzolspektrums ebenfalls erhalten. So weist das Pyridinspektrum β-, p- und α-Bande auf, die in Hexan bei 176 nm, 195 nm und 250 nm liegen. Für das freie Elektronenpaar des Stickstoffs wird zusätzlich ein n → π*-Übergang bei 285 nm beobachtet. Verglichen mit dem Benzol besitzt Pyridin eine intensivere α-Bande. Die Ursache liegt in der verringerten Symmetrie des Pyridinmoleküls. Das Symmetrieverbot wird dadurch abgeschwächt.

Die Absorption von Heteroaromaten spielt auch in den Biowissenschaften bei der Charakterisierung von DNA eine große Rolle. DNA besitzt eine charakteristische Absorptionsbande im UV-C-Bereich bei etwa 260 nm, die auf einen π → π*-Übergang des aromatischen Systems der Nukleinbasen zurückzuführen ist. Der Extinktionskoeffizient für doppelsträngige DNA beträgt ε(260 nm) = 5,3·10^7 L·mol^{-1}·cm^{-1}, womit dessen Konzentration einfach bestimmt werden kann. Die Absorption von einzelsträngiger DNA ist größer als die von doppelsträngiger DNA aufgrund von unterschiedlichen Umgebungsbedingungen. Diese Zunahme der Absorption wird als **Hyperchromizität** bezeichnet und für die Aufnahme von Schmelzkurven und die Bestimmung der DNA-Schmelztemperatur ausgenutzt (s. Abschnitt 1.12, Seite 106). Weiterhin kann das UV-Absorptionsspektrum einer DNA-haltigen Lösung Aufschluss über dessen Reinheit geben. Wurde die DNA vorher aus Zellen extrahiert, so können Reste von Proteinen in der Lösung verbleiben. Die aromatischen Aminosäuren von Proteinen führen zu einer Absorptionsbande bei etwa 280 nm, weshalb zur Einschätzung der DNA-Reinheit das Verhältnis E(260 nm) / E(280 nm) angegeben wird.

Ausgedehnte π-Systeme

Die Ursache der Rotverschiebung bei Einführung eines Substituenten in einem konjugierten System ist allgemein in der Ausdehnung des Systems zu sehen. Eine uneingeschränkte Konjugation mehrerer Chromophore setzt maximale Überlappung der π-Orbitale voraus. Die tritt bei koplanarer Struktur auf.

Koplanarität liegt z. B. im Diphenyl vor. Grund ist die Mesomeriestabilisierung des Moleküls, für das folgende Grenzstrukturen formuliert werden können:

Durch Methylierung von Diphenyl kann man Dimesityl gewinnen:

Dimesityl   Mesitylen

Die Einführung der Methylgruppen führt zur Entkopplung der Chromophore. Wegen der sterischen Behinderung durch die CH$_3$-Gruppen müssen sich die Phenylringe gegeneinander verdrehen und sind nun nicht mehr koplanar. Die Spektren von Dimesityl und Mesitylen sind sehr ähnlich. Die Absorptionsbanden im Spektrum von Diphenyl liegen dagegen bei höheren Wellenlängen.

Oft unterscheiden sich cis-/trans-Isomere in ihren Spektren auch deshalb, weil eine unterschiedliche Ausdehnung des koplanaren π-Systems im Molekül vorliegt. Ein Beispiel sind die Spektren von cis- und trans-Stilben. Stilben ist der Trivialname für 1,2 Diphenylethen. Vergleicht man die Isomeren, so wird klar, dass die Phenylringe in der trans-Verbindung koplanar angeordnet sein können. Im cis-Isomeren dagegen müssen sie aus sterischen Gründen zumindest partiell gegeneinander verdreht sein. Abbildung 4.14 zeigt die UV-Spektren der beiden Isomere.

Das Absorptionsmaximum der längstwelligen Bande liegt beim cis-Isomeren bei 280 nm, beim trans-Isomeren hingegen bei 295 nm.

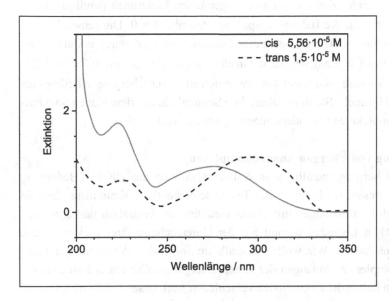

Abb. 4.14: UV-Spektren von cis- bzw. trans-Stilben in Ethanol.

4.1.4 UV/Vis-Spektren anorganischer Verbindungen

Wie in organischen Verbindungen lassen sich auch in anorganischen Verbindungen Elektronenübergänge durch ultraviolettes oder sichtbares Licht anregen. Absorbieren die Stoffe im sichtbaren Bereich zwischen 400 und 800 nm, und haben zudem die Elektronenübergänge genügend große Übergangswahrscheinlichkeiten, so sind die Stoffe farbig. So vielfältig wie die Art der Stoffe (z.B. H_2O, NO_2, I_2, $CuSO_4 \cdot 5H_2O$, $KMnO_4$ oder $KFe^{II}[Fe^{III}(CN)_6]$) sind auch die Modelle zur Erklärung der beobachteten Banden.

Die Absorption kleiner anorganischer Moleküle diskutiert man z. B. wie die der organischen Verbindungen anhand ihrer Molekülorbitale. So kann man die für Untersuchungen in Lösung so wichtige Eigenschaft des Wassers, nämlich keine Absorption im zugänglichen Quarz-UV aufzuweisen, einfach damit begründen, dass H_2O nur energiearme σ- und nichtbindende n-Elektronen enthält. Die braune Farbe von NO_2 hingegen hängt sicher damit zusammen, dass NO_2 ein leicht anregbares einsames n-Elektron besitzt, welches in einen nur wenig energiereicheren π^*-Zustand springen kann. N_2O_4 ist wieder farblos, da sich in ihm die beiden einsamen Elektronen von zwei NO_2-Molekülen in einer stabilen σ-Bindung vereinigt haben, deren Energieterm deutlich abgesenkt ist. Salze, deren Metallkationen abgeschlossene Edelgasschalen aufweisen, zeigen nur die Absorption der Anionen im zugänglichen Quarz-UV, z. B. hervorgerufen durch n → σ*– bzw. n → π*-Übergänge (siehe auch Aufgabenteil).

Auf kleine anorganische Moleküle wird auch das bereits angedeutete Modell der Molekülquantenzahlen angewendet. Es berücksichtigt die Symmetrie der Orbitale. So ist z.B. der Grundzustand eines O_2-Moleküls in diesem Modell ein $^3\Sigma^-_g$-Term, ein bezüglich des Symmetriezentrums gerader Zustand mit zwei ungepaarten Elektronen (Multiplizität 3) in π*–Orbitalen. Σ steht für die Bahndrehimpulsquantenzahl $\Lambda = 0$. Die schwach blaue Farbe von flüssigem Sauerstoff lässt sich anhand dieses Modells dadurch erklären, dass es einen spinverbotenen Übergang bei 762 nm in einen angeregten Singulett-Zustand $^1\Sigma^+_g$ mit gepaarten π*-Elektronen gibt. Nicht verantwortlich ist dieser Übergang allerdings für die blaue Farbe des Himmels. Sie rührt daher, dass Sonnenlicht aus dem blauen Spektralbereich an den Luftmolekülen besonders intensiv gestreut wird.

Elektronenanregung von Übergangsmetallkomplexen

Die meist farbigen Übergangsmetallkomplexe sind wegen ihrer analytischen Bedeutung von besonderem Interesse. Auch ein großer Teil unserer heutigen Kenntnisse über die Struktur von Komplexverbindungen mit einem metallischen Zentralion und anorganischen oder organischen Liganden stammt aus der Untersuchung ihrer spektralen und magnetischen Eigenschaften. Wir wollen deshalb im folgenden Abschnitt die Lichtabsorption von Komplexverbindungen der ersten Übergangsreihe etwas ausführlicher besprechen. In ihnen haben die Zentralionen verschieden stark besetzte 3d-Orbitale:

d^1	d^2	d^3	d^4	d^5	d^6	d^7	d^8	d^9	d^{10}
Ti^{3+},V^{4+}	Ti^{2+},V^{3+}	V^{2+},Cr^{3+}	Mn^{3+}	Mn^{2+},Fe^{3+}	Fe^{2+},Co^{3+}	Co^{2+}	Ni^{2+}	Cu^{2+}	Zn^{2+}

Das spektrale Verhalten der Übergangsmetallkomplexe kann mittels der vereinfachten *Ligandenfeldtheorie* diskutiert werden. Besonders häufig treten oktaedrische, quadratisch planare und tetraedrische Komplexe auf. Bei der Erklärung der wichtigsten Zusammenhänge beschränken wir uns deshalb auf oktaedrische und tetraedrische Komplexe. Bei unseren Betrachtungen gehen wir davon aus, dass die räumliche Anordnung der Liganden um das Zentralatom (bzw. Zentralion) zu einer spezifischen Wechselwirkung zwischen den Metall- und Ligandenorbitalen führt. Ausgangspunkt der Betrachtung bei der Anwendung des Ligandenfeldmodells sind die möglichen Elektronenzustände der freien von Liganden unbeeinflussten Ionen.

Die fünf 3d-Orbitale sind entartet. Ihnen wird die in Abbildung 4.15 dargestellte Geometrie zugeordnet.

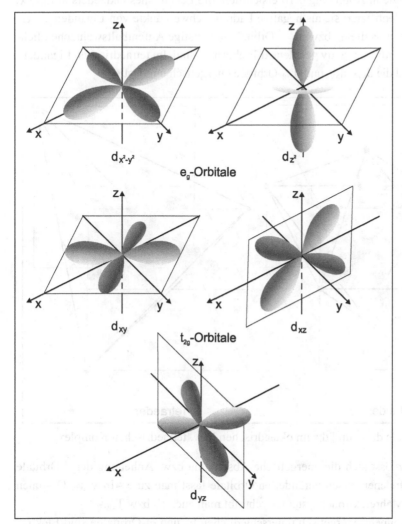

Abb. 4.15: Geometrie der d-Orbitale.

In Abbildung 4.16 sind die Orbitale $d_{x^2-y^2}$ und d_{z^2} im kubischen System für oktaedrische und tetraedrische Ligandenanordnung dargestellt:

Die Liganden errichten um das Zentralion ein elektrostatisches Feld aus Punktladungen (Ionen oder Dipole). Im Feld wird die Entartung der d-Orbitale aufgehoben, da je nach Geometrie der Ligandenanordnung die d-Orbitale zu günstigeren (energetisch abgesenkten) oder ungünstigeren (energetisch angehoben) Aufenthaltswahrscheinlichkeitsräumen der d-Elektronen werden.

Legt man z. B., wie in Abbildung 4.16 ersichtlich, die Ecken eines Oktaeders auf die x, y, z-Achse und identifiziert sie als negative Ladungsschwerpunkte von Liganden, so erkennt man leicht, dass die d_{z^2} bzw. $d_{x^2-y^2}$ Orbitale ungünstige Aufenthaltswahrscheinlichkeitsräume für ebenfalls negativ geladene d-Elektronen sind. Im tetraedrischen Ligandenfeld dagegen sind die d_{xy}-, d_{xz}- und d_{yz}-Orbitale energetisch ungünstiger.

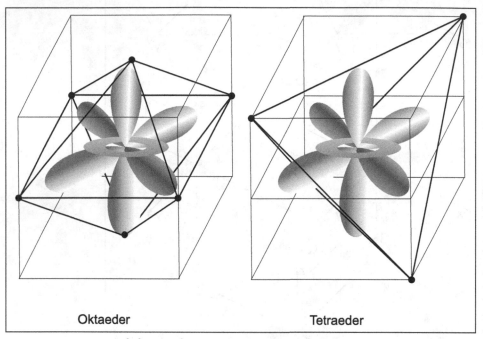

Oktaeder   **Tetraeder**

Abb. 4.16: Orbitale $d_{x^2-y^2}$ und d_{z^2} im oktaedrischen bzw. tetraedrischen Komplex.

Im *Termschema* lässt sich die energetische Absenkung bzw. Anhebung der d-Orbitale verdeutlichen. Die energetisch veränderten Orbitale fasst man zu e_g- bzw. t_{2g}-Orbitalen zusammen. Bei Mehrelektronensystemen schreibt man auch E_g bzw. T_{2g}.

Zwischen den nunmehr energetisch unterschiedlichen t_{2g} und e_g-Orbitalen sind Elektronenübergänge möglich (z.B. $t_{2g} \rightarrow e_g$ im oktaedrischen Feld). Die Energie dieser Übergänge liegt bei vielen Übergangsmetallkomplexen zwischen 150 und 300 $kJ \cdot mol^{-1}$. Mit den Übergängen lässt sich deshalb die Farbigkeit dieser Komplexe verstehen. Die genaue Energie hängt von der Stärke der *Termaufspaltungsenergie* Δ_0 und damit von der Stärke des Ligandenfeldes ab.

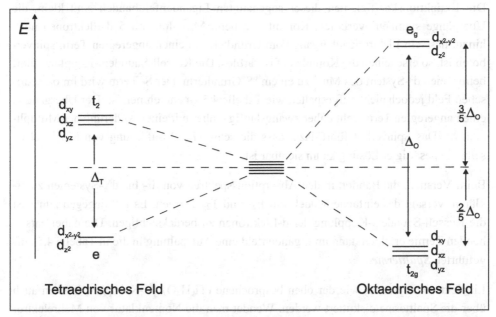

Abb. 4.17: Aufspaltung der d-Orbitale im oktaedrischen und tetraedrischen Ligandenfeld.

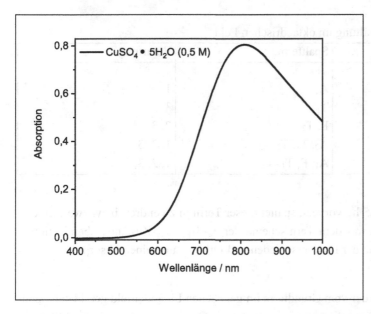

Abb. 4.18: Absorptionsspektrum einer $CuSO_4 \cdot 5H_2O$ - Lösung, mit octaedrischem $[Cu(H_2O)_6]^{2+}$-Ion vorliegt.

In Übereinstimmung mit der entwickelten Theorie zeigen die Hexaquakomplexe des Ti(III)- bzw. Cu(II)-Ions (Abbildung 4.18) eine Absorptionsbande im sichtbaren Bereich.

Die Extinktionskoeffizienten dieser sogenannten Ligandenfeldbanden sind klein, die Übergänge symmetrieverboten. Kommt wie beim Mn^{2+}-Ion mit 5 d-Elektronen noch hinzu, dass ein Elektronenübergang vom Grundterm in einen angeregten Term spinverboten ist, so erscheinen die Komplexe fast farblos. Die Russell-Saunders-Kopplung führt beim freien d^5-System des Mn^{2+} zu einem ^6S-Grundterm. Der S–Term wird im oktaedrischen Feld jedoch nicht aufgespalten, wie Tabelle 4.5 zu entnehmen ist. Der Übergang in einen angeregten Term geht daher zwangsläufig einher mit einer Änderung der Multiplizität M. Das Spinverbot führt dazu, dass die schwache Rosafärbung von Mn^{2+}-Salzen selbst in gesättigter Lösung kaum sichtbar ist.

Beim Versuch, die Banden in den Absorptionsspektren von d^2- bis d^8-Systemen zu erklären, versagt das einfache Modell mit E_g- und T_{2g}-Termen. Es gilt dagegen zunächst die Russell-Saunders-Kopplung der d-Elektronen zu berücksichtigen. Die dabei entstehenden Terme erfahren dann im Ligandenfeld eine Aufspaltung in die in Tabelle 4.5 aufgeführten *Spaltterme*.

Einelektronensysteme, wie der oben besprochene $[Ti(H_2O)_6]^{3+}$-Komplex, können auch über die Spaltterme diskutiert werden. Wendet man die Nomenklatur von Mehrelektronensystemen (Kapitel 4.1.1) auch auf das Ti(III)-Ion (d^1) an, so erhält man für den Grundzustand einen ^2D-Term.

Tab. 4.5:   Termaufspaltung im oktaedrischen Feld

Term	Spaltterme	Entartung
S	A_1	1
P	T_1	3
D	E, T_2	2, 3
F	A_2, T_1, T_2	1, 3, 3
G	A_1, E, T_1, T_2	1, 2, 3, 3

Wie aus der Tabelle 4.5 hervorgeht, spaltet dieser Term in zwei drei- bzw. zweifach entartete Terme auf, was mit dem Termschema der e_g- bzw. t_{2g}-Zustände übereinstimmt, ebenso mit der Existenz der fünf verschiedenen d-Orbitale und einer Absorptionswellenlänge des Komplexes.

Die energetische Lage der vom Grundterm im gegebenen Ligandenfeld gebildeten Spaltterme kann man den Termdiagrammen entnehmen. Generell ergeben die d^{10-n}-Systeme die gleichen Spaltterme wie die d^n-Systeme, jedoch konvertiert die energetische Reihenfolge wegen des Elektronen-Loch-Formalismus. Für das d^8-System des Ni(II)-Ions ist das

Termschema in Abhängigkeit von der Ligandenfeldaufspaltungsenergie in Abbildung 4.19 gegeben.

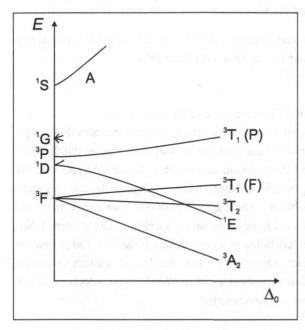

Abb. 4.19: Termdiagramm für die Triplettterme eines d^8-Ions im oktaedrischen Feld.

Die Ligandenstärken und damit die Δ-Werte lassen sich aus der sogenannten *spektrochemischen Reihe* der Liganden ablesen. Ordnet man wichtige Liganden nach wachsender Einflussstärke, so ergibt sich die folgende Reihenfolge:

$$I^- < Br^{--} < Cl^- < F^- < OH^- < C_2O_4^{2-} \approx H_2O < NCS^- < NH_3 < o\text{-phen} < CN^-$$

Charge-transfer-Übergänge

Bei tief gefärbten Komplexverbindungen mit hohen ε-Werten über 10^2 L·mol^{-1}·cm^{-1} liegen meist sogenannte *charge-transfer-Banden* vor. Diese ergeben sich, wenn Elektronen wie beim MnO_4^- vom Liganden auf das Zentralion übertragen werden können (*Metallreduktionsbanden*). Auch der umgekehrte Fall (*Metalloxidationsbanden*) ist möglich. Beim Berliner Blau $KFe^{II}[Fe^{III}(CN)_6]$ ist ein charge-transfer zwischen zwei verschiedenen Wertigkeitsstufen des Eisenions für die intensive Farbe verantwortlich. Metallreduktionsbanden treten in Komplexen mit freien d-Orbitalen des Zentralions und besetzten π^*-Orbitalen der Liganden auf. Metalloxydationsbanden erfordern ausreichend gefüllte d–Orbitale der Zentralionen und unbesetzte π^*-Orbitale bei den Liganden bzw. bei im Komplex beteiligten Kernen. Die Komplexe der 4d-Übergangsmetalle sind auf Grund von charge-transfer Übergängen intensiv gefärbt. In ihren Spektren überdecken die charge-transfer-Banden die Ligandenfeldbanden der Verbindungen. Auch die starke Absorption der Halogenidionen, die ja nicht über σ- oder π-Bindungen verfügen, erklärt man mit charge-transfer von den Anionen auf die solvatisierenden Wassermoleküle.

Eine genaue Berechnung der Lage und Intensität der Banden ist bei allen verwendeten Modellen sehr aufwendig und bislang nur in wenigen Fällen gelungen.

4.1.5 UV/Vis-Emissionsspektren – Fluoreszenz und Phosphoreszenz

Wie bereits im Kapitel 4.1.1 (Abbildung 4.1) angedeutet, kann ein durch Strahlung angeregtes Teilchen seinen Energieüberschuss dadurch wieder verlieren, dass es durch Strahlungsabgabe in den elektronischen Grundzustand zurückkehrt. Je nachdem, ob man die Emission praktisch nur gleichzeitig mit der Absorption oder auch noch danach – in seltenen Fällen noch nach Stunden – beobachten kann, spricht man von *Fluoreszenz* bzw. von *Phosphoreszenz*. Die Bezeichnungen Fluoreszenz und Phosphoreszenz rühren daher, dass diese Erscheinungen zuerst an Kristallen von natürlichem Flussspat (CaF_2) bzw. an Phosphor (griech. phosphoros – Lichtträger) beobachtet wurden. Das durch Oxidation hervorgerufene Leuchten des weißen Phosphors rührt in Wirklichkeit jedoch nicht von Phosphoreszenz, sondern von *Chemolumineszenz* her.

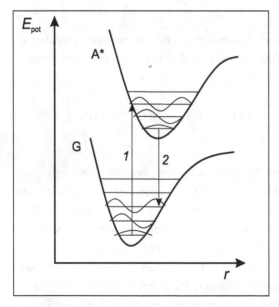

Abb. 4.20: Potenzialkurve eines zweiatomigen Moleküls für den Grundzustand (G) und einen angeregten Zustand (A*).

Im Folgenden soll nur auf die Fluoreszenz und Phosphoreszenz bei chemischen Verbindungen eingegangen werden, weil die Vorstellungen, die man zur Erklärung dieser Phänomene entwickelt hat, von grundsätzlicher Bedeutung für das Verständnis von Absorption und Emission sind. Dabei hat es sich als nützlich erwiesen, die theoretischen Ansätze zunächst an einem zweiatomigen Molekül zu entwickeln, welche dann, wie die Praxis bestätigt, sinngemäß auf größere Moleküle übertragbar sind. Ausgangspunkt der Diskussion sind die *Potenzialkurven* der Moleküle, die die Abhängigkeit der Energie vom Kernabstand im Grundzustand bzw. in elektronisch angeregten Zuständen wiedergeben (Abbildung 4.20).

Die Potenzialkurve eines zweiatomigen Moleküls ist die eines anharmonischen Oszillators und wird in guter Näherung durch die *Morse-Funktion* beschrieben.

$$E_{pot} = D \cdot \left(1 - e^{-a(r-r_0)}\right)^2 \tag{4.20}$$

E_{pot} ist die auf den Gleichgewichtsabstand des Moleküls bezogene Energie verschiedener Schwingungszustände, die durch die verschiedenen Schwingungsquantenzahlen $\upsilon = 0, 1, 2,\ldots$ charakterisiert werden.

Die waagerechten Geraden in den Potenzialkurven entsprechen den möglichen Schwingungsamplituden. Der Kurvenzug verbindet demnach die Umkehrpunkte der Schwingungen, d. h. die Punkte, in denen die gesamte Schwingungsenergie potenzieller Natur und die kinetische Energie gleich Null ist. Nähern sich die schwingenden Atome unter den Gleichgewichtsabstand, so steigt die potenzielle Energie infolge zunehmender Abstoßung der sich durchdringenden Elektronenhüllen stark an. Entfernen sie sich voneinander über den Gleichgewichtsabstand hinaus, so nimmt die potenzielle Energie wegen der Lockerung der Bindung zu. Entspricht die Schwingungsenergie der Dissoziationsenergie D, dann hat die Schwingung eine solch große Amplitude erreicht, dass die Atome durch die Bindungskräfte nicht mehr zusammengehalten werden können und auseinander driften. Die Morse-Funktion spiegelt diese Zusammenhänge wider; für $r = r_0$ wird $E_{pot} = 0$ und für $r = r_\infty$ wird $E_{pot} = D$.

Bei Fluoreszenz und Phosphoreszenz wird fast immer beobachtet, dass die emittierte Strahlung eine größere Wellenlänge aufweist, als die anregende Strahlung. Dies lässt sich anhand der Abbildung 4.20 leicht einsehen. Bei Zimmertemperatur befinden sich die Moleküle in der Regel im elektronischen Grundzustand G und auf dem niedrigsten Schwingungsniveau. Durch Absorption von Strahlung passender Energie springt ein Elektron vom Grundzustand in einen angeregten Zustand A*. Dieser Sprung vollzieht sich sehr schnell (ca. 10^{-15} s). Für die großen trägen Atomkerne reicht diese Zeit nicht aus, ihren Kernabstand zu ändern (*Franck-Condon-Prinzip*). Weil nun, wie aus der Abbildung 4.20 ersichtlich, der Gleichgewichtsabstand des elektronisch angeregten Zustandes größer ist als der des Grundzustandes, führt ein Sprung aus dem Gleichgewichtsabstand des Grundzustandes zwangsläufig in ein höheres Schwingungsniveau des elektronisch angeregten Zustandes.

Um die größere Wellenlänge der Fluoreszenzstrahlung im Vergleich zur Anregungsstrahlung erklären zu können, muss man annehmen, dass der angeregte Zustand, bevor es zur Emission kommt, Schwingungsenergie an die Umgebung verliert. Die Rückkehr des Elektrons erfolgt, wie in der Abbildung 4.20 angedeutet, von einem niedrigeren Schwingungsniveau, z. B. dem Schwingungsgrundzustand des angeregten Zustandes in ein höheres Schwingungsniveau des Grundzustandes. Die Rückkehr des Elektrons ist danach mit einer kleineren Energiedifferenz verknüpft als seine Anregung.

Zur Erklärung der Phosphoreszenz muss man die Potenzialkurven durch Zuordnung von Multiplizitäten genauer charakterisieren. Sieht man von Radikalen mit einsamen Elektronen ab, sind die Elektronen in organischen Verbindungen im Grundzustand stets gepaart. Damit besitzen sie die Gesamtspinquantenzahl $S = 0$ und die Multiplizität $M = 1$ und sind folglich Singulettzustände.

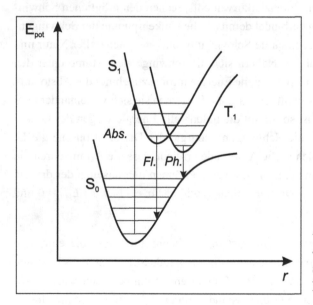

Abb. 4.21: Vereinfachtes Jablonski-Diagramm (Abs.: Absorption, Fl.: Fluoreszenz, Ph.: Phosphoreszenz).

Unter den elektronisch angeregten Zuständen gibt es neben Singulettzuständen auch solche mit ungepaarten Elektronen, also Tripletts mit $S = 1$ und $M = 3$. Für den einfachsten Fall mit einem angeregten Singulett S_1 und einem angeregten Triplett T_1 sind die Potenzialkurven und die möglichen Elektronensprünge im sogenannten *Jablonski-Diagramm* dargestellt (Abbildung 4.21).

Die Anregung eines Elektrons und mögliche Fluoreszenz findet wie besprochen zwischen den Singuletts statt. Dies sind spinerlaubte Übergänge zwischen Termen gleicher Multiplizität. Ein Übergang von S_0 nach T_1 ist spinverboten. Doch weil sich die Potenzialkurven von S_1 und T_1 überlappen (*intersystem crossing* ist möglich), können Moleküle aus dem Zustand S_1 strahlungslos in den Zustand T_1 übergehen. Sie landen dabei zunächst in einem höheren Schwingungsniveau, aus dem sie jedoch relativ schnell durch Abgabe von kinetischer Energie auf ein niedrigeres Niveau absinken. Da ein Elektronensprung von T_1 nach S_0 wieder spinverboten ist, sind die Teilchen quasi in einem metastabilen Zustand gefangen. Bei größeren Molekülen muss das Spinverbot nicht streng eingehalten werden. So kommt es doch zu Sprüngen von T_1 nach S_0, die jedoch über einen mehr oder weniger langen Zeitraum verzögert auftreten und somit die Besonderheit der Phosphoreszenz, nämlich die zeitlich verzögerte Strahlungsemission bewirken. Phosphoreszenz ist zudem deutlich stärker rotverschoben.

Messen lassen sich Phosphoreszenz und Fluoreszenz, in dem man die Spektralfotometer mit geringem Aufwand so ausstattet, dass sie in der Lage sind, die nach allen Seiten gerichtete *Emissionsstrahlung* unabhängig von der geradlinig durch die Küvette hindurchgehende *Anregungsstrahlung* zu erfassen. Dies gelingt, in dem man die Fotozelle im rechten Winkel zur Anregungsstrahlung anordnet. Die Erscheinung der Fluoreszenz wird in der Praxis schon seit langem genutzt, z. B. verwendet man fluoreszierende anorganische Verbindungen in Leuchtstoffröhren, Bildschirmen oder Leuchtfarben. Fluoreszenzmessungen bilden auch die Grundlage vieler quantitativer Analyseverfahren, bei denen die Analyten selbst fluoreszieren bzw. mit fluoreszierenden Verbindungen gekoppelt werden. Hier eignen sich z. B. in der biochemischen Analytik stark fluoreszierende Substanzen wie das Fluorescein besonders gut. Intensiv fluoreszieren auch viele polyzyklische aromatische Kohlenwasserstoffe (PAK), was zum quantitativen Nachweis dieser Gruppe organischer Schadstoffe in der Umweltanalytik genutzt wird.

Tab. 4.6: Anregungs- und Emissionswellenlängen bei der fluoreszenzspektroskopischen Bestimmung ausgewählter PAK (Trinkwasser-VO)

PAK	Anregungswellenlänge in nm	Emissionswellenlänge in nm
Fluoranthen	280	450
Benz(a)pyren	290	430
Benzo(b)fluoranthen	290	430
Benzo(k)fluoranthen	290	430
Indeno(1, 2, 3-cd)pyren	300	500
Benzo(g,h,i)perylen	290	410

Nach Festlegung der Trinkwasser-Verordnung (TVO) darf die Summe der Konzentrationen der in Tabelle 4.6 angeführten Verbindungen 0,2 µg·L^{-1} nicht übersteigen.

Die Konzentrationsbestimmung mittels Fluoreszenzspektroskopie bedient sich einer dem Lambert-Beerschen-Gesetz ähnlichen Beziehung. Gleichung (4.19) lässt sich auch in der Form $I_D = I_0 \cdot 10^{-\varepsilon \cdot c \cdot l}$ formulieren. Die Intensität der fluoreszierenden Strahlung verhält sich proportional zur absorbierten Intensität der Anregungsstrahlung:

$$I_F = k \cdot I_A = k \cdot (I_0 - I_D) = k \cdot I_0 \cdot \left(1 - 10^{-\varepsilon \cdot c \cdot l}\right) . \tag{4.21}$$

Die Funktion 4.21 lässt sich über eine alternierende Potenzreihe entwickeln:

$$I_F = k \cdot I_0 \cdot \left(2{,}3 \cdot \varepsilon \cdot c \cdot l - \frac{(2{,}3 \cdot \varepsilon \cdot c \cdot l)^2}{2!} + \frac{(2{,}3 \cdot \varepsilon \cdot c \cdot l)^3}{3!} - \frac{(2{,}3 \cdot \varepsilon \cdot c \cdot l)^4}{4!} + \dots \right).$$ I_F ist damit

in erster Näherung proportional zur Konzentration des fluoreszierenden Stoffes:

$$I_F = k' \cdot I_0 \cdot \varepsilon \cdot c \cdot l \ . \tag{4.22}$$

Gleichung (4.22) verdeutlicht, dass eine konstante Intensität der Anregungsstrahlung die Voraussetzung für eine gute Reproduzierbarkeit der Messung ist. Eine Nulllinienkorrektur (Blindprobe), wie sie bei Absorptionsmessungen durchgeführt wird, ist nicht erforderlich.

Neben der Konzentrationsbestimmung wird die Fluoreszenzspektroskopie häufig auch in den Biowissenschaften eingesetzt, um Informationen über die Struktur von Biomolekülen zu erhalten. Dies gelingt mit einer speziellen Technik, bei der zwei unterschiedliche Farbstoffe eingesetzt werden, die sich spektral überlappen. Das bedeutet, dass sich das Emissionsmaximum des einen Farbstoffes und das Absorptionsmaximum des zweiten Farbstoffes überschneiden. Wenn unter dieser Bedingung der erste Farbstoff (der Donor) angeregt wird, kann die Anregungsenergie auf den zweiten Farbstoff (den Akzeptor) übertragen werden. Dies bezeichnet man als Förster-Resonanzenergietransfer (*FRET*). Dieser Prozess äußert sich in der Emission des Akzeptors, die bei größeren Wellenlängen geschieht (also rotverschoben ist), als die des Donors. Die *FRET-Effizienz* hängt sehr stark vom Abstand zwischen Donor und Akzeptor ab, der typischerweise 1 - 10 nm sein sollte. In einem typischen Experiment kann ein Makromolekül mit einem Donor- und einem Akzeptor-Farbstoff markiert werden. Durch Messung der FRET-Effizienz kann auf den Abstand zwischen den Farbstoffen und damit auf die Konformation des Makromoleküls geschlossen werden. Der FRET-Prozess kann auch zum Nachweis von Analyten wie etwa

Tumormarkern verwendet werden. Neben organischen Farbstoffen werden für die Fluoreszenzspektroskopie auch zunehmend fluoreszente Nanopartikel wie Halbleiter-*Quantenpunkte* eingesetzt. Diese besitzen den Vorteil, dass die Emissionswellenlänge durch die Größe der Quantenpunkte eingestellt werden kann, während alle Quantenpunkte im UV-Bereich angeregt werden können.

4.2   Infrarotspektroskopie

4.2.1   Der IR–Spektralbereich und das Modell des harmonischen Oszillators

Der IR-Spektralbereich schließt sich mit steigender Wellenlänge an das Spektrum des sichtbaren Lichts an. Tabelle 4.7 gibt eine Übersicht über die Einteilung infraroter Strahlung nach Wellenlänge, Wellenzahl und Energie.

Tab. 4.7   Einteilung des IR-Spektralbereichs

IR-Bereich	λ in nm	$\tilde{v}$ in cm^{-1}	E in kJ·mol^{-1}
Nahes IR	800 – 2500	12500 – 4000	150 – 48
IR	2500 – 50000	4000 – 200	48 – 2,4
Fernes IR	50000 - 500000	200 - 20	2,4 – 0,24

Als Energiemaß wird in der Infrarotspektroskopie üblicherweise die *Wellenzahl* $\tilde{v}$ in der Einheit cm^{-1} verwendet. Eine geeignete Energie zur Schwingungsanregung in chemischen Verbindungen besitzt die IR-Strahlung zwischen 200 und 4000 cm^{-1}. Neben der Schwingungsanregung kommt es gleichzeitig zur Rotationsanregung. Die *Rotations-Schwingungsspektren* bestehen aus Banden, die eine ausgeprägte *Feinstruktur* besitzen, wenn man die Gasphase untersucht (s. Abbildung 4.32). Die Feinstruktur ist bei IR-Spektren kondensierter Phasen von untergeordneter Bedeutung.

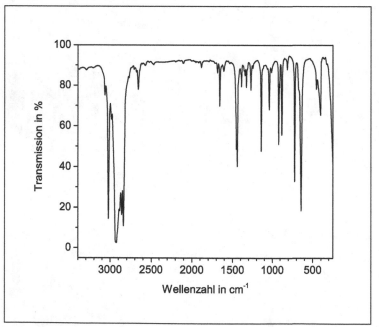

Abb. 4.22: IR-Spektrum eines Cyclohexenfilms.

Abbildung 4.22 zeigt das IR-Spektrum von Cyclohexen.

Das Modell zur Beschreibung der Schwingungsanregung ist der klassischen Physik ent-lehnt. Man diskutiert den einfachen Fall eines zweiatomigen Moleküls mit dem Modell des harmonischen Federschwingers. In diesem Modell sind die Massenpunkte A und B durch eine Feder verbunden. Bei einer Auslenkung r_l aus dem Ruheabstand r_0 führen die Punkte Schwingungen um ihre Gleichgewichtslage durch. Wie in der IR-Literatur üblich, werden im Folgenden Schwingung und Schwingungsanregung gleichgesetzt, auch wenn dabei die Existenz der Nullpunktschwingung vernachlässigt wird.

Für den **harmonischen Oszillator** gilt das **Hooksche Gesetz**. Danach ist die auf einen Massepunkt wirkende Kraft F proportional zu der Auslenkung x des Massenpunktes:

$$F = k \cdot x \qquad (4.23)$$

In der Feder wird eine gleich große, aber entgegengesetzt gerichtete Kraft wirksam, die bewirkt, dass die Auslenkung rückgängig gemacht wird ($F_{rück}$). Es gilt: $F_{auslenkend} = -F_{rück}$. Nach den Gesetzen der klassischen Mechanik gilt:

$$F_{rück} = -k \cdot x = m \cdot a \; . \qquad (4.24)$$

Die Beschleunigung a ist die zweite Ableitung des Weges nach der Zeit:

$$-k \cdot x = m \cdot \frac{d^2 x}{dt^2} \; . \qquad (4.25)$$

Als Lösungsansatz für diese Differentialgleichung eignet sich die Funktion

$$x = x_0 \cdot \cos (2 \cdot \pi \cdot \nu \cdot t), \qquad (4.26)$$

in der x die Auslenkung, x_0 die Schwingungsamplitude und ν die Frequenz der Schwin-gung sind. Das Einsetzen des Lösungsansatzes in Gleichung (4.25) liefert:

$$-k \cdot x_0 \cdot \cos(2 \cdot \pi \cdot \nu \cdot t) = m \cdot \frac{d^2(x_0 \cdot \cos(2 \cdot \pi \cdot \nu \cdot t))}{dt^2} \; . \qquad (4.27)$$

Die Ausführung der 2. Ableitung auf der rechten Seite der Gleichung (4.27) ergibt unter Anwendung der Kettenregel:

$$- m \cdot x_0 \cdot 4 \cdot \pi^2 \cdot v^2 \cdot \cos(2 \cdot \pi \cdot v \cdot t) \, .$$

Damit lässt sich Gleichung (4.27) nach dem Differenzieren durch $-x_0 \cdot \cos(2\pi \cdot v \cdot t)$ dividieren. Übrig bleibt:

$$k = m \cdot 4\pi^2 \cdot v^2 \, , \tag{4.28}$$

bzw. nach dem Umstellen nach der Wellenzahl

$$\widetilde{v} = \frac{1}{2 \cdot \pi \cdot c} \cdot \sqrt{\frac{k}{m}} \, . \tag{4.29}$$

Als Masse m verwendet man die aus beiden Massepunkten m_1 und m_2 zusammengesetzte **reduzierte Masse** m_R

$$m_R = \frac{m_1 \cdot m_2}{m_1 + m_2} \, . \tag{4.30}$$

Die Konstante k repräsentiert im Hookschen Gesetz die Federkonstante. Übertragen auf das zweiatomige Modell stellt k eine Größe dar, die die Bindungsstärke zwischen den Kernen beschreibt. Sie wird als **Kraftkonstante** bezeichnet. Bei Kenntnis der dem IR-Spektrum zu entnehmenden Wellenzahl der Schwingungsanregung lassen sich über Gleichung (4.29) Berechnungen der Kraftkonstanten durchführen und Aussagen über die Bindungsstärke zwischen zwei Atomen treffen.

Tab. 4.8: Schwingungswellenzahlen und Kraftkonstanten k zweiatomiger Moleküle

Molekül	$\widetilde{v}$ in cm^{-1}	k in 10^5 g $\cdot$ s^{-2}	Molekül	$\widetilde{v}$ in cm^{-1}	k in 10^5 g $\cdot$ s^{-2}
H_2 [1]	4160	5,2	O_2 [1]	1556	11,4
D_2 [1]	2990	5,3	F_2 [1]	892	4,5
HF	3958	8,8	Cl_2 [1]	557	3,2
HCl	2885	4,8	Br_2 [1]	321	2,4
HBr	2559	3,8	I_2 [1]	213	1,7
HI	2230	2,9	NaCl	378	1,2
N_2 [1]	2331	22,6	KCl	278	0,8

[1] Die Werte für die homonuklearen Moleküle wurden den Raman-Spektren (s. Kapitel 4.2.5) entnommen.

In Tabelle 4.8 sind die Kraftkonstanten k der Bindungen einiger zweiatomiger Moleküle dargestellt. Allgemein bewegen sich die Kraftkonstanten in Einheiten von 10^5 g·s^{-2} in folgenden Größenordnungen:

Einfachbindungen: (4-6) · 10^5 g·s^{-2}

Doppelbindungen: (8-12) · 10^5 g·s^{-2}

Dreifachbindungen: (12-18) · 10^5 g·s^{-2} .

Die potenzielle Energie des Federschwingers ändert sich in Abhängigkeit von der Auslenkung x und ist über das Skalarprodukt zugänglich. F im Hookschen Gesetz ist eine äußere Kraft. Es gilt:

$$dE_{pot} = k \cdot x \cdot dx \cdot \cos \alpha. \tag{4.31}$$

Mit steigender Kraft F wächst auch die Auslenkung x. Also gilt cos α = 1 bzw.

$$E_{pot} = \int_0^x k \cdot x \cdot dx = \frac{k}{2} \cdot x^2. \tag{4.32}$$

E_{pot} lässt sich damit durch eine in der Energieachse offene Parabel darstellen, deren Scheitel im Gleichgewichtsabstand r_0 liegt (Abbildung 4.23).

Gleichung (4.32) gilt für den klassischen Federschwinger. Für Schwingungen in einzelnen Molekülen müssen die Gesetze den Bedingungen der Quantenmechanik genügen (s. Abschnitt 4.1.1). Das führt wiederum zur Quantelung der Energiewerte. Die Schrödinger-Gleichung für den harmonischen Oszillator ist nur für diskrete Energiewerte lösbar. Sie betragen:

$$E = h \cdot v \cdot \left(\frac{1}{2} + \upsilon \right) \qquad \upsilon = 0,1,2,\dots . \tag{4.33}$$

υ heißt **Schwingungsquantenzahl**. Bei Schwingungsübergängen gilt die Auswahlregel $\Delta \upsilon = \pm 1$.

Aus Gleichung (4.33) ist ersichtlich, dass auch im Schwingungsgrundzustand ($\upsilon = 0$) die Schwingungsenergie nicht verschwindet und dass die Energiedifferenz zwischen zwei benachbarten Schwingungszuständen konstant ist. Das wird durch die Äquidistanz der Schwingungsniveaus in Abbildung 4.23 verdeutlicht. Bei Berücksichtigung der Auswahlregel hat der harmonische Oszillator demzufolge nur eine Schwingungsfrequenz bzw.

Schwingungswellenzahl. Als ***Nullpunktsenergie*** lässt sich nach Gleichung (4.33) $\dfrac{h \cdot \nu}{2}$

berechnen.

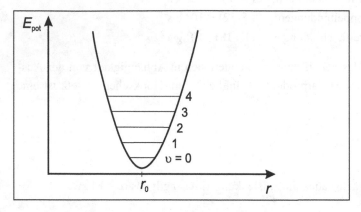

Abb. 4.23: Potenzial-
kurve des harmoni-
schen Oszillators.

Das Modell des harmonischen Oszillators gibt Molekülschwingungen in Wirklichkeit nur ungenau wieder. Bei der Annäherung der Kerne wächst die Abstoßung stärker als nach dem Parabelmodell vorausgesagt (Annäherung und Durchdringung der Elektronenhüllen mit $r < r_0$). Mit wachsenden Werten für r ($r > r_0$) weicht die Potenzialkurve ebenfalls vom Parabelverlauf ab. Die rücktreibende Kraft wächst bei großen Auslenkungen nicht mehr proportional, was im Übrigen auch auf den klassischen Federschwinger zutrifft (Überdehnung der Feder). Für die Molekülschwingungen folgt daraus, dass die Äquidistanz der Schwingungsniveaus verloren geht. Die Auswahlregel wird durchbrochen und Übergänge mit $\Delta \upsilon = \pm 2, \pm 3$ besitzen geringe, aber vorhandene Wahrscheinlichkeit. Derartige Übergänge führen zu ***Oberschwingungen***. Bei genügend großer Entfernung der Kerne dissoziiert das Molekül. Das so korrigierte Modell für Molekülschwingungen heißt ***anharmonischer Oszillator***.

Der Potenzialkurve des anharmonischen Oszillators sind wir bereits bei der Diskussion der Fluoreszenz (s. 4.1.5) begegnet. Wie dort erwähnt, wird die Kurve zufriedenstellend durch die Morse-Funktion $E_{pot} = D \cdot \left(1 - e^{-a \cdot (r - r_0)}\right)^2$ beschrieben. Der steilere Anstieg bei Kernabständen $r < r_0$ (Kernabstoßung) und die gute Übereinstimmung zwischen Morse-Funktion und Parabel für $r \approx r_0$ wird ersichtlich.

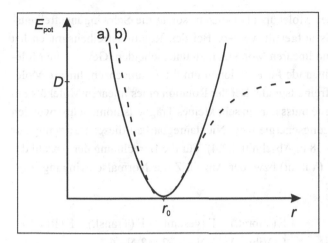

Abb. 4.24: Potenzialkurve des anharmonischen Oszillators b) im Vergleich zum harmonischen Oszillator a).

Für den anharmonischen Fall lässt sich die Schrödinger-Gleichung nicht mehr exakt lösen. Die Energiewerte der Schwingungsniveaus erhält man näherungsweise über Reihenentwicklungen unter Einbeziehung von Anharmonizitätsfaktoren α.

$$E = h \cdot v \cdot \left(\frac{1}{2} + \upsilon \right) - \alpha \cdot h \cdot v \cdot \left(\frac{1}{2} + \upsilon \right)^2 + \dots \tag{4.34}$$

Normalschwingungen

Die Atome in einem Molekül sind elastisch aneinander gebunden. Das bedeutet, dass Schwingungsenergie von Bindung zu Bindung übertragen werden kann und bei Schwingungsanregung die Schwingungen innerhalb eines Moleküls mehr oder weniger stark miteinander gekoppelt sind. Jede Anregung mit der passenden Energie bringt also alle Atome eines Moleküls, wenn auch mit unterschiedlicher Amplitude, zum Schwingen. Man bezeichnet diese durch Strahlung mit bestimmten Wellenzahlen anregbaren Schwingungen als *Normalschwingungen*. Falls durch Einstrahlung von IR-Mischlicht mehrere Normalschwingungen gleichzeitig angeregt werden, befindet sich das Molekül in einer sehr komplexen Schwingungsbewegung. Die Anzahl der Normalschwingungen eines Moleküls lässt sich relativ einfach berechnen, was nicht nur für die Spektroskopie, sondern auch für die Abschätzung anderer Eigenschaften, die von den Bewegungsfreiheitsgraden der Moleküle abhängen, von Nutzen ist.

Ein Atom, das sich im Raum bewegt, besitzt 3 Translationsfreiheitsgrade für Bewegungen längs der Raumachsen. N Atome besitzen demzufolge 3·N Translationsfreiheitsgrade. Sind die N Atome in einem Molekül verbunden, so bleibt die Anzahl der *Freiheitsgrade* gleich, jedoch müssen die 3·N Freiheitsgrade jetzt auf die 3 Translations- und die Rotationsfreiheitsgrade des Moleküls als Ganzem sowie die Schwingungsfreiheits-grade innerhalb des Moleküls aufgeteilt werden. Bei den Rotationsfreiheitsgraden hat man zwischen gewinkelten und linearen Molekülen zu unterscheiden. Gewinkelte Moleküle haben 3 Rotationsfreiheitsgrade für Rotationen um die Raumachsen, lineare Moleküle besitzen nur 2 Rotationsfreiheitsgrade. Bei der Rotation eines linearen Moleküls um die Verbindungsachse der Kerne muss nur ein sehr kleines Trägheitsmoment überwunden werden, was sehr hohe Anregungsenergie bzw. Nichtanregbarkeit dieser Bewegung zur Folge hat (vergl. Gleichung 4.38 in Abschnitt 4.2.4). Für die Berechnung der Anzahl der Schwingungsfreiheitsgrade F (Vibrat) bzw. der Anzahl Z der Normalschwingungen er-geben sich folgende Formeln:

Z (Normalschw.)	F (Vibrat.) = F (gesamt) – F (Transl.) – F (Rotat.)
gewinkelte Moleküle:	$F \text{ (Vibrat.)} = 3 \cdot N - 3 - 3 = 3 \cdot N - 6$
lineare Moleküle:	$F \text{ (Vibrat.)} = 3 \cdot N - 3 - 2 = 3 \cdot N - 5$

Die *Normalschwingungen* zwei- und dreiatomiger Moleküle lassen sich noch gut über-schauen und zwei Grenzfällen, den *Valenz- bzw. den Deformationsschwingungen*, zu-ordnen. In Übereinstimmung mit obiger Rechnung besitzen zweiatomige Moleküle nur eine Normalschwingung. Dabei ändern die Kerne periodisch ihren Bindungsabstand. Man spricht von Valenzschwingungen (ν-Schwingungen).

Bei dreiatomigen Molekülen muss man zwischen linear angeordneten Kernen und gewin-kelten Strukturen unterscheiden. Zusätzlich zu Valenzschwingungen sind nun auch peri-odische Veränderungen des Bindungswinkels zu berücksichtigen. Derartige Schwingun-gen heißen Deformationsschwingungen (δ-Schwingungen). Die Deformationsschwin-gungen sind energieärmer als die Valenzschwingungen und liegen folglich bei kleineren Wellenzahlen (stets unterhalb von 1500 cm^{-1}). Tabelle 4.9 gibt einen Überblick über die möglichen Schwingungen von zwei dreiatomigen Molekülen. Für das CO_2-Molekül er-geben sich erwartungsgemäß vier, für das H_2O-Molekül drei Normalschwingungen. Wie man sieht, unterscheidet man zwischen Schwingungen, die in Bezug auf ein Symmetrie-zentrum *symmetrisch oder asymmetrisch* sind. Nicht alle möglichen Normalschwingun-gen lassen sich durch IR-Strahlung anregen. Voraussetzung für IR-Anregbarkeit (IR–Ak-tivität) ist, dass die Moleküle ein Dipolmoment besitzen, das sich bei der Schwingung ändert. So lassen sich homonukleare Moleküle nicht durch IR-Strahlung anregen. *IR-in-aktive* Schwingungen lassen sich jedoch im Raman-Spektrum beobachten (*Raman-aktiv*, s. Abschnitt 4.2.5). Die zwei Deformationsschwingungen des CO_2-Moleküls besitzen die gleiche Schwingungsfrequenz und sind damit energetisch entartet. Im Spektrum führen sie zu einer Absorptionsbande.

Nach der Deformation der Bindungswinkel unterscheidet man in größeren Molekülen eine Vielzahl unterschiedlicher Deformationsschwingungen. Beispiele sind die *scissoring* (Scheren- bzw. Beugebewegungen), *rocking* (Schaukel- bzw. Pendelbewegungen), *wagging* (Nick-, Fächel- bzw. Kippbewegungen) und *twisting* (Torsions- bzw. Drillbewegungen) Deformationsschwingungen. Bei planaren Verbindungen (Olefine, Aromaten) teilt man in **in-plane**- bzw. **out-of-plane**- Schwingungen ein (Schwingungen, die in der Molekülebene ablaufen oder aus ihr herausführen). Valenzschwingungen sind natürlich in-plane.

Tab. 4.9: Normalschwingungen dreiatomiger Moleküle

a) Normalschwingungen des CO_2-Moleküls

Bezeichnung	Schwingungsform	Wellenzahl in cm^{-1}	Schwingungsanregung IR-aktiv	Raman-aktiv
δ		$\tilde{v}_3 = \tilde{v}_4 = 667$	+	-
δ		$\tilde{v}_4 = \tilde{v}_3 = 667$	+	-
v_s		$\tilde{v}_1 = 1340$	-	+
v_{as}		$\tilde{v}_2 = 2349$	+	-

b) Normalschwingungen des H_2O-Moleküls

Bezeichnung	Schwingungsform	Wellenzahl in cm^{-1}	Schwingungsanregung IR-aktiv	Raman-aktiv
v_s		$\tilde{v}_1 = 3656$	+	+
δ		$\tilde{v}_2 = 1594$	+	+
v_{as}		$\tilde{v}_3 = 3756$	+	+

Für große Moleküle besitzt die Zahl der Schwingungsfreiheitsgrade wenig Aussagekraft im Hinblick auf das IR-Spektrum. Einzelne Schwingungen sind IR-inaktiv bzw. entartet. Andererseits treten zusätzliche **Kombinationsschwingungen** auf. Das sind Schwingungen, die sich aus der Kombination mehrerer Normalschwingungen ergeben und bei Frequenzen ablaufen, die der Summe bzw. Differenz der ein- oder mehrfachen Frequenzbeträge der Normalschwingungen entsprechen. Sie sind ein Grund dafür, dass die IR-Spektren sehr komplexen Charakter aufweisen.

Eine vollständige theoretische Analyse aller Banden des IR-Spektrums ist für größere Moleküle sehr kompliziert bis unmöglich. Die systematische Durchsicht vieler IR-Spektren liefert jedoch empirische Zusammenhänge mit großer Aussagekraft für die Strukturanalyse.

4.2.2 Messanordnungen in der IR – Spektroskopie
Anforderungen an Materialien und Probenvorbereitung
Ältere IR-Spektrometer entsprachen in ihrem Aufbau dem der UV/Vis-Geräte. Die von Wärmestrahlern ausgesandte elektromagnetische Strahlung wurde mittels Monochromator (Prisma oder Gitter) in einzelne Wellenzahlen zerlegt und durch Probe bzw. Blindprobe geleitet. Nach erfolgter Transmission bei verschiedenen Wellenzahlen erzeugt der Messstrahl auf Thermoelementen das Messsignal. Die Besonderheit dieser Dispersions-IR-Spektrometer ergibt sich aus den optischen Materialien, die für den IR-Bereich geeignet, also durchlässig sind. Verschiedene Gläser, wie bei der UV/Vis-Spektroskopie verwendet, sind IR-undurchlässig. Im mittleren Infrarot ist man auf Alkalihalogenidkristalle angewiesen, die unterschiedliche Durchlässigkeitsbereiche aufweisen (Tabelle 4.10).

Um bei der Spektrenaufnahme den gesamten mittleren IR-Bereich zu erfassen, müssen folglich Monochromatoren aus unterschiedlichen Alkalihalogeniden eingesetzt werden. Die Materialien sind stark feuchtigkeitsempfindlich, was ein ständiges Beheizen der Monochromatoren erfordert. Mit den heute eingesetzten FT-IR-Spektrometern entfallen diese Schwierigkeiten. Allerdings muss die Problematik der IR-Durchlässigkeit bei den Vorrichtungen zur Probenaufnahme berücksichtigt werden.

Tab. 4.10: Durchlässigkeit ------ der optischen Materialien für das mittlere Infrarot

CsI --	Durchlässig-	
CsBr---250 cm^{-1}	keitsgrenze	
KBr---400 cm^{-1}	nimmt zu	
NaCl--670 cm^{-1}		Auflö-
CaF$_2$----------------------------1100 cm^{-1}		sungsver-
LiF--------------------1800 cm^{-1}		mögen
4000 cm^{-1} 200 cm^{-1}		nimmt ab

Gase und Lösungen werden in Küvetten vermessen. Die Wahl des Materials für die Küvettenfenster richtet sich nach der Durchlässigkeitsgrenze (Tabelle 4.10). Wegen der Verwendung von Alkalihalogeniden als optische Materialien sind Wasser oder Lösungsmittel mit Wassergehalten > 1 % in dieser Anordnung ungeeignet und können nur zusammen mit Spezialküvetten (z. B. polyethylenbeschichtete Fenster) verwendet werden. Man untersucht vorwiegend

a) Gasphasen: Durch geeignete Strahlenführung in den Gasküvetten (wiederholte Reflexion) können Schichtdicken bis zu 10 m und mehr realisiert werden.

b) feste Stoffe: Die untersuchte Probe wird dazu mit Alkalihalogeniden versetzt, aufgemahlen und zu klaren Tabletten verpresst. Meist verwendet man KBr als Alkalisalz, begrenzt damit allerdings den IR-Bereich auf $\tilde{v} > 400\ \mathrm{cm}^{-1}$. Die Blindprobe besteht bei Anwendung der ***KBr-Technik*** aus einem reinen ***KBr-Pressling***;

c) Flüssigkeiten: Auf Alkalihalogenidscheiben werden dünne Probenfilme flüssiger Stoffe mit sehr kleinen Schichtdicken aufgebracht.

d) Lösungen: In Küvetten mit geeigneten Alkalihalogenidfenstern werden Lösungen in wasserfreien Lösungsmitteln untersucht. Die Küvettenlänge ist wegen der Eigenabsorption der Lösungsmittel (Tabelle 4.11) deutlich geringer als bei der UV/Vis-Spektroskopie. Üblich sind 0,1 mm bzw. bei Lösungsmitteln, die aus kleinen, symmetrisch gebauten Molekülen bestehen, bis zu 1 mm. Als weitere Möglichkeit der Untersuchung von stark absorbierenden Feststoffen und Flüssigkeiten, wurde früher auch die ***Nujoltechnik*** verwendet. Dabei verreibt man die feste bzw. flüssige Probe mit langkettigen, flüssigen Paraffinen (Nujol).

Tab. 4.11: Durchlässigkeitsbereiche verschiedener Lösungsmittel bei Schichtdicken von 0,1 mm (weiß)

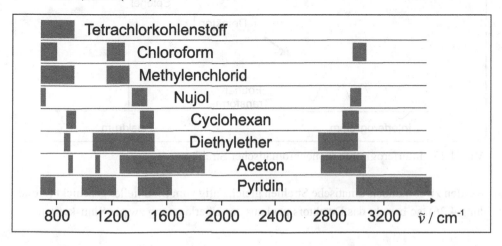

FT-IR-Technik

FT-IR-Spektroskopie steht für *Fourier-Transform-IR-Spektroskopie*. FT-IR-Spektrometer stellen einen Gerätetyp dar, bei dem das IR-Spektrum nicht durch Wechselwirkung mit monochromatischer Strahlung (dispersive Geräte), sondern über ein *Interferenz*-Verfahren erhalten wird. Zum Verständnis des Verfahrens sei zunächst die probenleere Messanordnung und monochromatische Strahlung betrachtet (Abbildung 4.25). Die Strahlung trifft auf einen Strahlteiler und wird mit ihrer halben Intensität auf einen feststehenden Spiegel abgelenkt. Der zweite Teil durchdringt den Strahlteiler und fällt auf einen in der optischen Achse beweglichen Spiegel. Beide Strahlen werden reflektiert. Ist die Entfernung beider Spiegel zum Strahlteiler gleich, so addieren sich die reflektierten Strahlen am Strahlteiler wieder zur Ausgangsintensität (Wellenberg trifft auf Wellenberg, Wellental trifft auf Wellental). Der Detektor zeigt das Ausgangssignal.

Sind beide Spiegel um $\lambda/4$ unterschiedlich weit vom Strahlteiler entfernt, so treffen die reflektierten Strahlen um $\lambda/2$ versetzt zusammen (Wellenberg trifft auf Wellental) und löschen einander aus. Der Detektor zeigt kein Signal an. Bei konstant schneller Bewegung des in der optischen Achse angeordneten Spiegels (im cm·min^{-1} bis cm·s^{-1} – Bereich) zeichnet der Detektor ein sinusförmiges Signal als Funktion der Zeit auf (Abbildung 4.25).

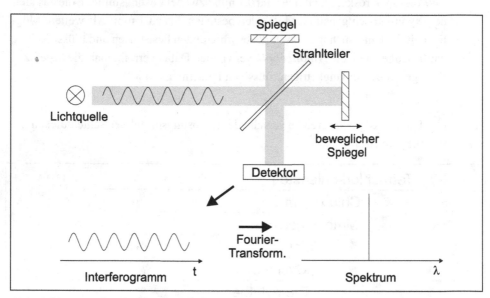

Abb. 4.25: Interferogramm monochromatischer Strahlung.

Werden zwei monochromatische Strahlen gleichzeitig zum Strahlteiler geschickt (Abbildung 4.26), so besteht das Detektorsignal aus der Überlagerung zweier Sinuskurven.

Bei Kenntnis der Spiegelgeschwindigkeit kann aus der Messkurve, dem sogenannten *Interferogramm*, die Frequenz (Wellenzahl) der verursachenden Strahlung berechnet werden. Das Ergebnis der Umrechnung (*Fourier-Transformation*) ist in den Abbildungen 4.25 und 4.26 jeweils mit angegeben.

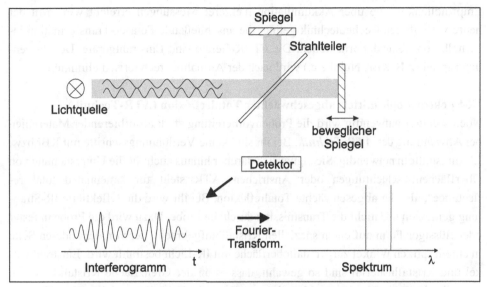

Abb. 4.26: Interferogramm einer aus zwei Frequenzen bestehenden Strahlung.

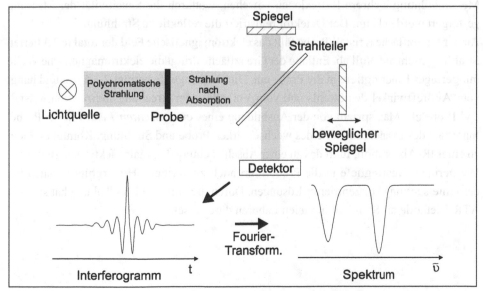

Abb. 4.27: Prinzipskizze eines FTIR-Spektrometers mit Interferogramm und Spektrum.

Verwendet man schließlich polychromatisches Licht und durchstrahlt eine Probe, die vor dem Strahlteiler angeordnet ist, so erhält man ein recht kompliziertes Interferogramm der Strahlung, der von der Probe Anteile zur Schwingungsanregung entnommen wurden. Die *Fourier-Transformation* des *Interferogramms* führt zum Schwingungsspektrum der Probe (Abbildung 4.27). Hauptvorteil der rechenintensiven FT-IR-Methode ist ihre hohe Empfindlichkeit, die über Akkumulation mehrerer Messungen erreicht wird. Mit der heute verfügbaren Rechentechnik gelingt die anschließende Fourier-Transformation innerhalb von Sekundenbruchteilen. Die FT-IR-Geräte sind Einstrahlgeräte. Der Probenuntergrund (z.B. KBr, Nujol etc.) wird nach der Aufnahme rechnerisch eliminiert.

IR-Spektroskopie mittels abgeschwächter Totalreflexion (ATR-Technik)
Noch weniger aufwendig wird die Probenvorbereitung stark absorbierender Materialien bei Anwendung der *ATR-Technik*. Bei ihr sind keine Verdünnungsschritte mit KBr bzw. Lösungsmitteln notwendig. Sie eignet sich darüber hinaus auch für die Untersuchung von Oberflächenbeschichtungen oder Anstrichen. ATR steht für „attenuated total reflectance", also für abgeschwächte Totalreflexion. Bei ihr wird die reflektierte IR-Strahlung gemessen und nicht die Transmission durch die Probe. Dazu wird die Probe in fester oder flüssiger Form auf einen speziellen Kristall aufgebracht, der von der anderen Seite in einem spitzen Winkel zur Kristalloberfläche mit IR-Licht bestrahlt wird. Einstrahlwinkel und Kristallmaterial sind so gewählt, dass es an der Grenzfläche Kristall/Probe zu einer Totalreflexion der IR-Strahlung kommt. Typische Kristallmaterialien sind Diamant, Zinkselenid (ZnSe) oder Germanium (Ge). Wie in Abbildung 4.28 gezeigt ist, kann die Messanordnung mehrere Reflexionen vorsehen, wodurch die Sensitivität der Messung gesteigert werden kann. Der Detektor registriert die reflektierte Strahlung.
An der Grenzfläche Kristall/Probe fällt das elektromagnetische Feld der total reflektierten Strahlung nicht auf Null ab. Entlang der Grenzfläche dringt die elektromagnetische Welle mit geringer Eindringtiefe in die Probe ein. Die Eindringtiefe beträgt 2 – 5 µm und hängt vom Auftreffwinkel des Strahls und vom Verhältnis der Brechungsindizes von Kristall und Probe ab. Man spricht von der Ausbildung eines *evaneszenten Feldes* in der Probe. Innerhalb des evaneszenten Feldes wechselwirken Probe und Strahlung. Kommt es dabei zu einer IR-Absorption, führt das zu einer Abschwächung der totalreflektierten Strahlung. Die geringe Eindringtiefe in die Probe führt auch zu geringen Hintergrundsignalen bei der Untersuchung konzentrierter Lösungen. Durch die einfache Handhabung hat sich die ATR-Methode als Standard in vielen Laboren durchgesetzt.

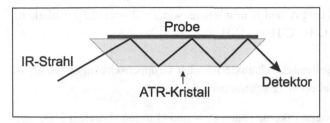

Abb. 4.28: Schematischer Aufbau der Messung von IR-Absorption in Reflexion unter Verwendung eines ATR-Kristalls (ATR – Abgeschwächte Totalreflexion).

Die Lage der Banden ist bei ATR-Spektren identisch mit der in entsprechenden Transmissionsspektren. Da die Eindringtiefe des evaneszenten Feldes auch von der Wellenzahl der Strahlung abhängig ist, treten aber Unterschiede in der Bandenintensität und Bandenbreite bei beiden Methoden auf. In den ATR-Spektren werden die Absorptionsbanden hin zu kleineren Wellenzahlen intensiver und breiter als in den entsprechenden IR-Spektren. Mittels einfacher mathematischer Korrektur lassen sich die Spektren aber in einander umrechnen.

4.2.3 Das Konzept der charakteristischen Gruppenschwingungen

In Kapitel 4.2.1 hatten wir festgestellt, dass ein theoretischer Zugang zu den Absorptionsbanden im IR-Spektrum größerer Moleküle nur sehr begrenzt möglich ist. Die systematische Durchsicht vieler IR-Spektren liefert jedoch empirische Zusammenhänge mit großer Aussagekraft für die Strukturanalyse.

Unter bestimmten Voraussetzungen lassen sich einzelne Molekülschwingungen auf Schwingungen zweiatomiger und dreiatomiger Molekülteile reduzieren. Die an diese Atome im weiteren Bau des Moleküls gebundenen Kerne haben nur wenig Einfluss. Enthält ein organisches Molekül z. B. eine Carbonylgruppe, so führt deren Schwingungsanregung stets zu IR-Absorptionen um 1700 cm^{-1}. OH-Gruppen führen zu Absorptionsbanden bei 3200 bis 3700 cm^{-1}, CH-Gruppen zu Valenzschwingungsbanden bei 2800 bis 3300 cm^{-1}. Derartige Schwingungen, die für gleiche Atomgruppen in unterschiedlichen Molekülen im gleichen Wellenzahlbereich auftretende Absorptionen aufweisen, bezeichnet man als charakteristische Gruppenschwingungen. *Charakteristische Gruppenschwingungen* für die Kerne A und B treten immer dann auf, wenn:

a) sich die Kraftkonstanten k_{AB} bzw. k_{AA} der Bindung A-B bzw. A-A von den Kraftkonstanten benachbarter Bindungen k_{AX} oder k_{AY} um mindestens 25 % in ihrem Betrag unterscheiden. Das ist z. B. bei benachbarten Einfach- und Mehrfachbindungen der Fall.

$$\underset{\overset{\|}{B}}{X\diagdown_{A}\diagup Y} \quad , \quad X\!-\!A\!\equiv\!\!A\!-\!Y \quad \text{usw.}$$

b) sich die Massen der Kerne A und B mindestens wie 1 : 2 oder 2 : 1 verhalten. Beispiele hierfür sind: O-H , C-H und N-H.

Die Anordnung der Erwartungsbereiche charakterischer Gruppenschwingungen organischer Verbindungen ist in Tabelle 4.12 schematisch dargestellt.

Valenzschwingungen der Wasserstoffkerne gegen C, N und O treten zwischen 3700 und 2800 cm^{-1} auf. C≡C- und C≡N-Dreifachbindungen führen zu Absorptionsbanden zwischen 2400 und 1900 cm^{-1}. Ihnen schließt sich der Bereich der Valenzschwingungen der Doppelbindungen von 1900 bis 1500 cm^{-1} an. Unterhalb 1500 cm^{-1} liegen Deformationsschwingungen, Schwingungen des Molekülgerüsts und die Valenzschwingungen schwerer Atome z. B. Metalle oder Cl.
Der Spektralbereich unterhalb 1500 cm^{-1} ist bandenreich, da in ihm die Mehrzahl der IR-aktiven Schwingungen liegt. Das sind hauptsächlich C-C-, C-O-, C-N-Valenzschwingungen und Deformationsschwingungen des Molekülgerüsts, also für die Einzelverbindung charakteristische Schwingungen. Wegen der Möglichkeit der stoffspezifischen Gerüsterkennung bezeichnet man diesen Bereich als *Fingerprintbereich*.

Tab. 4.12:   Grobeinteilung des IR-Spektrum nach Erwartungsbereichen charakteristischer Gruppenschwingungen

Ober-schwin-gungen	X-H-Valenz-schwingungen		X≡Y-Valenz-schwingungen	X=Y-Valenz-schwingungen	Deformations-schwingungen, Gerüstschwingungen,
	X: C, N, O, F	X: Cl, P, Si	C≡C C≡N	C=O, C=N, C=C	Valenzschwingungen schwerer Atome C-C, C-Cl, C-Me
$\tilde{v}$ 3700	2800	2400	2100 1900	1500 cm^{-1}	

Die Erwartungsbereiche der charakteristischen Gruppenschwingungen sind unterschiedlich breit. Bei welcher Wellenzahl das Absorptionsmaximum einer Gruppenschwingung im Spektrum einer konkreten Verbindung liegt, hängt von inneren Einflüssen (weitere Nachbaratome im Molekül) oder auch von äußeren Einflüssen (Wechselwirkung mit anderen Molekülen) ab. Innere Einflüsse wirken über die Bindungen im Molekül. Sie führen zu Feinbereichen einzelner Verbindungsgruppen. Vergleicht man z. B. die C=O-Schwingungsbande in Ketonen und Säureamiden miteinander, so absorbieren Säureamide bei niedrigeren Wellenzahlen. Die Ursache liegt in der kleineren C=O-Bindungsstärke der Säureamide, wie Abbildung 4.29 zeigt.

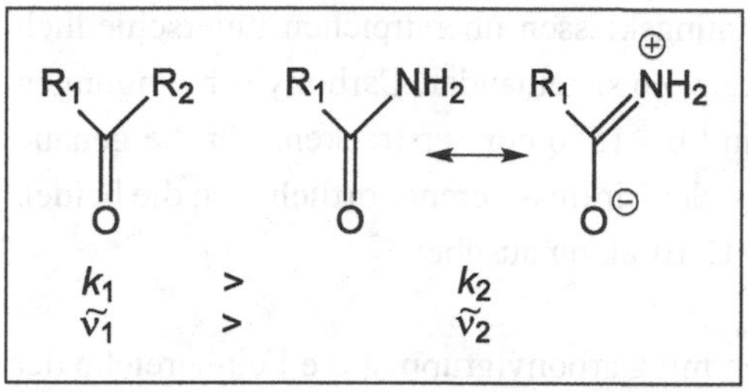

$$k_1 > k_2$$
$$\tilde{v}_1 > \tilde{v}_2$$

Abb. 4.29: Einfluss der Bindungsordnung auf die C=O-Valenzschwingung.

Die Schwingung der Carbonylgruppe führt zu einer intensiven und leicht zu identifizierenden Bande im IR-Spektrum. Sie gehört zu den am besten untersuchten Schwingungen und über die Lage der Carbonylbande in unterschiedlichen Verbindungsklassen liegt ausführliches Datenmaterial vor.

Tab. 4.13: Feinbereiche der $v_{C=O}$-Schwingung ausgewählter Verbindungsgruppen

Bezeichnung	Formel	Bereich in cm^{-1}
Carbonylgruppe	C=O	1550-1850
Säureanhydride	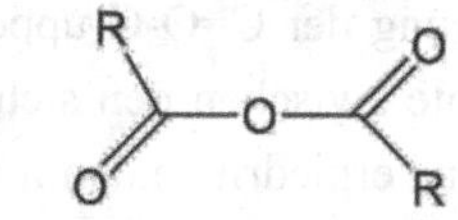	1800-1850
Säurechloride	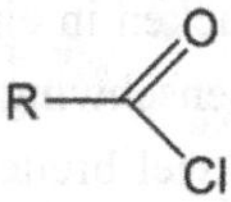	1790-1815
Ester	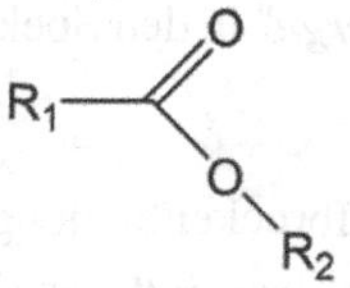	1735-1750
Aldehyde	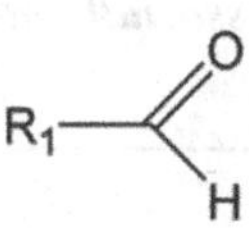	1720-1725
Ketone	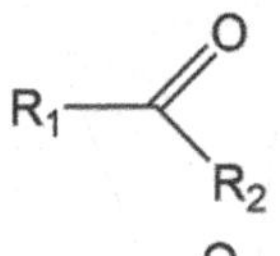	1705-1725
Säuren	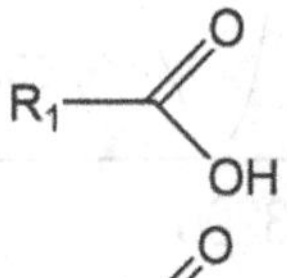	1700-1725
Säureamide	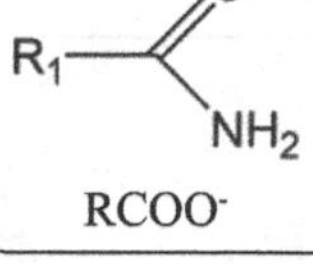	1650-1690
Salze	RCOO$^-$	1550-1610

Die Feinbereiche der verschiedenen Verbindungsklassen überstreichen unterschiedlich große Wellenzahlenbereiche. Teilweise überlappen sie einander. Carbonylschwingungen können sich über einen Bereich von 1850 cm⁻¹ bis 1550 cm⁻¹ erstrecken. Für die genaue Lage der Bande einer Verbindung ist zunächst der Einfluss verantwortlich, den die beiden Substituenten auf die Bindungsstärke der C=O-Bindung ausüben.

In Tabelle 4.13 sind für Verbindungsgruppen mit Carbonylgruppen die Feinbereiche der Schwingungsanregung zusammengestellt. Als mittlere Wellenzahl der IR-Strahlung, die durch Carbonylgruppen absorbiert wird, kann 1700 cm⁻¹ angegeben werden.

Neben derartigen über intramolekulare Bindungen wirksamen inneren Einflüssen können auch intermolekulare Wechselwirkungen Form und Lage einer Schwingungsbande verändern.

Assoziierte Banden
Wechselwirkungen über den Raum erfolgen z. B. bei der Ausbildung von Wasserstoffbrückenbindungen unter Einbeziehung der C=O-Gruppe. Die Ausbildung solcher Bindungen verringert die Kraftkonstante zwischen den sich in charakteristischer Gruppenschwingung befindlichen Kernen und erniedrigen damit die Schwingungswellenzahl. Da die Bindungsstärke von Wasserstoffbrücken in einem breiten Bereich schwanken kann, sind die Absorptionsbanden der Gruppenschwingungen nicht nur zu kleineren Energiewerten verschoben, sondern sind auch viel breitere Banden. Ein typisches Beispiel für äußere Einflüsse sind die "*Wasserberge*" in den Spektren von Alkoholen und Carbonsäuren.

Infolge intermolekularer Wasserstoffbrückenbindung wird die schmale OH-Absorptionsbande bei 3600 cm⁻¹ zu einer breiten *Assoziatbande* bei 3200 cm⁻¹ (Abbildung 4.30).

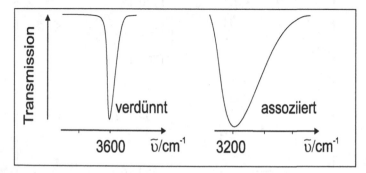

Abb. 4.30: Schematische Darstellung der Konzentrationsabhängigkeit der intermolekularen Wasserstoffbrückenbindung.

Die Dissoziation der Assoziate kann durch Verdünnung des Alkohols erreicht werden. Im Spektrum führt die Verdünnung dann zur Veränderung der v-OH-Bande. Sie wird schmaler, blauverschoben und natürlich weniger intensiv.

Intramolekulare Wasserstoffbrücken wie sie z. B. im o-Hydroxybenzaldehyd vorliegen, lassen sich durch Verdünnungsschritte nicht beeinflussen. Beim o-Hydroxybenzaldehyd

bewirkt die Verdünnung lediglich eine Abnahme der Bandenintensität.

Substitutionsmuster beim Benzol

Am substituierten Benzolring ergeben sich Unterschiede in den out-of-plane-Schwingungen der Wasserstoffatome in Abhängigkeit vom Substitutionsmuster. Am monosubstituierten Aromaten liegen fünf benachbarte Wasserstoffatome vor. Bei ortho-Disubstitution gibt es maximal vier benachbarte freie Wasserstoffatome am aromatischen Kern. Bei meta-Disubstitution sind es ein bzw. drei Wasserstoffatome und bei para-Disubstitution zweimal zwei Wasserstoffatome. Daraus resultieren typische Bandenmuster zwischen 600 bis 900 cm^{-1}.

Tab. 4.14: Substitutionsmuster von Aromaten, out-of-plane- Banden

Substitutionstyp	starke Absorptionsbanden zwischen 600 bis 900 cm^{-1}
monosubstituiert	2 Banden, 600 bis 710 cm^{-1} und 730 bis 770 cm^{-1}
o-disubstituiert	1 Bande, 735 bis 770 cm^{-1}
m-disubstituiert	2 Banden, 750 bis 810 cm^{-1} und 860 bis 900 cm^{-1}
p-disubstituiert	1 Bande, 800 bis 860 cm^{-1}

Ein weiteres *Substitutionsmuster*, das auf *Kombinationsschwingungen* zurückzuführen ist und deshalb sehr geringe Intensität aufweist, zeigen Aromaten im Bereich von 1650 bis 2000 cm^{-1}. Zur Aufnahme dieses Substitutionsmusters muss mit größerer Verstärkung bzw. mit konzentrierteren Proben gearbeitet werden.

Strukturaufklärung von Polypeptiden und Proteinen

Polypeptide enthalten die CO-NH-Gruppierung (Peptidgruppe). In der planar angeordneten Peptidgruppe erfolgt unter Einbeziehung des freien Elektronenpaares am Stickstoff ein Bindungsausgleich zwischen C=O- und C-N-Bindung, der die Erniedrigung der C=O-Bindungsordnung und die Erhöhung der C-N-Bindungsordnung zur Folge hat.

Die beiden mesomeren Grenzstrukturen sind:

Im IR-Spektrum ist der Bindungsausgleich an der Verschiebung der C=O-Schwingung zu kleineren und der C-N-Schwingung zu größeren Wellenzahlen erkennbar. Die Peptidgruppe zeigt insgesamt drei charakteristische Schwingungen:

ν_{NH} $\tilde{v} \approx 3300\ \text{cm}^{-1}$

Amid I-Schwingung, $\tilde{v} \approx 1650\ \text{cm}^{-1}$ C=O-Dominanz

Amid II-Schwingung, $\tilde{v} \approx 1550\ \text{cm}^{-1}$ CN-, NH-Dominanz

Amid I- bzw. Amid II-Schwingungswellenzahlen sind in unterschiedlichen *Polypeptid-konformationen* verschieden. Tabelle 4.15 zeigt die Lage der *Amidschwingungen* in Abhängigkeit von der vorliegenden Konformation.

Tab. 4.15: Amidschwingungen von Polypeptiden

Konformation	$\tilde{v}$ Amid I in cm^{-1}	$\tilde{v}$ Amid II in cm^{-1}
statistisches Knäuel	1656	1520
α-Helix	1650	1516
β-parallel (Faltblattstrukturen)	1645	1530
β-antiparallel	1685	1530

Spektrendiskussion

Die Spektrenauswertung setzt ein Mindestmaß an Orientierungsfähigkeit im IR-Spektrum, d. h. die Kenntnis der Lage der wichtigsten charakteristischen Gruppenschwingungen voraus. Darüber hinaus gibt es zahlreiche Tabellen und Übersichten, welche die Zuordnung häufiger Schwingungen hinsichtlich ihrer Wellenzahl und Intensität ermöglichen.

Häufig genutzt wird z. B. die Zuordnungstabelle von Colthup. Tabelle 4.16 gibt ebenfalls eine Übersicht über wichtige Wellenzahlen charakteristischer Gruppenschwingungen, deren Kenntnis für eine erste Orientierung im IR-Spektrum bedeutsam ist. Vor allem das Auftreten funktioneller Gruppen kann anhand derartiger Übersichten schnell überprüft werden.

Tab. 4.16: Wellenzahlen ausgewählter charakteristischer Gruppenschwingungen

Schwingung	$\tilde{\nu}$ in cm^{-1}	Bemerkungen zur Bande
$\nu_{OH, frei}$	3500 - 3700	schmal, mittlere Intensität
$\nu_{OH, assoziiert}$	3100 - 3500	breit, intensiv, „Wasserberg" Alkohole
	2700 - 3300	„Wasserberg" Carbonsäuren
ν_{NH}	3200 – 3500	schmal, mittlere Intensität, freie NH-Gruppe
	3000 - 3400	breit, mittlere Intensität, H-Brücken
ν_{CH} sym.-asym.	2800 – 3000	Intensität von Anzahl d. H-Atome abhg., Alkylgruppen
ν_{CH}	≈ 3050	Intensität von Anzahl d. H-Atome abhg., Aromat
ν_{CH} sym.-asym.	3000 - 3100	Intensität von Anzahl d. H-Atome abhg., Alkengruppen
ν_{CH}	3200 - 3300	Intensität von Anzahl d. H-Atome abhg., Alkingruppen
$\nu_{C\equiv N}$	2200 – 2300	mittlere Intensität, Nitrile
$\nu_{C\equiv C}$	2100 - 2300	mittlere Intensität, Alkingruppen
$\nu_{C=O}$	1550 - 1850	sehr intensiv, Ketone, Aldehyde, Ester, Amide u .ä.
$\nu_{C=N}$	1600 – 1700	mittlere Intensität, Imide
$\nu_{C=C}$	1600 - 1700	mittlere Intensität, Alkengruppen
Aromatengerüst	1450 – 1650	2-3 Banden mittlerer Intensität
δ_{CH3} asym.	1430 - 1470	Intensität von Anzahl der CH$_3$-Gruppen abhg.
δ_{CH3} sym.	1350 - 1400	Dublett bei Kettenverzweigung
δ_{CH2}	1430 - 1470	Intensität von Anzahl der CH$_2$-Gruppen abhg.
ν_{CO-N}	1250 - 1550	mittlere Intensität, Amide, Peptide u. ä.
ν_{C-O}	1050 - 1200	intensiv, Ether, Alkohole, Ester u. ä.
δ_H (out of plane)	600 – 900	Aromaten, Substitutionsmuster

Die umfassende Interpretation und Diskussion eines IR-Spektrums setzt jedoch Erfahrung und Übung voraus. Als Faustregeln bei der Spektrendiskussion gelten:

- Zeigen Atomgruppen charakteristische Schwingungen an mehreren Stellen, darf man zu ihrer Identifizierung nie nur eine Anregungswellenzahl aufsuchen.
- Das Fehlen einer charakteristischen Gruppenschwingung ist ein sicherer Beweis für das Fehlen der Atomgruppe.
- Man ist bei größeren Molekülen meist nicht in der Lage, alle Banden eines IR-Spektrums zu interpretieren.
- Die Spektren identifizierter Stoffe sind mit den Originalspektren aus Spektrenbibliotheken auf Identität zu vergleichen.

In zunehmendem Maße übernehmen Computer die Durchsicht umfangreicher Spektrensammlungen und unterbreiten Identifizierungsvorschläge.

4.2.4 Rotationsschwingungsspektren

Eine reine Rotationsanregung erfordert weniger Energie als die Schwingungsanregung. Sie erfolgt bereits bei Wellenzahlen aus dem fernen Infrarot bzw. Mikrowellenbereich. Im MIR (mittlerer Infrarotbereich) werden *Rotationsschwingungsspektren* erzeugt. Die Feinstruktur der Schwingungsbanden (Rotationslinien) ist bei den Spektren gasförmiger Stoffe gut erkennbar.

Die Rotationsanregung mittels IR-Absorption erfordert wieder Moleküle mit Dipolmoment. Für eine mögliche Rotationsanregung der Moleküle darf das Trägheitsmoment nicht verschwindend klein sein. Rotationsspektren zweiatomiger Moleküle lassen sich mit dem Modell des starren Rotators behandeln. Beim *starren Rotator* fasst man die beiden Massen der starr verbundenen Atome zunächst wieder zu einer reduzierten Masse m_R analog der Gleichung (4.30) zusammen und betrachtet die Rotation von m_R auf einer Kreisbahn, deren Radius der Kernabstand r ist.

Die *Rotationsenergie* des Moleküls hängt von m_R, der *Winkelgeschwindigkeit* ω und dem Radius r der Kreisbahn ab. Aus Masse und Radius setzt sich nach Gleichung (4.35) das *Trägheitsmoment* θ des Rotators zusammen.

$$\theta = m_R \cdot r^2 \tag{4.35}$$

Die Winkelgeschwindigkeit ω ist der Quotient aus Geschwindigkeit und Radius

$$\omega = \frac{v}{r}. \tag{4.36}$$

Für die Rotationsenergie leitet sich unter Verwendung der Gleichungen (4.35) und (4.36) der Ausdruck

$$E_{rot} = \frac{m_R}{2} \cdot v^2 = \frac{m_R}{2} \cdot r^2 \cdot \omega^2 = \frac{\theta}{2} \cdot \omega^2 \quad \text{ab.} \tag{4.37}$$

Der makroskopische starre Rotator kann jeden beliebigen Wert der Rotationsenergie annehmen. Im atomaren Bereich ist E_{rot} wieder gequantelt. Die Quantelung wird durch die ***Rotationsquantenzahl J*** beschrieben.

Bei Zimmertemperatur liegen die Moleküle bereits nicht mehr im Rotationsgrundzustand vor, der von der Rotationsquantenzahl $J = 0$ beschrieben wird. Die Anregung erfolgt dann aus höheren besetzten Rotationsniveaus. Für die dreidimensionale Rotation erhält man aus der Lösung der Schrödinger-Gleichung die Energiewerte

$$E_{rot} = \frac{h^2}{8\pi^2 \Theta} \cdot J \cdot (J+1) \quad . \tag{4.38}$$

Als Auswahlregel gilt $\Delta J = \pm 1$.

Für einen Rotationsübergang ΔE ergibt sich danach

$$\Delta E_{rot} = h \cdot v = \frac{h^2}{8\pi^2 \Theta} \cdot [(J+1) \cdot (J+2) - J \cdot (J+1)] \quad . \tag{4.39}$$

Dem Übergang entspricht also eine Absorption bei der Wellenzahl

$$\tilde{v} = \frac{\Delta E_{rot}}{h \cdot c} = \frac{h^2}{8\pi^2 \Theta} \cdot J(J+1) \cdot 2 \quad . \tag{4.40}$$

Fasst man $\dfrac{h^2}{8\pi^2 \Theta c}$ zur sogenannten ***Rotationskonstanten B*** zusammen, so ergibt sich aus Gleichung (4.40) für den Abstand zweier durch J_2 bzw. J_1 gekennzeichneter Absorptionslinien wegen $J_2 - J_1 = 1$

$$\Delta \tilde{v} = \tilde{v}_2 - \tilde{v}_1 = 2 \cdot B \cdot (J_2 + 1 - J_1 - 1) = 2 \cdot B \quad . \tag{4.41}$$

Das reine Rotationsspektrum eines zweiatomigen Moleküls besteht entsprechend Gleichung (4.41) aus äquidistanten Absorptionslinien (Abbildung 4.31).

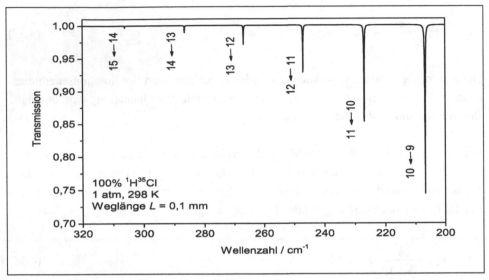

Abb. 4.31: $H^{35}Cl$-Rotationsspektrum im fernen IR.

Der Abstand benachbarter Linien beträgt 2 B. Somit ergibt sich aus dem experimentell bestimmbaren Abstand der Rotationslinien ein Zugang zur Berechnung des Atomabstandes zweiatomiger Gase:

$$r = \sqrt{\frac{h}{8\pi^2 m_R c B}} = \frac{1}{2\pi}\sqrt{\frac{h}{m_R c 2B}}.$$

(4.42)

Viele Daten über Atomabstände wurden auf diese Weise erstmalig messtechnisch zugänglich. Wegen der Äquidistanz der Rotationslinien genügt zur Charakterisierung einer Substanz die Angabe zweier benachbarter Rotationslinien.

Das Ausmessen der Linienabstände im Spektrum zeigt jedoch, dass bei hoher Rotationsanregung die Äquidistanz verloren geht. Offenbar vergrößert sich bei hoher Anregung infolge der wachsenden Zentrifugalkraft der Abstand r der Kerne, so dass die Vorgänge mit dem Modell des starren Rotators nicht mehr gut beschreibbar sind.

Um die gegenseitige Behinderung der freien Rotation der Moleküle auszuschließen, werden Rotationsspektren von hochverdünnten Gasen aufgenommen (10^{-1} - 10^{-3} mbar).

Auf die *Rotationsfeinstruktur* von Schwingungsspektren von Gasen wurde eingangs hingewiesen. Abbildung 4.32 zeigt das *Rotationsschwingungsspektrum* von Kohlenmonoxid und das dazugehörige Energieniveau-Schema.

Der Übergang υ_0 $(J = 0) \to \upsilon_1$ $(J = 0)$ ist verboten, was sich in der deutlichen Teilung des Schwingungsüberganges in einem P- bzw. R-Zweig niederschlägt.

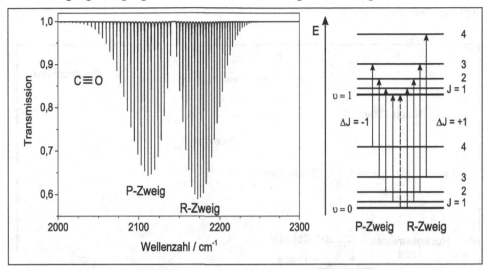

Abb. 4.32: Rotationsschwingungsspektrum des CO-Moleküls.

Die Rotationskonstante B kann auch einem derartigen Rotations-Schwingungsspektrum entnommen werden. Der Abstand zweier Rotationslinien beträgt 2 B, im Fall des Übergangs zwischen dem energiereichsten Rotationsniveau des P-Zweiges und dem energieärmsten Rotationsniveau des R-Zweiges jedoch 4 B wegen der fehlenden Rotationslinie für den verbotenen Übergang.

4.2.5 Der Raman-Effekt

Die Anregung von Molekülschwingungen ist nicht ausschließlich durch die IR-Absorption möglich. Der ***Raman-Effekt*** stellt einen zweiten, indirekten Anregungsweg dar. Abbildung 4.33 zeigt den schematischen Aufbau eines modernen ***Raman-Spektrometers***.

Die zu untersuchende Probe wird durch ein Objektiv mit Laserlicht bestrahlt. Die Anregungsstrahlung sollte so gewählt sein, dass sie nicht zu Elektronenübergängen führt und damit auch nicht zu Fluoreszenz. Ein kleiner Teil der Anregungsstrahlung ($\approx 10^{-4} \cdot I_0$) wird in alle Raumrichtungen mit der ursprünglichen Frequenz ν_0 gestreut. Es handelt sich hierbei um die ***Rayleigh-Streuung***, die elastischen Stößen der Lichtquanten mit den Probemolekülen entspricht. Die Streustrahlung enthält neben der Ray-leigh-Strahlung einen zweiten, wesentlich weniger intensiven Anteil ($\approx 10^{-8} \cdot I_0$), der spektral gegenüber der Rayleigh-Streuung verschoben ist (ν_R). Dieser Anteil wird ***Raman-Streuung*** genannt. Die Raman-Streuung lässt sich spektral aufspalten und ist dann symmetrisch zu ν_0 angeordnet (Raman-Linien, Abbildung 4.34). Charakteristisch für das untersuchte Molekül sind die

Differenzen zwischen ν_0 und den Frequenzen der Raman-Linien ν_R (***Raman-Verschiebung*** $\Delta\nu = \nu_0 - \nu_R$), die in ***Stokessche*** ($\Delta\nu > 0$) bzw. ***anti-Stokessche*** Linien ($\Delta\nu < 0$) unterteilt werden.

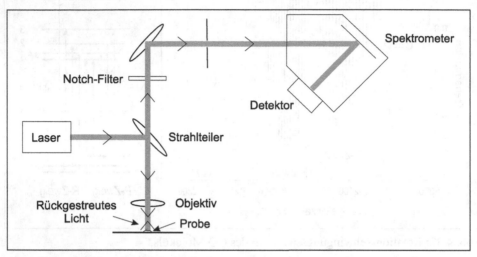

Abb. 4.33: Schema eines Raman-Spektrometers.

Im Raman-Spektrometer (Abbildung 4.33) wird das zurückgestreute Licht gesammelt. Ein Notch-Filter entfernt das Rayleigh-gestreute Licht, während das Raman-gestreute Licht von einem Spektrometer nach seiner Wellenlänge aufgespalten wird. Im Raman-Spektrum wird dann die Raman-Verschiebung $\Delta\nu$ aufgetragen (Abbildungen 4.34 und 4.36).

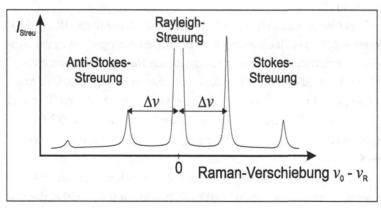

Abb. 4.34: Schematisches Raman-Spektrum.

Die ***Raman-Linien*** entstehen, weil es neben den zur Rayleigh-Streuung führenden elastischen Stößen zwischen den Photonen der Anregungsstrahlung und den Probemolekülen auch zu inelastischen Stößen kommt. Bei den inelastischen Stößen wird entweder Energie des Photons auf das Molekül übertragen oder vom Molekül auf das Photon. Die Energiedifferenz ν_0 - ν_R beschreibt die Änderung der Schwingungsenergie des Moleküls. Befand sich das Molekül vor dem Quantenstoß in einem niedrigeren Schwingungsniveau als nach dem Stoß, schlägt sich das in den Stokesschen Linien nieder. Gelangt das Molekül im Ergebnis des Quantenstoßes in ein tiefer liegendes Schwingungsniveau, liefert das Geschehen einen Beitrag zu den anti-Stokesschen Linien.

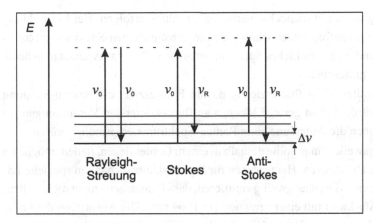

Abb. 4.35: Vereinfachtes Energieniveauschema der Rayleigh- und Raman-Streuung.

Am vereinfachten Energieniveau-Schema eines untersuchten Moleküls lässt sich das Auftreten der Emissionslinien nachvollziehen (Abbildung 4.35).

Damit erreicht man über den Umweg der Energieübertragung in Quantenstoßprozessen indirekt Veränderungen der Schwingungsenergie. Die anti-Stokesschen Linien sind weniger intensiv, was auf die bei Raumtemperatur geringere Besetzung der schwingungsangeregten Zustände zurückzuführen ist.

Im Raman-Spektrum werden üblicherweise nur die intensiveren Stokeschen Linien mit ihrer ***Raman-Verschiebung (Δν)*** dargestellt. Die Raman-Verschiebung entspricht der Energiedifferenz zwischen den Schwingungsniveaus. Bei reinen Raman-Spektren liegt der Nullpunkt der Raman-Verschiebung im Koordinatenursprung (von links nach rechts steigende Raman-Verschiebung entsprechend kleiner werdender Energie der detektierten Raman-Streuung). Für den direkten Vergleich von IR- und Raman-Spektrum legt man den Nullpunkt der Raman-Verschiebung aber an das rechte Ende der x-Achse des IR-Spektrums. Steigende Raman-Verschiebungen werden dann gespiegelt, d. h. nach links wachsend, dargestellt.

Allgemein lassen sich für die Raman-Spektroskopie folgende Voraussetzungen formulieren:

- Raman-Streuung tritt immer dann auf, wenn sich bei der Molekülschwingung auch die *Polarisierbarkeit* α der Moleküle ändert. Die Polarisierbarkeit α ändert sich, wenn sich im Molekül die Elektronendichte pro Volumeneinheit ändert, also auch bei Schwingungen zweiatomiger homonuklearer Moleküle. Die Raman-Spektren liefern damit Aussagen über die energetische Lage IR-inaktiver Schwingungen und ergänzen die aus den IR-Spektren gewonnenen Aussagen. (Die in Tabelle 4.8 angeführten Kraftkonstanten homonuklearer Moleküle stammen aus Raman-Spektren.)

- Die Anregung muss mit monochromatischer Strahlung erfolgen. Bei Einstrahlung mehrerer Anregungsfrequenzen würde jede für sich ein Raman-Spektrum erzeugen und ein ineinander geschachteltes Spektrum entstehen. Daher verwendet man heute Laser als Anregungsquellen.

- Die Proben sollten nicht fluoreszieren, da die Fluoreszenz die Raman-Streuung überdecken würde. Selbst geringe Mengen an fluoreszierenden Verunreinigungen der Probe können die Aufnahme eines Raman-Spektrums empfindlich stören.

- Die Anregungswellenlänge sollte deshalb in einem Gebiet liegen, in dem möglichst wenige Stoffe absorbieren. Heute stehen für Raman-Untersuchungen spezielle Laser zur Verfügung, die so langwellig emittieren, dass Fluoreszenz nicht mehr auftritt (z. B. Nd: YAG-Laser mit einer Emission bei 1064 nm). Die Absorption der Probe kann aber auch gezielt zur Verstärkung des Raman-Signals ausgenutzt werden. Dies geschieht in der sogenannten Resonanz-Raman-Spektroksopie. Allerdings wird der Verstärkungseffekt nur für die Raman-Banden der Gruppen erreicht, die durch den Laser auch elektronisch angeregt werden.

- Wegen der geringen Ausbeute an Raman-Streuung benötigt man eine sehr intensive Anregungslichtquelle. Auch diese Forderung wird bei Laseranregung erfüllt, kann aber auch zur ungewünschten Erwärmung der Probe führen.

- Im Gegensatz zur IR-Spektroskopie ist Wasser ein geeignetes Lösungsmittel. Wasser besitzt ein linienarmes und wenig intensives Raman-Spektrum. Dies erleichtert zum Beispiel die schwingungsspektroskopische Untersuchung von biologischen Proben. Generell weisen die meisten Lösungsmittel in ihren Raman-Spektren mehr eigensignalfreie Frequenzbereiche auf als in den IR-Spektren.

- Wie oben beschrieben wird in der Raman-Spektroskopie das gestreute Licht detektiert. Verglichen mit der IR-Transmissionsspektroskopie erfordert die Detektion einen viel einfacheren experimentellen Aufbau sowie kaum Probenpräparation. Durch die Verwendung sichtbarer Laserstrahlung für die Anregung sind auch die Anforderung an die verwendeten Optiken weniger strikt. So wird Raman-Spektroskopie häufig in der Prozessanalytik eingesetzt.

In Abbildung 4.36 ist das Ramanspektrum von Toluol gezeigt und mit dem entsprechenden IR-Transmissionsspektrum der gleichen Substanz verglichen. Bei Wellenzahlen um 3000 cm^{-1} erkennt man die C-H-Valenzschwingungen, die sowohl im Raman-, als auch im IR-Spektrum auftreten, aber mit unterschiedlicher relativer Intensität. Unterhalb von 3000 cm^{-1} (bei etwa 2900 cm^{-1} – 3000 cm^{-1}) treten die symmetrischen und antisymmetrischen C-H-Valenzschwingungen der Methylgruppe von Toluol auf, während oberhalb von 3000 cm^{-1} die aromatischen C-H-Valenzschwingungen zu finden sind. Die intensivste Raman-Bande von Toluol ist bei 1004 cm^{-1} zu finden, die der ***Ringatmungsschwingung*** des aromatischen Rings zugeschrieben werden kann. Diese ist wiederum nicht IR-aktiv, da sich bei der Ringatmung das Dipolmoment nicht ändert. Die benachbarten IR-Banden bei 1035 cm^{-1} und 1086 cm^{-1} sind den *in-plane* C-H-Biegeschwingungen zuzuordnen. Die intensivste Schwingungsbande im IR-Spektrum tritt bei etwa 735 cm^{-1} auf und kann der *out-of-plane* C-H-Biegeschwingung zugeordnet werden. Diese Schwingung ist aber kaum Raman-aktiv und daher im Raman-Spektrum fast nicht beobachtbar.

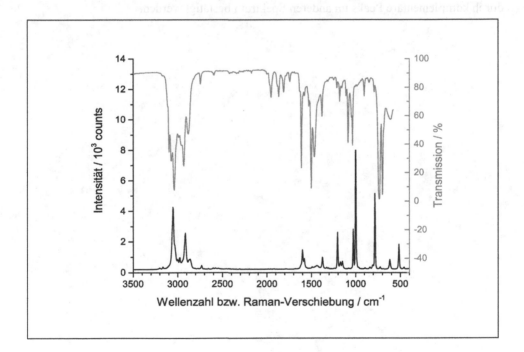

Abb. 4.36: IR-Transmissionsspektrum (grau) und Raman-Streuspektrum (schwarz) von Toluol.

Ein weiteres Beispiel für die Gewinnung von Strukturinformationen aus Raman-Spektren sind auch die Spektren von alicyclischen Kohlenwasserstoffen. Die Ringe führen wie oben für Toluol beschrieben Pulsationsschwingungen („Atemschwingungen") aus. Die Anregungsenergie dieser Schwingungen hängt von der Ringgröße ab. Sie liegt für Cyclopropan bei 1186 cm^{-1}, Cyclopentan bei 980 cm^{-1}, Cyclohexan bei 815 cm^{-1} und Cyclooctan bei 703 cm^{-1}. Die Schwingungen sind nicht IR-aktiv, wohl aber Raman-aktiv. Dem Raman-Spektrum können damit Informationen über die Ringgröße aliphatischer Ringe entnommen werden.

Schwingungen der gleichen Gruppen, die in IR-Spektren intensive Banden verursachen, erzeugen in Raman-Spektren oft nur sehr schwache Signale und umgekehrt. Prinzipiell lassen sich aus dem Raman-Spektrum und dem IR-Spektrum einer Probe die gleichen strukturellen Informationen ableiten. Allerdings weisen die einzelnen funktionellen Gruppen in Raman-Spektren andere charakteristische Gruppenfrequenzen auf, was darauf hinweist, dass Schwingungsunterschiede vorliegen. Raman-Spektren sind meist bandenärmer. Ober- bzw. Kombinationsschwingungen, die die Komplexität der IR-Spektren bewirken, sind in Raman-Spektren kaum nachweisbar. Die Informationen aus beiden Spektren ergänzen einander. Zuordnungen von Banden in der einen Spektrenart können durch komplementäre Peaks im anderen Spektrum bestätigt werden.

4.3 Kernresonanzspektroskopie

Die Kernresonanzspektroskopie stellt unter den im Kapitel 4 diskutierten Methoden das leistungsfähigste Instrument zur Strukturaufklärung sowohl auf molekularer Ebene als auch bei der Untersuchung von Polymeren und Festkörpern dar.

Die Kernresonanzspektroskopie wurde Ende der 1940iger Jahre von Felix Bloch und Edward Mills Purcell entwickelt, wofür sie 1952 mit dem Nobelpreis geehrt wurden. Der Schwerpunkt der Untersuchungen lag zunächst auf ^{1}H-NMR- Experimenten, die auch in den nachfolgenden Ausführungen im Mittelpunkt stehen werden.

Zum zweiten Mal wurde 1991 die Nobelpreisvergabe auf dem Gebiet der Chemie eng an die Entwicklung der Kernresonanzspektroskopie gekoppelt. Der Schweizer Chemiker Richard R. Ernst wurde für seine bahnbrechenden Arbeiten bei der Entwicklung der Methode hin zur hochauflösenden NMR-Spektroskopie geehrt. Die anfangs eingesetzte CW-Technik (s. Kapitel 4.3.2) wurde in den 1970er Jahren von der Puls-Fourier-Transformation-NMR-Technik ersetzt, was zu einem besseren Signal-Rausch-Verhältnis, zur höheren Empfindlichkeit in den Experimenten und zu kürzeren Messzeiten führte. Die Untersuchungen wurden auf weitere Kerne, insbesondere ^{13}C, ausgedehnt. Mit Einführung der Breitbandentkopplung wurde auch die Untersuchung von Polymeren und Festkörpern zugänglich und Mehrpulsverfahren bei variierten Wartezeiten führten schließlich zur hochauflösenden zweidimensionalen NMR-Spektroskopie. Mit dem weiteren Ausbau der 2D-Methode und ihrer Entwicklung hin zur Multi-Dimensions-NMR wurde die Kernresonanzspektroskopie zu einer der bedeutendsten Analysenmethoden bei der Strukturaufklärung von Biopolymeren und Proteinen (2002, Nobelpreis für Chemie für Kurt Wüthrich). Auch hinsichtlich der Informationsgewinnung über die Moleküldynamik stellt die NMR-Spektroskopie das Mittel der Wahl dar.

Es ist kaum möglich, die Methode, die heute das wohl wichtigste Werkzeug der Strukturaufklärung in der Organischen Chemie und der Biochemie darstellt, umfassend auf wenigen Seiten zu behandeln. So beschränken wir uns darauf, am Beispiel der ^{1}H-NMR die Grundlagen der Methode zu erläutern. Anhand einfacher Spektren werden Strukturinformationen gewonnen. Auf die Untersuchung weiterer Kerne, auf Untersuchungen zur Moleküldynamik, Probleme der Festkörper-NMR und Anwendungen im Bereich der klinischen Analytik wird in kurzen Abschnitten verwiesen.

Die englische Bezeichnung NMR (nuclear magnetic resonance) –Spectroscopy beschreibt das Wesen der Methode besser als das Wort Kernresonanz allein. Mit dieser Methode werden ausschließlich Kerne, die einen von Null verschiedenen Kernmagnetismus besitzen, untersucht. Die Ursache für ein magnetisches Moment eines Kerns liegt im Eigendrehimpuls (Spin) der Kernbausteine (Nukleonen). Die Atomkerne bestehen mit Ausnahme von ^{1}H aus mehreren *Nukleonen* (Protonen und Neutronen), deren Spin sich, wie bei den Elektronen, durch Paarung aufheben kann. Paarung findet dabei nur zwischen gleichartigen Nukleonen, also zwischen Protonen bzw. zwischen Neutronen statt. Ein resultierender **Kernmagnetismus** ist daran gebunden, dass zumindest von einer Nukleonenart eine ungerade Anzahl existiert. Damit sind aus NMR-Spektren gewonnene Aussagen auch isotopen- und nicht elementspezifisch.

Man teilt die Kerne nach der Zahl der **Nukleonen** in bestimmte Typen ein:

Zahl der Protonen	Zahl der Neutronen	Kerntyp
gerade	gerade	gg
gerade	ungerade	gu
ungerade	gerade	ug
ungerade	ungerade	Uu

Bei den Kernen des Typs gg sind alle Nukleonen gepaart. Sie besitzen keinen Kernmagnetismus. Alle anderen Kerne haben ungepaarte Kernbausteine und somit auch einen von Null verschiedenen resultierenden Kernspin $\vec{I}$. Sie sind paramagnetisch.

Der Betrag eines Kernspins lässt sich mittels der **Kernspinquantenzahl** I nach der für Drehimpulsbeträge charakteristischen Gleichung berechnen:

$$\left| \vec{I} \right| = \frac{h}{2\pi} \cdot \sqrt{I \cdot (I+1)} \qquad (4.43)$$

I kann für verschiedene Kerne ganz oder halbzahlige Werte annehmen, wobei $I = 0$ für Kerne des Typs gg gilt. Für ug- bzw. gu-Kerne ist I halbzahlig, für uu-Kerne dagegen ganzzahlig. Tabelle 4.17 enthält Kernspinquantenzahlen und einige andere kernspezifische Parameter, die für die NMR-Spektroskopie wichtig sind.

Tab. 4.17: Kernspezifische Parameter für die NMR-Spektroskopie

Kern	% natürliche Häufigkeit	Kernspinquantenzahl I	Gyromagnet. Verhältnis γ in 10^4 Gauß$^{-1} \cdot$ s^{-1}	Kern-g-Faktor	Relative Empfindlichkeit
^{1}H	99,98	1/2	2,675	5,5855	1,00
^{2}D	0,0156	1	0,4107	0,8574	0,0096
^{11}B	80,42	3/2	0,8585	1,793	0,165
^{13}C	1,1	1/2	0,6728	1,4046	0,0159
^{14}N	99,64	1	0,1934	0,4037	0,00101
^{15}N	0,037	1/2	-0,2713	-0,5662	0,00104
^{17}O	0,037	5/2	-0,3628	-0,757	0,0291
^{19}F	100	1/2	2,5181	5,256	0,833
^{31}P	100	1/2	1,0839	2,262	0,0663
^{35}Cl	75,4	3/2	0,2624	0,548	0,00471

Die relative Empfindlichkeit bezieht sich auf eine gleiche Anzahl magnetischer Kerne und spiegelt die unterschiedlichen gyromagnetischen Verhältnisse wider. Zur meist deutlich kleineren absoluten Empfindlichkeit gelangt man durch Multiplikation mit der natürlichen Kernhäufigkeit.

In organischen Molekülen wichtige Kerne, wie ^{12}C, ^{16}O oder ^{32}S sind für die NMR-Spektroskopie unsichtbar.

4.3.1 Der NMR – Spektralbereich und das Modell der Ausrichtung des Kerspins in einem äußeren Magnetfeld

In einem feldfreien Raum können sich die Kernspins paramagnetischer Kerne beliebig ausrichten. Wir wissen jedoch, dass ein magnetischer Körper, z. B. eine Magnetnadel, in einem äußeren Magnetfeld einer ausrichtenden Kraft unterliegt. Bringt man eine Magnetnadel mit dem magnetischen Moment $\vec{\mu}$ in ein äußeres homogenes Magnetfeld, so wird ihre potenzielle Energie in Abhängigkeit von der Stärke des äußeren Feldes $\vec{H}$ und dem Winkel zwischen den beiden Vektoren $\vec{\mu}$ und $\vec{H}$ geändert. Zur Energie E_{pot} des magnetischen Körpers addiert sich eine zusätzliche potenzielle Energie E_H.

$$E_H = -\mu \cdot H \cdot \cos\phi \qquad (4.44)$$

μ und H sind Beträge der Vektoren $\vec{\mu}$ und $\vec{H}$.

Streng genommen ist anstatt der Feldstärke die magnetische Flussdichte $\vec{B}$ (Induktion) zu verwenden. Dennoch hat es sich in der NMR-Literatur eingebürgert, in Gleichungen das Symbol der in ihrem Betrag gleichen Feldstärke zu verwenden.

Entsprechend Gleichung (4.44) hat die Nadel die niedrigste potenzielle Energie, wenn beide Vektoren in die gleiche Richtung, die höchste, wenn sie in entgegengesetzte Richtung zeigen. Stehen $\vec{\mu}$ und $\vec{H}$ senkrecht aufeinander, so wird die Energie des magnetischen Körpers nicht verändert.

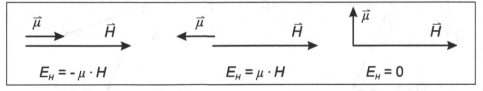

Abb. 4.37: Einfluss eines äußeren Magnetfeldes auf die Energie eines magnetischen Körpers bei paralleler, entgegengesetzter und senkrechter Ausrichtung von magnetischem Moment $\vec{\mu}$ und magnetischem Feld $\vec{H}$.

Handelt es sich wie bei einer Magnetnadel um einen makroskopischen Körper, so sind alle Einstellwinkel ϕ von 0° bis 180° möglich, demzufolge alle Energiewerte zwischen

E_{pot} - $\mu \cdot H$ und E_{pot} + $\mu \cdot H$. Handelt es sich jedoch um atomare Strukturen, so ist zu erwarten, dass nur diskrete Einstellwinkel ϕ angenommen werden können, denn im atomaren Bereich ist die Energie der Teilchen bekanntlich nicht kontinuierlich veränderbar. Wie wir es bereits von der Elektronen- und Schwingungsanregung kennen, sind nur diskrete, den Energietermen entsprechende Energiewerte annehmbar. Für paramagnetische Kerne mit dem Kernspin $\vec{I}$ bedeutet dies, dass es auch nur bestimmte Einstellmöglichkeiten von $\vec{I}$ zu $\vec{H}$ gibt. Die Ausrichtung von $\vec{I}$ zu $\vec{H}$ lässt sich am einfachsten durch die unterschiedliche Länge der Projektion von $\vec{I}$ auf die Richtungsachse des Magnetfeldes beschreiben (Abbildung 4.38). Der Betrag dieser Projektion, also der Komponente des Kernspins in Richtung des Magnetfeldes, ist nach Gleichung 4.45 mit der *magnetischen Kernquantenzahl* m_K verknüpft.

$$\left| \vec{I}_H \right| = m_K \cdot \frac{h}{2\pi} \tag{4.45}$$

Für ein Isotop mit der Kernspinquantenzahl I kann m_K alle Werte von $-I$ bis $+I$ bei einer Schrittweite von 1 annehmen. Der Kernspin hat also im angelegten Magnetfeld $2I + 1$ Einstellmöglichkeiten.

Abbildung 4.38 zeigt die unterschiedlichen Einstellmöglichkeiten des Kernspins bei $I = 1$ und $I = 3/2$.

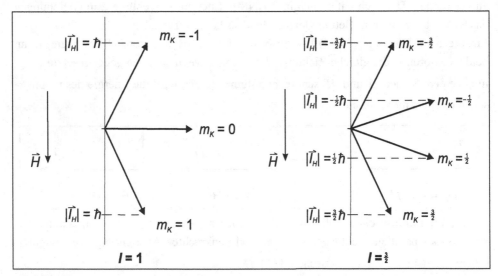

Abb. 4.38: Einstellmöglichkeiten des Kernspins im Magnetfeld, $\hbar = h/2\pi$.

Die Energieänderung, die ein paramagnetischer Kern im Magnetfeld erfährt, lässt sich folgendermaßen ableiten:

In Gleichung (4.44) wird zunächst der Betrag μ des magnetischen Moments $\vec{\mu}$ durch den Betrag des Kernspins $|\vec{I}|$ ersetzt. Dazu dient die Beziehung zwischen μ und $|\vec{I}|$ in Gleichung (4.46).

$$\mu = \gamma \cdot |\vec{I}| \tag{4.46}$$

γ nennt man das **gyromagnetische Verhältnis**. Es ist eine für jeden Kern charakteristische Konstante (Tabelle 4.17). Aus Gleichung (4.44) und (4.46) erhält man

$$E_H = - H \cdot \gamma \cdot |\vec{I}| \cdot \cos\phi \tag{4.47}$$

Aus Abbildung 4.38 ist ersichtlich, dass sich $\cos \phi$ durch das Verhältnis von $|\vec{I}_H|$ (Ankathete) und $|\vec{I}|$ (Hypotenuse) ausdrücken lässt. Setzt man dieses Verhältnis in Gleichung (4.47) ein, so ergibt sich;

$$E_H = - H \cdot \gamma \cdot |\vec{I}| \cdot \frac{|\vec{I}_H|}{|\vec{I}|} = - H \cdot \gamma \cdot |\vec{I}_H| \tag{4.48}$$

und unter Berücksichtigung von Gleichung (4.45)

$$E_H = - H \cdot \gamma \cdot m_K \cdot \frac{h}{2\pi} \tag{4.49}$$

Die Resonanzbedingung

Aus Abbildung 4.39 geht hervor, dass die Einstellungen von $\vec{I}$ in Richtung des äußeren Magnetfeldes mit positiven und in die entgegengesetzte Richtung mit negativen m_K-Werten verknüpft sind, was entsprechend Gleichung (4.49) dazu führt, dass die gleichgerichteten Zustände die energieärmeren sind. Bestrahlt man nun einen paramagnetischen Kern, der sich in einem Magnetfeld befindet, mit elektromagnetischer Strahlung der Energie $h \cdot \nu$, die gerade der Energiedifferenz zwischen einem energieärmeren und einem energiereicheren Zustand entspricht, dann kann die Orientierung des Kernspins unter Energieaufnahme umklappen. Es gilt die Auswahlregel $\Delta m_K = \pm 1$.

Abbildung 4.39 zeigt die Umorientierung des Kernspins am Beispiel des ^{1}H-Kerns, der nach Tabelle 4.17 die Kernspinquantenzahl $I = \frac{1}{2}$ und damit die Magnetquantenzahlen $m_K = \pm \frac{1}{2}$ besitzt.

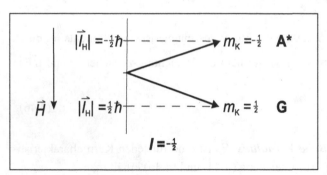

Abb. 4.39: Anregung von ^{1}H-Kernen im Magnetfeld, $\hbar = \dfrac{h}{2\pi}$.

Die Energie für eine Anregung lässt sich mit Gleichung (4.49) und der Auswahlregel $\Delta m_K = \pm 1$ berechnen:

$$\Delta E = E_2 - E_1 = -H \cdot \gamma \cdot \frac{h}{2\pi} \cdot (m_{K_2} - m_{K_1}) = H \cdot \gamma \cdot \frac{h}{2\pi} \tag{4.50}$$

Ersetzt man ΔE durch $h \cdot \nu$ und stellt nach der Frequenz um, so erhält man die sogenannte **Larmor-Frequenz**. Die Gleichung (4.51) heißt **Resonanzbedingung**:

$$\nu = \frac{H \cdot \gamma}{2\pi} \tag{4.51}$$

Das gyromagnetische Verhältnis γ wird in dieser Gleichung häufig durch das **Kernmagneton** μ_K und den sogenannten **Kern-g-Faktor** (Tabelle 4.17) ersetzt. Mit $\gamma \cdot \dfrac{h}{2\pi} = g \cdot \mu_K$ gilt:

$$\nu = \frac{g \cdot \mu_K}{h} \cdot H \tag{4.52}$$

Das Kernmagneton ist eine aus fundamentalen Naturkonstanten zusammengesetzte Größe, die man als Einheit für die Angabe des magnetischen Moments der Kernbausteine benutzt:

$$\mu_K = \frac{q_P \cdot h}{4\pi \cdot m_P} = 5{,}05 \cdot 10^{-31} J \cdot Gau\beta^{-1} \tag{4.53}$$

In Gleichung (4.53) bedeuten q_P und m_p die Ladung bzw. die Masse des Protons. Der Kern-g-Faktor berücksichtigt wie γ spezifische Besonderheiten der verschiedenen Kerne.

Aus der Resonanzbedingung (Gleichung (4.51) oder (4.52)) ist ersichtlich, dass die Frequenz einer geeigneten Anregungsstrahlung und damit deren Energie von der Feldstärke des äußeren Magnetfelds vorgegeben wird. Moderne NMR – Spektrometer arbeiten heute mit magnetischen Flussdichten $\vec{B}$ von mehreren Tesla (7-28 T), die bei elektromagnetischer Strahlung im Frequenzbereich von 300, 500, 600 bis 1200 MHz die Resonanzbedingung erfüllen.

Die Anregungsenergie für ^{1}H-Kerne liegt demzufolge im Bereich von 0,12 bis 0,48 J·mol^{-1}.

4.3.2 Messanordnung

NMR-Spektrometer der ersten Generation arbeiteten nach dem *CW-Verfahren* (continuous wave). Um Resonanz zu erreichen, sind zwei unterschiedliche Verfahrensweisen möglich. Einmal wird die Probe während der gesamten Dauer des NMR–Experiments dem konstanten äußeren Magnetfeld ausgesetzt. Entsprechend der Gleichung (4.51 oder 4.52) wird die Anregungsstrahlung so lange variiert bis der Resonanzfall erreicht wird. Am Detektor (Hochfrequenzempfänger) wird die Absorption der eingestrahlten Anregungsstrahlung festgestellt. Das spezielle CW-Verfahren heißt *frequency sweep*. Die andere Möglichkeit besteht darin, bei konstanter Anregungsfrequenz die magnetische Flussdichte zu variieren (*field sweep*). Betrachten wir Kerne mit der Kernspinquantenzahl $I = \frac{1}{2}$. Sie ändern bei einer Anregung die Kernspinausrichtung von $m_{K1} = + \frac{1}{2}$ zu $m_{K2} = - \frac{1}{2}$ (s. Abbildung 4.39). Da keine weiteren Kernspinterme existieren, sind die NMR–Spektren dieser Kerne unkompliziert.

Die zur Kernspinanregung nötige Energie ist gering (s. Kapitel 4.31). Das bedeutet, dass entsprechend der Beziehung von *Boltzmann* ($N = N_0 \cdot e^{-\frac{\Delta E}{k \cdot T}}$) im Gleichgewicht die Teilchenzahl N im angeregten Zustand bei Raumtemperatur nur geringfügig kleiner sein wird, als die Teilchenzahl N_0 im Grundzustand. Bei Resonanz finden Übergänge zwischen den zwei Kernspintermen in beiden Richtungen (Absorption und induzierte Emission) mit gleicher Wahrscheinlichkeit statt. Der Resonanzfall führt folglich schnell dazu, dass Gleichstand zwischen den Besetzungszahlen erreicht wird (*Sättigung der Probe*). Eine Strahlungsabsorption kann dann nicht mehr festgestellt werden. Erst eine Unterbrechung der Anregungsstrahlung führt dazu, dass infolge von strahlungslosem Energieaustausch innerhalb der Probenmoleküle bzw. mit der Umgebung die Rückkehr zum Gleichgewichtszustand mit der geringfügigen Unterbesetzung des angeregten Zustands erreicht wird (*Relaxation*). Aus ihm kann dann erneut Strahlung absorbiert werden. Die Relaxation läuft für unterschiedliche Kerne mit unterschiedlichen *Relaxations-*

zeiten ab. Ergebnis des ^{1}H-NMR–Experiments sollte ein Spektrum sein, in dem eine Absorptionslinie, die den Resonanzfall anzeigt, zu sehen ist. Der Bereich der Anregungsfrequenz und die Größe der magnetischen Flussdichte müssen auf den zu untersuchenden Kern abgestimmt sein.

Nehmen wir den konkreten Fall der ^{1}H-Wasserstoffkerne. Untersucht wird eine Wasserprobe. ^{16}O im H_2O–Molekül gehört zum Kerntyp gg und ist im NMR-Experiment nicht sichtbar. Gibt man zur Wasserprobe eine kleine Menge Ethanol (CH_3-CH_2-OH), so sollte das auf das Experiment keine Auswirkung haben. Neben den ^{16}O–Kernen enthält die Probe nun noch ^{12}C–Kerne, die für die Methode ebenfalls nicht zugänglich sind (auch gg–Typ). Alle Resonanzfälle sind auf die ^{1}H–Kerne zurückzuführen. Überraschenderweise erhält man neben dem ursprünglichen Signal der ^{1}H–Kerne der Wassermoleküle drei weitere Resonanzstellen im Intensitätsverhältnis 3:2:1. Geräte, die nach der CW-Technik arbeiteten, z. B. mittels frequency sweep, erreichen die vier Resonanzstellen der beschriebenen Wasserprobe zeitversetzt, indem die Anregungsfrequenz bei konstanter magnetischer Flussdichte geringfügig geändert wird.

Moderne Geräte arbeiten nach dem **Impuls–Verfahren** und der **Fourier-Transformation-Technik.** Dabei werden alle Kerne einer Kernart durch einen Hochfrequenzimpuls entsprechender Frequenzbreite gleichzeitig angeregt. Das Spektrum wird durch eine Fourier-Transformation des Interferenz-Musters ermittelt, das während des Abklingens der Spinanregung auftritt. Da die Abklingphase schnell erfolgt (bei ^{1}H-Kernen nur ca. 1 s), können in kurzer Zeit viele Interferogramme akkumuliert werden. Die Interferogramme nennt man **FID**s (**Free Induction Decay**s). Mittels mathematischer Fourier-Transformation erhält man aus den akkumulierten FIDs das entsprechende Spektrum. Die FID-Akkumulation ist besonders für Kerne mit geringer natürlicher Häufigkeit (geringe Empfindlichkeit) bedeutsam.

Bei der Aufnahme von ^{1}H Resonanzspektren wird die zu untersuchende Substanz in Glasröhrchen von meist 5 mm Durchmesser in Lösung vermessen. Es reichen bei mittleren ^{1}H-Gehalten ca. 5 mg Probe in ca. 0,5 ml Lösungsmittel. Die Lösungsmittel müssen wasserfrei und vollständig deuteriert sein. Bevorzugte deuterierte Lösungsmittel sind Chloroform–D, Dimethylsulfoxid–D_6, Aceton–D_6 oder Acetonitril–D_3.

4.3.3 Chemische Verschiebung
Kehren wir zurück zu dem oben beschriebenen ^{1}H-Experiment an der mit Ethanol versetzen Wasserprobe. Das Auftreten mehrerer Resonanzsignale für die gleiche Kernsorte steht im scheinbaren Widerspruch zur Resonanzbedingung (z. B. Gleichung (4.51)) und macht gleichzeitig den eigentlichen Wert der Methode für die Strukturaufklärung in der Chemie aus.

Chemische Verbindungen bestehen nicht ausschließlich aus Kernen. Selbst ^{1}H-Atome verfügen neben ihrem Kern über ein Elektron, das in einer Verbindung meist Teil eines Bindungselektronenpaars zwischen zwei Kernen ist. Die Elektronen erzeugen aufgrund ihrer ständigen Bewegung und ihrer Ladung selbst schwache Magnetfelder, die den Einfluss des starken äußeren Feldes in unmittelbarer Kernnähe abschwächen. Diese Abschwächung *(Abschirmung)* fällt umso größer aus, je näher das Bindungselektronenpaar am ^{1}H–Kern zu finden ist. Die Abschirmung wird verringert, wenn die Bindungselektronen durch elektronegative Bindungspartner (z. B. sauerstoffhaltige Gruppen) weggezogen werden. Durch die Abschirmung bedingt, muss z. B. bei einem frequency-sweep die Anregungsfrequenz so variiert werden, dass der Abschirmungseffekt kompensiert wird. Beim Impuls-Verfahren erreicht man die gleichzeitige Anregung unterschiedlich abgeschirmter Kerne durch die Frequenzbreite des Impulses. Da im Spektrum die Anregungsfrequenzen ν_0 der unterschiedlich abgeschirmten Kerne registriert werden, erhält man auch unterschiedliche Signale (Peaks). Kerne, die zum gleichen Resonanzsignal beitragen, müssen innerhalb der vorliegenden Moleküle die gleiche Abschirmung durch Bindungselektronenpaare erfahren und somit völlig gleichartig an andere Elemente gebunden sein. Man spricht von *chemisch äquivalenten Kernen.*

Die Resonanzstelle wird zahlenmäßig durch Bezug auf das Signal einer Referenzsubstanz erfasst. Als Referenzsubstanz wird in der Regel *Tetramethylsilan (TMS)* $Si(CH_3)_4$ in geringer Menge der zu untersuchenden Probenlösung zugesetzt. TMS ist als Referenzsubstanz aus mehreren Gründen besonders geeignet. Silizium hat eine geringe Elektronegativität, zieht also die Bindungselektronen wenig zu sich und führt deshalb zu einer relativ hohen Abschirmung bzw. hohen Wert von ν_0. Alle zwölf ^{1}H-Kerne sind chemisch äquivalent und ergeben demzufolge ein einziges Signal, für dessen Registrierung nur eine geringe TMS-Konzentration notwendig ist.

Den Bezug einer Resonanzfrequenz zu der von TMS stellt man durch Einführung der *chemischen Verschiebung δ* her. Man definiert:

$$\delta = \frac{\nu_0(\text{Referenz}) - \nu_0(\text{Probe})}{\nu_0(\text{Referenz})} \qquad (4.54)$$

Die chemischen Verschiebungen sind dimensionslose Zahlen in der Größenordnung 10^{-6}. Anstelle des Faktors 10^{-6} verwendet man üblicherweise den Zusatz ppm (parts per million).

Bleiben wir zunächst bei der ^{1}H-NMR–Spektroskopie. In den Tabellen 4.18 – 4.21 werden Bereiche der chemischen Verschiebung der Wasserstoffkerne bzw. Beispiele der Verschiebungen bei einigen Methyl- bzw. Methylenprotonen angegeben.

Aus der Größe der chemischen Verschiebung lassen sich Rückschlüsse auf die chemische Na- tur der Nachbaratome (Stärke ihrer elektronenziehenden Wirkung) ziehen. Die zum Teil breiten Bereiche für δ in Tab. 4.18 machen deutlich, dass die dem Kohlenstoffatom folgenden Nachbarn offensichtlich noch beträchtlichen Einfluss ausüben.

Tab. 4.18: δ von ^{1}H-Kernen, die an verschiedene Atome gebunden sind (bezogen auf TMS)

X-H		δ in ppm
-C-H	aliphatisch	$1{,}0 - 2{,}0$
=C-H	olefinisch	$4{,}5 - 6{,}0$
≡C-H	Dreifachbindung	$1{,}8 - 3{,}1$
C-H	Aldehyd	$9{,}5 - 10{,}0$
C-H	aromatisch	$6{,}5 - 8{,}0$
C-OH	aliphatisch	$0{,}5 - 4{,}5$
C-OH	phenolisch	$0{,}5 - 6{,}5$
COOH		$9{,}5 - 13{,}0$
X-OH	anorganisch	$11{,}5 - 13{,}0$
C-SH	aliphatisch	$1{,}2 - 1{,}9$
C-SH	aromatisch	$3{,}3 - 3{,}7$
C-NH	aliphatisch	$1{,}1 - 4{,}0$
C-NH	aromatisch	$3{,}3 - 5{,}5$

Tab. 4.19: δ verschieden gebundener Methylprotonen (bezogen auf TMS)

CH₃ - X	δ in ppm	CH₃-X	δ in ppm
$CH_3 - I$	2,2	$CH_3 - CH_2 - C$	0,9
$CH_3 - Br$	2,6	$CH_3 - CH_2 - O$	1,2
$CH_3 - Cl$	3,0	$CH_3 - CH_2 - N$	1,3
$CH_3 - F$	4,3	$CH_3 - CH_2 - Cl$	1,4
$CH_3 - N$	2,4	$CH_3 - CH_2 - Br$	1,7
$CH_3 - N^+$	3,2	$CH_3 - CO - CH_3$	2,1
$CH_3 - O$	3,5	$CH_3 - CO - Br$	2,9
$CH_3 - S$	2,1	$CH_3 - C = C$	1,7
$CH_3 - NO_2$	4,3	$CH_3 - COO - C_2H_5$	2,1
$CH_3 - CN$	2,0	$CH_3 - C_6H_5$	2,0

In Tabelle 4.19 sind die δ-Werte für Methylprotonen in Abhängigkeit vom nächsten Nachbarn dargestellt. Der Vergleich der Methylhalogenide in Tabelle 4.19 verdeutlicht den Zusammenhang zwischen chemischer Verschiebung und Elektronegativität des Nachbaratoms.

Im Fall der Methylengruppen sind natürlich beide nächste Nachbarn zu berücksichtigen (Tabelle 4.20).

Tab. 4.20: δ verschieden gebundener Methylenprotonen bezogen auf TMS

$C - CH_2 - X$	δ in ppm	$C - CH_2 - X$	δ in ppm
$C - CH_2 - C$	1,4	$C - CH_2 - NO_2$	4,3
$C - CH_2 - C_6H_5$	2,7	$C - CH_2 - S$	2,4
$C - CH_2 - C = C$	2,3	$C - CH_2 - I$	3,2
$C - CH_2 - C = O$	2,2	$C - CH_2 - Br$	3,5
$C - CH_2 - C \equiv C$	2,2	$C - CH_2 - Cl$	3,6
$C - CH_2 - O$	3,5	$C - CH_2 - CN$	2,3
$C - CH_2 - O - C_6H_5$	4,3	$CH \equiv C - CH_2 - Cl$	4,1
$C - CH_2 - N$	2,5	$C_6H_5 - CH_2 - OH$	4,4

Die Verschiebungen der Methylenprotonen in Tabelle 4.20 setzen sich additiv aus den Einflüssen beider Nachbargruppen X, Y in der Verbindung $X-CH_2-Y$ zusammen.

Tab. 4.21: Konstanten zur Abschätzung der chemischen Verschiebung von Protonen in $X-CH_2-Y$ Molekülen

X; Y	S_i	X; Y	S_i
- Alkyl	0,0	- C_6H_5	1,3
- C = C	0,75	- I	1,4
- C $\equiv$ C	0,9	- Br	1,9
- COOH	0,7	- Cl	2,0
- COOR	0,7	- F	2,4
- CO – R- CN	1,2	- OH, - OR	1,7
- SR	1,0	- NO_2	3,0
- NH_2, - NR_2	1,0	- $O - C_6H_5$	2,3

Über Abschätzformeln, in denen der protonentragenden Gruppe ein Grundwert zugeordnet wird und mögliche Nachbargruppen *Inkremente* S_i haben, die ihren Beitrag zur Gesamtverschiebung widerspiegeln, lassen sich ebenfalls mit guter Näherung Vorhersagen über die resultierende chemische Verschiebung ableiten. Für das einfache Molekül X-CH$_2$-Y kann die Verschiebung der Methylenprotonen mit der Formel

$$\delta = (1{,}25 + \Sigma\ S_i)\ \text{ppm} \qquad\qquad (4.55)$$

abgeschätzt werden. Einige den Nachbargruppen zugeordnete Inkremente sind in Tabelle 4.21 zusammengestellt. Derartige Inkrementsysteme sind nicht sehr genau. Für die Methylenprotonen in Benzylalkohol (C$_6$H$_5$-CH$_2$-OH) erhält man unter Verwendung von Tab. 4.20 und Gleichung (4.55) 1,25 + 1,7 + 1,3 = 4,25. Der in Tabelle 4.20 ausgewiesene Wert ist 4,4 ppm.

Andere Abschätzformeln ermöglichen Aussagen über die chemische Verschiebung der Protonen am aromatischen Grundgerüst bzw. die Erkennung des Substitutionsmusters bei Mehrfachsubstitution. Setzt man für das monosubstituierte Benzolderivat den Wert a an, so ergibt sich die chemische Verschiebung bei Hinzunahme eines zweiten Substituenten aus $\delta = a + S_i$.
Die S_i-Werte des Zweitsubstituenten sind verschieden für ortho-, meta- bzw. para-Substitution, z.B. für NO$_2$ bzw. NH$_2$

Zweitsubstituent	S_i		
	ortho	meta	Para
-NO$_2$	-0,97	-0,30	-0,42
-NH$_2$	+0,77	+0,13	+0,41

Jeder in Resonanz tretende Kern trägt im gleichen Maß zur **Signalintensität** im ^{1}H-NMR-Spektrum bei. Das Verhältnis der Intensitäten von Signalen mit unterschiedlicher chemischer Verschiebung ist folglich identisch mit dem Verhältnis der Anzahl chemisch äquivalenter Kerne.

Mit den bisherigen Erkenntnissen lassen sich bereits Erwartungsspektren erstellen. Ausgehend von einer vermuteten Struktur können die Zahl der Signalgruppen, ihre chemische Verschiebung und die Signalintensitäten abgeleitet werden. Am Beispiel des Zimtsäureethylesters soll die Erstellung eines ^{1}H-NMR-Erwartungsspektrums demonstriert werden. Die Verbindung besitzt die Strukturformel:

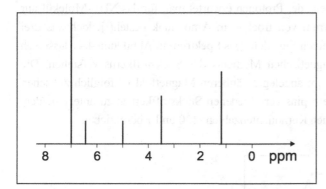

Betrachtet man die aromatischen Protonen zunächst als äquivalent, so sollte die Verbindung fünf Gruppen chemisch äquivalenter Protonen (a - e) enthalten. Im ^{1}H-NMR-Spektrum erwartet man demzufolge fünf Signale mit den Intensitätsverhältnissen 5:1:1:2:3.

Aus den Tabellen 4.18 - 4.21 lässt sich die Signallage bezogen auf TMS abschätzen. Das Ergebnis ist in Abbildung 4.40 zusammengestellt.

Abb. 4.40: Aus den Tab. 4.18 - 4.21 abgeleitetes Erwartungsspektrum für Zimtsäureethylester.

Das Zustandekommen der chemischen Verschiebung durch Zusatzfelder bewegter Elektronen lässt sich auch am Beispiel des **Ringstroms** in aromatischen Ringen demonstrieren. Das äußere Magnetfeld induziert im zyklischen π-Bindungssystem des Benzols einen Ringstrom. Die kreisenden Elektronen rufen ein Magnetfeld hervor, das im Inneren des Rings dem äußeren Feld stets entgegengerichtet ist. Die aromatischen Protonen befinden sich jedoch außerhalb des Rings in einer Lage, in der beide Felder gleichgerichtet sind. Die Resonanz aromatischer Protonen wird deshalb bereits bei geringeren Feldstärken (tiefes Feld bzw. große chemische Verschiebung) erreicht. Der Nachweis eines Ringstroms durch die NMR-Spektroskopie ist ein sicherer experimenteller Nachweis für den aromatischen Charakter eines Ringsystems.

Wie oben angeführt, werden im Erwartungsspektrum Abbildung 4.40 alle aromatischen ^{1}H-Kerne als chemisch äquivalent behandelt und im Signal bei 7 ppm dargestellt. In substituierten Aromaten liegen jedoch Unterschiede zwischen den ^{1}H-Kernen vor, die sich aus ihrer Position zu den Substituenten ergeben. Moderne NMR-Spektrometer verfügen über ein Auflösungsvermögen, das diese Unterschiede sichtbar werden lässt. In Abhängigkeit vom Substituenten werden die ^{1}H-Kerne eines Phenylrings dann als Signale im Intensitätsverhältnis 2:2:1 oder zumindest als zwei Signale im Intensitätsverhältnis 2:3 dargestellt.

4.3.4 Feinstruktur der Signale

Viele der Signale, die in der bisherigen Diskussion zur NMR-Spektroskopie als einheitliche Peaks behandelt wurden, bestehen aus dicht benachbarten Linien. Sie haben eine *Feinstruktur*. Die Feinstruktur ist wiederum auf geringfügige Unterschiede in den an den Kernen wirkenden effektiven Feldern $\vec{H}_{Kern}$ zurückführbar. Dabei müssen die Feldstärkedifferenzen deutlich geringer sein, als bei der zur chemischen Verschiebung führenden unterschiedlichen Abschirmung durch Bindungselektronen. Am Beispiel des Ammoniaks sollen die Ursachen der Feinstruktur (Multiplizität der Peaks) diskutiert werden.

Wegen der chemischen Äquivalenz der Protonen erwartet man für das NH_3-Molekül nur ein Signal. Das ^{1}H-NMR-Spektrum von trockenem Ammoniak besteht jedoch aus drei gleich intensiven, deutlich getrennten Signalen. Das Spektrum in Abbildung 4.41 lässt sich nur unter Einbeziehung des magnetischen Moments des Stickstoffkerns verstehen. Die Kernspinzahl von ^{14}N ist $I = 1$. Im angelegten äußeren Magnetfeld ist folglich zwischen drei in der Ausrichtung ihrer Kernspins verschiedenen Stickstoffkernen zu unterscheiden. Sie werden durch die magnetischen Kernquantenzahlen -1, 0 und 1 beschrieben.

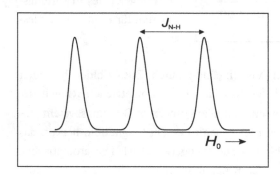

Abb. 4.41: ^{1}H-NMR-Spektrum von trockenem Ammoniak.

Über die Bindungselektronenpaare, die ja gepaart vorliegen müssen, üben die unterschiedlich ausgerichteten Kernspins des Stickstoffs Einfluss auf die ^{1}H-Kerne aus. Man spricht von der indirekten, über die Bindung wirkenden, *Spin-Spin-Kopplung* der Kerne. Die Spin-Spin-Kopplung führt dazu, dass unterschiedliche Anregungsfrequenzen erforderlich sind, um auch bei chemisch äquivalenten ^{1}H- Kernen im Ammoniak Resonanz zu erreichen. Im NMR-Spektrum führt das zum Auftreten von drei Signalen gleicher Intensität, da die drei Kernspinzustände des Stickstoffs nahezu gleich wahrscheinlich sind.

Den Abstand zwischen den unterschiedlichen Linien einer Spin-Spin-Kopplung nennt man **Kopplungskonstante** J_{X-Y}. X und Y sind die wechselwirkenden paramagnetischen Kerne. Kopplungskonstanten können den NMR-Spektren direkt entnommen werden. Da für die Aufspaltung die magnetischen Momente der koppelnden Kerne verantwortlich sind, nicht jedoch das äußere Feld, sind die Kopplungskonstanten von der Stärke des äußeren Feldes unabhängig. Die Kopplungskonstanten werden üblicherweise in Hz angegeben.

Die Stärke der Kopplung (Betrag der Kopplungskonstanten) hängt wesentlich von der Entfernung der Kerne ab. Kopplungen über 3 σ-Bindungen - die Anzahl der Bindungen wird als Hochzahl der Kopplungskonstanten vorangestellt - sind noch ausreichend wirksam. Man spricht von **vicinalen** Kopplungen. Bei gekoppelten Protonen liegen die Konstanten im Bereich von $^3J = 3$ bis 20 Hz. Bei mehr als drei Bindungen (**long range**) wird meist keine Beeinflussung mehr beobachtet, es sei denn, die Kernentfernung verringert sich durch Doppel- und Dreifachbindungen wieder. Beträgt die Differenz der Resonanzfrequenzen nicht äquivalenter Kerne mehr als das Zehnfache der Kopplungskonstanten, so spricht man von **Spektren erster Ordnung**. Moderne Spektrometer, die mit Resonanzfrequenzen von 300 MHz und mehr arbeiten, liefern fast ausschließlich Spektren erster Ordnung. Je stärker das äußere Feld und je höher die Resonanzfrequenz, umso stärker ist das Spektrum gespreizt.

Kopplungen chemisch äquivalenter Protonen führen in Spektren erster Ordnung nicht zu einer Aufspaltung des Resonanzsignals. So weisen z. B. die Spektren von Ethan, Aceton, Cyclo-propan oder Benzol jeweils nur ein Resonanzsignal auf. Zur Erklärung dieser Tatsache sind längere quantenmechanische Betrachtungen nötig, die hier nicht angestellt werden sollen.

Keine Feinstruktur liegt auch in der Mehrzahl der **geminalen** (über zwei Bindungen) Kopplungen chemisch äquivalenter ^{1}H-Kerne, wie sie in Methylgruppen bzw. in Methylengruppen auftreten, vor.

Im Fokus unserer Betrachtungen stehen folglich vicinal gekoppelte und chemisch nicht äquivalente ^{1}H-Kerne, wie sie in benachbarten $-CH_x-CH_y$-Gruppen organischer Verbindungen vorliegen.

Für das Proton der CH-Gruppe, das vicinal mit anderen Wasserstoffkernen gekoppelt ist, ergeben sich zwei mögliche Kernspineinstellungen im äußeren Magnetfeld, die durch die Pfeile veranschaulicht werden: ↑ und ↓. Beide Einstellungen sind gleich wahrscheinlich. An gekoppelten Kernen können folglich zwei leicht unterschiedliche Zusatzfelder mit gleicher Wahrscheinlichkeit anliegen. Als Folge hat das Signal der gekoppelten Protonen (evtl. CH_3-Gruppe, CH_2-Gruppe) eine Feinstruktur bestehend aus zwei Linien gleicher Intensität.

Analoge Überlegungen werden nun für vicinal gekoppelte Protonen in CH_2- bzw. CH_3-Gruppen angestellt.

CH_2:   mögliche Einstellung der ^{1}H-Spins

$$\uparrow\uparrow$$
$$\uparrow\downarrow \quad \text{und} \quad \downarrow\uparrow$$
$$\downarrow\downarrow$$

Alle Kombinationsmöglichkeiten sind nahezu gleich wahrscheinlich. Die beiden gepaarten Anordnungen sind energetisch entartet. CH_2-Gruppen bewirken demnach bei CH_x-Nachbargruppen eine Dreifachaufspaltung des Signals mit einem Intensitätsverhältnis von 1:2:1 zwischen den Linien der Feinstruktur.

CH_3:   mögliche Einstellung der ^{1}H-Spins

$$\uparrow\uparrow\uparrow$$
$$\uparrow\uparrow\downarrow \quad \uparrow\downarrow\uparrow \quad \downarrow\uparrow\uparrow$$
$$\uparrow\downarrow\downarrow \quad \downarrow\uparrow\downarrow \quad \downarrow\downarrow\uparrow$$
$$\downarrow\downarrow\downarrow$$

Die acht unterschiedlichen Möglichkeiten der ^{1}H-Spinkombination in einer CH_3-Gruppe bewirken eine Vierfachaufspaltung des Signals benachbarter CH_x- Gruppen. Das Intensitätsverhältnis der Linien der Feinstruktur ist 1:3:3:1.

Koppeln allgemein n ^{1}H-Kerne vicinal mit chemisch äquivalenten Kernen, so weist ihr Resonanzsignal eine Feinstruktur aus (n+1) Linien auf. Das Intensitätsverhältnis der Linien entspricht den Binominalkoeffizienten der entsprechenden Reihe im Pascalschen Dreieck.

Aus dem Abstand der Feinstrukturlinien (Kopplungskonstante J) lassen sich Aussagen über Bindungswinkel, Bindungsabstand etc. ableiten. Anhand der für viele Verbindungen tabellierten ^3J-Werte kann auf sterische Besonderheiten, wie cis/trans-Isomere geschlossen werden ($^3J_{cis}$ = 5-15 Hz, $^3J_{trans}$ = 13-21 Hz).

4.3.5 Moleküldynamik

Die NMR-Spektroskopie eignet sich hervorragend zur Verfolgung der *Moleküldynamik*.

Cyclohexan existiert z. B. in zwei Konformationen, der Sessel- bzw. der Wannenform. Die Sesselform (Abbildung 4.42) ist die energetisch bevorzugte. Die Protonen am Cyclohexanring können entweder axial oder äquatorial zur Ringebene angeordnet sein.

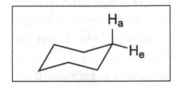

Abb. 4.42: Axiale (H_a) und äquatoriale (H_e) Position der Protonen in einer Sesselkonformation des Cyclohexans.

Bei Raumtemperatur tritt ein ständiger Konformationswechsel zwischen den in Abbildung 4.43 dargestellten Sesselformen (1) bzw. (2) auf. Der Konformationswechsel läuft über die energiereichere Wannenform ab. Die beiden energiegleichen Sesselformen unterscheiden sich in der Konformation der Protonen. Beim Übergang zur Wannenform und schließlich zur Sesselform (2) werden die axialen Protonen zu äquatorialen und umgekehrt. Dieser Wechsel lässt sich NMR-spektroskopisch nachweisen, indem man $C_6D_{11}H$-Spektren bei sinkenden Temperaturen aufnimmt. Sorgt man mit technischen Mitteln zusätzlich dafür, dass indirekte Spin-Spin-Kopplungen zwischen ^1H und D nicht zur Feinstruktur des Protonensignals führt, so erhält man die einfachen, in Abbildung 4.43 dargestellten Spektren.

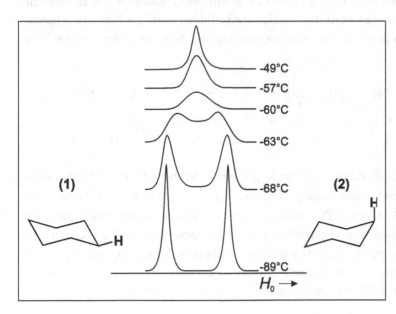

Abb. 4.43: Schematische Protonenresonanzspektren von Cyclohexan-D_{11} in Abhängigkeit der Temperatur.

Der schnelle Wechsel von Sesselform (1) in Sesselform (2) lässt bei Zimmertemperatur keine Unterscheidung zwischen axialem und äquatorialem Proton zu. Durch Temperatursenkung kann die Moleküldynamik verlangsamt werden. Beide Konformere besitzen bei −89°C genügend lange Lebensdauer, um mit getrennten NMR-Signalen nachgewiesen werden zu können. Bei erneutem Temperaturanstieg wird der Konformationswechsel wieder beschleunigt, und beide Signale verschmelzen bei der **Koaleszenztemperatur** zu einer Resonanzstelle. Sie liegt zwischen den Signalen der „eingefrorenen" Isomeren. Mittels derartiger NMR-Untersuchungen lassen sich die thermodynamischen Stabilitäten der „eingefrorenen" Strukturen (man bezeichnet ihren Existenzbereich als den des langsamen Austauschs) und **Energiebarrieren** zwischen diesen Strukturen experimentell ermitteln.

Die relative thermodynamische Stabilität beider im Gleichgewicht eines langsamen Austauschs vorliegender Komponenten lässt sich in Form der Freien Standardenthalpie beschreiben ($\Delta G^{\varnothing} = -R \cdot T \cdot \ln K$). Die Gleichgewichtskonstanten K erhält man aus dem Verhältnis der Konzentrationen der eingefrorenen Strukturen.

Für die Abschätzung der kinetischen Daten ist die Koaleszenztemperatur wichtig. Aus dem Unterschied der chemischen Verschiebung $\Delta\delta$ (in Hz), den man im Bereich des langsamen Austauschs bestimmen kann, lässt sich die Geschwindigkeitskonstanten des dynamischen Prozesses berechnen ($k = \dfrac{\pi}{\sqrt{2}} \cdot \Delta\delta$).

Einen weiteren dynamischen Effekt kann man in Protonenaustauschprozessen beobachten. Derartige **intermolekulare Austauschprozesse** führen z. B. die Protonen alkoholischer OH-Gruppen durch. In wasserfreiem, sehr reinem Methanol ist der Austauschprozess langsam.

Im Spektrum erhält man die der vicinalen Kopplung entsprechende Feinstruktur der Signale. Das OH-Signal ist vierfach aufgespalten (1:3:3:1, $\delta = 4,08$ ppm), das CH_3-Signal ist ein Dublett (1:1, $\delta = 3,16$, ppm). Der Austausch wird von Oxoniumionen bzw. Spuren von Wasser katalysiert und wird so schnell, dass die Feinstruktur des OH-Signals, aber auch die der zur OH-Gruppe vicinalen ^{1}H-Kerne dann nicht mehr beobachtbar ist. Die Signale werden zu Singuletts. Der beschriebene Austausch lässt sich natürlich auch „einfrieren". Unterhalb von etwa -10 °C wird die Signalaufspaltung erneut sichtbar.

4.3.6 Beispiele der Interpretation einfacher eindimensionaler ^{1}H-NMR-Spektren

Wie aus den vorangehenden Kapiteln hervorgeht, können einem einfachen ^{1}H-NMR-Experiment eine Reihe wichtiger Informationen entnommen werden:

- Zahl der Signale - Sie gibt Auskunft über die Zahl der chemisch nicht äquivalenten Protonengruppen in der Verbindung.

- Chemische Verschiebung δ der Signale - Aus Verschiebungstabellen bzw. über Inkrementsysteme lassen sich Aussagen über die nächsten bzw. übernächsten Nachbaratome der äquivalenten Protonen und damit über den Aufbau der Moleküle gewinnen.

- Intensitätsverhältnis der Signale - Da jeder ^{1}H-Wasserstoffkern den gleichen Beitrag zur Signalintensität liefert, gibt das Intensitätsverhältnis der Signale das Verhältnis der Anzahl von ^{1}H-Kernen in den Gruppen chemisch äquivalenter Protonen an.

- Multiplizität der Signale - Wird die Multiplizität durch indirekte Spin-Spin-Kopplung mit vicinal gebundenen ^{1}H-Kernen einer benachbarten CH_n-Gruppe bewirkt, so ist die Zahl der vicinal gebundenen Kerne n um 1 kleiner als die Signalmultiplizität.

- Der Abstand der Feinstrukturlinien - Er wird als sogenannte Kopplungskonstante J in der Maßeinheit s^{-1} (Hz) angegeben. Die Kopplungskonstanten sind tabelliert und werden zur Aufklärung der Stereochemie in den Verbindungen herangezogen.

Anhand einiger Beispiele werden nun ^{1}H-NMR-Spektren diskutiert. Die untersuchten Substanzen werden dazu in deuteriertem Chloroform gelöst. Der Deuterierungsgrad des Lösungsmittels beträgt 99,8 %. In den Spektren taucht folglich ein Signal auf, das auf die Spuren von 0,2 % $CHCl_3$ im Lösungsmittel zurückzuführen ist. Es besitzt die chemische Verschiebung von 7,26 ppm.

Registriert werden chemische Verschiebungen zwischen -0,5 und 12 ppm. Die Flächenintegrale der Signalgruppen (Signalintensität) werden als Zahlenwerte unter den Signalen angegeben. In der Kopfzeile des Spektrums erscheinen die chemischen Verschiebungen der Signallinien der Feinstruktur (Abbildung 4.44).

Beispiel 1
Im Kapitel 4.3.3 (Abbildung 4.40) wurde anhand des eingeschränkten Tabellenmaterials von chemischen Verschiebungen ein Erwartungsspektrum von Zimtsäureethylester erstellt. Abbildung 4.44 zeigt das tatsächlich mittels ^{1}H-NMR erhaltene Spektrum in der oben beschriebenen Darstellungsweise.

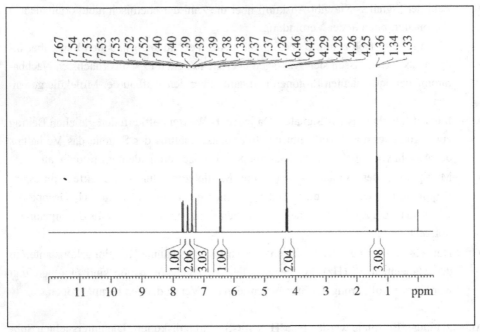

Abb. 4.44: ^{1}H-NMR-Spektrum von Zimtsäureethylester.

Zum besseren Verständnis der Diskussion wird noch einmal die Strukturformel von Zimtsäureethylester angeführt:

Das Signal mit der chemischen Verschiebung von 7,26 ppm stammt von der Verunreinigung des Lösungsmittels mit undeuteriertem Chloroform und gehört deshalb nicht zum Spektrum der Verbindung. Für die weitere Diskussion und Zuordnung der Signale ist die Darstellung ihrer Feinstruktur hilfreich, die in Abbildung 4.45 gegeben ist. In der Kopfzeile der stark aufgelösten Signale sind jetzt die Resonanzfrequenzen in Hz angegeben, die zu den Linien der Feinstruktur gehören.

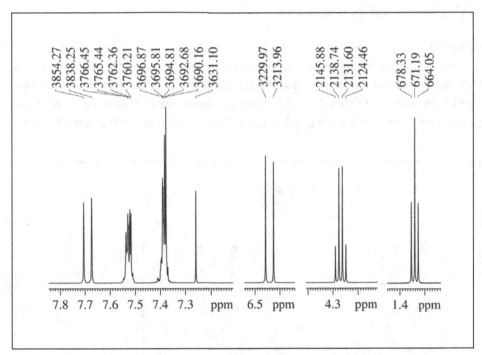

Abb. 4.45: Feinstruktur der Signale im ^{1}H-NMR-Spektrum von Zimtsäureethylester.

In Abbildung 4.40 wurde das Auftreten einer Feinstruktur der Signale bei vicinaler Kopplung chemisch nicht äquivalenter ^{1}H-Kerne noch nicht berücksichtigt. In der Molekülstruktur liegen aber vicinale Kopplungen sowohl in der Ethylgruppe als auch in der Vinylgruppierung vor. Für die CH$_3$-Gruppe folgt aus den Verschiebungstabellen ein Wert von 1,2 ppm. Wegen der benachbarten CH$_2$-Gruppe wird die Multiplizität 3 erwartet (Intensitätsverhältnis der Feinstruktur 1:2:1). Die CH$_2$-Gruppe ihrerseits muss ein vierfach aufgespaltetes Signal mit einer chemischen Verschiebung von mindestens 3,5 ppm haben. Wahrscheinlich ist δ wegen der dem Sauerstoffatom folgenden Nachbarn noch größer. (Das Signal tritt bei 4,27 ppm auf.)

Die beiden olefinischen CH-Gruppen müssen jeweils zweifach aufgespalten sein (Intensitätsverhältnis 1:1). Die mit der Carboxylgruppe verbundene CH-Gruppe hat eine kleinere Verschiebung als die am Aromaten gebundene Gruppe. Wenn erstere bereits einen δ-Wert von 6,45 ppm aufweist, muss die zweite CH-Gruppe noch stärker verschoben sein. Zu ihr gehört offensichtlich das Liniendublett bei $\delta = 7,7$ ppm. Die ^{1}H-Kerne am aromatischen Ring führen zu zwei Signalen mit dem Intensitätsverhältnis 3:2. Offensichtlich wird das Signal bei 7,38 ppm von den Kernen in der Position 3,4,5 verursacht, das Signal bei 7,53 ppm von den Protonen mit den Positionen 2 und 6. Das Intensitätsverhältnis der Signale 3 (1,34 ppm) : 2 (4,27 ppm) : 1 (6,45 ppm) : 5 (7,38 - 7,53 ppm)

: 1 (7,7ppm) bestätigt die Interpretation.

Beispiel 2

Im Ergebnis einer Synthese von Dimethylpyridin könnten das 2,3-, 2,4- bzw. 2,6-
Dimethyl-pyridin entstanden sein. Anhand des ^{1}H-NMR-Spektrums (Abbildung 4.46) soll
entschieden werden, welches der drei Isomere gewonnen wurde. Dazu wird die hoch auf-
gelöste Feinstruktur der Signale gleich in das ^{1}H-NMR-Spektrum der Substanz integriert.

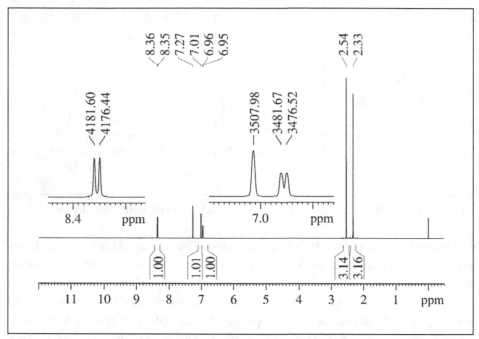

Abb. 4.46: ^{1}H-NMR-Spektrum von Dimethylpyridin.

Das Signal bei 7,27 ppm gehört wieder zu den CHCl$_3$-Spuren im Lösungsmittel und muss
im Spektrum nicht diskutiert werden. Es verbleiben also fünf Signale, von denen die zu
2,33 ppm und 2,54 ppm gehörenden keine Feinstruktur besitzen und zu den isoliert stehenden Methylgruppen gehören. Die Intensität der Signale von jeweils 3 bestätigt die Annahme. Die drei verbleibenden ^{1}H-Kerne am heteroaromatischen Ring müssen so angeordnet
sein, dass zwei vicinal benachbart sind und einer isoliert angeordnet ist (zwei Dubletts, ein
Singulett).

Die Strukturformeln der möglichen Dimethylpyridin-Isomeren zeigen Unterschiede in der
Stellung der Methylgruppen und der Anordnung der zum heteroaromatischen Ring gehörenden Protonen. Zwei getrennte Signale für die Methylgruppen erwartet man bei den 2,3-
und 2,4 Isomeren. Das Kopplungsmuster der Ringprotonen weist die Verbindung eindeutig

als 2,4-Di-methylpyrdin aus.

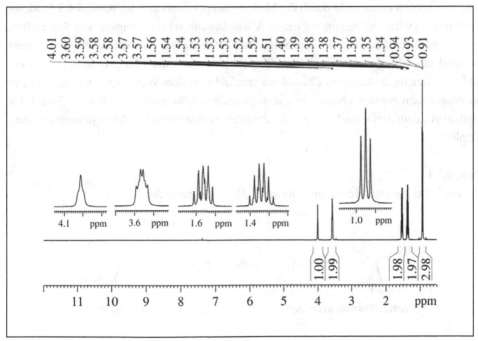

Beispiel 3

Abbildung 4.47 zeigt das Protonenresonanzspektrum von Butanol. Es ist zu unterscheiden, ob es sich um n-Butanol bzw. iso-Butanol handelt.

Abb. 4.47: ^{1}H-NMR-Spektrum von Butanol.

Beim n-Butanol gibt es fünf Gruppen chemisch äquivalenter Protonen mit dem Intensitäts-verhältnis 3:2:2:2:1. Im iso-Butanol liegen vier verschiedene Gruppen äquivalenter ^{1}H-Kerne im Intensitätsverhältnis 6:1:2:1 vor. Das Intensitätsverhältnis der Signale und die Anzahl der Signalgruppen in Abbildung 4.47 deutet folglich auf n-Butanol hin. Die Fein-struktur der Signale bestätigt die Annahme. Die Methylgruppe (0,91-0,94 ppm) erschein als Triplett mit der Intensität 3. Die darauf folgende Methylengruppe (Intensität 2 und $\delta =$ 1,34-1,40) ist in erster Näherung mit fünf H-Atomen vicinal gekoppelt. Ihre Feinstruktur weist folglich sechs Linien auf. Die nächste Methylengruppe (Intensität 2 und $\delta = 1,51$-1,56 ist in erster Näherung mit vier Protonen gekoppelt. Das zugehörige Signal muss aus fünf Linien bestehen. Die letzte Methylengruppe vor der OH-Gruppe (Intensität 2) muss wegen der Bindung zum Sauerstoff die größte chemische Verschiebung der aliphatischen Protonen besitzen. Sie beträgt 3,57-3,6 ppm. Die Feinstruktur kann als Quartett interpre-tiert werden (vier H-Atome in den Nachbargruppen) bzw. zählt man die Schultern mit als Sextett. Die Protonen der vorhergehenden Methylengruppe und das Proton der nachfol-genden OH-Gruppe sind so unterschiedlich, dass man die Aufspaltung in ein Triplett (durch die vorhergehende CH$_2$-Gruppe) erwarten kann, das seinerseits durch das Proton der OH-Gruppe nochmals als Duplett erscheint (Sextett). Das Signal des Protons der OH-Gruppe ist breiter. Es weist zwei Schultern auf, die andeuten, dass bei weiterer Aufspal-tung ein Triplett (verursacht durch die Methylengruppe) entsteht. Im Kapitel 4.3.5 (Mole-küldynamik) wird andererseits auf den in Alkohollösungen (in Gegenwart von Spuren frei-er Protonen) stattfindenden Protonenaustausch hingewiesen. Allerdings wird in unserem Beispiel ein schneller Austausch dadurch behindert, dass die Messung in getrocknetem und säurefreiem, deuteriertem Chloroform stattfindet, in dem Wasserspuren weitestgehend ausgeschlossen werden können. In einem protischen Lösungsmittel wird das Signal des Hydroxylwasserstoffs zum Singulett, das der vorhergehenden Methylengruppe zum Triplett.

Beispiel 4
Ein aliphatischer Ester der Summenformel $C_6H_{12}O_2$ ist entweder

Pivalinsäuremethylester   oder   Essigsäure-t-butylester

Die Entscheidung, welche der beiden Verbindungen vorliegt, soll anhand des ^{1}H-NMR-Spektrums (Abbildung 4.48) getroffen werden.

Erwartungsgemäß zeigt das Spektrum zwei Signale ohne Feinstruktur im Intensitätsverhältnis 3:1. Eine Entscheidung zwischen beiden möglichen Verbindungen kann nur anhand der δ-Werte der Signale erfolgen. Für das Signal der einzelnen Methylgruppe werden Verschiebungen von

$$CH_3\text{-}COOR: \quad \delta = 2,1 \text{ ppm} \quad \text{bzw.} \quad CH_3\text{-}O\text{-}COR: \quad \delta = 3,5 \text{ ppm}$$

den Tabellen entnommen.

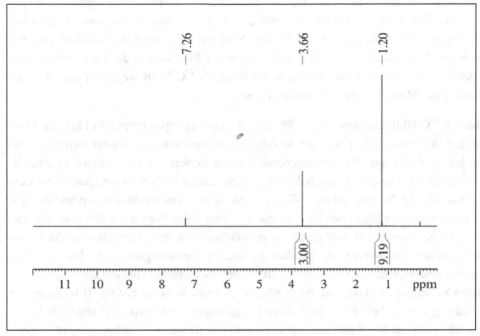

Abb. 4.48: ^{1}H-NMR-Spektrum eines aliphatischen Esters $C_6H_{12}O_2$.

Die drei an einem C-Atom gebundenen Methylgruppen sind chemisch äquivalent und führen zum Signal mit der Intensität 9, währen der einzelnen Methylgruppe die Intensität 3 zugeordnet werden muss. Das Signal mit δ = 7,26 ppm gehört zu den CHCl$_3$-Spuren im Lösungsmittel und nicht zum Spektrum der Verbindung. Das Spektrum in Abbildung 4.48 gehört folglich zum Pivalinsäureester.

Beispiel 5

Anhand der bereits diskutierten Spektren des Zimtsäureethylesters (Abbildungen 4.44 und 4.45) soll entschieden werden, ob die untersuchte Verbindung als cis- oder als trans-isomere Verbindung vorliegt. Die beiden Isomeren unterscheiden sich in der Stellung der ^{1}H-Kerne in der Vinyleinheit im Molekül. Das führt zu unterschiedlichen ^3J-Kopplungskonstanten für die Protonen der -CH=CH- Gruppierung. Der Abstand der Linien der Feinstruktur (Kopplungskonstante) kann in Abbildung 4.45 ermittelt werden. Er beträgt nach den Angaben in Abbildung 4.45 (3229,97 − 3213,96) Hz = 16,01 Hz bzw. (3854,27 − 3838,25) Hz = 16,02 Hz. Untersucht wurde folglich das trans-Isomere des Zimtsäureesters.

4.3.7 NMR-Spektroskopie anderer Kerne

Neben den ^{1}H-Kernen werden heute zahlreiche andere magnetische Kerne spektroskopisch untersucht. So stellen die ^{13}C-, ^{19}F-, ^{15}N- und ^{11}B-NMR-Spektroskopie Routinemethoden dar. Der Vorteil dieser NMR-Untersuchungen liegt vor allem in den deutlich größeren Differenzen der chemischen Verschiebung. Nachteile gegenüber der ^{1}H-NMR sind die geringere Empfindlichkeit der anderen Kerne. In der Entwicklung der Kernspinresonanz-Spektroskopie anderer Kerne dominierte vor allem die ^{13}C-NMR wegen der zentralen Bedeutung der Methode in der organischen Chemie.

Bei den ^{13}C-NMR-Untersuchungen führten neben der geringen Empfindlichkeit der Messungen die Störungen infolge der Spin-Spin-Kopplung mit den Wasserstoffkernen zunächst zu Problemen. Die unzureichende Empfindlichkeit ist der geringen natürlichen Häufigkeit des Isotops ^{13}C geschuldet aber auch seinem kleinen gyromagnetischen Verhältnis. Nur 1,1 % aller Kohlenstoffkerne gehören zum untersuchten Isotop und das gyromagnetische Verhältnis beträgt etwa nur ein Viertel des Wertes der Wasserstoffkerne. Die gleiche Aussage gilt auch für den Kern-g-Faktor. Das führt, verglichen mit der Protonenresonanzspektroskopie, zu deutlich geringeren Besetzungsunterschieden zwischen Grund- und angeregtem Zustand. Wie früher bereits diskutiert sind die durch die Boltzmann-Verteilung beschriebenen Besetzungsunterschiede jedoch selbst für ^{1}H-Kerne gering (abhängig von der Feldstärke des äußeren Magnetfeldes entfallen auf 10^6 angeregte Kerne nur 10^6 + (20 bis 80) Kerne im Grundzustand). Die messbare Strahlungsabsorption wird damit sehr klein. Zusätzlich als nachteilig erweist sich die lange Relaxationszeit des Kohlenstoffs, die schnell zu einer Sättigung der Spinanregung führt. Die Empfindlichkeitsprobleme konnten schließlich durch Spektrenakkumulation in der Impuls-Technik und die Anwendung der Fourier-Transformation auf die akkumulierten Interferogramme (FIDs) überwunden werden. Die zwischen ^{13}C- und ^{1}H-Kernen auftretende Spin-Spin-Kopplung lieferte aber signalreiche und teilweise verrauschte Spektren. Die Problemlösung bestand in der *Doppelresonanztechnik*. Bei dieser auch als *Rauschentkopplung* bezeichneten Methode wird ein breites Frequenzband eingestrahlt, das alle Wasserstoffkerne gleichzeitig zur Resonanz bringt und dadurch entkoppelt. Die geschilderten Schwierigkeiten führten verglichen mit der Spektroskopie der ^{1}H-Kerne zu einer zeitlichen Verzögerung in der Entwicklung der ^{13}C-NMR. Die δ-Werte der chemischen Verschiebung sind bei ^{13}C-NMR-Spektren deutlich größer als bei den ^{1}H-NMR-Spektren. Sie unterscheiden sich stark für aliphatischen Kohlenstoff, aromatischen Kohlenstoff, oder den Kohlenstoff der Carbonylgruppen. Aliphatischer Kohlenstoff weist eine chemische Verschiebung von rund 0-

40 ppm bezogen auf TMS auf. Diesem Bereich schließen sich O- bzw. N-Alkylverbindungen bis etwa 80 ppm an. Der Kohlenstoff in aromatischen und heteroaromatischen Verbindungen besitzt eine chemische Verschiebung von etwa 100-160 ppm. Die höheren Werte gehören vor allem zu den Elektronenmangelverbindungen der Heteroaromaten. Die chemische Verschiebung von Carbonylkohlenstoff liegt hauptsächlich zwischen160-200 ppm. Umfangreiches Tabellenmaterial zur chemischen Verschiebung der verschiedenen ^{13}C-Kerne ermöglicht wichtige Strukturaussagen über die Kohlenstoffgerüste organischer Verbindungen.

Die ^{13}C-NMR liefert im Gegensatz zur ^{1}H-NMR direkte Aussagen über Kohlenstoffatome, die nicht mit Wasserstoffatomen verbunden sind wie z. B. C-Atome in Carbonyl- bzw. Nitrilgruppen. Zur Signalaufspaltung im Sinne einer Feinstruktur kommt es nur bei der Kopplung von ^{13}C-Kernen mit anderen ebenfalls Magnetismus besitzenden Kernsorten (heteronukleare Kopplung). Die ^{1}H-Atome werden entkoppelt und eine Spin-Spin-Kopplung der ^{13}C-Kerne untereinander ist wegen der geringen Häufigkeit des ^{13}C-Isotops sehr unwahrscheinlich.

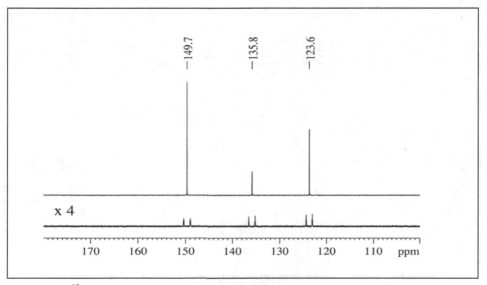

Abb. 4.49: ^{13}C-NMR-Spektrum von Pyridin. Das untere Messignal wurde ohne Rauschentkopplung mit vierfacher Verstärkung aufgenommen.

Aus der Anzahl der Signale im ^{13}C-NMR – Spektrum lässt sich wiederum die Anzahl von Gruppen chemisch äquivalenter C-Atome ablesen. Innerhalb einer Gruppe trägt auch jeder Kohlenstoffkern im gleichen Maße zur Signalintensität bei. Aus dem Verhältnis der Intensitäten unterschiedlicher Signale lassen sich allerdings keine Aussagen über die unterschiedlichen Kernzahlen mehr ableiten. Die ^{1}H-Entkopplung der Kohlenstoffkerne bewirkt, dass Kerne, die mit Wasserstoffatomen verbunden sind, mit größerer Intensität im Spektrum erscheinen (***Kern-Overhauser-Effekt***, NOE).

Im ^{13}C-NMR-Spektrum des Pyridins treten erwartungsgemäß drei Signale auf. Die C-Atome 2 und 6 (o) weisen wegen der Nähe zum Stickstoffatom die größere chemische Verschiebung auf (149,7 ppm). Die beiden auf Position 3 und 5 (m) gebundenen äquivalenten C-Atome führen zum vergleichbar intensiven Signal bei 123,6 ppm. Das Signal des einen paraständigen Kohlenstoffatoms (135,8 ppm) zeigt eine deutlich geringere Signalintensität. In Abbildung 4.49 wird auch ein vierfach verstärktes ^{13}C-NMR-Spektrum von Pyridin dargestellt, bei dem auf die Rauschentkopplung verzichtet wurde. Die Signale erscheinen wegen der heteronuklearen Kopplung mit jeweils einem Proton als Dubletts und bei gleichen Aufnahmebedingungen mit viel geringerer Intensität.

Abbildung 4.50 zeigt das ^{13}C-NMR-Spektrum des bereits mehrfach angeführten trans-Zimtsäureethylesters. Entsprechend der Strukturformel erwartet man neun unterschiedlich gebundene C-Atome. Im Spektrum treten zehn Signale auf.

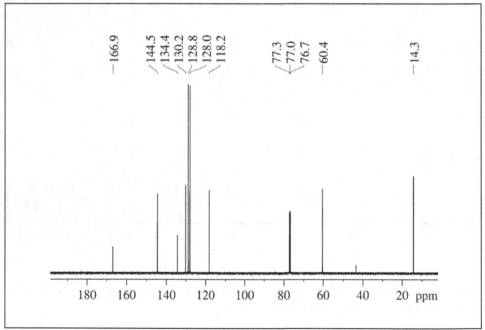

Abb. 4.50: ^{13}C-NMR-Spektrum von Zimtsäureethylester.

Das intensive Signal bei 77,0 ppm, das den Verschiebungsangaben zufolge als Triplett erscheint, kann dem Lösungsmittel zugeordnet werden. Als Lösungsmittel wird deuteriertes Chloroform (CDCl$_3$) verwendet. Deuterium besitzt einen Kernspin mit der zugehörigen

Kernspinquantenzahl von 1. Die Spin-Spin-Kopplung mit dem ^{13}C-Kern ($I = \frac{1}{2}$) führt zur Triplettaufspaltung analog zu dem im Kapitel 4.3.4 diskutierten Beispiel des trockenen Ammoniaks.

Die verbliebenen neun Signale lassen sich eindeutig den C-Atomen im Zimtsäuremolekül zuordnen. Bei 14,3 ppm findet man den Methylkohlenstoff, bei 60,4 ppm den O-Alkylkohlenstoff der Methylengruppe. Die Signale bei 118,2 ppm und 144,5 ppm gehören zu den C-Atomen der Vinylgruppierung. Bei 166,9 ppm findet man das Signal der Carbonylgruppe. Der aromatische Kohlenstoff wird schließlich durch die vier Signale zwischen 128,0 ppm und 134,4 ppm repräsentiert. Die Signalintensitäten zeigen, dass die Kohlenstoffkerne 2 und 6 bzw. 3 und 5 im aromatischen Ring äquivalent sind. Die Signalintensitäten bestätigen unter Berücksichtigung des Kern-Overhauser-Effekts die Zuordnung.

Das ^{31}P-NMR-Spektrum des Triphosphat-Anions $P_3O_{10}^{5-}$ in Abbildung. 4.51 liefert ein weiteres Beispiel für die Strukturbestätigung mittels Kernresonanz.

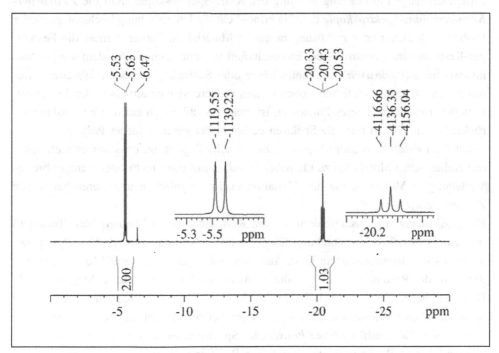

Abb. 4.51: ^{31}P-Spektrum des Triphosphat-Anions.

Die vorgeschlagene symmetrische Struktur des Anions

$$
\begin{array}{ccccc}
& O & & O & & O \\
& \| & & \| & & \| \\
{}^{\ominus}O- & P & -O- & P & -O- & P -O^{\ominus} \\
& | & & | & & | \\
& O & & O & & O \\
& _{\ominus} & & _{\ominus} & & _{\ominus}
\end{array}
$$

spiegelt sich im NMR-Spektrum wider. Das Anion enthält zwei Gruppen chemisch äquivalenter Phosphorkerne. Zur 1. Gruppe gehören die beiden äußeren Phosphoratome. Die 2. Gruppe wird vom mittelständigen P-Atom gebildet. Das mittelständige Phorsphoratom (Intensität 1) ist mit zwei äquivalenten Phorsphoratomen gekoppelt. Sein Signal muss folglich ein Triplett (1:2:1) sein. Das Signal der äquivalenten äußeren Phosphoratome (Intensität 2) muss wegen der Spin-Spin-Kopplung als Dublett vorliegen.

4.3.8 Festkörperkernresonanzspektroskopie

Eine noch junge Entwicklungsrichtung der NMR-Spektroskopie stellt die *Festkörper-Kern-resonanz-Spektroskopie* dar. Sie ermöglicht die Untersuchung hochkonzentrierter Proben, unlöslicher oder in Lösung instabiler Materialien. Ferner vermag die Festkörper-Kernresonanz-Spektroskopie Eigenschaften zu untersuchen, die dem Festzustand innewohnend (*intrinsisch*) sind, beim Lösen oder Schmelzen des Materials aber verloren gehen. Die Spektren fester Proben weisen breitere Signale auf als in den bisher diskutierten Beispielen. Dieses Phänomen ist nicht ausschließlich auf den Festzustand zurückzuführen. Nimmt man die Spektren gelöster oder geschmolzener Polymere auf, so erhält man ebenfalls breitere Signale. Die Ursache liegt darin, dass wir es nicht mehr mit einheitlichen Molekülen zu tun haben, sondern mit einer mehr oder weniger breiten Verteilung in Molekülmasse und Variation in der chemischen und stereochemischen Zusammensetzung.

Die Ausbildung von Zusatzfeldern, die am Kern die äußeren Magnetfelder überlagern und zur chemischen Verschiebung führen, wird wesentlich von der Ausrichtung des Moleküls im Magnetfeld beeinflusst. Auch bei einheitlichen kleineren Molekülen hängt die Lage des Resonanzsignals von der momentanen Lage im äußeren Magnetfeld ab. Dank der hohen Beweglichkeit der Moleküle in der flüssigen Phase und der Vielzahl identischer, aber unterschiedlich ausgerichteter Teilchen mittelt die Natur diese Unterschiede aus. Sie schafft *isotrope Phasen*. Im Spektrometer werden die Probenröhrchen während des NMR-Experiments zusätzlich in Rotation versetzt.

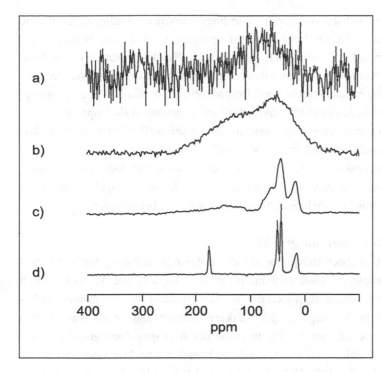

Abb. 4.52: ^{13}C-Festkörper-NMR-Spektren von Polymethylmethacrylat (PMMA), die mit unterschiedlichen Techniken aufgenommen wurden: a) Puls-Verfahren mit anschließender Fourier-Transformation; b) CP-Technik; c) CP-Technik mit high power Entkopplung; d) CP-Technik, high power Entkopplung und MAS-Technik.

Feststoffe sind *anisotrop*. Durch die eingeschränkte Beweglichkeit sowohl im kristallinen als auch im amorphen Feststoff kommen Einflüsse hinzu, die zur dramatischen Signalverbreiterung in Festkörperspektren führen. Vor allem die Dipol-Dipol-Wechselwirkung zwischen den Teilchen, aber auch direkte Spin-Spin-Kopplungen (Spin-Dipol-Wechselwirkungen) über den Raum verbreitern die Signale. Im Ergebnis der Dipol-Wechselwirkungen mit Protonen erhält man ^{13}C-Linienbreiten in organischen Feststoffen, die in der Größenordnung von 20 kHz liegen. Die Signale überdecken sich gegenseitig und Feinstrukturen sind nicht mehr erkennbar.

Die Spinentkopplung kann, wie bereits bei den Ausführungen zur ^{13}C-NMR gelöster Stoffe erwähnt, durch Einstrahlen eines breiten Frequenzbandes erreicht werden, mit dem die unterschiedlichen magnetischen Kerne entkoppelt werden. Im Festkörper benötigt man dazu wesentlich breitere Entkopplungsfrequenzen (*high power decoupling*). Wie hier nicht weiter ausgeführt werden soll, lässt sich die Anisotropie auch durch schnelle Rotation um den sogenannten *magischen Winkel* (54,74°) stark reduzieren. Man spricht von *MAS-Verfahren*. MAS steht für magic angle spinning.

Ein weiteres heute in der Festkörper-Kernresonanz-Spektroskopie mit MAS und high power decoupling kombiniertes Verfahren ist das der *Kreuzpolarisation* (CP – *cross polarization*). Bei der CP-Methode werden die untersuchten Kerne durch andere vorher zur Resonanz gebrachte Kerne angeregt (z. B. ^{13}C Anregung durch ^{1}H). Damit gelingt es, die

Spektrenauflösung erheblich zu verbessern. Allerdings müssen die Bedingungen für die Kreuzpolarisation von Probe zu Probe zunächst optimiert werden, was beträchtlichen messtechnischen Aufwand erfordert. Auch wirkt sich die Kreuzpolarisation unterschiedlich auf verschiedene Kerne aus, so dass wieder nicht mehr von jedem ^{13}C-Atom der gleiche Beitrag an Signalintensität erbracht wird. Besondere Aufmerksamkeit muss paramagnetischen Probenbestandteilen gewidmet werden. Eisen-III-gehalte in Bodenproben sind z. B. ein Hauptgrund für den sogenannten „unsichtbaren Kohlenstoff". Sie führen dazu, dass die NMR-spektroskopisch bestimmbaren Kohlenstoffgehalte zu geringe Werte anzeigen. Die ^{13}C-CP/MAS-Spektroskopie wird heute z. B. bei der Untersuchung von Polymeren, Kohlen oder Huminstoffen eingesetzt. Abbildung 4.52 zeigt, wie Entkopplungstechniken und Kreuzpolarisation das ^{13}C-NMR Spektrum eines Polymeren beeinflussen.

4.3.9 MRT - Magnetresonanztomographie

Ein von den bisher diskutierten Beispielen abweichendes Anwendungsgebiet der Protonenresonanzspektroskopie eröffnete sich Ende der 70er Jahre in der Medizin. Durch Messung der Protonenresonanz lässt sich die Wasserverteilung im Organismus studieren. Gewebe mit hohem Wassergehalt gibt stärkere Resonanzsignale als wasserarmes Gewebe wie z. B. Knochen. Bei der Entwicklung der *Kernspin-Tomographie* waren vor allem technische Probleme zu lösen. Zunächst brauchte man Magneten, die so dimensioniert waren, dass sie große Objekte wie z. B. den Schädel oder gar den Körper eines Menschen aufnehmen konnten. Darüber hinaus mussten sie natürlich den Anforderungen gerecht werden, die die NMR-Spektroskopie an Homogenität, Stabilität und Stärke des Magnetfeldes stellt. Eine zweite technische Herausforderung bestand darin, die Resonanz innerhalb der großen Untersuchungsobjekte auf kleine Volumenelemente zu beschränken. Nur so waren aus den Messwerten genügend scharfe Informationen über die Wasserverteilung zugänglich.

Die Volumenselektion erreicht man durch Anlegen variabler *Gradientenfelder*. Sie zerlegen die Untersuchungsobjekte in kleine Raumeinheiten, wie Schichten, die ihrerseits durch den räumlich begrenzt wirkenden Anregungsstrahl als Stäbchen abgerastert werden.

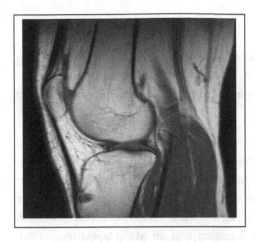

Abb. 4.53: Magnetresonanzaufnahme eines Knies
(https://de.wikipedia.org/wiki/Magnetreso nanztomographie).

Abbildung 4.53 zeigt die Aufnahme eines menschlichen Knies mittels Kernspin-Tomographie.

Neben Aussagen zur absoluten Wasserverteilung und der daraus ableitbaren Gewebeart sind auch Differenzierungen innerhalb einer Gewebeart möglich. In Abhängigkeit davon, wie das Wasser im Gewebe gebunden ist, ergeben sich geringfügige Unterschiede in der Protonenrelaxationszeit der Wassermoleküle. Durch Erfassen der Relaxationszeiten sind Aussagen über Gewebeveränderungen in eng begrenzten Volumensegmenten möglich. Die ungeheure Fülle von Messwerten, die bei derartigen Untersuchungen anfallen, kann nur von leistungsfähigen Rechnern erfasst, verwaltet und schließlich zu Bildern zusammengefügt werden.

4.4   Massenspektrometrie

Verglichen mit den bisher diskutierten Methoden wird in der Massenspektrometrie (MS) die Probe deutlich höherer Energie ausgesetzt. Das führt zur Entfernung von Bindungselektronen und damit zur stofflichen Veränderung der Probe. Die Massenspektrometrie ist keine Resonanzmethode!

Ziel der Methode ist die Bestimmung der Massen der erzeugten Ionen. Das Masse/Ladungsverhältnis der Ionen und ihre Wechselwirkung mit elektrostatischen bzw. magnetischen Feldern bildet die Grundlage der Massentrennung. In Abhängigkeit von der Energie, die zur Ionisation der Probeteilchen eingesetzt wird, sind Folgereaktionen der erzeugten Ionen, wie z. B. deren Fragmentierung möglich. Entstehende Fragmentionen werden ebenfalls nach ihrer Masse getrennt detektiert und im Massenspektrum erfasst. Dabei liefert die Gesetzmäßigkeit der Fragmentierungsreaktionen in vielfältiger Weise Hinweise auf die untersuchten Teilchen.

Wie bei den anderen diskutierten spektroskopischen Methoden auch, findet bei der Massenspektrometrie eine rasante Methodenentwicklung statt. Es würde wieder den Rahmen dieses Buches sprengen, die ganze Breite der heute verfügbaren massenspektrometrischen Methoden zu umreißen. Deshalb beschränken wir uns im Kapitel 4.4 auf generelle Aussagen zur Leistungsfähigkeit der Methode und auf deren Grundzüge. Massenspektrometer werden heute häufig als Detektoren in der Kombination mit Trennsystemen eingesetzt (GC/MS, HPLC/MS). Die einzelnen Gemischbestandteile identifiziert man anhand ihrer Massenspektren. Dazu wird unter Nutzung der modernen Rechentechnik ein Abgleich der gewonnenen Spektren mit umfangreichen Spektrenbibliotheken durchgeführt. Die weitaus meisten Spektren liegen von EI-MS-Untersuchungen vor. EI steht für Elektronenstoßionisation, die Ionisierungsart, die am Beginn der Massenspektrometrie stand und heute noch im breiten Maße genutzt wird. Sie soll auch im Mittelpunkt unserer Erläuterungen stehen. Wichtig ist allerdings bereits an dieser Stelle darauf hinzuweisen, dass die Ionisierungsart das Fragmentierungsverhalten der gebildeten Molekülionen bestimmt. Deshalb können stets nur Spektren verglichen werden, die mittels gleichartiger Ionisierung erhalten wurden.

Werden zur massenspektrometrischen Anregung Elektronenstrahlen verwendet, so besitzen sie meist eine Energie von 70 eV. Umgerechnet in $kJ \cdot mol^{-1}$ sind das $6{,}75 \cdot 10^3\, kJ \cdot mol^{-1}$. Diese Anregung ist so stark, dass es zur Ionisierung der Probenbausteine oder sogar zum Zerfall der gebildeten Molekülionen kommt.

4.4.1   Prinzipieller Aufbau eines EI-Massenspektrometers
Probeneinlass

Die Ionisierung der Teilchen in der EI-MS setzt voraus, dass diskrete Atome bzw. Moleküle verfügbar sind. Das ist der Fall, wenn die Probe im gasförmigen Zustand vorliegt. Wechselwirkungen der Moleküle bzw. Ionen untereinander wie z. B. Zusammenstöße stören eine ungehinderte Ionenbeschleunigung oder auch die Massentrennung. Derartige Wechselwirkungen lassen sich unterbinden, wenn die Untersuchungen im Hochvakuum durchgeführt werden. Bei einem Druck von 10^{-4} - 10^{-6} mbar ist die mittlere freie Wegstrecke zwischen den Teilchen rund 10 - 100 mal größer als die Flugstrecke im Spektrometer. Der Probeneinlass muss so beschaffen sein, dass das anliegende Vakuum bei einer Probenzuführung erhalten bleibt. Flüssige oder feste Stoffe werden im Probeneinlass durch Erwärmung in die Gasphase überführt. Um zu verhindern, dass verdampfte Stoffe erneut kondensieren oder auskristallisieren, muss das gesamte System in geeigneter Weise beheizt werden. Bei den niedrigen Drücken im Spektrometer ist die Überführung in die Gasphase bei den meisten Stoffen ohne Zersetzung möglich. Für größere Moleküle wie synthetische Polymere oder Biopolymere, die aus mehreren Untereinheiten bestehen (Peptide, Nukleotide, Saccharide etc.) müssen aber alternative Verfahren zur Überführung in Gasphase verwendet werden.

Ionenquelle

Es wurde bereits darauf hingewiesen, dass nur geladene Teilchen zum Detektor transportiert werden. Die am häufigsten angewandte Art der Ionisierung ist auch heute noch die *Elektronenstoßionisation (EI)*. Die Probenmoleküle werden bei dieser Ionisationsart mit Elektronenstrahlen, etwa Katodenstrahlen, beschossen. Beim Zusammenstoß von Probemolekülen mit Elektronen, die senkrecht zur Strömungsrichtung der Probe beschleunigt werden, werden Bindungselektronen aus dem Molekül herausgeschlagen. Es entstehen positiv geladene Molekülionen. Der Vorgang kann durch die Reaktionsgleichung

$$AB + e^- \rightarrow AB^{+\bullet} + 2e^-$$

beschrieben werden.

AB ist das Probenmolekül, e^- das Stoßelektron, $M^{+\bullet}$ ist die allgemeine Bezeichnung für Molekülionen. Neben der Angabe der positiven Ladung werden im Molekül verbleibende einzelne Bindungselektronen mit angegeben. Man spricht von dem Radikalion $AB^{+\bullet}$. Die Ionisierung eines Moleküls dauert etwa 10^{-16} s. Molekülionen sind stets Radikalionen, die je nach Energieaufnahme bei der Ionisierung spontan in Bruchstücke (Fragmente) weiter zerfallen können. Dabei entstehen Ionen, weitere Radikalionen, Radikale oder auch neutrale Fragmente:

$$A^+ + B^\bullet$$
$$A^\bullet + B^+$$

$$AB^{+\bullet} \rightarrow$$

$$A^{+\bullet} + B$$
$$A + B^{+\bullet}$$

Auf Besonderheiten der Ionisierung von Atomen, kleinen und großen Molekülen wird noch gesondert eingegangen.

Ionenbeschleuniger

Die in der Ionenquelle gebildeten Ionen werden im elektrostatischen Feld zum Detektor hin beschleunigt. Dazu werden Beschleunigungsspannungen von 1 - 10 kV angelegt. Die Ionen erreichen dabei Geschwindigkeiten in der Größenordnung von etwa $100 \text{ km} \cdot \text{s}^{-1}$. Ungeladene Teilchen werden über das Vakuum entfernt.

Massentrennung

Bei der Massentrennung werden Unterschiede im Masse/Ladungsverhältnis der Ionen ausgenutzt. So ist die im elektrostatischen Feld erreichte Geschwindigkeit der Wurzel aus dem Ladungs-/Masseverhältnis proportional:

$$v \propto \sqrt{\frac{e}{m}} \qquad \text{e - Ionenladung, m – Ionenmasse} \qquad (4.56)$$

Nach Gleichung (4.56) werden - gleiche Ladung vorausgesetzt - schwere Ionen später an der Registriereinrichtung ankommen als leichte. Derartige Spektrometer bezeichnet man als *TOF-Massenspektrometer* (time of flight). Die hohe Geschwindigkeit der Ionen und ihre kurze Flugstrecke stellen hohe Anforderungen an die Empfindlichkeit des Detektors. Die Ankunftszeiten der Ionen am Detektor unterscheiden sich oft nur um ns.

Häufig verwendet man sogenannte *Quadrupolmassenspektrometer*. In ihnen ist längs der Flugrichtung der Ionen ein Quadrupol angeordnet. Er besteht aus vier Metallstäben, an die Gleichspannung, überlagert von einem Hochfrequenzfeld, angelegt ist. Zwei positiv geladene Stäbe und zwei negativ geladene liegen sich diagonal gegenüber. Das Hochfrequenzfeld sorgt dafür, dass die gebildeten Ionen auf ihrem Weg zum Detektor von den Quadrupolstäben abwechselnd angezogen oder abgestoßen werden. Die Ionen bewegen sich nicht geradlinig zum Empfänger, sondern auf schraubenförmigen Bahnen. Dabei erreichen Ionen mit gleichem Masse/Ladungsverhältnis den Detektor auf der gleichen Flugbahn (stabile Ionen). Durch geeignete Wahl der Aufladung der Quadrupolstäbe können andererseits bestimmte Ionen durch Entladung der Detektion entzogen werden (instabile Ionen). Diese Ionenselektion bezeichnet man als SIM-Modus (*Single Ion Modus*). Bereits in kurzen Quadrupolen (40-50cm) kann bei Registrierzeiten von 10^{-1} s das Massenauflösungsvermögen gegenüber Flugzeitgeräten verdreifacht werden.

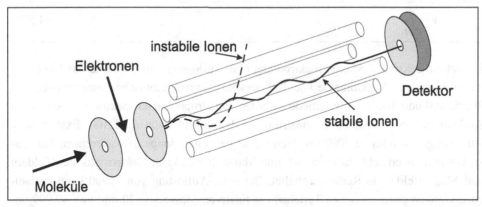

Abb. 4.54: Aufbau eines Quadrupol-Massenspektrometers.

Die Wirkung eines eingestrahlten äußeren Magnetfeldes auf die Flugbahn der Ionen nutzt man in sogenannten *Sektorfeldinstrumenten*. In ihnen wird senkrecht zur Beschleunigungsrichtung der Ionen ein Magnetfeld eingestrahlt.

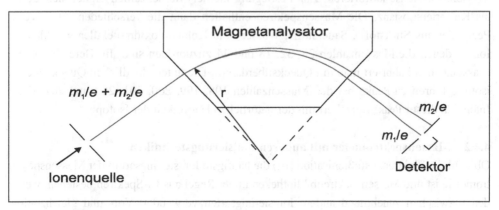

Abb. 4.55: Schematischer Aufbau eines Sektorfeld-Massenspektrometers.

Im Magnetfeld werden die Ionen bei gleichbleibender Bahngeschwindigkeit auf Kreisbahnen abgelenkt. Der Radius der Kreisbahn ist dabei der Wurzel aus dem Masse/Ladungsverhältnis der Ionen proportional:

$$r = \frac{1}{H} \cdot \sqrt{2 \cdot U \cdot \frac{m}{e}} \qquad \text{\textit{H}-Magnetfeldstärke, \textit{U}- Beschleunigungsspannung} \qquad (4.57)$$

Ein Maß für die Güte der Massentrennung ist die Auflösung A des Gerätes. Sie ist definiert als Quotient aus Masse m und noch detektierbarem Massenunterschied Δm:

$$A = \frac{m}{\Delta m} \tag{4.58}$$

Besitzt ein Sektorfeld-Massenspektrometer eine Auflösung von 2000 und das Molekülion eine relative Molekülmasse von 100, so kann eindeutig zwischen Ionenmassen von 99,95, 100 und 100,05 unterschieden werden. Quadrupolmassenspektrometer erreichen Auflösungen von 1000, Flugzeitinstrumente dagegen nur von rund 300. Extrem hohe Auflösungen von bis zu 70000 werden mit sogenannten doppelfokussierenden Massenspektrometern erreicht. In ihnen ist eine Massentrennung in elektrostatischen Feldern und Magnetfeldern in Reihe geschaltet. Bei einer Auflösung von 70000 kann mit solchen Geräten sogar zwischen Teilchen der relativen Masse von 70 und von 69,999 unterschieden werden. Die Nachweisgrenze der Massenspektrometer liegt im ppb (10^{-9}g)-Bereich.

Detektor

Die Detektion der Ionen erfolgt mittels Sekundärelektronenvervielfachern. Um den Linien (Peaks) eines Massenspektrums Massenzahlen zuordnen zu können, muss man die Massenzahl-Achse kalibrieren. Zur Festlegung kleiner Massenzahlen eignet sich Luft als Kalibriersubstanz. Die Massenspektren enthalten dann die verschieden intensiven Peaks der aus Stickstoff-, Sauerstoff-, Wasser- und Kohlendioxidmolekülen gebildeten Ionen, denen die Massenzahlen 28, 32, 18 und 44 zuzuordnen sind. Im Bereich hoher Massenzahlen kalibriert man mit Quecksilberdampf. Die unterschiedlichen Quecksilberisotope führen zu Peaks bei den Massenzahlen 198, 199, 200, 201, 202 und 204. Die Intensität dieser Peaks korreliert mit der natürlichen Häufigkeit der Isotope.

4.4.2 Massenspektrometer mit anderen Ionisierungstechniken

Obwohl die Elektronenstoßionisation (EI) die häufigste Ionisierungsart in der Massenspektrometrie ist und Massenspektrenbibliotheken in der Regel aus EI-Spektren bestehen, werden inzwischen zunehmend andere Ionisierungsarten verwendet. Vor- und gleichzeitig Nachteil der EI ist die auftretende Fragmentierung. Massendifferenzen, Schlüsselionen und Intensitätsverhältnisse der Massenpeaks untereinander sind wichtige Informationen zur Stoffidentifizierung anhand bekannter Spektren und zur Identifizierung von Strukturelementen in unbekannten Verbindungen. Oft bleibt das EI-Massenspektrum dabei aber die Antwort auf die Frage nach der Molekülmasse schuldig, weil kein Molekülpeak gefunden wird. Schonendere, mit geringerer Energie ablaufende Ionisierungsverfahren erzeugen weniger „heiße" und damit stabilere Molekülionen. Verwendet werden:

- **Chemische Ionisation** *(CI)* – Durch Elektronenbeschuss (analog EI) erzeugt man aus einem Reaktandgas, das neben der Probe in großem Überschuss vorliegt, Reaktandgasionen. Geeignete Reaktandgase sind Methanol, Ammoniak, Methan und Wasser. Im Falle des häufig verwendeten Methans bilden sich aus den zunächst entstehenden Methanionen CH_4^+ durch Folgereaktionen CH_5^+ und $C_2H_5^+$. Diese Ionen übertragen ihre Ladung auf die Probemoleküle gemäß der Reaktion:

$$R^{+\bullet} + M \rightarrow R + M^{+\bullet}$$

In einem anderen Mechanismus werden sogenannte **Quasi-Molekülionen** $[M+H]^+$ durch Übertragen von H^+ gebildet, wie z. B. für ein Amin nach der Reaktion:

$$CH_5^+ + RNH_2 \rightarrow RNH_3^+ + CH_4$$

Abspaltung von H_2 aus dem $[M+H]^+$-Ion oder direkte Hydridabstraktion aus dem Analytmolekül durch ein Reaktandgasion führt zu $[M-H]^+$ und liefert eine weitere Art von Quasi-Molekülionen. Die Erprobung geeigneter Reaktandgase zur schonenden Ionisation von Molekülen unterschiedlicher Art und Größe, sowie die Untersuchung ihrer Plasmachemie ist Gegenstand intensiver Forschung.

- **Matrix-unterstützte Laserdesorption und –Ionisation** *(MALDI)* – Das zu untersuchende Molekül M wird in eine organische Matrix (z.B. 2,5-Dihydroxybenzoesäure, DHB) eingebettet und dann mit einem gepulsten UV-Laser bestrahlt. Die Matrix bewirkt zum einen eine Ionisierung der Moleküle durch Protonierung ähnlich der chemischen Ionisation. Zum anderen wird die Energie der UV-Photonen absorbiert und bewirkt eine Desorption von Matrix und Analytmolekülen. Die Anwesenheit der Matrix bewirkt eine Verteilung der überschüssigen Energie, die eine starke Fragmentierung der Analytmoleküle verhindert und zugleich die massenspektrometrische Untersuchung von biologischen und synthetischen Polymeren ermöglicht. Weitere Varianten mit unterschiedlichen Matrices und Laserwellenlängen (z.B. IR-MALDI) werden für speziellere Anwendungen verwendet.

- **Sprayverfahren** – Oft liegen die zu untersuchenden Substanzen in Lösung vor. Außerdem müssen Substanzen häufig vor ihrer Identifikation von anderen Stoffen getrennt werden. Benutzt man dazu z.B. die Hochleistungsflüssigkeitschromatografie (HPLC) oder die Kapillarzonenelektrophorese (CZE), so fallen ebenfalls Lösungen an. Um die interessierenden Teilchen aus der Lösung in den Gaszustand zu überführen, benutzt man Sprayverfahren. Optimal ist dabei die Kopplung von Trennapparatur und Massenspektrometer. Das die Prüfsubstanz enthaltende Eluat wird über eine Kapillare in das Spray-Interface eingeführt. Beim Austritt aus der Kapillare wird die Lösung durch Hitze (Thermospray), ein starkes elektrisches Feld (**Elektrospray Ionisation**, ESI) oder ein Inertgas (Ionenspray) vernebelt. Die entstandenen Tröpfchen verlieren immer mehr an Lösungsmittel, bis reine Substanzmoleküle übrigbleiben bzw. Ionen aus den Tröpfchen infolge gestiegener Oberflächenladung ausgestoßen werden. Die häufig verwendete ESI liefert unter Einbeziehung des Lösungsmittels

Quasi-Molekülionen [M+I]$^+$. Für ESI-Untersuchungen eignen sich Analytmoleküle, die in der Lage sind, geladene Teilchen I$^+$ mit der Massenzahl MZ(I) anzulagern und so Ionen zu bilden. Die geladenen Teilchen stammen aus dem Lösungsmittel (gelöste Salze) bzw. werden elektrolytisch aus den Lösungsmittelmolekülen gebildet. So liefert z. B. die anodische Oxidation eines Methanolmoleküls, die beim Austritt aus der positiv geladenen Kapillare abläuft, ein Formaldehydmolekül und zwei H$^+$. Wassermoleküle können ebenfalls anodisch oxidiert werden. Dabei entstehen Sauerstoffmoleküle und H$^+$-Ionen (vergl. Kapitel 3.9.4, Bestimmung der Überführungszahl von Salpetersäure nach Hittorf). Die gebildeten H$^+$-Kerne protonieren geeignete Gruppen (z. B. Carbonylgruppen) des Analyten und liefern so die Quasimolekülionen [M+H]$^+$. Die überschüssigen Lösungsmittelreste werden abgepumpt und die gebildeten Ionen können im Massenspektrometer untersucht werden. Besonders interessant ist, dass mit Spray-Verfahren auch hochmolekulare Verbindungen in mehrfach geladene Quasi-Molekülionen überführt und so ihre Massen bestimmt werden können.

Für spezielle Anwendungen werden weitere Ionisationsmethoden verwendet. Dazu gehören:

- *Photo-Ionisation (PI)* – Die Ionisation wird durch Absorption energiereicher Photonen entsprechend der Gleichung $M + h \cdot \nu \rightarrow M^{+\bullet} + e^-$ erreicht. Im Gegensatz zur EI ist die Photonenenergie nahe der Ionisierungsenergie der Moleküle M genau vorgebbar. Für die Bestimmung von Auftrittspotenzialen ist die PI die Methode der Wahl. Im Gegensatz zu MALDI geschieht die Ionisation direkt durch die Photoanregung des Moleküls, und nicht durch die Anregung der Matrix.

- *Feldionisation (FI)* – Die Probenmoleküle werden einem starken inhomogenen elektrischen Feld ausgesetzt. Das Feld bewirkt das Übertreten eines Elektrons zur Anode. Es entstehen fast ausschließlich Molekülionen M$^{+\bullet}$. Die FI hat vor allem Bedeutung bei der Gemischanalytik.

- *Thermoionisation (TI)* – Die Probenteilchen (z. B. Isotopengemische eines Elements) werden auf einem hocherhitzten Metallträger thermisch ionisiert. Eine weitere Möglichkeit der Thermoionisation ist die Ionenbildung im Funken einer elektrischen Entladung im Vakuum. Dazu fertigt man Elektroden aus dem Probenmaterial.

4.4.3 Präzisionsmassenbestimmungen

Bei der Kalibrierung hochauflösender Spektrometer muss man sich am genauen Wert der atomaren Masseneinheit orientieren, die als 1/12 der absoluten Masse des Kohlenstoffisotops ^{12}C definiert ist.

$$u = \frac{A\left(^{12}C\right)}{12} = \frac{19{,}9256 \cdot 10^{-24}\,g}{12} = 1{,}66043 \cdot 10^{-24}\,g$$

Der *atomaren Masseneinheit* wird bekanntlich die relative Masse 1 zugeordnet. ^{12}C hat demnach als Bezugsgröße im Periodensystem der Elemente (PSE) die relative Masse 12 und stimmt mit der Massenzahl von ^{12}C (Zahl der Protonen + Zahl der Neutronen im Kohlenstoffkern) überein. Bei allen anderen Kernen kommt es zu geringfügigen Differenzen zwischen der relativen Masse und der Massenzahl. Die auftretende Abweichung wird als *Massendefekt* bezeichnet. Seine Ursache liegt in der Energiefreisetzung bei der Verschmelzung von Nukleonen. Entsprechend der Beziehung $E = m \cdot c^2$ wird Masse der Kernbausteine in Energie umgewandelt und freigesetzt. Ein einzelnes Nukleon (Masse des Protons = Masse des Neutrons) muss deshalb eine größere absolute Masse besitzen als u. Die relative Masse des Protons beträgt 1,007825.

Tabelle 4.22 enthält Massenzahlen, relative Atommassen und Massendefekte einiger Kerne. Hochauflösende Massenspektrometer sind in der Lage, Absolutmassendifferenzen in einer Größenordnung von 10^{-29} g zu detektieren und damit Massendefekte zu messen.

Tab. 4.22: Massenspektrometrisch bestimmte Massendefekte einiger Kerne

Element	Massenzahl	A in $g \cdot mol^{-1}$	Massendefekt in $g \cdot mol^{-1}$
^1H	1	1,00782	0
^4He	4	4,00259	0,03036
^{12}C	12	12,00000	0,09885
^{13}C	13	13,00331	0,10420
^{14}N	14	14,00307	0,11225
^{15}N	15	15,00010	0,12388
^{16}O	16	15,99488	0,13692
^{17}O	17	16,99909	0,14137
^{18}O	18	17,99914	0,14997

Geringfügige Massendifferenzen zwischen Ionen mit gleicher Massenzahl (MZ) können zur Identifizierung der Teilchen genutzt werden. Mittels hochauflösender Massenspektrometrie kann man z. B. zwischen den Ionen $[^{12}C_3{}^1H_7]^+$ (*MZ* = 43,0548) und $[^{12}C_2{}^1H_3{}^{16}O]^+$ (*MZ* = 43,0184) anhand ihrer Massen unterscheiden. Ein weiteres Beispiel sind die in Tabelle 4.23 aufgeführten Moleküle mit der gerundeten Massenzahl 28. Sie können über die Massen der zugehörigen Molekülionen eindeutig identifiziert werden.

Präzisionsmassenbestimmungen sind eine Domäne der Massenspektrometrie. Sie erfordern allerdings den Geräteaufwand hochauflösender Massenspektrometer.

Tab. 4.23: Relative Molekülmassen von Molekülen mit der Massenzahl 28

Molekül	Molekülion $M^{+\bullet}$	MZ
$^{12}C^{16}O$	CO^+	27,994915
$^{14}N_2$	N_2^+	28,006148
$^{12}C_2{}^1H_4$	$C_2H_4^+$	28,031300
$^1H^{13}C^{14}N$	HCN^+	28,014253

4.4.4 Besonderheiten der EI-Ionisierung

Atome

Durch Elektronenstoßionisation erhält man in Abhängigkeit von der Elektronenenergie verschieden stark geladene Ionen. Am Beispiel der Ionisierung von Argonatomen wird der Sachverhalt im Folgenden anhand der Reaktionsgleichungen dargestellt. Die Mindestenergie der Stoßelektronen, die zur Bildung der jeweiligen Ionen führt, heißt *Auftrittspotenzial* E_{AP} der Ionen:

$$E_{AP} \text{ in eV}$$

$$Ar + e^- \rightarrow Ar^{+\bullet} + 2e^- \qquad 15,77$$

$$Ar + e^- \rightarrow Ar^{2+} + 3e^- \qquad 43,6$$

$$Ar + e^- \rightarrow Ar^{3+\bullet} + 4e^- \qquad 88,4$$

Das Auftrittspotenzial der Argonionen ist identisch mit den Ionisierungspotenzialen des Atoms. Die Massenspektrometrie bietet damit eine Möglichkeit der experimentellen Bestimmung der Ionisierungspotenziale. Die relative Häufigkeit der mehrfachgeladenen Ionen ist auch bei hohen Elektronenenergien gering, wie Abbildung 4.56 zeigt.

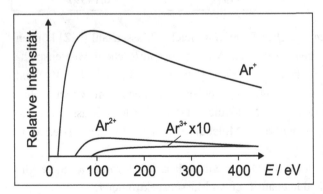

Abb. 4.56: Relative Häufigkeit der Argonionen in Abhängigkeit von der Energie der Stoßelektronen; Intensität der Ar^{3+}-Kurve wurde zehnfach verstärkt.

Kleine Moleküle

Bei ausreichend hoher Energie führt ein Elektronenstoß zur Bildung eines *Molekülions*
$M^{+\bullet}$. Oft wird dabei mehr Energie auf das Molekül übertragen, als zur Entfernung eines
Bindungselektrons erforderlich ist. Diese Überschussenergie kann zur *Fragmentierung*
der Molekülionen (zu Bindungsbrüchen) führen. Für das Molekül AB wurden alle möglichen Bruchstücke bereits im Kapitel 4.4.2 besprochen.

Für den einfachsten Fall des zweiatomigen Wasserstoffmoleküls, liefert die massenspektrometrische Untersuchung nachstehendes Ergebnis:

	E_{AP} in eV
$H_2 + e^- \rightarrow H_2^{+\bullet} + 2e^-$	15,4
$H_2 + e^- \rightarrow H^+ + H^\bullet + 2e^-$	18,1

Das Wasserstoffmolekülion besitzt ein Auftrittspotenzial (E_{AP}) von 15,4 eV. Bei 18,1 eV
bewirken die Stoßelektronen erstmals die Dissoziation des Molekülions in ein Wasserstoffatom und ein Proton. Die Differenz von 2,7 eV stellt offensichtlich die *Dissoziationsenergie* von $H_2^{+\bullet}$ dar. Die Aufnahme eines Massenspektrums von H_2 bei einer Elektronenenergie von 30 eV zeigt ein Häufigkeitsverhältnis von H^+: $H_2^{+\bullet}$ = 0,013:1. Das erscheint
zunächst ungewöhnlich, da die Stoßenergie das Auftrittspotential der H^+-Ionen deutlich
überschreitet. Die Erklärung liefert das Franck-Condon-Prinzip, auf das im Zusammenhang mit Fluoreszenz und Phosphoreszenz bereits eingegangen wurde. Wir erinnern uns,
dass Elektronenübergänge aus niedrigen Schwingungsniveaus eines Ausgangszustandes in
höhere Schwingungsniveaus des angeregten Zustandes erfolgen, weil sich der Kernabstand
beim Elektronenübergang nicht schnell genug ändert. Übergänge sind stets aus den Lagen
am wahrscheinlichsten, in denen sich die Atome während der Schwingungen am längsten
aufhalten (ihre kleinste Geschwindigkeit besitzen). Neben den Umkehrpunkten ergeben
sich aus wellenmechanischen Betrachtungen für jeden Schwingungszustand zusätzliche
langlebige Lagen, aus denen Übergänge unter Beibehaltung des Atomabstandes erfolgen
können. Im Schwingungsgrundzustand ($v = 0$) ist das gerade der Gleichgewichtsabstand
r_0. Bei höher liegenden Schwingungsniveaus nähern sich diese zusätzlichen Lagen immer
stärker den Umkehrpunkten.

Um zum Schwingungsniveau des $H_2^{+\bullet}$ zu gelangen, das seiner Dissoziation entspricht, ist
die Aufnahme von 18,1 eV durch das H_2-Molekül erforderlich. Wenn dabei gleichzeitig
der Kernabstand beibehalten werden muss, sind von der Gesamtmenge der H_2-Moleküle
nur diejenigen zur Energieaufnahme in der Lage, deren Kernabstand klein genug ist. Sowohl dem Wasserstoffmolekül, als auch seinem Molekülion sind Potenzialkurven zugeordnet, die sich in Energie und Gleichgewichtsabstand der Kerne unterscheiden. Die Bildung des Molekülions entspricht dem Übergang des Moleküls aus der energetisch tiefer
und bei kleinerem Gleichgewichtsabstand liegenden Potenzialkurve des H_2 in die des $H_2^{+\bullet}$.

Abbildung 4.57 zeigt die Potenzialkurve des $H_2^{+\bullet}$-Molekülions und die Häufigkeitsverteilung für den Kernabstand in H_2-Molekülen. Das Maximum der Verteilung liegt beim Gleichgewichtsabstand des neutralen H_2-Moleküls (0,74 Å).

Die Mehrzahl der Moleküle gehört zu Zuständen, in denen die Kerne einen Abstand nahe dem Gleichgewichtsabstand r_0 einnehmen. Aus derartigen Kernabständen gelangt man jedoch nur in Schwingungsniveaus unterhalb der Kerndissoziation. Um Übergänge zu vollziehen, die der Dissoziation des Molekülions entsprechen, muss bei H_2-Molekülen ein Kernabstand von $r_D < 0,568$ Å vorliegen. Kernabstände unterhalb dieses kritischen Wertes von $r_D = 0,568$ A besitzen nur 1,3 % der Moleküle. Damit ist verständlich, dass im Massenspektrum die Intensitäten der H^+- bzw. $H_2^{+\bullet}$-Ionen ein Verhältnis von 0,013:1 zeigen.

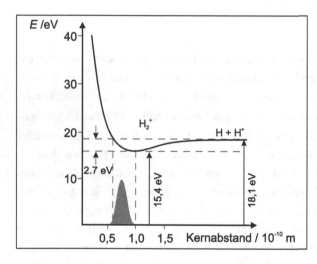

Abb. 4.57: Potenzialkurve des $H_2^{+\bullet}$-Molekülions und Wahrscheinlichkeit seiner Kernabstände (grau).

Größere Moleküle

Wieder setzen wir voraus, dass die Ionisierung mit Elektronenstrahlen (Elektronenstoßionisation) erfolgt. Die Energie der ionisierenden Strahlung liegt weit über dem Auftrittspotential der Molekülionen. Große Moleküle verfügen über eine Vielzahl von Bindungen. Die Energieniveaus der angeregten Zustände liegen dicht zusammen, und die Zahl möglicher angeregter Zustände ist sehr groß. Damit sind die Moleküle in der Lage, bei der Molekülionenbildung erheblich mehr Energie aufzunehmen, als zur Ablösung von Bindungselektronen benötigt wird. Diese Überschussenergie verteilt sich auf eine Vielzahl von Rotations-, Schwingungs- und Elektronenanregungen. Die Höhe der aufgenommenen Überschussenergie kann bis zu 10 eV betragen. Derartig hoch angeregte Molekülionen werden auch als *"heiße" Molekülionen* bezeichnet.

Zwischen den verschiedenen Anregungsniveaus kommt es zu Energieübergängen mit dem Resultat der Energieakkumulation in einzelnen Schwingungszuständen. Beim

Überschreiten der Dissoziationsenergie ist Bindungsbruch, d. h. Fragmentierung des Molekülions die Folge.

Mit zunehmender Energie der Stoßelektronen wächst zunächst die *Ionenausbeute* ($M^{+\bullet}$). Abbildung 4.58 zeigt, dass oberhalb von 10 eV aber auch die Fragmentierung einsetzt ($Fragm^+$). Die Ionenausbeute erreicht zwischen 60 und 80 eV einen nahezu konstanten Wert, nimmt bei steigender Ionisierungsenergie dann wieder ab. Im Plateau ist das Verhältnis $M^{+\bullet}/Fragm^+$ relativ konstant. Bei Elektronenstoßionisation wird üblicherweise mit 70 eV gearbeitet. Geringfügige Schwankungen in der Elektronenstrahlenergie wirken sich nicht auf die Ionenausbeuten aus. Abbildung 4.58 macht auch deutlich, dass das Intensitätsverhältnis $M^{+\bullet}/Fragm^+$ mit sinkender Ionisierungsenergie wächst. Deshalb kann zur besseren Identifizierung eines schwer erkennbaren Molekülpeaks in der EI-MS ein Niedervoltspektrum (geringere Energie des Elektronenstrahls) verwendet werden.

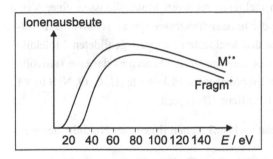

Abb. 4.58: Ionenausbeute bei der Elektronenstoßionisation.

Grundlegende Fragmentierungsprinzipien und Fragmentierungsregeln, die zu einem gesetzmäßigen statistischen Zerfall der Molekülionen führen, werden im Kapitel 4.4.6 besprochen.

4.4.5 Molekülionen und Molekülpeak

Die massenspektrometrische relative Molekülmasse

Die Massenspektrometrie ist mehr als eine Methode zur Bestimmung der relativen Molekülmasse von Verbindungen. Dort, wo im Massenspektrum das Molekülion auftritt, liefert die MS aber die genauesten Werte der relativen Molekülmasse und das auf experimentell einfache Weise.

Versucht man nun z. B. die relative Molekülmasse von Monochlormethan massenspektrometrisch zu bestimmen, so taucht dabei ein Problem auf. Die CH_3Cl-Moleküle können aus verschiedenen Isotopen der einzelnen Elemente bestehen. Denkbar wären z.B.:

$$^{12}C^1H_3^{35}Cl, \quad ^{12}C^1H_3^{37}Cl, \quad ^{13}C^1H_3^{35}Cl, \quad ^{13}C^1H_3^{37}Cl, \quad ^{12}C^1H_2^2D^{35}Cl \quad \text{usw.}$$

Die Moleküle unterscheiden sich in ihren relativen Massen und natürlich auch in ihrer Häufigkeit (entsprechend der natürlichen Häufigkeit der Isotope). Von den oben dargestellten Molekülen mit den relativen Massen von 50, 52, 51, 53, 51 tritt für das leichteste Ion der intensivste Peak im Massenspektrum auf. Da aber nahezu ein Drittel aller Chloratome zum Isotop ^{37}Cl gehören, wird der Peak mit der Massenzahl 52 ebenfalls erscheinen. Das Intensitätsverhältnis beider Signale ist nahezu 3:1.

Die restlichen Molekülbeispiele des CH_3Cl treten prozentual kaum in Erscheinung. Der dritthäufigste Vertreter ist $^{13}C^1H_3^{35}Cl$, allerdings mit einer vom ^{13}C-Vorkommen abgeleiteten Wahrscheinlichkeit von 1,1 % der ersten Isotopenkombination. Am Beispiel des Monochlormethans wird klar, dass einer chemischen Verbindung nicht eindeutig eine Molekülmasse zugeordnet werden kann. Massenspektrometrisch wird zwischen den aus verschiedenen Isotopen gebildeten Molekülen unterschieden. Die *chemische relative Molekülmasse*, die für CH_3Cl 50,492 beträgt, stellt demnach einen entsprechend der Isotopenhäufigkeit gebildeten Mittelwert aller möglichen relativen Molekülmassen dar.

Aus der Notwendigkeit heraus, zwischen mehreren relativen Molekülmassen einer Verbindung zu unterscheiden, definiert man die *massenspektrometrische relative Molekülmasse*. Sie ist die relative Masse der aus den leichtesten Isotopen gebildeten Moleküle einer jeweiligen Verbindung. Vor allem für organische Verbindungen ist das eine sinnvolle Festlegung. Für die Mehrzahl der auftretenden polyisotopen Elemente (H, C, O, N, S usw.) besitzen die leichtesten Isotope die größte natürliche Häufigkeit.

Tab. 4.24:   Massenzahlen (MZ) und relative Häufigkeiten (h) einiger Nuklide, bezogen auf das jeweils häufigste Isotop

Element	MZ	h in %	MZ	h in %	MZ	h in %
H	1	100	2	0,2		
C	12	100	13	1,1		
N	14	100	15	0,4		
O	16	100	17	0,04	18	0,2
F	19	monoisotop				
Si	28	100	29	5,1	30	3,4
P	31	monoisotop				
S	32	100	33	0,8	34	4,4
Cl	35	100	37	32,4		
Br	79	100	81	98,1		
I	127	monoisotop				
Hg	196	0,5	198	33,8	199	56,3
Hg	200	78	201	44,3	202	100
Hg	204	23				

Der Peak, der zu diesen „*Molekülionen*" gehört, ist deutlich intensiver als die Peaks der anderen Ionen aus schwereren Isotopen. Für einige häufig in organischen Verbindungen vorkommenden Elemente sowie für Quecksilber und Silizium sind die Häufigkeiten ihrer Isotope in Tabelle 4.24 zusammengestellt. Dem jeweils häufigsten Isotop wird als Bezugsgröße ein Wert von 100 % zugeordnet.

Molekülpeak und Molekülionen

Im Massenspektrum werden die Masse/Ladungsverhältnisse der im Ionisierungsprozess gebildeten Ionen als Funktion ihrer Intensität (Häufigkeit) dargestellt. Man erhält Strichspektren. Die einzelnen, die Ionen repräsentierenden Signale heißen Peaks (Abbildung 4.59).

Das Signal des Massenspektrums, das zur massenspektrometrischen relativen Molekülmasse gehört, heißt *Molekülpeak* $M^{+\bullet}$. Schwerere Isotope führen zu *Isotopenpeak* *(M+n)$^{+\bullet}$*. Der Molekülpeak liefert einerseits die wichtige Information über die massenspektrometrische relative Molekülmasse, tritt andererseits aber nicht in allen Spektren auf. Es gibt zahlreiche Beispiele von Verbindungen, deren Molekülionen nahezu vollständig fragmentieren. Für die Fragmentierung ist die bei der Ionisierung aufgenommene Überschussenergie verantwortlich. Je größer die Überschussenergie, umso größer ist die Fragmentierungstendenz.

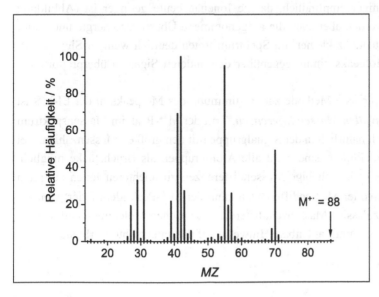

Abb. 4.59: EI-MS – Spektrum eines aliphatischen Alkohols (Pentanol).

Die Überschussenergie kann aber nicht die Ionisierungsenergie der Moleküle übersteigen. Die Ionisierungsenergie hängt von der Art der abgetrennten Elektronen ab. Sie liegt bei den meisten Verbindungen zwischen 8 und 15 eV. Für Aromaten erfordert die Entfernung eines Elektrons aus dem energiereichen π-Orbital etwa 7,8-9,2 eV. Bei σ-Elektronen in aliphatischen Kohlenwasserstoffen müssen 10-12 eV aufgebracht werden. Aromatische Verbindungen weisen demzufolge in ihren Massenspektren intensivere Molekülpeaks auf. Sie können nicht so viel Überschussenergie aufnehmen, wie aliphatische Verbindungen und besitzen darüber hinaus die stärkeren C-C -Bindungen. In Alkanspektren haben wegen der höheren Fragmentierungstendenz der heißeren Molekülionen die Molekülpeaks oft nur geringe Intensität. Für die Stabilität der Molekülionen und damit für die Intensität des Molekülpeaks lässt sich nachfolgende Abstufung aufführen:

Aromaten > Olefine > n-Alkane

In den Spektren aliphatischer Amine, Ketone, Alkohole bzw. Karbonsäuren treten ebenfalls nur wenig intensive Molekülpeaks auf.

Jedes Massenspektrum enthält ein Signal maximaler Intensität, den **Basispeak**. Anhand des Verhältnisses des Basispeaks zu den anderen Signalen kann eine Verbindung identifiziert werden. Der Basispeak ist bei der EI-MS, wie aus den bisherigen Betrachtungen hervorgeht, oft nicht der Molekülpeak. Da $M^{+\bullet}$ aber die massenspektrometrische relative Molekülmasse angibt, ist seine Zuordnung zu einem Spektrensignal stets wünschenswert. Für diese Zuordnung gibt es zwei Methoden. Der experimentelle Zugang zur Bestimmung des Molekülpeaks besteht in der Aufnahme eines Niedervoltspektrums. Dazu wird eine geringe Elektronenstoßenergie eingestellt (12 bzw. 15 eV). Die Messungen sind weniger empfindlich, da die Ionenausbeute geringer ist (Abbildung 4.58). Gleichzeitig werden aber auch die aufgenommene Überschussenergie und damit die Fragmentierungstendenz kleiner. Im Spektrum treten deutlich weniger Signale auf. Die Intensität des Molpeaks nimmt gegenüber den anderen Signalen überproportional zu.

Eine weitere halbempirische Methode zur Bestimmung des Molpeaks in der EI-MS ist die Methode der **sinnvollen Massendifferenzen**. Tritt der $M^{+\bullet}$-Peak im Massenspektrum auf, so befindet er sich natürlich in der Signalgruppe mit den größten Massenzahlen. Bei der Spaltung des Molekülions sind nicht alle Atomgruppen als Bruchstücke möglich. Das führt dazu, dass nicht beliebige Massendifferenzen zu leichteren Ionen auftreten können. Anhand sinnvoller Massendifferenzen kann der $M^{+\bullet}$-Peak identifiziert werden. Tabelle 4.25 enthält zulässige Massenzahldifferenzen zwischen Molekülion und leichteren Fragmentionen und daraus ableitbare Hinweise auf die untersuchte Verbindung.

Tab. 4.25: Sinnvolle Massenzahldifferenzen zwischen Molekülpeak und Fragmentpeaks

ΔMZ	Mögliche Abspaltung	Hinweis auf
1-4	H, H$_2$,...	
5-14	nicht sinnvoll	
15	CH$_3$	Methylgruppe
16	NH$_2$; O	Amine, aromat. Säureamide, Sauerstoff
17	OH; NH$_3$	Alkohole, Karbonsäuren, Amine
18	H$_2$O	Alkohole, Phenole, Aldehyde
19	F	Fluorverbindungen
20	HF	Fluorverbindungen
21-24	nicht sinnvoll	
26	C$_2$H$_2$; CN	kondensierte Aromaten, Stickstoffverb.
27	HCN	N-Heterocyclen, aromat. Amine
28	CO	O-Heterocyclen, Phenole, Chinone
28	HCN+H	N-Heterocyclen, aromat. Amine
28	C$_2$H$_4$	viele Verbindungsklassen
29	CHO	aromat. Aldehyde, Phenole, Chinone
29	C$_2$H$_5$	Ethylgruppe
30	CH$_2$O	aromat. Ether, Ester
30	NO	aromat. Nitroverbindungen
31	CH$_3$O	Methylacetate, Methylester
34	H$_2$S	Thiole
35	^{35}Cl	Chlorverbindungen
36	H^{35}Cl	Chlorverbindungen
43	CH$_3$CO, C$_3$H$_7$	Acetylverbindungen Alkylverbindungen
44	CH$_3$CHO	aliphat. Aldehyde
45	C$_2$H$_5$O	Ethylacetate, Ethylester
46	NO$_2$	Nitroverbindungen
59	CH$_3$COO	Methylester
64	SO$_2$	Sulfonamide
80	HBr	Bromverbindungen

Isotopenmuster und Isotopenpeaks

Das Stickstoffmolekül N$_2$ zeigt im Massenspektrum einen Molekülpeak M$^{+\bullet}$ bei der Massenzahl MZ = 28 (^{14}N$_2$). Daneben muss es, vom Stickstoffisotop ^{15}N verursacht, Moleküle geben, deren Massenzahl 29 (^{14}N^{15}N) bzw. 30 (^{15}N$_2$) ist. Sind die dazugehörigen Molekülionen als Isotopenpeaks (M+1)$^{+\bullet}$ bzw. (M+2)$^{+\bullet}$ zu finden? Natürlich hängt das von der

Häufigkeit der Moleküle ab. Die Häufigkeit spezieller Isotopenkombinationen ergibt sich als Produkt der Häufigkeiten der einzelnen Isotope. Setzt man $h(^{14}N) = 1$ so gilt:

$$h(^{14}N_2) = 1^2; \quad h(^{14}N^{15}N) = 1 \cdot 0{,}004; \quad h(^{15}N_2) = 0{,}004^2.$$

Die Intensität möglicher Isotopenpeaks verhält sich im obigen Beispiel zu der des Molekülpeaks wie $M^{+\bullet}: (M+1)^{+\bullet} : (M+2)^{+\bullet} = 1 : 0{,}004 : 0{,}000016$. Sie sind also vernachlässigbar.

Bei zweiatomigen Molekülen des Typs A-A (A existiert in zwei Isotopen) folgt die Häufigkeitsverteilung den Gliedern des Binoms $[h(A_1) + h(A_2)]^2$. Bei Molekülen des Typs A_mB_n, bei denen A monoisotop ist und B in zwei Isotopen existiert, folgt die Häufigkeitsverteilung dem Polynom $[1+h(B_2)]^n$. Die Isotopenhäufigkeit $h(B_1)$ ist dabei 1 gesetzt. Liegen beide Elemente als Isotopengemische vor, wird die Intensitätsverteilung durch ein entsprechendes komplexeres Polynom beschrieben.

Bei der Untersuchung organischer Verbindungen können aber, wie die Eingangsüberlegungen zu ^{15}N zeigen, viele Isotope der auftretenden Elemente vernachlässigt werden. Neben ^{15}N sind das infolge ihrer geringen Häufigkeit z. B. ^{2}H, ^{17}O, ^{18}O, ^{33}S (s. Tabelle 4.23).

Aus Tabelle 4.23 ist ersichtlich, dass von den wichtigsten Bausteinen organischer Verbindungen ^{81}Br, ^{37}Cl und ^{34}S pro Atom den größten Beitrag zur Intensität von *Isotopenpeaks* liefern. Bemerkt werden muss, dass die drei Elemente Br, Cl, S alle zum $(M+2)^{+\bullet}$-Peak, $(M+4)^{+\bullet}$-Peak usw. beitragen nicht aber zum $(M+1)^{+\bullet}$-Peak.

Nicht völlig außer Acht gelassen werden darf sicher das Kohlenstoffisotop ^{13}C. Seine natürliche Häufigkeit beträgt zwar nur 1,1 %. Dafür liegen in einem Molekül meist mehrere Kohlenstoffatome vor. Im Vergleich zu den anderen schwereren Isotopen ist ^{13}C der einzige Vertreter, der zur Intensität des $(M+1)^{+\bullet}$-Peaks beiträgt. Setzt man die Häufigkeit $h(^{12}C) = 1$, so ergeben sich die Beiträge von ^{13}C zu den Isotopenpeaks $(M+1)^{+\bullet}$, $(M+2)^{+\bullet}$ usw. aus den Gliedern des Polynoms $(1+0{,}011)^n$, wobei n die Zahl der Kohlenstoffatome darstellt. Für fünf Atome erhält man:

$(1 + 0{,}011)^5 = 1^5 + 5 \cdot 0{,}011 + 10 \cdot 0{,}011^2 + 10 \cdot 0{,}011^3 + 5 \cdot 0{,}011^4 + 0{,}011^5$, also das Verhältnis

$$1 : 0{,}055 : 0{,}00121 : 0{,}00001331 : 0{,}00000073205 : 0{,}000000000161051$$

Von den Gliedern des Polynoms ist bereits das dritte viel zu klein, um sich als $(M+2)^{+\bullet}$-Peak niederzuschlagen. Die Intensitäten von $M^{+\bullet}$- und $(M+1)^{+\bullet}$-Peak verhalten sich zueinander wie 1:0,055.

n Kohlenstoffatome führen zu einem Verhältnis beider Peaks von 1:(n·0,011). Damit ist die Zahl der Kohlenstoffatome im untersuchten Molekül experimentell aus dem Intensitätsverhältnis von $M^{+\bullet}$ - und $(M+1)^{+\bullet}$-Peak bestimmbar:

$$n = \frac{I((M+1)^{+}) \cdot 90,9}{I(M^{+})} \tag{4.59}$$

Bei Cl und Br führen schon einzelne Atome in einem organischen Molekül wegen der hohen Häufigkeit der schweren Isotope zu deutlichen Isotopenpeaks. Mehrere Halogenatome pro Molekül führen zu weiteren Isotopenpeaks $(M+4)^{+\bullet}$, $(M+6)^{+\bullet}$ usw., deren Intensitätsverhältnis wieder aus dem Polynom $(1+h(X_2))^n$ berechnet werden kann (n - Zahl der Cl-, Br- bzw. S-Atome im Molekül; X_2 - ^{37}Cl, ^{81}Br bzw. ^{34}S).

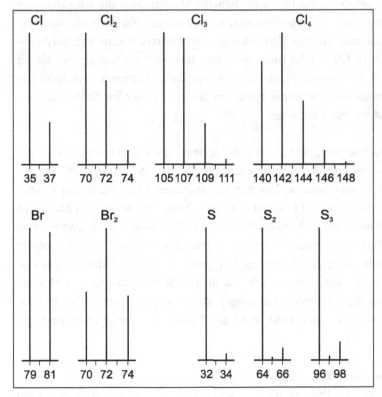

Abb. 4.60: Isotopenmuster.

Am Beispiel des Chlors erhält man folgende Intensitätsverhältnisse (Molekülpeak = 100 %):

		$M^{+\bullet}$	$:(M+2)^{+\bullet}$	$:(M+4)^{+\bullet}$	$:(M+6)^{+\bullet}$
1 Cl:	$(1+32{,}4)^1$	100	: 32		
2 Cl:	$(1+32{,}4)^2$	100	: 65	: 10	
3 Cl:	$(1+32{,}4)^3$	100	: 97	: 32	: 2

Für die untersuchten Verbindungen ergeben sich damit typische **Muster von Isotopen-peaks**, aus denen die Zahl der Halogenatome ablesbar ist. Abbildung 4.60 zeigt derartige Isotopenmuster für Cl-, Br- und S-haltige Moleküle.

Bei der Auswertung von Massenspektren liefern die Isotopenpeaks somit wichtige Informationen über die Zahl der Kohlenstoffatome, die Zahl von Cl-, Br- und evtl. S-Atomen im Molekül der untersuchten organischen Verbindung.

Zum Auffinden eines Isotopenmusters orientiert man sich zunächst am Molekülpeak. Zum $M^{+\bullet}$ gehörende Isotopenpeaks liegen bei höheren Massen. Sind die schweren Kerne auch noch Bestandteile von Fragmentionen, so treten diese ebenfalls als Isotopenmuster im Massenspektrum auf. Bei Verbindungen, die mehrere Atome von polyisotopen Elementen wie z. B. Chlor oder Brom enthalten, lässt sich am Isotopenmuster der **Fragmentpeaks** leicht die Abspaltung einzelner Atome dieser Elemente verfolgen. Der geübte Massenspektrometriker wird die typischen Isotopenmuster im Spektrum einer unbekannten Verbindung leicht erkennen.

Die Stickstoffregel

Auch über gebundene Stickstoffatome lässt sich aus dem Massenspektrum einer organischen Verbindung sofort eine Aussage ableiten, die auf der "**Stickstoffregel**" basiert. Stellt man für die Hauptbausteine organischer Verbindungen Massenzahl und Bindigkeit gegenüber, so bildet Stickstoff insofern eine Ausnahme, dass bei seinem häufigsten Isotop ^{14}N gerade Massenzahl und ungerade Bindigkeit kombiniert sind. Daraus leitet sich ab, dass Moleküle mit ungerader Anzahl von Stickstoffatomen auch ungeradzahlige massenspektrometrische relative Molekülmassen besitzen. Stickstofffreie organische Verbindungen oder solche mit einer geraden Anzahl von Stickstoffatomen im Molekül haben dann zwangsläufig geradzahlige massenspektrometrische relative Molekülmassen. Für Fragmentionen, in denen nicht mehr alle Bindigkeiten abgesättigt sind, gilt diese Regel natürlich nicht.

4.4.6 Fragmentierung der Molekülionen

Die bei der Ionisierung der Probenmoleküle aufgenommene Überschussenergie führt zur Fragmentierung der „heißen" Molekülionen. Infolge von Energieakkumulationen in einzelnen Schwingungszuständen kommt es zur Dissoziation (Bindungsbruch) der Teilchen. Die Fragmentierungsprozesse laufen nach statistischen Gesetzmäßigkeiten ab und lassen Rückschlüsse auf Ausgangsteilchen zu. Die Fragmente eines Molekülions müssen selbst nicht unmittelbares Strukturelement des ursprünglichen Teilchens sein. In den

Bruchstücken erfolgen Umlagerungen von Atomen bzw. Atomgruppen, wenn thermodynamische und kinetische Voraussetzungen dafür vorliegen. Damit kann auch aus Umlagerungen zu neuen Atomanordnungen auf die ursprüngliche Molekülstruktur geschlossen werden.

Aus allgemeinen energetischen Überlegungen heraus lassen sich für die Bruchstückbildung in der Massenspektrometrie Fragmentierungsprinzipien ableiten, die schließlich in spezielle Fragmentierungsregeln für einzelne Stoffgruppen münden.

Die energetische Auswahlregel

Die bei der Ionisierung aufgenommene Überschussenergie reicht nur für die Spaltung einer Bindung. Werden in Folgereaktionen die gebildeten Bruchstücke weiter zerlegt, so ist die dafür notwendige Spaltung weiterer Bindungen nur möglich, wenn gleichzeitig durch Ringschlüsse und durch Ausbildung von Mehrfachbindungen wieder neue Bindungen geknüpft werden. Die Summen aller Bindungen in den Fragmenten und im Molekül unterscheiden sich nur um 1.

Diesen Sachverhalt bezeichnet man als *energetische Auswahlregel*. Als Beispiel sei die Ionisierung und Fragmentierung von n-Octan angeführt.

$$C_8H_{18} + e^- \rightarrow C_8H_{18}^{+\bullet} + 2\,e^- \rightarrow CH_2\text{-}CH_3^\bullet + CH_3\text{-}CH_2\text{-}CH_2\text{-}CH_2\text{-}CH_2\text{-}CH_2^{\,+} + 2\,e^-$$

und

$$CH_3\text{-}CH_2\text{-}CH_2\text{-}CH_2\text{-}CH_2\text{-}CH_2^{\,+} \rightarrow CH_2\text{=}CH_2 + CH_3\text{-}CH_2\text{-}CH_2\text{-}CH_2^{\,+}$$

Die Spaltung des Hexylions führt zur C=C-Doppelbindung im Ethen. Entstehen in der ersten Zerfallsstufe Alkylionen, so wächst mit deren Kettenlänge ganz allgemein die Tendenz zur weiteren Fragmentierung unter Olefinabspaltung. Die energetische Auswahlregel schützt vor Fehlinterpretationen von Fragmentierungsmechanismen. Bei der Fragmentierung werden die Bindungen in der Reihenfolge ihrer Bindungsstärke gespalten. Durchschnittswerte der Bindungsdissoziationsenergien sind:

C-C	$350\ kJ\cdot mol^{-1}$
C-H	$410\ kJ\cdot mol^{-1}$
C=C	$620\ kJ\cdot mol^{-1}$

Daraus folgt, dass die Spaltung von Mehrfachbindungen in Alkenen bzw. Alkinen sehr unwahrscheinlich ist und dass der Zerfall des Molekülions mit dem Bruch einer C-C-Bindung, nicht aber mit dem Abspalten von Wasserstoffatomen beginnt.

Bildung stabiler Bruchstücke

Im Ergebnis der Fragmentierung des Molekülions entstehen stabilere Bruchstücke: Die Stabilisierung geht dabei mit folgenden Reaktionen einher:

1. Radikalionen stabilisieren sich unter Bildung von Ionen und neutralen Radikalen.

$$AB^{+\bullet} \rightarrow A^+ + B^\bullet$$

   In Massenspektren wird deshalb häufig die Abspaltung von Methyl- bzw. Ethyl-ra-

   dikalen beobachtet. Die Bildung der Ethylradikale ist energetisch günstiger als die der Methylradikale. Für die gebildeten Carboniumionen gilt, dass ihre Ionenstabilität in der Reihenfolge C^+(primär) $<$ C^+(sekundär) $<$ C^+(tertiär) wächst.

2. Die Stabilisierung von Molekülionen wird auch durch Abspaltung kleiner neutraler Moleküle erreicht. Beispiele sind die Abspaltung von H_2O aus primären Alkoholen, von CO aus Phenol bzw. HCN aus Pyridin:

3. Bei der Bildung von Oniumionen unter Einbeziehung von Heteroatomen erfolgt eine Stabilisierung infolge Ladungsdelokalisierung zwischen Heteroatomen und benachbartem C-Atom. Dabei werden Radikalionen abgespalten. Der Sachverhalt soll am Beispiel der Spaltung eines Amins und eines Ketons erläutert werden.

$$R_1-\underset{\overset{|}{R_2}}{N}-CH_2-R_3 + e^- \longrightarrow R_1-\underset{\overset{|}{R_2}}{N^{\cdot+}}-CH_2-R_3 + 2e^-$$

$$\left[\underset{\overset{|}{R_1}}{R_2}N^+{=}CH_2 \longleftrightarrow \underset{\overset{|}{R_1}}{R_2}N^+{-}CH_2 \right] \longleftarrow \underset{\overset{|}{R_1}}{R_2}N^{\cdot+}{-}CH_2 + \cdot R_3$$

$$R_1-\overset{\overset{O}{\|}}{C}-R_2 + e^- \longrightarrow R_1-\overset{\overset{O^{\cdot+}}{\|}}{C}-R_2 + 2e^-$$

$$\left[R_1-C{\equiv}O^+ \longleftrightarrow R_1-C{=}O^+ \right] + \cdot R_2$$

4. Mesomeriestabilisierung der Fragmente ist stets günstig:

$$C_6H_5Cl^{\cdot+} \longrightarrow C_6H_5^+ + Cl\cdot$$

Ausgewählte Fragmentierungsregeln

Auf der Grundlage der diskutierten Fragmentierungsprinzipien ergeben sich für die Aufspaltung von Molekülionen einzelner Stoffgruppen allgemeine *Fragmentierungsregeln*, von denen im Folgenden einige angeführt werden sollen.

Alkylspaltung - Unverzweigte Kohlenstoffketten können an jeder C-C-Bindung gespalten werden. Die Abtrennung eines Ethylradikals ist energetisch günstiger als die Methylradikalabspaltung. Verzweigte Kohlenstoffketten werden an der Verzweigungsstelle getrennt. Die Ursache dafür liegt in der größeren Stabilität von sekundären bzw. tertiären Carboniumionen.

Allylspaltung - Ist eine Doppelbindung im Molekül vorhanden, so erfolgt die Spaltung des Molekülions an der zur Doppelbindung übernächsten C-C-Einfachbindung. Der Grund ist in der Mesomeriestabilisierung des entstehenden Ions zu finden.

Die Ionen mit der Ladungsdelokalisierung über drei C-Atome heißen Allylionen.

Kohlenwasserstoffe mit Heteroatomen - Heteroatome fördern die Spaltung von C-C-Bindungen an dem das Heteroatom tragenden Kohlenstoffatom. Die Ursache liegt in der Bildung mesomeriestabilisierter Oniumionen, wie bereits früher diskutiert.

Benzoide Ringsysteme - Die Ionisierung von Molekülen mit benzoiden Ringen erfordert vergleichsweise wenig Energie. Die *Ionisierungsenergie* für π-Elektronen ist bekanntlich geringer als die für σ-Elektronen. Mit der geringeren Ionisierungsenergie sinkt auch die *Fragmentierungstendenz*. Die hohe Intensität des Molpeaks und die kleinere Zahl von Fragmentpeaks sind Folge dieser Ionisierung. Bei substituierten Verbindungen erfolgt ein Abbau des Molekülions in der Seitenkette. Die Ringe selbst sind relativ stabil, ihre Fragmentierung führt zu charakteristischen Schlüsselbruchstücken. Beim Auftreten von Heteroatomen (Pyridinderivate, Phenole etc.) werden die Ringe unter Abspaltung kleiner, stabiler Moleküle (HCN, CO usw.) und Bildung kleinerer Ringe aufgebrochen.

Umlagerungen - Von Umlagerungen spricht man, wenn die Fragmentbildung von der Wanderung von Atomen oder Atomgruppen in den Bruchstücken begleitet wird. Zwei Beispiele von typischen Umlagerungen sollen hier erwähnt werden:

- *Tropyliumumlagerung*

  Die Massenspektren von Benzylverbindungen bzw. Tolylderivaten zeigen als sehr intensives Signal den Peak mit der Massenzahl 91. Das Signal gehört zum Tropyliumion $C_7H_7^+$, das im Ergebnis einer Umlagerung aus dem Benzyl- bzw. Tolylion gebildet wird. Der Mechanismus der Tropyliumionenbildung lässt sich wie folgt formulieren:

Der der Umlagerung vorgelagerte Fragmentierungsschritt kann als Alkylspaltung diskutiert werden. Triebkraft der Umlagerung ist die Mesomeriestabilisierung im Tropyliumion.

- **Mc Lafferty-Umlagerung**
  Molekülionen mit Doppelbindung liefern oft Fragmentionen, deren Massenzahl um 1 größer als erwartet ist. Der Grund liegt in einer Protonenwanderung im Molekülion, die die Abspaltung stabiler Verbindungen, wie Ethen, ermöglicht. Für das Molekülion der Butansäure lässt sich z. B. folgender Mechanismus formulieren:

Umfangreiches empirisches Material zu „Schlüsselbruchstücken" bei den untersuchten Stoffgruppen hilft bei der Stoffidentifizierung.

4.4.7 Auswertung von Massenspektren

Steht ausschließlich das Massenspektrum einer unbekannten Verbindung zur Verfügung, so ist es kaum möglich, durch die verfügbaren Informationen die vollständige Struktur aufzuklären. Die Massenspektrometrie kann z. B. oft nicht zwischen möglichen Strukturisomeren einer Verbindung unterscheiden. Allerdings liegen selbst bei unbekannten Verbindungen im Allgemeinen eine Reihe von Zusatzinformationen vor, die durch die Massenspektren ergänzt bzw. präzisiert werden.

Gibt es von der unbekannten Substanz z. B. eine Elementaranalyse und kann dem Massenspektrum die massenspektrometrische relative Molekülmasse entnommen werden, so ist man in der Lage, die Summenformel der Verbindung zu berechnen (s. Abschnitt 4.5). Die Identifizierung des Molekülpeaks und damit die Bestimmung der relativen massenspektrometrischen Molekülmasse ist ein sehr wichtiges Ziel bei der Spektrenauswertung. Gelingt es im herkömmlichen EI-Spektrum (70 eV) nicht, eindeutig einen Molekülpeak zu identifizieren, müssen andere Ionisierungsarten, wie CI, ESI oder eine Niedervolt-EI-Untersuchung herangezogen werden.

Die Fragmentierung der Molekülionen läuft nach statistischen Gesetzmäßigkeiten (s. Abschnitt 4.4.6) ab, so dass aus den Bruchstücken ebenfalls auf die untersuchte Stoffgruppe geschlossen werden kann.

Tabelle 4.26 enthält die Massenzahlen ausgewählter Schlüsselbruchstücke der EI-MS, die Rückschlüsse auf die untersuchte Stoffgruppe zulassen und den Fragmenten mögliche Formeln zuordnen.

Tab. 4.26: Ausgewählte Schlüsselionen der EI-MS

Mz	mögliche Formel	Hinweis auf
30	$CH_2=NH_2^+$, NO^+	Amine, Nitroverbindungen
31	$CH_2=OH^+$,	Alkohole, Ether
35	Cl^+	chlorhaltige Verbindung
39	$C_3H_3^+$	Aromaten, Heterocyclen
43	CH_3-CO^+	Acetylverbindungen
44	CO_2^+	Zersetzungsprodukt
44	CH_2NO^+, $C_2H_6N^+$	Carbonsäureamide, Amine
45	$COOH^+$, $C_2H_5O^+$	Carbonsäuren, Alkohole, Methylether
47	CCl^+	Chlorverbindungen
48	CH_3SH^+	Methylthioether
51	$C_4H_3^+$	Aromaten, Heterocyclen
58	$CH_2=C(OH)-OH_3^+$	Ketone
58	$C_3H_8N^+$	Amine
59	$C_3H_7O^+$, $CH_3-O-C=O^+$	Alkohole, Ether, Methylester
60	$CH_2=C(OH)_2^+$	Carbonsäuren
65	$C_5H_5^+$	Benzylverbindungen
73	$C_4H_9O^+$	Alkohole, Ether, Carbonsäuren
74	$CH_2=C(OH)-O-CH_3^+$	Methylester
.75	$C_6H_3^+$	unges. Verbindungen, disubst. Benzolderivate
77	$C_6H_5^+$	Benzolderivate
78	$C_6H_6^+$	Benzolderivate
79	Br^+	Bromverbindungen
89	$C_7H_5^+$	Heterocyclen
91	$C_7H_7^+$	Benzylverbindungen, Tolylverbindungen
105	$C_6H_5-C\equiv O^+$	Benzolderivate
127	I^+	iodhaltige Verbindungen
135	$C_4H_8Br^+$	bromhaltige Verbindungen

Durch Normierung auf den Basispeak wird das Massenspektrum einer Substanz für die Verbindung unverwechselbar. Existiert von der Verbindung bereits ein Massenspektrum in einer Spektrenbibliothek, ist die Verbindung allein anhand des Spektrums eindeutig identifizierbar. Enthält die Spektrenbibliothek keinen Hinweis auf die unbekannte Verbindung, so liefert das Massenspektrum dennoch Aussagen über eine ungerade Anzahl von Stickstoffatomen im Molekülion (Stickstoffregel), über das Auftreten von Chlor, Brom oder Schwefel im Molekülion ([M+2, 4, 6]- Isotopenpeaks) und ermöglicht die Abschätzung der Anzahl der Kohlenstoffatome im Molekülion ([M+1]-Peak). Die Massenzahlendifferenzen zwischen Molekülpeak und Fragmentpeaks lassen Schlüsse auf abgespaltene Neutralteilchen zu (Tabelle 4.25) und über die Massenzahlen der Fragmentpeaks können Schlüsselionen identifiziert werden (Tabelle 4.26).

Oft geht es bei der Diskussion des Massenspektrums einer unbekannten Verbindung jedoch darum, einen zusätzlich durch Auswertung von NMR-, IR-, UV/Vis- oder anderer Spektren gewonnenen Strukturvorschlag zu bestätigen und den Fragmentionen sinnvolle Bruchstücke zuzuordnen.

Am Beispiel des Massenspektrums einer unbekannten organischen Verbindung (Abbildung 4.61) soll demonstriert werden, wie eine Reihe von Strukturinformationen allein dem Massenspektrum entnommen werden können. Wir gehen dabei davon aus, dass eine Spektrenbibliothek zur Identifizierung der Verbindung (es handelt sich um Chlorpropansäuremethylester) nicht verfügbar ist.

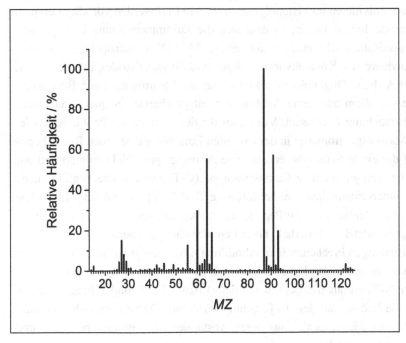

Abb. 4.61: Massenspektrum einer unbekannten Substanz.

MZ = 122 wäre dann der Molekülpeak. Der kaum vorhandene [M+1]-Peak deutet darauf hin, dass das Molekül nur wenige Kohlenstoffatome enthält. Stickstoffatome liegen nicht oder nur in einer geraden Anzahl vor.

Das Isotopenmuster wiederholt sich bei den Peaks der Massenzahlen 63 und 65 bzw. 91 und 93.

Damit ist klar, dass die zugehörigen Fragmente ebenfalls das Chloratom tragen und dass *MZ* = 91 nicht das Tropyliumion anzeigt. Die Differenz von 122 zum Basispeak 87 beträgt 35. Zu *MZ* = 87 gibt es keinen [M+2]-Peak. Offensichtlich wurde bei dem zugehörigen Bruchstück vom Molekülion nur das Chloratom abgespalten. Die Massenzahlendifferenzen M-31 und M-59 führen zu den Peaks mit den Massenzahlen 91 und 63. Nach Tab 4.25 deutet diese Differenz auf Methylester hin. Der intensive Peak mit *MZ* = 59 gehört ebenfalls zu einem Schlüsselion, das Methylester anzeigt (Tabelle 4.26).

Setzen wir also ^{35}Cl und $^{59}(COOCH_3)$ in Rechnung, so ergibt sich zur Molmasse noch die Differenz von 28, die für C_2H_4 steht.

All diese Informationen passen sowohl zu der Verbindung $Cl-CH_2-CH_2-COO-CH_3$, als auch zu $CH_3-CHCl-COO-CH_3$.

Mit MALDI und ESI können auch Makromoleküle sehr schonend in die Gasphase transportiert werden. Daher eignen sich diese Methoden hervorragend für die Analyse von synthetischen Polymeren und Biopolymeren. In MALDI werden vor allem einfach geladene und intakte Ionen erzeugt, so dass sich die Zusammensetzung von synthetischen Polymergemischen sehr einfach aus einem MALDI-Massenspektrum ablesen lässt. Für Biopolymere wie Kohlenhydrate (Oligo- und Polysaccharide), Proteine (bzw. Peptide) und DNA (bzw. Oligonukleotide) ist neben der Identifikation von Bestandteilen einer Probe vor allem auch eine Analyse der entsprechenden Sequenz und damit eine Strukturuntersuchung interessant. Vor allem für den Bereich der Peptidsequenzierung spielt die Massenspektrometrie in der aktuellen Forschung eine große Rolle. Peptide besitzen auf der einen Seite eine endständige Aminogruppe (N-Terminus) und auf der anderen Seite eine endständige Carboxylgruppe (C-Terminus). Die Peptidsequenz wird durch die unterschiedlichen Aminosäurereste R definiert (Abbildung 4.62). Die Massenspektren von Peptiden zeigen Peptidbruchstücke, die vor allem durch Spaltung des Peptidrückgrats entstehen. Innerhalb einer Peptidbindung können drei unterschiedliche Arten von Bindungen brechen, wie in Abbildung 4.62 gezeigt ist. Je nach Lage der Ladung werden die entstehenden Fragmentionen als A-, B- und C-Fragmente (wenn die Ladung auf dem N-Terminus des Peptids verbleibt) bzw. X-, Y- und Z-Fragmente bezeichnet (wenn die Ladung auf dem C-Terminus verbleibt). Dadurch entstehen charakteristische Serien von Massenpeaks, aus deren Abständen die Aminosäurereste R und deren Position innerhalb des Peptids bestimmt werden können.

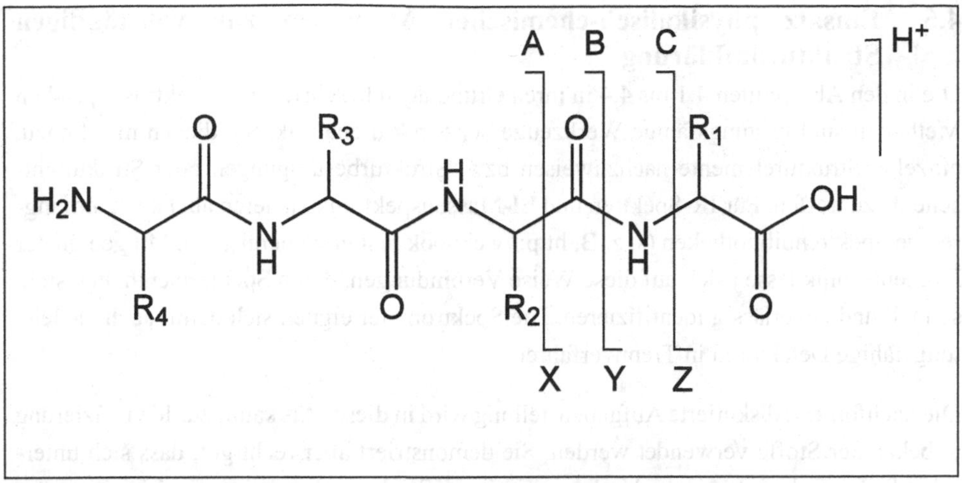

Abb. 4.62: Peptidstruktur und mögliche Fragmentierungsstellen.

4.5 Einsatz physikalisch-chemischer Methoden zur vollständigen Strukturaufklärung

Die in den Abschnitten 4.1 bis 4.4 in ihren Grundlagen beschriebenen spektroskopischen Methoden sind leistungsfähige Werkzeuge der Strukturanalytik. Sie dienen meist dazu, einzelne Strukturelemente nachzuweisen bzw. Strukturbestätigungen oder Strukturentscheide zu treffen. Für IR-Spektren und EI-Massenspektren existieren aber auch umfangreiche Spektrenbibliotheken (s. z. B. http://webbook.nist.gov/chemistry/). Mit geeigneter Rechentechnik lassen sich auf diese Weise Verbindungen, deren Spektren enthalten sind, schnell und zuverlässig identifizieren. Die Spektrometer eignen sich damit auch als leistungsfähige Detektoren in Trennverfahren.

Die nachfolgend diskutierte Aufgabenstellung wird in dieser Art kaum zur Identifizierung unbekannter Stoffe verwendet werden. Sie demonstriert aber recht gut, dass sich unterschiedliche spektroskopische Verfahren in ihren Strukturinformationen wirksam ergänzen und auch zur Strukturaufklärung bislang unbekannter Verbindungen eignen. Es muss dabei ausdrücklich darauf hingewiesen werden, dass es eine Reihe weiterer physikalisch-chemischer Methoden gibt, die zur Strukturaufklärung herangezogen werden können (Röntgenbeugung, Elektronenspinresonanz-Spektroskopie, Mößbauer-Spektroskopie u.a.) und dass auch rein chemische Methoden nach wie vor ihre Daseinsberechtigung haben. Es kommt stets auf den konkreten Fall an (Stoffgruppe, Elemente, aus denen die Verbindung besteht etc.), welche Methoden verwendet werden und am effektivsten zur Strukturaufklärung beitragen.

Die aus Spektren gewonnenen Informationen sind nur dann für die Strukturaufklärung verwendbar, wenn die Proben reine Stoffe darstellen. Anderenfalls überlagern sich die Spektren der Komponenten eines Gemisches und Zuordnungen der Informationen zu Einzelkomponenten sind kaum möglich. Der eigentlichen Strukturanalytik sind deshalb Methoden der Stofftrennung und -reinigung vorgeschaltet. Besondere Bedeutung kommt dabei Extraktionsverfahren und chromatographischen Verfahren zu, wobei, wie oben bereits angedeutet, chromatographische Verfahren oft mit spektroskopischen Methoden gekoppelt werden.

Qualitative und quantitative Zusammensetzung

Zur Ermittlung der Elementarzusammensetzung werden chemische Analysenmethoden, die auf der Verbrennung der Verbindung beruhen, bevorzugt. Die gasförmigen Verbrennungsprodukte werden volumetrisch, gravimetrisch oder spektrometrisch quantifiziert. Feste Verbrennungsrückstände (SiO_2, Metalloxide etc.) werden gelöst und separat weiteruntersucht. Die Ergebnisse der klassischen Elementaranalyse stehen oft am Anfang der Stoffaufklärung.

Von den in Kapitel 4.1 bis 4.4 diskutierten Spektren wird dann das Massenspektrum als erstes zur weiteren Diskussion herangezogen. Es gilt zu klären, ob ihm die massenspektrometrische relative Molekülmasse entnommen werden kann und ob Isotopenpeaks die Anwesenheit charakteristischer Elemente wie Cl, Br oder S anzeigen. Auch die ungerade Anzahl von Stickstoffatomen im untersuchten Molekül ist sofort nachweisbar. Aus dem Ergebnis der Elementaranalyse und der massenspektrometrischen relativen Molekülmasse wird die Summenformel der Verbindung berechnet.

Eine zusätzliche Hilfe bei der Strukturaufklärung organischer Verbindungen erhält man aus der Berechnung der *Doppelbindungsäquivalente*. Eine organische Verbindung besteht aus den Elementen A bis D, die sich wie folgt in ihrer Bindigkeit unterscheiden:

$$\text{A - vierbindig (C);} \quad \text{C - zweibindig (O, S)}$$
$$\text{B - einbindig (H,X);} \quad \text{D - dreibindig (N, P)}$$

Die Zahl Z der Doppelbindungsäquivalente in einem Molekül mit der Summenformel $A_a B_b C_c D_d$ berechnen sich nach der Formel:

$$Z = \frac{(2 \cdot a + 2) - (b - d)}{2} \tag{4.60}$$

So erhält man z. B. für Benzol:

$$Z = \frac{2 \cdot 6 + 2 - 6}{2} = 4$$

Drei Äquivalente entfallen auf die Doppelbindungen der Kekulé-Formeln. Ringe selbst führen stets zu einem zusätzlichen Äquivalent. Das wird durch die Berechnung von Z für das Cyclohexanmolekül bestätigt (Z=1). Die Zahl der berechneten Doppelbindungsäquivalente muss mit den in der Strukturformel ausgewiesenen übereinstimmen.

In Abbildung 4.63 sind die vier Spektren einer unbekannten organischen Verbindung zusammen mit den Werten ihrer Elementaranalyse angeführt. Das Massenspektrum weist 174 als massenspektrometrische relative Molekülmasse aus. Hinweise auf das Vorliegen von Cl-, Br- und S-Atomen im Molekül liegen nicht vor. Die Anwesenheit von N wurde bereits durch die Elementaranalyse ausgeschlossen.
Aus M = 174 und 75,9 % C bzw. 5,7 % H berechnet man die Zahl der Kohlenstoffatome bzw. die Zahl der Wasserstoffatome:

$$n = \frac{M \cdot \%(Element)}{100 \cdot A_{rel}}$$ (4.61)

$$
\begin{aligned}
n(C) &= 11{,}006 \\
n(H) &= 9{,}92
\end{aligned}
$$

Neben C und H enthält die Substanz noch in der oxidativen Elementaranalyse nur indirekt erfassbaren Sauerstoff. Die fehlenden 18,4 % entsprechen einer relativen Masse von 32,02. Das entspricht zwei Sauerstoffatomen pro Molekül.

Daraus ergibt sich die Summenformel $C_{11}H_{10}O_2$.

Im Molekül der Verbindung gibt es $Z = \dfrac{(2 \cdot 11 + 2) - 10}{2} = 7$ Doppelbindungsäquivalente.

Die hohe Anzahl von Doppelbindungsäquivalenten wirft sofort die Frage nach dem Vorliegen eines aromatischen Rings auf.

Die Antwort finden wir im ^{1}H-NMR-Spektrum der Verbindung. Die Signalgruppe zwischen 7,36 und 7,6 ppm wird von Wasserstoffatomen am aromatischen Ring verursacht. Die drei dazu gehörigen Signale weisen eine ausgeprägte Feinstruktur auf. Die Feinstruktur zeigt drei chemisch unterschiedliche Arten von Wasserstoffatomen, die im Verhältnis von 2:1:2 vorliegen. Die Aufspaltung der Feinstruktur in zwei Tripletts und ein Dublett wird von der vicinalen Kopplung mit zwei bzw. einem Wasserstoffatom verursacht und tritt bei monosubstituierten Benzolringen auf, wenn der Substituent großen Einfluss auf den Ring ausübt (ansonsten meist zwei Signale mit Intensitätsverhältnis 2:3). Die ^{1}H-Kerne am aromatischen Ring verfügen zusammen über die Intensität 5. Daneben besitzt die Verbindung zwei weitere Gruppen chemisch äquivalenter Protonen deren chemische Verschiebungen zwischen 1,35 und 1,38 ppm bzw. zwischen 4,28 und 4,33 ppm liegen. Das Intensitätsverhältnis der Signale beträgt 3:2. Die zehn im Molekül vorliegenden Protonen sind damit eindeutigen Positionen zugeordnet. Drei ^{1}H-Kerne gehören zu einer Methylgruppe (1,36 ppm), zwei ^{1}H-Kerne sind Teil einer Methylengruppe und fünf weitere Kerne gehören zu einem monosubstituierten Benzolring. Die Feinstrukturen der aliphatischen ^{1}H-Kerne (Triplett bzw. Quartett) belegen, dass Methyl- und Methylengruppe Teile einer Ethylgruppe sind. Der hohe Wert der chemischen Verschiebung der Methylengruppe deutet darauf hin, dass die Ethylgruppe im Molekül an elektronenziehende Gruppen, bzw. elektronegative Elemente gebunden ist.

Versucht man die Stellung der Wasserstoffatome allein aus dem IR-Spektrum abzuleiten, ist das im vorliegenden Beispiel wesentlich schwieriger. Die den CH-Schwingungen entsprechenden Banden sind allesamt nur schwach ausgeprägt. Die Banden widersprechen jedoch keineswegs den Hinweisen aus dem ^{1}H-NMR-Spektrum. So lassen sich die Valenzschwingungen sowohl der aromatischen CH-Gruppen bei 3050 cm^{-1} als auch der aliphatischer CH-Gruppen, deren ν_{CH}-Schwingungen unterhalb von 3000 cm^{-1} liegen,

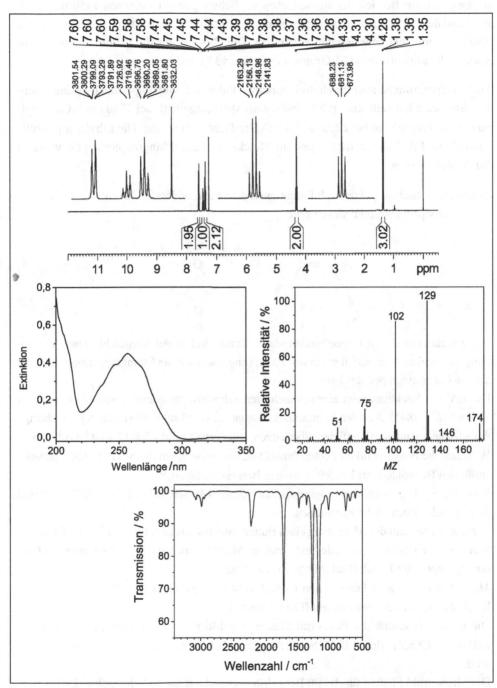

Abb. 4.63: Spektren einer unbekannten organischen Verbindung. Für die Aufnahme des UV-Vis-Absorptionsspektrums wurde eine Konzentration von 0,03 mM gewählt.

nachweisen. Im Bereich der aromatischen ν_{cc}-Schwingungen zwischen 1450 und 1600 cm^{-1} und der out of plane-Schwingungen monosubstituierter Aromaten zwischen 600 und 750 cm^{-1} sind schwache Banden vorhanden. Gleiches gilt für die Deformationsschwingungen der aliphatischen CH-Gruppen zwischen 1350 und 1470 cm^{-1}.

Das IR-Spektrum ist aber durch drei markante Valenzschwingungsbanden gekennzeichnet. Sie treten bei 1200 cm^{-1} (CO-Bindung im Molekülgerüst), bei 1740 cm^{-1} (Carbonylbande von Estern) und bei 2230 cm^{-1} (C≡C-Dreifachbindung) auf. Die Ethylgruppe sollte folglich als Ethylester vorliegen und im Molekül tritt die Ethingruppierung als weiteres Strukturelement auf.

Wenn die restlichen spektralen Informationen dem nicht widersprechen, sollte die Verbindung Phenylpropinsäureethylester sein:

Die errechneten sieben Doppelbindungsäquivalente sind in der vorgeschlagenen Verbindung vorhanden. Vier entfallen auf den Phenylring, zwei auf die Ethingruppierung und eine auf die Carbonylgruppe des Esters.

Das UV/Vis-Spektrum zeigt eine mit mehreren Schultern versehene Absorptionsbande bei 255 nm ($E = 0,45$). Aus den Konzentrationsangaben (0,03 mM) lässt sich der zugehörige dekadische Extinktionskoeffizient abschätzen. Man erhält rund 15000 L·mol^{-1}·cm^{-1}. Dieser Wert und die Bandenstruktur deuten darauf hin, dass es sich um die p-Bande des monosubstituierten Benzolderivats handelt, die die α-Bande überlagert.

Schließlich gilt es noch, den Fragmentpeaks mit den Massenzahlen 146, 129, 102, 75 und 51 sinnvolle Bruchstücke zuzuordnen.

Zur *MZ* = 146 führt die Abspaltung eines Ethenmoleküls aus dem Molekülion. Dafür ist die Wanderung eines Protons von der endständigen Methylgruppe zum Sauerstoffatom der Carbonylgruppe erforderlich (McLafferty-Umlagerung).

MZ = 129 gehört zum Fragmention C_6H_5-C≡C-CO$^+$, das durch Abspaltung des $C_2H_5O^\bullet$-Radikals vom Molekülion entsteht (Esterspaltung).

Die geringe Intensität des Peaks mit Massenzahl 146 rührt daher, dass das Fragmention C_6H_5-C≡C-COOH$^+$ durch Decarboxylierung zu C_6H_5-C≡CH$^+$ (*MZ* = 102) umgewandelt wird.

Die Massenzahl 51 steht für das für Benzolringe charakteristische Schlüsselion $C_4H_3^+$.

MZ = 75 schließlich gehört zum Fragmention $C_6H_3^+$. Es wird in der Literatur ebenfalls als Bruchstück ungesättigter bzw. aromatischer Verbindungen diskutiert. Da es meist bei der

Fragmentierung disubstituierter Aromaten auftritt, ist eine weitere Umlagerung im Fragmentierungsprozess des Molekülions wahrscheinlich.

Die Diskussion aller spektralen Befunde unterstützt den Lösungsvorschlag. Die vorliegende Verbindung ist Phenylpropinsäureethylester.

4.6 Übungsaufgaben zu Kapitel 4

UV/Vis-Spektroskopie

1. Berechnen Sie aus der Rydbergschen Formel die Wellenzahl der energieärmsten Linie der Balmer-Serie. Welcher Wellenlänge entspricht sie (R_H = 109677,58 cm^{-1})?

2. Welche Elektronenübergänge (Abb. 4.64) sind im Spektrum für das gelbe Natriumlicht verantwortlich? Geben Sie die Quantenzahlen für den Term 4 $^2d_{5/2\ 3/2}$ an. Warum findet kein Elektronensprung zwischen den Termen 3 $^2s_{1/2}$ und 4 $^2s_{1/2}$ statt? Erklären Sie die Termmultiplizität M = 2!

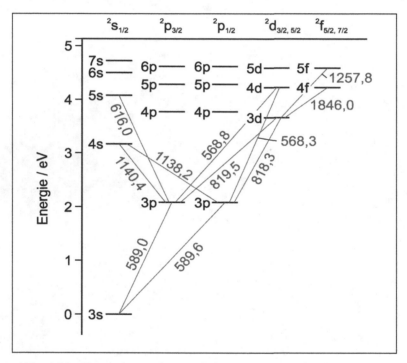

Abb. 4.64: Termschema des Natriumatoms. Die Wellenlängen möglicher Elektronenübergänge sind in nm angegeben. Die Terme können über die Hauptquantenzahl *n* (Zahlenangabe am Term) und die Bahndrehimpulsquantenzahl *l* (Angabe im Kopf des Schemas) identifiziert werden.

3. Bei einer bestimmten Wellenlänge absorbiert eine 3,00 · 10^{-4} M Lösung einer organischen Verbindung in einer 1 cm-Küvette die Anfangsintensität I_0 des Lichts zu 62 %. Wie groß sind bei dieser Wellenlänge die Absorption *A*, die Durchlässigkeit *D*, die Extinktion *E* und der molare dekadische Extinktionskoeffizient ε?

4. Welche Konzentration muss die Lösung eines Stoffes haben, wenn sie in einer 5 cm-Küvette bei der Untersuchungswellenlänge (lg ε = 3,45) 50 % des Lichts zu absorbiert?

5. Wo erwarten Sie die längstwelligen Elektronenübergänge bei Propan, Propen, Methylamin bzw. Propenal? Von welcher Art sind die einzelnen Übergängen?

6. Auf welche Elektronenübergänge lassen sich die in den Spektren der Lösungen von KCl, KNO$_3$ und K$_2$SO$_4$ (Abbildung 4.65) gefundenen Absorptionen zurückführen?

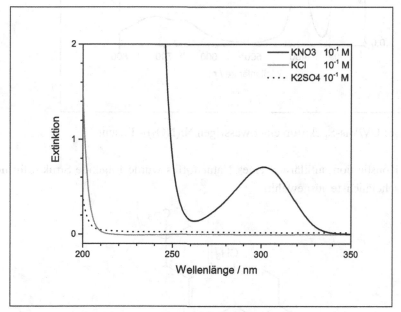

Abb. 4.65: UV/Vis-Spektren von 10^{-1} M Salzlösungen.

7. Berechnen Sie die ungefähren Werte der Extinktionskoeffizienten der Banden bei 714 nm und 400 nm im Spektrum einer wässrigen Lösung von Nickelnitrat (Abbildung 4.66), die zu den Übergängen $^3A_2 \rightarrow {}^3T_1(F)$ und $^3A_2 \rightarrow {}^3T_1(P)$ gehören. Aus welchen Termen sind die angegebenen Spaltterme unter dem Einfluss des oktaedrischen Ligandenfeldes hervorgegangen und warum haben die zugehörigen Banden so kleine Extinktionskoeffizienten? Wie lässt sich die Absorption bei 300 nm erklären?

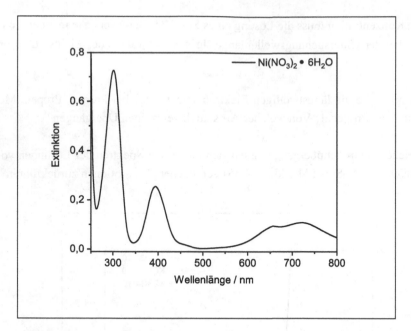

Abb. 4.66: UV/Vis-Spektrum einer wässrigen Ni(NO$_3$)$_2$- Lösung.

8. Bei der Konstitutionsaufklärung eines Naturstoffes wurde folgende Strukturformel als wahrscheinlichste ausgewählt:

    Mit Hilfe der UV/VIS-Spektroskopie soll die Lage der Doppelbindungen bestätigt werden. Bei welcher Wellenlänge ist der längstwellige Übergang zu erwarten?

IR-Spektroskopie

9. In den Wasserstoffmolekülen H$_2$, HD und D$_2$ sind die Atomabstände und die Kraftkonstanten zwischen den verschiedenen Isotopenkernen praktisch gleich. Berechnen Sie die Wellenzahlen der Grundschwingungen von HD und D$_2$ aus dem Wert für H$_2$ ($\tilde{\nu} = 4160$ cm^{-1}).

10. Kohlenstoffmonoxid CO zeigt die IR-Absorption für die ν_{CO}-Normalschwingung bei $\tilde{\nu} = 2144$ cm^{-1}. Berechnen Sie die Kraftkonstante und diskutieren Sie den Bindungsgrad.

11. Begründen Sie, warum die C≡C-Valenzschwingung bei höherer Wellenzahl auftritt als die C=C-Valenzschwingung. Schätzen Sie ab, ob die C-Br-Valenzschwingung oder die C-I-Valenzschwingung bei niedrigerer Wellenzahl auftritt!

12. Entscheiden Sie anhand des IR-Spektrums, ob die vermessene Substanz Cyclohexan, n-Hexan oder 1-Hexen ist!

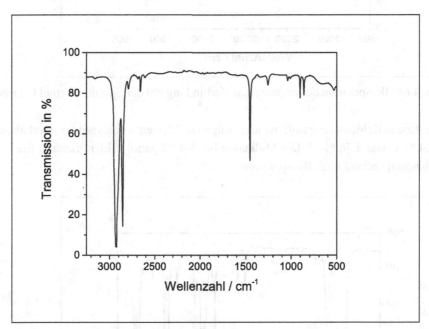

Abb. 4.67: IR-Spektrum von eines Kohlenwasserstoffs C_6H_x.

13. Von einer unbekannten Verbindung mit der Summenformel C_8H_7N wurde das IR-Spektrum aufgenommen. Identifizieren Sie die Verbindung anhand der IR-Banden!

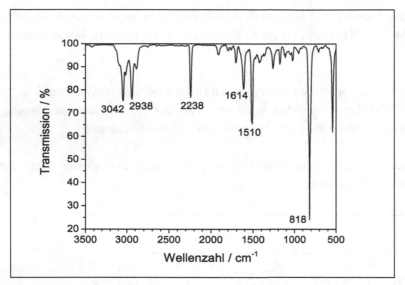

Abb. 4.68: IR-Spektrum der organischen Verbindung mit der Summenformel C_8H_7N.

14. Von einem Kohlenwasserstoff wurden folgende Elementaranalysenwerte erhalten: 91,24 % C und 8,76 % H. Die Molmasse beträgt 92 g·mol^{-1}. Identifizieren Sie die Verbindung anhand ihres IR-Spektrums.

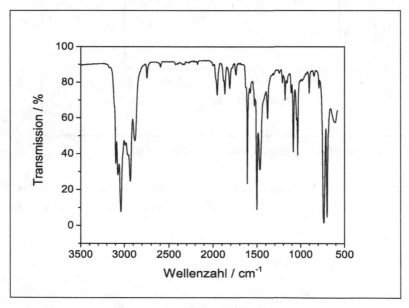

Abb. 4.69: IR-Spektrum eines unbekannten Kohlenwasserstoffs.

Eindimensionale NMR-Spektroskopie

15. Konstruieren Sie mit Hilfe der Tabellen 4.18 bis 4.21 ^{1}H-NMR-Erwartungsspektren folgender Verbindungen (mit Feinstruktur): CH_3-CH_2-OH, CH_3-CO-CH_3, Cl-CH_2-CH_2-Cl,
    C_6H_5-CH_2-COO-CH_3, $CH{\equiv}C$-CH_3, C_2H_5-O-C_2H_5, CH_3-CH_2-Cl!

16. Eine Carbonsäure könnte auf Grund ihrer Elementaranalyse Phenylessigsäure oder p-Methyl-benzoesäure sein. Mit Hilfe des folgenden Protonenresonanzspektrums (Abbildung 4.70) soll die Entscheidung herbeigeführt werden. Markant ist dabei das Signal des Protons der Carboxylgruppe, das im Spektrum mit einer 64-fachen Verstärkung dargestellt ist. Worin besteht Ihrer Meinung nach die Ursache der starken Signalverbreiterung? Geben Sie bitte auch eine Erklärung für die Intensität des Signals (0,71) bzw. der Signalgruppe zwischen δ = 7,25 und 7,35 ppm (5,37).

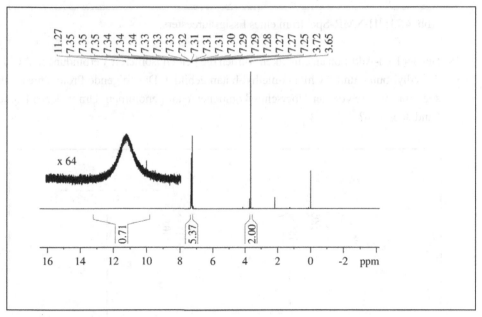

Abb. 4.70: ^{1}H-NMR-Spektrum einer Carbonsäure.

17. Das Protonenresonanzspektrum eines Kohlenwasserstoffs besteht nur aus einem Signal bei 0,87 ppm. Die Summenformel ist C_8H_{18}. Um welche Verbindung handelt es sich?

18. Im folgenden Bild sehen Sie das Protonenresonanzspektrum eines Essigsäureesters. Um welchen Ester handelt es sich?

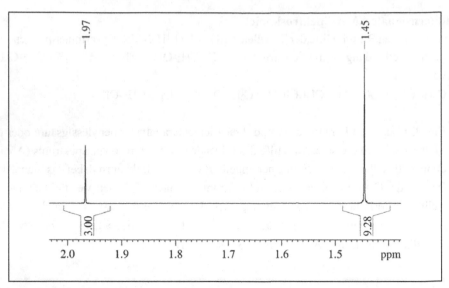

Abb. 4.71: ^{1}H-NMR-Spektrum eines Essigsäureesters.

19. Bei der HCl-Addition an ein Alken wurden die beiden isomeren Verbindungen 2-Chlor-
2-methyl-butan und 2-Chlor-3-methyl-butan gebildet. Das folgende Protonenresonanzspektrum wurde von der Überschusskomponente aufgenommen. Um welches Isomere
handelt es sich?

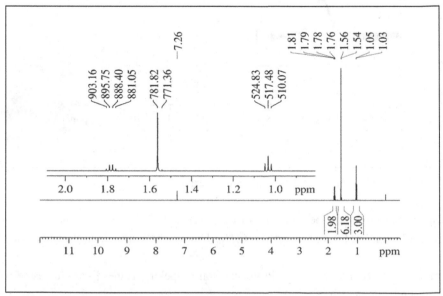

Abb. 4.72: ^{1}H-Spektrum von Chlor-methyl-butan.

20. Eine chlorierte Kohlenwasserstoffverbindung mit der Molekülmasse 126,5 g· mol^{-1} besitzt das in Abbildung 4.73 gegebene ^{1}H-NMR-Spektrum. Welche Verbindung liegt vor?

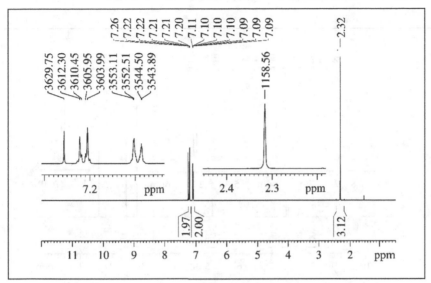

Abb. 4.73: ^{1}H-Spektrum eines chlorierten Kohlenwasserstoffs.

21. Unter dem Begriff Amphetamine fasst man eine Reihe von strukturell verwandten Psychopharmaka, die als stimulierende und wachhaltende Drogen eine zweifelhafte Berühmtheit erlangt haben, zusammen. Der Handel mit den unter das Betäubungsmittelgesetz fallenden Verbindungen ist verboten. Ihre Einnahme macht abhängig und ist in hohem Maße gesundheitsschädlich. Zwei der verbotenen Amphetamindrogen sind das mit seiner Strukturformel dargestellte Mephedron (4-Methylmethcathinon, 4-MMC) und das strukturisomere 3-Methylmethcathinon (3-MMC). Entscheiden Sie, anhand der nachfolgenden ^{1}H- bzw. ^{13}C-NMR-Spektren, welche der beiden Verbindungen vorliegt. Ordnen Sie dazu die Signale den Atomen in der Strukturformel der Verbindung zu.

4-MMC

Als Lösungsmittel wird deuteriertes Methanol eingesetzt. Die darin vorhandenen Spuren von Wasser und undeuteriertem CH_3OH bewirken, dass der an das Stickstoffatom gebundene Wasserstoff der Methcathinonderivate einem schnellen Protonenaustausch, ähnlich dem Austausch der Hydroxylprotonen in Alkoholen (s. Kapitel 4.3.5) unterliegt und deshalb keine Kopplungen zu anderen Kernen zeigt. Das Signal der an den Stickstoff gebundenen ¹H-Kerne liegt im Spektrum bei 4,9 ppm. Es wird partiell vom Signal der zu den Methanolspuren gehörenden Hydroxylprotonen überlagert. Auf seine Integration (Intensitätsangabe) wird deshalb verzichtet.

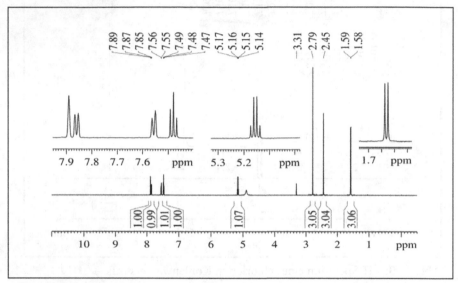

Abb. 4.74: ¹H-NMR-Spektrum eines Methcathinon-Isomeren.

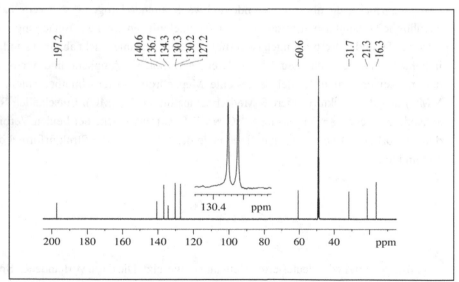

Abb. 4.75: ¹³C-NMR-Spektrum der zu Abbildung 4.74 gehörenden Verbindung.

Massenspektrometrie

22. Identifizieren Sie in der entsprechenden Signalgruppe des folgenden Massenspektrums den Molekülpeak.

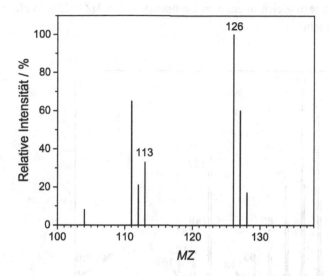

23. Die folgende Abbildung zeigt das Massenspektrum eines organischen Lösungsmittels. Um welche Verbindung handelt es sich?

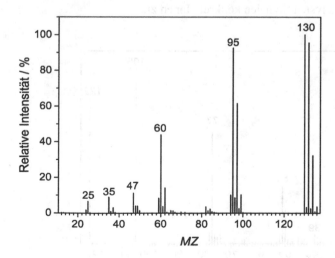

24. Das folgende EI-MS-Spektrum wurde von einer unbekannten organischen Verbindungaufgenommen. Auf Grund der starken Fragmentierung wurde die Molekülmasse der Verbindung in einer gesonderten Untersuchung ermittelt. Dazu wurde parallel das Niedervolt-EI-Massenspektrum aufgenommen. Es zeigt den Molekülpeak bei der *MZ* = 248 und einen nahezu gleich intensiven Isotopenpeak bei *MZ* = 250. Welche Substanz wurde untersucht?

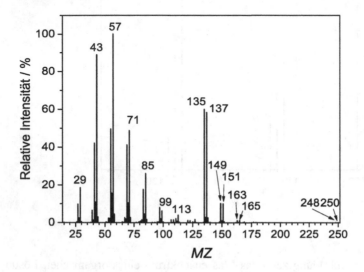

25. Das folgende EI-Massenspektrum wurde von Benzoesäure aufgenommen. Ordnen Sie den fünf intensivsten Signalen konkrete Ionen zu.

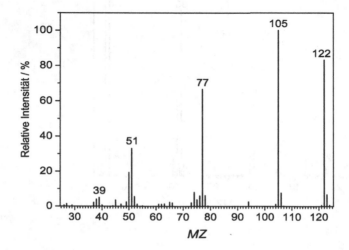

26. Das folgende Massenspektrum wurde vom Toluol aufgenommen. Zu welchem Teilchen gehört der Basispeak? Welches Neutralteilchen muss vom Fragmention abgespaltet werden, um zum Peak mit der Massenzahl 65 zu kommen?

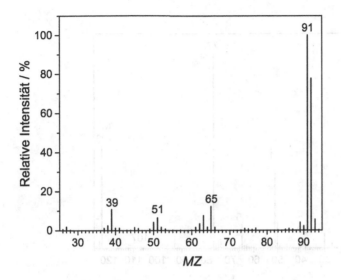

27. Die Abspaltung eines Chloratoms führt im folgenden Spektrum zum M-35-Peak bei der Massenzahl 117. Wie interpretieren Sie die Massenzahlen 119 und 121? Welche Verbindung lag ursprünglich vor?

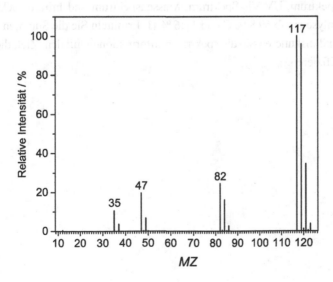

28. Das folgende Massenspektrum gehört zu einer stickstoffhaltigen aromatischen Verbindung. Bestätigen Sie diese Aussage anhand des Massenspektrums. Um welche Verbindung handelt es sich? Wie kommt der Fragmentpeak mit der Massenzahl 77 zustande?

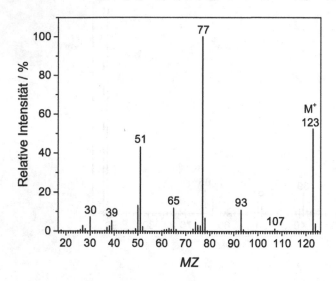

Kombination der Methoden

29. In Abbildung 4.76 sind die Spektren einer unbekannten organischen Verbindung gegeben (^{1}H-NMR-Spektrum, UV/Vis-Spektrum, Massenspektrum und Infrarotspektrum). Die Elementaranalyse ergab 69,8 % C und 11,6 % H. Ermitteln Sie die Summenformel der Verbindungund diskutieren Sie die spektralen Informationen mit dem Ziel, die Verbindung zu identifizieren.

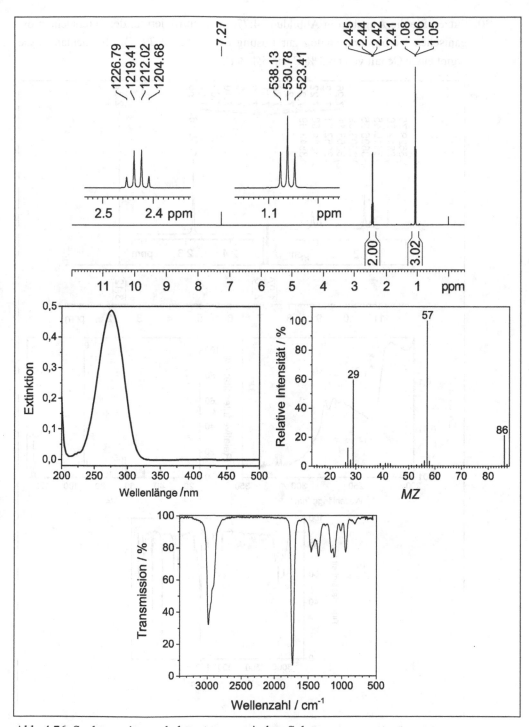

Abb. 4.76: Spektren einer unbekannten organischen Substanz.

30. Nutzen Sie die Angaben in Abbildung 4.77 zur Identifizierung der untersuchten organischen Verbindung analog zur Lösung der Aufgabe 29. Die Elementaranalyse ergibt einen Gehalt von 66,5 % C und 5,4 % H.

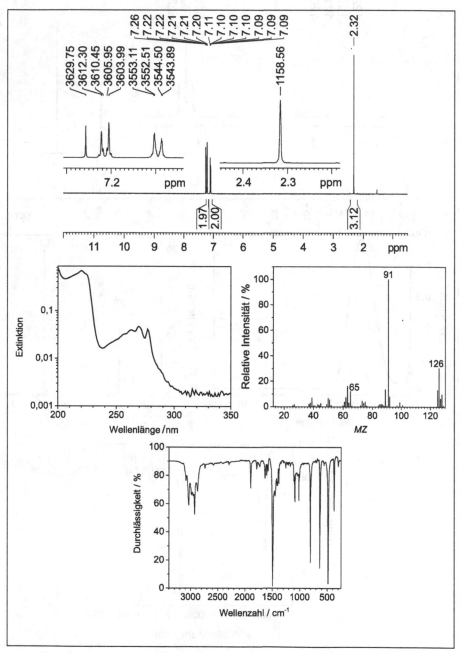

Abb. 4.77: Spektren einer unbekannten organischen Substanz.

31. Im Internet wird eine chemische Verbindung angeboten, die unter dem Verdacht steht, ebenfalls ein Amphetaminderivat (vergleiche mit Aufgabe 21) zu sein. Auf der Liste der verbotenen Amphetamindrogen wird die Substanz bislang nicht aufgeführt. Als erste Schritte im Rahmen einer Strukturaufklärung wurden das ^{1}H-NMR-Spekrtum und das ESI-Massenspektrum der Verbindung aufgenommen. Entscheiden Sie, ob der Drogenverdacht gerechtfertigt ist. Lassen die beiden Spektren evtl. noch weitergehende Schlussfolgerungen in Bezug auf die Verbindung zu?

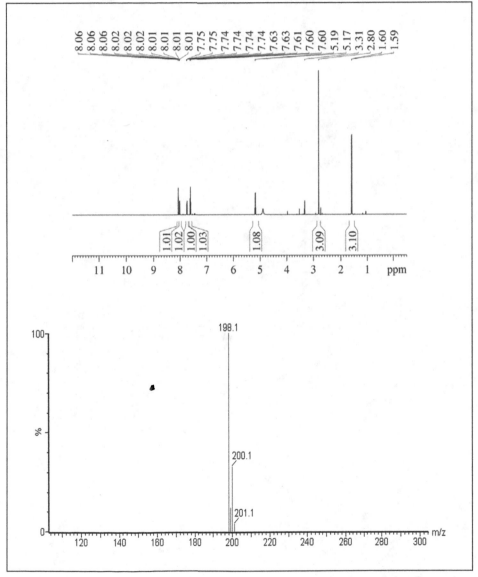

Abb. 4.78: ^{1}H-NMR-Spektrum und ESI-Massenspektrum der unbekannten Verbindung.

5 Lösungen

5.1 Lösungen zu Kapitel 1

1. 18 g H_2O entsprechen 1 mol H_2O, V_{Gas} (25 °C, 1 atm) = 24,45 L · mol⁻¹,

$$v_2 = v_1 \cdot \frac{T_2}{T_1} = 24,45 \cdot \frac{373}{298} \, L = 30,6 \, L \, ,$$

$$w = - p \cdot \Delta v = - 1 \, atm \cdot 30,6 \, L = - 1,01325 \, Bar \cdot 30,6 \, L = - 3,1 \, kJ \, .$$

Weiterer Lösungsansatz:

$w = - \Delta v \cdot R \cdot T = - 1 \cdot 8,314 \cdot 373 \, J \cdot mol^{-1} = - 3,1 \, kJ \cdot mol^{-1}$,

18 g H_2O entsprechen 1 mol, $\quad w = - 3,1 \, kJ \, .$

2. H_2: $\quad T = (273,15 + 37,5) \, K = 310,65 \, K$,

$C_p (H_2) = (27,72 + 1,05) \, J \cdot K^{-1} \cdot mol^{-1} = 28,8 \, J \cdot K^{-1} \cdot mol^{-1}$,

O_2: $\quad T = 300 \, K$,

$C_p (O_2) = (25,74 + 3,9 - 0,38) \, J \cdot K^{-1} \cdot mol^{-1} = 29,3 \, J \cdot K^{-1} \cdot mol^{-1}$.

3. $\bar{C}_p$ entspricht der wahren Molwärme beim Temperaturmittelwert (37,5 °C).

Nach Aufgabe 2 beträgt $\bar{C}_p = 28,8 \, J \cdot K^{-1} \cdot mol^{-1}$.

Weiterer Lösungsansatz:

$$dQ_p = C_p \cdot dT \quad \text{bzw.} \quad Q_p = \int_{T_1}^{T_2} C_p \cdot dT \, .$$

Für die mittlere Molwärme gilt:

$$\bar{C}_p = \frac{Q_p}{T_2 - T_1} = \frac{1}{T_2 - T_1} \cdot [a \cdot (T_2 - T_1) + \frac{b}{2} \cdot (T_2^2 - T_1^2) + \frac{c}{3} \cdot (T_2^3 - T_1^3) + ...] =$$

$$= \frac{1}{25} \cdot (27,72 \cdot 25 + 16,955 \cdot 1,55) \, J \cdot K^{-1} \cdot mol^{-1} = 28,76 \, J \cdot K^{-1} \cdot mol^{-1} \quad .$$

4. 100 g O_2 entsprechen 3,125 mol, $\quad q_p = n \cdot \bar{C}_p \cdot \Delta T = 2,29 \, kJ \, .$

© Springer-Verlag GmbH Deutschland, ein Teil von Springer Nature 2020
W. Bechmann und I. Bald, *Einstieg in die Physikalische Chemie für Naturwissenschaftler*, Studienbücher Chemie,
https://doi.org/10.1007/978-3-662-62034-2_5

5.   15 g Ethanol entsprechen 0,3257 mol.

$\Delta_{Vap}h = \Delta_{Vap}u + p \cdot \Delta v,$

$\Delta_{Vap}u = (42,45 \cdot 0,3257 - 1 \cdot 9,1 \cdot 0,1) \text{ kJ} = 12,9 \text{ kJ}.$

alternativ : $w = - n \Delta v_{Gase} R T = 0,3257 \cdot (-1) \cdot 8,314 \cdot 351,15 \text{ J} = -0,951 \text{ kJ},$

$\Delta_{Vap}u = (0,3257 \cdot 42,45 - 0,951) \text{ kJ} = 12,9 \text{ kJ}.$

6. $\Delta_R H^{\varnothing} = \sum_{Pr\,odukte} v_i \Delta_F H_i^{\varnothing} - \sum_{Edukte} v_i \Delta_F H_i^{\varnothing} = [2 \cdot (-269) + 285)] \text{ kJ} \cdot \text{mol}^{-1}$

$= -253 \text{ kJ} \cdot \text{mol}^{-1}.$

7. $\Delta_R H^{\varnothing} = \sum_{Edukte} v_i \Delta_C H_i^{\varnothing} - \sum_{Pr\,odukte} v_i \Delta_C H_i^{\varnothing} = (-727 + 270) \text{ kJ} \cdot \text{mol}^{-1}$

$= -457 \text{ kJ} \cdot \text{mol}^{-1}.$

8. $\Delta_R H^{\varnothing} = \sum_{Pr\,odukte} v_i \Delta_F H_i^{\varnothing} - \sum_{Edukte} v_i \Delta_F H_i^{\varnothing} = (2 \cdot 33,63 - 2 \cdot 90,43) \text{ kJ} \cdot \text{mol}^{-1}$

$= -113,6 \text{ kJ} \cdot \text{mol}^{-1}.$

9. $C_6H_5COOH + \dfrac{15}{2} O_2 \rightarrow 7 CO_2 + 3 H_2O,$

$n = \dfrac{m}{M} = \dfrac{10,0}{122} \text{ mol} = 0,0820 \text{ mol}$

$\Delta H = \dfrac{\Delta h}{n} = \dfrac{-264,6}{0,0820} \text{ kJ} \cdot \text{mol}^{-1} = -3,23 \cdot 10^3 \text{ kJ} \cdot \text{mol}^{-1}$

10.
$\Delta_R H^{\varnothing} = \Delta_R U^{\varnothing} + p \cdot \Delta v = \Delta_R U^{\varnothing} + \Delta v \cdot R \cdot T$

$\Delta_R U^{\varnothing} = (-143,2 - 1 \cdot 8,314 \cdot 0,298) \text{ kJ} \cdot \text{mol}^{-1} = -145,7 \text{ kJ} \cdot \text{mol}^{-1}$

11.   a) $\Delta_F H^{\varnothing}(H_2, 323,15\,K) = \Delta_F H^{\varnothing}(H_2, 298,15\,K) + \bar{C}_p \cdot \int\limits_{298,15}^{323,15} dT$

$= (0 + 28,76 \cdot 25) \text{ J} \cdot \text{mol}^{-1} = 719 \text{ J} \cdot \text{mol}^{-1}.$

b) $\Delta_F H^{\varnothing}(H_2, 323,15\,K) = \Delta_F H^{\varnothing}(H_2, 298,15\,K) + \int\limits_{298,15}^{323,15} C_p \cdot dT$

$= [27,72 \cdot 25 + \dfrac{33,91}{2} (104425,92 - 88893,42) \cdot 10^{-4}] \text{ J} \cdot \text{mol}^{-1}$

$= 719,3 \text{ J} \cdot \text{mol}^{-1}.$

12. $\Delta_R C_p = \sum\limits_{Produkte} \nu_i C_{pi} - \sum\limits_{Edukte} \nu_i C_{pi}$

        $= (55{,}06 - 46{,}52 - 2 \cdot 28{,}89)\ \mathrm{J} \cdot \mathrm{K}^{-1} \cdot \mathrm{mol}^{-1} = -49{,}24\ \mathrm{J} \cdot \mathrm{K}^{-1} \cdot \mathrm{mol}^{-1}$.

13. $\Delta_R H^{\varnothing}(348{,}15\ K) = \Delta_R H^{\varnothing}(298{,}15\ K) + \Delta_R \overline{C}_p \cdot \Delta T$

        $= (-310{,}2 - 48{,}81 \cdot 0{,}05)\ \mathrm{kJ} \cdot \mathrm{mol}^{-1} = -312{,}6\ \mathrm{kJ} \cdot \mathrm{mol}^{-1}$.

14. $\Delta_R C_p = \sum\limits_{Produkte} \nu_i C_{pi} - \sum\limits_{Edukte} \nu_i C_{pi}$,

        $= (69{,}57 - 79{,}16 \cdot 10^{-3}\,T + 135{,}4 \cdot 10^{-7}\,T^2)\ \mathrm{J} \cdot \mathrm{K}^{-1} \cdot \mathrm{mol}^{-1}.$

    $\Delta_R H^{\varnothing}(1273\ K) = \Delta_R H^{\varnothing}(298\ K) + \int\limits_{298}^{1273} \Delta_R C_p \cdot dT$

        $= (195{,}98 + 67{,}83 - 60{,}63 + 9{,}19)\ \mathrm{kJ} \cdot \mathrm{mol}^{-1}$

        $= 212{,}37\ \mathrm{kJ} \cdot \mathrm{mol}^{-1}$.

15. $w = -p \cdot \Delta v$ $n = \dfrac{m}{M} = 0{,}47\ \mathrm{mol}$

   $\Delta v = n \cdot 22{,}4 \cdot \dfrac{358}{273}\ \mathrm{L \cdot mol}^{-1} = 13{,}8\ \mathrm{L};$ $w = -1{,}01325\ \mathrm{bar} \cdot 13{,}8\ \mathrm{L} = -1{,}4\ \mathrm{kJ}$.

   alternativ: $w = -n \cdot \Delta v \cdot R\,T = -0{,}47 \cdot 1 \cdot 8{,}314 \cdot 358{,}15\ \mathrm{J} = -1{,}4\ \mathrm{kJ}$.

16. $C_{10}H_{12}\ (l) + 13\ O_2\ (g) \rightarrow 10\ CO_2\ (g) + 6\ H_2O\ (l)$,

   $w = -p \cdot \Delta v = -p \cdot \Delta v \cdot V = (-1{,}01325) \cdot (-3) \cdot 24{,}45\ \mathrm{bar} \cdot \mathrm{L} = 7{,}43\ \mathrm{k\,J}$.

   alternativ: $w = -\Delta v\,R\,T = (3 \cdot 8{,}314 \cdot 298{,}15)\ \mathrm{J} = 7{,}44\ \mathrm{kJ}$.

17.   a) $v = 3\ V = 73{,}35\ \mathrm{L};$ $p \cdot v = \mathrm{const.}$ $v_2 = \dfrac{73{,}35}{7}\,\mathrm{L} = 10{,}48\ \mathrm{L}$,

   $\Delta v = -62{,}87\ \mathrm{L};$ $w = -p \cdot \Delta v = 440{,}09\ \mathrm{atm} \cdot \mathrm{L} = 44{,}59\ \mathrm{kJ}$.

   b) $w = -n \cdot R \cdot T \cdot \int\limits_{73{,}35}^{10{,}48} \dfrac{dv}{v} = -3 \cdot 8{,}314 \cdot 0{,}29815 \cdot \ln\dfrac{10{,}48}{73{,}35}\ kJ = 14{,}47\ \mathrm{kJ}$.

18. $M\,(NH_3) = 17\ \mathrm{g} \cdot \mathrm{mol}^{-1};$ $n = \dfrac{50}{17}\,\mathrm{mol} = 2{,}94\ \mathrm{mol}$,

   $Q_p = n \cdot \overline{C}_p \cdot \Delta T = 6{,}84\ \mathrm{kJ}$.

19. $\Delta_{Vap}H = \Delta_{Vap}U + p \cdot \Delta V$,

$\Delta_{Vap}U = (40,6 - \dfrac{22,4 \cdot 373}{273} \cdot 0,101325)$ kJ $\cdot$ mol^{-1} $= 37,5$ kJ $\cdot$ mol^{-1} .

20. $H_2O_2 \rightarrow H_2O + \frac{1}{2} O_2$,

$\Delta_R H^{\varnothing} = [(-285,83 + 0) - (-187,78)]$ kJ $\cdot$ mol^{-1} $= -98,05$ kJ $\cdot$ mol^{-1} .

21. $\Delta_R H^{\varnothing}(328,15\,K) = \Delta_R H^{\varnothing}(298,15\,K) + \Delta_R \overline{C}_p \cdot \Delta T$

$= (-98,05 + 0,026)$ kJ $\cdot$ mol^{-1} $= -98,02$ kJ $\cdot$ mol^{-1} .

22. $\Delta_R C_p = -0,475 + 3,205 \cdot 10^{-3}$ K^{-1} T $- 13,02 \cdot 10^{-7}$ K^{-2} T^2 ,

$\Delta_R H^{\varnothing}(773,15\,K) = \Delta_R H^{\varnothing}(298,15\,K) + \displaystyle\int_{298,15}^{773,15} \Delta_R C_p \cdot dT$

$= [90,43 + (-0,2256 + 0,8155 + 0,1891)]$ kJ $\cdot$ mol^{-1}

$= 91,2$ kJ $\cdot$ mol^{-1} .

23.   Es liegen 5 Stoffe in 5 Phasen vor.

Feste Phasen: $CuSO_4 \cdot 5\,H_2O$, $CuSO_4 \cdot 3\,H_2O$, $CuSO_4 \cdot H_2O$ und $CuSO_4$,

Gasphase: H_2O .

Im System existieren drei chemische Gleichgewichte:

$$CuSO_4 \cdot 5\,H_2O \rightleftharpoons CuSO_4 \cdot 3\,H_2O + 2\,H_2O$$
$$CuSO_4 \cdot 3\,H_2O \rightleftharpoons CuSO_4 \cdot H_2O + 2\,H_2O$$
$$CuSO_4 \cdot H_2O \rightleftharpoons CuSO_4 + H_2O .$$

Folglich gibt es $5 - 3 = 2$ Komponenten.

Zweikomponentensysteme sind nonvariant an Quadrupelpunkten ($2 + 2 - 4 = 0$).
Es können also drei, jedoch nie alle vier festen Phasen im Gleichgewicht mit
Wasserdampf stehen. Dann ergäbe sich $2 + 2 - 5 = -1$.

24.   a) Im System stehen eine flüssige Phase und eine Gasphase im Gleichgewicht.
An stofflichen Bestandteilen müssen H_2O (flüssige Phase und Gasphase) und
NaH_2PO_4 (zusätzlich in der flüssigen Phase) genannt werden. Beide stehen nicht
im chemischen Gleichgewicht, so dass Zahl der Bestandteile und Zahl der
Komponenten übereinstimmen ($K = 2$).

b) Die Gasphase besteht aus Wasserdampf (H_2O). In der flüssigen Phase sind an
stofflichen Bestandteilen H_2O, H_3O^+, OH^-, Na^+, $H_2PO_4^-$, HPO_4^{2-} und H_3PO_4 zu
berücksichtigen (7 Teilchenarten). Für diese lassen sich Protolysegleichgewichte
formulieren:

$$2\,H_2O \rightleftharpoons H_3O^+ + OH^-$$
$$H_3PO_4 + H_2O \rightleftharpoons H_3O^+ + H_2PO_4^-$$
$$H_2PO_4^- + H_2O \rightleftharpoons H_3O^+ + HPO_4^{2-} \ .$$

Hinsichtlich der Konzentrationen der einzelnen Ionen in der flüssigen Phase gelten die Einschränkungen:

$[Na^+] = [H_3PO_4] + [H_2PO_4^-] + [HPO_4^{2-}]$ und die Elektroneutralitätsbedingung

$[Na^+] + [H_3O^+] = [OH^-] + [H_2PO_4^-] + 2\,[HPO_4^{2-}]$,

Die Zahl der Komponenten ergibt sich damit aus $K = 7 - (3 + 2) = 2$.

25. Das System besitzt eine feste Phase, die mit Na_2SO_4 beschrieben wird, eine flüssige Phase mit den Bestandteilen H_2O, H_3O^+, OH^-, Na^+ und SO_4^{2-} und eine Gasphase aus Wasserdampf (H_2O). Für die 6 Bestandteile lassen sich zwei Dissoziationsgleichgewichte formulieren:

$$2\,H_2O \rightleftharpoons H_3O^+ + OH^-$$
$$Na_2SO_4 \rightleftharpoons 2\,Na^+ + SO_4^{2-} \ .$$

Ferner gelten in der flüssigen Phase die Konzentrationsverhältnisse:

$[H_3O^+] = [OH^-]$ und $[Na^+] = 2 \cdot [SO_4^{2-}]$. Demnach existieren $K = 6 - 4 = 2$ Komponenten. Die Zahl der Freiheitsgrade ergibt sich aus $F = K + 2 - P = 1$.

26. In der ungesättigten Lösung fehlt die feste Phase. An der Zahl der Bestandteile und der Einschränkungen ändert sich nichts. Für 2 Komponenten in 2 Phasen erhält man deshalb $F = 2 + 2 - 2 = 2$ Freiheitsgrade.

27. $\Delta T_S = E_S \cdot \dfrac{n_A}{m_{LM}};$ $E_S\,(H_2O) = 0{,}51\ \text{K·kg·mol}^{-1}$,

$\Delta T_S = 0{,}51 \cdot 0{,}2\ \text{K} = 0{,}102\ \text{K}$.

Die Siedetemperatur beträgt $(100{,}00 + 0{,}10)\ °C = 100{,}10\ °C$ bei 1,01325 bar.

28.

$$\frac{\Delta p}{p_0} = \frac{n_A}{n_A + n_{LM}} = \frac{m_A \cdot M_{LM}}{m_A \cdot M_{LM} + m_{LM} \cdot M_A}$$

$$M_A = \frac{(p_0 - \Delta p) \cdot m_A \cdot M_{LM}}{\Delta p \cdot m_{LM}} = \frac{(38{,}903 - 1{,}133) \cdot 5{,}15 \cdot 74}{1{,}133 \cdot 100}\ \text{g·mol}^{-1}$$

$M_A = 127\ \text{g mol}^{-1}$.

29.

$$p = p_A + p_B = X_A \cdot p_{A0} + (1 - X_A) \cdot p_{B0}$$

$$X_A = \frac{p - p_{B0}}{p_{A0} - p_{B0}}$$

Da die Flüssigkeit bei 0,5 atm siedet, muss der Gesamtdampfdruck 50662,5 Pa betragen.

$$X_A = \frac{50662,5 - 19998}{53328 - 19998} = 0,92 \quad \text{(Toluol)}$$

$$X_B = 1 - X_A = 0,08 \quad \text{(o-Xylol)}$$

Die Zusammensetzung des Dampfes ergibt sich aus:

$$Y_A = \frac{p_A}{p} = \frac{X_A \cdot p_{A0}}{X_A \cdot p_{A0} + (1 - X_A) \cdot p_{B0}} = \frac{0,92 \cdot 53328}{0,92 \cdot 53328 + 0,08 \cdot 19998} \approx 0,97$$

$$Y_B \approx 0,03 \quad \text{(o-Xylol)}$$

30. Trägt man die Werte der Aufgabe 30 im Temperatur/Stoffmengenanteil-Diagramm ein, erhält man das Siedediagramm des Toluol/Oktan-Gemisches.

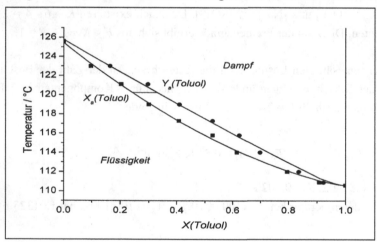

Die Dampfzusammensetzung Y_T für $X_T = 0,25$ bestimmt man mittels der Verbindungslinie (Konode) a. $Y_T = 0,36$.

31. 48 g Te + 52 g Bi; $A(\text{Te}) = 127,6 \text{ g·mol}^{-1}$ $A(\text{Bi}) = 208,98 \text{ g·mol}^{-1}$;

$n(\text{Te}) = 0,38 \text{ mol}, \, n(\text{Bi}) = 0,25 \text{ mol}, \quad n(\text{Te}) : n(\text{Bi}) \approx 3 : 2$.

$$X_{Te} = \frac{0,38}{0,38 + 0,25} = 0,6.$$ Das Maximum ist nach rechts verschoben.

32.

$$\Delta T_G = E_G \cdot \frac{n_A}{m_{LM}} = E_G \cdot \frac{m_A}{M_A \cdot m_{LM}}$$

$$M_A = E_G \cdot \frac{m_A}{\Delta T_G \cdot m_{LM}} = 29,8 \cdot \frac{67,0}{10,5 \cdot 500} \text{ kg} \cdot \text{mol}^{-1} \approx 380 \text{ g} \cdot \text{mol}^{-1}$$

33.   Ja, es existieren keine azeotropen Gemische.

34. $\Delta T_G = E_G \cdot \dfrac{n_A}{m_{LM}} = \dfrac{3,9 \cdot 8}{100} \text{ K} \approx 0,31 \text{ K}$.

Das Gemisch erstarrt bei $(16,6 - 0,31)$ °C $= 16,3$ °C.

35. $n_W = \dfrac{98,43}{18} \text{ mol} = 5,468 \text{ mol}$ $\qquad$ $n_H = \dfrac{15,45}{60} = 0,257 \text{ mol}$,

$\qquad X_W = \dfrac{n_W}{n_W + n_H} = \dfrac{5,468}{5,725} = 0,9551$,

$p = p_0 \cdot X_W = 2,064 \cdot 0,9551 \text{ kPa} = 1,971 \text{ kPa}$.

36. $\Delta T_G = E_G \cdot \dfrac{n_H}{m_W} = 1,86 \cdot \dfrac{0,257}{0,09843} \text{ K} = 4,86 \text{ K}$,

Die Lösung gefriert bei $-4,86$ °C.

37. $p = p_T + p_B = X_T \cdot p_{T0} + (1 - X_T) \cdot p_{B0}$,

in 100 g Lösung: 90 g Toluol und 10 g Benzol ,

$\qquad n_T = \dfrac{90}{92} \text{ mol} = 0,978 \text{ mol} \qquad n_B = \dfrac{10}{78} \text{ mol} = 0,128 \text{ mol}$

$\qquad X_T = \dfrac{n_T}{n_T + n_B} = \dfrac{0,978}{1,106} = 0,884$

$p = p_T + p_B = (0,884 \cdot 2,933 + (1 - 0,884) \cdot 9,999) \text{ kPa} = 3,753 \text{ kPa}$

38.   Sieden bedeutet, dass $p = 101,325 \text{ kPa} = 760 \text{ Torr}$.

$$X_B = \frac{p - p_{0T}}{p_{0B} - p_{0T}} \quad \text{und} \quad Y_B = \frac{p_{0B} \cdot X_B}{p}$$

$\vartheta / °C$	85	90	95	100	105
X_B	0,7958	0,5976	0,4143	0,2624	0,1262
Y_B	0,9079	0,7863	0,6346	0,4642	0,2561

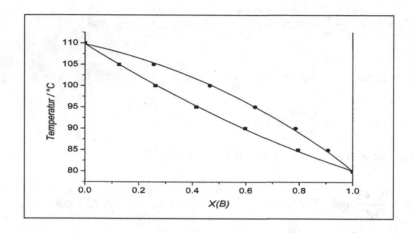

39.   a) Es sublimiert. Der zugehörige Punkt (1 bar; 298,15 K) gehört zur Gasphase.

b) CO_2 ist unter diesen Bedingungen flüssig.

c) CO_2 liegt oberhalb seines kritischen Punkts als einheitliche Gasphase vor.

40.

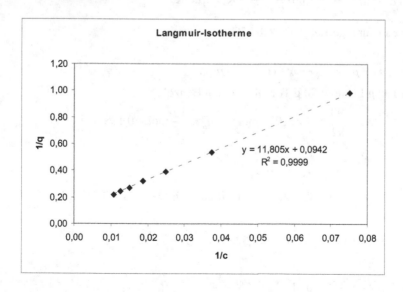

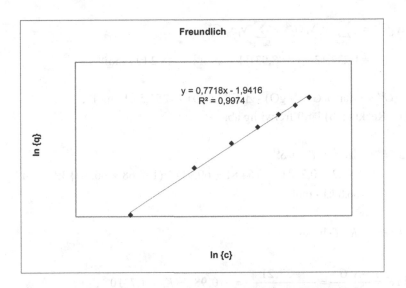

Beide Modelle besitzen im untersuchten Bereich der Adsorption große Werte für das Bestimmtheitsmaß B = R^2. Die Langmuir-Isotherme eignet sich geringfügig besser zur Beschreibung der Adsorptionsreaktion.

41. $S_{Fus}{}^\varnothing = \dfrac{\Delta_{Fus} H^\varnothing}{T_{Fus}} = 32{,}24 \ \text{J} \cdot \text{K}^{-1} \cdot \text{mol}^{-1}$.

42. $S^\varnothing(498\ K) = S^\varnothing(298\ K) + \displaystyle\int_{298}^{498} \dfrac{C_p}{T} \cdot dT$,

$$= (219{,}56 + 27{,}88 \cdot \ln\dfrac{498}{298} + 0{,}067 \cdot 200)\ \text{J} \cdot \text{K}^{-1} \cdot \text{mol}^{-1}$$

$$= 247{,}28\ \text{J} \cdot \text{K}^{-1} \cdot \text{mol}^{-1}.$$

43. $\Delta_R S^\varnothing = \displaystyle\sum_{Produkte} \nu_i S_i^\varnothing - \sum_{Edukte} \nu_i S_i^\varnothing = (219{,}56 - 200{,}94 - 130{.}68)\ \text{J} \cdot \text{K}^{-1} \cdot \text{mol}^{-1}$

$$= -112{,}06\ \text{J} \cdot \text{K}^{-1} \cdot \text{mol}^{-1}.$$

44. $\Delta_R G^\varnothing = \displaystyle\sum_{Produkte} \nu_i \Delta_F G_i^\varnothing - \sum_{Edukte} \nu_i \Delta_F G_i^\varnothing$

$$= [2 \cdot (-273{,}2) - (-237{,}13)]\ \text{kJ} \cdot \text{mol}^{-1} = -309{,}3\ \text{kJ} \cdot \text{mol}^{-1}.$$

45. $\Delta_R G^\varnothing = \sum_{Produkte} \nu_i \Delta_F G_i^\varnothing - \sum_{Edukte} \nu_i \Delta_F G_i^\varnothing$

$= [-237{,}13 - (-188{,}93)] \text{ kJ} \cdot \text{mol}^{-1} = -48{,}2 \text{ kJ} \cdot \text{mol}^{-1}$.

46. $\Delta_R G^\varnothing < 0$ für $\Delta_F G^\varnothing$ (MgO) - $\Delta_F G^\varnothing$ (ZnO) = -251,5 kJ · mol^{-1},
Die Reaktion b) läuft freiwillig ab.

47. $\Delta_R H^\varnothing = \Delta_R G^\varnothing + T \cdot \Delta_R S^\varnothing$

$= \{-48{,}2 + 0{,}29815 \cdot [(64{,}81 + 69{,}91) - (130{,}68 + 66{,}5)]\} \text{ kJ} \cdot \text{mol}^{-1}$

$= -66{,}8 \text{ kJ} \cdot \text{mol}^{-1}$.

48. $\Delta_R G^\varnothing = -R \cdot T \cdot \ln K$,

$\ln K = \dfrac{-\Delta_R G^\varnothing}{R \cdot T} = \dfrac{-27{,}21}{8{,}314 \cdot 0{,}298} = -10{,}98$, $K_p = 1{,}7 \cdot 10^{-5}$.

49. $\Delta_R G = \Delta_R G^\varnothing (298\,K) + R \cdot T \cdot \ln Q_R$,

a) $\Delta_R G = (5{,}4 + 8{,}314 \cdot 0{,}29815 \cdot \ln 0{,}25) \text{ kJ} \cdot \text{mol}^{-1} = 2 \text{ kJ} \cdot \text{mol}^{-1}$.
b) $\Delta_R G = (-5{,}4 + 8{,}314 \cdot 0{,}29815 \cdot \ln 4) \text{ kJ} \cdot \text{mol}^{-1} = -2 \text{ kJ} \cdot \text{mol}^{-1}$.
Die Reaktion b) läuft freiwillig ab. Es genügt die Berechnung für a) oder b). Für
die Gegenrichtung gilt jeweils das Gegenteilige.

50. $S^\varnothing (700\text{ K}) = S^\varnothing (298\text{ K}) + \int\limits_{298}^{700} \dfrac{C_p}{T} \cdot dT$

$= (191{,}62 + 27{,}21 \cdot \ln \dfrac{700}{298} + 0{,}042 \cdot 402) \text{ J} \cdot \text{K}^{-1} \cdot \text{mol}^{-1}$

$= 231{,}74 \text{ J} \cdot \text{K}^{-1} \cdot \text{mol}^{-1}$.

51. $\Delta_R H^\varnothing = \sum_{Produkte} \nu_i \Delta_F H_i^\varnothing - \sum_{Edukte} \nu_i \Delta_F H_i^\varnothing$

$= [2 \cdot (-285{,}83) - 4 \cdot (-92{,}31)] \text{ kJ} \cdot \text{mol}^{-1} = -202{,}42 \text{ kJ} \cdot \text{mol}^{-1}$.

$\Delta_R S^\varnothing = \sum_{Produkte} \nu_i S_i^\varnothing - \sum_{Edukte} \nu_i S_i^\varnothing$

$= [(2 \cdot 223{,}07 + 2 \cdot 69{,}91) - (4 \cdot 186{,}91 + 205{,}138)] \text{ J} \cdot \text{K}^{-1} \cdot \text{mol}^{-1}$

$$= -366{,}82 \; J \cdot K^{-1} \cdot mol^{-1} \; .$$

$$\Delta_R G^{\varnothing} = \Delta_R H^{\varnothing} - T \cdot \Delta_R S^{\varnothing} = (-202{,}42 + 0{,}29815 \cdot 366{,}82) \; kJ \cdot mol^{-1}$$
$$= -93{,}05 \; kJ \cdot mol^{-1} \; .$$

52. $\quad \Delta_{Vap} S^{\varnothing} = \dfrac{\Delta_{Vap} H^{\varnothing}}{T_{Vap}} = \dfrac{29400}{334{,}85} \; J \cdot K^{-1} \cdot mol^{-1} = 87{,}80 \; J \cdot K^{-1} \cdot mol^{-1} \; .$

53.

$$\Delta_R G^{\varnothing} (298 \; K) = -R \cdot T \cdot \ln \frac{p(NO_2)^2}{p(N_2 O_4)}$$

$$p(NO_2) = p(N_2 O_4) \cdot e^{-\frac{\Delta_R G^{\varnothing}}{2 \cdot R \cdot T}} = p(N_2 O_4) \cdot 0{,}33 \; atm = 0{,}33 \, atm$$

54. $\quad$ a) Die Reaktionsisobare $\ln K = \dfrac{-\Delta H^{\varnothing}}{R \cdot T} + \dfrac{\Delta S^{\varnothing}}{R}$ liefert über Regressionsrechnung:

$10^3/T$ in K^{-1}	3,532	3,411	3,299	3.193
$\ln K$	-33,468	-32,620	-31,852	-31,165

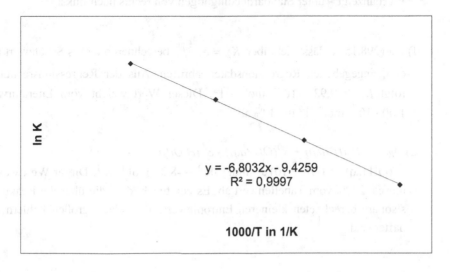

$$m = -\frac{\Delta_R H^\varnothing}{R}; \quad \Delta_R H^\varnothing = -m \cdot R = 56{,}56 \text{ kJ} \cdot \text{mol}^{-1}$$

$$n = \frac{\Delta_R S^\varnothing}{R}; \quad \Delta_R S^\varnothing = n \cdot R = -78{,}37 \text{ J} \cdot \text{mol}^{-1} \cdot \text{K}^{-1}$$

Diese Werte gelten für die mittlere Temperatur des Messbereichs (25 °C).

b) $\Delta_R G^\varnothing = \Delta_R H^\varnothing - T \cdot \Delta_R S^\varnothing$ ergibt $\Delta_R G^\varnothing = 79{,}93 \text{ kJ} \cdot \text{mol}^{-1}$.

Anmerkung: Da $\Delta_R G^\varnothing$, $\Delta_R H^\varnothing$ und $\Delta_R S^\varnothing$ als Zwischenwerte für weitere Berechnungen genutzt werden, sind mehr Ziffern angegeben als der Messgenauigkeit entsprechen.

c) Die Werte beziehen sich auf $H_2O \rightarrow H^+$ (aq) $+ OH^-$ (aq). Das ergibt sich aus dem Vergleich von $\Delta_R H^\varnothing$, berechnet über a) und berechnet aus $\Delta_F H^\varnothing$.

d) Nur der Ausdruck für K_3 hat den gleichen Zahlenwert wie K_W. Der Stoffmengenanteil X_{H2O} hat einen Wert von nahezu 1, da die Stoffmengen von H^+ und OH^- im Vergleich zur Stoffmenge von H_2O ($\approx 55{,}5$ mol) vernachlässigbar sind.

e) $\Delta_R G^\varnothing$ bezieht sich darauf, dass alle Reaktanten unter Standardbedingungen vorliegen. Das sind: $X_{H2O} = 1$, $^m a$ (H^+(aq)) $= 1$, $^m a$ (OH^-(aq)) $= 1$. Da die Aktivitäten von H^+ und OH^- im Standardzustand viel größer sind als es dem Gleichgewicht entspricht, verläuft die Reaktion – wie auch der positive $\Delta_R G^\varnothing$-Wert anzeigt – unter Standardbedingungen von rechts nach links.

f) K_W (298,15 K) lässt sich über $K_W = e^{-\frac{\Delta_R G^\varnothing}{R \cdot T}}$ berechnen oder als Schätzwert aus den eingegebenen Regressionsdaten abrufen. Aus der Regressionsrechnung folgt $K_W = 9{,}92 \cdot 10^{-15}$ mol^2 $\cdot$ l^{-2}. Dieser Wert weicht vom Literaturwert $1{,}00 \cdot 10^{-14}$ mol^2 $\cdot$ l^{-2} um 1 % ab.

g) $\Delta_R S^\varnothing = S^\varnothing(H^+(aq)) + S^\varnothing(OH^-(aq)) - S^\varnothing(H_2O(l))$
$S^\varnothing(OH^-$(aq)) $= (-78 + 70)$ J $\cdot$ mol^{-1} $\cdot$K^{-1} $= -8$ J $\cdot$ mol^{-1} $\cdot$K^{-1}. Dieser Wert weicht um ca. 27 % vom Tabellenwert ab. Es zeigt sich, dass die über die Reaktionsisobare berechneten kleineren Entropiewerte mit relativ großen Fehlern behaftet sind.

55.   AgCl (s) $\rightleftharpoons$ Ag$^+$ (aq) + Cl$^-$ (aq) $\Delta_F G^{\varnothing}$ (AgCl (s)) = -109,79 kJ $\cdot$ mol^{-1},

$\Delta_F G^{\varnothing}$ (Ag$^+$(aq)) = 77,11 kJ $\cdot$ mol^{-1},

$\Delta_F G^{\varnothing}$ (Cl$^-$ (aq)) = -131,23 kJ $\cdot$ mol^{-1},

$$\Delta_R G^{\varnothing} = \sum_{Produkte} \nu_i \Delta_F G_i^{\varnothing} - \sum_{Edukte} \nu_i \Delta_F G_i^{\varnothing} = 55,67 \text{ kJ} \cdot \text{mol}^{-1} .$$

$$K = e^{-\frac{\Delta_R G^{\varnothing}}{R \cdot T}} = e^{-22,4583} = 1,76 \cdot 10^{-10} .$$

56.   Das Schmelzen des DNA-Duplexes wird durch folgendes Gleichgewicht beschrieben: A B $\rightleftharpoons$ A + B

Für die Gleichgewichtskonstante K_{Fus} gilt:

$$K_{Fus} = \frac{a(A) \cdot a(B)}{a(AB)} = \frac{a^2(A)}{a(AB)}$$

Gegeben ist die Ausgangsaktivität der Oligonukleotide: a_0(A) = a_0(B) = 10^{-6}. Bei der Schmelztemperatur ist die Hälfte der Duplexe aufgetrennt, das heißt a(AB) = a(A) = ½ a_0(A). Daraus folgt, dass K_{Fus} = ½ a_0(A)

$$T_M = \frac{\Delta_R H}{\Delta_R S - R ln K_M}$$

T_{Fus}(1) = 326 K $\approx$ 53 °C ,

T_{Fus} (2) = 354 K $\approx$ 81 °C .

Der Unterschied zwischen beiden Sequenzen ist auf den höheren G/C-Gehalt in der zweiten Sequenz zurückzuführen. Die Bindung zwischen G und C ist stärker als die zwischen A und T.

5.2   Lösungen zu Kapitel 2

1.

t / min	0	7,5	15	22,5	30
ln $\{c\}$	0,9322	0,4637	-0,0171	-0,4829	-0,9650

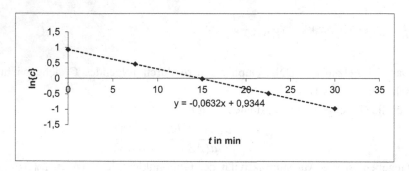

RO = 1, $m = - k$; $k = 0,0632$ min^{-1} = 3,79 h^{-1} .

2. $c_0 \propto n_0$; $c \propto n$; $n = 5,8-2,32$ mol = 3,48 mol,

$$t = \ln \frac{n_0}{n} \cdot \frac{1}{k} = 8,12 \, \text{min} \cdot$$

3. $\ln n = - k \cdot t + \ln n_0 = -6,29 \cdot 10^{-1} + 1,758 = 1,129$; $n = 3,09$ mol, $m = 105$ g .

4.

t / min	0	1	3	5	7	10	15	20
ln $\{c\}$	-2,303	-2,408	-2,603	-2,797	-2,996	-3,297	-3,817	-4,305

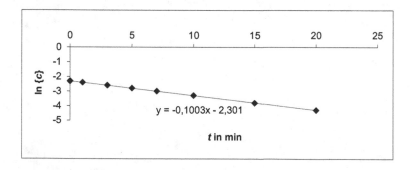

$m = - k = -0,100$ min^{-1}; $k = 6,00$ h^{-1} .

5.

t / min	0	10	20	30	40	60	80	100	120
ln {c}	-3,912	-4,580	-5,004	-5,290	-5,514	-5,860	-6,092	-6,293	-6,463
1/c	50	97,5	149	198,4	248,1	350,9	442,5	540,5	641,0

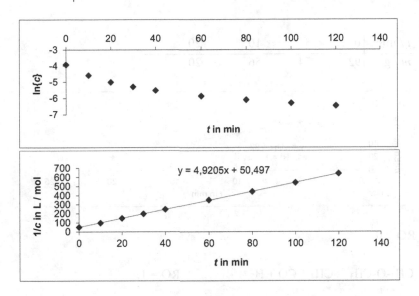

RO = 2, $m = k = 4{,}92$ L·mol^{-1}·min^{-1} .

6. $p\,(N_2O) = p_0 - x$; $p_{Ges} = (p_0 - x) + x + \dfrac{x}{2} = p_0 + \dfrac{x}{2}$; $x = (p_{Ges} - p_0) \cdot 2$.

t / s	0	30	60	90
$p\,(N_2O)$ / Torr	500	410	346	300
$1/p\,(N_2O)$ / Torr^{-1}	0,00200	0,00244	0,00289	0,00333

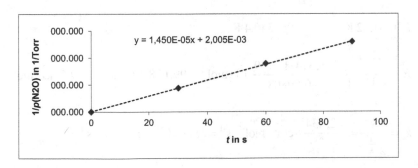

$m = k = 1{,}45 \cdot 10^{-5} \text{ Torr}^{-1} \cdot \text{s}^{-1}$; $1 \text{ Torr} = \dfrac{1}{760} \text{ atm} = \dfrac{101325}{760} \text{N} \cdot \text{m}^{-2} = 133{,}32 \text{ N} \cdot \text{m}^{-2}$,

$k \cdot R \cdot T = 10{,}875 \cdot 10^{-8} \cdot 8{,}314 \cdot 10^{3} \text{ m}^{3} \cdot \text{mol}^{-1} \cdot \text{s}^{-1} = 0{,}904 \text{ L} \cdot \text{mol}^{-1} \cdot \text{s}^{-1}$.

7.

t / min	0	5	10	20
m / g	92	74	56	20

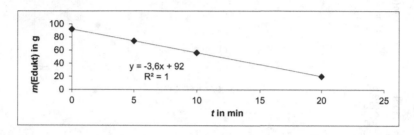

$RO = 0$.

8. $CH_3\text{-}O\text{-}CH_3 \rightarrow CH_4 + CO + H_2$ $RO = 1$,

$$t_{1/2} = \frac{\ln 2}{k} = 1575 \ s \approx 26 \text{ min} ,$$

$$t_{80} = \frac{\ln \dfrac{c_0}{c}}{k} = \frac{\ln 5}{4{,}4} \cdot 10^{4} \text{ s} = 3657{,}81 \text{ s} \approx 61 \text{ min} ,$$

$$t_{99{,}9} = \frac{\ln \dfrac{c_0}{c}}{k} = \frac{\ln 1000}{4{,}4} \cdot 10^{4} \text{ s} = 15699{,}44 \text{ s} \approx 2{,}6 \cdot 10^{2} \text{ min} .$$

9. $T_1 = 513{,}2$ K, $T_2 = 540{,}4$ K,

$$E_A = \frac{R \cdot \ln \dfrac{k_2}{k_1}}{\dfrac{1}{T_1} - \dfrac{1}{T_2}} = \frac{8{,}314 \cdot 1{,}1759}{0{,}09808} \text{ kJ} \cdot \text{mol}^{-1} = 99{,}678 \text{ kJ} \cdot \text{mol}^{-1} \approx 99{,}7 \text{ kJ} \cdot \text{mol}^{-1},$$

$$k_0 = \frac{k}{e^{-\frac{E_A}{R \cdot T}}} = \frac{2{,}434}{e^{-\frac{99678}{8{,}314 \cdot 540{,}4}}} \text{ cm}^{3} \cdot \text{mol}^{-1} \cdot \text{s}^{-1} = 1{,}05 \cdot 10^{10} \text{ cm}^{3} \cdot \text{mol}^{-1} \cdot \text{s}^{-1} .$$

10.

T / K	592,2	603,7	627,2	651,7	656,2
$1/T \cdot 10^3$K	1,689	1,656	1,594	1,534	1,524
k / cm$^3 \cdot$mol$^{-1} \cdot$s^{-1}	0,522	0,755	1,70	4,02	5,03
ln $\{k\}$	-0,650	-0,281	0,531	1,391	1,615

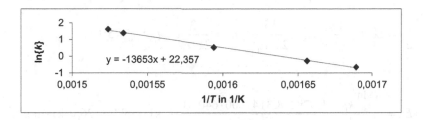

$$m = -\frac{E_A}{R} \qquad E_A = 113{,}511 \text{ kJ} \cdot \text{mol}^{-1} \approx 113{,}5 \text{ kJ} \cdot \text{mol}^{-1},$$

$$k_0 = \frac{k}{e^{-\frac{E_A}{R \cdot T}}} = \frac{5{,}03}{e^{-\frac{113500}{8{,}314 \cdot 656{,}2}}} \text{ cm}^3 \cdot \text{mol}^{-1} \cdot \text{s}^{-1} = 5{,}45 \cdot 10^9 \text{ cm}^3 \cdot \text{mol}^{-1} \cdot \text{s}^{-1}.$$

10. $k = k_0 \cdot e^{-\frac{E_A}{R \cdot T}} = 7{,}5 \cdot 10^6 \cdot e^{\frac{49820}{8{,}314 \cdot 343{,}2}} \text{ L} \cdot \text{mol}^{-1} \cdot \text{min}^{-1} = 0{,}196 \text{ L} \cdot \text{mol}^{-1} \cdot \text{min}^{-1}.$

       $\approx 0{,}20 \text{ L} \cdot \text{mol}^{-1} \cdot \text{min}^{-1}.$

11. $k_1 = k_0 \cdot e^{\frac{E_A}{R \cdot T}}$; $k_2 = k_0 \cdot e^{\frac{0{,}6 \cdot E_A}{R \cdot T}}$; $k_2 = k_1 \cdot e^{\frac{0{,}4 \cdot E_A}{R \cdot T}} = 1084 \cdot k_1$.

12. $\ln k_2 = \ln k_1 + \frac{E_A}{R} \cdot \left(\frac{1}{T_1} - \frac{1}{T_2} \right) = -6{,}133 + \frac{109000 \cdot 15}{8{,}314 \cdot 298{,}15 \cdot 313{,}15} = -4{,}027$.

       $k_2 = 1{,}78 \cdot 10^{-2}$ min^{-1} ; $t_{1/2} = \frac{\ln 2}{k} = 38{,}9$ min ,

       $\ln \frac{c_0}{c} = k \cdot t = 0{,}356$ $c = 0{,}70 \cdot c_0$ 30,0 % sind nach 20 min umgesetzt.

14. $\ln \frac{k_2}{k_1} = \frac{E_A}{R} \cdot \left(\frac{1}{T_1} - \frac{1}{T_2} \right)$ $E_A = \frac{R \cdot \ln \frac{k_2}{k_1} \cdot T_1 \cdot T_2}{\Delta T} = 107{,}8$ kJ $\cdot$ mol^{-1} .

15. $\quad k = \dfrac{1}{c_0 \cdot t_{1/2}} = 0,3478 \ \text{mol}^{-1} \cdot \text{min}^{-1} \ ; \qquad\qquad \dfrac{1}{c} = k \cdot t + \dfrac{1}{c_0} = 51,996 \ \text{mol}^{-1} \ ,$

$c = 0,0192 \ \text{mol} \ .$

$x = c_0 - c = 0,2308 \ \text{mol} \ . \qquad\qquad$ 0,231 mol des Esters sind umgesetzt.

16. $\quad \dfrac{1}{c^2} = 2k \cdot t + \dfrac{1}{c_0^{\,2}} \quad t_{75} = \dfrac{15}{2k \cdot c_0^{\,2}} \quad t_{50} = \dfrac{3}{2k \cdot c_0^{\,2}} \quad t_{75} : t_{50} = 5{:}1 \ .$

17. $\quad E_A = \dfrac{R \cdot \ln \dfrac{k_2}{k_1}}{\dfrac{1}{T_1} - \dfrac{1}{T_2}} = \dfrac{1,5792 \cdot 8,314 \cdot 600 \cdot 640 \cdot 10^{-3}}{40} \ \text{kJ} \cdot \text{mol}^{-1} = 126,0 \ \text{kJ} \cdot \text{mol}^{-1}.$

18. $\quad E_A = \dfrac{R \cdot \ln \dfrac{k_2}{k_1}}{\dfrac{1}{T_1} - \dfrac{1}{T_2}} = \dfrac{3,0399 \cdot 8,314 \cdot 423 \cdot 473 \cdot 10^{-3}}{50} \ \text{kJ} \cdot \text{mol}^{-1} = 101,1 \ \text{kJ} \cdot \text{mol}^{-1}.$

$k_0 = \dfrac{k}{e^{-\frac{E_A}{R \cdot T}}} = \dfrac{3,65}{e^{-\frac{101100}{8,314 \cdot 423}}} \ \text{L} \cdot \text{mol}^{-1} \cdot \text{s}^{-1} = 1,1 \cdot 10^{13} \ \text{L} \cdot \text{mol}^{-1} \cdot \text{s}^{-1} \ .$

19. $\quad \ln k_2 = \ln k_1 + \dfrac{E_A}{R} \cdot \left(\dfrac{1}{T_1} - \dfrac{1}{T_2} \right) = 1,294 + \dfrac{101140 \cdot 30}{8,314 \cdot 423 \cdot 453} = 3,199 \ .$

$k_2 = 24,5 \ \text{L} \cdot \text{mol}^{-1} \cdot \text{s}^{-1}.$

20. $\quad \dfrac{dc_P}{dt} = k \cdot \dfrac{c_S}{K_M + c_S} \ ; \quad$ Geschwindigkeit maximal bei $\dfrac{c_S}{K_M + c_S} = 1 \ ;$

Hälfte der Maximalgeschwindigkeit bei $\dfrac{c_S}{K_M + c_S} = \dfrac{1}{2}$ erfordert $c_S = K_M \ .$

21. $\quad$ RO $= 1 \ ; \qquad \ln \dfrac{c}{c_0} = -k \cdot t \quad \dfrac{c}{c_0} = e^{-k \cdot t} = e^{-0,1584} = 0,854 \ .$

14,6 % werden zersetzt.

22.

t / min	0	5	10	15
$10^3 \, c$ / mol · L^{-1}	5,0	2,6	1,7	1,3
$1/c$ / L · mol^{-1}	200	384,6	588,2	769,2

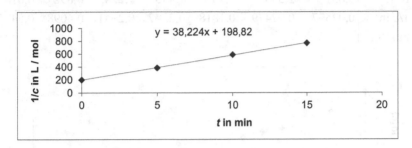

$m = k = 38,2 \; \mathrm{L \cdot mol^{-1} \cdot min^{-1}}$.

23. $\quad k = \dfrac{\ln 2}{t_{\frac{1}{2}}} = \dfrac{0,7}{193,4} \; \mathrm{h^{-1}} = 3,584 \cdot 10^{-3} \; \mathrm{h^{-1}} \; ; \qquad t = \dfrac{\ln 1,111}{3,584 \cdot 10^{-3}} \; \mathrm{h} = 29,4 \; \mathrm{h} \, .$

24. $\quad \dfrac{1}{c} = k \cdot t + \dfrac{1}{c_0} = 23,5 \; \mathrm{L \cdot mol^{-1}} \qquad c = 4,26 \cdot 10^{-2} \; \mathrm{mol \cdot L^{-1}}$.

25.

t / s	0	450	900	1350	1800
c / mol · L^{-1}	0,254	0,159	0,098	0,062	0,038
$\ln \{c\}$	-1,37	-1,84	-2,32	-2,78	-3,27

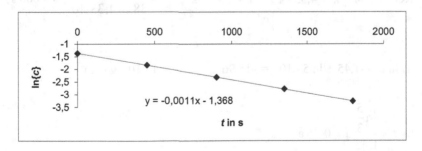

$RO = 1 \; ; \qquad m = -k = -1,1 \cdot 10^{-3} \; \mathrm{s^{-1}} \; ; \qquad k = 1,1 \cdot 10^{-3} \; \mathrm{s^{-1}} \, .$

26.

t / s	0	1680	4080	5040	6600	9180	12180
c in mol·m^{-3}	38,5	13,37	5,50	4,45	3,40	2,44	1,84
ln $\{c\}$	3,651	2,593	1,705	1,493	1,224	0,892	0,610
$1/c$ in mol^{-1}·m^3	0,02597	0,07479	0,1818	0,2247	0,2941	0,4098	0,5435

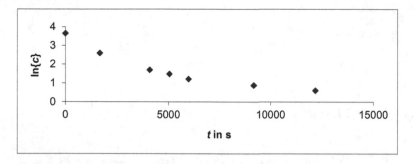

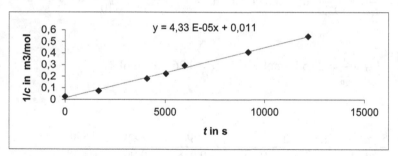

$$RO = 2, \quad m = k = 4,33 \cdot 10^{-5} \text{ m}^3 \cdot \text{mol}^{-1} \cdot \text{s}^{-1}; \quad t_{1/2} = \frac{1}{38,5 \cdot 4,33 \cdot 10^{-5}} \text{ s} = 600 \text{ s}.$$

27.   a) $\ln c = -1,45 + \ln 5 \cdot 10^{-7} = -15,96$; $c = 1 \cdot 10^{-7}$ g · cm^{-3}.

b) $t = \dfrac{\ln \dfrac{5}{3}}{1,45} \text{ a} = 0,35 \text{ a}$.

28. $\quad E_A = \dfrac{R \cdot \ln \dfrac{k_2}{k_1}}{\dfrac{1}{T_1} - \dfrac{1}{T_2}} = \dfrac{1{,}3705 \cdot 8{,}314 \cdot 300 \cdot 340 \cdot 10^{-3}}{40} \ \text{kJ} \cdot \text{mol}^{-1} = 29{,}1 \ \text{kJ} \cdot \text{mol}^{-1} \ .$

29. $\quad \ln k_2 = \ln k_1 + \dfrac{E_A}{R} \cdot \left(\dfrac{1}{T_1} - \dfrac{1}{T_2} \right) = -2{,}171 + \dfrac{46600 \cdot 10}{8{,}314 \cdot 293 \cdot 303} = -1{,}54 \ .$

$k_2 = 0{,}2144 \ \text{L} \cdot \text{mol}^{-1} \cdot \text{min}^{-1} \ .$

$k_2 : k_1 = 1{,}88 : 1; \qquad \text{Zunahme um 88 Prozent} \ .$

$k_0 = \dfrac{k}{e^{-\frac{E_A}{R \cdot T}}} = \dfrac{0{,}114}{e^{-\frac{46600}{8{,}314 \cdot 293}}} \ \text{L} \cdot \text{mol}^{-1} \cdot \text{s}^{-1} = 2{,}3 \cdot 10^7 \ \text{L} \cdot \text{mol}^{-1} \cdot \text{s}^{-1} \ .$

30. $\quad T = \dfrac{E_A}{R \cdot \ln \dfrac{k_0}{k}} \quad k = \dfrac{\ln 2}{t_{1/2}} \quad T = \dfrac{E_A}{R \cdot \ln \dfrac{k_0 \cdot t_{1/2}}{\ln 2}} = \dfrac{94620}{8{,}314 \cdot \ln \dfrac{36 \cdot 10^{14}}{0{,}693}} = 314 \ K \ .$

31.

$\vartheta \,/\, °C$	25,0	35,0	45,0	55,0	65,0
$1/T \cdot 10^3 \ K$	3,356	3,247	3,145	3,049	2,959
$\ln \{k\}$	-10,970	-9,618	-8,296	-7,195	-6,032

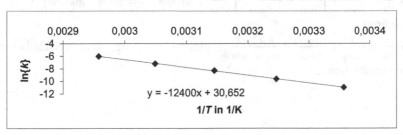

$m = -\dfrac{E_A}{R} \quad E_A = 103{,}1 \ \text{kJ} \cdot \text{mol}^{-1} \ .$

$k_0 = \dfrac{k}{e^{-\frac{E_A}{R \cdot T}}} = \dfrac{1{,}72 \cdot 10^{-5}}{e^{-\frac{103100}{8{,}314 \cdot 298}}} \ \text{s}^{-1} = 2{,}0 \cdot 10^{13} \ \text{s}^{-1} \ .$

$k(323{,}15 \ K) = k_0 \cdot e^{-\frac{E_A}{R \cdot T}} = 2{,}0 \cdot 10^{13} \cdot e^{-\frac{103100}{8{,}314 \cdot 323{,}15}} \ \text{s}^{-1} = 4{,}44 \cdot 10^{-4} \ \text{s}^{-1} \ .$

$t_{1/2} = \dfrac{\ln 2}{k} = 1{,}56 \cdot 10^3 \ \text{s} \ .$

32. $\ln(E_\infty - E_t) = -k \cdot t + \ln(E_\infty - E_0)$;

$\ln(E_\infty - E_t)$ entspricht $\ln E(korr.)$ in Grafik.

t / min	5	100	200	300	400
$E_\infty - E_t$	0,1884	0,1711	0,1557	0,1397	0,1259
$\ln (E_\infty - E_t)$	-1,6692	-1,7655	-1,8598	-1,9682	-2,0723

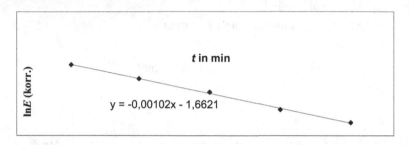

$-m = k = 1,02 \cdot 10^{-3}$ min^{-1}.

33. $\dfrac{c_A}{c_B} = \dfrac{v_A}{v_B};$ $c_B = c_A \cdot \dfrac{v_B}{v_A}$; $-\dfrac{dc_A}{dt} = v_A \cdot k' \cdot c_A{}^p \cdot c_A{}^q \cdot \left(\dfrac{v_B}{v_A}\right)^q = k \cdot c_A{}^n$.

34.   a) $\dfrac{1}{v_0} = \dfrac{1}{v_{max}} + \dfrac{K_M}{v_{max}} \cdot \dfrac{1}{c_{S0}}$.

b) $\dfrac{1}{v_0} = \dfrac{1}{v_{max}} + \left[\dfrac{K_M}{v_{max}} + \dfrac{K_M \cdot K_{EI} \cdot c_I}{v_{max}}\right] \cdot \dfrac{1}{c_{S0}}$; größere Steigung, gleicher y-Achsen-abschnitt .

c) $\dfrac{1}{v_0} = \dfrac{1}{v_{max}} + \dfrac{K_{ESI} \cdot c_I}{v_{max}} + \dfrac{K_M}{v_{max}} \cdot \dfrac{1}{c_{S0}}$; gleiche Steigung, aber verschobener y-Achsenabschnitt .

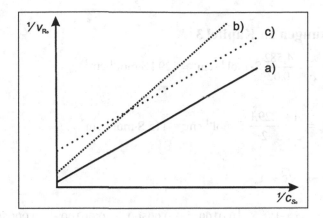

Durch graphische Auftragung können die drei verschiedenen Fälle Enzym-katalysierter Reaktionen unterschieden werden.

5.3   Lösungen zu Kapitel 3

1. $\Lambda = \dfrac{\kappa}{c} = \dfrac{4{,}582}{0{,}02}\,\text{S}\cdot\text{mol}^{-1}\cdot\text{cm}^{2} = 229{,}1\,\text{S}\cdot\text{mol}^{-1}\cdot\text{cm}^{2}$.

   $\Lambda_{e} = \dfrac{\Lambda}{z} = \dfrac{229{,}1}{2}\ \text{S}\cdot\text{mol}^{-1}\cdot\text{cm}^{2} = 115\ \text{S}\cdot\text{mol}^{-1}\cdot\text{cm}^{2}.$

2. $\Lambda = -k\cdot\sqrt{c} + \Lambda_{\infty}$.

$c\,/\,\text{mol}\cdot\text{L}^{-1}$	0,0100	0,00500	0,00100	0,000500	0,000100
$\Lambda\,/\,\text{S}\cdot\text{mol}^{-1}\cdot\text{cm}^{2}$	110,0	112,9	116,9	117,8	119,0
$\sqrt{c}$	0,100	0,0707	0,0316	0,0224	0,0100

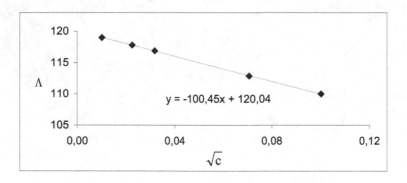

$\Lambda_{\infty} = 120\ \text{S}\cdot\text{mol}^{-1}\cdot\text{cm}^{2}$.

3. $t_{+} = 1 - t_{-} = 0{,}509$.

   $\Lambda(\text{NH}_{4}^{+}) = t_{+}\cdot\Lambda_{\infty} = 75{,}841\,\text{S}\cdot\text{mol}^{-1}\cdot\text{cm}^{2} \approx 75{,}8\,\text{S}\cdot\text{mol}^{-1}\cdot\text{cm}^{2}$.

   $u = \dfrac{\Lambda(\text{NH}_{4}^{+})}{F} = 7{,}86\cdot10^{-4}\ \text{cm}^{2}\cdot\text{V}^{-1}\cdot\text{s}^{-1}$

   $\qquad\quad = 7{,}86\cdot10^{-8}\,\text{m}^{2}\cdot\text{V}^{-1}\cdot\text{s}^{-1}.$

4. $\alpha = \dfrac{\Lambda}{\Lambda_\infty}$

c_0 / mol · L^{-1}	0,0100	0,00500	0,00100	0,000500
Λ/ S · mol^{-1} · cm^2	50,2	69,2	138	174,8
α	0,124	0,171	0,341	0,432

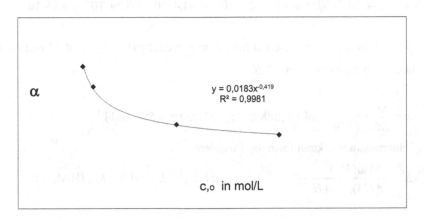

$\alpha(0{,}0075) \approx \dfrac{\alpha(0{,}01) + \alpha(0{,}005)}{2} = 0{,}147$.

5. $K = \dfrac{\alpha^2 \cdot c_0}{1-\alpha} = \dfrac{0{,}124^2 \cdot 0{,}01}{0{,}876} \ \text{mol} \cdot \text{L}^{-1} = 1{,}75 \cdot 10^{-4} \ \text{mol} \cdot \text{L}^{-1}$.

$= \dfrac{0{,}341^2 \cdot 0{,}001}{0{,}659} \ \text{mol} \cdot \text{L}^{-1} = 1{,}76 \cdot 10^{-4} \ \text{mol} \cdot \text{L}^{-1}$.

$\text{pH} = -\lg[^m a_{H^+}] \approx -\lg(\alpha \cdot c_0)$ $\text{pH} = -\lg[^m a_{H^+}] \approx -\lg(\alpha \cdot c_0)$;
$\text{pH}(0{,}01\text{M}) = 2{,}90$; $\text{pH}(0{,}001\text{M}) = 3{,}47$.

6. $\Lambda_\infty (\text{AgBr}) = \Lambda_\infty (\text{CH}_3\text{COOAg}) + \Lambda_\infty (\text{NaBr}) - \Lambda_\infty (\text{CH}_3\text{COONa})$

$= 140{,}0 \ \text{S} \cdot \text{mol}^{-1} \cdot \text{cm}^2$.

7. $\Lambda = \dfrac{G \cdot C}{c_0} = \dfrac{0{,}479}{0{,}135} \ \text{S} \cdot \text{mol}^{-1} \cdot \text{cm}^2 = 3{,}55 \ \text{S} \cdot \text{mol}^{-1} \cdot \text{cm}^2$.

$\alpha = \dfrac{\Lambda}{\Lambda_\infty} = 0{,}0102$; $\text{pH} = -\lg[^m a_{H^+}] \approx -\lg(\alpha \cdot c_0) = 2{,}68$.

8. $\dfrac{K}{c_0} = \dfrac{\alpha^2 \cdot c_0}{1-\alpha}$,

$\alpha^2 + \dfrac{K}{c_0} \cdot \alpha - \dfrac{K}{c_0} = 0$; $\alpha = -\dfrac{K}{2c_0} + \sqrt{\left(\dfrac{K}{2c_0}\right)^2 + \dfrac{K}{c_0}}$,

$\alpha = -1{,}4\cdot 10^{-3} + \sqrt{1{,}96\cdot 10^{-6} + 2{,}8\cdot 10^{-3}} = -1{,}4\cdot 10^{-3} + 5{,}29\cdot 10^{-2} = 5{,}15\cdot 10^{-2}$.

pH $= -\lg(\alpha\cdot c_0) = 1{,}59$ Berücksichtigt man wegen pH $= -\lg a_{H+}$ die Ionenstärke
und $f_{\pm}$, so ergibt sich pH $= 1{,}67$.

9. $n = \dfrac{m}{M} = \dfrac{50{,}0}{85{,}06}$ mol $= 0{,}588$ mol ; $c(HA_0) = 0{,}588$ mol·l^{-1} .

Näherungsweise kann formuliert werden:

$K = \dfrac{a(H^+)^2}{a(HA)_0 - a(H^+)}$ $a\,(H^+)^2 + K\,a\,(H^+) - K\,a\,(HA)_0 = 0$.

$a(H^+) = -\dfrac{K}{2} + \sqrt{\left(\dfrac{K}{2}\right)^2 + K\cdot a(HA)_0} = -0{,}178\cdot 10^{-2} + \sqrt{0{,}03\cdot 10^{-4} + 20{,}93\cdot 10^{-4}}$

$= -0{,}178\cdot 10^{-2} + 4{,}578\cdot 10^{-2} = 4{,}4\cdot 10^{-2}$.

pH $= 1{,}36$.

10. $Ca(OH)_2 \rightleftharpoons Ca^{2+} + 2OH^{-,}$

$2\cdot[Ca^{2+}] = [OH^-]$ $L = [Ca^{2+}]\cdot(2[Ca^{2+}])^2 = 4[Ca^{2+}]^3$

$[Ca^{2+}] = \sqrt[3]{\dfrac{L}{4}} = 0{,}011$ mol·L^{-1} ; $[OH^-] = 0{,}0222$ mol·L^{-1},

$a(H^+) \approx \dfrac{5{,}73\cdot 10^{-15}}{0{,}0222} = 2{,}581\cdot 10^{-13}$; pH $(18\ ^{\circ}C) = 12{,}6$.

11. $E = U_{Katode} - U_{Anode} = (0{,}346\ \text{V}) - (-0{,}402\ \text{V}) = +0{,}748\ \text{V}$.

12.
$$E = U^{\varnothing}_{Ag/Ag^+} - U^{\varnothing}_{Ni/Ni^{2+}} + \frac{RT}{2F} \ln \frac{a_{Ag^+}^{\,2}}{a_{Ni^{2+}}}$$

$$= 0,799 \text{ V} + 0,23 \text{ V} + \frac{8,314 \cdot 298}{2 \cdot 96485} \text{ V} \cdot \ln \frac{0,593^2}{0,0014} = 1,10 \text{ V} .$$

13.
$$E = U^{\varnothing}_{Ag/Ag^+} - U^{\varnothing}_{Ni/Ni^{2+}} + \frac{RT}{2F} \ln \frac{a_{Ag^+}^{\,2}}{a_{Ni^{2+}}}$$

$$= 0,799 \text{ V} + 0,23 \text{ V} + \frac{8,314 \cdot 298,15}{2 \cdot 96485} \text{ V} \cdot \ln \frac{0,1^2 \cdot 0,717^2}{0,005 \cdot 0,57} = 1,04 \text{ V} .$$

14.
$$E = U^{\varnothing}_{Ag/Ag^+} + \frac{RT}{F} \ln \frac{K_L}{a_{OH^-}} - \frac{RT}{F} \ln a_{H^+} = U^{\varnothing}_{Ag/Ag^+} + \frac{RT}{F} \ln \frac{K_L}{a_{OH^-}} \cdot \frac{a_{OH^-}}{K_W}$$

$$= 0,799 \text{ V} + 0,0257 \text{ V} \cdot \ln \frac{1,5 \cdot 10^{-8}}{10^{-14}} = 1,16 \text{ V} .$$

15.
$$U^{\varnothing}_{Ag|AgCl} = U^{\varnothing}_{Ag|Ag^+} + \frac{R \cdot T}{F} \cdot \ln K_L = 0,799 \text{ V} + 0,0257 \text{ V} \cdot \ln 1,73 \cdot 10^{-10} = 0,221 \text{ V} .$$

16.
$$U = U^{\varnothing} - \frac{R \cdot T}{F} \cdot \ln a_{Cl^-} = 0,222 \text{ V} - 0,0257 \text{ V} \cdot \ln 0,37 = 0,248 \text{ V} .$$

17.
$$U = U^{\varnothing} + \frac{R \cdot T}{F} \cdot \ln \frac{a_{Fe^{3+}}}{a_{Fe^{2+}}} = 0,771 \text{ V} - 0,052 \text{ V} = 0,719 \text{ V} .$$

18.
$$E_1 = \frac{R \cdot T}{F} \cdot \ln \frac{10^{-1}}{10^{-2}} = 0,059 \text{ V} \; ; \qquad E_2 = \frac{R \cdot T}{F} \cdot \ln \frac{10^{-1}}{10^{-3}} = 0,118 \text{ V} .$$

19.
$$x = \frac{a}{e^{\frac{E \cdot F}{R \cdot T}}} = \frac{0,1}{e^{5,214}} = 5,44 \cdot 10^{-4} .$$

20.
$$\ln K_L = \frac{U^{\varnothing}_{Ag|AgCl} - U^{\varnothing}_{Ag|Ag^+}}{0,0257 \text{ V}} = \frac{0,223 \text{ V} - 0,799 \text{ V}}{0,0257 \text{ V}} = -22,412 ,$$

$$K_L = 1,85 \cdot 10^{-10} .$$

21. $0 = U^\varnothing_{Zn|Zn^{2+}} - U^\varnothing_{Fe|Fe^{2+}} + \dfrac{R \cdot T}{z \cdot F} \cdot \ln K = -0{,}763\ \text{V} + 0{,}44\ \text{V} + \dfrac{0{,}0257}{2}\,\text{V} \cdot \ln K$,

$\ln K = 25{,}14\,;$ $\qquad K = 8{,}3 \cdot 10^{10}.$

22. $a(Cl^-) = e^{\frac{U^\varnothing - U}{0{,}0257}} = 8{,}3 \cdot 10^{-2}.$

23. $0 = U^\varnothing_{Zn|Zn^{2+}} - U^\varnothing_{Cd|Cd^{2+}} + \dfrac{R \cdot T}{z \cdot F} \cdot \ln K,$

$\ln K = -\dfrac{2 \cdot (-0{,}763 + 0{,}402)}{0{,}0257} = 28{,}09\,;$ $\qquad K = 1{,}6 \cdot 10^{12}.$

24. $\ln K_L = \dfrac{2 \cdot (U^\varnothing_{Pb|PbF_2} - U^\varnothing_{Pb|Pb^{2+}})}{0{,}0257} = -17{,}9$ $\quad K_L = 1{,}7 \cdot 10^{-8}.$

25. $U = U_Z + R \cdot I + \eta = (1{,}33 + 0{,}6 + 0{,}7)\ \text{V} = 2{,}63\ \text{V},$

$w = U \cdot I \cdot t\,;$ $\qquad I \cdot t = \dfrac{m}{M} \cdot z \cdot F\,;$ $\qquad w = U \cdot \dfrac{m}{M} \cdot z \cdot F,$

$w = 2{,}63 \cdot \dfrac{500}{112{,}4} \cdot 2 \cdot 96484{,}6\ \text{Ws} = 0{,}627\ \text{kWh}.$

26. $I \cdot t = \dfrac{m}{M} \cdot z \cdot F\,;$ $\qquad m = \dfrac{I \cdot t \cdot M}{z \cdot F} = \dfrac{0{,}673 \cdot 15900 \cdot 58{,}7}{2 \cdot 96484{,}6}\,\text{g} = 3{,}255\ \text{g}.$

27. $\eta = U - R \cdot I - U_Z = (2{,}36 - 0{,}87 - 0{,}74)\ \text{V} = 0{,}75\ \text{V}.$

28. $U^\varnothing_{Cu|Cu^{2+}} - U^\varnothing_{H_2|H^+} = -\dfrac{R \cdot T}{z \cdot F} \cdot \ln \dfrac{a_{Cu^{2+}}}{a_{H^+}}\,;$ $\quad 0{,}34\ \text{V} = -\dfrac{8{,}314 \cdot 298{,}15}{2 \cdot 96485}\,\text{V} \cdot \ln a_{Cu^{2+}}.$

$a_{Cu^{2+}} = 3{,}2 \cdot 10^{-12}$ bestätigt, dass sich Cu in Salzsäure kaum löst.

29. Chlor besitzt ein stärker positives Standardpotenzial als Iod. Es ist deshalb ein geeignetes Oxidationsmittel für Iodidionen. Zusätzlich liegen die Ausgangsstoffe gegenüber den Produkten im Überschuss vor.

5.4 Lösungen zu Kapitel 4
UV/Vis-Spektroskopie

1. $\tilde{v} = R_H \cdot \left(\dfrac{1}{4} - \dfrac{1}{n_2{}^2} \right) = 109677{,}58 \cdot \dfrac{5}{36} \ \mathrm{cm}^{-1} = 15233 \ \mathrm{cm}^{-1} = 656{,}47 \ \mathrm{nm}$.

2. $^2p_{3/2} \to {}^2s_{1/2}$ (588,9963 nm)

   $^2p_{1/2} \to {}^2s_{1/2}$ (589,5930 nm)

   $n = 4; \ s = \dfrac{1}{2}; \ l = 2; \ j_1 = \dfrac{5}{2}; \ j_2 = \dfrac{3}{2}$

   $3\,{}^2s_{1/2} \to 4\,{}^2s_{1/2}$ ist bahnverboten, $M = 2s + 1 = 2$ (ein ungepaartes Elektron) .

3. $A = 0{,}62; \ D = 0{,}38; \ E = \lg \dfrac{1}{D} = 0{,}42; \ \varepsilon = \dfrac{E}{c \cdot l} = 1{,}4 \cdot 10^{-3} \ \mathrm{L} \cdot \mathrm{mol}^{-1} \cdot \mathrm{cm}^{-1}$.

4. $E = \lg 2 = \qquad\qquad c = \dfrac{E}{\varepsilon \cdot l} =$

5. Propan $\qquad \sigma \to \sigma^*$ $\qquad \lambda < 200$ nm,

   Propen $\qquad \pi \to \pi^*$ $\qquad \lambda < 200$ nm,

   Methylamin $\quad n \to \sigma^*$ $\qquad \lambda < 200$ nm,

   Propenal $\qquad n \to \pi^*$ $\qquad \lambda \approx 250 - 350$ nm .

6. KCl $\qquad\qquad$ charge transfer vom Cl^- zur Hydrathülle,

   KNO_3 $\qquad\quad n \to \pi^*$ des NO_3^--Ions bei 300 nm,

   K_2SO_4 $\qquad\quad n \to \pi^*$ des SO_4^{2-}-Ions unterhalb von 200 nm .

7. $E\,(714 \ \mathrm{nm}) = 0{,}2; \qquad \varepsilon = \dfrac{0{,}2}{10^{-1} \cdot 1} \ \mathrm{L} \cdot \mathrm{mol}^{-1} \cdot \mathrm{cm}^{-1} = 2 \ \mathrm{L} \cdot \mathrm{mol}^{-1} \cdot \mathrm{cm}^{-1}$,

   $E\,(400 \ \mathrm{nm}) = 0{,}57; \qquad \varepsilon = 5{,}7 \ \mathrm{L} \cdot \mathrm{mol}^{-1} \cdot \mathrm{cm}^{-1}$.

   Ligandenfeldübergänge sind Laporte verboten.

   Der Grundterm der Russel-Saunders-Kopplung ist ^3F, der im oktaedrischen Feld in $^3A_2$, $^3T_2$ und $^3T_1$ aufspaltet. Die Übergänge erfolgen dann aus dem $^3A_2$.

   $E\,(300 \ \mathrm{nm}) = 1{,}5 \qquad \varepsilon = 15 \ \mathrm{L} \cdot \mathrm{mol}^{-1} \cdot \mathrm{cm}^{-1}; \ n \to \pi^*$ des Nitrations.

8. $(214 + 4 \cdot 5 + 2 \cdot 5)$ nm = 244 nm,

IR-Spektroskopie

9. $\tilde{v}_{HD} = \dfrac{4160}{2} \cdot \sqrt{3} \ cm^{-1} = 3602,6 \ cm^{-1} \quad \tilde{v}_{D_2} = 4160 \cdot \sqrt{\dfrac{1}{2}} \ cm^{-1} = 2941,1 \ cm^{-1}$

10. $k = m_R \cdot 4\pi^2 \tilde{v}^2 c^2 = \dfrac{12 \cdot 16}{28} \ g \cdot mol^{-1} \cdot 4\pi^2 \cdot (2144 \ cm^{-1})^2 \cdot (3 \cdot 10^{10} \ cm \cdot s^{-1})^2,$

$k = 18,6 \cdot 10^2 \ kg \cdot s^{-2}; \quad C\equiv O\text{-Dreifachbindung} .$

11. $k \ (C\equiv C) > k \ (C=C); \quad \tilde{v} \propto \sqrt{k} ; \qquad \tilde{v}_{C\equiv C} > \tilde{v}_{C=C}$

$m_R (C - Br) < m_R (C - I) ; \qquad \tilde{v} \propto \sqrt{\dfrac{1}{m_R}} ; \quad \tilde{v}_{C-Br} > \tilde{v}_{C-I} \quad .$

12. Cyclohexan, keine δ_{CH3}-Schwingung bei 1380 cm^{-1}, keine $v_{C=C}$ bei 1600 cm^{-1}.

13. Aromat, $v_{CH} = 3042 \ cm^{-1}; \ v_{C-C} = 1510 \ cm^{-1}$ und $1614 \ cm^{-1};$

$$\delta_{CH} = 818 \ cm^{-1}; \text{ p-disubstituiert};$$

CH3; $\ v_{CH} = 2938 \ cm^{-1};$ kleine Banden bei $\delta_{CH} = 1380 \ cm^{-1}$ und $1470 \ cm^{-1}$

C$\equiv$N; $\ v_{CN} = 2217 \ cm^{-1}$

p-Tolylnitril .

14. $n(C) = \dfrac{92 \cdot 0,9214}{12} = 7,064 \approx 7$

$n(H) = 92 \cdot 0,0876 = 8,06 \approx 8 \qquad$ Summenformel: C_7H_8

$v_{CH} = 3050 \ cm^{-1}$; Aromat

$v_{CH} = 2850 \ cm^{-1}$ und $2950 \ cm^{-1}$; aliphatische CH-Gruppen

$v_{CC} = 1500 \ cm^{-1} \ 1600 \ cm^{-1}$; Aromat

$\delta_{CH} = 1380 \ cm^{-1}$ und $1470 \ cm^{-1}$; CH3-Gruppe

$\delta_{CH} = 650 \ cm^{-1}$ und $750 \ cm^{-1}$; monosubstituierter Aromat

Toluol

Eindimensionale ^{1}H-NMR-Spektroskopie

15.   Ethanol (wasserfreies Lösungsmittel): Triplett (Intensität 3): 1,2 ppm; Quintett (Intensität 2): 3,5 ppm; Triplett (Intensität1): 4,5 ppm.

Aceton: Singulett (Intensität beliebig): 2,1 ppm.

1,2 Dichlorethan: Singulett (Intensität beliebig): 3,65 ppm.

Phenylessigsäuremethylester: Singulett (Intensität 2):3,25 ppm; Singulett (Intensität 3): 3,5 ppm; Multiplett (Intensität 5): 7,5 ppm.

Propin: Singulett (Intensität 3): 0,9 ppm; Singulett (Intensität 1): 1,8 ppm.

Diethylether: Triplett (Intensität 3): 1,2 ppm; Quartett (Intensität 2): 3,5 ppm.

Ethylchlorid: Triplett (Intensität 3): 1,4ppm; Quartett (Intensität 2): 3,6 ppm.

16. δ_H = (7,25 – 7,35) ppm, aromatische Protonen und Lösungsmittelverunreinigung mit CHCl$_3$, deshalb weder Intensität 4 noch 5,
δ_H = 3,36 ppm, isolierte CH$_2$-Gruppe(Intensität 2), δ_H-Wert passt annähernd zu Phenylessigsäure ((1,25+0,7+1,3)ppm), δ_H = 11,27 ppm Proton der Hydroxylgruppe, sehr breites Signal wegen schnellem Protonenaustausch, Intensität nur annähernd 1, da bei verrauschter Grundlinie schlecht integrierbar.

17.   2,2,3,3- Tetramethylbutan.

18.   Essigsäure – t – butylester,
δ_H = 1,45 ppm für Protonen der t-butyl-Gruppe, Intensität 9
δ_H = 1,97 ppm für Protonen der CH$_3$-COO-Gruppe, Intensität 3.

19.   3 Signalgruppen, Triplett bei δ_H = 1,03 ppm, CH$_2$ als Nachbar, Intensität 3,
Quartett bei δ_H = 1,79 ppm, CH$_3$ als Nachbar, Intensität 2,
Singulett bei δ_H = 1,55 ppm, 2 isolierte CH$_3$-Gruppen mit Intensität 6, folglich 2 Metyl-2-chlorbutan .

20. δ_H = (7,09-7,22) ppm; Aromat δ_H = 2,32 ppm mit Intensitätsverhältnis 3:4 für Cl-C$_6$H$_4$-CH$_3$;
(δ_H = 2,0 ppm für CH$_3$-Gruppe von Toluol; 2 Gruppen vicinal gekoppelter aromatischer Protonen, 2 Dubletts, also1,4 Disubstitution, folglich p-Tolylchlorid .

M: $(84+7+35,5)$ g·mol^{-1} = 126,5 g·mol^{-1}.

δ_H = 7,26 ppm Lösungsmittelverunreinigung mit CHCl$_3$.

21. ^{1}H-NMR-Spektrum

δ_H = (1,58-1,59) ppm Liniendublett mit Intensität 3, wahrscheinlich CH$_3$-Gruppe gekoppelt mit CH-Gruppe,

δ_H = 2,45 ppm und δ_H = 2,79 ppm Singuletts mit Intensität 3, wahrscheinlich isoliert stehende CH$_3$-Gruppen,

δ_H = (5,14-5,17) ppm Linienquartett mit Intensität 1, wahrscheinlich CH-Gruppe gekoppelt zur CH$_3$-Gruppe mit δ_H = (1,58-1,59) ppm,

δ_H = 3,3 ppm und δ_H = 4,9 ppm Verunreinigung des Lösungsmittels mit CH$_3$OH und NH-Gruppe des Cathinonderivats,

δ_H = (7,47-7,87) ppm vier Protonen am aromatischen Ring, Feinstruktur weist auf 1,3-Disubstitution hin (2 Dubletts für Position 4 und 6, 1 Triplett für Position 5, 1 Singulett für Position 2),

^{13}C-NMR-Spektrum

3 Signale für aliphatischen Kohlenstoff (13,3 ppm; 21,3 ppm; 31,7 ppm),

1 Signal N-Alkylkohlenstoff (60, 6 ppm),

Signal bei 50 ppm stammt vom Lösungsmittel, Triplett wegen Kopplung von ^{2}D und ^{13}C ($I(^2D)$ = 1),

1 Signal für Carbonyl-C bei 197,2 ppm und 6 Signale für C-Atome im Aromaten, 140,6 ppm und 134,3 ppm für quarternären C in Position 1 und 3 (NOE).

Die Spektren gehören zu 3-MMC.

Massenspektrometrie

22.   126 – 113 = 13, nicht sinnvoll   127 -113 = 14, nicht sinnvoll

128 – 113 = 15, Abspaltung einer CH$_3$-Gruppe; M = 128 g·mol^{-1} .

23. M_z = 130, 132, 134, 136 Isotopenmuster für Cl$_3$ mit M = 130 g·mol^{-1} .

130 - 3·35 = 25, für das restliche Molekülgerüst bleibt nur C$_2$H.

M_z: 25 für C$_2$H$^+$,   35 für Cl$^+$,

95 für C$_2$HCl$_2^+$ mit Isotopenmuster 97, 99

60 für ClC≡CH$^+$ mit Isotopenmuster 62 ,

47 für CCl$^+$,

Trichlorethen .

24. M = 248 g·mol^{-1} , M+2 Isotopenpeak für Br$_1$, Isotopenmuster auch bei

M_z = 135, 137,

Mz = 29, 43, 57, 71, 85, 99,113 Alkylgruppen, die sich um CH_2 unterscheiden.
M – 79 = 169 Br Abspaltung, *Mz* = 125 für $C_9H_{17}^+$, 135, 137 für $C_4H_8Br^+$,
Mz = 149, 151 für $C_5H_{10}Br^+$, folglich C_8H_{17}-CHBr-C_3H_7 .

25. *Mz* = 51 für Aromatenbruchstück $C_4H_3^+$, 122 für *M*$^+$, 105 für OH-Abspaltung, 77 für COOH-Abspaltung.

26 *Mz* = 91 für Tropyliumion $C_7H_7^+$, 91 – 65 = 26, mögliches Neutralteilchen ist C_2H_2, Abspaltung führt zu $C_5H_5^+$, charakteristisches Bruchstück für Benzyl- bzw. Tolylverbindungen.

27 CCl_4, *M* – 35 Isotopenmuster für Cl_3, also CCl_3^+
   Mz = 35 für Cl^+, 47 für CCl^+ (Cl_2-Abspaltung), 82 für CCl_2^+
   (Cl-Abspaltung) .

28. Ungerade Molekülmasse, ungerade Anzahl von Stickstoffatomen im Molekül.
   M = 123 g·mol^{-1}, *Mz* = 77 für $C_6H_5^+$ nach Abspaltung von 46 , Hinweis auf NO_2, *Mz* = 51 für Aromatenbruchstück $C_4H_3^+$, *Mz* = 65 für Aromatenbruchstück $C_5H_5^+$, folglich Nitrobenzol.

Kombination der Methoden

29. *M*$^+$ = 86, Summenformel $C_5H_{10}O$, 1 Doppelbindungsäquivalent.
   ^{1}H-NMR: 2 Gruppen chemisch äquivalenter Protonen, Intensitätsverhältnis 2:3,
   Intensität 2 für Quartett (CH_3-Gruppe als Nachbar),
   Intensität 3 für Triplett (CH_2-Gruppe als Nachbar),
   zusammen stehen beide Signale für eine Ethylgruppe, da für insgesamt 10 Protonen keine weiteren Signale existieren, müssen 2 Ethylgruppen symmetrisch angeordnet sein.
   δ_H = 7,27 ppm für Verunreinigung des Lösungsmittels mit $CHCl_3$.
   IR-Spektrum: ν_{CH_3,CH_2} = 2850 cm^{-1}; $\nu_{C=O}$ = 1720 cm^{-1} (enthält Doppelbindungsäquivalent), δ_{CH_3,CH_2} = 1360 cm^{-1} und 1470 cm^{-1}.
   Lösungsvorschlag: Pentan-3-on.
   UV/Vis: *E*(250 nm) = 0,5; ε(250 nm) =20 L·mol^{-1}·cm^{-1}; n $\rightarrow$ π^* der Carbonylgruppe.
   MS-Spektrum: *M*$^+$ = 86; *Mz*= 57 für CH_3-CH_2-CO^+; *Mz* = 29 für CH_3-CH_2^+.

30. *M*$^+$ = 126; Isotopenpeak 126/128 mit dem Intensitätsverhältnis 1:3, folglich 1 Cl pro Molekül, Summenformel C_7H_7Cl, 4 Doppelbindungsäquivalente.

<u>¹H-NMR</u>: 2 Gruppen chemisch äquivalenter Protonen, Intensitätsverhältnis 3:4,

δ_H = 2,32 ppm, Singulett, Intensität §, isoliert stehende CH₃-Gruppe,

δ_H = (7,09-7,22) ppm Protonen am aromatischen Ring, Intensität 4, Feinstruktur der aromatischen Protonen zeigt zwei Dubletts mit dem Intensitätsverhältnis 2:2, folglich p-disubstituierter Benzolring.

δ_H = 7,26 ppm Verunreinigung des Lösungsmittels mit CHCl₃.

<u>IR-Spektrum</u>: $\nu_{CH,\,arom.}$ = 3050 cm⁻¹; ν_{CH_3} = 2950 cm⁻¹; $\nu_{CC,arom.}$ = 1500 cm⁻¹ und 1600 cm⁻¹; $\delta_{CH,\,arom.}$ = 810 cm⁻¹, p-disubstituiert.

Lösungsvorschlag: p-Cl-Toluol.

<u>UV/Vis</u>: E(225 nm) = 0,16; ε(225 nm) =1600 L·mol⁻¹·cm⁻¹, p-Bande
E(270 nm) = 0,015; ε(270 nm) =150 L·mol⁻¹·cm⁻¹; α-Bande des Aromaten.

<u>MS-Spektrum</u>: M^+ =126; Mz = 91 Tropyliumion C₇H₇⁺; Mz = 51 Ringbruchstück C₄H₃⁺; Mz = 65 Ringbruchstück C₅H₅⁺.

31.   Weitgehende Übereinstimmung der ¹H-NMR Spektren der unbekannten Verbindung und der Verbindung 3-MMC aus Aufgabe 21. Bei der unbekannten Verbindung fehlt lediglich der 3-Methylsubstituent am aromatischen Ring (δ_H = 2,45 ppm).

Die Molekülmasse der unbekannten Verbindung wurde mit ESI-MS bestimmt. Der gefundene Wert (Mz = 198) ist deshalb um 1 größer, als die tatsächliche massenspektrometrische relative Molekülmasse (S. Kapitel 4.4.2). M^+ =197 (Stickstoffregel) ist damit um 20 Masseeinheiten größer, als die von 3-MMC. Das Massenspektrum zeigt das Isotopenmuster für Cl₁ ($[M+2]^+$ = 199, Intensitätsverhältnis 3:1). Folglich wird nur der Methylsubstituent am aromatischen Ring durch ein Cl-Atom ersetzt. (35-15=20). Die Verbindung ist das Amphetaminderivat 3-Cl-MC.

Verzeichnis häufig verwendeter Symbole

A	molare Freie Energie	K	Gleichgewichtskonstante
a	Aktivität	k	Geschwindigkeitskonstante
α	Dissoziationsgrad	k	Kraftkonstante (Bindung)
α	Drehwinkel	k_0	Frequenzfaktor
B	Rotationskonstante	κ	Spezifische Leitfähigkeit
C	molare Wärmekapazität	l	Bahndrehimpulsquantenzahl
c_m	Spezifische Wärmekapazität	Λ	molare Leitfähigkeit
c	Stoffmengenkonzentration	λ	Wellenlänge
δ	infinitesimal kleines Quantum	m	magnetische Quantenzahl
E	Gleichgewichtszellspannung	m_R	reduzierte Masse
$\vec{E}$	elektrische Feldstärke	M	Termmultiplizität
E	Extinktion	M	molare Masse
E_A	Aktivierungsenergie (Arrhenius)	^{c}m	Molalität
E_G	Kryoskopische Konstante	n	Stoffmenge
E_S	Ebullioskopische Konstante	n	Hauptquantenzahl
E_{kin}	kinetische Energie	ν	Frequenz
E_{pot}	potenzielle Energie	v	Wellenzahl
F	Kraft	v	Stöchiometriezahl (Absolutwert)
F	Anzahl der Freiheitsgrade	p	Druck
f	Aktivitätskoeffizient	Q	ausgetauschte Wärme
φ	Leitfähigkeitskoeffizient	R	elektrischer Widerstand
g	Kern-g-Faktor	ρ	spezifischer Widerstand
G	molare Freie Enthalpie -	S	molare Entropie
G	Leitwert	s	Spinquantenzahl
γ	gyromagnetisches Verhältnis	T	absolute Temperatur
H	molare Enthalpie	t	Zeit
$\vec{H}$	magnetische Feldstärke	$t_\pm$	Überführungszahl
I	Kernspinquantenzahl	U	molare Innere Energie
$\vec{I}$	Kernspin	U	Elektrodenpotenzial
I	Ionenstärke	u	Ionenbeweglichkeit
I	elektrische Stromstärke	u	atomare Masseneinheit
j	Gesamtdrehimpulsquantenzahl	V	molares Volumen
J	Rotationsquantenzahl	v	Geschwindigkeit
J_{xy}	Kopplungskonstante	w	Arbeit

© Springer-Verlag GmbH Deutschland, ein Teil von Springer Nature 2020
W. Bechmann und I. Bald, *Einstieg in die Physikalische Chemie für Naturwissenschaftler*, Studienbücher Chemie,
https://doi.org/10.1007/978-3-662-62034-2

X Stoffmengenanteil ω Winkelgeschwindigkeit

Konstanten:

allgemeine Gas-Konstante	$R = 8{,}3144 \text{ J·mol}^{-1}\text{·K}^{-1}$
atomare Masseneinheit	$u = 1{,}66043 \cdot 10^{-24} \text{ g}$
Avogadro-Konstante	$N_A = 6{,}02205 \cdot 10^{23} \text{ mol}^{-1}$
Boltzmann-Konstante	$k = 1{,}38066 \cdot 10^{-23} \text{ J·K}^{-1}$
Faraday-Konstante	$F = 96485 \text{ C·mol}^{-1}$
Kernmagneton	$\mu_K = 5{,}05 \cdot 10^{-31} \text{ J·Gauß}^{-1}$
Lichtgeschwindigkeit	$c = 3 \cdot 10^5 \text{ km·s}^{-1} = 3 \cdot 10^{17} \text{ nm·s}^{-1}$
Plancksches Wirkungsquantum	$h = 6{,}63 \cdot 10^{-34} \text{ J·s}$
Rydbergkonstante (H-Atom)	$R_H = 109677 \text{ cm}^{-1}$

Standardzustand:
$p = 1 \text{ bar} = 1000 \text{ hPa} = 10^5 \text{ Pa},$
$T = \text{gegeben, sonst: } T = 298{,}15 \text{ K} = 25\,°\text{C}$
$a = 1 \text{ bzw. } c = 1 \text{ mol·L}^{-1}$

biochemischer Standardzustand:
pH = 7

STP (Standard Temperature and Pressure):
$p = 1013{,}25 \text{ hPa} = 1 \text{ atm}$
$T = 273{,}15 \text{ K} = 0\,°\text{C}$

SATP (Standard Ambient Temperature and Pressure):
$p = 1 \text{ bar} = 1000 \text{ hPa} = 10^5 \text{ Pa}$
$T = 298{,}15 \text{ K} = 25\,°\text{C}$

Größe mit Index unten:

p	konstanter Druck
v	konstantes Volumen
C	Verbrennungs-
F	Bildungs-
Fus	Schmelz-
R	Reaktions-
Vap	Verdampfungs-
0	Anfangszustand
∞	Endzustand

Größe mit Index oben:

$\varnothing$	Standardzustand

Sachwortverzeichnis

© Springer-Verlag GmbH Deutschland, ein Teil von Springer Nature 2020
W. Bechmann und I. Bald, *Einstieg in die Physikalische Chemie für Naturwissenschaftler*, Studienbücher Chemie,
https://doi.org/10.1007/978-3-662-62034-2